Monika Sigmund
Genuss als Politikum

Studien zur Zeitgeschichte

Herausgegeben
vom
Institut für Zeitgeschichte

Band 87

Monika Sigmund

Genuss als Politikum

Kaffeekonsum in beiden deutschen Staaten

DE GRUYTER
OLDENBOURG

ISBN 978-3-486-77841-0
eISBN (PDF) 978-3-11-034873-6
eISBN (EPUB) 978-3-11-039709-3
ISSN 2192-0761

Library of Congress Cataloging-in-Publication Data
A CIP catalog record for this book has been applied for at the Library of Congress.

Bibliografische Information der Deutschen Nationalbibliothek
Die Deutsche Nationalbibliothek verzeichnet diese Publikation in der Deutschen Nationalbibliografie; detaillierte bibliografische Daten sind im Internet über http://dnb.dnb.de abrufbar.

Titelbild: Montage von Monika Sigmund unter Verwendung eines Fotos von Julius Schorzman
Druck und Bindung: Hubert & Co. GmbH & Co. KG, Göttingen
♾ Gedruckt auf säurefreiem Papier
Printed in Germany

www.degruyter.com

Inhalt

Vorwort

Die Erforschung des Kaffeekonsums in beiden deutschen Staaten führte zur Dissertation, die an der Universität Hamburg im Sommersemester 2012 angenommen wurde, und dann schließlich zu diesem Buch. Als ich damit begann, ahnte ich nicht, auf welch interessante Wege und Gedankenpfade mich das Projekt führen sollte und wie vielen Menschen ich begegnen sollte, die mir halfen, dieses Unternehmen zu schultern. Und so denke ich voll Dankbarkeit an folgende Personen und Institutionen zurück:

Erst einmal danke ich Professor Dr. Dorothee Wierling, deren Idee es war, die Geschichte des Kaffees in verschiedenen Themenzusammenhängen zu erforschen. Sie betreute meine Arbeit, und ihr scharfer Verstand, ihr menschlicher Blick und die ihr innewohnende Herzlichkeit machten die gemeinsame Zeit für mich zu einer wundervollen Erfahrung. Auch Professor Dr. Axel Schildt bereitete mir eine große Freude, als er meine Dissertation als Zweitgutachter annahm.

Gerne denke ich an meine ehemaligen Kolleginnen und Kollegen an der Forschungsstelle für Zeitgeschichte in Hamburg. Sie unterstützten mich, diskutierten mit mir Ideen und Texte, halfen mir mit wertvollen Ratschlägen und versorgten mich mit verschiedenstem (Kaffee-)Material. Einige lasen Teile des oder sogar das ganze Manuskript und machten Verbesserungsvorschläge. Im Einzelnen danke ich: Dr. Linde Apel, Privatdozent Dr. Frank Bajohr, Dr. Christiane Berth, Professor Dr. Ursula Büttner, Ewald Dawid, Dr. Christian Hannen, Professor Dr. Wiebke Kolbe, Susanne Linning, Maike Raap, Karl Otto Schütt, Dr. Christoph Strupp, Joachim Szodrzynski, Juniorprofessor Dr. Malte Thießen, Dr. Kristina Vagt und Angelika Voß-Louis. Ich habe viel von ihnen gelernt.

Bei der Recherche war ich in vielen Archiven zu Gast und ich möchte mich für die Unterstützung dort bedanken. Ein großes Dankeschön auch an alle, die Bilder zur Verfügung stellten. Besonders hervorheben möchte ich hier das Historische Archiv Mondelez International in Bremen, deren Leiterin Bärbel Kern ich ganz herzlich danken möchte. Sie und ihr Team standen mir mit großer Kompetenz, Hilfsbereitschaft und Geduld zur Seite, als ich dort den Spuren von Jacobs und Kaffee HAG nachging. Auch Hans-Georg Müller von der Neumann Kaffee Gruppe Hamburg gebührt an dieser Stelle mein besonderer Dank. Herr Müller half mir nicht nur immer wieder mit seinem umfassenden Wissen und vermittelte hilfreiche Kontakte, er öffnete mir auch das Archiv der Neumann Kaffee Gruppe mit seinen Schätzen. Ein großer Dank geht an den Deutschen Kaffeeverband, der meine Arbeit ebenfalls unterstützt hat.

Beim Bundesbeauftragten für die Unterlagen des Staatssicherheitsdienstes der ehemaligen Deutschen Demokratischen Republik entdeckte Herr Höhn, beraten von Dr. Jens Gieseke, immer neue Fundorte. Vielen herzlichen Dank dafür! Monika Nestler vom Institut für Marktforschung in Leipzig half mir netterweise mit Untersuchungen aus dem Institut weiter, die sonst nirgends mehr aufzutreiben waren. Das Angebot für die Stadtführung gilt übrigens immer noch!

Die Dissertation wurde unter anderem durch ein Stipendium der Stiftung Aufarbeitung der SED-Diktatur finanziert. Ohne diese finanzielle Zuwendung wäre die Arbeit vermutlich nicht durchführbar gewesen. An dieser Stelle möchte ich Dr. Hubertus Knabe für seine offene und ehrliche Feindschaft danken. Allerdings bin ich immer noch verstimmt darüber, dass er im Bundestag gegen mein Projekt und dessen Förderung gewettert hat, ohne dass ich selbst davon wusste.

Nun geht mein Blick weiter nach München: Ich danke Dr. Hans Woller und Privatdozent Dr. Thomas Schlemmer vom Institut für Zeitgeschichte für ihr Schreibseminar im schönen Aldersbach. Der wunderbare Intensiv-Workshop verbesserte meine Ausdrucksweise nachhaltig – die Leserinnen und Leser dieses Buches werden davon profitieren!

Ich bin sehr glücklich, dass das vorliegende Buch in der Reihe „Studien zur Zeitgeschichte" des Institutes für Zeitgeschichte München – Berlin erscheint. Ich danke Dr. Jürgen Zarusky und Professor Dr. Annette Eberle, die mir rieten, mein Manuskript dort anzubieten. Meiner Lektorin Dr. Petra Weber hätte ich bei der Überarbeitung des Manuskriptes gerne jeden Tag Blumen geschickt – ihr wundervolles Sprachgefühl und umfassendes Wissen verbesserte den Text noch einmal wesentlich. Auch Angelika Reizle gilt mein herzlichster Dank. Sie brachte den Text auf der formalen Ebene ins Reine, was keine leichte Aufgabe war. Gabriele Jaroschka betreute für den De Gruyter Oldenbourg-Verlag das Werden dieses Buches mit großer Kompetenz und sehr viel Geduld. Ich danke ihr ganz herzlich für ihre Hilfe!

Stipsdorf, im Juni 2014 Monika Sigmund

Einleitung

Fragestellung

Konsum bestimmt in starkem Maße unser Leben. Menschen nehmen sich selbst über ihren Konsum und über die Produkte wahr, die sie verwenden. Gleichzeitig spiegeln Produkte die Bedürfnisse, Wünsche und Sehnsüchte der Konsumenten wider. Dies geschieht auf mehreren Ebenen: Im Erscheinungsbild der Produkte, das nicht nur in Werbung und Aufmachung von gesellschaftlichen Erwartungen geprägt wird; in den mit den Produkten verbundenen Diskursen; in den auf ihren Gebrauch bezogenen Praktiken und in den Deutungen und Bedeutungen, welche die Konsumenten ihnen zuweisen. Im alltäglichen Leben erhalten Konsum-Produkte einen hohen symbolischen Wert. Als Genussmittel gehört Kaffee zu den Produkten, die zwar nicht der lebensnotwendigen Grundversorgung dienen, dennoch – vielleicht deshalb – symbolisch besonders aufgeladen sind.

Die Betrachtung des Kaffeekonsums im deutschen Systemvergleich beleuchtet Konsumbedingungen und -gewohnheiten ebenso wie kulturelle Deutungsmuster. Sie erlaubt daher Rückschlüsse auf die Entwicklung der Selbstwahrnehmung der beiden deutschen Nachkriegsgesellschaften. Kaffee und die ihm zugewiesenen Assoziationen und Deutungen eignen sich darüber hinaus hervorragend als Indikatoren für die sozialen Praktiken und Wahrnehmungen in der Beziehungsgeschichte der beiden Staaten. Kaffee ist nicht nur Genussmittel, sondern auch Tauschobjekt und kulturelles Zeichen: Im Mittelpunkt dieser Produktgeschichte stehen somit die sozialen Beziehungen und Positionierungen, die im Konsum realisierten sozialen Praktiken und die an das Produkt geknüpften Sinngebungen und Phantasien – sowohl innerhalb als auch zwischen den beiden deutschen Nachkriegsstaaten. Darüber hinaus soll auch gezeigt werden, dass der Kaffeekonsum als ein Objekt der innerdeutschen Systemauseinandersetzung fungierte.

Die Studie betrachtet den Konsum und die Bedeutung des Genussmittels für die beiden Gesellschaften von den Währungsreformen bis zur Wiedervereinigung. In der konsumgeschichtlichen Analyse werden die sich verändernden Konsumbedingungen, Konsumgewohnheiten und Konsumwünsche ebenso untersucht wie die damit verbundenen Deutungen, Eigen- und Fremdwahrnehmungen, die Möglichkeiten sozialer Distinktion und die sich wandelnden Vorstellungen von Normalität und Wohlstand.

Vor dem Hintergrund von gemeinsamen Kriegs- und Vorkriegserfahrungen entwickelte sich der Kaffeekonsum in West- und Ostdeutschland unterschiedlich. Die Geschichte des Kaffeekonsums in beiden deutschen Staaten ist ein Teil jenes Beziehungsgeflechtes, das als „asymmetrisch verflochtene Parallelgeschichte" beschrieben wird.[1] Der Kaffee und die mit ihm verbundene mentale Aufladung er-

[1] Zu diesem Konzept, das im Wesentlichen von Christoph Kleßmann geprägt worden ist: Christoph Kleßmann: Verflechtung und Abgrenzung. Aspekte der geteilten und zusammengehörigen deutschen Nachkriegsgeschichte, in: Aus Politik und Zeitgeschichte (APuZ) 43 (1993), S. 30–41; ders.: Die doppelte Staatsgründung. Deutsche Geschichte 1945–1955, Bonn 1991; ders.: Zwei Staaten, eine Nation. Deutsche Geschichte 1955–1970,

möglichen somit auch Rückschlüsse auf die sozialen Praktiken und Wahrnehmungen in der Beziehungsgeschichte zwischen beiden Staaten und ihren Bürgern.

Das Thema Kaffeekonsum wird hier als Sonde verwendet, um intensive Einblicke in Wirtschaft, Gesellschaft und Alltag beider deutscher Staaten im Vergleich und in ihrem Bezug aufeinander zu gewinnen. Einstellungen zum Kaffee und seine Behandlung in der Werbung werden in den größeren zeitgeschichtlichen Kontext eingeordnet. Das Erscheinungsbild von Kaffee in der öffentlichen Darstellung und sein Stellenwert in der Diskussion verweist auf das individuelle und gesellschaftliche Selbstverständnis in der Bundesrepublik und der DDR wie auch auf Erwartungen und Wünsche im Wandel von Zeit und Gesellschaft. Allerdings sind die Bohnen aus dem Tropengürtel der Erde nicht nur in ihrer symbolischen Aufladung relevant, sondern auch als handfester Wirtschaftsfaktor: Kaffee ist nach Erdöl der wichtigste globale Exportrohstoff. Daher werden auch die Auswirkungen des Welthandels und Veränderungen in den Anbaugebieten sowie deren Einfluss auf den Konsum in beiden deutschen Staaten berücksichtigt. Die Ausgangslage ist dabei die Situation nach dem Zweiten Weltkrieg.

Beide deutschen Nachkriegsgesellschaften waren in ihren Erfahrungen und Erwartungen, in ihren Grundlagen und Ansprüchen von der Zeit vor 1945 geprägt. Diese Prägung wird in zweierlei Hinsicht untersucht: als Konsumerfahrung in einer Zeit des relativen Wohlstandes vor dem Krieg und in dem Erleben von Mangel und Rationierung mit dem Rückgriff auf Substitute (Zichorie, Eicheln etc.) in der Zeit nach 1945. Die daraus resultierenden Deutungen der Nachkriegsrealität mit dem Indikator Kaffee- bzw. Ersatzkaffeekonsum werden herausgearbeitet: Welche Wünsche und Ziele wurden in der Bevölkerung, von den Behörden, den Besatzungsmächten und schließlich von den neuen Regierungen in Ost und West artikuliert? Setzten diese Normen, die den Kaffeekonsum begrenzten oder förderten? Welche Rolle spielte bei ihnen der Kaffeekonsum als Ausdruck der Überwindung der Notzeit und der Wiederherstellung von Normalität? Lassen sich tief verwurzelte Deutungen und Einschätzungen z. B. in Bezug auf den Konsum von Substituten ausmachen und wie lange überdauern solche Deutungen? Diese Fragen und Zusammenhänge werden mit Hilfe des Indikators Kaffee-Konsum bzw. Nicht-Konsum oder Konsum-Wunsch erhellt.

Die braunen Bohnen waren vor allem in den 1950er Jahren eine wichtige Schmuggel- und Schwarzmarktware in beiden deutschen Staaten. Die genaue Betrachtung dieser Phänomene, die in West- wie in Ostdeutschland nicht mit den Währungsreformen endeten, ermöglicht ebenfalls Einblicke in die Fremd- und Eigenwahrnehmung der Gesellschaften. Dabei spielen vor allem Gerechtigkeits- bzw. Legalitäts- und Legitimitätsempfinden, Vorstellungen von Normalität, die

Bonn 1988; ders./Hans Misselwitz/Günter Wichert (Hg.): Deutsche Vergangenheiten – eine gemeinsame Herausforderung. Der schwierige Umgang mit der Nachkriegsgeschichte, Berlin 1999; zur Erläuterung des Konzeptes vgl. außerdem die Einleitung in: Arnd Bauerkämper/Martin Sabrow/Bernd Stöver (Hg.): Doppelte Zeitgeschichte. Deutsch-deutsche Beziehungen 1945–1990, Bonn 1999; einen allgemeinen Überblick über Konzeptionen einer deutsch-deutschen Geschichte findet man bei: Hermann Wentker: Zwischen Abgrenzung und Verflechtung: deutsch-deutsche Geschichte nach 1945, in: APuZ 1–2 (2005), S. 10–17.

Reaktion des Staates, aber auch die Wahrnehmung von Spielräumen durch die Bevölkerung eine Rolle.

Auch nachdem der Schwarzhandel mit den braunen Bohnen durch eine veränderte Gesetzgebung und den zunehmenden Wohlstand auf ein Minimum zurückging, blieb das Genussmittel mit zentralen Fragen gesellschaftlicher Selbst- und Fremdwahrnehmung verbunden. Die große symbolische Bedeutung des Bohnenkaffees für beide deutsche Nachkriegsgesellschaften macht den Kaffeekonsum zu einem wichtigen Indikator für das individuelle und gesellschaftliche Verständnis von Normalität und Wohlstand wie auch für soziale Distinktion.

Untersucht wird daher auch der Wandel der Werte und die Statusgebundenheit des Produktes Kaffee im Hinblick auf die sich wandelnden Distinktionsmöglichkeiten für soziale Schichten, Geschlechter und Generationen in beiden deutschen Staaten. Besonderes Augenmerk wird darauf gelegt, ob und in welcher Hinsicht der Kaffee seine Eigenschaft als Distinktionsmittel verlor. Auch in der DDR erwies sich Kaffee als Distinktionsmittel, obwohl die Egalisierung der Gesellschaft eines der offiziellen sozialistischen Hauptziele darstellte. Dabei ist zu untersuchen, ob die internen Differenzierungen in Westdeutschland auch im Osten eine Rolle spielten (z. B. Generationsabhängigkeit des Kaffeegenusses) oder ob sich dort andere Kriterien herausbildeten. Das Kaffeeangebot wurde auch von Zeitgenossen selbst als Vergleichsindikator gesehen. Gefragt wird deshalb insbesondere nach der Rolle, die das Konsumgut im innerdeutschen Beziehungsgeflecht hatte, und vor allem, welche Bedeutung dem Westkaffee zukam, der in Paketen und Päckchen, als Mitbringsel oder durch den Erwerb in Spezialgeschäften Teil der ostdeutschen Lebenswelt wurde.

Über die Entwicklung von Quantität und Qualität des in die DDR gelangten Kaffees hinaus geht die Studie dabei vor allem den immanenten Botschaften, Deutungen, Motiven, Mustern und wechselseitiger Wahrnehmung von Schenkenden und Beschenkten nach. Die Beschäftigung mit den Geschenksendungen liefert Hinweise auf gängige wechselseitige Vorurteile, Missverständnisse und Projektionen, die wiederum Einblicke in die Fremd- und Eigenwahrnehmung der Bürger der beiden deutschen Staaten erlauben. Die Elemente Trennung und Abgrenzung, Parallelitäten, Beziehungen und Verflechtungen werden exemplarisch an der Geschichte des Kaffeetransfers untersucht. Gleichzeitig wird auf die Funktion der Westpakete als politische Waffe im Kalten Krieg eingegangen.

Auch jenseits des Geschenkverkehrs geht die Arbeit der Perspektive der einen Gesellschaft auf die jeweils andere nach. Vor allem der „Blick nach Westen" bietet einen interessanten Indikator für die Eigenwahrnehmung der DDR-Bürger, denen einerseits der Entwurf einer eigenständigen sozialistischen Konsumkultur und andererseits die Messlatte des Westkonsums nahegebracht wurde. Hier können nicht zuletzt durch die Betrachtung des Konsumverhaltens der Ostdeutschen nach dem Fall der Mauer retrospektiv Schlussfolgerungen gewonnen werden.

Die vorliegende Arbeit konzentriert sich auf den Konsum von Kaffee. Andere wichtige Aspekte wie z. B. die Kaffeeproduktion werden insofern reflektiert, als sie sich im Kaffeekonsum in beiden deutschen Staaten niederschlagen. Die Arbeit ist Teil eines größeren an der Forschungsstelle für Zeitgeschichte in Hamburg durchgeführten Projekts über „Kaffee-Welten", das die lokalen und globalen Beziehungen untersucht, die sich bei der Produktion, beim Handel und beim Konsum von Kaffee im 20. Jahrhundert entfaltet und verändert haben.[2] Durch diese Forschungskooperation verortete sich die Erforschung des Konsums in einem größeren Zusammenhang, in dem die globale Bedeutung mit lokalen Deutungen und Praktiken verknüpft wurde.

Forschungsstand

Konsumgeschichte als historisches Forschungsfeld hat sich seit Beginn der 1990er Jahre in Deutschland etabliert und wird in zunehmendem Maße auch als Gesellschafts- und Kulturgeschichte verstanden. Neuere Forschungsansätze gehen über die Untersuchung des bloßen Besitzens oder Verbrauchens von Gütern hinaus und orientieren sich zusätzlich an den damit verbundenen Deutungen, Diskursen, Praktiken und Beziehungen. In den letzten 15 Jahren entstanden für die Bundesrepublik und die DDR zahlreiche Studien, die ihr Forschungsfeld jedoch in der Regel auf einen der deutschen Staaten begrenzten.[3]

[2] Dorothee Wierling untersuchte die Welt der Hamburger Rohkaffeehändler und -makler. Das Projekt befindet sich in der Niederschrift und erscheint voraussichtlich Anfang 2015 in Buchform. Christiane Berth erforschte die Welt der Kaffeeproduktion am Beispiel Zentralamerikas. Christiane Berth: Biographien und Netzwerke im Kaffeehandel zwischen Norddeutschland und Zentralamerika 1920–1959, Hamburg 2014.

[3] Zum Konzept einer Konsumgeschichte als Kulturgeschichte und zu den Trends der Wohlstandsentwicklung in Europa Hannes Siegrist: Konsum, Kultur und Gesellschaft im modernen Europa, in: Hannes Siegrist/Hartmut Kaelble/Jürgen Kocka (Hg.): Europäische Konsumgeschichte. Zur Gesellschafts- und Kulturgeschichte des Konsums, Frankfurt a. M./New York 1997, S. 13–48. Zur Konsumgeschichte mit Schwerpunkt Bundesrepublik vgl.: Reinhold Reith/Torsten Meyer (Hg.): Luxus und Konsum. Eine historische Annäherung, Münster 2003; Wolfgang König: Geschichte der Konsumgesellschaft, Stuttgart 2000; Hartmut Berghoff: Konsumpolitik. Die Regulierung des privaten Verbrauchs im 20. Jahrhundert, Göttingen 1999; Arne Andersen: Der Traum vom guten Leben. Alltags- und Konsumgeschichte vom Wirtschaftswunder bis heute, Frankfurt a. M. 1999; Siegrist/Kaelble/Kocka (Hg.): Europäische Konsumgeschichte, Frankfurt a. M./New York 1997; Hannes Siegrist/Jakob Tanner/Beatrice Veyrassant (Hg.): Geschichte der Konsumgesellschaft. Märkte, Kultur und Identität (15.–20. Jahrhundert), Zürich 1997; Michael Wildt: Am Beginn der „Konsumgesellschaft". Mangelerfahrung, Lebenshaltung, Wohlstandshoffnung in Westdeutschland in den fünfziger Jahren, Hamburg 1994; Wolfgang Ruppert (Hg.): Fahrrad, Auto, Fernsehschrank. Zur Kulturgeschichte der Alltagsdinge, Frankfurt a. M. 1993; speziell zur Konsumgeschichte der DDR: Annette Kaminsky: Wohlstand, Schönheit, Glück. Kleine Konsumgeschichte der DDR, München 2001; dies.: Konsumpolitik in der DDR. Von den Versorgungsutopien der fünfziger Jahre zu den Versorgungskrisen der achtziger Jahre, in: Lothar Mertens/Dieter Voigt (Hg.): Machtokkupation und Systemimplosion. Anfang und Ende der DDR – zehn Jahre danach, Berlin 2001, S. 67–98; Ina Merkel: Utopie und Bedürfnis. Die Geschichte der Konsumkultur in der DDR, Köln/Weimar/Wien 1999; Annette Kaminsky: Illustrierte Konsumgeschichte der DDR, Erfurt 1999; Neue Gesellschaft für Bildende Kunst e. V. (Hg.): Wunderwirtschaft. DDR-Konsumkultur in den 60er Jahren, Köln/Weimar/Wien 1996; Jörg Roesler: Privater Konsum in Ostdeutschland 1950–1960, in: Axel Schildt/Arnold Sywottek (Hg.): Modernisierung im Wiederaufbau. Die westdeutsche Gesellschaft der 50er Jahre, Bonn 1993, S. 290–303. Der folgende Band thematisiert vor allem die Beziehung zwischen Konsum und Systemkonkurrenz in Nachkriegsdeutschland: David Crew (Hg.): Consuming Germany in the Cold War, Oxford/New York 2003.

Während der Kaffeekonsum in diesen Untersuchungen nur eine marginale Rolle spielt, gibt es zum Thema Kaffee selbst eine Fülle von Literatur. Die Standardbibliographie von Hünersdorff nennt etwa 15 000 Titel, die sich mit Anbau, Herstellung, Zubereitung und Konsum von Kaffee sowie seiner wirtschaftlichen, sozialen, kulturellen, medizinischen und chemischen Bedeutung beschäftigen.[4]

Der Schwerpunkt der historischen Kaffeeforschung liegt inhaltlich im Bereich der Wirtschafts- und der Kulturgeschichte und zeitlich im 18. und 19. Jahrhundert.[5] Für das 20. Jahrhundert gibt es neben den beiden Universalgeschichten – der in den 1930er Jahren erschienenen Monographie von Ukers und der umfassenden Studie von Pendergrast, die, obgleich auch der Kaffeekonsum in Europa betrachtet wird, den Fokus der Konsumgeschichte auf Nordamerika legt – einige wenige Publikationen, die sich mit einzelnen Aspekten der Geschichte des Kaffees beschäftigen.[6]

Allgemein herrscht bei der Kaffeehistoriographie das Genre der populären und reich illustrierten Sachbücher im Format der „Coffee Table Books" vor, die den sinnlich-ästhetischen Charakter des Produktes betonen und im besten Falle eine essayistische Kulturgeschichte bieten.[7] Mitunter sind sie reine Werbeträger für eine bestimmte Kaffeemarke[8] oder gehören zur Kategorie der hauseigenen Fir-

4 Richard von Hünersdorff/Holger G. Hasenkamp: Coffee. A Bibliography. A Guide to the Literature on Coffee, London 2002.

5 Eine Auswahl dazu: Laura Rischbieter: Globalisierungsprozesse vor Ort. Die Interdependenz von Produktion, Handel und Konsum am Beispiel „Kaffee" zur Zeit des Kaiserreichs, in: Comparativ – Zeitschrift für Globalgeschichte und vergleichende Gesellschaftsforschung 17 (2007), S. 28–45; Daniela U. Ball (Hg.): Kaffee im Spiegel europäischer Trinksitten/Coffee in the Context of European Drinking Habits, Zürich 1991; Hans J. Teuteberg: Die Eingliederung des Kaffees in den täglichen Getränkekonsum, in: Hans J. Teuteberg/Günter Wiegelmann (Hg.): Unsere tägliche Kost. Geschichte und regionale Prägung, Münster 1986, S. 185–215; Peter Albrecht: Kaffeetrinken. Dem Bürger zur Ehr', dem Armen zur Schand', in: Rudolf Vierhaus (Hg.): Das Volk als Objekt obrigkeitlichen Handelns, Tübingen 1992, S. 57–100; ders.: Kaffee. Zur Sozialgeschichte eines Getränks, Braunschweig 1980; Heinrich Eduard Jacobs: Sage und Siegeszug des Kaffees, Hamburg 1951.

6 Einige Einzelstudien über die Bedeutung des Kaffees im 20. Jahrhundert finden sich in den neueren Sammelbänden von Peter Lummel (Hg.): Kaffee – vom Schmuggelgut zum Lifestyle-Klassiker. Drei Jahrhunderte Berliner Kaffeekultur, Berlin 2002; Eva Dietrich/Roman Rossfeld (Hg.): Am Limit. Kaffeegenuss als Grenzerfahrung, Zürich 2001, und Roman Rossfeld (Hg.): Genuss und Nüchternheit. Geschichte des Kaffees in der Schweiz vom 18. Jahrhundert bis in die Gegenwart, Baden 2002; außerdem die beiden Universalgeschichten des Kaffees von Mark Pendergrast: Uncommon Grounds. The History of Coffee and How It Transformed Our World, New York 1999 (in deutscher Übersetzung: Kaffee. Wie eine Bohne die Welt veränderte, Bremen 2001), und von William Ukers: All about Coffee, New York 1932. Beide Autoren legen ihren Schwerpunkt auf den nordamerikanischen Raum. Für den deutschen Kaffeehandel und Konsum fehlt eine ähnliche Historiographie ganz.

7 Zum Beispiel Thomas Leeb: Kaffee, das magische Elixier, München 2008; Simone Hoffmann/Rolf Bernhardt: Die Welt des Kaffees, Neustadt an der Weinstraße 2007; Ulla Heise: Aus erster Hand und frisch gebrannt! Kaffee-Legenden, Rezepte und Geschichten, Leipzig 2004, oder dies.: Kaffee und Kaffeehaus. Eine Geschichte des Kaffees, Frankfurt a. M. 2002.

8 Zum Beispiel Francesco/Ricardo Illy: Kaffee. Von der Bohne zum Espresso, München 1994.

mengeschichten.[9] Doch wird Kaffee auch im Rahmen einer umfassenden Kulturgeschichte der Genussmittel behandelt.[10]

Für die Geschichte des Kaffees im (West-)Deutschland des 20. Jahrhunderts existieren bislang keine Monographien, jedoch eine Fülle von Studien, die sich mit einzelnen Aspekten beschäftigen. Ursula Becker gibt in ihrer Untersuchung des hanseatischen Kaffeehandels seit dem frühen 19. Jahrhundert auch einen kurzen Überblick über die deutsche Entwicklung im 20. Jahrhundert.[11] Allerdings reicht ihre Darstellung nur bis in die 1960er Jahre und viele wichtige Themen werden nur sehr knapp behandelt. Darüber hinaus liegen Studien zu Teilbereichen vor, wie etwa die Geschichte des löslichen Kaffees,[12] des coffeinfreien Kaffees[13] oder des Ersatzkaffees[14]. Für diese Untersuchung überaus anregend waren die Werke, die sich im kulturgeschichtlichen Sinne mit Kaffeewerbung und -design beschäftigen.[15]

[9] Zwei sehr gelungene Darstellungen von Firmengeschichte, die über das beschriebene Format hinausgehen, sind folgende Monographien: Svenja Kunze/Alexander Schurig: Jacobs Kaffee … wunderbar. Eine Bremer Kaffeegeschichte, Bremen 2012; Rolf Sauerbier: 100 Jahre Jacobs Café, Bremen 1994.

[10] Annerose Menninger: Genuss im kulturellen Wandel. Tabak, Kaffee, Tee und Schokolade in Europa (16.–19. Jahrhundert), Stuttgart 2004; Thomas Hengartner/Maria Merki (Hg.): Genussmittel. Eine Kulturgeschichte, Frankfurt a. M. 2001; Hasso Spode: Der große Ernüchterer. Zur Ortsbestimmung des Kaffees im Prozess der Zivilisation, in: Ball (Hg.): Kaffee im Spiegel europäischer Trinksitten, S. 219–234; Roman Sandgruber: Bittersüße Genüsse. Kulturgeschichte der Genußmittel, Wien 1986; Wolfgang Schivelbusch: Das Paradies, der Geschmack und die Vernunft. Eine Geschichte der Genußmittel, München 1980; Günther Schiedlausky: Tee, Kaffee, Schokolade. Ihr Eintritt in die europäische Gesellschaft, München 1961.

[11] Ursula Becker: Kaffee-Konzentration. Zur Entwicklung und Organisation des hanseatischen Kaffeehandels, Stuttgart 2002.

[12] Zur Geschichte von Nescafé: Albert Pfiffner: „A real winner one day“: Die Entwicklung des „Nescafés“ in den 1930er Jahren, in: Rossfeld (Hg.): Genuss und Nüchternheit, S. 123–149.

[13] Bärbel Kern: 100 Jahre Kaffee HAG. Die Geschichte einer Marke, Bremen 2006; Svenja Kunze: „Kaffee HAG schont Ihr Herz“. Zur Entstehung und Entwicklung eines klassischen Markenartikels in der deutschen Kaffeebranche 1906–1939, in: Hamburger Wirtschaftschronik, N. F. 4/2001, S. 85–120; Roman Rossfeld: Produktinnovationen als Grenzüberschreitungen. Kaffee HAG als Beispiel, in: Dietrich/Rossfeld (Hg.): Am Limit, S. 88–105; Willi Bongard: Fetische des Konsums. Portraits klassischer Markenartikel, Hamburg 1964; Günter Spang: Rotes Herz und brauner Trank, Bremen 1956.

[14] Hans-Jürgen Teuteberg: Zur Kulturgeschichte der Kaffee-Surrogate, in: Ball (Hg.): Kaffee im Spiegel europäischer Trinksitten, S. 169–199; Andrea Berger-Fix: „Die Hauptstadt der Cichoria“. Ludwigsburg und die Kaffeemittel-Firma Franck, Ludwigsburg 1989.

[15] Keith R. Allen: Massai-Mann und Tchibo-Experte. Kaffee-Werbung und der Reiz des Fremden, in: Lummel (Hg.): Kaffee – vom Schmuggelgut zum Lifestyle-Klassiker, S. 61–67; Klaus Berthold (Hg.): Von der braunen Kaffeebohne zum Verwöhn-Aroma. Die Designgeschichte der Marke Jacobs, Bremen 1998; Stephanie Abke: Vom Luxusgut zum Alltagsgetränk. Die 1950er und 1960er Jahre im Spiegel der Kaffee-Werbung, in: Arbeiterbewegung und Sozialgeschichte: Zeitschrift für die Regionalgeschichte Bremens im 19. und 20. Jahrhundert 2 (1998), S. 25–36; dies.: Die Werbung der Firma Jacobs in den 50er und 60er Jahren als Spiegel gesellschaftlichen Wandels in der Bundesrepublik Deutschland, unveröffentlichte Magisterarbeit, Bremen 1997; Gabrielle Obrist/Robert Fayet (Hg.): Mein Aroma! … wunderbar. Motive und Parolen in der Kaffeewerbung, Zürich 1995; Ulla Jacobs: Kaffee – Sehnsucht nach innerer Wärme, in: Matthias Horx/

Erstaunlicherweise gibt es keine Untersuchung über die Bedeutung des Kaffees im Krieg.[16] Nur eine Studie über die Geschichte des Kaffeeschmuggels beschäftigt sich aus wissenschaftlicher Perspektive näher mit der Bedeutung der Bohnen als Schmuggel- und Schwarzmarktgut in der Nachkriegszeit,[17] während eine zwar kenntnisreiche Darstellung den Kaffeeschmuggel an der deutschen Westgrenze mit einer stark journalistisch geprägten Herangehensweise schildert und auf Nachweise weitgehend verzichtet.[18] Hervorragende allgemeine Untersuchungen zu Versorgung und Schwarzmarkt zwischen Kriegsende und Währungsreform(en) gehen kaum auf die Bedeutung des Kaffees ein, obwohl neben der vielbeachteten Zigarettenwährung auch Kaffee als Zahlungsmittel fungierte.[19]

Seit Ende der 1980er Jahre sind zahlreiche Arbeiten entstanden, die das erwachte öffentliche Bewusstsein für die globalen Bezüge des Kaffeekonsums, die als Ausbeutung der „Dritten Welt“ wahrgenommen wurden, widerspiegeln. Die vorwiegend politisch motivierten und in der Regel gut recherchierten Publikationen entsprechen allerdings nicht immer den wissenschaftlichen Standards.[20]

Mit der seit den 1990er Jahren einsetzenden Hinwendung der Branche zum Gourmetkaffee bzw. zu dem neuen Lifestyle-Getränk der jungen, städtischen Ge-

Peter Wippermann (Hg.): Markenkult. Wie Waren zu Ikonen werden, Düsseldorf 1995, S. 384–405; Gudrun Aydt: Kommunikationsanalyse der Kaffeewerbung, unveröffentlichte Diplomarbeit, Stuttgart 1985. Speziell zur Geschichte der Werbefiguren vgl. Wolfgang Hars: Lurchi, Klementine & Co. Unsere Reklamehelden und ihre Geschichten, Berlin 2000; Joachim Kellner/Werner Lippert: Werbefiguren. Geschöpfe der Warenwelt, Düsseldorf/New York 1992.

16 Dies mag seine Ursache in einem vermuteten Mangel der Kaffeebohnen in Zeiten der allgemeinen Devisenbeschränkung und Handelsblockaden haben. Tatsächlich spielt aber z. B. die Frage der Kaffeeversorgung der Soldaten eine große Rolle. So ist beispielsweise überliefert, dass die amerikanischen Truppen im Ersten Weltkrieg mit Trommelröstern ausgerüstet waren, um die Bohnen frisch rösten zu können. Aufschlussreich ist ebenfalls die große Anzahl militärischer Kaffeemühlen und Kleinröster für Soldaten (vgl. die Exponate der Ausstellung: „Jederzeit Kaffeezeit“ im Bremer Überseemuseum 2005/2006).

17 Jörg Smotlacha: Grenzen, Blockaden und ihre Überwindung. Aspekte der Geschichte des Kaffeeschmuggels, in: Dietrich/Rossfeld (Hg.): Am Limit, S. 36–51.

18 Wolfgang Trees: Schmuggler, Zöllner und die Kaffeepanzer. Die wilden Nachkriegsjahre an der deutschen Westgrenze, Aachen 2002.

19 Malte Zierenberg: Stadt der Schieber. Der Berliner Schwarzmarkt 1939–1950, Göttingen 2008; Rainer Gries: Die Rationen-Gesellschaft. Versorgungskampf und Vergleichsmentalität: Leipzig, München und Köln nach dem Kriege, Münster 1991; Michael Wildt: Der Traum vom Sattwerden. Hunger und Protest, Schwarzmarkt und Selbsthilfe in Hamburg 1945–1948, Hamburg 1986; Willi A. Boelcke: Der Schwarz-Markt 1945–1948. Vom Überleben nach dem Kriege, Braunschweig 1986; Frank Grube/Gerhard Richter/Arno Surminski: Die Schwarzmarktzeit. Deutschland zwischen 1945 und 1948, Hamburg 1979.

20 Rainer Grießhammer/Claudia Burg: Wen macht die Banane krumm. Kolonialwarengeschichten, Reinbek bei Hamburg 1995; Holger Baum/Dieter Offenhäußer: Kaffee: Armut, Macht, Märkte. Ein Produkt und seine Folgen, Unkel am Rhein 1994; Kaffee-Kampagne El Salvador (Hg.): El Salvador. Die Kaffeekolonie von innen, Stuttgart 1992; BUKO-Agrar-Dossier Kaffee, Kaffeebauer und Kaffeepflückerin, Kaffee-Abkommen, Kaffeemarkt in der BRD, Kaffeezölle, Kaffee und fairer Handel, Hamburg 1992; Joe Kemptner: Kaffee – unfiltriert und abgebrüht, in: Gerhard Pfeisinger u. a. (Hg.): Die Schaffung der ungleichen Welt, Göttingen 1989, S. 59–69; Arbeitsgruppe „Hamburg – Dritte Welt“: Schwarzbuch Hamburg – Dritte Welt, Hamburg 1983.

nerationen und der Kaffeebar als neuem sozialen Ort beschäftigen sich bereits vereinzelte Studien.[21]

Für die Geschichte des Kaffees in der DDR liegen erheblich weniger Publikationen vor als zur bundesdeutschen Kaffeegeschichte. Ein Aufsatz von Volker Wünderich befasst sich mit der Geschichte des Kaffees in der DDR und der Bedeutung des Bohnenkaffees für die DDR-Bürger.[22] Eine weitere Studie desselben Autors untersucht die „Kaffeekrise" 1977 und ihre Auswirkungen.[23] Daneben erschien ein kurzer Abriss über die Geschichte des Kaffees im geteilten Deutschland von Jürgen Schmidt.[24]

Neben diesen Aufsätzen, die explizit das Thema Kaffee zum Gegenstand wählen, taucht dessen Geschichte in allgemeineren Betrachtungen zur Wirtschaftsentwicklung und Konsumgeschichte der DDR nur am Rande auf.[25] So behandeln Jochen Staadts Untersuchung zur „institutionalisierten Meckerkultur" und Hans-Joachim Dörings Studie über die Politik der DDR gegenüber Ländern der „Dritten Welt" unter anderem auch die „Kaffeekrise".[26]

Eine Untersuchung über die Herausbildung regionaler Identitäten in Sachsen widmet sich auf einigen Seiten der Bedeutung des Kaffeekonsums und der Betrachtung einschlägiger Stereotypen („Kaffeesachsen").[27]

Neuere Forschungen zur Konsumgeschichte in Ostdeutschland haben zu Recht darauf hingewiesen, dass die Betrachtung der ostdeutschen Gesellschaft als reine Mangelgesellschaft eine reduzierte Sichtweise sei. So betont Ina Merkel das Nebeneinander von Mangel und Überfluss als Charakteristikum für die wirtschaftli-

[21] Uwe Spiekermann: Lifestyle und Kaffee. Kaffeebars als Trendprodukt der Jahrtausendwende, in: Dietrich/Rossfeld (Hg.): Am Limit, S. 106–119; Howard Schultz: Die Erfolgsstory Starbucks: eine Kaffeehauskette erobert die Welt, Wien/Hamburg 2000.

[22] Volker Wünderich: Ohne Bohnenkaffee kein Sozialismus? Kaffee und Westgrenze in der DDR, in: Dietrich/Rossfeld (Hg.): Am Limit, S. 76–87.

[23] Volker Wünderich: Die „Kaffeekrise" von 1977. Genussmittel und Verbraucherprotest in der DDR, in: Historische Anthropologie 11 (2003), Heft 2, S. 240–261.

[24] Jürgen Schmidt: Goldmokka und Kaffeemix. Kaffee im geteilten Deutschland, in: Lummel (Hg.): Kaffee – vom Schmuggelgut zum Lifestyle-Klassiker, S. 79–83.

[25] Vgl. hierzu die Anmerkungen zur konsumgeschichtlichen Forschung oben. Zur allgemeinen wirtschaftlichen Entwicklung: André Steiner: Überholen ohne einzuholen. Die DDR-Wirtschaft als Fußnote der deutschen Geschichte?, Berlin 2006; ders: Von Plan zu Plan. Eine Wirtschaftsgeschichte der DDR, München 2004; Stefan Wolle: Die heile Welt der Diktatur. Alltag und Herrschaft in der DDR 1971–1989, Berlin 1998. (Allerdings teile ich die Einschätzung von Ina Merkel, dass das halbwissenschaftlich-populäre Buch von Stefan Wolle ein schlecht recherchiertes Werk mit vielen Fehlern und Ungenauigkeiten ist [Merkel: Utopie und Bedürfnis, S. 10]. So fand ich beispielsweise in der Beschreibung der „Kaffeekrise" auf nur einer Seite gleich zwei wichtige Zitate mit einem sinnentstellenden falschen Wortlaut.)

[26] Jochen Staadt: Eingaben. Die institutionalisierte Meckerkultur in der DDR. Goldbrokat, Kaffee-Mix, Büttenreden, Ausreiseanträge und andere Schwierigkeiten mit den Untertanen, Berlin 1996, speziell zur „Kaffeekrise": S. 40–50. Hans-Joachim Döring: „Es geht um unsere Existenz". Die Politik der DDR gegenüber der Dritten Welt am Beispiel von Mosambik und Äthiopien, Berlin 2001, zur „Kaffeekrise" S. 114–123.

[27] Manuel Schramm: Konsum und regionale Identität in Sachsen 1880–2000. Die Regionalisierung von Konsumgütern im Spannungsfeld von Nationalisierung und Globalisierung, Stuttgart 2002.

che Situation der DDR und diskutiert die Frage von Luxus im Sozialismus.[28] Bei der historischen Annäherung an Selbstwahrnehmung und Handlungsstrategien der DDR-Bürger erweisen sich Studien als hilfreich, die Eingaben als historische Quelle thematisieren.[29]

Die von einer Werbeagentur konzipierte Firmengeschichte von „Röstfein" – der einzigen ehemaligen DDR-Rösterei, die noch Kaffee produziert – geht nur sehr schlaglichtartig und knapp auf die Geschichte des Betriebes in der DDR ein.[30] Eine Studie aus dem Institut für Apparate- und Umwelttechnik über das in der Rösterei entwickelte Wirbelschichtröstverfahren behandelt wiederum ausschließlich die technischen Aspekte des Themas.[31]

Eine systematische Erforschung der Alltagserfahrungen in der Beziehungsgeschichte zwischen den Bürgern der beiden Staaten fehlt noch weitgehend. Zahlreiche Studien sind allerdings über die Westpakete sowie den deutsch-deutschen Briefwechsel erschienen[32] – eine Untersuchung rückt explizit die Bedeutung, die Kaffee in Verbindung mit den deutsch-deutschen Geschenksendungen besaß, in den Blick.[33] Auch bei der Betrachtung des Kaffees im Kontext des Grenzgängerphänomens konnte auf einige bereits vorhandene Studien zurückgegriffen werden.[34]

[28] Ina Merkel: Luxus im Sozialismus. Eine widersinnige Fragestellung?, in: Reith/Meyer (Hg.): Luxus und Konsum, S. 221–236; dies.: Konsumkultur in der DDR. Über das Scheitern der Gegenmoderne auf dem Schlachtfeld des Konsums, in: Mitteilungen aus der kulturwissenschaftlichen Forschung 19 (1996), S. 314–330.

[29] Felix Mühlberg: Bürger, Bitten und Behörden. Geschichte der Eingaben in der DDR, Berlin 2004; ders.: Eingaben als Instrument informeller Konfliktbewältigung, in: Evemarie Badstübner (Hg.): Befremdlich anders. Leben in der DDR, Berlin 2000, S. 233–270; Ina Merkel: „Wir sind doch nicht die Mecker-Ecke der Nation. Briefe an das DDR-Fernsehen, Köln/Weimar/Wien 1998; Alf Lüdtke/Peter Becker (Hg.): Akten, Eingaben, Schaufenster. Die DDR und ihre Texte – Erkundungen zu Herrschaft und Alltag, Berlin 1997; Staadt: Eingaben.

[30] Röstfein Kaffee GmbH: Hundert Jahre röstfeiner Geschmack, Magdeburg 2008.

[31] Thomas Piofczyk: Untersuchung zur Röstung von Kaffeebohnen und dabei entstehender Emissionen in der Wirbelschicht, Dissertation, Magdeburg 2009.

[32] Eva Determann: Von Mensch zu Mensch. Die Deutsche Bruderhilfe. Eine Bremer Initiative im geteilten Deutschland, Bremen 2010; Petra Kabus: Das Westpaket, in: Martin Sabrow (Hg.): Erinnerungsorte der DDR, München 2009, S. 441–450; Volker Ilgen: CARE-Paket & Co. Von der Liebesgabe zum Westpaket, Darmstadt 2008; Ina Dietzsch: Grenzen überschreiben? Deutsch-deutsche Briefwechsel 1948–1989, Köln/Weimar/Wien 2004; Christian Härtel/Petra Kabus (Hg.): Das Westpaket. Geschenksendung, keine Handelsware, Berlin 2000; Ina Dietzsch: Deutsch-deutscher Gabentausch, in: Neue Gesellschaft für Bildende Kunst e. V. (Hg.): Wunderwirtschaft, S. 204–213.

[33] Rainer Gries: „Jakobs Kaffee – wunderbar". Päckchen nach drüben: Eine geniale Verbindung von Produktwerbung und Politikpropaganda, in: Mechthild Blum/Thomas Nesseler (Hg.): Deutschland, einig Vaterland? Geschichte(n), Probleme und Perspektiven, Bonn 1992, S. 80–85.

[34] Frank Roggenbuch: Das Berliner Grenzgängerproblem. Verflechtung und Systemkonkurrenz vor dem Mauerbau, Berlin 2008; Erika M. Hoerning: Zwischen den Fronten. Berliner Grenzgänger und Grenzhändler 1948–1961, Köln/Weimar/Wien 1992; Jörn Schütrumpf: Zu einigen Aspekten des Grenzgängerproblems im Berliner Raum von 1948/49 bis 1961, in: Rolf Badstübner/Jochen Cerny/Gerhard Keiderling (Hg.): Studien zur Geschichte der Deutschen Demokratischen Republik, Berlin 1984, S. 333–358.

Generell zeigt sich, dass die Geschichte des Kaffees für die zweite Hälfte des zwanzigsten Jahrhunderts vor allem punktuell erforscht ist, während gute Überblicksdarstellungen fehlen. Zudem weist der Forschungsstand – wie auch die Quellenlage – eine starke Asymmetrie zwischen Bundesrepublik und DDR auf.

Methode

Wie dieser kurze Überblick zeigt, berührt das Thema eine Vielzahl verschiedener Aspekte: vom Wechselverhältnis zwischen Alltag und Herrschaft bis zum Kaffee als Symbol in der Systemkonkurrenz und Kaffee in der Beziehungsgeschichte der beiden Staaten. Das Thema Kaffee(konsum) wird – wie oben erwähnt – als Sonde verwendet, um Erkenntnisse über Politik, Wirtschaft, Gesellschaft und Alltag beider deutscher Staaten im Vergleich und in ihrem Bezug aufeinander zu gewinnen. Darüber hinaus wird Kaffee als Projektionsfläche für Vorstellungen, Wünsche und Erwartungen untersucht und das Erscheinungsbild des Genussmittels in der öffentlichen Darstellung und Diskussion analysiert, um Hinweise auf das individuelle und gesellschaftliche Selbstverständnis in der Bundesrepublik und der DDR herauszuarbeiten. Die vergleichende Untersuchung der Bedeutungsgeschichte der Ware Kaffee lässt darüber hinaus einen wichtigen Beitrag zum Verständnis deutsch-deutscher Beziehungen im historischen Kontext von Kaltem Krieg und Entspannungspolitik erwarten.

Die konsumgeschichtliche Betrachtung des Kaffees orientiert sich an einer Perspektive, in der Konsumgeschichte als Kulturgeschichte verstanden wird. Die Deutung folgt der Definition von Hannes Siegrist, wonach unter Konsumieren das Kaufen, Gebrauchen und Verbrauchen/Verzehren von Waren verstanden wird. In dieses Verständnis eingeschlossen sind auch die damit im Zusammenhang stehenden Diskurse, Emotionen, Beziehungen, Rituale und Formen der Geselligkeit und Vergesellschaftung.[35] Somit erweitert sich der Begriff Konsum vom Besitz und Verbrauch von Gütern auf die Dimensionen des Handelns, der Wahrnehmung und der Emotionen. So verstanden eignet sich Kaffee hervorragend als Indikator für Wertvorstellungen und Wertewandel im Hinblick auf Lebensstandard, Konsumvisionen, Lebensstile und Anspruchshaltungen. Beispielsweise lässt die emotionale Reaktion auf das Angebot von Ersatzkaffee Rückschlüsse zu auf eine gesellschaftlich empfundene Normalisierung der Lebensverhältnisse bzw. auf die wahrgenommene Entfernung dazu in Zeiten der Versorgungsnot und Rationierung.

Konsumgeschichte wird üblicherweise als Subjekt-Objekt-Beziehung geschrieben. Eine wichtige Erweiterung dieser Sichtweise ist das Modell der Produktkommunikation,[36] welches Produkte als Medien in einem Kommunikationsprozess aller Beteiligten versteht, also der Hersteller, Werbefachleute, Politiker, Wissenschaftler, Verkäufer und Konsumenten.[37] Die Untersuchung berücksichtigt das

[35] Siegrist/Kaelble/Kocka (Hg.): Europäische Konsumgeschichte, Einleitung von Hannes Siegrist, S. 13–50, hier S. 16.

[36] Vgl. z. B. Rainer Gries: Produktkommunikation. Geschichte und Theorie, Wien 2008.

[37] Hier und im Folgenden wird der Lesbarkeit halber darauf verzichtet, die weiblichen Formen Kaffeeproduzentinnen, Politikerinnen, Wissenschaftlerinnen, Verkäuferinnen, Konsumentinnen etc. zu nennen.

Modell der Produktkommunikation insofern, als Konsumenten aktiv als Teil einer Kommunikation begriffen werden und nicht nur als Empfänger und Verwerter von Werbe- und Produktbotschaften gelten. In diesem Sinne spiegeln Produkte die Bedürfnisse der Menschen und deren Selbstwahrnehmung wider. Produkte, denen diese Bedürfnisbefriedigung nicht gelingt, scheitern auf dem Markt. Dieses Phänomen gilt für die Bundesrepublik und die DDR gleichermaßen. Daher werden hier die Gewinner(produkte) ebenso untersucht wie die Verlierer, also die „Flops".

Im klassischen Sinn versteht man unter dem historischen Vergleich, wie Hartmut Kaelble formuliert, „die explizite und systematische Gegenüberstellung von zwei oder mehreren historischen Gesellschaften, um Gemeinsamkeiten und Unterschiede sowie Prozesse der Annäherung und Auseinanderentwicklungen zu erforschen".[38] In der Regel werden, so Kaelble weiter, nur ganz selten Gesellschaften in ihrer Gesamtheit, sondern vor allem eng eingegrenzte Teilaspekte verglichen.[39] Die systematische und kontextbezogene Suche nach Unterschieden und Ähnlichkeiten, nach Divergenzen und Konvergenzen dient dabei der Erklärung der vorgefundenen Strukturen im Hinblick auf einen größeren gemeinsamen Zusammenhang oder auf ihre Typisierung. Diese behandelt eher die unterschiedliche innere Logik von Phänomenen in verschiedenen Gesellschaften und lässt damit ihre Besonderheiten verständlicher werden.[40]

Seit den 1990er Jahren versuchen neue Ansätze, das für manche Fragestellungen schwierige Konzept des klassischen historischen Vergleichs zu erweitern. Das etwa von Michel Espagne oder Jürgen Osterhammel vorgeschlagene Konzept des Transfers beinhaltet die Erforschung der Wandlungen, die bei der Übertragung von Denkmustern, Normen, Bildern und Repräsentationen von einer Kultur in die andere stattfinden.[41] Entscheidender als das Transferkonzept ist für diese Arbeit die Kombination von historischem Vergleich und historischer Beziehungsgeschichte. Da beide deutsche Staaten durch ein zu Recht als „asymmetrisch" bezeichnetes Beziehungsgeflecht auf vielfältige Weise verbunden waren, liegt es nahe, diesen vielfältigen Beziehungssträngen gesondert nachzugehen. In dieser Arbeit erfährt deshalb jedes Kapitel eine Dreiteilung. Neben der Situation im jeweiligen Staat wird auch die Beziehungsgeschichte explizit thematisiert, um die

[38] Hartmut Kaelble: Der historische Vergleich. Eine Einführung zum 19. und 20. Jahrhundert, Frankfurt a. M. 1999, S. 12. Vgl. auch Heinz-Gerhard Haupt/Jürgen Kocka (Hg.): Comparative and Transnational History. Central European Approaches and New Perspectives, New York 2009; dies.: Geschichte und Vergleich. Ansätze und Ergebnisse international vergleichender Geschichtsschreibung, Frankfurt a. M. 1996.

[39] Kaelble: Der historische Vergleich, S. 12f. Vgl. auch Hartmut Kaelble: Die Debatte über Vergleich und Transfer und was jetzt?, in: H-Soz-u-Kult, 08. 02. 2005, <http://hsozkult.geschichte.hu-berlin.de/forum/id=574&type=diskussionen>.

[40] Ebd.

[41] Jürgen Osterhammel: Geschichtswissenschaft jenseits des Nationalstaats. Studien zu Beziehungsgeschichte und Zivilisationsvergleich, Göttingen 2003; Michel Espagne: Au delà du comparatisme, in: Ders.: Les transferts culturels franco-allemands, Paris 1999, S. 35–49. Vgl. auch Manuel Schramm: Vergleich und Transfer in der Konsumgeschichte, in: Comparativ – Zeitschrift für Globalgeschichte und vergleichende Gesellschaftsforschung 19 (2009), S. 7–15.

Wechselwirkungen zwischen beiden Gesellschaften zu ergründen. Allerdings lässt sich der beziehungsgeschichtliche Aspekt nicht immer deutlich von dem vergleichenden Teil trennen. Tatsächlich erweist sich die Geschichte des Kaffeekonsums bei allen trennenden und nicht vergleichbaren Elementen als gutes Beispiel einer „asymmetrisch verflochtenen Parallelgeschichte".[42]

Die Untersuchung verwendet den Begriff des Diskurses, der auf die gesamten Wahrnehmungs- und Deutungshorizonte der Akteure bezogen wird. Die Frage nach Diskursen geht den emotionalen Aufladungen und konnotativen Zuschreibungen nach, die Kaffeeproduzenten, Konsumenten, Wissenschaftler, Politiker, Werbefachleute und Publizisten mit dem Produkt Kaffee verknüpften. Dabei wird etwa nach der Stilisierung als Luxus- oder Alltagsgut, als gesundheitsgefährdendes oder anregendes Getränk, nach Zuschreibungen hinsichtlich Alter oder Jugend, Exotik oder Häuslichkeit gefragt. In diesem Sinne wird auch der „Westkaffee" in der DDR hinsichtlich der sozialen und emotionalen Deutungen untersucht, die in seinem hohen (Tausch-)Wert deutlich wurden. Für die mitunter auch über die Diskursebene hinausgehenden Aspekte von Wahrnehmungen und Möglichkeiten der Identitätsbildung erweist sich vor allem für die Frage der Inszenierung durch Konsum sowie zur Untersuchung der distinktiven Funktion des Genussmittels auch das Bourdieu'sche Konzept der „feinen Unterschiede" als hilfreich.[43]

Ein besonderer methodischer Zugriff ergibt sich aus der Nutzung von Werbung als Quelle.[44] Während die historische Forschung früher davon ausging, dass Werbung weitgehend ein passiver Spiegel der zeitgenössischen Kultur sei, haben neuere Untersuchungen darauf hingewiesen, dass Werbebilder und Werbebotschaften keine einfachen Abbilder kollektiver Eigenschaften sind.[45] In der neueren Forschung hat sich deshalb ein Interaktionsmodell durchgesetzt, in der Werbung als spezifische Kommunikationsform im Rahmen eines Mediensystems begriffen wird: „Werbung ist demnach sowohl Spiegel wie Gestaltungsfaktor, Abbild wie Vorbild einer Zeit."[46] Insofern wird Werbung hier als interaktives System begriffen, das von den verschiedenen Akteuren beständig beeinflusst wird und diese beeinflusst. Werbebilder sind äußerst komplexe Quellen: „In ihnen treffen, akkumulieren oder negieren sich Intentionen und Einstellungen von Sendern und Empfängern, kreuzen und überlagern sich Reflexe aus der Gesell-

[42] Zu diesem von Christoph Kleßmann vorgeschlagenen Konzept siehe Anm. 1.

[43] Vgl. Pierre Bourdieu: Die feinen Unterschiede. Kritik der gesellschaftlichen Urteilskraft, Frankfurt a. M. 1982.

[44] Zur Werbung als Quelle vgl. Dirk Schindelbeck: Marken, Moden und Kampagnen. Illustrierte deutsche Konsumgeschichte, Darmstadt 2003; Rainer Gries/Volker Ilgen/Dirk Schindelbeck: „Ins Gehirn der Masse kriechen!" Werbung und Mentalitätsgeschichte, Darmstadt 1995.

[45] Zu den unterschiedlichen Ansätzen vgl. Siegfried J. Schmidt/Brigitte Spieß: Die Kommerzialisierung der Kommunikation. Fernsehwerbung und sozialer Wandel 1956–1989, Frankfurt a. M. 1997, S. 44 ff.; Konrad Dussel: Wundermittel Werbegeschichte? Werbung als Gegenstand der Geschichtswissenschaft, in: Neue Politische Literatur 42 (1997), S. 416–430; Gries/Ilgen/Schindelbeck: „Ins Gehirn der Masse kriechen!".

[46] Gerhard Paul: Das HB-Männchen. Werbefigur des Wirtschaftswunders, in: Zeithistorische Forschungen 4 (2007), S. 84–115, hier S. 89.

schaft mit Impulsen in der Gesellschaft, kommen Selbstverständnis und Code von Epochen und Zeiten in mancherlei Akzentuierungen, Verdichtungen, aber auch Ausblendungen zur Sprache und gewinnen Symbolmacht."[47]

Neben Werbung verdienen auch zeitgenössische sozialwissenschaftliche Studien als Quellen eine methodologische Betrachtung: „Als historische Teildisziplin, welche die Genese gegenwärtiger Problemlagen untersucht, muß die Zeitgeschichte der Tatsache Rechnung tragen, daß zahlreiche Phänomene bereits sozialwissenschaftlich dokumentiert und interpretiert worden sind. Die Prüfung dieser ‚Sozialdaten', der Theorien und Erklärungsmodelle stellt eine methodische Herausforderung für die zeithistorische Forschung dar."[48] Für die Untersuchung des Kaffeekonsums zieht diese Arbeit zahlreiche Markt- und Meinungsforschungsuntersuchungen heran. Sie werden, wie Lutz Raphael fordert, nicht nur als Sekundärliteratur behandelt, sondern auch selbst als Quellen interpretiert und ihr Entstehungskontext wird mit in die Deutung einbezogen.[49]

Die als Datengrundlage verwendeten statistischen Berechnungen müssen ebenfalls einer Quellenkritik unterzogen werden. Die Frage, wie Konsum quantifiziert wird, lässt sich nicht so einfach beantworten, wie dies den Anschein hat. Abgesehen von der generellen Abhängigkeit einer statistischen Erfassung von ihrer genauen Fragestellung stößt man bei der Betrachtung des Kaffeekonsums schnell auf unterschiedliche Zahlenangaben und damit auf die Schwierigkeiten statistischer Erfassung. Für jede Statistik muss zunächst beachtet werden, ob sie auf Roh- oder Röstkaffee basiert. Durch die Röstung verändert der Kaffee sein Gewicht. Dieser Gewichtsverlust der Rohkaffeebohnen – auch „Einbrand" genannt – beträgt je nach Wassergehalt des Rohkaffees und Röstgrad elf bis 20 Prozent.[50] Ungeachtet von dieser noch einfach zu handhabenden Unterscheidung existieren verschiedene Methoden, um den Kaffeeverbrauch zu ermitteln.[51] Eine Methode stützt sich auf die Netto-Importe und berücksichtigt gleichzeitig die Veränderungen bei den Lagerbeständen. Eine andere Vorgehensweise misst den verfügbaren Bestand basierend auf der Zusammenfassung der inländischen Produktion von Kaffee und den Netto-Einfuhren. Die dritte gebräuchliche Methode errechnet den Konsum über die Aufschlüsselung staatlicher Steuereinnahmen. Da jede Berechnungsform ihre Vor- und Nachteile hat, gibt es generell keine Präferenz. Verschiedene fachkompetente Stellen stützen sich auf unterschiedliche Berechnungswege. So ermittelt beispielsweise das statistische Bundesamt den Verbrauch nach den Zahlen der Außenhandelsstatistik, während die Kaffeehändler vom Verbrauchs-

[47] Gries/Ilgen/Schindelbeck: „Ins Gehirn der Masse kriechen!", S. 17f.

[48] Anselm Doering-Manteuffel/Lutz Raphael: Nach dem Boom. Perspektiven auf die Zeitgeschichte seit 1970, Göttingen 2008, S. 30.

[49] Vgl. hierzu Lutz Raphael: Die Verwissenschaftlichung des Sozialen als methodische und konzeptionelle Herausforderung für eine Sozialgeschichte des 20. Jahrhunderts, in: Geschichte und Gesellschaft 22 (1996), S. 165–193.

[50] Frieder Rotzoll/Hans-Georg Müller/Christiane Lichtenberg: Kaffeewissen. Vom Anbau bis zum Endprodukt, Hamburg 2004, S. 74.

[51] Vgl. Diego Pizano Salazar: Procesamiento y mercado del café en la República Federal Alemana, Bogotá 1980, S. 41f.

steueraufkommen ausgehen.[52] Die verwirrenden Abweichungen verschiedener Statistiken für den bundesdeutschen Kaffeekonsum sind damit auf verschiedene Messmethoden zurückzuführen. Für die DDR stellt sich das Problem nicht. Da der Staat sowohl Kaffeeimporteur, Verarbeiter wie auch die zentrale Institution der statistischen Erfassung war, differieren die Werte dort nicht. Da die Werte nicht Agitationszwecken dienten, sondern die in der Arbeit verwendeten Statistiken in der Regel für den internen Gebrauch bestimmt waren – teilweise unterlagen sie einer Geheimhaltungsstufe –, kann man von einer realistischen Darstellung ausgehen.[53] Darüber hinaus veröffentlichte Zahlen erfüllten oft Propagandazwecke für das sozialistische System. Allerdings ergibt sich aus der spezifischen deutsch-deutschen Konstellation eine entscheidende Unschärfe in der Konsumstatistik: Über den Paketverkehr, der zwischen beiden Staaten floss, gelangten relevante Mengen Kaffee aus West- nach Ostdeutschland. Bisweilen betrug die Größenordnung der privaten Importe der DDR-Bürger bis zu 30 Prozent des Inlandskonsums. Die offizielle Statistik in der Bundesrepublik zählte diese Menge jedoch zum bundesdeutschen Inlandskonsum. Insofern verfälschen die privaten Geschenke die Statistik des Kaffeekonsums in beiden deutschen Staaten in nicht unerheblichem Maße. Obwohl dieses Phänomen im Blick behalten werden muss, ist eine Orientierung an den offiziellen Statistiken sinnvoll, da sie wiedergeben, wie viel Geld die Bevölkerung für das Genussmittel aufwendete.

Schließlich sei an dieser Stelle noch auf den eventuell missverständlichen Gebrauch der Bezeichnung „Produktion“ sowie „Produzenten“ oder „produziert“ hingewiesen. Die primäre Produktion von Kaffee liegt natürlich in den Ursprungsländern innerhalb der beiden Wendekreise. Trotzdem ist die Bezeichnung Kaffee-Produktion für die Aufbereitung und Weiterverarbeitung der grünen Bohnen durch die Röstereien üblich und wird auch etwa vom Statistischen Bundesamt so verwendet. Da sich diese Arbeit mit dem Konsum in beiden deutschen Staaten beschäftigt, meint hier der Begriff Produktion im Zusammenhang mit Kaffee nicht die landwirtschaftliche Erzeugung, sondern die industrielle Weiterverarbeitung in Ost- und Westdeutschland.

Quellen

Die Arbeit basiert auf einer reichhaltigen Quellengrundlage. Umfangreiches Material konnte in Firmen-, Verbands- und Wirtschaftsarchiven ebenso wie in staatlichen Archiven erschlossen werden. Die Quellenlage ist allerdings – wie so oft bei deutsch-deutschen Vergleichsstudien – in hohem Maße asymmetrisch: Während sich die Bereiche Versorgung und Verbrauch in der DDR in der staatlichen Überlieferung wiederfinden, muss für die Bundesrepublik das Äquivalent im Wesentlichen in den Archiven der Kaffeefirmen – soweit vorhanden – gesucht werden. Die Quellenasymmetrie bei dieser konsumgeschichtlichen Fragestellung resultiert vor

[52] Verein der Kaffee-Großröster und -Händler e.V., Sitz Hamburg, Jahresbericht 1952, in: Kaffee- und Tee-Markt. Europas Fachzeitschrift der Kaffee- und Teewirtschaft mit den regelmäßigen Mitteilungen der Fachverbände, Heft 11 vom Juni 1953, S. 17.

[53] Vgl. dazu Roesler: Privater Konsum in Ostdeutschland 1950–1960, S. 293.

allem daraus, dass sich hier staatlich gelenkter Handel und Verbrauch sowie marktwirtschaftlich orientierter Handel und Konsum gegenüberstehen. Zudem ist kein Firmenarchiv eines DDR-Kaffeebetriebes erhalten. Die Unterlagen wurden alle bei der Abwicklung der DDR-Röstereien vernichtet. Selbst das Archiv der Firma Röstfein in Magdeburg, der einzigen DDR-Kaffeerösterei, die seit der Wiedervereinigung weiterhin Kaffee produziert, ist nicht mehr erhalten.

In Westdeutschland reglementierte bis 1955 die Regierung alle Kaffeeimporte. Dementsprechend existieren für diese erste Zeit Ministerialakten und Gesetzestexte. Die Probleme, die der umfangreiche Schwarzhandel mit Kaffee mit sich brachte, wurden mehrfach im Parlament diskutiert. Nach der Liberalisierung der Kaffee-Einfuhren im Jahr 1955 findet sich – abgesehen von Fragen der Zölle, der internationalen Abkommen, der Lebensmittelüberwachung und der Gewerbeaufsicht – nur noch wenig über die Geschichte des Kaffees in den staatlichen Quellen. Um Fragen des Konsums und die Perspektiven der Konsumenten nachzugehen, eignen sich daher die Akten der Ministerien und der staatlichen Verwaltung kaum.

Umso ergiebiger für diese Fragestellung waren die Quellenfunde in Firmen-, Verbands- und Wirtschaftsarchiven. Mehrere Firmen zeichneten ihre Firmen- und Produktgeschichte auf. Ein Teil dieser Berichte ist publiziert worden, etwa in Form von Festschriften. Darüber hinaus wurden unveröffentlichte Aufzeichnungen ausgewertet, wie z. B. die zehnbändige maschinengeschriebene Chronik der Firma Jacobs. Auch konnten zahlreiche unveröffentlichte Verbraucher- und Marktstudien, Studien zur Kaffeewerbung und verschiedene Diplomarbeiten herangezogen werden.

Weitere wichtige Einblicke in eine Firmengeschichte bot die Zeitschrift „Der Kontakt", bzw. „Contact", die ab 1955 für die Außendienstmitarbeiter von Jacobs herausgegeben wurde und sich in den 1970er Jahren zu einer allgemeinen Mitarbeiterzeitung wandelte. In der Zeitschrift fanden sich vor allem in den ersten 15 Jahren viele Rückmeldungen auf die von Jacobs durchgeführten Werbemaßnahmen.[54] Generell reflektierte die Zeitung alle Fragen hinsichtlich des Kaffeekonsums – insbesondere bezogen auf die Entwicklung und die Produkte des Hauses Jacobs. Des Weiteren lieferten firmeninterne Materialien aus den jeweiligen Kaffeefirmen wie Unterlagen zur Beurteilung der Produktgestaltung, Produktentwicklung und Verkaufsförderung, Preis- und Sortimentslisten, Informationen für die Einzelhändler, Werbematerial und Beobachtungen der Konkurrenzfirmen wichtige Hinweise.

Für die allgemeine Bewertung des Genussmittels aus der Sicht der Kaffeehändler schaffen die Unterlagen des Deutschen Kaffeeverbandes eine gute Ausgangsbasis. Dazu gehören die Jahresberichte des Vereins der Kaffee-Großröster und -Importeure, der 1969 in den Deutschen Kaffeeverband überging. Diese Jahresberichte liegen für 1950 bis 1987 vor. Neben Berichten über das Verbandswesen werden dort allgemeine Entwicklungen auf dem Weltmarkt und dem deutschen Kaffeemarkt mit den Veränderungen im Verbrauch und den Konsumgewohnheiten dargelegt.

54 Die Redaktion der Zeitschrift forderte die Außendienstmitarbeiter ausdrücklich zu Kritik und Diskussion auf und räumte ihren Rückmeldungen großzügig Platz ein.

Zeitschriften und Zeitungen geben ebenfalls wichtige Aufschlüsse zum Kaffeekonsum. Als bedeutendste Quelle in diesem Bereich ist die zwischen 1950 und 1988 erschienene Zeitschrift „Kaffee- und Tee-Markt" zu nennen, die sich selbst als „Europas Fachzeitschrift der Kaffee- und Teewirtschaft mit den regelmäßigen Mitteilungen der Fachverbände" bezeichnete. Diese Zeitschrift ist wie ihre Vorläufer „Gordian. Internationale Zeitschrift für Lebensmittel und Lebensmitteltechnologie" (1943–1949) und „Gordian: Kaffee und Tee. Ernte – Handel – Verbrauch" (1949–1950) im Hamburger Gordian-Verlag in einem zweiwöchentlichen Rhythmus publiziert worden. Sie beschäftigte sich mit allen Aspekten des Genussmittels – von der Produktion und den Produktionsländern über den Handel bis zum Konsum. Als Organ der Kaffeehändler und -röster und anderer „am Kaffeehandel beteiligter Firmen"[55] behandelte sie alle Themenbereiche von den neuesten Forschungsergebnissen über die Entwicklung im Verband bis zu den Berichten von der Leipziger Messe.

Neben dieser Zeitschrift, die sich explizit dem Kaffee widmete, existierten eine Reihe weiterer Fachzeitschriften – etwa für Händler oder Gastronomen –, die neben anderen Lebensmitteln und Produkten auch den Kaffee zum Thema ihrer Abhandlungen machten. Ab den 1980er Jahren erschienen zudem Zeitschriften und Broschüren, die sich speziell mit ungerechten Herstellungsbedingungen und mit „fairem Handel" auseinandersetzten.

Auch in der allgemeinen Presse war Kaffeeproduktion, -versorgung und -konsum immer wieder Gegenstand der Berichterstattung. Gleichzeitig wurde die in der Presse publizierte Werbung ebenfalls als Quelle genutzt.

Als zentrale Quelle für beide deutsche Staaten konnten die Beobachtungen von Marktforschungsinstituten herangezogen werden. In der Bundesrepublik beschäftigten sich unzählige Studien mit dem Konsum von Kaffee. Viele dieser Untersuchungen wurden im Auftrag der Kaffeefirmen durchgeführt und befinden sich häufig in deren Besitz, wie z. B. die Emnid-Studien zum Kaffeekonsum, die Analysen des Allensbacher Institutes oder der Gesellschaft für Konsumforschung. Neben diesen bekannten bundesdeutschen Marktforschungsinstituten erstellten zahlreiche kleinere Firmen und Werbeagenturen, aber auch Zeitschriftenverlage wie Springer oder Gruner und Jahr, Marktanalysen. In den Studien finden sich neben allgemeinen Fragen von Verbrauchsentwicklung und Konsumentengewohnheiten auch Umfrageuntersuchungen zu einzelnen Produkten bzw. Motivuntersuchungen von Produkt-Images sowie Resonanztests von Werbeanzeigen.

Für die Betrachtung des Kaffeekonsums in der DDR stehen vor allem staatliche Quellen zur Verfügung, die im Bundesarchiv in Berlin in der Abteilung DDR und der Stiftung Archiv der Parteien und Massenorganisationen der DDR (SAPMO) aufbewahrt werden. Da in der DDR Fragen der Versorgung in den Organen der SED und der Regierung eine zentrale Rolle spielten, sind auch die Überlegungen, Maßnahmen, Probleme und Diskussionen im Bereich der Kaffeeversorgung in den Akten der Ministerial- und Parteiüberlieferung sehr gut dokumentiert. In den Akten der Ministerien finden sich außerdem Korrespondenzen mit den Röstereien

[55] Der 1886 gegründete Verein der am Kaffeehandel betheiligten Firmen ging 1969 ebenfalls in den Deutschen Kaffeeverband ein.

der DDR und Unterlagen zur Organisation des Handels und der Verarbeitung. Auch die Stimmung der Bevölkerung hinsichtlich der Kaffeeversorgung war immer wieder Gegenstand von Schriften, Debatten und Briefwechseln.

Die Reaktion der Bevölkerung auf die Kaffeeversorgung in der DDR festzustellen, gehörte auch zu den Aufgaben des Ministeriums für Staatssicherheit. In den Akten, die bei dem Bundesbeauftragten für die Unterlagen des Staatssicherheitsdienstes der ehemaligen Deutschen Demokratischen Republik (BStU) überliefert sind, finden sich dazu zahlreiche Stimmungsberichte. Der Schwerpunkt dieser MfS-Akten fällt auf die Zeit der „Kaffeekrise" 1977, darüber hinaus gibt es auch Unterlagen aus den Jahren 1987/88. Die Menge an Stimmungsberichten während und nach den Ereignissen des Jahres 1977 belegt deutlich die Sensibilität der Thematik in den Augen der Staatssicherheit und der SED.

In der DDR untersuchte das Institut für Marktforschung in Leipzig[56] das Konsumverhalten, den Bedarf und den Einzelhandelsumsatz. Das Leipziger Institut erstellte zahlreiche Studien zum Kaffeekonsum, die generell als eine sehr aufschlussreiche Quelle gelten können. Da die Daten nicht zur Veröffentlichung bestimmt waren, sondern als Grundlage für die Regelung der Kaffeeversorgung durch die staatlichen Stellen, spiegelten sie die tatsächlichen Verhältnisse wider und wurden nicht geschönt wie beispielsweise Presseveröffentlichungen, die kritisch interpretiert werden müssen.

Die überlieferte Presseberichterstattung in der DDR erwies sich als wesentlich weniger umfangreich als in der Bundesrepublik. Werbung als Quellenmaterial liegt für die DDR nur punktuell vor.

Eine Besonderheit in der deutsch-deutschen Beziehungsgeschichte sind die Pakete und Päckchen, die zwischen Bewohnern der beiden Staaten ausgetauscht wurden. Da ein sehr hoher Prozentsatz der von West nach Ost gesandten Pakete Kaffee enthielt, spielen diese Geschenksendungen auch in der Betrachtung des Genussmittels im Hinblick auf den Ost-West-Konflikt und die asymmetrischen Beziehungen der Deutschen in Ost und West eine große Rolle. Interessant sind in diesem Zusammenhang die Akten des Bundesministeriums für gesamtdeutsche Fragen, seit 1969 Bundesministerium für innerdeutsche Beziehungen, in denen sich die Sichtweise der Bundesregierung und der westdeutschen Bevölkerung auf die DDR widerspiegelt und Analysen der Paketaktionen in die DDR überliefert sind. Das Bundesministerium förderte die Sendung von Paketen in die DDR, auch finanziell. Darüber hinaus wurden die Unterlagen einer Paketaktion des Deutschen Gewerkschaftsbundes (inkl. Dankesbriefen der Empfänger) als Beispiel für eine Aktion mit sogenannten Fremdpaketen[57] analysiert.

Auf ostdeutscher Seite erstellte das Institut für Marktforschung in Leipzig Analysen des Päckchen- und Paketverkehrs mit Westdeutschland. Die Ergebnisse der

[56] Das Institut für Marktforschung in Leipzig war 1961 aus dem „Forschungsinstitut für den Binnenhandel" hervorgegangen und dem Ministerium für Handel und Versorgung unterstellt. Zur Geschichte des Institutes vgl. Merkel: Utopie und Bedürfnis, S. 134–150.

[57] Als „Fremdpakete" wurden diejenigen Sendungen bezeichnet, bei denen sich Sender und Empfänger unbekannt waren. Solche Paketsendeaktionen wurden von verschiedenen Organisationen initiiert.

Paketuntersuchungen, die das Institut ab 1966 regelmäßig durchführte, wurden als „geheime Verschlusssache" behandelt und vor allem intern im Ministerium für Handel und Versorgung benutzt. Leider sind diese Studien erst für den Zeitraum ab 1978 erhalten.

Schließlich wurden auch Interviews als Quelle verwendet. Hierbei handelt es sich vor allem um Sekundäranalysen von Zeitzeugeninterviews unterschiedlichen Ursprungs, wie z. B. aus einer TV-Produktion des Mitteldeutschen Rundfunks.[58]

Insgesamt erwies sich die reichhaltige Quellenlage für die beiden Länder auch abgesehen von der Tatsache, dass wesentliches Material für die Bundesrepublik in privaten Firmen- und Verbandsarchiven und für die DDR staatlich überliefert ist, in mehrfacher Hinsicht als unterschiedlich und asymmetrisch: So liegen Marktforschungsstudien zu Kaffeeversorgung und -konsum in der Bundesrepublik bereits seit Beginn der 1950er Jahre vor, während sie für die DDR erst ab Mitte der 1960er Jahre beginnen. Auch erwies sich die Presseberichterstattung zum Thema Kaffee in der Bundesrepublik als wesentlich umfangreicher als in der DDR. Darüber hinaus liegt Werbung als Quellenmaterial für beide Staaten in sehr unterschiedlichem Maße vor. Die Positionen und Probleme der bundesdeutschen Kaffeefirmen glichen denjenigen des DDR-Staates aufgrund seiner Rolle als Produzent des Kaffees und Garant der Kaffeeversorgung jedoch in vielerlei Hinsicht.

Aufbau der Arbeit

Die Geschichte des Kaffeekonsums in beiden deutschen Staaten wird in drei chronologisch angeordnete Kapitel gegliedert, die in sich wiederholender Dreiteilung die Situation in der Bundesrepublik und der DDR sowie die Beziehungsgeschichte beider Staaten behandeln.

Das erste Kapitel befasst sich mit dem Konsumentenverhalten und der nur schwer zu stillenden Sehnsucht nach einem Luxusprodukt in den „langen" fünfziger Jahren. Thematisiert werden dabei die Entwicklung des Kaffeemarktes und die Konsumentenwünsche zwischen 1948 und 1959. Neben der Rolle des Ersatzkaffees und der Wohlstandsentwicklung, die sich im steigenden Konsum von „echtem Bohnenkaffee" niederschlug, beleuchtet das Kapitel vor allem die Relevanz, die Schmuggel und schwarzer Markt zwischen 1948 und 1953 hatten. Nicht nur in Ostdeutschland, auch im Westen Deutschlands hatte der Kaffeeschwarzmarkt eine große Bedeutung. In einem eigenen Unterkapitel wird deshalb exemplarisch das sogenannte Loch im Westen bei Aachen und der Schmuggel mit amerikanischem Bohnenkaffee thematisiert.

Für die Bundesrepublik wie auch für die DDR werden darüber hinaus die Entwicklungen von einer weitgehend kaffeelosen Zeit bis zu einem bescheidenen Konsum eines immer noch luxuriösen Gutes nachgezeichnet und die Bedeutung des Genussmittels für die Konsumenten erforscht. Die völlige Neugestaltung der Kaffeeversorgung 1958 und die gleichzeitige Einführung des Kaffees als Markenartikel bilden dabei für die DDR Schwerpunkte. Das Bild der jeweils anderen Ge-

[58] Ton- oder Filmdokumente, Andreas Kuno Richter/Lutz Rentner: Mahlzeit DDR – 3. Kosta – Rondo – Kaffeemix, MDR 2004.

sellschaft angesichts der noch durchlässigen deutsch-deutschen Grenze steht im Mittelpunkt des beziehungsgeschichtlichen Abschnittes.

Das zweite Kapitel ist der Änderung des Konsumverhaltens in den 1960er Jahren gewidmet. Aus dem Sonntagskaffee wurde ein Alltagsgetränk. Dabei werden die Entwicklungen des Weltmarktes mit dem Problem starker Überproduktion und dem Versuch, diesem durch internationale Abkommen zu begegnen, mit den unterschiedlichen Auswirkungen auf den Konsum in beiden Staaten nachgezeichnet. Auch die allgemeine Konsumentwicklung, die trotz mancher Ähnlichkeiten doch sehr unterschiedlich verlief, wird erläutert. Für Westdeutschland geht das Kapitel vor allem auf den Strukturwandel im Kaffeesektor der 1960er Jahre ein sowie auf die Auswirkungen dieses Wandels auf die Konsumgewohnheiten und das Image des Getränkes. Besondere Aufmerksamkeit legt die Untersuchung auf die Wünsche und Wahrnehmungen der Konsumenten, die mitunter mit den Interessen der Röster kollidierten. Daneben wird nach der Bedeutung gefragt, die Kaffee in Pulverform mit zunehmender Industrialisierung und Modernisierung der Lebensgewohnheiten erhielt. Für Ostdeutschland wird die Problematik herausgearbeitet, die durch das Auseinanderklaffen von sozialistischem Anspruch und Wirklichkeit entstand. Ein Schwerpunkt liegt dabei auf der starken Orientierung von Politikern, Produzenten und Konsumenten am westdeutschen Kaffeesortiment und den Versuchen der SED-Führung trotz Mangel und Sparzwängen eine dem westlichen Angebot vergleichbare Versorgung zu gewährleisten. Der beziehungsgeschichtliche Teil befasst sich mit Kaffee als Bestandteil der grenzüberschreitenden Präsente und mit den damit verbundenen politischen Motiven sowie den Deutungen und Missverständnissen der Schenkenden und Beschenkten.

Die 1970er und 1980er Jahre weisen sehr viel homogenere Entwicklungen auf als die vorhergegangenen Dekaden und wurden deshalb im dritten Kapitel zusammengefasst. Einen Schwerpunkt bilden die verschiedenen Strategien, mit denen beide Staaten auf die extremen Preissteigerungen für Rohkaffee auf dem Weltmarkt in der zweiten Hälfte der 1970er Jahre reagierten. Die Bundesrepublik und die DDR erlebten in dem Zeitraum, den das Kapitel umfasst, bedeutende Konsumentenproteste, deren Ursachen und Auswirkungen beleuchtet werden. Für die Bundesrepublik wird die Entwicklung des Kaffeemarktes nachgezeichnet, der von einer Konzentration auf wenige große Konzerne und deren Strategien nach Markterweiterung geprägt wurde. Das Image des nun als Massenkonsumgut fest im alltäglichen Gebrauch verankerten Getränks wandelte sich und der konventionell genossene Kaffee erhielt dadurch eine antimoderne Komponente. Damit verbunden veränderten sich auch die Einstellungen und Wünsche der Konsumenten. In der DDR führten 1977 die Teuerungen auf dem Weltmarkt verbunden mit einem ungeschickten Vorgehen von Partei- und Regierungsgremien zu einem Konflikt zwischen dem Staat und der geradezu empörten Bevölkerung, der unter dem Namen „Kaffeekrise" bekannt wurde. Sie führte nicht nur zu einem Legitimitätsverlust des Regimes, sondern bildete gleichzeitig eine Zäsur in der Kaffeepolitik und der Wahrnehmung dieser Politik durch die Bevölkerung. Für die SED-Führung war sie ein Signal, die Konsumpolitik auszudehnen. Die Untersuchung analysiert eingehend die Ursachen und Auswirkungen der Konsumentenproteste während der sogenannten Kaffeekrise. Außerdem wird allgemein nach der Wahrnehmung des Genussmittels zwischen Luxusgut und Bestandteil des alltäglichen Bedarfes gefragt und die weiterhin existierende Orientierung am westdeutschen Kaffeemarkt herausgearbeitet, die unter anderem durch die Möglichkeit, Westkaffee auch in Ostdeutschland zu erwerben, eine neue Komponente hinzugewonnen hatte. Der beziehungsgeschichtliche Teil des Kapitels konzentriert sich auf die Bedeutung von Kaffeeangeboten und -konsum in der Wiedervereinigung. Der Niedergang der ostdeutschen Kaffeesorten und der Siegeszug einiger westdeutscher Kaffeemarken wird nachgezeichnet und es wird untersucht, welche Aufschlüsse das nach 1989/90 veränderte Konsumentenverhalten der ehemaligen DDR-Bürger retrospektiv auf die Wahrnehmungen und Deutungen für die Zeit vor der deutschen Einheit ermöglicht.

Das Schlusskapitel diskutiert die gesellschaftliche Rolle von Kaffeekonsum und die mit ihm verbundenen Deutungen in beiden deutschen Gesellschaften. Dort wird noch einmal der Frage nachgegangen, inwiefern Kaffee als Wohlstandsindikator und Distinktionsfaktor funktionierte. Außerdem werden die asymmetrischen Entwicklungen und beziehungsgeschichtlichen Verflechtungen, die über den Kaffee in den beiden unterschiedlichen Wirtschafts- und Staatssystemen entstanden, herausgearbeitet und die Möglichkeiten und Wahrnehmungen von Spielräumen beziehungsweise der Eigenmacht von Konsumenten aufgezeigt. Schließlich wird die Geschichte des Kaffeekonsums in einen größeren Zusammenhang gestellt und der Erkenntnisgewinn der Studie hinsichtlich der deutsch-deutschen Geschichte herauskristallisiert. Die Betrachtung eines Konsumgutes kann tatsächlich jenseits von dichotomen Kategorisierungen und Kontrastierungen zu einer erweiterten Perspektive von Strukturen in unterschiedlichen Systemen führen. Darüber hinaus zeigt sich die Relevanz der Konsumgeschichte auch für den deutsch-deutschen Systemvergleich.

I. Das heiße Verlangen nach einem Luxusprodukt: Kaffee im Schatten der Nachkriegsjahre 1948–1959

1. Mangel und Wohlstandssehnsucht: Der Kaffeekonsument zwischen westdeutscher Nachkriegswirklichkeit und „Wirtschaftswunder"

Die Konsumentwicklung in Westdeutschland 1948/49

Das gemeinsame Plakat von CDU und FDP zur Bundestagswahl 1949 war außergewöhnlich: Es nahm die spätere Koalition der beiden bürgerlichen Parteien vorweg, indem es die Erfolge der Währungsreform als deren direktes und ausschließliches Verdienst darstellte. Eine dynamische Kurve teilte das Plakat in eine dunkle und eine helle Seite. Die dunkle Seite – überschrieben mit „1948" – symbolisierte die Not der unmittelbaren Nachkriegszeit vor der Währungsreform. Düster, deprimierend und trostlos war die Stimmung gezeichnet, mit einigen Aussagen, die typisch für diese Krisenzeit standen: „Keine Kohlen", „Monat Januar 50 gr. Fett", „Tausche Anzug gegen Essbares!", „5 kg Kartoffeln", „Nachfrage zwecklos!", „Rauchwaren ausverkauft!" und „Kaffee-Ersatz". Ganz anders die helle Seite „1949": Wenn auch nicht im maßlosen Überfluss, so waren die Warenkörbe doch alle gut gefüllt mit Brot, Kartoffeln, heimischem Gemüse und mit Obst (darunter auch Südfrüchte wie Zitronen oder Bananen). Es gab Tabakerzeugnisse in einiger Auswahl, Würste und Schinken, Alkoholika und sogar glänzende Schuhe, ebenso schick wie die darüber abgebildete Anzugjacke. Das Plakat verhieß eine wunderbare Warenwelt des geordneten Konsums. Doch Kaffee suchte der Betrachter vergebens. Hätten die Plakatgestalter die Lebensumstände der Bevölkerung 1949 tatsächlich widerspiegeln wollen, sie hätten den „Kaffee-Ersatz" auf der hellen Seite wiederholen müssen, denn 1949 befand man sich weiterhin im „Lande des Muckefucks"[1]. Mit echtem Bohnenkaffee konnten CDU und FDP noch nicht werben, wenn sie glaubwürdig bleiben wollten. In Westdeutschland wurde 1949 noch dreimal so viel Ersatzkaffee wie Bohnenkaffee getrunken. Pro Kopf tranken die Westdeutschen in diesem Jahr: 168,4 Liter „Muckefuck", 57,8 Liter Bohnenkaffee, 28,3 Liter Bier, 18,5 Liter Tee, 2,4 Liter Wein, 0,4 Liter Schnaps und 0,35 Liter Süßmost.[2] Trotz des offensichtlichen Problems der fehlenden positiven Entsprechung hatten sich die Plakatmacher für die Nennung des Ersatzkaffees als Schreckensbild der Nachkriegszeit entschieden. Diese Darstellung sprach für eine tief verwurzelte direkte Assoziation von Kaffeesurrogaten mit der Notzeit bei der Bevölkerung und trug gleichzeitig die Hoffnung auf eine Besserung der Situation in sich, die zwar noch nicht darstellbar, aber schon vorstellbar war.

[1] Vgl.: Im Lande des Muckefucks, in: Der Spiegel vom 20. 7. 1950, S. 22.
[2] Ebd.

Abb. 1: Plakat zur Bundestagswahl 1949

Ersatzkaffee

Im Alltag trank die Bevölkerung hauptsächlich Ersatzkaffee. Das im Volksmund „Muckefuck"[3] und in Fachkreisen „Kaffee-Mittel" genannte Produkt wurde durch die Röstung von Pflanzenteilen hergestellt und ebenso wie Bohnenkaffee mit heißem Wasser aufgebrüht. Als Rohstoff eignete sich ein breites Spektrum an Substanzen, wie eine warenkundliche Abhandlung aus dem Jahr 1950 angibt: „stärke-

[3] Für die Herkunft der Bezeichnung „Muckefuck" gibt es mehrere Erklärungen. Am plausibelsten scheint die Herleitung vom französischem „Mocca faux" – also „falscher Kaffee". Das etymologische Wörterbuch des Duden erklärt diese Wortschöpfung allerdings mit der Zusammensetzung der rheinländischen Bezeichnung „Mucke" für braune Stauberde oder verwestes Holz und „fuck" für faul. „Muckefuck" wird außerdem als Bezeichnung für „dünner Kaffee" seit Ende des 19. Jahrhunderts verwendet. Brigitte Alsleben: Duden. Das Herkunftswörterbuch. Etymologie der deutschen Sprache, Mannheim u. a. 2007, S. 541.

Abb. 2: Ausschnitte aus dem Werbefilm für Jota „In Erwartung“, 1954

reiche Früchte (Roggen, Gerste, Malz, Eicheln, Lupinen), zuckerhaltige Rohstoffe, (Zichorien, Zuckerrüben, Feigen, Datteln, Johannisbrot), fettreiche Rohstoffe (Erdnüsse, Dattelkerne, Sojabohnen), Zuckerstoffe (Stärkesirup, Stärke-, Trauben-, Fruchtzucker, Anis, Farin)“.[4] Die am häufigsten verwendeten Kaffeesurrogate waren Roggen oder Gerste (Kornkaffee), auch in gemälzter Form (Malzkaffee), Zichorien-, Feigen- und Eichelkaffee. Darüber hinaus wurden Kaffee-Zusatzstoffe angeboten – auch Kaffeegewürze genannt –, die ebenfalls durch die Röstung von Pflanzenteilen gewonnen wurden und die dem Kaffee oder Kaffee-Ersatz-Getränk Farbe, volleres Aroma und eine größere Ergiebigkeit verliehen. Kaffee-Ersatzmischungen hingegen bestanden aus einer Mischung dieser Kaffee-Zusatzstoffe und Kaffee-Ersatzstoffe, oft auch mit einem Anteil Bohnenkaffee.[5] Beliebte Marken für Ersatzkaffees waren beispielsweise Kathreiners Malzkaffee, Linde's, Kornfranck oder Caro.

Ersatzkaffee spielte während der gesamten 1950er Jahre eine große Rolle im Konsum der Bevölkerung wie auch im fachlichen Diskurs der Hersteller und in der Werbung. Die Werbung für den von Jacobs hergestellten Ersatzkaffee Jota verweist deutlich auf den Mangel und die Wünsche der Nachkriegszeit: Der Werbefilm „In Erwartung“, der ab 1954 bundesweit in zahlreichen Kinos vorgeführt wurde, zeigt eine traurige und verzweifelte „Kaffee-Kannen-Mutter“, die ihren durstenden „Tassenkindern“ hilflos gegenübersteht. Glücklicherweise erscheint schließlich die „Jota-Fee“, die der Mutter helfen kann – der Durst ist gestillt, alle sind froh und können wieder singen und tanzen.[6]

Die Darstellung der vaterlosen, notleidenden Familie spiegelte die bundesdeutsche Nachkriegswirklichkeit wider. Die gute Fee verkörperte treffend die Sehnsucht nach Wundern und besseren Zeiten. Und auch wenn im Film nur Surrogat ausgeschenkt wurde, so rückte die Erreichbarkeit des echten Kaffees über den Markennamen Jacobs doch in vorstellbare Nähe. Dass die Diskrepanz zwischen der Wirklichkeit des Konsums von Surrogaten und dem Wunsch nach dem Genuss von Bohnenkaffee fortbestand, blieb den Konsumenten im Bewusstsein. Der Verbraucher trank Ersatzkaffee, aber er tat es mitunter zähneknirschend. „Am

4 August Oetker: Warenkunde, Bielefeld 1950, S. 224.
5 Vgl. ebd., S. 224 ff.
6 Die Geschichte der Jota-Fee ist ausführlich dargestellt in Stephanie Abke: Die Werbung der Firma Jacobs in den 50er und 60er Jahren als Spiegel gesellschaftlichen Wandels in der Bundesrepublik Deutschland, unveröffentlichte Diplomarbeit, Bremen 1997.

Abend trank er Jota – am Morgen lag er tot da"[7], kommentierte der Volksmund abfällig. Die Surrogate waren in der gesellschaftlichen Vorstellungswelt noch zu eng mit der Zeit von Not und Mangel verbunden.

Auch wenn der zunehmende Wohlstand zu einer Steigerung im Verbrauch von „echtem Bohnenkaffee" führte, wurden bis zum Ende des Jahrzehnts immer noch erhebliche Mengen an Ersatzkaffee getrunken. Vor allem die weniger begüterten Bevölkerungsschichten mussten sich weiterhin mit „Muckefuck" bescheiden, wie eine Untersuchung des Kaffeekonsums durch das Emnid-Institut für Verbrauchsforschung 1957 zeigt. Insgesamt 1957[8] Personen ab 16 Jahren, die durch ein Quotenverfahren ausgewählt worden waren, wurden nach ihren Konsumgewohnheiten in Bezug auf reinen Bohnenkaffee gefragt. 56 Prozent davon gaben an, weder morgens noch nachmittags noch abends reinen Bohnenkaffee zu trinken.[9]

Die Verbraucher unterschieden streng zwischen „echtem Bohnenkaffee" und Kaffee-Ersatz. Ein Versuch der Imitation von Kaffeebohnen scheiterte: 1959 meldete die Zeitschrift „Kaffee- und Tee-Markt" die Erfindung einer synthetischen Kaffeebohne, die zwar genau wie eine Kaffeebohne aussah, so schmeckte und auch sonst die gleichen Eigenschaften aufwies, die jedoch keine Spur dieser Bohnen enthielt.[10] Diese „Syn-Bohne" jagte zwar den Importeuren und der Kaffee verarbeitenden Industrie einen großen Schreck ein, aber ihre Befürchtungen erfüllten sich nicht: Die Konsumenten zeigten für derartige Kunstprodukte kein Interesse.

Kaffee als Gradmesser für Normalität

Ein zentraler Aspekt für das Verständnis der Geschichte des Kaffeekonsums ist die Gleichsetzung von Kaffee-Ersatz mit der Krisenzeit im Bewusstsein der Bevölkerung. Die Verknüpfung von Kaffeesurrogaten mit Notlage beschränkte sich nicht nur auf die Nachkriegszeit, sondern umfasste ebenso die Kriegszeit. Mit Kriegsbeginn 1939 hatten die Nationalsozialisten alle Kaffeevorräte beschlagnahmen lassen. „Echten Bohnenkaffee" teilten die Behörden der Bevölkerung in den folgenden fünfeinhalb Jahren insgesamt nur sechsmal – meist zu besonderen Anlässen – in einer Größenordnung von 50 oder 60 Gramm zu.[11] Einzig nach schweren Bombenangriffen wurde zusätzlich Bohnenkaffee verteilt, der im Volksmund des-

[7] René Lüchinger/Birgitta Willmann: Der Jacobs-Weg. Die autorisierte Biografie des Unternehmers Klaus J. Jacobs, Zürich 2007, S. 61.

[8] Diese Zahl ist kein Schreibfehler! Tatsächlich wählte das Emnid-Institut 1957 genau 1957 Personen für seine Befragung aus.

[9] Unter reinem Bohnenkaffee wurden auch Nescafé oder ein anderer Bohnenkaffee-Extrakt in Pulverform sowie coffeinfreier Bohnenkaffee verstanden. Institut für Verbrauchsforschung Emnid K. G.: Kaffeekonsum und Konsumentengewohnheiten. 16. Erhebung, Juni/Juli 1957, Historisches Archiv Mondelez International, Archiv HAG.

[10] Vgl. 1959 – Schritt auf dem Weg, in: Kaffee- und Tee-Markt. Europas Fachzeitschrift der Kaffee- und Teewirtschaft mit den regelmäßigen Mitteilungen der Fachverbände, Heft 24 vom Dezember 1959, S. 3f.

[11] Dreimal davon als Sonderzuteilung zu Weihnachten. Vgl. Historisches Archiv Mondelez International, Archiv Jacobs, Jacobs Chronik, Bd. 1, 1927–1971, S. 30f.

halb den Beinamen „Zittermokka" erhielt.[12] So erlangte das absente Genussmittel den Nimbus des Besonderen und schwer Erreichbaren. Wie sehr diese Vorstellung im Gedächtnis bis in die heutige Zeit präsent blieb, zeigt das Gespräch bei einem Erzählcafé zum Thema Kaffee im Jahr 2007 in Hamburg:[13]

Zeitzeuge 1: „Die Nazis haben sich sehr wohl des Kaffees bewusst gemacht. Ja, ganz, ganz bewusst. Und zwar: Wenn damals irgendwelche Leute Kaffee hatten, da war ausgebombt oder so, ja, da haben sie den Leuten Kaffee gegeben, damit sie ruhig sind. Das hat man ganz bewusst genutzt."
Vier andere stimmen zu.
Zeitzeuge 6: „Es gab keinen Kaffee mehr in der Zeit, nach dem Krieg, da gab's keinen Kaffee mehr."

„Echter Bohnenkaffee" war in der Kriegs- und Krisenzeit ein Ausnahmegetränk für besondere Anlässe. Die Bevölkerung setzte das Genussmittel mit einer Konsumerfahrung gleich, die für ein gutes und normales Leben stand. Die Verknüpfung der Exklusivität von Kaffeegenuss in der Krisenzeit und der Substitution des Bohnenkaffees durch Getreide und andere Ersatzstoffe machte die Verfügbarkeit von Kaffee im gesellschaftlichen Bewusstsein zu einem Gradmesser für Normalität. So ist es auch kein Zufall, dass im oben erwähnten Gruppengespräch die Erinnerung an Kaffee nach dem Krieg mit einem Ereignis eng verbunden ist, das wie kein anderes im kollektiven Gedächtnis den Übergang zu einer Zeit, die das Ende des Mangels verhieß, markiert: mit der Währungsreform.[14] Daher erinnert sich eine Zeitzeugin:

„Also, ich glaube, wir haben fast alle vorm Krieg gar keinen Kontakt persönlich als Kinder [...] mit Kaffee gehabt. Ich hab zum ersten Mal nach'm Krieg, in der Währungs[reform] [...] zum ersten Mal Kaffee [...] getrunken."[15]

Sicherlich trank die Hamburgerin ihren ersten Kaffee nicht im Juni 1948. Für die meisten Menschen war Kaffee zu diesem Zeitpunkt kaum erschwinglich. Trotzdem ist der erstmalige oder erneute Konsum von Kaffee nach dem Krieg in der Erinnerung vieler Menschen der älteren Generation an dieses Datum gebunden. Im ersten halben Jahr nach der Währungsreform war die Besteuerung, die bei 54 DM für ein Kilo Röstkaffee lag, außerordentlich hoch. Deshalb kann angenommen werden, dass sich die meisten Menschen in dieser Zeit noch keinen Kaffee leisten konnten und der tatsächliche Konsum erst nach der ersten Steuerermäßigung auf 13 DM

[12] Vgl. Fritz Karl Michael Hillenbrand: Underground Humour in Nazi Germany, 1933–1945, London 1995, S. 59 u. 185; Stephen Lowry: Pathos und Politik. Ideologie in Spielfilmen des Nationalsozialismus, Tübingen 1991, S. 167; Bernt Engelmann: Berlin. Eine Stadt wie keine andere, München 1986, S. 261.

[13] Interview, Klöntreff zum Thema Kaffee, Galerie Morgenland Hamburg, 19.4.2007, Christiane Berth/Sielke Salomon (Interviewerinnen), Transkript S. 13.

[14] Vgl. Michael Wildt: Am Beginn der „Konsumgesellschaft". Mangelerfahrungen, Lebenshaltung, Wohlstandshoffnung in Westdeutschland in den fünfziger Jahren, Hamburg 1994; ders.: Der Traum vom Sattwerden. Hunger und Protest, Schwarzmarkt und Selbsthilfe in Hamburg 1945–1948, Hamburg 1986; Lutz Niethammer (Hg.): Hinterher merkt man, daß es richtig war, daß es schiefgegangen ist. Nachkriegserfahrungen im Ruhrgebiet, Berlin 1983.

[15] Interview, Klöntreff zum Thema Kaffee, Berth/Salomon (Interviewerinnen), Transkript S. 11.

für ein Kilo Röstkaffee im November 1948 einsetzte. Auch in volkswirtschaftlicher Hinsicht gab es indes eine Verbindung von Kaffee und Währungsreform.

Entwicklung des Kaffeemarktes

Nach der Währungsumstellung wurde erstmals wieder Kaffee eingeführt – anfangs unter strenger Kontingentierung und wegen der geringen Devisenvorräte der Westzonen bzw. der jungen Bundesrepublik meist in geringen Mengen. Neben den zentral gelenkten Einfuhren, die nach einem festgelegten Schlüssel auf die Röstereien verteilt wurden, kam Kaffee über die Hilfen des Marshall-Plans ins Land. Diese zusätzliche Einfuhr begann entgegen vorheriger Hoffnungen der Kaffeehändler erst ab 1949.[16] Ab dem Frühjahr 1950, als aufgrund von liberalisierten Handelsabkommen mit einigen Ländern (Niederlande und Großbritannien) Kaffee in beliebigen Mengen eingeführt werden konnte, entspannte sich die Importsituation.[17] Zusätzlich wurden Geschäfte auf Gegenseitigkeit vereinbart, etwa mit Kolumbien und Brasilien.[18] Insgesamt wurde die Kaffee-Einfuhr jedoch noch bis 1955 bewirtschaftet – erst danach konnten die Kaffeefirmen Rohkaffee wieder auf dem (Welt-)Markt in beliebiger Menge, nach gewünschter Herkunft und Qualität einkaufen.[19]

Die erste Zuteilung von Rohkaffee an weiterverarbeitende Betriebe erfolgte im Juli 1948, die zweite im Oktober 1948 und dann erst wieder im Mai 1949.[20] Wie gering diese ersten Zuteilungsmengen waren, bezeugt ein Brief der Firma Jacobs an die Fachstelle Kaffee, in dem der Röstbetrieb die Zuteilung von 712 Sack Kaffee im Jahr 1948 mit den 42 482 Sack Kaffee verglich, die 1938 verarbeitet worden waren.[21] Neben der geringen Quantität hatten die Röster anfangs noch mit der Qualität der Einfuhren zu kämpfen, wie die interne Firmenchronik von Jacobs beschrieb:

> „Was also auf den Lägern der Erzeugerländer hängengeblieben war, waren abfallende Qualitäten und, wie man später feststellen musste, ungereinigter, zusammengefegter Rohkaffee. Dieses minderwertige Zeug wurde nach dem Kriege nach Europa verschickt. Mit einigem Entsetzen wurde festgestellt, dass der Kaffee stark karbolartig roch und schmeckte; er erinnerte stark an Krankenhaus und Lazarett."[22]

[16] Feste Weltkaffeemärkte, in: Gordian. Internationale Zeitschrift für Lebensmittel und Lebensmitteltechnologie 1943–1949, Nr. 1154 vom 25. 12. 1948, S. 25.

[17] Kaffeeschmuggel und Kaffeesteuer. Jede zweite Tasse Kaffee ist „schwarz", in: Deutsche Zeitung vom 22. 2. 1950.

[18] Ebd.

[19] Zur Frage der Bewirtschaftung und Liberalisierung des Kaffeemarktes vgl. Ursula Becker: Kaffee-Konzentration. Zur Entwicklung und Organisation des hanseatischen Kaffeehandels, Stuttgart 2002, S. 315–324.

[20] Vgl. Historisches Archiv Mondelez International, Archiv Jacobs, Jacobs Chronik, Bd. 1, 1927–1971, S. 50.

[21] Brief von Johann Jacobs & Co an die Fachstelle Kaffee, 11. 2. 1949, ebd., Anlage zu B. 3001. Insgesamt verkonsumierte Deutschland vor dem Krieg rund 250 000 Sack monatlich. Vgl. Bleibt der Kaffee knapp?, in: Hamburger Abendblatt vom 3. 11. 1948.

[22] Historisches Archiv Mondelez International, Archiv Jacobs, Jacobs Chronik, Bd. 1, 1927–1971, S. 41.

In den Kaffeesäcken befanden sich neben den Bohnen auch Holz und Metallstücke, Erdklumpen, Papier und weiterer Unrat in erheblichen Mengen.[23]

Die Konsumenten blieben anfangs in ihrer Nachfrage noch sehr verhalten – die hohe Steuer, die im Juni 1948 eingeführt worden war, machte den Kaffee zu einem unbezahlbaren Luxusgut. Auf die Steuersenkung zum November 1948 reagierten die Käufer mit einer relativ großen Nachfrage, obwohl das Genussmittel finanziell für die meisten Menschen immer noch fast unerreichbar war. Das „Hamburger Abendblatt" bemerkte dazu:

„Es gibt (besser gesagt: es gab) seit einigen Tagen billigeren Kaffee. Der sofort einsetzende Run hat die Röstereien, die den Kaffee bisher nicht loswerden konnten, ihrer Sorge enthoben. Die Lager sind leer [...]. Die bisherigen Einkäufe sind jedoch nicht groß genug, um den gesteigerten Kaffeedurst zu löschen [...]. Die Hausfrauen müssen also nach wie vor sparsam mit den ‚Böhnchen' umgehen."[24]

Die nächsten Jahre erwiesen sich für Röster und Konsumenten als eine Zeit, in der die Versorgungsmengen wie auch die Qualität der importierten Kaffees extrem schwankten, während gleichzeitig die hohe steuerliche Belastung das Genussmittel zum seltenen Luxus machte.

Als der durchschnittliche Pro-Kopf-Verbrauch eines Westdeutschen bei etwas unter einem Pfund Röstkaffee im Jahr lag[25] – das Luxusgetränk also nach Meinung der Kaffeehändler in „homöopathischen Dosen" genossen wurde –, fragte das Institut für Demoskopie Allensbach im März 1949 eine repräsentative Auswahl von Bundesbürgern nach ihrem liebsten Getränk. 32 Prozent der Befragten nannten an erster Stelle Kaffee; die Meinungsforscher konstatierten zugleich einen signifikanten Unterschied zwischen den Geschlechtern: 17 Prozent aller Männer und 47 Prozent aller Frauen erklärten das anregende Getränk zu ihrer ersten Wahl.[26] Getrunken wurde allerdings in erster Linie Ersatzkaffee. Der Begriff „liebstes Getränk" bezog sich für die Befragten also nicht auf ihre Praxis, sondern auf eine gewünschte Konsumwelt. Diese Beobachtung wird durch eine andere Studie aus dem Jahr 1950 bestätigt, in der 60 Prozent[27] der Befragten angaben, dass sie mehr Kaffee trinken würden, wenn sie es sich leisten könnten.[28]

[23] So hielt das Protokoll des Zollamtes Hohentor am 19.10.1948 fest: „1 Sack Brasil-Rohkaffee abgefertigt, der brutto 61 kg wog [...]. Der Kaffee wurde unter ständiger amtlicher Aufsicht gereinigt. Nach der Veredelung wurde festgestellt: 15,6 kg gereinigter Kaffee, 45,4 kg Abfälle (Papier, Steine, Eisen u. dergl.)". Ebd.

[24] Bleibt der Kaffee knapp?, in: Hamburger Abendblatt vom 3.11.1948.

[25] Zu beachten ist allerdings, dass der Genuss von Schwarzmarktkaffee nicht in die offizielle Statistik einging.

[26] Den zweiten Platz belegte Wein mit 24% (32% Männer und 17% Frauen), dann Likör und Schnaps mit 13% (17% Männer und 9% Frauen). Es folgten Bier: 11% (21% Männer, 3% Frauen) und Tee: 8%. Vgl. Elisabeth Noelle/Erich Peter Neumann: Jahrbuch der öffentlichen Meinung 1947–1955, Allensbach 1956, S. 35.

[27] 32,2% antworteten mit „ja, sehr gern" und 28% mit „ja, gern".

[28] Zit. n. Am Caffeehandel betheiligt. Deutschlands Schmuggler, Serie, in: Der Spiegel vom 3.8.1950, S. 40.

Klein- und Kleinstpackungen

Während die Kaffeepreise in kaum erschwinglichen Höhen schwebten, wurde Kaffee in erster Linie lose in kleinen Mengen verkauft. Daneben entwickelten die Kaffeehändler eine unübersehbare Flut von Klein- und Kleinstpackungen. Vor den Gerichten waren die Kleinstpackungen oft Anlass für Streitigkeiten, auch wenn die Kaffeehändler den sozialen Charakter solcher Abpackungen betonten:

> „Die Kleinstpackung verdankt ihre Entstehung neben Erwägungen der Zweckmäßigkeit einer s o z i a l e n Idee, der Idee nämlich, mit wenig Geld auch die minderbemittelten Bevölkerungsschichten in den Kaffeegenuß kommen zu lassen."[29]

Die Kleinstpackungen gaben den Behörden wiederholt Anlass zur Beanstandung. Manchmal wurden die Kennzeichnungsvorschriften für Lebensmittel nicht beachtet, es gab zudem Differenzen zwischen deklariertem und tatsächlichem Gewicht oder unzweckmäßige Packungen, die zu Einbußen im Aroma führten. In einigen Fällen wurden Packungen mit minderwertigem oder verdorbenem Inhalt gefunden. Vor allem aber ging es bei den Streitigkeiten um die Frage, wie viel Gramm pro Tasse eine angemessene Stärke ergäben, bzw. ob die deklarierte Ergiebigkeit der Klein- und Kleinstpackungen den Tatsachen entsprächen, und um die vergleichsweise hohen Preise für diese Spezialabpackungen.[30]

Die Behörden versuchten für die Kleinstpackungen verbindliche Richtlinien zu erlassen. So ordnete der Sozialminister des Landes Nordrhein-Westfalen am 18. März 1950 an, den Verkauf von Kleinstpackungen zu beanstanden, die weniger als fünf Gramm Kaffee für eine Tasse für ausreichend hielten.[31] Die Behörden scheiterten jedoch mit den von ihnen angeordneten Maßnahmen, und so wurde eine eindeutige bundesweite Gesetzesregelung in dieser Frage nicht geschaffen.

Viele Gerichtsverfahren gegen Hersteller von Kleinstpackungen endeten mit einem Freispruch, wie etwa der Prozess gegen eine Firma, die 1951 kleine Beutel mit der Deklarierung „2 Tassen, 6 g" vertrieben hatte. Eben diese Angabe der Ergiebigkeit war von der Staatsanwaltschaft als Verstoß gegen das Lebensmittelgesetz gesehen worden. Während der Hauptverhandlung, in der eine Mitarbeiterin mehrere Tassen Kaffee aus den beanstandeten Tüten hergestellt hatte,[32] wurde der

[29] Das „enfant terrible" oder die Kleinstpackung, in: Gordian: Kaffee und Tee. Ernte – Handel – Verbrauch, Nr. 1190 vom 25. 6. 1950, S. 107. Hervorhebung im Original.

[30] Der Lebensmittelchemiker Paul Ciupka, der in den 1950er Jahren als der ausgewiesene Kaffeeexperte galt, stellte in einem Artikel die unterschiedlichen Expertenmeinungen gegenüber, die erheblich differierten: So halte die Chemische Landesuntersuchungsanstalt Stuttgart 5 bis 7 g pro Tasse für eine normale Menge, die staatliche Lebensmitteluntersuchungsanstalt Karlsruhe bezeichne 5 bis 8 g als erforderlich, die Fachgruppe Röstkaffee Hamburg sehe 5 bis 6 g als Mindestmenge an und für die Wirtschaftsgruppe Lebensmittelindustrie gelten 5 g als üblich. Vgl. Paul Ciupka: Könnte das nicht anders sein?, in: Gordian: Kaffee und Tee. Ernte – Handel – Verbrauch, Nr. 1190 vom 25. 6. 1950, S. 107.

[31] Ein weiterer Freispruch, in: Kaffee- und Tee-Markt, Heft II/3 vom Februar 1952, S. 10f.

[32] Die Zubereitung von Kaffee in der gerichtlichen Beweisaufnahme ist mehrfach in Prozessen, die sich mit den Kleinstpackungen beschäftigten, dokumentiert. So z. B. in dem Artikel: Aus dem Gericht. Kaffeeprobe für Justitia, in: Hamburger Morgenpost vom 11. 11. 1950, der den humoristischen Charakter dieser Gerechtigkeitsfindung in den Mit-

Kaffee nach einer Verkostung vom Gericht als ausreichendes Haushaltsgetränk anerkannt und die Firma von den Vorwürfen freigesprochen.[33]

Auch ein Unternehmen, das Presskaffee in Würfelform erst auf dem Berliner Markt und später bundesweit angeboten hatte, konnte vor Gericht einen Freispruch erzielen. Der Presskaffee, der ab März 1950 in Form von Portionsröllchen „für etwa 2 bis drei Tassen, Inhalt etwa 7,2 g"[34] verkauft worden war, erreichte vor allem in Berlin einen starken Absatz, wo die wirtschaftlichen Verhältnisse noch angespannter waren und der Kaffee außerdem teurer als im übrigen Bundesgebiet war. In seiner Urteilsbegründung argumentierte das Gericht, dass die Anforderungen der Verbraucher an eine Tasse Kaffee recht unterschiedlich seien und weite Volkskreise

> „infolge ihrer wirtschaftlichen ungünstigen Lage und ihres minimalen Einkommens [...] nicht in der Lage seien, auch nur ein Achtel Bohnenkaffee zu kaufen, da dies ihre finanziellen Möglichkeiten übersteigen würde, wie z.B. Sozialrentner, Schwerkriegsbeschädigte, die nur auf ihre Rente angewiesen sind, und Arbeitslose mit großer Familie. Über ihr alltägliches Kaffeegetränk aus Ersatzkaffee hinaus wollen auch diese Kreise sich gelegentlich den Genuß von Bohnenkaffee verschaffen, ohne dann allerdings an die Stärke des Kaffees hohe Anforderungen zu stellen."[35]

Der hohe Umsatz und die Nachbestellungen zeigten überdies, dass sich die Käufer von den Herstellern der Kleinstpackungen nicht irregeführt fühlten. Allerdings empfahlen die Organisationen der Kaffeehändler, keine Kleinstpackungen herzustellen, die weniger als vier Gramm Kaffee enthielten.[36]

Auf der Internationalen Frankfurter Messe 1952 erregte der Kaffee-Automat der Firma Schulte & Co große Aufmerksamkeit. Nach dem Einwurf von zweimal fünfzig Pfennig und der Betätigung einer Kurbel konnten die Verbraucher „guten gemahlenen Bohnenkaffee in der Dauerpackung" in Form von einer 24 Gramm fassenden Glasröhre mit Bakelitverschluss erwerben. Die leeren Gefäße gaben die Konsumenten nach dem Gebrauch gegen Erstattung von zehn Pfennig Pfand bei dem Ladeninhaber ab, vor dessen Tür der Automat hing. Durch diesen Kunstgriff sollte der „Automatenkunde [von] heute" zum „Ladenkunden von morgen" werden.[37]

Auch die großen etablierten Kaffeefirmen passten ihre Angebotspalette den finanziellen Möglichkeiten ihrer Kundschaft an. Im November 1951 schickte die Kaffee-Großrösterei Jacobs den Einzelhändlern ein Rundschreiben mit aktualisierter Preisliste, in dem sie die neue Spitzenkaffeesorte Grün neben den etablier-

telpunkt stellte: „Lieblicher Kaffeeduft zieht durch den Saal des Amtsgerichts, nachdem besagter Kaffee seit rund einem Jahre durch Institute und Nahrungsmittelämter gewandert ist und seinen Niederschlag in einem Bündel Akten gefunden hat."

33 Vgl. Kleinstpackungen, in: Kaffee- und Tee-Markt, Heft II/1 vom Januar 1952, S. 17.

34 Ein weiterer Freispruch, in: Kaffee- und Tee-Markt, Heft II/3 vom Februar 1952, S. 10.

35 Ebd., S. 11.

36 Bericht über die Ordentliche Mitgliederversammlung des Vereins Deutscher Kaffee-Großhändler und -Röster e.V., Sitz Köln, in: Kaffee- und Tee-Markt, Heft 15 vom August 1952, S. 16–19, hier S. 19.

37 Internationale Frankfurter Messe 1952, in: Kaffee- und Tee-Markt, Heft II/6 vom März 1952, S. 8.

ten Marken Rot, Braun und Blau vorstellte.[38] Die Firma bot alle vier Sorten in Originalverpackungen zu 125 Gramm an. Als zusätzliche Neuerung konnten die Händler auf Wunsch auch 50-Gramm-Einheiten – ausgenommen die Sorte Rot – bestellen. 1953 gestaltete Jacobs eine neue Angebotspalette: Ihre Produkte waren in Packungen von 50, 62,5, 125 und 500 Gramm bundesweit erhältlich.[39] In Berlin verkaufte die Firma außerdem extra kleine Einheiten à 25 Gramm.[40]

Ab 1953 bot Jacobs zusätzlich Kleinstpackungen für 50 Pfennig und etwas später auch für eine Mark an. Die Großrösterei offerierte Kaffee in kleinen Mengen bis zum Ende des Jahrzehnts: 1959 konnten die Einzelhändler dort zum letzten Mal Flachbeutel mit ganzen Bohnen bzw. kleine Becher mit gemahlenem Kaffee für einen Einkaufspreis von 40 Pfennig beziehen.[41]

Mit Beginn der 1960er Jahre endete die Ära der Kleinstpackungen. Die an Geldknappheit und Mangelwirtschaft erinnernden Abpackungen gehörten der Vergangenheit an. Da es trotzdem noch einen Bedarf an kleinen Packungen gab, behalf man sich in der modernen Welt bisweilen mit einer an den Vertriebsweg angekoppelten Sprachregelung: Ab 1961 bot die Firma Jacobs Packungen mit 45 Gramm gemahlenem Röstkaffee für eine Mark als Automatenpackung an.

Kaffee und Wohlstandsentwicklung

In den 1950er Jahren verbanden die meisten Menschen den Genuss von Kaffee mit einem außergewöhnlichen Luxus oder einem festlichen Anlass, wie dem Sonntag oder einer Familienfeier. Entsprechend markiert Kaffeegenuss auch in den Erinnerungen an die 1950er Jahre besondere Konsummomente. Festlichkeit und Kaffeetrinken gehörten derart eng zusammen, dass es einer Zeitzeugin unmöglich war, sich diesem Zusammenhang zu entziehen:

„Also, ich würde sagen so Anfang, vielleicht so Anfang der 50er Jahre aber dann auch nur, wenn ich irgendwo, zu Hause, ich selber hab noch gar keinen Kaffee gekauft, oder irgendwie, sondern, wenn ich wo zu Besuch war, bei Oma oder war auf'm Geburtstag. Ach Gott, und ich musste immer 'n Haufen Zucker rein machen – heute schüttele ich mich davor. Ich hab Kaffee so nicht gemocht. Der schmeckte doch furchtbar, ich mochte doch gar keinen Kaffee. Da musste viel Zucker rein. Nee, nee, nur mit Zucker. Also das war eben nur so auf Besuch. Tasse Kaffee, 'ne."[42]

Durch die Verbindung von Getränk und Feierlichkeit stimulierte der Kaffeegenuss die Erinnerung an den besonderen Anlass, wie im Bericht einer weiteren Zeitzeu-

[38] Vgl. Historisches Archiv Mondelez International, Archiv Jacobs, 00873915 R2 12/13, Preislisten 1930, 1948–1970.

[39] Preislich lagen diese Packungen bei der Spitzensorte Grün bei 15,60 DM für 500 g und 1,95 DM für 50 g. Die günstigere Sorte Braun lag bei 14 DM für 500 g und 1,75 DM für 50 g. Vgl. ebd.

[40] Kaffee durfte in Berlin nur abgepackt verkauft werden und unterlag einer zusätzlichen Banderolensteuer. Dadurch war das Genussmittel in Berlin teurer als im übrigen Bundesgebiet.

[41] Und damit einen Verkaufspreis von 50 Pfennig erzielen. Vgl. Preisliste WV 12/59, Historisches Archiv Mondelez International, Archiv Jacobs, 00873915 R2 12/13.

[42] Interview, Klöntreff zum Thema Kaffee, Berth/Salomon (Interviewerinnen), Transkript S. 26.

gin deutlich wird. Die gesellschaftliche Einführung in die Erwachsenenwelt war für sie über die kirchlichen und gesellschaftlichen Riten hinaus begleitet und markiert durch zwei wichtige Ereignisse:

„Zur Konfirmation, glaub ich, hab ich zuerst Kaffee getrunken. Dann war man, dann kriegte man 'ne Dauerwelle und dann durfte man Kaffee trinken. (Lachen). Ich kam mir ungeheuer wichtig vor. (Lachen)“.[43]

Der gemeinsame Kaffeegenuss symbolisierte die Aufnahme und Zugehörigkeit zur Erwachsenenwelt. In ihrer Kindheitserinnerung erlebte eine andere Interviewpartnerin das gemeinsame Einkaufen mit ihrer Mutter in der Stadt Anfang der 1950er Jahre durch den zeremoniellen Gebrauch von Kaffee als Inszenierung von privatem Luxus:

„Und dann gab's 'ne Tasse Kaffee bei Café Kaul. Und das kam dann auf so 'nem Tablett: Ein Stück Nusstorte und 'n Kännchen Kaffee. Das war – und ich glaube höchstens zweimal im Jahr, mehr war's bestimmt nicht. Und ich glaub, ich hab 'n Eis gegessen, Kuchen oder irgendwie was. Und das waren so diese dicke, dicke weiße Tassen, so Porzellan war das ja so, schlichte weiße Tassen, und denn wie gesagt, dieses kleine, so'n Schälchen mit zwei Stück Würfelzucker, den kriegte ich denn, Mutti nahm ja kein Zucker in 'n Kaffee und auch so'n ganz kleines Milchtöpfchen. Und die Kaffeekanne so'n bisschen dickbäuchig hab ich sie so in Erinnerung, nich, und dann den Deckel drauf, und Mutti trank ihren Kaffee und ich konnte mein Eis lutschen. Das war herrlich. Das war der Luxus [...].“[44]

Der Luxus konnte auch zu Hause zelebriert werden. Eine Zeitzeugin erinnerte sich an das Kaffee-Ritual ihrer Tante. Der Akt der Kaffeezubereitung verwies deutlich auf die Kostbarkeit des Genussmittels:

„In der so genannten ‚schlechten Zeit‘, als es fast überall nur Ersatzkaffee gab, Muckefuck genannt, hat meine Tante Lene arg gelitten. Sie trank leidenschaftlich gern Kaffee – echten Bohnenkaffee –, doch der war nach dem Krieg nur sehr schwer zu bekommen. Tante Lene tauschte daher so manches gute Stück aus ihrem Wäscheschrank gegen eine kleine Tüte ‚richtigen‘ Kaffee ein. Wenn sie diesen Kaffee dann aufbrühte, war es wie ein Ritual. Immer wieder roch sie kurz mal in die Tüte. Sie glich in dem Moment einem leidenschaftlichen Raucher beim Inhalieren. Vorsichtig nahm sie dann eine ganze Bohne in den Mund und zerkaute sie [...]. Dann holte sie die hölzerne Kaffeemühle aus dem Regal und schüttete so viel Kaffee hinein, dass dieser für zwei Tassen reichte. Noch immer auf der Bohne kauend, klemmte sie die Mühle, auf einem Stuhle sitzend, zwischen ihre Beine und fing langsam an zu mahlen. Während dieser Zeit summte auf dem Herd schon der Wasserkessel. Das Kaffeemehl kam nun in eine kleine Kanne, und aus der Mühle wurde mit einem Pinsel jedes verborgene Stäubchen herausgeholt. Das sprudelnd kochende Wasser goss Tante Lene schließlich über den gemahlenen Kaffee. Der Duft, der daraufhin durch den Raum zog, machte sie fast – heute würde man sagen: high. Wie immer, hatte sie eine schöne Tischdecke aufgelegt. Nun holte sie eine ihrer Sammeltassen aus dem Schrank. Dann endlich wurde der gebrühte Kaffee durch ein Sieb gegossen, und nun hatte sie ‚Genuss pur‘ – zwei Tassen voll! Am Tag darauf wurde das Kaffeemehl von ihr noch einmal aufgebrüht. Ein drittes und schließlich ein viertes Mal kochte sie den Kaffeesatz in einem kleinen Topf auf. Dann kam keine Decke mehr auf den Tisch, und das nun nur noch leicht gefärbte Wasser wurde aus einer einfachen Tasse getrunken.“[45]

[43] Ebd., Transkript S. 27.

[44] Ebd., Transkript S. 18.

[45] Annemarie Lemster: Echter Bohnenkaffee – welch ein Luxus!, in: Claus Günther (Hg.): Erlebt, erkannt, erinnert. Zeitzeugen schreiben Geschichte(n) 1932–1952, Hamburg 2003, S. 196f.

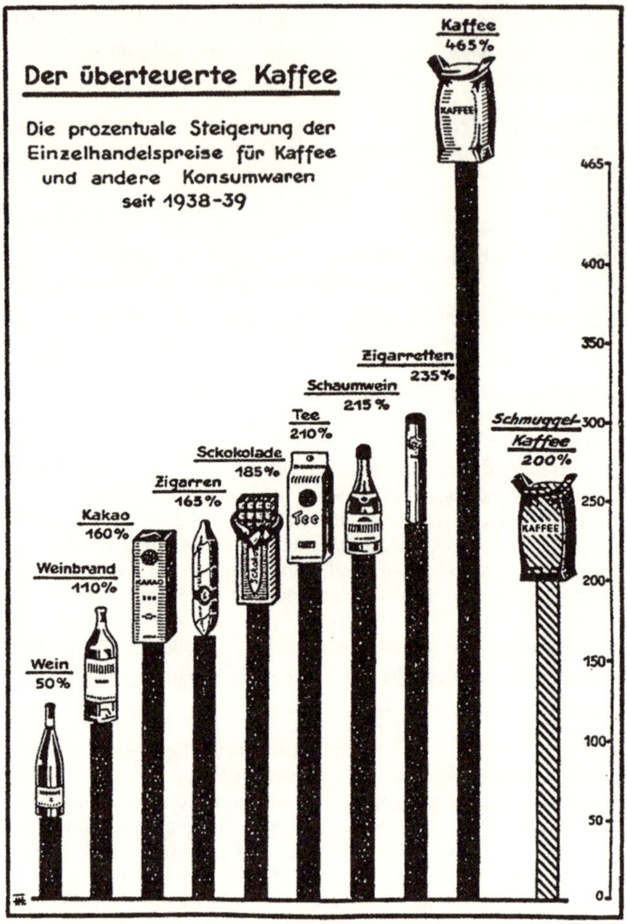

Abb. 3: Grafik über die prozentuale Steigerung der Einzelhandelspreise mehrerer Konsumartikel seit 1938/39

Dass der Kaffeegenuss in der Erinnerung an die Nachkriegszeit mit einem begehrten Luxus assoziiert wurde, lässt sich unter anderem dadurch erklären, dass sich Kaffee von allen Genussmitteln gegenüber dem Vorkriegsstand am stärksten verteuert hatte. Die prozentuale Steigerung der Einzelhandelspreise im Jahr 1949/50 gegenüber 1938/39 betrug bei Kaffee herausragende 465 Prozent, während sie beim nächsten großen Posten, den Zigaretten, „nur" 235 Prozent erreichte. Die Preise für Schaumwein waren um 215 Prozent gestiegen, Tee um 210 und Schokolade um 185 Prozent.[46] Interessanterweise wurde in einem von der Fachzeitschrift des Kaffeehandels „Kaffee und Tee" veröffentlichten Schaubild auch der Schmuggelkaffee berücksichtigt – wenngleich auch deutlich von den anderen Gütern abgesetzt – und dessen prozentuale Preissteigerungsrate mit 200 angegeben.

[46] Außerdem waren noch genannt: Zigarren 165%, Kakao 160%, Weinbrand 110% und Wein 50%. Vgl. Gordian: Kaffee und Tee. Ernte – Handel – Verbrauch, Nr. 1190 vom 25. 6. 1950, S. 106.

Der tägliche Genuss von Bohnenkaffee war für die meisten Menschen nicht nur unerschwinglich, sondern wurde auch als nicht angemessen empfunden. Die Frauenzeitschrift „Constanze“ beschäftigte sich am 2. Juni 1951 mit dem Thema Schulden und stellte ihren Leserinnen in der Überschrift rhetorisch die Frage: „Leben Sie auch über Ihre Verhältnisse?“,[47] um danach das Thema mit einigen Beispielen zu illustrieren. Eine Großhändler-, eine Arbeiter- und eine Beamtenfamilie wurden vorgestellt. Allesamt gaben sie an, mit ihrem Einkommen nicht auszukommen. Die Autorin der „Constanze“ urteilte:

„Es ist bezeichnend, daß in allen Fällen der Beobachtungsreihe die Ausgaben für den ‚aufputschenden‘ Genuß eine maßgebliche Rolle spielen.“[48]

Obwohl die ausgewählten Familien unterschiedlich viel verdienten, war offensichtlich der tägliche Genuss von Bohnenkaffee der Grund dafür, dass alle über ihre Verhältnisse lebten.

„Die Beamtenfamilie M. hat drei Kinder bei einem Nettoeinkommen von rund 400 DM. Im Hause M. wird grundsätzlich nur vollwertiger Bohnenkaffee getrunken; durchschnittlich verbraucht Frau M. jeden zweiten Tag ein Viertelpfund zum Preise von etwa 4 DM. Auf dem Rauchtisch der Familie M. findet man ständig Zigaretten. Das Ehepaar M. führt zwar ein vorbildliches Familienleben, verraucht und vertrinkt aber an jedem Tag für etwa 4 DM.“[49]

Bei dem bescheidenen Beamteneinkommen war täglicher Kaffeegenuss ein zu teures Vergnügen. Doch auch das Großhändler-Ehepaar D. mit einem Monatsverdienst von 1200 DM behauptete, von seinen Einnahmen „kaum“ leben zu können. Unter den in der Zeitschrift aufgelisteten kostspieligen Passionen der Eheleute fielen neben einer täglichen Massage und einem ebenso täglich frischen Blumenstrauß vor allem Genussmittel als Kostenverursacher auf: Zigaretten (10 Damenzigaretten für die Frau, 1,50 DM, und 25 englische Zigaretten für den Herrn, 4 DM) und Bohnenkaffee – Herr D. trinke täglich vier Tassen starken Mokka, die etwa 1,50 DM kosteten. Das Paar lebte nach der Darstellung des Artikels eindeutig über seine Verhältnisse und hätte sich nach dem Urteil der Artikelschreiberin „mit einem Drittel seiner Ansprüche [...] zweifellos noch einiges leisten“ können.[50]

Der Verbrauch von Bohnenkaffee folgte der Wohlstandsentwicklung, jedoch verzögert im Vergleich zu anderen Konsumgütern. Zwischen 1951 und 1952 stieg das Bruttosozialprodukt um zehn Prozent.[51] Während das Wirtschaftsbarometer in der Hochzeit der Kaffeekleinstpackungen den Zustand der Vollbeschäftigung anzeigte[52] und bei vielen anderen Gütern erleichtert bemerkt wurde, dass der

[47] Leben Sie auch über Ihre Verhältnisse?, in: Constanze, Heft 13 vom 2. 6. 1951, S. 7 u. 17.

[48] Ebd., S. 7.

[49] Ebd.

[50] Ebd.

[51] Jahresbericht 1952, in: Kaffee- und Tee-Markt, Heft 10 vom Mai 1953, S. 13.

[52] „In Westdeutschland ist der Zustand der Vollbeschäftigung erreicht. Die Zahl der Erwerbslosen je 100 Arbeitnehmer betrug Ende Juli 7,1%. Nach den internationalen Richtlinien herrscht Vollbeschäftigung bei 92% der Arbeitnehmer, die in Lohn und Brot stehen.“ Kaffee- und Tee-Markt, Heft 17 vom September 1952, S. 2.

Vorkriegsstand wieder erreicht worden sei,[53] befand sich der Kaffeekonsum noch weit davon entfernt. Der Erwerb von echtem Bohnenkaffee war wegen der hohen Steuerlast für viele Menschen ein finanzieller Klimmzug. Die SPD-Abgeordnete Gertrud Lockmann brachte dieses Problem auch im Deutschen Bundestag zur Sprache:

„Das Statistische Bundesamt hat errechnet, daß die sogenannte Indexfamilie heute etwa 122 bis 127 Minuten arbeiten muß, um einen als durchschnittlich festgestellten Kaffeekonsum zu erreichen, während 1938 derselbe Arbeitnehmer nur 22½ bis 23½ Minuten zu arbeiten brauchte, um die gleiche Kaffeemenge konsumieren zu können."[54]

Neben den Konsumenten hofften vor allem die Kaffeeimporteure, -röster, und -händler auf eine Steuersenkung. Das begehrte Genussmittel war für die meisten Menschen zu teuer und darüber hinaus nicht immer verfügbar. Als Folge davon wichen viele Konsumenten auf den schwarzen Markt aus.

„Versorgung durch ‚dunkle' Kanäle aber ausreichend" – Schmuggel und Schwarzmarkt

Der Schwarzmarkt gilt als Phänomen der direkten Nachkriegszeit, in der Zigaretten gleichsam als Leitwährung fungierten. Tatsächlich dauerte der Zeitabschnitt, in dem der Schleichhandel eine wichtige Bedeutung in der (Selbst-)Versorgung der Bevölkerung spielte, sehr viel länger. So reichen die Anfänge des „grauen Marktes" weit in die Kriegszeit zurück, und der Schmuggel und Schwarzhandel von Kaffee wurden vor allem nach der Währungsreform zu einem bedeutenden volkswirtschaftlichen Faktor.

1944 berichtete der für die Erstellung von Lage- und Stimmungsberichten zuständige Sicherheitsdienst des Reichsführers-SS über einen Wandel in der allgemeinen Bewertung des Schwarzhandels:

„Die lange Dauer des Krieges hat zu einer allgemeinen Lockerung der strengen Auffassungen über die Verwerflichkeit der zusätzlichen Versorgung der Volksgenossen geführt. Während in den ersten Kriegsjahren der Tausch- und Schleichhandel in jeder Form bei den meisten Volksgenossen verpönt war und häufig als Sabotage an der Versorgung des deutschen Volkes abgelehnt wurde, ist die Bevölkerung allmählich immer mehr dazu übergegangen, alle nur erdenklichen Mittel und Wege zur Umgehung der Kriegswirtschaftsbe-

[53] So wurde z.B. im August 1952 gemeldet, dass der Fettverbrauch mit 24 kg den Vorkriegshöchststand erreicht hatte. Vgl. Kaffee- und Tee-Markt, Heft 15 vom August 1952, S. 2.

[54] Rede der Abgeordneten Lockmann (SPD) vom 1. 10. 1952, in: Verhandlungen des Deutschen Bundestages. Stenographische Berichte, Bd. 13, S. 10591. In ähnlicher Weise verglich die Frauenzeitschrift „Constanze" die Zeiten, die „man" für ein Brot arbeiten müsse. Zwar bleibt die Umschreibung „man" nebulös, aber dem angenommenen Stundenlohn von 1,45 DM kann entnommen werden, dass es sich dabei um die Arbeitszeit eines Facharbeiters handelte. Für ein Dreipfundbrot musste dieser 45 Minuten arbeiten, für ein Pfund Butter zwei Stunden, für eine Flasche Trinkbranntwein vier Stunden 14 Minuten und für 20 Zigaretten eine Stunde und 22 Minuten. Deutlich höher war die Arbeitszeit für Bohnenkaffee: Für ein Pfund wurden zehn Stunden und 56 Minuten veranschlagt; für die doppelte Zeit gab es bereits ein Paar Damenstraßenschuhe als Äquivalent. Vgl. So lange muß man für ein Brot arbeiten, in: Constanze, Heft 13 vom 2. 6. 1951, S. 20.

stimmungen im Kleinen zu benutzen, ohne sich dabei in den meisten Fällen der Strafwürdigkeit bewußt zu sein [...]. Die Volksgenossen sprechen ganz offen vom ‚Schwarzen Markt', wo Dinge zu haben seien, wovon der Außenstehende, insbesondere derjenige, der keine Gegenwerte zu bieten habe, regulär nur selten etwas sehe [...]. Tabakwaren gelten als ‚neues Geld', für das auf dem Lande, aber auch in der Stadt viel zu bekommen ist."[55]

In der Kriegszeit hielten drakonische Strafen den illegalen Handel begrenzt. Nach Kriegsende steigerten sich Ausmaß und Bedeutung des schwarzen Marktes derart, dass er von breiten Bevölkerungsschichten fest in die Alltagsversorgung einbezogen wurde. Mit seiner Ausbreitung wurde der Tausch- und Schleichhandel auch sichtbar und öffentlich und damit gleichsam zu einem Synonym für die Nachkriegszeit.[56]

In dem illegalen Gefüge, welches neben der offiziellen Bewirtschaftung entstanden war, entwickelten sich eigene Währungssysteme und eine besondere Preisregulation. Waren oder Dienstleistungen wechselten den Besitzer durch Tausch oder Bezahlung in einer akzeptierten Währung, die aus Geld bestehen konnte, aber nicht notwendigerweise musste. Neben der bekanntesten Schwarzmarkt-Währung Zigaretten bildeten sich auch andere Zahlungsmittel heraus, wie ein Beobachter im September 1947 vermerkte:

„Erstaunlich ist, daß Genußmittel eine so große Rolle als Standard-Tauschmittel, ja als Valuta-Ersatz spielen [...]. Wer die Rauchlust des Bauern, den Kaffeedurst der Bäuerin, den Alkoholbedarf des Fabrikanten befriedigen helfen kann, der hat die sichere Aussicht, ihnen die begehrten Waren zu entreißen."[57]

Nicht nur Bäuerinnen tauschten Waren gegen Kaffee ein:

„Geld ist nahezu wertlos, umso mehr zählen die Sachwerte [...]. Nur für Produkte, deren Preis minimal ist, wird Geld genommen, alles übrige nach Zigaretten oder Kaffee bewertet. Angebot und Nachfrage bestimmen die Relationen. 1946 verdreifacht sich innerhalb weniger Monate der Wert ausländischer Zigaretten. Von zwei Mark ist das Stück auf sechs Mark gestiegen. Gelegentlich werden sogar acht Mark offeriert. Ein Kilo Kaffee kostet 1500 Mark."[58]

Das Erscheinungsbild des schwarzen Marktes variierte von Zone zu Zone und von Stadt zu Stadt. Auch die Preise differierten. So kostete im März 1947 in Berlin ein Kilo Kaffee 1100 Reichsmark, während die gleiche Menge in Stuttgart für 600 Reichsmark verkauft wurde.[59]

Neben der deutschen Bevölkerung beteiligten sich auch Angehörige der Besatzungsmächte am illegalen Handel. Vor allem die amerikanischen GIs nutzten den für sie günstigen Zigaretten- und Kaffee-Wechselkurs für Einkäufe von Luxusarti-

55 SD-Berichte zu Inlandsfragen vom 20. 1. 1944, in: Heinz Boberach (Hg.): Meldungen aus dem Reich 1938–1945. Die geheimen Lageberichte des Sicherheitsdienstes der SS, Herrsching 1984, Bd. 16, S. 6260 f.

56 Vgl. auch Monika Sigmund: Lebenssituationen und Überlebensstrategien: Frauen in St. Pauli 1939–1950, Magisterarbeit, Hamburg 1994, S. 56–88.

57 Holger Hoffmann: Der schwarze und der graue Markt, in: Der Bund vom 30. 9. 1947.

58 Frank Grube/Gerhard Richter/Arno Surminski: Die Schwarzmarktzeit. Deutschland zwischen 1945 und 1948, Hamburg 1979, S. 75.

59 Schwarzmarktpreise im Jahr 1947, in: Klaus R. Scherpe: In Deutschland unterwegs. Reportagen, Skizzen, Berichte 1945–1948, Stuttgart 1982, S. 395.

keln, wie teuren Kameras, Schmuck oder anderen Wertgegenständen.[60] Ein Schwarzhändler soll den Erwerb eines Diamanten von erheblichem Wert mit zwei Kilo Kaffee und 50 Zigaretten bezahlt haben.[61] Für die meisten Deutschen war Kaffee angesichts dieser Preise kaum erschwinglich und wurde in einer Zeit allgemeinen Mangels daher oft eher als Tausch- denn als Genussobjekt gesehen. Das Genussmittel machte Dinge möglich, die außerhalb der Reichweite von Normalverbrauchern lagen. Der Kaffee, den die Bevölkerung zum Eintauschen benutzte, gelangte vor allem über CARE-Pakete oder über Sendungen von Verwandten nach Deutschland.[62]

Nach der Währungsreform kam der Schleichhandel weitgehend zum Erliegen und für gewöhnlich enden hier die Darstellungen zum Schwarzmarkt.[63] Der Schmuggel und Schwarzhandel mit Kaffee erhielt nach dem 20. Juni 1948 neuen Auftrieb, da die Alliierten gleichzeitig mit der neuen Währung eine Kaffeesteuer einführten. Diese lag – wie bereits erwähnt – bei 30 DM für das Kilo Rohkaffee und bei 54 DM für die gleiche Menge Röstkaffee. Die Steuer wurde eingeführt, um einen Ausgleich für den Steuerausfall zu schaffen, der infolge der schlechten Wirtschaftssituation eingetreten war.[64] In der hohen Besteuerung spiegelte sich die Auffassung der Besatzungsmächte wider, dass der deutschen Bevölkerung Kaffeegenuss nur als teures, nahezu unerschwingliches Luxusgut gewährt werden sollte. Dies wurde von der Bevölkerung wie auch von Politikern heftig kritisiert. „Die überhöhte Kaffeesteuer in Deutschland ist von den Alliierten aus einer Morgenthau-Stimmung verhängt worden",[65] kritisierte die SPD-Abgeordnete Gertrud Lockmann.

Obwohl die Abgaben im November 1948 auf zehn DM für das Kilo Rohkaffee und 13 DM für die gleiche Menge Röstkaffee gesenkt wurden, entwickelte sich der Kaffee-Schwarzhandel und -schmuggel in der Folgezeit zu einem wirtschaftlichen

[60] „Für 5000 Zigaretten, die den G. I. nur 20 Dollar und 50 Cents kosteten, war eine gute Leica zu haben, die in den Staaten rund 600 Dollar wert war." Grube/Richter/Surminski: Die Schwarzmarktzeit, S. 76.

[61] Ebd.

[62] Zur Organisation Cooperative for American Remittances to Europe (CARE) und den CARE-Paketen vgl. Wolfgang Benz: Deutschland unter alliierter Besatzung 1945–1949/55, Berlin 1999, S. 335f.; Wallace J. Campbell, The History of CARE. A Personal Account, New York 1990; Wildt: Am Beginn der „Konsumgesellschaft", S. 76ff. Ein standardisiertes CARE-Paket zu 10 Dollar enthielt ein englisches Pfund (453 g) Kaffee.

[63] Vgl. Malte Zierenberg: Stadt der Schieber. Der Berliner Schwarzmarkt 1939–1950, Göttingen 2008; Rainer Gries: Die Rationen-Gesellschaft. Versorgungskampf und Vergleichsmentalität. Leipzig, München und Köln nach dem Kriege, Münster 1991; Wildt: Der Traum vom Sattwerden; Willi A. Boelcke: Der Schwarzmarkt 1945–1948. Vom Überleben nach dem Kriege, Braunschweig 1986; Lutz Niethammer: Privat-Wirtschaft. Erinnerungsfragmente einer anderen Umerziehung, in: Lutz Niethammer (Hg.): Hinterher merkt man, daß es richtig war, daß es schiefgegangen ist. Nachkriegserfahrungen im Ruhrgebiet, Berlin 1983, S. 17–105; Grube/Richter/Surminski: Die Schwarzmarktzeit.

[64] Walter Barnitzky: Die deutsche Kaffeesteuer im Blickpunkt des In- und Auslandes, in: Zölle und Verbrauchssteuern, Nr. 11/1964, S. 327, zit. n. Becker: Kaffee-Konzentration, S. 323.

[65] Rede der Abgeordneten Lockmann (SPD) vom 1. 10. 1952, in: Verhandlungen des Deutschen Bundestages. Stenographische Berichte, Bd. 13, S. 10591.

und rechtlichen Problem, welches Polizei, Zollbehörden, Politiker und Kaffeehändler bis weit in die 1950er Jahre beschäftigte.

In den Nachbarländern war Kaffee bedeutend billiger. Die Zollsätze lagen niedriger, und eine Verbrauchssteuer für Kaffee gab es sonst nur in Italien; sie betrug dort ein Sechstel des deutschen Steuersatzes.[66] So versprach die Einsparung der Zoll- und Steuersätze durch die illegale Einfuhr des Genussmittels eine gewaltige Gewinnspanne und übte daher eine außergewöhnliche Attraktivität aus. „Es gibt ja, von Rauschgiften abgesehen, kein anderes Schmuggelgut auf der Welt, das so gewinnreich ist wie der Kaffee in Westdeutschland",[67] urteilte die „Deutsche Zeitung" 1950. Die deutschen Kaffeehändler warnten:

„Jede zweite Tasse Kaffee, die in Westdeutschland getrunken wird, stammt aus schwarzimportierten Beständen; jeder schwarzimportierte Sack Kaffee muß mit guter Westmark oder mit Gegenwerten wie Devisen, Maschinen, Gold, Diamanten, Kunstgegenständen usw. im schwarzen Export bezahlt werden; jedes Stück Gold, das ins Ausland geht, bedeutet letztlich eine erhöhte Steuerlast für den einzelnen Staatsbürger."[68]

Der Verein der am Caffeehandel betheiligten Firmen sprach sogar von einer „laufenden ‚kalten Demontage' des deutschen Volksvermögens" und bezifferte den Ausfall an Zoll- und Steuereinnahmen in den drei Westzonen für die Jahre 1948/49 auf 500 Mio. DM.[69]

„Legale Kaffeelager geräumt. Versorgung durch ‚dunkle' Kanäle aber ausreichend", meldete „Die Welt" im Juli 1949 und bilanzierte die Lage: Obwohl der Kaffeehandel praktisch über keine Waren mehr verfüge, böten die Einzelhändler Kaffee zu relativ günstigen Preisen an, und unter der Hand sei das Genussmittel sogar noch billiger zu erwerben. Fachkreise schätzten, dass der Umfang der „schwarzen" Mengen den legal erworbenen gleichkomme.[70]

Auf jeder legal eingeführten und verkauften Bohne in Westdeutschland lasteten Verbrauchssteuer, Zollgebühren, Umsatz- und Einkommensteuern. Diese Nebenkosten betrugen zusammen 16,25 DM für ein Kilo gerösteten Kaffee.[71] Das Kilo Rohkaffee selbst kostete den Importeur je nach Qualität zwischen 4,20 und neun DM.[72] Die Konsumenten bezahlten im Laden beim regulären Einkauf zwischen

[66] Die in Deutsche Mark umgerechnete Zollgebühr für ein Kilo Rohkaffee betrug 1950 in Großbritannien 0,16 DM, in Schweden 0,24 DM, in Norwegen 0,35 DM, in der Schweiz 0,48 DM, in Dänemark 0,53 DM, in Frankreich 0,85 DM, in Österreich 1,10 DM und in Italien 1,68 DM. In den Beneluxstaaten wurde kein Zoll erhoben. Vgl. Am Caffeehandel betheiligt. Deutschlands Schmuggler, Serie, in: Der Spiegel vom 6.7.1950, S. 21–27.

[67] Kaffeeschmuggel und Kaffeesteuer. Jede zweite Tasse ist „,schwarz", in: Deutsche Zeitung vom 22.2.1950.

[68] Betrifft: Kaffeeschwarzhandel, April 1950, Archiv des Deutschen Kaffeeverbandes, Akte Kaffeesteuern; zit. n. Becker: Kaffee-Konzentration, S. 321.

[69] Ebd.

[70] Legale Kaffeelager geräumt. Versorgung durch „dunkle" Kanäle aber ausreichend, in: Die Welt vom 2.7.1949.

[71] Schwarzer Kaffee. Auf der Spur der Schmuggler, in: Rheinischer Merkur vom 29.4.1950.

[72] Die Rohkaffeepreise entsprechen der Notierung vom Oktober 1950, zit. n. Gordian: Kaffee und Tee. Ernte – Handel – Verbrauch, Nr. 1197 vom 10.10.1950. Bei Roh- und Röstkaffeeberechnungen müssen die 16% an Gewicht berücksichtigt werden, die durch die Röstung verloren gehen.

28 und 32 DM pro Kilo Röstkaffee,[73] während der illegale Handel für 11 bis 18 DM liefern konnte.[74]

Die Aktivitäten des Schwarzhandels konzentrierten sich auf Grenzgebiete und große Städte. Der „Rheinische Merkur" berichtete, dass im Aachener Bezirk und in München 90 Prozent des Kaffeebedarfs durch den Schwarzhandel gedeckt würden:

> „In München hat sich diese Situation so ausgewirkt, daß alteingesessene große Fachhandelsbetriebe ernstlich erwägen, ob sie das Geschäft nicht überhaupt aufgeben sollen. Der legale Großhandel ist nicht mehr in der Lage, mit dem Schwarzhandel zu konkurrieren."[75]

Die Zoll- und Polizeibehörden versuchten, den Schmuggel zurückzudrängen. In der Zeit von Juli 1948 bis Juli 1949 konfiszierten sie rund 1000 Tonnen Roh- und 43 Tonnen Röstkaffee. Obwohl die staatlichen Organe intensiv an einer Unterbindung des Schmuggels arbeiteten, misslang es, mehr als etwa fünf Prozent des Schmuggelgutes sicherzustellen.[76] Die Presse zeichnete das Bild eines hochgradig durchorganisierten Schmuggels:

> „[Die Zollbehörden] stehen Organisationen gegenüber, die sich durch die hohen Verdienstspannen des Kaffeeschmuggels mit den modernsten Mitteln ausrüsten können und die diesen Vorteil rücksichtslos ausnutzen."[77]

Angesichts des Umstandes, dass im Aachener Raum breite Bevölkerungskreise am Schmuggel beteiligt waren – die Schätzungen gingen dabei von rund 80 000 bis über 200 000 Personen[78] –, waren die Schleichhändler sicherlich weit weniger gut organisiert als oben dargestellt.

Zu Beginn des Jahres 1950 wurde nach Einschätzung von Fachkreisen ebenso viel Schmuggelkaffee wie versteuerter Kaffee verkauft. Jede zweite Tasse wurde „schwarz" getrunken.[79] Einen derartig hohen illegalen Verbrauch verzeichnete zu

[73] Zum Vergleich: 1950 kostete ein Kilo Brot zwischen 40 und 50 Pfennig, Mehl durchschnittlich 56 Pfennig pro Kilo, Butter 5,50 DM und Rindfleisch zwischen 3,20 und 3,50 DM. Tabak wurde für durchschnittlich 1,72 DM pro 50-Gramm-Päckchen verkauft und für ein Glas Bier (ein Viertelliter) zahlte man im Ausschank etwa 34 Pfennig. Preise nach: Statistisches Jahrbuch für die Bundesrepublik Deutschland, S. 406.

[74] Kaffee-Schwarzhandel deckt 50 Prozent des Verbrauchs. Überhohe Verbrauchssteuern gefährden den Handel – Jährlich 500 Millionen DM Verlust an Steuern und Zöllen, in: Hamburger Freie Presse vom 14. 2. 1950.

[75] Schwarzer Kaffee, in: Rheinischer Merkur vom 29. 4. 1950.

[76] Kaffee-Schwarzhandel deckt 50 Prozent des Verbrauchs, in: Hamburger Freie Presse vom 14. 2. 1950.

[77] Ebd.

[78] So melden der „Rheinische Merkur" und die „Hamburger Freie Presse" über 200 000 Menschen, während das „Hamburger Abendblatt" von rund 80 000 spricht. Vgl. Schwarzer Kaffee, in: Rheinischer Merkur vom 29. 4. 1950; Kaffee-Schwarzhandel deckt 50 Prozent des Verbrauchs, in: Hamburger Freie Presse vom 14. 2. 1950; Schmuggler im Panzerwagen. Warenlager im Westwall, in: Hamburger Abendblatt vom 13. 3. 1950.

[79] Vgl. Becker: Kaffee-Konzentration, S. 320 f.; Der Kaffeeschmuggel wird reorganisiert, in: Die Zeit vom 2. 11. 1950; Kaffee-Schwarzhandel deckt 50 Prozent des Verbrauchs, in: Hamburger Freie Presse vom 14. 2. 1950; Kaffeeschmuggel und Kaffeesteuer, in: Deutsche Zeitung vom 22. 2. 1950. Das „Hamburger Abendblatt" meldete sogar, dass „etwa eineinhalbmal mehr Kaffee ‚schwarz' als ‚weiß' getrunken werde". Vgl. 500 Mill. DM „schwarzer" Kaffee, in: Hamburger Abendblatt vom 27. 1. 1950.

diesem Zeitpunkt kein anderes Konsumprodukt. Selbst bei Zigaretten, welche häufig als das begehrteste Schmuggelgut genannt wurden, schätzten Fachleute den Anteil der Schmuggelware am Gesamtkonsum nur auf etwa 20 Prozent.[80] Am Phänomen des Kaffeeschmuggels ist zweierlei äußerst bemerkenswert: erstens die Bereitschaft breiter Kreise der Bevölkerung, Kaffee zu schmuggeln, und zweitens die enorme Bereitschaft der Bevölkerung, „schwarzen" Kaffee zu trinken.

„Lachen ist zollfrei" – der Schmuggel, die Schmuggler und die Bevölkerung

Es gab viele Möglichkeiten, illegal aus dem Ausland Güter zu transferieren. Auf dem Wasserweg wurde das Überseegut Kaffee vor allem am Rhein geschmuggelt. Der internationale Strom bot entlang seiner Ufer schwer kontrollierbare Absatzmöglichkeiten.[81] Über die Importzentren Hamburger Freihafen und Bremerhaven sowie über die Großhäfen des Ruhrgebietes wurden die Bohnen ebenfalls mit Erfolg heimlich unverzollt eingeführt. In den Grenzgebieten vor allem zur Schweiz, zu Österreich, Belgien, den Niederlanden, dem Saarland und zur Sowjetischen Besatzungszone bzw. der DDR wurde Kaffee in großen Mengen über die grüne Grenze verschoben. Am bekanntesten war das „Loch im Westen", wie das Gebiet um Aachen bezeichnet wurde, wo der Kaffeeschmuggel als breite Massenbewegung in Erscheinung trat.

Die traditionell arme Region bot vielen Menschen nach dem Krieg kaum eine Existenzgrundlage. In dem dünn besiedelten Grenzland hatte der Schmuggel Tradition. Der Gang über die Grenze war den Eifelbewohnern schon seit 1848 nachgesagt worden, und auch nach dem Ersten Weltkrieg schmuggelte die Bevölkerung dort mit großem Erfolg. Das Hauptzollamt Aachen bezifferte im Jahr 1931 die Zahl der wegen Schmuggels angezeigten Personen auf 8000. Auch zu diesem Zeitpunkt ging es vor allem um die Einfuhr von Kaffee- und Tabakwaren: 5355 Kilogramm Kaffee und 627 000 Stück Zigaretten hatte der Zoll in dem Jahr beschlagnahmt.[82] Bis zum Beginn des Zweiten Weltkrieges gab es mehrfach Verletzte und sogar Tote bei Auseinandersetzungen zwischen Zollbeamten und Schmugglern.[83]

Nach dem Zweiten Weltkrieg nahm der Schmuggel südlich von Aachen gewaltige Ausmaße an. Marktbeobachtern in Hamburg zufolge war das „Aachener Loch"

[80] Rede des Bundesfinanzministers Fritz Schäffer vom 12. 5. 1950, in: Verhandlungen des Deutschen Bundestages. Stenographische Berichte, Bd. 3, S. 2319. Neben Kaffee und Zigaretten bezeichnete Schäffer als weitere wichtige Güter der gesetzwidrigen Einfuhr: Rauschgift, Schokolade, Kakao, Tee, Spirituosen, Wein, Nylonstrümpfe, Parfüm und Zigarettenpapier. Vgl. auch Gordian: Kaffee und Tee. Ernte – Handel – Verbrauch, Nr. 1182 vom 25. 2. 1950, S. 43.

[81] Verein der am Caffeehandel betheiligten Firmen: Der illegale Handel mit Kaffee aus Besatzungsbeständen, Hamburg 1951, S. 1.

[82] Wolfgang Trees: Schmuggler, Zöllner und die Kaffeepanzer. Die wilden Nachkriegsjahre an der deutschen Westgrenze, Aachen 2002, S. 35.

[83] Vgl. ebd., S. 24–41.

mit zehn Prozent am Kaffeeschmuggel in der Bundesrepublik beteiligt, dessen Volumen 1950 auf insgesamt 30 000 Tonnen geschätzt wurde.[84]

Eine Momentaufnahme vom April 1950 stellte dar, dass das „Loch im Westen" den deutschen Staat täglich 300 000 DM an Steuer- und Zollverlusten kostete. Täglich würden im Durchschnitt 150 Schmuggler aufgegriffen, und mindestens 200 000 Menschen stünden im Verdacht, unmittelbar am Schmuggel beteiligt zu sein. Die Zollfahndungsstelle Köln konfiszierte im zweiten Halbjahr 1949 schwarze Waren im Wert von rund 2,5 Mio. DM. Allein etwa 150 000 Kilo Röstkaffee seien dabei im Jahr 1949 sichergestellt worden und die Tendenz sei eher im Steigen begriffen.[85]

Wer Kaffee von Belgien nach Deutschland mitnahm, konnte mit einer beträchtlichen Verdienstspanne rechnen. Es gab ein Preisgefälle in beiden Staaten, welches sich nach der Entfernung des Ortes zur Grenze richtete. Im belgischen Eupen, das zehn Kilometer von der Grenze entfernt lag, kostete das Pfund Röstkaffee umgerechnet 3,00 DM. In Kettenis – hier waren es acht Kilometer – lag das Pfund bei 3,45 DM und im nur 1500 Schritt von Deutschland entfernten Raeren bei 4,10 DM. Im deutschen Lichtenbusch wurde das halbe Kilo für 7,00 DM verkauft. Wer seinen Kaffee am Hauptbahnhof Aachen bezog, zahlte dafür 8,00 DM. „Von Eupen nach Aachen sind es knapp 15 km. Auf diesen zwei Meilen beträgt das Preisgefälle 166%, nämlich von 8 auf 3 DM",[86] berichtete „Der Spiegel". Wer kein Geld erübrigen konnte, brachte Tauschware mit. Neben entbehrlichen Gegenständen aus dem Haushalt trugen die Eifelbewohner häufig Blei nach Belgien, welches sie aus Trümmergrundstücken geborgen hatten.[87]

Kaffee wurde nach Deutschland getragen, gefahren, per Post versandt oder durch einen „Hundeexpress" geliefert – die Vierbeiner waren darauf abgerichtet worden, mit umgebundenen Kaffeepäckchen über die Grenze zu laufen. Fahrzeuge wurden den Erfordernissen des Schmuggels angepasst: Der übliche „Kaffeefrachter" war ein meist in Belgien gekaufter Straßenkreuzer amerikanischer Bauart, der mit einer zusätzlichen Panzerung und verstärkten Federung versehen wurde; der Fahrer saß statt auf einem Sitz auf Kaffeesäcken. Bis zu 35 Zentner konnte so ein Auto transportieren.[88] 553 solcher „Kaffeefrachter" waren im Aachener Raum zwischen 1946 und 1954 vom Zoll beschlagnahmt worden. Hinzu kamen 242 Schmuggel-Lastwagen, 155 Motorräder sowie 31 andere Fahrzeuge wie Traktoren oder Omnibusse.[89]

Der Gewinn variierte abhängig davon, ob die Schmuggler auf eigene Rechnung oder in einer organisierten Kolonne arbeiteten. In den arbeitsteilig arbeitenden Kolonnen und Banden stieg mit dem Risiko auch die zu erwartende Bezahlung.

[84] Vgl. Am Caffeehandel betheiligt. Deutschlands Schmuggler, Serie, in: Der Spiegel vom 13.7.1950, S.20.

[85] Schwarzer Kaffee, in: Rheinischer Merkur vom 29.4.1950.

[86] Im Zitat müsste es wohl richtiger heißen: „von 3 auf 8 DM". Quelle: Am Caffeehandel betheiligt. Deutschlands Schmuggler, Serie, in: Der Spiegel vom 13.7.1950, S.20.

[87] Ebd., S.108.

[88] Am Caffeehandel betheiligt. Deutschlands Schmuggler, Serie, in: Der Spiegel vom 6.7.1950, S.24ff.

[89] Ebd.

Die Spannbreite der am Schmuggel beteiligten Bevölkerung reichte vom professionellen Großschmuggler bis zum Schulkind. Die Menschen und ihre unterschiedlichen Herangehensweisen fügten sich zu einer „Kaffeefront" zusammen, die im gesellschaftlichen Selbstverständnis einer ganzen Region verankert war. Der Schmuggel nahm das Ausmaß einer Massenbewegung an und gehörte zum alltäglichen Erscheinungsbild der Eifel – manchmal mit tragischen, manchmal mit fast humoristischen Auswirkungen: So stieg der „TuS Mützenich 1921" in der Fußballsaison 1952 von der ersten in die zweite Kreisklasse ab, weil sieben von elf Spielern fehlten – sie saßen wegen des Verdachts auf Kaffeeschmuggel im Gefängnis. Die Sportler aus dem kleinen Eifeldorf Mützenich waren zusammen mit über 90 Einwohnern des insgesamt 1350 Seelen zählenden Dorfs festgenommen worden.[90]

Das im Gebiet Hürtigwald in der Nordeifel liegende Dorf Schmidt, das während der Ardennenkämpfe im Herbst und Winter 1944 weitgehend zerstört worden war, verdankte seinen erstaunlichen Wiederaufbau dem Schmuggel, wie „Der Spiegel" acht Jahre nach Kriegsende zu berichten wusste:

> „Mit den Gewinnen des in den Jahren 1949 und 1950 rasch aufblühenden Kaffee-Schmuggels wuchsen die zerstörten Eifeldörfer so, wie sie nie gewesen waren, aus der kargen Erde. Ohne einen Pfennig staatlicher Wiedergutmachung. Allein durch den Kaffee."[91]

Eine derartige Konstellation schuf einen idealen Boden für Legenden, die in der Geschichte der Eifel bis heute tradiert werden. Der Schmidter Pfarrer Josef Bayer war eine solche Legende. Von ihm wurde berichtet, dass er seiner schmuggelnden Gemeinde mit viel Verständnis und Einfühlungsvermögen begegnete: In der Baracke, die statt der zerstörten Kirche als Ort der Messfeiern diente, habe er bei der Abendmesse für die „noch nicht heimgekehrten Gemeindemitglieder" gebetet und dabei jene Schmidter Bürger gemeint, die noch dabei waren, den Kaffee über die Grenze zu schaffen. Die Geschichte über den Wiederaufbau der Kirche in Schmidt wurde sowohl in der zeitgenössischen Presse wie auch in späteren Erzählungen überliefert: Angesichts der leeren Gemeindekasse im prosperierenden Dorf wandte sich der Pfarrer zum Wiederaufbau der Kirche mit einem äußerst erfolgreichen Spendenaufruf an die Einwohner. Bis heute wird die Kirche deshalb im Volksmund liebevoll „Sankt Mokka" genannt.[92]

In dem Bemühen der einen Seite, möglichst viel Kaffee über die Grenze zu bringen, und der anderen Seite, dieses zu verhindern, ließ sich sowohl bei den Schmugglern wie auch bei den Zöllnern ein beeindruckender Erfindungsreichtum feststellen, der zu einer Aufrüstungsspirale führte. Als Äquivalent zu den vom Zoll verwendeten „Igelketten" – Nagelketten, die Autos am Weiterfahren hindern sollten – produzierten die Schmuggler „Krähenfüße", die aus tetraederförmig zu-

[90] Die Infant'rie, die Infant'rie, in: Der Spiegel vom 1. 10. 1952, S. 10.
[91] Ebd.
[92] Vgl. hierzu beispielsweise die sich an Touristen wendende Selbstdarstellung der Eifel unter http://www.eifel.de/go/sehenswertes-detail/schmugglerkirche_sankt_hubertus_schmidt.html (4. 4. 2011) oder die Website der Gemeinschaft der örtlichen Gemeinden unter http://www.gdg-nideggen.de/hubertus.htm (4. 4. 2011) – diese bieten übrigens auch den Verkauf von speziellen Souvenirs aus der „Kollektion Sankt Mokka" an.

sammengeschweißten Nägeln bestanden und aus den flüchtenden Autos geworfen wurden. Beide Seiten reagierten darauf mit einzelgekammerten Reifen; der Zoll entwickelte außerdem den „Besenporsche“: Die schnellen Sportwagen wurden vorne mit absenkbaren Stahlbesen ausgerüstet und konnten dadurch die spitzen Hindernisse einfach wegfegen.[93] Um in den einsamen Gebieten Schmuggler aufzuspüren, die zu Fuß unterwegs waren, bildete der Zoll Hunde aus. Die Gegenseite reagierte mit einem an einen Morgenstern erinnernden Stock, der gegen die Hundeschnauzen geschlagen wurde. Andere Schmuggler setzten Pfefferbeutel oder ätzende Chemikalien ein; es wurde auch von Kolonnen berichtet, die eigens Katzen oder läufige Hündinnen mitführten.[94]

Ein besonders eindrucksvolles Beispiel der Hochrüstung beim Kaffeeschmuggel waren die sogenannten Kaffeepanzer.[95] Es handelte sich dabei um zwei umgebaute ehemalige Panzerspähwagen, die mit einer herunterklappbaren und mit Sehschlitzen versehenen Stirnplatte ausgestattet waren. Die Panzerung dieser Stirnplatte war 16 Millimeter stark, die des Wagens betrug 8 Millimeter. So ausgerüstet brachen die Panzer, die pro Fahrt 30 Zentner Kaffee laden konnten, einfach durch Hindernisse und Sperren durch. Als Reaktion auf die Militarisierung des motorisierten Schmuggels wurden die Grenzbeamten mit Maschinenpistolen ausgerüstet. Die Situation glich einem Partisanenkrieg. Die Schmuggler in dem begrenzten Gebiet der Eifel waren für die Vertreter der Staatsmacht äußerst widerspenstige Gegner. Sie legitimierten ihr Handeln mit der Notsituation, dem Mangel an Alternativen und der günstigen Gelegenheit. Die als ungerecht empfundene hohe Besteuerung des Kaffees, durch den Krieg veränderte Moralvorstellungen, gute freundschaftliche und familiäre Beziehungen über die Grenze hinweg: all diese Faktoren erleichterten den Menschen die Entscheidung für die illegalen Handlungen. Eine große Rolle spielte außerdem die Empörung der Bevölkerung über die Eskalation der Gewalt durch die Schüsse der Grenzbeamten auf verdächtige Personen.[96]

Angesichts der militarisierten Situation war es kaum verwunderlich, dass es an der Grenze Tote gab. Zwischen 1946 und 1952 kamen im Aachener Raum insgesamt 31 Schmuggler und zwei Zöllner ums Leben, über hundert Schwerverletzte wurden beklagt. Die Schüsse auf Kaffeeschmuggler bewegten die Gemüter der Bevölkerung wie kaum ein anderes Thema, vor allem wenn es sich um minderjährige Kleinstschmuggler handelte, wie z. B. den 14-jährigen Schüler Horst Klinger, der lediglich ein halbes Pfund Kaffee dabeihatte, als er auf der Flucht mit seinem

[93] Zur Geschichte des „Besenporsche“ vgl. Trees: Schmuggler, Zöllner und die Kaffeepanzer, S. 167–282.

[94] Vgl. Schmuggler im Panzerwagen. Warenlager im Westwall, in: Hamburger Abendblatt vom 13. 3. 1950; Trees: Schmuggler, Zöllner und die Kaffeepanzer, S. 283–295.

[95] Schmuggler im Panzerwagen, in: Hamburger Abendblatt vom 13. 3. 1950; Am Caffeehandel betheiligt. Deutschlands Schmuggler, Serie, in: Der Spiegel vom 6. 7. 1950, S. 24 ff.

[96] Vgl. Jörg Smotlacha: Grenzen, Blockaden und ihre Überwindung. Aspekte der Geschichte des Kaffeeschmuggels, in: Eva Dietrich/Roman Rossfeld (Hg.): Am Limit. Kaffeegenuss als Grenzerfahrung, Zürich 2001, S. 36–51, hier S. 43. Vgl. auch: Rede des Abgeordneten Günther (CDU) vom 1. 10. 1952, in: Verhandlungen des Deutschen Bundestages. Stenographische Berichte, Bd. 13, S. 10589 ff.

Fahrrad erschossen wurde.[97] Immer wieder fragten Stimmen in der Bevölkerung wie auch die örtliche Presse nach der Berechtigung, wegen entgangener Zollgebühren ein Menschenleben auszulöschen. Nachdem der 27-jährige Otto Coracono am 8. Mai 1948 erschossen worden war, als er mit einer Gruppe junger Männer für das Pfingstfest Lebensmittel in Belgien hatte besorgen wollen, manifestierte sich der Unmut über diese Tat. Eine Gruppe von Eifelbewohnern fuhr die Leiche des Familienvaters vor das Zollkommissariat Walheim und sang anschließend das „Lied vom guten Kameraden“[98]. Danach flogen Steine in die Fensterscheiben des Zollhauses.

Die Eifel-Bevölkerung stellte mit dem „Lied vom guten Kameraden“ eine Nähe der Schmuggel- zur Kriegssituation her. In beiden Fällen kommen ähnliche Motive zum Tragen: Der Tote und die Trauernden werden einseitig als Opfer wahrgenommen, welches unfassbar und sinnlos scheint. Dem Toten wird die Solidarität der Überlebenden versichert, indem sein Wirken – der Kampf in dem einen und der Schmuggel in dem anderen Kontext – von ihnen weitergeführt wird. Die Schuld liegt dabei jenseits der trauernden Akteure, und im Falle des erschossenen Kleinschmugglers wurde durch den Angriff auf das Zollgebäude deutlich gemacht, wo die Verantwortlichen zu suchen waren.

Neben Stimmen aus der Bevölkerung und der Presse meldeten sich auch Theologen zu Wort und hinterfragten die Zollpolitik, den Schmuggel und die Gewaltanwendung durch den Zoll. In der Debatte um „Selbsthilfe“ und Schwarzmarkt war es nicht neu, dass sich Geistliche äußerten. Der Kölner Erzbischof Kardinal Frings[99] hatte einige Berühmtheit erlangt, als er in seiner Silvesterpredigt 1946 der illegalen Selbsthilfe sozusagen den kirchlichen Segen erteilte:

> „Wir werden uns erforschen müssen, jeder für sich, ob er das siebte Gebot treu befolgt hat, das das Eigentum des Nächsten schützt. Wir leben sicher in Zeiten, in denen der staatlichen Obrigkeit mehr Rechte über das Eigentum des einzelnen zustehen als sonst und in denen ein gerechter Ausgleich zwischen denen, die alles verloren, und denen, die noch manches gerettet haben, stattfinden muß. Wir leben in Zeiten, da in der Not auch der Einzelne das wird nehmen dürfen, was er zur Erhaltung seines Lebens und seiner Gesundheit notwendig hat, wenn er es auf andere Weise durch seine Arbeit oder durch Bitten nicht erlangen kann.“[100]

Der Kölner Bischof bekam nach seiner Rede ein verbales Denkmal gesetzt: Das Synonym „fringsen“ wurde zum feststehenden Begriff in der Umgangssprache und meinte die illegale, jedoch moralisch abgesegnete Beschaffung von Lebensmitteln und Heizmaterial.[101]

[97] Vgl. Tödliche Schüsse an der Grenze, in: Die Welt vom 24. 1. 1948.

[98] Zur Bedeutung des Liedes vgl. Thomas Kühne: Kameradschaft, Göttingen 2006, S. 30.

[99] Josef Kardinal Frings (1887 bis 1978) war von 1942 bis 1969 Erzbischof von Köln und von 1945 bis 1965 Vorsitzender der deutschen Bischofskonferenz.

[100] Zit. n. Gries: Die Rationen-Gesellschaft, S. 307; vgl. auch Arne Andersen: Der Traum vom guten Leben. Alltags- und Konsumgeschichte vom Wirtschaftswunder bis heute, Frankfurt a. M. 1997, S. 22f.

[101] Folgende Äußerung des Erzbischofs: „Aber ich glaube, dass in vielen Fällen weit darüber hinaus gegangen worden ist. Und da gibt es nur einen Weg: unverzüglich unrechtes Gut zurückgeben, sonst gibt es keine Verzeihung bei Gott“, wurde dabei gerne übersehen. Dieter Froitzheim (Hg.): Kardinal Frings. Leben und Werk, Köln 1979, S. 286.

Auch in der Verurteilung der tödlichen Schüsse in der Eifel sah sich die Bevölkerung von Geistlichen unterstützt. So berief sich die „Aachener Volkszeitung“ 1951 auf „Äußerungen anerkannter Moraltheologen“, als sie beklagte:

„Die Zollhöhe für eine Reihe von Ausfuhrartikeln ist unmoralisch und widerchristlich, ebenso die Lebensgefährdung und Lebensvernichtung durch die von den staatlichen Instanzen erlaubten Schüsse.“[102]

Und in der Zeitschrift „Theologie und Glaube“ publizierte Gustav Ermecke ein Jahr später einen Aufsatz über „Moraltheologische Grundsätze zur Zoll-Moral und Zoll-Gesetzgebung“, in dem er zu dem Schluss kam:

„Wenn sich heute nachweislich aus den zu hohen Zollsätzen ein Anwachsen der Kriminalität, der Jugendverwahrlosung, der Lebensgefährdung, des Anreizes zu unverantwortlichem, die Autorität des Staates untergrabendem Handeln ergibt, dann muß ein solches Gesetz revidiert werden, weil es insoweit gemeinwohlschädigend ist.“[103]

Für den Staat sei ein Zollgesetz mit derart hohen Zollsätzen auf die für breite Kreise unentbehrlichen Nahrungsmittel wie Kaffee, Tee oder Tabak moralisch unhaltbar. Der gewerbliche Schmuggel sei zwar ebenfalls unmoralisch und sündhaft, aber „auf keinen Fall dürfen die Zollbeamten mit Ausnahme der persönlichen Notwehr die Gesetzesübertreter töten“.[104] Genau wie der Verein der deutschen Kaffeehändler schlussfolgerte Gustav Ermecke: „Die praktisch erfolgreichste Bekämpfung des Schmuggels ist jedoch, ihn durch richtige Zollgesetze unrentabel zu machen.“[105] Nach der Senkung der Kaffeesteuer verschwand das Problem tatsächlich schlagartig. Trotzdem kam es elf Jahre danach noch einmal zu einem Todesfall: Der 36 Jahre alte Franz Herder wurde am 22. Februar 1964 am Grenzübergang Lichtenbusch auf seinem Moped erschossen. Im Gepäck hatte er 750 Gramm Kaffee, hundert Gramm Tee und 20 Eier.[106]

Die Eifelbevölkerung sah sich durch die theologischen Ausführungen in ihrer Auffassung bestätigt, dass das Recht des Schmugglers angesichts der hohen Zölle sozusagen ein Naturrecht sei. Diese Form der Selbstrechtfertigung belegt auch ein Blick auf die im Rheinland so wichtige Karnevalszeit, in der sich die Menschen ganz selbstverständlich und mit einigem Stolz zu ihrer schwarzen Nebentätigkeit bekannten. „Lachen ist zollfrei“, hieß das Motto 1952 in Aachen. Auf dem Karnevals-Plakat springt ein Clown über den Grenzbaum. Das Konfetti, welches aus seiner Tasche rieselt, könnten ebenso gut Kaffeebohnen sein.

[102] Schüsse an der Grenze moralisch nicht zu rechtfertigen. „Zollsystem ist unchristlich“, erklären katholische Moraltheologen, in: Aachener Volkszeitung vom 3. 11. 1951.

[103] Gustav Ermecke: Moraltheologische Grundsätze zur Zollmoral und Zollgesetzgebung, in: Theologie und Glaube 42 (1952), S. 81–97, hier S. 94.

[104] Ebd., S. 96.

[105] Ebd., S. 97.

[106] Todesschuß aus Zollpistole. Grenzland Aachen bestürzt, in: Aachener Nachrichten vom 24. 2. 1964. Die Schüsse an der Grenze genießen derzeit eine neue Aufmerksamkeit in der öffentlichen Diskussion, allerdings in einem anderen Zusammenhang. So vergleicht beispielsweise das „Forum Grenztruppen der DDR“ die Situation an der Aachener mit der an der innerdeutschen Grenze. Vgl. http://www.grenztruppen-der-ddr.de/index.php?show=other&other_id=4 (4. 4. 2011).

Abb. 4: Plakat zum Aachener Karneval 1952

Der „Mocca-Türk Club“ aus Schmidthof reiste mit einer großen Gruppe zum Aachener Karneval an. Der Name des Karnevalsvereins war eine Hommage an die meist geschmuggelte belgische Kaffeesorte Mokaturc.[107] Auch zahlreiche Lieder bezogen sich auf die Grenzschiebereien: „Ich brauche keine Millionen / und keinen Pfennig zum Glück! / Nur einen Zentner Bohnenkaffee / und ich werd verrückt, verrückt, verrückt,“ wandelten die Eifeler das Lied des in Aachen geborenen Komponisten Peter Kreuder ab.[108]

In der Zeit der hohen Besteuerung und materieller Not galt der Kaffeeschmuggel in der Eifelregion selbst und teilweise darüber hinaus als gesellschaftlich legitim, obwohl er eine illegale Handlung darstellte. Da die Schmuggler durch ihre Tätigkeit ihr unmittelbares soziales Umfeld nicht schädigten, konnten sie dort mit Verständnis rechnen. Auch in der Selbsteinschätzung sahen sich die Grenzgänger nicht als Verbrecher. Die retrospektive Einschätzung eines Bürgers aus der Eifel: „Ich war ein Schmuggler, und nichts anderes. Gangster waren wir nicht“[109], entspringt dem gesellschaftlichen Selbstverständnis, das eigene moralische Werte in einer zeitlich begrenzten Ausnahmesituation über die staatlichen Normen stellt.

107 Vgl. Trees: Schmuggler, Zöllner und die Kaffeepanzer, S. 186ff. Der Bezug eines Karnevalsvereins auf den Schmuggelkaffee war kein Einzelfall. Auch andere Vereine ließen sich von der Aufmachung und dem Namen des belgischen Kaffees inspirieren.

108 Zit. n. ebd., S. 196.

109 Zit. n. ebd., S. 170.

Michael Wildt konstatiert in seiner Untersuchung über Selbsthilfe und Schwarzmarkt in der unmittelbaren Nachkriegszeit:

„Wer die Deutschen nach dem Krieg ausschließlich mit dem Strafgesetzbuch messen würde, müßte sie in ihrer Mehrzahl als kriminell einstufen und stände verblüfft vor ihrer rechtsstaatlichen Metamorphose nach 1949. Die Diskrepanz zwischen juristischem und ‚alltäglichem' Normensystem heißt eben nicht, daß sich jenseits der offiziellen Bewirtschaftungsbestimmungen jegliche soziale Moral aufgelöst hätte und alles erlaubt gewesen wäre. Die ‚illegale Zeit' der Nachkriegsjahre war Alltag, aber Alltag im Ausnahmezustand."[110]

Wildts Erkenntnisse über das alltägliche Normensystem in Ausnahmezeiten können auch für die Kaffee schmuggelnde Eifelbevölkerung Geltung beanspruchen. Es hatte sich nicht jegliche soziale Moral aufgelöst, sondern sich eine der Situation angemessene, neue soziale Moral herausgebildet, die nicht von anhaltender Dauer war. Es handelte sich vielmehr um eine Suspendierung des am geltenden Recht orientierten Normensystems auf Zeit zugunsten einer pragmatischen Orientierung. Für die Grenzbevölkerung der Eifel dürften beide Orientierungen – die legalistische wie die pragmatische – stets nebeneinander bestanden haben, wobei das angemessenere Prinzip jeweils zum Tragen kam. Diese gespaltene Ausrichtung an Normen wird in einer Reportage der „Zeit" von 1956, drei Jahre nachdem die Steuerreform den Kaffeeschmuggel zum Erliegen gebracht hatte, noch einmal in den Fokus gerückt. Der Autor stellte fest:

„Denn alles hat sich normalisiert, nur eines nicht: die Einstellung zum Schmuggel. Auch heute betrachtet die Bevölkerung der Westeifeldörfer den Schmuggel als eine Möglichkeit, Geld zu verdienen, zu der sie gegebenenfalls wieder zurückfinden könnten. Sobald der Kaffeeschmuggel aufs neue ein Geschäft zu werden verspräche, wären sie wieder alle dabei. Dabei hat der Bauer, auch der Bauer der Westeifel einen großen Respekt vor dem Gericht. Aber in Schmuggelfragen war das und ist das noch heute anders. Der Schmuggler nimmt seine Strafe hin wie einen Verlust beim Kartenspiel. Die Strafe gegen den Schmuggel hat weder bessernde noch ausreichend abschreckende Wirkung. Die Schmuggelprozesse werden zu einem ‚Schauspiel auf staatliche Anordnung'. Der Staat arbeitet mit Gesetzen, an die niemand von den Beteiligten so recht glaubt. Es ist wohl schwer, im Rahmen des Naturrechts, das normale Staatsbürger instinktiv achten, den Zoll unterzubringen."[111]

Auch heute ist der Schmuggel noch Teil der kollektiven Identität der Region, auf die etwas verschämt, aber doch mit einigem Stolz geblickt wird. So wirbt derzeit die Monschauer Land Touristik GmbH mit Tagestouren und führt die Besucher unter dem Motto „Schmuggeln – Schmecken – Schmunzeln" zu ehemaligen Schmuggelpfaden und -orten.[112]

Die Nähe, in die das Monschauer Tourismusbüro das „Schmunzeln" zum „Schmuggeln" rückt, und die Romantik, die in dem gelegentlichen Anstimmen von Schmugglerversen bei örtlichen Gesangsvereinen aufblitzt, findet sich auch in der Nachkriegs-Berichterstattung der lokalen Presse wieder. Die Print-Medien der Region zeichneten teilweise ein verklärendes Bild, in welchem die Schmuggler augenzwinkernd zu Gentleman-Verbrechern stilisiert wurden. Ganz anders war der Tenor der überregionalen Presse: Dort wurde der Schmuggel als großer Schaden

[110] Wildt: Der Traum vom Sattwerden, S. 123.
[111] Die Kirche aus Kaffee, in: Die Zeit vom 12. 7. 1956.
[112] Schaurige Spannung und Schmugglerleben, in: Aachener Zeitung vom 11. 10. 2007.

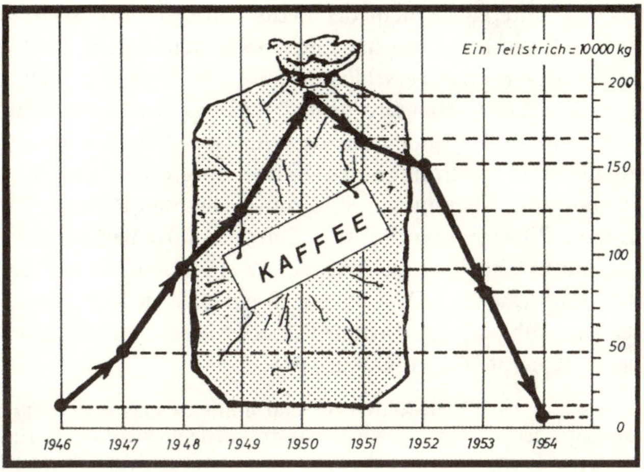

Abb. 5: Die Grafik veranschaulicht die große Menge Kaffee, den die Schmuggler im Aachener Raum über die Grenze trugen. Deutlich zeigt sich der Höhepunkt des Schmuggels um 1950 wie auch sein abruptes Ende nach der Steuerreform im Juli 1953.

für die Volkswirtschaft verurteilt; allerdings mischte sich bei vielen Zeitungen in diese Verurteilung auch ein Hauch Verständnis, das sich aus der Ablehnung der hohen Kaffeesteuer speiste.

Im großen Stil – der Großschmuggel

Der überwiegende Teil des Schwarzkaffees kam durch professionellen Großschmuggel nach Westdeutschland. Aus verschiedenen Gründen wurden die „Displaced Persons"-Lager zu Knotenpunkten des Kaffeeschmuggels: Die Erfahrungen der „Displaced Persons" (DPs) als Zwangsarbeiter oder Insassen von Konzentrationslagern im Nationalsozialismus, oft verbunden mit einer unklaren Lebensperspektive nach Kriegsende und der Ausgrenzung durch die westdeutsche Bevölkerung, schufen einen Abstand zwischen den Legitimitäts- und Legalitätsvorstellungen der deutschen Mehrheit und den Wertvorstellungen der Menschen, die als Zwangsverschleppte und Zwangsarbeiter in Deutschland keine Heimat gefunden hatten und lediglich ex negativo – als am „falschen Ort befindlich" – definiert wurden. Angesichts des von den Deutschen erfahrenen Unrechts sahen viele DPs keine Verpflichtung, das deutsche Recht zu achten. Wegen tatsächlicher und vermeintlicher illegaler Aktivitäten, aber auch aus einer Gemengelage aus weiter vorhandenem Rassismus bzw. Antisemitismus, schlechtem Gewissen, mangelnder Aufarbeitungsbereitschaft und Ressentiments gegenüber diesen oft fremden und fremdsprachigen Menschen, die ihr Leben noch lange von der deutschen Mehrheitsbevölkerung separiert in Lagern verbrachten, stigmatisierten große Teile der deutschen Bevölkerung DPs als Kriminelle.[113]

[113] Zur Geschichte der DPs in Deutschland vgl. Ulrich Herbert: Geschichte der Ausländerpolitik in Deutschland. Saisonarbeiter, Zwangsarbeiter, Gastarbeiter, Flüchtlinge, München 2001; Michael Pegel: Fremdarbeiter, Displaced Persons, Heimatlose Ausländer. Konstanten eines Randgruppenschicksals in Deutschland nach 1945, Münster 1997;

Diese unterlagen nicht der deutschen Gerichtsbarkeit, sondern unterstanden juristisch den Besatzungsmächten. Sie hatten Zugang zu Quellen, die anderen Bevölkerungsgruppen verschlossen waren, und erhielten eine im Vergleich zum allgemeinen Lebensstandard großzügig bemessene Lebensmittelzuteilung,[114] „Liebesgaben" und Spenden aus dem Ausland. Über die legal zugänglichen Quellen hinaus floss geschmuggelter Kaffee in großem Stil in Form von getarnten „Liebesgaben"-Sendungen und mit gefälschten Papieren für Transit-Lieferungen in die DP-Lager: Mancher für Dänemark, Ost-Berlin oder Prag deklarierte Lastzug mit unverzollten Bohnen, der Westdeutschland nur durchqueren sollte, landete stattdessen im DP-Camp und ehemaligen Konzentrationslager Bergen-Belsen und fuhr mit gefälschten Papieren wieder zurück. Das „Hamburger Abendblatt" behauptete im Oktober 1948:

> „Die schwarzen Fäden führen oft und immer wieder nach Bergen-Belsen, dem größten DP-Lager der britischen Zone. Von dort und den neuerdings in Hannover und Celle eingerichteten Zweigstellen beziehen die nordwestdeutschen Schwarzhändler den größten Teil ihrer Ware. Internationale Banden sorgen für den Nachschub, der vor allem aus den Benelux-Staaten kommt."[115]

„Der Spiegel" berichtete 1950 sogar von drei großen gewerblichen Röst-Anlagen für Rohkaffee in Bergen-Belsen, die nicht stillstünden und die zusammen pro Tag eine Menge von 80 Sack Kaffee rösten könnten – was einer „legalen" Monatsration der Lagerbewohner entspreche.[116]

Neben Bergen-Belsen war die Münchener Möhlstraße als Schwarzmarkt-Zentrum bei den Kaffeehändlern ebenso bekannt wie gefürchtet. Das Villenviertel zwischen Ismaninger Straße und den Isarauen im Stadtteil Bogenhausen hatte sich nach Kriegsende durch die Konzentration der Büros und von jüdischen Selbstverwaltungseinrichtungen und Hilfsorganisationen und durch den Bau einer Synagoge im Jahr 1946 zu einem Zentrum jüdischen Lebens in München entwickelt. Speziell in der Möhlstraße entstand ein jüdischer Markt mit Buden und Behelfsbauten, der sich zu einem Schwarzmarkt entwickelte, den die ganze Münchener Bevölkerung nutzte.[117] Nach der Währungsreform stellten sich die Schwarzhänd-

Wolfgang Jacobmeyer: Vom Zwangsarbeiter zum Heimatlosen Ausländer. Die Displaced Persons in Westdeutschland 1945–1951, Göttingen 1985.

[114] „Eine andere Versorgungsquelle sind die DP-Lager. Da jede DP die Berechtigung hat, monatlich 2,5 kg [Kaffee] für seinen Bedarf zu erwerben, und die Zahl der DPs mit 500 000 angenommen werden kann, so sind monatlich 1,25 Mill. kg verfügbar, die zu einem erheblichen Teil auf den deutschen Markt gelangen." Legale Kaffeelager geräumt, in: Die Welt vom 2. 7. 1949. Leider wurde in dem Artikel nicht erwähnt, dass die Berechtigung allein noch keinen Erwerb von Kaffee bedeutete, der ja teuer bezahlt werden musste.

[115] Viele Fäden führen nach Belsen. Hamburgs Zollgrenzschutz kämpft gegen Warenschmuggler, in: Hamburger Abendblatt vom 23. 10. 1948.

[116] Am Caffeehandel betheiligt. Deutschlands Schmuggler, Serie, in: Der Spiegel vom 27. 7. 1950, S. 23.

[117] Juliane Wetzel: „Mir szeinen doh". München und Umgebung als Zuflucht von Überlebenden des Holocaust 1945–1948, in: Martin Broszat/Klaus-Dietmar Henke/Hans Woller (Hg.): Von Stalingrad zur Währungsreform. Zur Sozialgeschichte des Umbruchs in Deutschland, München 1988, S. 327–364, hier S. 354–358.

ler der Möhlstraße unter anderem auf das Geschäft mit unverzolltem Kaffee um. Die bayrischen Einzelhändler bezifferten 1950 den Jahresumsatz der Möhlstraße auf 11 000 Tonnen Kaffee.[118] Für den „Spiegel", der sich der Meinung der Einzelhändler anschloss, war die entscheidende Frage, ob DPs dem deutschen oder dem amerikanischen Recht unterstehen sollten. Distanzierend zitierte das Magazin den Landesrabbiner Dr. Ohrenstein, der erklärte:

„Solange keine Säuberung der deutschen Justiz durchgeführt ist, halten wir die amerikanischen Behörden für objektiver. Wobei ich hinzufügen möchte, daß ich hier Seelsorger bin wie etwa Kardinal Frings in Köln [...]. Ich sage Ihnen, machen Sie aus dem Schmuggel kein DP- oder gar Judenproblem. Wir haben den Prozentsatz an kriminellen Delikten, der uns statistisch zusteht, gar nicht erreicht."[119]

Der „Spiegel" verkehrte die plausible Darstellung von Ohrenstein in seiner Berichterstattung in ihr Gegenteil und präsentierte sie als Anmaßung eines Vertreters von zu Unrecht Begünstigten. Diese Herangehensweise stand im Zusammenhang mit den Hintergründen der großen „Spiegel"-Serie von 1950 über den Kaffee-Schmuggel.

Der „Spiegel"-Artikel: Eine Quelle und ihre Geschichte

Die beiden als Marktbeobachter tätigen Mitarbeiter des Hamburger „Kaffeeimportkontors" Horst Mahnke und Georg Wolff boten dem „Spiegel" 1950 eine Serie über Kaffeeschmuggel[120] an. Die Serie widmete sich der Tätigkeit der Schmuggler und der Bedeutung des Schmuggels für die Deutsche Volkswirtschaft:

„Deutschlands Schmuggler haben einen Jahresverdienst von einer Milliarde DM. Dazu kommt der Warenwert ihrer Schwarzgüter, der ebenfalls eine Milliarde D-Mark beträgt. So kommen Deutschlands Schmuggler umsatzmäßig etwa auf die Rangstufe des deutschen Kohlebergbaus."[121]

Die Serie wurde ein Erfolg und für beide Autoren der Einstieg zu einer großen Karriere beim „Spiegel". Horst Mahnke wurde Ressortleiter für „Internationales/Panorama" und Georg Wolff Auslandschef und zwischen 1959 und 1967 stellvertretender Chefredakteur.

Beide Redakteure waren politisch vorbelastet: Sie waren beim Sicherheitsdienst der SS im Rang von Offizieren tätig gewesen.[122] Georg Wolff war als SS-

[118] Am Caffeehandel betheiligt. Deutschlands Schmuggler, Serie, in: Der Spiegel vom 27.7. 1950, S. 23.

[119] Ebd.

[120] Am Caffeehandel betheiligt. Deutschlands Schmuggler, Serie in: Der Spiegel vom 6.7.1950 bis 10.8.1950. Die altertümliche Schreibweise im Titel ist ein Verweis auf den „Verein der am Caffeehandel betheiligten Firmen" in Hamburg.

[121] Am Caffeehandel betheiligt. Deutschlands Schmuggler, Serie, in: Der Spiegel vom 6.7. 1950, S. 26.

[122] Zu den Personen und Tätigkeiten von Horst Mahnke und Georg Wolff vgl.: Nie antifaschistisches Geschütz. Der „Spiegel" und seine zähe Vergangenheitsbewältigung, in: taz vom 30.12.2006; Lutz Hachmeister: Ein deutsches Nachrichtenmagazin. Der frühe „Spiegel" und sein NS-Personal, in: Lutz Hachmeister/Friedemann Siering: Die Herren Journalisten. Die Elite der deutschen Presse nach 1945, München 2002, S. 87–120; Nor-

Hauptsturmführer dafür zuständig gewesen, die Opposition in Norwegen zu überwachen. Er arbeitete bis Kriegsende als Referatsleiter in der Abteilung III des SD beim Befehlshaber der Sicherheitspolizei in Oslo, wo er die „Meldungen aus Norwegen" an das Reichssicherheitshauptamt betreute. Horst Mahnke stand im Verdacht, während seiner Tätigkeit als SS-Hauptsturmführer im rund 25-köpfigen „Vorkommando Moskau" der Einsatzgruppe B in Smolensk an Erschießungen von Juden teilgenommen zu haben.[123] Am 29. Januar 1946 wurde Mahnke verhaftet und saß bis Mitte 1948 im Internierungslager Bad Nenndorf. Am 16. Juli 1949 untersagte der Entnazifizierungs-Hauptausschuss der Stadt Hannover ihm, als „Lehrer, Jugendpfleger, Journalist, Schriftsteller, Redakteur" tätig zu sein, da er „den Nationalsozialismus wesentlich gefördert" habe.[124] Erst am 31. März 1950, also drei Monate vor dem Erscheinen des Kaffee-Artikels im „Spiegel", waren diese Beschränkungen vom Hannoverschen Berufungsausschuss aufgehoben worden. Ein späteres Verfahren gegen Horst Mahnke wegen einer Beteiligung an den Erschießungen in Smolensk wurde aus Mangel an Beweisen eingestellt.[125]

Die Artikelserie über den Kaffeeschmuggel war geprägt von hervorragenden Insiderkenntnissen und gab einen guten Einblick in den Schwarzhandel mit Kaffee. Die beteiligten Personen, die Praktiken der Schwarzhändler und Schmuggler, wie auch der Umfang des illegalen Marktes wurden genau beschrieben. Auffällig sind in dem Text unterschwellige rassistische und antisemitische Ressentiments. DPs – in der Regel solche, die als Juden identifizierbar waren – wurden als notorische Schwarzhändler, Verbrecher und als Hauptträger des Schwarzhandels dargestellt; es fiel sogar das Wort „DP-Terroristen".[126] Die Lager, aber auch andere von DPs bewohnte Orte wie die Münchener Möhlstraße, wurden als Orte dargestellt, in denen steinreiche DPs mit geradezu terroristischen Mitteln kriminelle Geschäfte betrieben und dabei rechtschaffene Bürger – etwa den Verein der bayrischen Einzelhändler oder die Münchener Kaffeefirmen, die beinahe vor der Schließung stünden – schädigten.[127] Das ungewöhnliche Vorgehen der Redakteure, bei des Schmuggels verdächtigten Personen die Adresse anzufügen, bezeichnete Otto

bert Frei: Karrieren im Zwielicht. Hitlers Eliten nach 1945, Frankfurt a. M. 2001; Michael Wildt: Generation des Unbedingten. Das Führungskorps des Reichssicherheitshauptamtes, Hamburg 2002.

123 Lutz Hachmeister: Der Gegnerforscher. Die Karriere des SS-Führers Franz Alfred Six, München 1998, S. 238.

124 Hachmeister: Ein deutsches Nachrichtenmagazin, S. 102 f.

125 „Entnazifiziert war entnazifiziert". So der Ex-Verlagsdirektor Hans Detlev Becker, 85, über ehemalige Nationalsozialisten im „Spiegel", in: Der Spiegel vom 8. 1. 2007, S. 93.

126 Am Caffeehandel betheiligt. Deutschlands Schmuggler, Serie, in: Der Spiegel vom 20. 7. 1950, S. 21.

127 Vgl. dazu den Artikel von Otto Köhler: Offizielle Mitarbeiter, in: Konkret, Nr. 5 /1992, S. 48–51. Der Begriff „offizielle Mitarbeiter" verweist auf die Art und Weise, wie die deutsche Gesellschaft zum Zeitpunkt des Erscheinens mit den ehemaligen „inoffiziellen Mitarbeitern" der Staatssicherheit der DDR umging, und spielt mit dem Gedanken, wie später die Karriere von Journalisten verlaufen wäre, wenn sie nicht als NS-Täter, sondern als ehemalige Stasi-Angehörige enttarnt worden wären.

Köhler, der selbst von 1966 bis 1972 für den „Spiegel" gearbeitet hatte, als „„Spiegel'-Service fürs Pogrom".[128]

Die Artikel waren moralisch stark wertend, obwohl sich der Autor Horst Mahnke nach Kriegsende bis zu seiner Verhaftung selbst als Schwarzhändler für Benzin und Öl betätigt hatte,[129] und argumentierten genau wie der Kaffeeverband in der Regel mit den dem deutschen Staat entgangenen Steuern und Zöllen.

Die Beurteilung des „Spiegels" unterschied sich allerdings nicht grundlegend von dem Bild, das die westdeutsche Bevölkerung von den DPs hatte. Selbst im Bundestag wurde der ironisch angehauchte Beitrag des Abgeordneten Franz Josef Strauß: „Wir kennen die Zustände im Lager Bergen-Belsen, wo monatliche Liebesgaben-Lizenzen in einer Höhe erteilt worden sind, daß man die Betreffenden, wenn sie die eingeführte Ware hätten selber trinken müssen, vor dem Kaffee hätte schützen müssen, weil sie alle an Herzschlag gestorben wären"[130], mit dem „Zuruf rechts" quittiert: „Dafür sind ja auch allerhand Millionäre in Belsen!"[131]

In der „Spiegel"-Serie wurde immer wieder beklagt, dass die DPs nicht der deutschen Rechtsprechung unterstünden und deshalb auch bei groben Rechtsverstößen nichts zu fürchten hätten. In den Artikeln wurde als Gegenpart zum steinreichen und betrügerischen DP die rechtschaffene deutsche Frau aufgebaut, die in schwierigen Zeiten mit Hilfe von Schwarzhandel versuchte, ihre Kinder zu ernähren – verkörpert in der „armen Waschfrau Mathilde Ziegler".[132] Die Artikelserie suggerierte: Während die DPs in ihren Lagern in Saus und Braus leben, gibt es für die Waschfrau keine Gnade.

Inwiefern die Serie im „Spiegel" mehr von Antisemitismus und Rassismus geprägt war als die bundesdeutsche Bevölkerung zu Beginn der 1950er Jahre, lässt sich nur schwer beurteilen. Die jüdische Gemeinde in Bayern jedenfalls hatte den Eindruck, dass der „Spiegel" Volksverhetzung betrieb, und stellte 1950 einen Strafantrag mit der Forderung nach Einstellung der Serie. Am 31. Juli 1950 musste der „Spiegel"-Herausgeber Rudolf Augstein einen Vergleich unterschreiben, in dem er sich von jedem Antisemitismus distanzierte[133] und versicherte, er wolle

[128] Ebd., S. 50. Otto Köhler bezieht sich in seiner Aussage auf jüdische Namen. Tatsächlich wurde aber wohl jedem recherchierbaren (Schmuggler-)Namen die Adresse und manchmal auch die Telefonnummer angehängt.

[129] Hachmeister: Ein deutsches Nachrichtenmagazin, S. 100.

[130] Rede des Abgeordneten Strauß (CSU), 12. 5. 1950, in: Verhandlungen des Deutschen Bundestages. Stenographische Berichte, Bd. 3, S. 2328.

[131] Ebd.

[132] Zur Geschichte der Waschfrau Mathilde Ziegler: Am Caffeehandel betheiligt. Deutschlands Schmuggler, Serie, in: Der Spiegel vom 20. 7. 1950, S. 25. Die Wäscherin war von amerikanischen Kunden mit Kaffee und Zigaretten entlohnt worden. Als die geschiedene Frau daraufhin ihre Schulden im Kaufmannsladen damit bezahlte, wurde sie gemeinsam mit der Kaufmannsfrau wegen Steuerhehlerei angeklagt und zu einer Zahlung von 130 DM verurteilt. Ein Gesuch auf Straferlass wurde abgelehnt.

[133] Das hinderte ihn nicht, am 3. August in einer Glosse zu dem Prozess zu schreiben: Darin beschrieb er den „Anwalt der bayrischen Judenheit" Joseph Klibansky: „Dieses Zwischending von einem römischen Volksredner und einem Teppichhändler aus Smyrna, dieser kleine dicke Mann, der mit der Behendigkeit eines Waschbären und in dem Habitus eines Pinguin den Gerichtssaal durchmaß[,] erwies sich als Gerichtsspieler mit einer unwahrscheinlichen Klaviatur." Rudolf Augstein: Lieber Spiegelleser,

keineswegs zum Ausdruck bringen, „daß vornehmlich Menschen jüdischen Glaubens an dem Kaffeeschmuggel beteiligt sind".[134]

Transit-Bohnen

Dem oben erwähnten „Loch im Westen" stand im Osten eine ebenfalls löchrige Grenze gegenüber. Vor allem organisierte Großschmuggler nutzten diese Demarkationslinie, um Kaffee, der in der Sowjetischen Besatzungszone bzw. der DDR nicht mit einer Steuer belegt war, nach Westdeutschland zu schleusen.[135] Da das Genussmittel weder in der SBZ noch in der jungen DDR in nennenswerten Größenordnungen auf dem Markt war, wurde Ostdeutschland als Durchgangsstation für Sendungen genutzt, die aus den Ländern Westeuropas kamen.[136] Kaffee und Zigaretten aus dem westlichen Ausland sollen in großen Mengen im Transit durch die Bundesrepublik oder im direkten Schiffsverkehr in die DDR verbracht und von dort aus meist über West-Berlin auf alle denkbaren Arten ins Bundesgebiet geschmuggelt worden sein.[137] Als einfachste Transit-Methode galt der Versand per Post:

> „Heute schon werden Kaffeesendungen aus dem Ausland legal in die Ostzone gesandt, wo keine Kaffeesteuer besteht: Aus der Ostzone wird der Kaffee wieder nach West-Berlin gebracht und von dort in Postpaketen in die Westzone gesandt."[138]

Diese Methode war von der Menge her begrenzt; die meisten Bohnen kamen per Lkw über die Grenze. Der „Rheinische Merkur" gab an, dass von Dezember 1949 bis Februar 1950 insgesamt 75 000 Sack (4,5 Mio. Kilo) Kaffee von Ost-Berlin in den Westen verschoben wurden:

> „Es ist bekannt, daß sowjetisch kontrollierte internationale Schmugglerbanden das Bundesgebiet mit Schwarzmarktgütern überfluten, um auf der einen Seite die westdeutsche Wirtschaft zu unterhöhlen, auf der anderen Seite aber auch den ostzonalen Bedarf an

in: Der Spiegel vom 3. 8. 1950, S. 35. Außerdem erklärte Augstein, dass die Spiegelredakteure „durch die Veröffentlichung der Bilder des Herrn Präsidenten Dr. Auerbach und seiner Ehrwürden, des Herrn Landesrabbiner Dr. Ohrenstein, in keiner Weise zum Ausdruck bringen wollen, daß diese Herren in irgendeinem direkten oder indirektem Zusammenhang mit dem Kaffeeschmuggel stünden". (Dr. Auerbach war Präsident des bayrischen Landesentschädigungsamtes. Zitat ebd.) Die bezüglich Herrn Auerbach aufgestellte Behauptung, er habe sich bemüht, auch selbst in den Kaffeehandel zu kommen, sei falsch und auf einen Bearbeitungsfehler zurückzuführen. Ebd.

[134] Rudolf Augstein: Lieber Spiegelleser, in: Der Spiegel vom 3. 8. 1950, S. 35.

[135] Kaffee war nicht das einzige Gut, das über die Ost-Grenze transportiert wurde. Aufgrund des Wechselkurses von eins zu sieben bzw. eins zu acht von West- in Ostmark wurden bereits 1950 Klagen über Waren aus der Ostzone laut, die im deutschen Bundesgebiet zu Schleuderpreisen vertrieben wurden. Vgl. Rede des Bundesfinanzministers Schäffer vom 12. 5. 1950, in: Verhandlungen des Deutschen Bundestages. Stenographische Berichte, Bd. 3, S. 2321.

[136] Auch Polen und die Tschechoslowakei wurden als Kaffee-Transit-Länder genutzt.

[137] Vgl. Rede des Bundesfinanzministers Schäffer vom 12. 5. 1950, in: Verhandlungen des Deutschen Bundestages. Stenographische Berichte, Bd. 3, S. 2321 ff.

[138] Kaffeeschmuggel und Kaffeesteuer, in: Deutsche Zeitung vom 22. 2. 1950.

D-Mark zu decken bzw. mit dem Erlös aus den Kaffeeverkäufen Materialien einzukaufen, die hinter dem Eisernen Vorhang begehrt sind [...]. Wie alliierte Beamte unlängst in Frankfurt bekanntgaben, arbeiten diese Banden nach den Weisungen sowjetischer Beamter."[139]

In der Presse, aber auch in den Diskussionen im Bundestag, wurde eine Beteiligung der DDR-Regierung am Kaffeeschmuggel behauptet.[140] Am konkretesten waren die Vorwürfe im „Spiegel": 66 000 Tonnen Rohkaffee seien in einem Quartal im Frühjahr 1950 im Rostocker Hafen entladen worden. Der Empfänger dieser Sendungen sei das DDR-Ministerium für Handel und Versorgung gewesen:

„Da in der Sowjetzone amtlich keine Unze Kaffee verteilt wird, sind diese Rohkaffeemengen zum Schmuggel nach Westdeutschland und in der Folge davon zur Unterhöhlung der Westmark bestimmt."[141]

Die Abteilung Deutsche-Außen-Handels-Kommission, die dem Ministerium für Handel und Versorgung unterstellt war, verteile den Kaffee in drei Großlagern, von wo er entweder direkt nach West-Berlin verschoben werde oder weiter an verschiedene Verteilstellen gehe: „In diesen Verteilstellen konnte jedermann, der über Hartwährungen, insbesondere DM-West verfügte, von der Tonne bis zum Pfund einkaufen"[142], teilte „Der Spiegel" mit. Der am Kaffeeschmuggel beteiligten DDR-Regierung wurden zwei Absichten unterstellt: Die Unterhöhlung der westdeutschen Volkswirtschaft und die Beschaffung von Devisen, die unter anderem zur Finanzierung von politischen Aktivitäten auf bundesdeutschem Gebiet benutzt würden. Der Devisen-Aspekt scheint sehr plausibel, da die DDR frei konvertierbare Valuta benötigte. Dass diese dann angeblich vor allem für politische Aktivitäten in Westdeutschland genutzt wurden, mag der Rhetorik des Kalten Krieges geschuldet gewesen sein. Quellen, die diese Berichte verifizieren, wurden im Rahmen dieser Arbeit nicht gefunden.

Im Juni 1950 setzte eine Großaktion der Volkspolizei in der DDR gegen die Berliner Zentralen des Ost-West-Schmuggels eine Zäsur. Die Schmuggler hatten versucht, den Handel auf das DDR-Gebiet auszudehnen, und waren damit in Konflikt mit der DDR-Regierung geraten.[143] Diese hatte auch zuvor schon versucht, durch das Gesetz zum Schutze des innerdeutschen Handels vom 21. April 1950 und die Errichtung des Amtes zur Kontrolle des Warenverkehrs den Schmuggel von Waren nach Westdeutschland und West-Berlin, der der DDR-Wirtschaft teilweise großen Schaden zufügte, zu unterbinden.[144]

139 Schwarzer Kaffee, in: Rheinischer Merkur vom 29. 4. 1950.

140 Derartige Behauptungen wurden von der KPD entschieden zurückgewiesen. Vgl. Bundestagssitzung am 12. 5. 1950, Verhandlungen des Deutschen Bundestags. Stenographische Berichte, Bd. 3, S. 2325 und 2335 ff.

141 Am Caffeehandel betheiligt. Deutschlands Schmuggler, Serie, in: Der Spiegel vom 10. 8. 1950, S. 38 f.

142 Ebd.

143 Ebd. Vgl. dazu Kap. I.2.

144 Vgl. Hermann Wentker: Justiz in der SBZ/DDR 1945–1953. Transformation und Rolle ihrer zentralen Institutionen, München 2001, S. 512.

Schwarze Dosen aus Amerika – der illegale Handel mit Kaffee aus Besatzungsbeständen

1951 bemerkte der Verein der am Caffeehandel betheiligten Firmen ein deutliches Nachlassen des Großschmuggels und damit verbunden einen Anstieg der eingenommenen Kaffeeverbrauchssteuer von 329 Mio. DM im Jahr 1950 auf 400 Mio. DM im Jahr 1951.[145] Der Verein führte dies auf schärfere Kontrollen, höhere Bestrafungen und auf die erfolgreiche Bekämpfung der großen Schmuggel-Zentren zurück. Gleichzeitig stellten die Kaffeehändler einen vermehrten Schwarzhandel mit amerikanischem Dosenkaffee fest, dessen Ursache sie in der Verstärkung der amerikanischen Besatzungsstreitkräfte 1951 sahen.[146] Um das genaue Ausmaß des illegalen Handels mit dem Kaffee aus amerikanischen Besatzungsbeständen zu erfassen und für die Durchsetzung seiner eigenen Interessen eine Argumentationshilfe zu liefern, führte der Verein der am Caffeehandel betheiligten Firmen 1951 eine Untersuchung durch, deren Ergebnisse in einer Denkschrift der Bundesregierung übergeben wurden.[147]

Der Kaffee-Verein beklagte das Desinteresse der deutschen Öffentlichkeit, die dazu neige, das Thema Kaffeeschmuggel und Schwarzhandel als erledigt zu betrachten. Er sah diesen Mangel unter anderem in der auf Sensationen ausgerichteten Berichterstattung der Presse begründet, die lieber vom schillernden Schmuggelgeschehen berichte als über einen Tatbestand, welcher sich juristisch mit „Verbrauchssteuerhinterziehung“ bezeichnen lasse.[148]

„Es zeigt sich nunmehr, daß insbesondere die katastrophale Lage des Kaffeehandels in der amerikanischen Besatzungszone jedenfalls nicht ausschließlich der illegalen Konkurrenz der ‚Möhlstraße‘ zuzuschreiben gewesen war“,[149] urteilte die Studie des Vereins. Die Schläge gegen den Schmuggel brächten zwar dank des deutlich steigenden Umsatzes für die Kaffeehändler eine „fühlbare Erleichterung für den legalen Handel“, es zeigten sich aber gleichzeitig auffällige Absatzschwierigkeiten in bestimmten Gebietsteilen und Orten.

Die Studie des in Hamburg ansässigen Vereins ging diesen Auffälligkeiten nach: Aus den Angaben von rund 850 Kaffeefirmen wurde eine Schwarzmarkt-Kartierung erstellt. Die Verfasser gingen von der Annahme aus, dass die Unternehmen aufgrund langjähriger Erfahrungen eine einigermaßen zuverlässige Vorstellung vom Normalverbrauch ihrer jeweiligen Kundschaft besäßen und aus der Differenz zwischen diesem Normalverbrauch und dem tatsächlichen Absatz abzuschätzen vermochten, wie viel Kaffee aus unversteuerter Quelle getrunken wurde.

Die erstellte Karte offenbarte einen deutlichen Schwerpunkt des Schwarzmarktes in der amerikanischen Besatzungszone, während der illegale Handel im fran-

145 Geschäftsbericht des Hamburger Kaffee-Vereins [für das Jahr 1951], in: Kaffee- und Tee-Markt, Heft 8 vom April 1952, S. 8.
146 Ebd.
147 Verein der am Caffeehandel betheiligten Firmen: Der illegale Handel mit Kaffee.
148 Ebd., S. 3f.
149 Ebd., S. 2. Die erwähnte Möhlstraße bildete das Zentrum des Kaffee-Schwarzhandels in München.

Abb. 6: Karte über den Anteil des illegalen Kaffeekonsums aus dem Handel über Besatzungsangehörige 1951

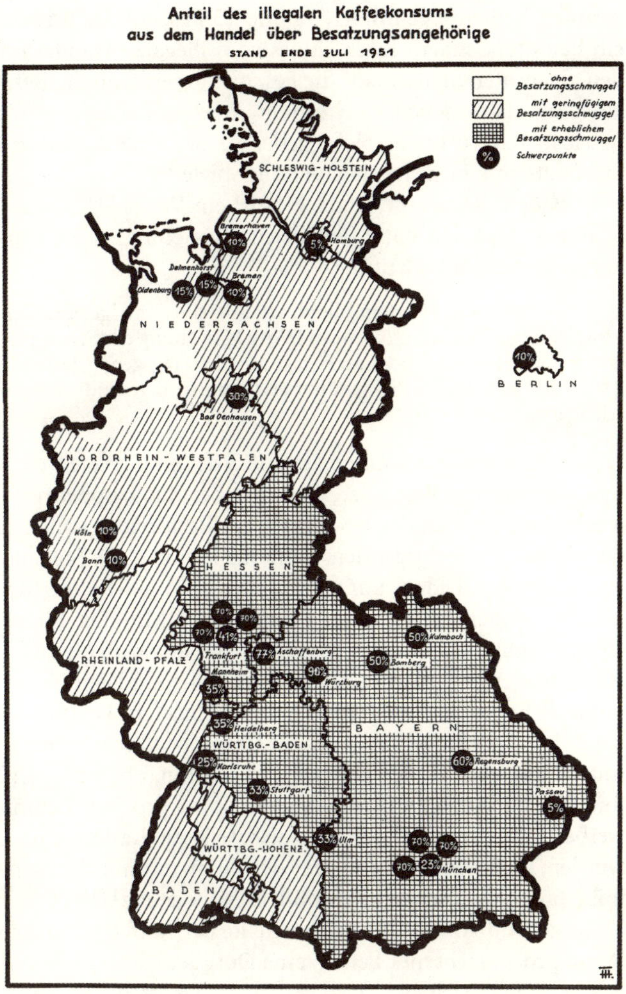

zösischen und englischen Besatzungsgebiet eine geringe Rolle spielte. Überall dort, wo US-Truppen konzentriert waren, also in Garnisons-, Verwaltungs- und auch Erholungsorten, trat auch der Schwarzhandel massiv auf. Eine statistische Auswertung von 14 Städten der amerikanischen Zone ergab einen durchschnittlichen Anteil des illegalen Kaffeekonsums von rund 56 Prozent.[150] Im Handel mit „schwarzem" Kaffee stand im Städte-Vergleich Würzburg mit 90 Prozent Umsatzanteil an der Spitze, gefolgt von Tölz, Reichenhall und Rosenheim mit 80 Prozent. Die Großstädte Frankfurt am Main, Stuttgart und München bildeten in der ge-

150 Aus Gründen der rechnerischen Vereinfachung, aber auch mit Rücksicht auf etwaige „Panik"-Schätzungen einzelner Befragter, dürfe man diese Ziffer auf 50% reduzieren, so der Kaffee-Verein. Ebd., S. 6.

nannten Reihenfolge mit 41, 33 und 23 Prozent das Schlusslicht. Der Kaffee-Verein betonte, dass ein Rückschluss vom illegalen Handel mit Besatzungskaffee in den genannten Städten auf die gesamte amerikanische Besatzungszone kaum zulässig sei, da es neben regelrechten „Büchsenkaffee-Überschwemmungsgebieten“ selbst in Bayern noch solche gebe, wo der amerikanische Kaffee gar keine oder jedenfalls eine nicht merkliche Rolle spiele.[151]

In Baden, Rheinland-Pfalz, Nordrhein-Westfalen sowie in Niedersachsen und Schleswig Holstein hatte der illegale Besatzungskaffee von wenigen Ausnahmen abgesehen kaum Bedeutung.

„[...] in Schleswig-Holstein allerdings mit einer nur gelegentlichen und daher kuriosen Abweichung: Die Kaffeeröstereien in der Umgebung des Schießplatzes Putlos an der Ostsee können an Hand ihres Absatzes fast auf den Tag genau feststellen, wann amerikanische Artillerie-Einheiten zu Schießübungen eingetroffen sind; dann nämlich geht ihr Absatz schlagartig zurück.“[152]

Woher kamen diese Unmengen an Kaffee in Gebieten der amerikanischen Zone und was war das Besondere daran? Über die Truppenverpflegung hinaus wurde jedem Angehörigen der US-Armee ein Kontingent Kaffee zugeteilt. Nach Vorlage der sie dazu berechtigenden Coupons konnten die Soldaten in den sogenannten Post-Exchange-Läden, kurz PX genannt,[153] US-Kaffee für 80 Cents die Büchse kaufen – das entsprach umgerechnet 3,30 DM.[154]Die Büchse mit 453,6 Gramm – einem englischen Pfund – gemahlenem Röstkaffee war die in Amerika übliche standardisierte Form der Kaffeeabpackung und enthielt eine Mischung durchschnittlicher brasilianischer Bohnen.[155] Jeder in Deutschland stationierte amerikanische Armeeangehörige erhielt Coupons, die ihn zum Kauf von vier Büchsen mit insgesamt 1,81 Kilo Röstkaffee pro Monat berechtigten.[156] Armeeangehörige mit Familie in Deutschland konnten sogar pro Familienmitglied elf Büchsen erwerben – fast fünf Kilo.[157] Und selbst als die Rationen im Oktober 1951 gekürzt wurden, erhielt ein Angehöriger der Besatzungsmacht immer noch zwei, eine Familie pro Erwachsenen sieben Büchsen zugeteilt.[158]

Ausgehend von diesen Zahlen stellte der Kaffeeverband folgende Rechnung an: Wenn pro erwachsener Person eine Dose Kaffee als Eigenverbrauch berücksichtigt werde, ergebe sich bei rund 90 000 in Deutschland stationierten Amerikanern ohne Familie und etwa 10 000 mit Familie ein monatlicher Überschuss an Kaffee

151 Ebd., S. 7.
152 Ebd., S. 14.
153 PX-Stores wurden und werden weltweit von den im Einsatz befindlichen US-Armeen betrieben. Grundsätzlich sind die erhältlichen Waren steuerfrei. Aus diesem Grund dürfen ausschließlich Militärangehörige der US-Streitkräfte diese Verkaufseinrichtungen nutzen.
154 Schwarzer Kaffee. Auf der Spur der Schmuggler, in: Rheinischer Merkur vom 29. 4. 1950.
155 70% des Kaffees in Amerika wurden in Büchsen verkauft. Vgl.: Amerikanische Verpackungsexperten in Deutschland, in: Kaffee- und Tee-Markt, Heft 1 vom Januar 1952, S. 10; zu Inhalt und Aufmachung der Dosen vgl. Mark Pendergrast: Kaffee. Wie eine Bohne die Welt veränderte, Bremen 2001, S. 261.
156 Verein der am Caffeehandel betheiligten Firmen: Der illegale Handel mit Kaffee, S. 7.
157 Ebd., Anhang, S. 1.
158 Ebd.

von rund 63 Tonnen Röstkaffee. Diese Menge entsprach einer Einnahme an Steuern und Zöllen von 10,9 Mio. DM im Jahr.[159]

Obwohl die Untersuchung sich durch einen hohen Kenntnis- und Faktenreichtum auszeichnete, blieben doch einige Fragen offen, so etwa, ob die Soldaten die zugeteilten Coupons tatsächlich einlösten. Auch wurde nicht erklärt, warum die Kaffeehändler nur von einer Dose Eigenverbrauch ausgingen. Eine Dose enthielt 453 Gramm Kaffee, der Pro-Kopf-Verbrauch in den USA betrug jedoch 830 Gramm. Ganz offensichtlich ging es den Hamburger Kaffeehändlern auch darum, eine dramatische Lage zu zeichnen, die einen dringenden politischen Handlungsbedarf nahelegte, zumal eine Erhöhung der Truppen in Europa angekündigt worden war.[160]

Für die Leser der Studie musste der Eindruck entstehen, dass die amerikanischen Soldaten im kaffeearmen Deutschland ohne erkennbaren Grund mit einem Berg von braunen Bohnen überhäuft würden, die sie nur durch illegale Geschäfte mit den Deutschen wieder loswerden konnten. Die Sichtweise der amerikanischen Streitkräfte blieb unberücksichtigt. Im Zweiten Weltkrieg hatte die amerikanische Regierung Kaffee als kriegswichtigen Rohstoff „von äußerster Wichtigkeit für die Aufrechterhaltung der Moral, sowohl in der Armee als auch bei der Zivilbevölkerung" angesehen.[161] Während des Krieges importierten die USA Kaffee im Wert von vier Milliarden Dollar, was fast zehn Prozent aller Einfuhren entsprach.[162] Der Kaffee-Experte Mark Pendergrast betont:

> „Für die erschöpften GIs, die direkt aus dem Frontgeschehen des Zweiten Weltkriegs kamen, gehörte Kaffee zum Allerwichtigsten – kein Wunder, dass der Pro-Kopf-Verbrauch in der unmittelbaren Nachkriegszeit einsame Spitzenwerte erreichte."[163]

Für die Siegermacht war damit die angemessene Verpflegung ihrer Truppenangehörigen mit dem Genussmittel nicht nur eine Versorgungsfrage, sondern geradezu eine moralische Verpflichtung. Darüber hinaus dokumentierte die Fülle an schwer zugänglichen Gütern im Nachkriegsdeutschland die Überlegenheit des amerikanischen Wirtschafts- und Gesellschaftssystems, weckte aber auch Neidgefühle.

Die Menge des für den Schwarzhandel verwendeten Büchsenkaffees wurde außerdem durch illegale Manipulation verschiedenster Art vergrößert, wie z. B. durch das Fälschen von PX-Coupons. Zuweilen zweigten Verpflegungsoffiziere Teile der Truppenverpflegung direkt ab. An Markttagen veräußerten amerikanische Soldaten in kleineren Städten sogar ganze Jeep-Ladungen Büchsenkaffee vom Wagen herunter. Aus Wiesbaden wurde von einem Fall im Juli 1950 berich-

159 Diese Rechnung berücksichtigt die Zuteilungen ab Oktober 1951. Für den Zeitraum vor dem 1. 10. 1951 wurden 163 t Röstkaffee monatlich errechnet, was einer Steuer von 28,2 Mio. DM jährlich entsprochen hätte. Vgl. ebd., Anhang, S. 1 f.

160 „Nach Angaben des englischen Verteidigungsministers Shinwell werden bis Ende 1952 in Europa 400 000 amerikanische Soldaten stationiert sein. Man muss annehmen, dass der weitaus größte Teil dieser Männer nach Westdeutschland verlegt wird." Ebd., S. 8.

161 Pendergrast: Kaffee, S. 245.

162 Ebd., S. 255.

163 Ebd., Abbildungsblock o. P. zwischen S. 192 und 193.

tet, wo ein amerikanischer Soldat eine Drogerie mit einem Sack voll Büchsen betreten und diese an die im Laden anwesenden Kunden verkauft hatte.[164] Zusätzlich kamen manipulierte Dosen in Umlauf, wie das „Hamburger Echo" im Juli 1950 schilderte:

„In dem als Schwarzmarktzentrum bekannten Gießener Bahnhofsviertel wurden am Mittwoch von Polizeibeamten bei einer überraschenden Kontrolle 43 000 Zigaretten, 200 Dosen Kaffee, große Mengen Kakao, Tee und Schokolade sowie zwei Leica-Photoapparate beschlagnahmt. Die Waren, die fast alle aus amerikanischem Armeebesitz stammen, sollten von DPs im Straßenhandel abgesetzt werden. Bei der Kontrolle der Kaffeebüchsen stellte sich heraus, daß sie teilweise mit bereits gebrühtem Kaffeesatz und Zichorie gefüllt, aber wieder vorschriftsmäßig gelötet waren. Der Verkauf der beschlagnahmten Waren hätte einen Ausfall an Steuern und Zöllen von etwa 20 000 DM bedeutet."[165]

Ein großer Teil des amerikanischen Kaffees wurde indes in kleinen Mengen an die Nachbarschaft, den Bekanntenkreis und an zufällige Bekanntschaften weitergegeben oder als Bezahlung für Dienstleistungen verwendet. Berichten zufolge benutzten Frauen amerikanischer Besatzungsangehöriger den Büchsenkaffee als Bezahlung für zusätzliches Dienstpersonal. Explizit genannt wurden hier außerordentliche, aber auch normale Dienstleistungen wie Gartenarbeiten, Wäschereinigung, Näh- und Flickarbeiten.[166] Die Empfänger konsumierten diesen Kaffee entweder selbst oder tauschten ihn auf dem Schwarzmarkt. Der Vorteil dieser Art von Bezahlung war offensichtlich: Im Akt des Weitergebens fand eine enorme Wertsteigerung statt. Die Amerikanerin hatte das Genussmittel für umgerechnet 7,30 DM pro Kilo erworben, für die Dienstboten lag der Preis für den auf üblichem Weg gekauften Kaffee bei fast 30 DM pro Kilo. Zusätzlich sprach für diese Tauschgeschäfte aus der Sicht der Akteure, dass sie damit Arbeitsverhältnisse vertuschen sowie Lohnsteuer und soziale Abgaben einsparen konnten. Auf der emotionalen Ebene rückte die Tatsache der Gesetzeswidrigkeit in den Hintergrund, wenn die Bezahlung in Gütern statt in Valuta erfolgte. Zudem durfte man in der engen Beziehung zwischen Hausfrau und Personal erwarten, dass Polizei und Zollbehörden keine Anhaltspunkte fanden bzw. diese nicht einmal suchten. Tatsächlich wäre der als exterritorial angesehene Kaffee in dem Moment steuer- und zollpflichtig geworden, wo er in das Eigentum eines Inländers überging. Der neue Eigentümer wäre juristisch gesehen verpflichtet gewesen, die Ware sofort beim nächsten Zollamt anzugeben.

Über Dienstleistungen hinaus wurden auch amouröse Beziehungen aller Art von der Liebesbeziehung bis zur offenen Prostitution in Kaffee „entlohnt", wobei die Grenze zwischen Geschenk und Bezahlung diffus blieb.[167] Die beschenkten Frauen waren in der Lage, ebenfalls noch gute Gewinne zu erzielen, wenn sie den

164 Verein der am Caffeehandel betheiligten Firmen: Der illegale Handel mit Kaffee, S. 9.

165 Kaffeesatz in Büchsen, in: Hamburger Echo vom 13. 7. 1950.

166 Ebd., S. 12. Vgl. auch Maria Höhn: GIs and Fräuleins. The German-American Encounter in 1950s West Germany, Chapel Hill, NC 2002, S. 44.

167 Zum Thema Liebesbeziehungen mit amerikanischen Soldaten: Annette Brauerhoch: „Fräuleins" und GIs. Geschichte und Filmgeschichte, Frankfurt a. M. 2006; Höhn: GIs and Fräuleins; Johannes Kleinschmidt: „Do not fraternize". Die schwierigen Anfänge deutsch-amerikanischer Freundschaft 1944–1949, Trier 1997.

Kaffee weiter veräußerten: Geschäftstüchtige Weiterverkäuferinnen – wie auch berufsmäßige Zwischenhändler – verkauften die Büchse zu einem Preis zwischen neun und elf DM. Damit lagen sie noch etwa fünf DM unter dem legalen Kaffeehandel.[168] Die amerikanischen Soldaten selbst boten die Dose normalerweise zu einem Preis, der zwischen sechs bis acht DM lag, an.[169]

Darüber hinaus war es bei den Armeeangehörigen gebräuchlich, Artikel des gehobenen Bedarfs, wie etwa Schmuck oder Fotoapparate, mittels Büchsenkaffee oder Zigaretten einzukaufen. Im Umkehrschluss war es bei der deutschen Bevölkerung üblich, für Wertgegenstände amerikanischen Kaffee als Bezahlung zu akzeptieren. Die beschriebenen sozialen Praktiken rücken damit den Kaffee aus Besatzungsbeständen in die Nähe einer eigenständigen Währung.

Obwohl amerikanischer Kaffee in großen Mengen getrunken wurde, setzte sich dieser in Deutschland nicht durch. Die deutsche Bevölkerung hatte offenbar einen spezifischen Kaffee-Geschmack. Sie akzeptierte den amerikanischen Kaffee zwar in Notzeiten, goutierte aber weder die Geschmacksrichtung noch die Verpackungsform der Büchse, sondern orientierte sich an der traditionell in Deutschland üblichen Aufbereitung und Mischung der Bohnen. Dies ist umso erstaunlicher, wenn man die Attraktivität anderer amerikanischer Erzeugnisse im Nachkriegsdeutschland betrachtet.[170] Der massenhafte Konsum amerikanischen Büchsenkaffees fand – wie die anderen Formen des Kaffee-Schleichhandels – sein Ende mit der Kaffeesteuerreform von 1953.

Die Konsumenten und der schwarze Markt

Zu einem funktionierenden Schwarzmarkt gehörte neben einer erfolgreichen Zulieferung auch eine Bevölkerung, die diese Ware zu kaufen bereit war. Dazu bedurfte es auf Seiten der Konsumenten einer persönlichen Moralvorstellung, die die illegale Handlung legitimierte. Für die Zeit zwischen Währungsreform und Steuersenkung war diese Legitimation in der bundesdeutschen Gesellschaft in Bezug auf den Erwerb und Genuss von „schwarzem“ Kaffee massenhaft vorhanden.

1950 wurde die Hälfte des Kaffees „schwarz“ getrunken. Statistisch gesehen füllte somit durchschnittlich entweder jeder deutsche Kaffeetrinker jede zweite Tasse mit „schwarz“ erworbenem Kaffee oder unter den Konsumenten trank jeweils einer „legalen“ und der nächste nur „illegalen“ Kaffee.

Weder das eine noch das andere Szenario dürfte die Wirklichkeit genau abbilden – auch wenn man annehmen darf, dass zahlreiche Menschen tatsächlich aus-

168 Verein der am Caffeehandel betheiligten Firmen: Der illegale Handel mit Kaffee, S. 12.

169 Ebd.

170 Zum Beispiel Kaugummi und Zigaretten oder aber der unvergleichliche Siegeszug der Coca-Cola Company in der Bundesrepublik Deutschland. Vgl. Andersen: Der Traum vom guten Leben, S. 46 ff.; Rainer Gries/Volker Ilgen/Dirk Schindelbeck: „Ins Gehirn der Masse kriechen!“ Werbung und Mentalitätsgeschichte, Darmstadt 1995, S. 94 ff. Zur Orientierung an den USA und zum Stellenwert der „Amerikanisierung“ vgl. das gleichnamige Kapitel in: Axel Schildt: Moderne Zeiten. Freizeit, Massenmedien und „Zeitgeist“ in der Bundesrepublik der 50er Jahre, Hamburg 1995, S. 398–423.

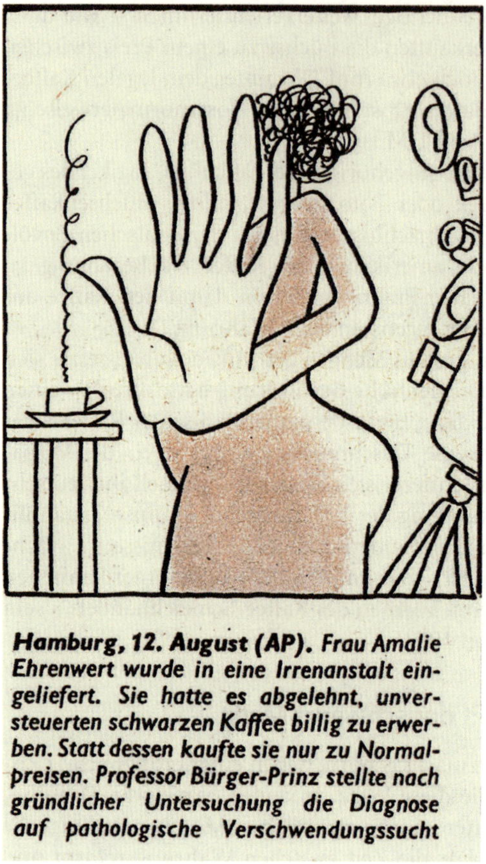

Abb. 7: Witzseite: hoffen wir das beste – liebe leser; Stern, Nr. 53 vom 31. 12. 1950

schließlich „schwarz" gehandelten Kaffee konsumierten, ist doch davon auszugehen, dass auch zahlreiche Kaffeetrinker die braunen Bohnen nur über den offiziellen Handel bezogen. Trotzdem hilft dieses statistische Gedankenbild, sich die gewaltige Menge, die verbotenerweise getrunken wurde, und die gesellschaftliche Bedeutung, die damit verbunden war, vorzustellen. Der Konsum von „schwarzem" Kaffee war immerhin ein strafwürdiges Delikt, das in einer Zeit begangen wurde, als die Währungsreform mit ihren Chancen und Versprechungen aus den vielen Schwarzhändlern längst wieder gesetzestreue Bürger gemacht hatte. Warum scheuten die Menschen die Illegalität nicht? Beim Versuch einer Rekonstruktion dieser Gründe lohnt ein genauer Blick auf mögliche Kaufmotive: Preis, Qualität, Erreichbarkeit und Legitimation.

Wie bereits gezeigt, konnten die Käufer das Genussmittel in der Regel deutlich unter dem Ladenpreis erwerben. Der vergleichsweise niedrige Preis war sicherlich in hohem Maße für den gewaltigen Umfang des Schleichhandels verantwortlich. Der schwarz gehandelte Kaffee war aber nicht immer der billigere. In der Vorweihnachtszeit 1948 lagen die Preise des Schwarzhandels weit über denen des legalen Einzelhandels: Angesichts der trotz großer Nachfrage geringen Kaffee-Einfuhren sei es bezeichnend, „dass heute die Notierungen des Schwarzen Marktes über den offiziellen Preisen liegen",[171] meldete die „Internationale Zeitschrift für Lebensmittel und Lebensmitteltechnologie – Gordian" und klagte, dass die Schwarzhändler für das Pfund Kaffee mit 22 bis 28 DM einen Preis verlangen könnten, der acht bis 14 DM über dem Einzelhandel liege.[172]

Die Qualität des Kaffees war für den Kauf auf dem Schwarzmarkt selten ausschlaggebend: Der „schwarze" Kaffee war keineswegs immer der bessere, wie indes Ursula Becker in ihrer Untersuchung des hanseatischen Kaffeehandels behauptet, die damit den zeitweise zwar berechtigten, jedoch stark übertriebenen Klagen der Kaffeehändler aufsitzt.[173] Im Gegenteil: Angesichts des extrem hohen Steueranteiles am frei erhältlichen Kaffee war der finanzielle Unterschied von schlechten und guten Bohnen im Endpreis so gering, dass die Nachfrage von Kaffeehändlern und Kaffeekonsumenten nach höherwertigem Kaffee sehr groß war, „denn bei den überhöhten Preisen soll wenigstens der Kundschaft eine Qualitätsware geboten werden, die aus dunklen Kanälen nicht bezogen werden kann".[174] Angesichts der für alle Kaffeesorten annähernd gleich hohen Preise bevorzugten die Konsumenten eine gute Qualität beim Einkauf im Einzelhandel. Minderwertige Kaffees lägen dort „wie Blei", notierte die Zeitschrift „Kaffee und Tee" im März 1953.[175] Auf der anderen Seite konnten die deutschen Kaffeehändler aufgrund der vom deutschen Staat festgelegten hohen Importkontingente an brasilianischen Bohnen nicht immer die Qualität anbieten, die von den Konsumenten erwünscht war. Die Qualität des Kaffees aus dem Schleichhandel unterschied sich je nach Herkunft und Zugänglichkeit. Verlässliche Aussagen lassen sich vor allem über abgepackte Kaffees machen, wie den amerikanischen Dosenkaffees oder dem belgischen Bohnenkaffee: Der Kaffee aus den US-Büchsen entsprach – obwohl er von den Deutschen massenweise konsumiert wurde – nicht dem deutschen Geschmack. Die Qualität der Mischung, bei der brasilianische Bohnen überwogen, genügte nicht den Ansprüchen, die deutsche Kaffeetrinker stellten. Der belgische Kaffee mit seinen beliebtesten (Schmuggel-)Sorten Mokaturc und Chat noir war von durchschnittlicher Qualität. Der große Vorteil lag hier vor allem im günstigen Preis. Folglich war der illegale Kaffee also nicht immer dem legalen Kaffee überlegen, wie die Kaffeehändler mit dem Kalkül auf eine Verschiebung der Einfuhrquoten klagten. Die Qualität der besteuerten Kaffees war sogar oftmals besser. Handel wie Schwarzhandel boten verschiedene Qualitäten an, je nach Herkunft und Erreichbarkeit.

171 Gespannte Kaffeemärkte, in: Gordian. Internationale Zeitschrift für Lebensmittel und Lebensmitteltechnologie, Nr. 1152 vom 25. 11. 1948, S. 22.

172 Vgl. Feste Weltkaffeemärkte, in: Ebd., Nr. 1154 vom 25. 12. 1948, S. 25.

173 Vgl. Becker: Kaffee-Konzentration, S. 317. Diese Aussage wurde auch von Smotlacha in seinem Aufsatz über Aspekte der Geschichte des Kaffeeschmuggels übernommen. Smotlacha: Grenzen, Blockaden und ihre Überwindung, S. 42.

174 Schwächere Welt-Kaffee-Märkte, in: Gordian: Kaffee und Tee. Ernte – Handel – Verbrauch, Nr. 1184 vom 25. 3. 1950, S. 60. Allerdings schwankten die Möglichkeiten der Röster und Händler, durch die reglementierten Importe auf die Nachfrage reagieren zu können.

175 Vgl. ebd.

„Der Kaffeetrinker fragt wenig danach, ob der Kaffee, den er trinkt, legal oder illegal ist. Für ihn gibt letzten Endes der Preis den Ausschlag."[176]

Die Beurteilung des „Rheinischen Merkur" von 1950 traf, wie oben gezeigt wurde, auf die Situation der ersten Zeit nach der Währungsreform, als das Kaffeeangebot äußerst knapp war, nicht unbedingt zu. Spätestens ab 1950 charakterisierte sie die Situation aber richtig. Die Kampagnen von Staat und Kaffeehändlern, die die Bevölkerung vom illegalen Kauf abhalten sollten, waren ins Leere gelaufen. Der Abgeordnete Ewers fasste die Situation 1952 im Bundestag zusammen:

„Die Moral ist dermaßen gesunken, daß sich ja keiner mehr schämt, geschmuggelte Zigarren, Zigaretten, Tee und Kaffee zu kaufen."[177]

Die Konsumenten legitimierten ihr Verhalten als „Abwehr der Steuererpressung"[178] und schoben damit dem Staat den „Schwarzen Peter" zu. Die Bevölkerung akzeptierte die staatliche Einschränkung ihrer Ernährungsgewohnheiten nicht mehr in einer Zeit, in der sich das restliche Leben zu normalisieren schien. In der Öffentlichkeit wurde die Senkung der Steuer immer wieder gefordert. Dass der Finanzminister die Steuer lediglich damit verteidigte, dass der Staatshaushalt auf die Einnahmen angewiesen sei, war in den Augen der Bevölkerung keine ausreichende Begründung.[179]

Seit der Gründung der Bundesrepublik bis zum Januar 1953 hatten Bundestag und Bundesrat das Thema Kaffeesteuer im Plenum wie in den Ausschüssen insgesamt 17-mal diskutiert. Der Bundesfinanzminister, der die Steuer vehement verteidigte,[180] musste im Juli 1953 schließlich nachgeben, als erst der Bundestag und Ende des Monats auch der Bundesrat beschlossen, die Kaffee-Verbrauchssteuer zum 24. August 1953 von 13 auf vier DM für das Kilo Röstkaffee und für Rohkaffee von zehn auf drei DM zu senken.[181] Die Prognosen der Presse und der Kaffeehändler bestätigten sich: Die radikale Steuersenkung brachte den schwarzen Markt zum Erliegen – allerdings mit einer Ausnahme: In West-Berlin war zur Abwehr des Schmuggels eine „Banderolenpflicht" eingeführt worden, um den legalen Kaffee zu kennzeichnen, dessen Verkaufspreis sich durch diese Maßnahme aber verteuerte, weil er abgepackt und mit einer Bauchbinde versehen werden musste. So lag der Preis für Kaffee in West-Berlin um eine Mark pro Kilo höher als in der Bundesrepublik und übte dadurch einen besonderen Anreiz für Schmuggler aus. „Wir haben Insel genug – Schluß mit der Kaffee-

[176] Ebd. Um diese Einschätzung noch zu unterstreichen, zitiert der „Rheinische Merkur" eine Umfrage, nach der 60% der Befragten mehr Kaffee trinken würden, wenn sie es sich leisten könnten.

[177] Rede des Abgeordneten Ewers (DP) vom 1. 10. 1952, in: Verhandlungen des Deutschen Bundestages. Stenographische Berichte, Bd. 13, S. 10593.

[178] Vgl. Leserbrief, in: Der Spiegel vom 10. 8. 1950, S. 39.

[179] Vgl. Heute Endkampf um die Kaffeesteuer. Senkung bereits im August?, in: Hamburger Abendblatt vom 3. 7. 1953.

[180] Der Bundesfinanzminister hatte in diesem Zusammenhang sogar mit seinem Rücktritt gedroht. Vgl. ebd.

[181] Vgl. Kaffeesteuer von DM 3,– genehmigt, in: Kaffee- und Tee-Markt, Heft III/15 vom August 1953, S. 17.

Insel!"[182], formulierte der „Tagesspiegel" im März 1954 den Wunsch der West-Berliner Bevölkerung. Dieser Forderung fehlte es zunächst an Durchschlagskraft – die Banderolenpflicht wurde erst 1959 abgeschafft.

Luxusgetränk und Alltag – die Entwicklung des Kaffeemarktes 1953–1959

Die Steuersenkung 1953 brachte den Kaffeehändlern den erhofften Erfolg: Noch 1953 trat eine Verkaufssteigerung um 36 Prozent ein, und der „legale" Pro-Kopf-Verbrauch stieg in den folgenden Jahren kontinuierlich an. Die einsetzende Konsumausweitung übertraf die Erwartungen der meisten Kaffeehändler und -Röster.[183] Auch im Hinblick auf den Schwarzmarkt mussten sie sich keine Sorgen mehr machen. Vor allem in den ehemaligen Schmuggelgebieten verzeichneten die Händler ob der nun ausbleibenden illegalen Waren extreme Zuwachsraten.[184] Die lange Zeit der hohen Steuer hatte allerdings im Bewusstsein der Konsumenten Spuren hinterlassen. Als sich 1954 der Kaffee verteuerte, weil Ernteausfälle in Brasilien die Weltmarktpreise nach oben trieben,[185] reagierten viele Konsumenten mit Misstrauen gegenüber den Kaffeehändlern und der Regierung. In einer Befragung äußerten 15 Prozent auf die Frage nach dem Grund für die hohen Preise die Meinung, dass dies wohl Maßnahmen des Kaffeehandels seien, der dadurch seine Gewinne vergrößern wolle. 25 Prozent dagegen glaubten an eine Manipulation der Bundesregierung, um die Steuersenkung wieder rückgängig zu machen.[186] Die Zeitschrift „Kaffee- und Tee-Markt" hielt kritisch fest:

> „Bemerkenswerterweise wurde diese Haltung sehr oft bei solchen Befragten angetroffen, die an sich über die wirklichen Hintergründe unterrichtet waren; doch man glaubte sie einfach nicht."[187]

Trotz der Preisschwankungen ging die Verbrauchsentwicklung stetig nach oben. 1955 stellten die Kaffeehändler fest, dass der Verbrauch gegenüber 1954 um 18 Prozent gestiegen sei. Dieser Prozess ging aber kaum zu Lasten des Ersatzkaffeekonsums, der in der gleichen Zeit nur um zwei Prozent absank. Die westdeutsche Bevölkerung trank also insgesamt mehr Bohnenkaffee bei einem immer noch sehr hohen Konsum von Ersatzkaffee.[188]

1958 wurde schließlich die Marke erreicht, die stets als der wieder zu erreichende Referenzpunkt in den statistischen Auswertungen wie auch den Veröffentli-

182 Kleiner Tagesspiegel, in: Der Tagesspiegel vom 14.3.1954.

183 Der Kontakt, 3/1958, Historisches Archiv Mondelez International.

184 Jahresbericht 1953, in: Kaffee- und Tee-Markt, Heft 14 vom Juli 1954, S. 18f.

185 Nach Beendigung des Krieges trat auf dem Weltmarkt ein deutlicher Verbrauchsanstieg für Kaffee ein, der in erster Linie auf eine Steigerung der Kaufkraft in den Ländern der westlichen Welt zurückzuführen war, so dass 1954 der Weltverbrauch an Kaffee größer war als die Welternte. In dieser angespannten Situation wirkten sich die Frostschäden in Brasilien sehr stark aus. Vgl. Kaffee-und Tee-Markt, Heft 5 vom März 1954, S. 18f.

186 Welche Marktveränderungen sind durch die neuen Kaffeepreise zu erwarten?, in: Kaffee- und Tee-Markt, Heft 5 vom März 1954, S. 4.

187 Ebd.

188 Jahresbericht 1955, in: Kaffee- und Tee-Markt, Heft 11 vom 2.6.1956, S. 22f.

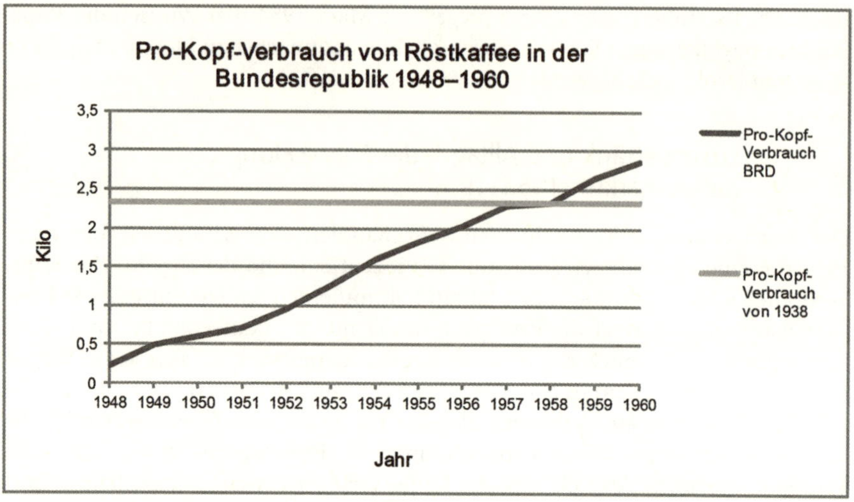

Abb. 8: Statistik nach Zahlenangaben des Statistischen Bundesamtes, des Deutschen Kaffeeverbandes und verschiedener Marktforschungsuntersuchungen

chungen zum Kaffeekonsum gegolten hatte: der Stand von 1938 mit 2,33 Kilo Röstkaffee pro Kopf im Jahr. Er galt als Gradmesser dafür, inwieweit nach dem Krieg wieder eine Normalisierung der Lebensverhältnisse eingetreten war. Der Genuss von echtem Bohnenkaffee wurde wieder als etwas Normales empfunden, wie die „Frankfurter Neue Presse" im Vorgriff auf die Zukunft formulierte:

„Eigenartig: Man trinkt jeden Tag Kaffee und denkt sich nichts dabei, weil es zu den Selbstverständlichkeiten gehört, aber wenn man einmal nachdenkt, wie viele schöne Stunden, die festlich waren, man vor den dünnen Schälchen verbracht hat, fällt einem vieles ein [...]. Erinnern Sie sich noch des ‚Muckefucks'? Sie lachen. Ja, das ist erst zehn Jahre her. Was haben sie uns nicht alles unter der Bezeichnung ‚Kaffee' serviert! Eicheln und Rüben, unerfindliche Chemikalien; wir schütteten es gottergeben hinab und dachten: Na ja, einmal kommt die Zeit, da wird es auch wieder anständigen Kaffee geben. Seien wir froh, daß diese Zeit wirklich gekommen ist."[189]

Offensichtlich war diese Zeit für den Redakteur der „Frankfurter Neuen Presse" bereits angebrochen. Die Mehrheit der Bevölkerung musste noch ein paar Jahre warten, bis sie mit derselben Selbstverständlichkeit über eine Tasse Bohnenkaffee sinnieren konnte – schließlich war Kaffee auch vor dem Zweiten Weltkrieg in Deutschland kein Alltagsgetränk gewesen. Trotzdem veränderten sich mit Erreichung des Vorkriegsverbrauchs auch die Kaffee-Gewohnheiten: Das Genussmittel blieb zwar immer noch ein Luxusgut, aber diesen Luxus gönnten sich viele Menschen mit größerer Selbstverständlichkeit. Die Wende um 1958 markierte im Kaffeekonsum das Ende der Not der Nachkriegszeit und korrelierte so mit der allgemeinen Konsumentwicklung. Michael Wildt weist in seiner Untersuchung über den privaten Konsum in Westdeutschland darauf hin, dass sich 1957 die Relation

[189] Köstliche Stunde bei einer Tasse Kaffee, in: Frankfurter Neue Presse vom 16. 2. 1957.

vom „starren“ zum „elastischen“ Bedarf umkehrte, d. h., die bundesdeutschen Haushalte gaben erstmals mit 49,8 Prozent weniger als die Hälfte ihres Haushaltsbudgets für die reine und unumgängliche Lebenshaltung aus, wohingegen der disponible Teil zunehmend an Gewicht gewann.[190] Eine Weichenstellung hin zu einer veränderten Konsum- und Wohlstandshaltung wurde erkennbar:

> „Kam es in den frühen 50er Jahren [...] vor allem darauf an, mit einem hohen Anteil der Nahrungsmittel an den Lebenshaltungskosten den Grundbedarf der Familien zu decken, und all das an Hausrat und Kleidung, was durch den Krieg beschädigt worden oder verloren gegangen war, zu ersetzen, wurde es mit den steigenden Einkommen seit Ende der 50er Jahre möglich, über diesen Grundbedarf hinaus jetzt neue, zusätzliche Konsumartikel zu kaufen, d. h. sich ein Stück Wohlstand zu leisten. Der Blick der Konsumenten richtete sich, um eine Formulierung Ernest Zahns aufzugreifen, nicht mehr auf ‚Entbehrtes, sondern auf Begehrtes‘.“[191]

Stefanie Abke sah in der Auflösung des Jota-Ersatzkaffee-Werkes von Jacobs in Steyerberg 1957 nicht nur einen Einschnitt in der Firmengeschichte, sondern auch im Konsumverhalten der Westdeutschen:[192] „Die Zeiten des Mangels“, so ihr Fazit, „der Provisorien und der ‚Ersatzstoffe‘ ging langsam zu Ende. Bohnenkaffee als Synonym für Wohlstand und Luxus wurde langsam zu einem immer größeren Bestandteil des Alltags.“[193] Ersatzkaffee verschwand 1957/58 indes keineswegs aus dem Leben der Westdeutschen. Im Jahr 1957 gaben von allen Befragten einer Studie 56 Prozent an, dass sie zu keiner Tageszeit reinen Bohnenkaffee tränken.[194] Morgens und abends konsumierten immer noch wesentlich mehr Personen Ersatzkaffee als Bohnenkaffee.[195] Für den Genuss am Nachmittag hatte sich das Verhältnis allerdings schon umgekehrt: Während 23 Prozent noch mit Surrogaten oder einem Mix Vorlieb nahmen, genossen 25 Prozent der Befragten reinen Bohnenkaffee.

Konsumentenwünsche und der deutsche Geschmack

Die Vorstellungen der westdeutschen Bevölkerung waren deutlich geprägt von dem Bewusstsein, dass Kaffee nicht gleich Kaffee war. Obwohl in der Bundesrepu-

190 Michael Wildt: Privater Konsum in Westdeutschland in den fünfziger Jahren, in: Schildt/Sywottek (Hg.): Modernisierung im Wiederaufbau, S. 280. Wildt räumt ein, dass das Wirtschaftswissenschaftliche Institut des Deutschen Gewerkschaftsbundes (WWI) andere Zahlen ermittelte und die Ausgaben für den „starren Bedarf“ noch bis 1960 mit 54% angab.

191 Ebd., S. 282. Wildt zitiert hier Ernest Zahn: Soziologie der Prosperität, Köln/Bonn 1960, S. 22.

192 Stephanie Abke: „Als Großmutter den Kaffee noch selber kochte ...“, in: Klaus Berthold (Hg.): Von der braunen Kaffeebohne zum Verwöhn-Aroma. Die Designgeschichte der Marke Jacobs, Bremen 1998, S. 46–55, hier S. 48; Abke: Die Werbung der Firma Jacobs, S. 46.

193 Abke: Großmutter, S. 48.

194 Institut für Verbrauchsforschung Emnid K. G.: Kaffeekonsum und Konsumentengewohnheiten. 16. Erhebung, Juni/Juli 1957, S. 16, Historisches Archiv Mondelez International, Archiv HAG.

195 Es tranken 39% morgens und 15% abends Ersatzkaffee, 30% gönnten sich morgens und 8% abends Bohnenkaffee. Vgl. ebd., S. 2.

blik weniger Kaffee konsumiert wurde als in vergleichbaren Ländern, stellten die Konsumenten sogar in den Zeiten extremer Knappheit und höchster Preise sehr hohe Ansprüche.[196] Die Fachzeitschrift „Gordian" meinte, dass die Not den Verbraucher „wählerischer" gemacht habe:

„[Er] fragt viel mehr als früher nach Herkunft und Mischung. Er übt auch das Auge zur Prüfung der Qualität und mag sich nicht mehr damit abfinden, daß gewisse Typenbezeichnungen bereits für die Beurteilung der Qualität genügen sollen."[197]

Die deutschen Konsumenten hatten auch hinsichtlich der Provenienzen sehr klare Vorstellungen. Zu Beginn der 1950er Jahre – unter den Bedingungen der Kontingentierung – dominierte zwar Brasilien als Herkunftsland, aber die hochwertigeren Kaffees aus Kolumbien, Guatemala und anderen zentralamerikanischen Ländern waren bei den Konsumenten deutlich beliebter.

Eine simulierte Kaufsituation aus einem Fachblatt des Lebensmitteleinzelhandels, die als Anleitung für Verkäufer formuliert war, lässt Rückschlüsse in Bezug auf Kaufgewohnheiten und Vorlieben zu:

Kurzgeschichte des Alltags

Frau Klug, eine alte Stammkundin, betritt den Laden. Sie möchte für ihr Kaffeekränzchen den erforderlichen Bohnenkaffee einkaufen. Es entwickelt sich, mit Herrn Flink, dem liebenswürdigen Verkäufer, folgendes nette Frage- und Antwortspiel:

Fr. K.: „Warum sind die Kaffeepreise eigentlich so sehr unterschiedlich?"

Fl.: „Bitte, Frau Klug, darf ich Ihnen unsere drei Sorten zeigen? Es sind noch weitere Sorten im Handel. Schon äußerlich lassen sich Qualitätsunterschiede feststellen."

Fr. K.: „Sie haben recht, diese Sorte zeigt sehr viele unansehnliche Bohnen, dieser Kaffee scheint mir sehr unrein zu sein?"

Fl.: „Es ist ein ‚Rio 7', geschmacklich kein guter Kaffee, wir verwenden ihn eigentlich nur zur Herstellung von Mischkaffees."
[...]

Fr. K.: „Dort haben Sie einen ungerösteten Kaffee liegen, er sieht so blaßgrau aus, die Bohnen sind größer und ansehnlicher?"

Fl.: „Sie meinen sicher den Santoskaffee, Frau Klug. Er ist weich und milde im Geschmack, zum Unterschied des Rio-Kaffees, der fast einen bitteren, wir sagen harten Geschmack hat. Es ist ein Kaffee mittlerer Preislage."

Fr. K.: „Mein Mann sagt mir immer, ich soll sehen, daß ich Costa-Rica-Kaffee bekomme."

Fl.: „Ihr Herr Gemahl ist ein Feinschmecker. Leider müssen wir in Deutschland auf die hochwertigen Kaffees vorläufig noch verzichten. Hamburg, als wichtiger Kaffeeinfuhrhafen, stellte schon vor dem Kriege die gewiegten Fachleute zur Veredelung des Rohkaffees. Aber bitte, hier habe ich etwas Gutes für Sie."

[196] Das Hinterherhinken gegenüber den anderen Ländern auch nach der Steuersenkung von 1953 erklärten die Kaffeehändler mit einer immer noch zu hohen Steuerbelastung. Vgl. Aus dem Bericht der Handelskammer Bremen über das Jahr 1956, in: Kaffee- und Tee-Markt, Heft 3 vom 2. 2. 1957, S. 20.

[197] Welche Kaffeesorten werden in Deutschland getrunken?, in: Gordian: Kaffee und Tee. Ernte – Handel – Verbrauch, Nr. 1199 vom 10. 11. 1950, S. 175.

Fr. K.: „Fein sieht dieser Kaffee aus, aus welchem Land beziehen wir diese Qualität?"

Fl.: „Seine Heimat ist Columbien, das zweitgrößte Kaffee-Erzeugerland. Ein milder, weicher Kaffee mit sehr feinem Aroma. Leider auch entsprechend höher im Preis."

Fr. K.: „Der Preis, den Sie mir nennen, erscheint mir aber zu hoch, ich glaube, bei Ihrem Nachbarn einen niedrigeren gesehen zu haben?"

Fl.: „Wenn Sie die Preise vergleichen, achten Sie doch bitte darauf, ob dort nicht Columbia-Mischung angeboten wird."

Fr. K.: „Ja, so stand es auf dem Preisschild."

Fl.: „Dann handelt es sich meistens um einen Columbia, der mit einem preisgünstigen Santoskaffee verschnitten wurde."

Fr. K: „Herzlichen Dank für Ihre Aufklärungen. Geben Sie mir doch bitte 250 g Columbia, fein gemahlen. Meinen Kaffeeschwestern werde ich einen netten Vortrag über unseren geliebten Bohnenkaffee halten."

Damit endet das interessante Frage- und Antwortspiel.

Eine zufriedene Kundin zog hochbeglückt mit ihrem Päckchen Kaffee ab. Und ein Verkäufer war stolz darauf, keine Antwort schuldig geblieben zu sein.[198]

Frau Klug war nun offensichtlich nicht nur klug, sondern auch einigermaßen wohlhabend, da sie 1950 250 Gramm eines teuren Kaffees für ihr Damenkränzchen einkaufen konnte. Trotzdem spiegelte dieses fingierte Kaufgespräch die wesentlichen Punkte des Kaffeekaufs wider: Kaffee wurde – wie auch vor dem Krieg – in der Regel lose verkauft. Abgepackter Kaffee, wie er beispielsweise in den angloamerikanischen Ländern üblich war,[199] führte zu Beginn des Jahrzehnts in den Ladenregalen noch ein Schattendasein. Die Konsumenten kauften mit dem Auge. Im Gespräch von Frau Klug mit Herrn Flink wurde unterstellt, die Hausfrau könne aufgrund der optischen Eigenschaften oder am Geschmack der rohen Bohnen einen guten Kaffee erkennen. Beides war in der Realität nicht der Fall – große Kaffeebohnen sind nicht unbedingt qualitativ besser –, entsprach aber dem damaligen Kaufverhalten. Wie eine Untersuchung 1954 zeigte, orientierten sich vor allem die unteren Schichten an der Bohnengröße.[200]

1952 entfielen 20 Prozent des Gesamtumsatzes von Röstkaffee auf abgepackten Kaffee, während 80 Prozent lose verkauft wurden.[201] Diesem Kaufverhalten trug

198 Kurzgeschichte des Alltags, in: Der Lebensmittel-Jungkaufmann, Monatsbeilage, in: Der Lebensmittelkaufmann vom 13. 3. 1950.

199 In den USA verkauften die Brüder John und Charles Arbuckle bereits 1860 vorgerösteten Kaffee in Ein-Pfund-Paketen. 1915 verwendeten bereits 86% der nordamerikanischen Kaffeetrinker abgepackten Kaffee. Vgl. Pendergrast: Kaffee, S. 70 u. 134f.

200 Eine Umfrage ergab in diesem Einkaufsverhalten Unterschiede nach sozialer Schichtung: Die Bohnengröße sei beim Einkauf überwiegend für die Gruppe der Arbeiter und Angestellten wichtig, dann auch für Rentner, Pensionäre, Arbeitslose und unständig Beschäftigte, während der gehobene Mittelstand dafür nur eine relativ geringe Neigung zeige. Vgl. Kaffeebohnengröße – ein Qualitätsmerkmal?, in: Kaffee- und Tee-Markt, Heft 10 vom Mai 1954, S. 11. Vgl. auch: Es wird zu viel Kaffee „mit den Augen" gekauft, in: Bochumer Rundschau vom 11. 6. 1953.

201 Protest gegen die Banderole, in: Kaffee- und Tee-Markt, Heft II/11 vom Juni 1952, S. 3.

auch das Sortimentsangebot des Großrösters- und -händlers Jacobs Rechnung. Die Firma hatte zwar bereits mit ihren Marken Grün, Blau, Braun und Rot ein Sortiment geschaffen, das den Anforderungen von Markenartikeln entsprach, aber die Palette der losen Ware, die gleichzeitig angeboten wurde, war ungemein vielfältiger. Die Konsumenten konnten Jacobs Kaffee in verschiedenen Mischungen erwerben, nämlich als Edel-Mischung, Edelperl, Maragogype-Mischung, Guatemala-Costarica-Columbia, Bremer-Mischung, Spezial-Mischung, Haushalts-Mischung, Konsum-Mischung und Sonder-Mischung.[202] Die Edelperl-, und Maragogype-Kaffees wandten sich dabei ganz eindeutig an eine Zielgruppe, die nach Augenschein kaufte, da sich diese Kaffees in erster Linie durch besonders gleichmäßige runde Kaffeeperlen (Perl) oder durch besonders große Kaffeebohnen (Maragogype) auszeichneten, ohne sich im Geschmack von anderen Sorten eindeutig abzusetzen. Die Guatemala-Costarica-Columbia-Mischung und die Edel-Mischung deckten das Hochqualitäts-Segment ab, während Haushalts-, Konsum- oder Sonder-Mischungen vor allem durch günstige Preise Käufer gewinnen wollten. Die Firma Jacobs verkaufte bis zum Jahr 1964 Kaffee als lose Ware.[203]

Wie im Verkaufsgespräch mit der fiktiven Frau Klug spielten auch bei den realen Konsumenten die Herkunftsländer eine erhebliche Rolle, was auch Bundesfinanzminister Fritz Schäffer bestätigte:

> „Wer um den gleichen Preis den Costa-Rica-Kaffee verschmäht und Brasil-Kaffee nimmt, na ja, – der weicht vom allgemeinen deutschen Geschmack etwas ab."[204]

Der Finanzminister bezog sich dabei auf die Situation, in der die hohe Steuerlast die Unterschiede zwischen sonst teuren und billigeren Kaffees annähernd zum Verschwinden brachte. Und so berichtete auch die Zeitschrift „Kaffee- und Tee-Markt":

> „Die Hausfrauen bevorzugen bei den wenigen Tassen, die sie sich bei den hohen Preisen leisten können, ein hocharomatisches Getränk."[205]

Die Konsumenten drängten zu den „gewaschenen" Kaffees, wie die qualitativ hochwertigen Kaffees aus Lateinamerika aufgrund des nassen Aufbereitungsverfahrens genannt wurden. Bis zur vollständigen Liberalisierung der Kaffee-Einfuhren im Jahr 1955 bereitete dieser Wunsch der Konsumenten der Regierung einiges Unbehagen, da handelspolitische Gründe zur Abnahme der mit Brasilien vereinbarten Kaffeekontingente zwangen. Dies veranlasste die Bundesregierung zur Einführung eines Quotensystems bei den Einfuhren aus Brasilien, Kolumbien und anderen lateinamerikanischen Herkunftsländern.[206] In einem Schreiben an

[202] Vgl Historisches Archiv Mondelez International, Archiv Jacobs, 00873915 R2 12/13, Preislisten 1930, 1948–1970.
[203] Vgl. ebd.
[204] Rede des Bundesfinanzministers Schäffer vom 1. 10. 1952, in: Verhandlungen des Deutschen Bundestages. Stenographische Berichte, Bd. 13, S. 10596.
[205] Hohe Quoten der Brasil- und Columbia-Ausschreibungen. Gewaschene Kaffees stark gefragt – Stetige Weltkaffeemärkte, in: Kaffee- und Tee-Markt, Heft 6 vom März 1952, S. 18.
[206] Die Regelung sah im August 1953 100 Anteile brasilianischen Kaffees zu 40 Anteilen kolumbianischen Kaffees und 30 Anteilen zentralamerikanischen Kaffees vor und wur-

die Verbände der Kaffeeröster monierte Bundeswirtschaftsminister Erhard 1953, dass in Schaufenstern häufig Angebote wie „Reiner Costa Rica“, „Feinster reiner Guatemala“ und dergleichen zu sehen seien, und erinnerte daran, dass die Grundlage und der Hauptbestandteil der Kaffeemischungen der Brasil-Kaffee bleiben müsse.[207]

Die Kaffeehändler gaben die Schuldzuweisungen gerne weiter: „Schuld trifft natürlich die Hausfrauen, die diese feinen Kaffees immer wieder fordern.“[208] Sie überlegten, durch Propaganda-Aktionen das Ansehen des Brasil-Kaffees zu heben:

> „Die Hausfrau muß überzeugt werden, daß nicht die Größe der Bohnen das Aroma des Kaffees bestimmt, sondern daß dieses nur durch die richtige Mischung verschiedener Sorten gewährleistet wird. Als der neue Einfuhrplan erörtert wurde, tauchte schon der Gedanke auf, die Einfuhr von Maragogypen überhaupt zu verbieten.“[209]

Nachdem erst die Steuersenkung und dann die Liberalisierung der Einfuhren den Kaffeemarkt öffneten und außerdem die freie Einfuhr aus Guatemala wieder möglich war,[210] konnten die Importeure die Wünsche und Gewohnheiten der Konsumenten direkt berücksichtigen. Die Bundesrepublik wurde deshalb gegen Ende der 1950er Jahre zum zweitgrößten Importland für fast alle lateinamerikanischen Kaffees.[211]

Die Ansprüche, die die westdeutsche Bevölkerung an das Genussmittel stellten, bezogen sich nicht nur auf die Kauf-, sondern auch auf die Zubereitungsgewohnheiten. Noch Ende der 1950er Jahre bereiteten die meisten Hausfrauen Kaffee, indem sie das heiße Wasser direkt in die Kanne gossen (45 Prozent); deutlich weniger benutzten einen Filter (35 Prozent), obwohl sich Melitta Bentz ihre Erfindung schon 1908 hatte patentieren lassen und spätestens seit den 1920er Jahren in großen Mengen Filtertüten produzierte. Eine elektrische Kaffeemaschine benutzte

de zum 1. Juli 1954 auf 100:100:100 geändert. Diese Direktimport-Beschränkung konnte aber durch einen Umweg über dritte Länder – wie Holland oder England – umgangen werden. Vgl. Bericht der Handelskammer Bremen über das Jahr 1954, in: Kaffee- und Tee-Markt, Heft 3 vom 3. 2. 1955, S. 17.

207 Schreiben des Bundeswirtschaftsministers vom 1. 10. 1953, Gesch. Nr. IV C6 – 47030/53, gez. i. A. Dr. Krautwig, zit. n. Kaffee- und Tee-Markt, Heft 20 vom Oktober 1953, S. 11 f.

208 Zu große Nachfrage nach gewaschenen Kaffees, in: Kaffee- und Tee-Markt, Heft 19 vom Oktober 1953, S. 22.

209 Ebd.

210 Zwischen 1953 und 1956 hatte die Bundesregierung eine Einfuhrsperre für Kaffee aus Guatemala verhängt. Der Grund hierfür waren Streitigkeiten über die Rückgabe des im Zweiten Weltkrieg beschlagnahmten deutschen Vermögens und der Ländereien. Vgl. Wieder Kaffee aus Guatemala, in: Kaffee- und Tee-Markt, Heft 11 vom 2. 6. 1956, S. 3 u. 24–27. Dieser Boykott war an der Öffentlichkeit unbemerkt vorbeigegangen. Das Bundeswirtschaftsministerium hatte 1953 die an der Einfuhr beteiligten Institutionen explizit darauf hingewiesen, dass eine Veröffentlichung dieser Maßnahme weder notwendig noch erwünscht sei. Vgl. Woratz an das Referat V B 2, z. Hd. Herrn Grosse, 25. 11. 953, B 102/73547, BArch Koblenz, zit. n. Christiane Berth: Boykott, enteignete Fincas und Militärregierung. Kaffee und Konflikte bei der Wiederanbahnung der diplomatischen Beziehungen zwischen Deutschland und Guatemala nach dem Zweiten Weltkrieg, unveröffentlichtes Manuskript, Hamburg 2009, S. 8.

211 1959 – Schritt auf dem Weg, in: Kaffee- und Tee-Markt, Heft 24 vom 17. 12. 1959, S. 4 ff.

kaum jemand (3 Prozent).[212] Die Zubereitungsart orientierte sich stark an der familiär weitergegebenen Methode. Das Wasser direkt auf den gemahlenen Kaffee in die Kanne zu gießen war in erster Linie Ausdruck von Gewohnheit und Tradition.[213] Von den Benutzerinnen eines Filters wurde vor allem der bessere Geschmack hervorgehoben. Wie auch beim Konsum von Bohnenkaffee generell gab es bei der Kaffee-Zubereitung starke regionale Unterschiede: Schleswig-Holsteiner und Hamburger bevorzugten Filterkaffee, während Menschen aus Nordrhein-Westfalen und Hessen das heiße Wasser lieber direkt in die Kanne gossen. Offensichtlich beförderte Urbanität die Benutzung von Filtern: Bei einer Wohnortgröße von 100 000 und mehr Einwohnern benutzten wesentlich mehr Kaffee-Kocher einen Filter als in Orten unter 2000 Einwohnern.[214]

Diese festen Konsumgewohnheiten waren für die Firmen, die lösliche Kaffees auf dem westdeutschen Markt einführen wollten, eine schwer verständliche Angelegenheit. Während sich die Kaffee-Extraktpulver in den USA einer an enormen Steigerungsraten abzulesenden großen Beliebtheit erfreuten,[215] verweigerten sich die bundesdeutschen Konsumenten diesem Produkt weitgehend. Diese Haltung gab Kaffeehändlern wie Marktforschern Rätsel auf, zumal sich auf dem Absatzmarkt für Lebensmittel die Fertigprodukte gut entwickelten: Vor allem bei berufstätigen Frauen in städtischen Haushalten kamen ansonsten Produkte gut an, die eine Zeitersparnis bei der Zubereitung der Speisen boten. Auf eine schnelle Zubereitung von Kaffee wurde indes kein Wert gelegt. Ende 1959 – zwei Jahre nach der Einführung des löslichen Jacobs-Kaffees – bilanzierte die Mitarbeiter-Zeitung der Firma die Schwierigkeiten: „Daß ‚Moccapress‘ nicht leicht zu verkaufen ist, weiß wohl jeder von uns."[216] Mit diesem Problem waren neben Jacobs auch die Mitbewerber für löslichen Kaffee wie Nestlé und Maxwell konfrontiert. Meinungsumfragen bestätigten das schlechte Ansehen der Pulverkaffees.[217] In den USA fanden Marktforscher heraus, dass diejenigen Frauen, die löslichen Kaffee ablehnten, diesen mit dem Bild einer schlechten Hausfrau assoziierten. Die negative Einstellung bei den Konsumentinnen fußte auf dem Urteil, dass dieser Kaffee eine Nachahmung darstelle, die hinsichtlich des Aromas und des Geschmacks nicht mit dem Original mithalten könne und gedanklich mit einem schlecht geführten Haushalt

212 Vgl. Institut für Verbrauchsforschung Emnid K. G.: Kaffeekonsum und Konsumentengewohnheiten. 21. Erhebung, Oktober 1959, Teil B, S. 42–48, Historisches Archiv Mondelez International, Archiv HAG.

213 Hier wurde unter anderem angegeben: „so gewöhnt", „immer so üblich gewesen" und „habe ich von meiner Mutter gelernt und beibehalten". Ebd., S. 48.

214 Vgl. ebd., S. 43 f.

215 So konnte Kaffeepulver seinen Anteil am Kaffeeverbrauch in den USA innerhalb von vier Jahren (zwischen 1952/53 und 1955/56) mehr als verdoppeln. Vgl. Die Entwicklung des Verbrauchs von löslichem Kaffeepulver, in: Kaffee- und Tee-Markt, Heft 20 vom 18. 10. 1956, S. 5.

216 Der Kontakt, 11/1959, o. P., Historisches Archiv Mondelez International.

217 In mehreren Untersuchungen des Emnid-Institutes für Verbrauchsforschung 1958/59 gaben von den befragten Personen 70–73% an, Bohnenkaffee-Extrakt so gut wie gar nicht zu trinken. Nur 5% tranken ihn regelmäßig. Institut für Verbrauchsforschung Emnid K. G.: Kaffeekonsum und Konsumentengewohnheiten. 16. Erhebung, Juni/Juli 1957, S. VII.

verknüpft werde. Außerdem werde die Hausfrau der Chance beraubt, Lob und Anerkennung für ihren selbst zubereiteten Kaffee zu ernten.[218] Für Deutschland waren ähnliche Untersuchungen nicht durchgeführt worden, es ist jedoch wahrscheinlich, dass die gleichen Kriterien auch hier eine Rolle spielten. Da die Ablehnung dieser modernen Kaffeezubereitungsform in der Bundesrepublik ungleich höher war als in Amerika, dürfte noch ein weiterer Faktor von Gewicht sein: Kaffeekochen und -trinken war zu einem Ort der Erinnerung und der Geborgenheit geworden, der eine als gut empfundene Zeit symbolisierte – unabhängig, ob diese Zeit selbst erlebt worden war oder nicht. Hierfür standen die traditionellen Gerätschaften und Insignien des Kaufvorganges, der Zubereitung, der Darreichung und des Trinkens selbst. Der neue Schnellkaffee hatte diese Erinnerungsqualitäten nicht zu bieten.

In Westdeutschland hatten sich also ein eigenständiger Geschmack und feste Vorstellungen herausgebildet, die trotz der langen Absenz des Genussmittels an die Konsumgewohnheiten vor dem Krieg anknüpften und alle Neuerungsabsichten erschwerten. Dieser Beharrungswille betraf sowohl die Mischungen und Verpackungsformen als auch die Zubereitungsarten. Er behinderte auch den Wechsel von der losen Ware zum Markenprodukt.

Der Markenartikel

Allgemein war der Prozess der Markenbildung bereits vor dem Zweiten Weltkrieg zum größten Teil abgeschlossen. Der Übergang vom Verkauf loser Ware zu standardisierten Packungen vollzog sich weitgehend in der ersten Hälfte des 20. Jahrhunderts. Viele große Marken hatten sich in dieser Zeit auf dem Markt etabliert. Eine Produktmarke ist dabei als ein Versprechen an den Konsumenten zu verstehen: Dieser kann eine Ware überall in gleicher Qualität und gleicher Verpackung zu einem gleichen Preis erwerben. Darüber hinaus muss ein Markenartikel durch ein die Herkunft kennzeichnendes Merkmal – eine Wort- oder eine Bildmarke – erkennbar sein.[219] In der Kriegs- und Nachkriegszeit waren Markenartikel vom Markt verschwunden und die Konsumenten hatten sich erneut an den Erwerb von Gütern unter der Warenbezeichnung und zum Teil auch wieder als loses Gut gewöhnen müssen. 1949 wurde dann zu einem Jahr, in dem viele Marken stolz ihre Wiedergeburt in einer „Wieder da!“-Reklame anzeigten, oft verbunden mit dem Versprechen der Rückkehr zu alter Güte: „In Friedensqualität“.[220]

Vor dieser Markenrenaissance hatte der Werbefachmann Hubert Strauf gemeinsam mit seinem Kollegen Ernst Braunschweig 1947/48 in einer groß angelegten Untersuchung die Erinnerung an Marken und die damit verbundenen Bilder

218 Erstaunliche Ansichten über lösliches Kaffeepulver, in: Kaffee- und Tee-Markt, Heft 4 vom 18. 2. 1957, S. 9.

219 Zur Bedeutung von Marken allgemein vgl. Kai-Uwe Hellmann: Soziologie der Marke, Frankfurt a. M. 2003.

220 Zur Wiedergeburt von Persil, Nivea, Birkel, Jägermeister usw. vgl. Rainer Gries: Produkte als Medien. Kulturgeschichte der Produktkommunikation in der Bundesrepublik und der DDR, Leipzig 2003, S. 157 ff.

erfragt.[221] Nach einem extrem kalten Winter 1947, in dem Nahrung und Brennmaterial äußerst knapp waren und die geringen Normalverbraucherrationen die Menschen hungern ließen, war das Ergebnis dieser Studie beeindruckend und zeigte eine enorme Markenpräsenz im Bewusstsein der Bevölkerung in dieser marken- und auch weitgehend werbungslosen Zeit.

Kaffeemarken jedoch sucht man in dieser Studie vergebens. Obwohl bereits vor dem Zweiten Weltkrieg Kaffeemarken existierten, war der Kaffee in der Regel selbst noch nicht zum Markenartikel geworden.[222] Zu Beginn der 1950er Jahre gaben viele Röster dem Genussmittel in dieser Hinsicht keine guten Prognosen:

„Im übrigen ist der Artikel Kaffee nicht in dem Maße wie andere Waren geeignet, Marken-Ware zu werden. Röstkaffee hält sich bekanntlich ohne Qualitätsminderung nur kurze Zeit. Bei nur abgepacktem Kaffee besteht auch in sehr großem Umfange die Gefahr, daß dem Käufer alte Ware, die durch Lagerung bereits gelitten hat, verkauft wird [...]. Es liegt auch nicht im Interesse der Hausfrau, allgemein Paketware in den Handel zu bringen, da viele Hausfrauen den Kaffee seit jeher ‚mit den Augen' kaufen. Sie wollen die Ware sehen und sie qualitätsmäßig selbst beurteilen, bevor sie kaufen. Ein großer Teil der Verbraucher ist bei Kaffee gegen Paketware eingestellt. Wahrscheinlich ist es darauf zurückzuführen, daß in den Jahren vor dem Krieg beim Verbraucher sehr große Propaganda für ‚täglich frisch gerösteter Kaffee' gemacht worden ist."[223]

Der starke Aufschwung der Selbstbedienungsläden zwang Hersteller wie Konsumenten zum Umdenken. Zuerst war diese Entwicklung noch sehr verhalten: Der erste SB-Laden öffnete im August 1949 in Hamburg, und 1955 gab es in der Bundesrepublik nur 203 solcher Geschäfte.[224] Michael Wildt bezeichnet das Jahr 1957, als die Kölner Messe ANUGA, die über 108 000 Einzelhändler besuchten, einen kräftigen Impuls für die Rationalisierungen im Lebensmitteleinzelhandel gab, als Wendepunkt in dessen Geschichte. Die Sonderschau „Der moderne Laden" fand auch bei den Kaffeehändlern breite Resonanz.[225] Die Zahl der SB-Läden stieg von 1957 bis 1958 um 130 Prozent – an jedem Werktag, so hieß es 1958, würden in der Bundesrepublik sechs neue SB-Läden aufgemacht[226] – und 1960 betrug die Zahl

[221] Hubert Strauf: Werbung im Wandel seit 1945 als Standort für den Ausblick, in: Carl Hundhausen (Hg.): Werbung im Wandel 1945–1995. Eine Sammlung von werbefachlichen Texten, Essen 1972, S. 3–18; Ernst Braunschweig/Hubert Strauf: Bilanz der Marke. Betrachtungen zu den allgemeinen Ergebnissen der Werbe-Bilanz 1947, durchgeführt 1948 von der Arbeitsgruppe „Die Werbe G.m.b.H.", Leitung Dr. Ernst Braunschweig, Manuskript, Essen 1949. Zur Person von Hubert Strauf, der die Werbelandschaft der 1950er Jahre maßgeblich mitgestaltete, vgl. Dirk Schindelbeck: Hubert Strauf, in: Trödler & Sammler Journal, Nr. 9/2003, S. 50–57; Gries/Illgen/Schindelbeck: „Ins Gehirn der Masse kriechen!", S. 92–105.

[222] Eine Ausnahme bildet hier neben Kaffee HAG zum Beispiel die Firma Jacobs, die zwar den meisten Kaffee noch lose verkaufte, jedoch bereits ab 1930 Kaffee als Markenartikel vertrieb. Ersatzkaffees hingegen wurden in der Regel als Markenartikel verkauft.

[223] Packungs- und Banderolenzwang für Kaffee? Nein!, in: Gordian: Kaffee und Tee. Ernte – Handel – Verbrauch, Nr. 1196 vom 25. 9. 1950, S. 152.

[224] Zur Einführung der Selbstbedienung in Westdeutschland vgl. Wildt: Am Beginn der „Konsumgesellschaft", S. 176–194.

[225] Vgl. dazu die Berichterstattung zur ANUGA in: Kaffee- und Tee-Markt, Heft 18 vom 20. 9. 1957.

[226] Wirtschaftsbarometer, in: Kaffee- und Tee-Markt, Heft 6 vom 23. 3. 1958.

dieser Lebensmittelmärkte bereits 17 132.[227] Durch die Selbstbedienung verschwanden Verkäufer, und das Produkt wurde zum Mittler seiner selbst. Die Bedeutung der Warenverpackung gewann neue Dimensionen. Zusätzlich zu ihrer Schutzfunktion fungierte sie nun auch als Kommunikator im Verkaufsprozess. Die Ware präsentierte ihre Vorzüge und wurde so zum „stummen Verkäufer“ am „point of sale“.[228] Die Ausweitung der Selbstbedienung begünstigte die Überführung von Produkten in Markenartikel. Das gleichbleibende Äußere erleichterte für die Käufer das Auffinden der Ware in allen Geschäften unabhängig vom Verkaufsort. Die Symbolik der Markenware wurde im direkten Kommunikationsprozess zwischen Käufer und Produkt fast ebenso bedeutsam wie ihr materieller Gebrauchswert.

Und so tauchten 1957 auch die ersten Anzeigen auf, die Kaffee als Markenartikel anpriesen: Darboven warb mit „Ein begehrter Markenartikel“[229] und Vox mit „Markenkaffee mit Röstfrisch-Garantie“.[230] Die Konsumenten gewöhnten sich langsam an das neue Erscheinungsbild des Kaffees. 1958 konnten 25 Prozent der danach befragten Hausfrauen wenigstens einen Kaffee- oder Tee-Markenartikel nennen.[231] Gleichzeitig gaben die meisten Frauen an, dass ein Markenartikel zwar in der Regel teurer, aber auch besser in der Qualität sei als markenlose Ware. Rund drei Viertel vertraten die Ansicht, dass Markenartikel allgemein den Einkauf von Lebensmitteln erleichterten.[232]

Die Entwicklung von Kaffee zum Markenartikel war ein langer Prozess, der Ende der 1950er Jahre noch nicht abgeschlossen war. Einen deutlichen Eindruck von den Schwierigkeiten dieser Umstellung vermittelt die Durchsicht der Jacobs Mitarbeiter-Zeitschrift „Der Kontakt“, die in den 1950er Jahren stark von einer Werbung für die Vorzüge des Markenartikels geprägt war. So befanden sich z. B. auf der Rückseite der Zeitschrift immer wieder Sinnsprüche und Zitate zum Thema Markenartikel für die Argumentation gegenüber Einzelhändlern oder Hausfrauen. Selbst im Jahr 1963 erschienen immer noch Artikel, die zeigten, dass Kaffee als Markenprodukt noch keine vollständige Akzeptanz gefunden hatte. Genannt sei nur der Artikel: „Markenartikel: Partner oder Widersacher von Handel und Verbrauchern?“[233]

Wenn auch der Transformationsprozess zum Markenartikel Ende der 1950er Jahre noch nicht abgeschlossen war, so stieg doch der Verkauf von abgepacktem Kaffee, auch wenn viele Konsumenten, aber auch Händler, in der Verpackung ein

227 Wildt: Am Beginn der „Konsumgesellschaft“, S. 179.

228 „Stummer Verkäufer“ und „point of sale“ sind Begriffe aus dem Marketing. Zur Geschichte der Produktkommunikation vgl. Rainer Gries: Produktkommunikation. Geschichte und Theorie, Wien 2008.

229 Kaffee- und Tee-Markt, Heft 18 vom 20. 9. 1957, S. 11.

230 Ebd., S. 27.

231 Bei Margarine waren es 50% und bei Getreideprodukten/Hülsenfrüchten 41%. Vgl. Einkaufsgewohnheiten der Hausfrauen, in: Ergebnisse einer Untersuchung im Auftrage der Organization for European Economic Co-operation O.E.E.C., hg. von der GFM/ Gesellschaft für Marktforschung mbH Hamburg, Juli 1958, S. 85.

232 Ebd., S. 86ff. Diese Aussagen beziehen sich auf Markenartikel im Allgemeinen, nicht speziell auf Kaffee.

233 Der Kontakt, 12/1963, o. P., Historisches Archiv Mondelez International.

notwendiges, am liebsten aber umgangenes Übel sahen. In den Packungen befanden sich geröstete ganze Bohnen. Gemahlene Ware war als Fertigprodukt noch zu leicht verderblich, da technische Schwierigkeiten eine Vakuumpackung für gemahlenen Kaffee noch verhinderten.[234]

Wunschbilder und Wirklichkeit: die Werbung

In den 1940er und frühen 1950er Jahren wurde Kaffee kaum beworben. Für die dann langsam einsetzende Kaffeewerbung kann die der Firma Jacobs als richtungsweisend und beispielgebend betrachtet werden. Sie war offensichtlich auch die erfolgreichste: Nach der Werbung von Kaffeefirmen befragt nannten am Ende der 1950er Jahre mit deutlichem Abstand die meisten Personen die Firma Jacobs. Gleichzeitig wurde Jacobs mit einem ähnlichen Vorsprung vor den Mitbewerbern auch als beste Marke für Bohnenkaffee genannt.[235]

Bereits in der ersten Hälfte des Jahrhunderts hatte die Firma Neuerungen im öffentlichen (Werbe-)Auftritt vorgenommen. Ähnlich wie Ludwig Roselius, der für seinen coffeinfreien Kaffee HAG bereits 1907 eine beeindruckende Werbung geschaffen hatte,[236] orientierte sich die Firma Jacobs an Strategien, die später als „corporate design"[237] bezeichnet werden sollten. 1913 hatte der Firmengründer Johann Jacobs das erste Warenzeichen der Firma in die Warenzeichenrolle eintragen lassen: einen auf Händen getragenen bzw. emporgehobenen Kaffeesack, der seitdem auf allen Produkten abgebildet war – selbst auf Tüten, in denen der lose Kaffee verkauft wurde. 1930 brachte Walther J. Jacobs, der Neffe des Firmengründers, von seinem Aufenthalt in Amerika Marketing- und Werbeideen in die Firma ein: Jacobs kreierte seinen ersten Slogan: „Täglich ganz frisch geröstet und sorgfältigst verlesen", und brachte in vornehm aufgemachten Originalpackungen die Sorten Rot und Grün als Markenartikel auf den Markt. Außerdem erklärte man Schwarz und Gelb zu den Firmenfarben und schuf damit einen einheitlichen öffentlichen Auftritt.

[234] Die Vakuumverpackung scheiterte zunächst daran, dass das leichte Kaffeepulver beim Absaugen der Luft mit in die Düse hineingezogen wurde. Vgl. Vakuumverpackung von Bohnenkaffee, in: Kaffee- und Tee-Markt, Heft 13 vom 4. 7. 1957, S. 35.

[235] Bei beiden Fragen erzielte Jacobs durchschnittlich 12%, während die Mitbewerber bei 5 bis 7% lagen. Die Nennung von Jacobs als bester Markte für Bohnenkaffee steigerte sich 1959 auf 16%, gefolgt von Onko mit 7% und Tchibo mit 5% (Vox 4%, Ronning 4%, Eduscho 3% und Nescafé 2%). Vgl. Institut für Verbrauchsforschung Emnid K. G.: Kaffeekonsum und Konsumentengewohnheiten. 21. Erhebung, Oktober 1959, S. XI f.

[236] Zur Geschichte und zum Werbeauftritt von Kaffee HAG vgl. Bärbel Kern: 100 Jahre Kaffee HAG. Die Geschichte einer Marke, Bremen 2006; Willi Bongard: Fetische des Konsums. Portraits klassischer Markenartikel, Hamburg 1964, S. 40–51.

[237] Der Begriff „corporate design" bezeichnet einen Teilbereich der Unternehmensidentität (corporate identity) und beinhaltet das gesamte Erscheinungsbild eines Unternehmens oder einer Organisation. Dazu gehören sowohl die Gestaltung der Kommunikationsmittel als auch das Produktdesign. Das Ziel des „corporate design" ist ein auffälliger und eindeutiger Unternehmensauftritt in der Öffentlichkeit, der einen hohen Wiedererkennungseffekt hat. Die wichtigsten Grundelemente sind die Gestaltung eines einheitlichen Logos bzw. das Werbezeichen, die Verwendung von einheitlichen Schriften und Farben.

Abb. 9 und 10: Zwei Werbe-Konzepte stehen sich bei Jacobs Kaffee 1957 gegenüber. Nur eines setzte sich längerfristig durch.

In Werbung und Verpackung von Jacobs-Bohnenkaffee gab es nach dem Krieg keine Überraschungen: Von 1933 bis 1954 hatte sich das Aussehen der Verpackung nicht gewandelt. 1954 änderte sich die Verpackung erstmalig, aber noch sehr behutsam. Die wichtigste Neuerung war der Slogan: „Jacobs Kaffee … wunderbar“, der von da an fast 40 Jahre untrennbar mit Jacobs-Produkten verbunden war und sprachlich hervorragend an die Zeit des „Wirtschaftswunders“ anknüpfte. Zeitgleich liefen auch die ersten Werbespots im Radio an.

Zwei Frauen standen 1957 am Beginn einer groß angelegten Jacobs-Werbekampagne: Eine freundlich lächelnde, adrette junge Frau, die perfekte Personifizierung der 1950er Jahre, die den Beobachter über einer Kaffeetasse einladend anblickte, und eine ebenfalls freundliche und lächelnde Großmutter, die mit etwas altertümlichen Insignien der Kaffeekochkunst abgebildet war. Auf verschiedenen Bildern arbeitete sie mit einer Kaffeemühle oder einem dampfenden Wasserkessel. Die eine Protagonistin verschwand sang- und klanglos, während die andere – verkörpert durch Sophie Engmann – zur „Großmutter der Nation“[238] avancierte und eine der erfolgreichsten Frauen in der Kaffeewerbung von Jacobs wurde.

Die junge Frau erschien offenbar zu beliebig: „Sie stellt absolut nichts Besonderes dar und könnte ebenso eine Dame von der Konkurrenz oder von Kaloderma sein“[239], urteilte ein Jacobs-Mitarbeiter in der hausinternen Zeitschrift „Der Kon-

238 Der Begriff stammt aus einer Publikation von Jacobs selbst. Vgl. Rolf Sauerbier: 100 Jahre Jacobs Café, Bremen 1994, S. 43.

239 Der Kontakt, 5/1957, o. P., Historisches Archiv Mondelez International.

Abb. 11 und 12: Die zwei Plakate der CDU zur Bundestagswahl 1957 veranschaulichen unterschiedliche Werbekonzepte.

takt". Die Kulturwissenschaftlerin Stefanie Abke bilanzierte die Plakatkonkurrenz zwischen Tradition und Moderne mit einem Blick auf die gesellschaftlichen Prozesse:

„Nach getaner Wiederaufbauarbeit und im Zusammenhang mit der langsam einsetzenden Vollbeschäftigung gegen Ende des Jahrzehnts waren Ruhe, Entspannung, Genuß und Behaglichkeit ein ersehnter Gegenpol."[240]

Die Traditionsgebundenheit der alten Frau vermittelte genau jene Werte, die auch in der Politik offenbar erfolgreich die Stimmung der Zeit trafen. Dort warb ebenfalls ein „Großvater" mit althergebrachten Werten: Der 81-jährige Konrad Adenauer blickte ernst auf einem Plakat, das mit dem Slogan „Keine Experimente!" warb.[241]

Die Sprache der Werbung und die durch sie transportierten Werte und Güter lassen Rückschlüsse auf die Gesellschaft zu, der (und in der) diese Botschaften vermittelt werden. Die Wertprägungen von Tradition und Moderne zeigen sich allgemein in den Werbebotschaften der 1950er Jahre, die im Folgenden kurz dargestellt werden sollen: Ranking-Listen der 100 häufigsten Worte in deutschen Werbeslogans geben einen interessanten Einblick in die Trends der Werbesprache und

240 Abke: Großmutter, S. 51.
241 Diese Parole der CDU zur Bundestagswahl 1957 war übrigens von Hubert Strauf entwickelt worden, der 1947 die Befragung zum Markenbewusstsein in der Bevölkerung durchgeführt hatte und der viele Werbeslogans der Nachkriegszeit prägte. Vgl. Gries/Ilgen/Schindelbeck: „Ins Gehirn der Masse kriechen", S. 99 ff.

damit in die Wertewelt der 1950er Jahre.[242] Die hinter den zitierten, von der Werbung benutzten Wörtern in Klammern genannten Zahlen entsprechen dem Platz, den diese Botschaften im Ranking einnahmen.[243]

Die Werbesprache der 1950er Jahre war gekennzeichnet durch Schlichtheit. „Gut“ in allen sprachlichen und grammatikalischen Variationen stand weit vorne und fügte sich z. B. zum „guten Leben“. Die gesamte Wortwahl mutete sehr traditionell an und erinnerte an die klassischen Ratgeber, und genau wie in diesen war die unpersönliche Aufforderung, die sich mit dem Wörtchen „man“ verbindet („Man nehme …“), welches auf Platz fünf zu finden war, sehr beliebt.[244] Diese Verallgemeinerungsform blieb auch in den folgenden Jahrzehnten verbreitet. Das Wort „Sie“ in seiner dreifachen Funktion als direkte Anrede, als Form der weiblichen dritten Person und der dritten Person im Plural rangierte auf Platz vier.

Die in den Slogans direkt genannten Werte waren konservativ geprägt und orientierten sich an einem sicheren, beschützten und materiell abgesicherten Leben. In der Ranking-Liste genannte Werte waren: Liebe, Sicherheit, Freiheit, Qualität, Wohl, Frieden und Vertrauen.

Die Begriffe des einfachen Lebens, die auf ein bescheidenes Glück und auf entspanntes Genießen verwiesen, dominierten. So durften die Konsumenten erwarten, „erfrischt“ und „gepflegt“ in die „Moderne“ zu gehen. Erlaubt und beliebt war offensichtlich auch der Genuss einer bewussten Pause – wie auch der Erfolg des Coca-Cola-Slogans „Mach mal Pause!“ zeigt, der 1954 durch den Werbe-Experten Hubert Strauf geprägt wurde.[245]

Die Ansprechpartner oder Vermittler der Botschaften scheinen in erster Linie weiblich gewesen zu sein. Frauen fanden auf der Ranking-Liste ihren Platz, während – anders als in kommenden Jahrzehnten – weder Kinder noch Männer vorkamen.

Die Werbebotschaften changierten zwischen traditionellen und modernen Werten und Normen. Diese Essenz entsprach exakt der jungen Frau auf dem Jacobs-Plakat, die sich jedoch als Werbeträgerin nicht durchsetzen konnte. Der Erfolg der Bewerbung des Genussmittels Kaffee lag in einer Konzeption, die die Sicherheit von überlieferten Werten, die noch aus einer heilen, alten Welt stammten, in die Moderne transportierte.

Entsprechend betonte die Werbesprache hier das Einfache, Schlichte, Traditionelle, das Gute und Bekannte. Mit der Jacobs-Großmutter assoziierte der Betrachter Kaffeeduft – den Duft der Vorfreude, der schon beim Mahlen des Kaffees das Haus durchzog, bevor zur Tafel gerufen wurde. Der Plakattext von 1957 unterstützte diese Wirkung:

„*Seit alters her* schätzt man den mit Liebe bereiteten Kaffee. ‚Frisch gemahlen wird er besonders gut‘, sagte schon die Großmutter. Millionen Tassen JACOBS KAFFEE trinkt man Tag für Tag auf diese Weise. Und immer wieder heißt es dann: JACOBS-KAFFEE wunderbar.“[246]

242 Diese Listen sind veröffentlicht unter http://www.slogans.de/slogometer.php?Year=2009 (12. 3. 2009).

243 Platz 1 ist also entsprechend der beste Platz.

244 In der aktuellen Ranking-Liste von 2008/2009 steht „man“ auf Platz 38.

245 Vgl. Gries/Ilgen/Schindelbeck: „Ins Gehirn der Masse kriechen“, S. 94 ff.

246 Plakattext von 1957, Historisches Archiv Mondelez International.

Der Text, der die Tradition und Ausstrahlung der althergebrachten Kaffeezubereitung pries, wurde durch verschiedene grafische Momente unterstützt: Die ersten drei Worte waren in verzierter Fraktur gesetzt und das Foto war am Rand durch ein Ornament umgarnt, das einer umhäkelten Spitzendecke gleicht. Der Werbeagentur war es mit Sophie Engmann perfekt gelungen, das Idealbild einer Großmutter zu personifizieren, die noch aus der wilhelminischen Zeit zu stammen schien.

Die traditionsgebundenen Werte harmonierten im Bewusstsein der Westdeutschen mit dem Bild des Kaffees, in dem das Genussmittel eine Rückbindung an gute alte Zeiten vermittelte. In einer modernen Welt, die sich rasch und für den Einzelnen nicht immer nachvollziehbar entwickelte, schuf der Genuss von Kaffee eine Insel der Ruhe und Erinnerung an die Vorkriegszeit mit ihren Versprechen des guten Lebens.

Gleichwohl nutzten die Kaffee-Produzenten die Werbemedien der modernen Welt für ihre Traditions-Botschaften: 1956 startete das Werbefernsehen in Westdeutschland, und bereits 1959 begann Jacobs sich diesen neuen Mediums zu bedienen. Mit dem Eintritt der Bildbotschaften in die abendlichen Wohnzimmer gab Jacobs am Ende des Jahrzehnts seiner Werbung eine neue Richtung: Fortan sollten Zusammengehörigkeit und ein harmonisches Familienleben in den Vordergrund gestellt werden.[247] Gemeinsam Kaffee mahlende Großmütter und Bilder vom privaten Familienglück mochten Egalität vorgaukeln, Kaffee war jedoch in der frühen Bundesrepublik ein Konsumgut, an dessen Gebrauch sich soziale Unterschiede offenbarten.

Distinktion

Bereits 1953 hatte der Soziologe Helmut Schelsky den Begriff der „nivellierten Mittelstandsgesellschaft" geprägt und eine allgemeine Schichtmobilität in Richtung Gesellschaftsmitte festgestellt. Dennoch ist die Forschung Schelskys Gesellschaftsmodell nur bedingt gefolgt und hat auf die weiterhin in der Bundesrepublik bestehenden Einkommens- und Wohlstandsdifferenzen hingewiesen. Bezugnehmend auf gängige Begriffe der 1950er Jahre beschrieb Michael Wildt den eingeschränkten privaten Konsum von Arbeiterfamilien in Westdeutschland:

> „Das erste Jahrzehnt nach der Währungsreform war für diese [vierköpfigen] Arbeitnehmerfamilien ungleich genügsamer, eingeschränkter und grauer, als es Begriffe wie ‚Wirtschaftswunder' oder ‚Konsumgesellschaft' nahe legen."[248]

Diese Ungleichzeitigkeit in der Wohlstandsentwicklung dokumentierte auch der Konsum von Bohnenkaffee, der je nach Einkommen, sozialer Schicht, Berufsstand, regionaler Herkunft und Geschlecht in unterschiedlicher Weise Einzug in den privaten Alltag der 1950er Jahre gefunden hatte und an dem sich eine Skala der „feinen Unterschiede"[249] aufzeigen lässt.

247 Vgl. Kap. II.1.
248 Wildt: Privater Konsum in Westdeutschland, S. 280.
249 Vgl. Pierre Bourdieu: Die feinen Unterschiede. Kritik der gesellschaftlichen Urteilskraft, Frankfurt a. M. 1982.

Für Rentner und andere Bevölkerungsgruppen mit geringem Einkommen blieb der Bohnenkaffee ein seltener Luxus, auch wenn sie diesen in der zweiten Hälfte des Jahrzehnts deutlich öfter genießen konnten. Der Verbrauch von Kaffee in Rentnerhaushalten und anderen Haushalten mit geringem Einkommen stieg beispielsweise zwischen 1952 und 1956 von monatlich 22 auf 81 Gramm Kaffee. Ganz anders entwickelte sich der Genuss von Tee, der in der gleichen Zeit lediglich von vier auf sechs Gramm anstieg.[250] Eine Untersuchung des Emnid-Institutes von 1957 zeigte eine ausgeprägte Relation von Kaffeekonsum und Familieneinkommen: Mit steigendem Familieneinkommen nahm der Konsum von Kaffee deutlich zu und gleichzeitig der Konsum von Ersatzkaffee ebenso deutlich ab.[251]

Während Besserverdienende durch die tägliche Tasse Kaffee ihren Alltag angenehm bereicherten und sich immer breitere Schichten dank der steigenden Einkommen immer öfter eine Tasse Bohnenkaffee leisteten, galt das Genussmittel nach wie vor als Luxusgut, das man sich bewusst gönnte und zu genießen wusste: zum Beispiel als Sonntagsgetränk, als Getränk für Familienfeiern und zur Bewirtung von Besuchern. Auch die Werbung als Spiegel gesellschaftlichen Bewusstseins stellte diesen Aspekt in den Vordergrund. Als 1959 Eduscho seine neue Marke einführte, wurde für diese mit dem Zusatz geworben: „Der Festtagskaffee". Und die Zeitschrift der Kaffeehändler empfahl als Werbetipp:

> „Immer am Sonnabend ein Schild aushängen, auf dem es heißt: ‚Morgen ist Sonntag! Vergessen Sie nicht den Bohnenkaffee!'"[252]

Dass Bohnenkaffee nicht nur in der Werbung als Festtagsgetränk angepriesen wurde, bewies das Konsumverhalten der Westdeutschen. Die von der Gesellschaft für Marktforschung 1958 durchgeführte Untersuchung über die Einkaufsgewohnheiten von Hausfrauen ergab eine klare Häufung der Kaffeeeinkäufe zum Wochenende.[253] Eine weitere Häufung zeigte sich vor Feiertagen: Die Bevölkerung konsumierte zu Weihnachten etwa 20–25 Prozent mehr Kaffee als im Alltag.[254]

250 Der Verbrauch von Kaffee und Tee in Rentnerhaushaltungen, in: Kaffee- und Tee-Markt, Heft 22 vom 18. 11. 1957, S. 12. Untersucht wurden 2–3-Personenhaushalte mit einem monatlichen Einkommen bis 240 DM. Insgesamt gaben die Haushalte dabei 1952 pro Monat durchschnittlich 5,43 DM für Genussmittel aus und 1956 10,46 DM.

251 Zum Beispiel: 72% der Befragten mit einem Familieneinkommen von unter 260 DM verzichteten auf den Konsum von Bohnenkaffee. 64% der Befragten mit einem Einkommen zwischen 260 und 390 DM und 53% mit einem Einkommen zwischen 390 und 600 DM leisteten sich ebenfalls keinen Bohnenkaffee: Bei einem Einkommen von über 600 DM reduzierte sich der Anteil derer, die keinen Bohnenkaffee tranken, auf 36%. Vgl. Institut für Verbrauchsforschung Emnid K. G.: Kaffeekonsum und Konsumentengewohnheiten. 16. Erhebung, Juni/Juli 1957, Historisches Archiv Mondelez International, Archiv HAG, Tabellenteil, S. 5–18.

252 Hoch die Tassen – Werbetips für Sie, in: Kaffee- und Tee-Markt, Heft 2 vom 18. 1. 1955, S. 9.

253 Einkaufsgewohnheiten der Hausfrauen, in: Ergebnisse einer Untersuchung im Auftrage der Organization for European Economic Co-operation O.E.E.C., hg. von der GFM/ Gesellschaft für Marktforschung mbH Hamburg, Juli 1958, S. 16.

254 Kaffeemärkte im Rück- und Ausblick, in: Kaffee- und Tee-Markt, Heft 1 vom 4. 1. 1955, S. 24 ff.

Auch an anderen Festtagen stieg der Konsum erheblich. Die Bezeichnung „Festtagskaffee“ erwies sich in doppelter Bedeutung als zutreffend: Bohnenkaffee wurde auch als Präsent zu Weihnachten oder anderen Gelegenheiten gekauft und verschenkt.[255] Diese Geste hielt sich sehr lange in der Bevölkerung, und viele Zeitzeugen betonen, dass sie noch in späteren Jahrzehnten von älteren Verwandten und Bekannten ein Paket Kaffee zu einem feierlichen Ereignis geschenkt bekamen.

Der Konsum von Bohnenkaffee schied die Menschen nach Einkommen, aber er trennte sie auch nach Geschlecht. In allen Umfragen der 1950er Jahre zeigte sich, dass Frauen öfter und lieber Kaffee tranken als Männer.

„Jede zweite Frau (51 v. H.) im Bundesgebiet und in West-Berlin sagt, sie trinkt Bohnenkaffee ‚sehr gern‘, und ein weiteres Drittel (32 v. H.) der weiblichen Bevölkerung gibt an, Bohnenkaffee ‚gern‘ zu trinken. Diese starke Neigung der Frauen für Kaffee ermittelte das ‚Institut für Demoskopie‘, Allensbach/Bodensee, mit einer Repräsentativ-Erhebung bei 2000 Personen. Damit ist die häufig von Männern aufgestellte Behauptung, den Frauen sei bei einem Kaffeekränzchen lediglich der Klatsch wichtig und keineswegs der Kaffee, zumindest recht anfechtbar geworden.
Überhaupt sind die Männer in Bezug auf Kaffee weniger enthusiastisch: Nur 30 v. H. erklärten, Bohnenkaffee ‚sehr gern‘ zu mögen. Und genau so viele Männer sagten, sie trinken Bohnenkaffee nur ungern bzw. überhaupt nicht. Bei den Frauen machen die Kaffee-Gegner nur 17 v. H. aus.“[256]

Wie schon die Zubereitungsformen war auch der Kaffeekonsum selbst regional sehr verschieden. So trank man im Westen der Bundesrepublik und in West-Berlin am meisten, in Süddeutschland am wenigsten Kaffee.[257]Auch hinsichtlich der Größe des Wohnortes ergaben sich Unterschiede: Die Beliebtheit von Bohnenkaffee stieg mit der Größe des Wohnortes, während Ersatzkaffee in kleinen Städten bevorzugt wurde.[258] Diese Beobachtung deckt sich wiederum mit der Feststellung, dass in der Verteilung nach Berufsgruppen vor allem die Bauern und Personen in anderen ländlichen Berufen vergleichsweise wenig Bohnenkaffee tranken, während Angehörige freier Berufe und Selbstständige in der Kaffeetrinker-Skala weit vorne lagen.[259] Hier treten auch wieder die sozialen Unterschiede beim Kaffeekonsum hervor.

Zusammenfassend lässt sich sagen, dass Bohnenkaffee in den 1950er Jahren in der westdeutschen Gesellschaft noch eine deutliche Distinktionsfunktion hatte. Die konsumierte Menge steigerte sich mit der Höhe der Einkommen, städtischer Lebensweise, städtisch-modernem Berufshabitus und weiblichem Geschlecht.

255 Vgl. Kaffee- und Tee-Markt, Heft 23 vom 4. 12. 1954, S. 15f.
256 Trinken Sie gern Bohnenkaffee?, Freigabedatum: 15. 12. 1951, Archiv des Institutes für Demoskopie Allensbach, Pressedienst.
257 Vgl. Kaffee – schwarz oder mit Milch? Eine Untersuchung über die Konsumgewohnheiten beim Kaffee-Konsum, 1952, Archiv des Institutes für Demoskopie Allensbach, „Glasschrank“, S. 4, und Institut für Verbrauchsforschung Emnid K. G.: Kaffeekonsum und Konsumentengewohnheiten. 16. Erhebung, Juni/Juli 1957, Historisches Archiv Mondelez International, Archiv HAG, Tabellenteil, S. 2–18.
258 Ebd.
259 Kaffee – schwarz oder mit Milch? Eine Untersuchung über die Konsumgewohnheiten beim Kaffee-Konsum, 1952, Archiv des Institutes für Demoskopie Allensbach, „Glasschrank“.

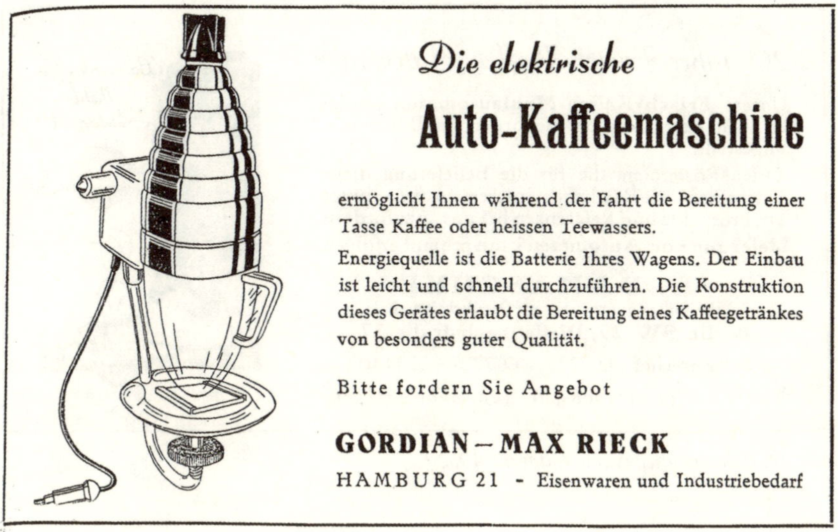

Abb. 13: Elektrische Auto-Kaffeemaschine, 1952

Kaffee in modernen Zeiten

In dem für die 1950er Jahre typischen Spannungsfeld zwischen Traditionsgebundenheit und Moderne stand der Kaffeekonsum zunächst eindeutig auf Seiten der Tradition. Moderne Neuerungen konnten sich im ersten Jahrzehnt der Bundesrepublik im Bereich der Kaffeekultur kaum durchsetzen. Der lösliche Kaffee wurde von den Konsumenten zurückgewiesen und auch der Gebrauch von Kaffeemaschinen war am Ende des Jahrzehntes vergleichsweise selten.[260] Angesichts dieser kulturellen Hemmschwellen passte die Anzeige in der Zeitschrift „Kaffee- und Tee-Markt" für „Die elektrische Auto-Kaffeemaschine" im Jahr 1952 nicht in eine Zeit, in der Kaffee noch in Klein- und Kleinstpackungen gehandelt wurde.[261] Offensichtlich hatten die Hersteller, die ein solches Produkt anboten, ein starkes Vertrauen in die zukünftige Entwicklung, und zwar sowohl hinsichtlich des Kaffeekonsums als auch hinsichtlich der Automobilisierung in Westdeutschland.[262]

260 Drei Prozent der durch Emnid befragten Hausfrauen gaben 1959 an, eine Kaffeemaschine zur Zubereitung zu nutzen. Als Grund wurde u. a. genannt, dass es sich um ein Geschenk (z. B. zur Hochzeit) handelte. Vgl. Institut für Verbrauchsforschung Emnid K. G.: Kaffeekonsum und Konsumentengewohnheiten. 21. Erhebung, Oktober 1959, Historisches Archiv Mondelez International, Archiv HAG.

261 Anzeige, in: Kaffee- und Tee-Markt, Heft 21 vom November 1952, S. 15. 1959 wurde die Maschine zum Preis von 69 DM angeboten. Der Hersteller der Auto-Kaffeemaschine war die Firma Gordian – Max Rieck, die auch die Zeitschrift „Kaffee- und Tee-Markt" herausgab und die neben dem Verlag einen Eisenwaren- und Industriebedarfshandel betrieb.

262 Die Zahl der Personenkraftwagen verachtfachte sich während der 1950er Jahre von 0,52 Mio. (1950) auf 4,1 Mio. (1960). Vgl. Thomas Südbeck: Motorisierung, Verkehrsentwicklung und Verkehrspolitik in Westdeutschland in den fünfziger Jahren, in: Schildt/Sywottek (Hg.): Modernisierung im Wiederaufbau, S. 171.

Abb. 14: Bohnenkaffee-Mahl-Automat, 1952

Auch wenn die unzeitgemäße Werbung für Kaffeezubereitung während der Fahrt im eigenen Pkw die gewünschte Resonanz vermissen ließ, war die Idee, den Kaffeegenuss den mobilen Zeiten anzupassen, richtungsweisend – jedoch erst für kommende Jahrzehnte.

Eine Automatisierung der Welt des Kaffees war in den 1950er Jahren nur in einer Hinsicht erfolgreich, und zwar in Verbindung mit dem Einzug des Kaffees in das Arbeitsleben. Bereits 1951 wurde in der Fachzeitschrift des Kaffeehandels ein Automat angekündigt, der nach Einwurf von zehn Pfennigen und Bedienung einer Kurbel eine Portion frisch gemahlenen Kaffees abgab und der vor allem für den Betrieb in Behörden oder Büros empfohlen wurde.[263] Die Zeitschrift kam öfter auf dieses Thema zurück und berichtete 1957, dass solche Automaten bereits in zahlreichen Betrieben und Bürohäusern aufgehängt worden seien, wo sie sich großer Beliebtheit erfreuten. Es fällt auf, dass im Zusammenhang mit den Büro-Automaten nicht von einer Kaffee-Pause die Rede war, wie sie sich in den USA bereits eingebürgert hatte, sondern vor allem von der Erhaltung und Steigerung der Arbeitsleistung.[264]

Fast am Ende des Jahrzehntes wurden auf der Frankfurter Herbstmesse eine Reihe von neuartigen Automaten vorgestellt, die große Beachtung fanden. Ein deutsches Modell, welches von den amerikanischen Vorbildern inspiriert worden war, gab sieben verschiedene Heißgetränke aus: Kaffee schwarz, Kaffee mit Milch, Kaffee mit Zucker, Kaffee mit Milch und Zucker, Schokolade, Klare Brühe und Fleischbrühe.[265] Die Hersteller empfahlen die Aufstellung in Betrieben, an Tank-

[263] Für 10 Pfennig Kaffee, in: Kaffee- und Tee-Markt, Heft 16 vom August 1951, S. 5ff.

[264] Vgl. ebd. und Kaffee-Mahlautomat, in: Kaffee- und Tee-Markt, Heft 18 vom 20. 9. 1957, S. 37. 1951 war zusätzlich noch auf den sozialen Aspekt hingewiesen worden, dass auch finanziell schwache Kreise in den Genuss einer Tasse Kaffee gelangen können sollen, ohne größere Summen investieren zu müssen.

[265] Getränke-Automaten werden interessant, in: Kaffee- und Tee-Markt, Heft 22 vom 19. 11. 1958, S. 3ff.

stellen oder Sportanlagen. Allerdings erwartete man, dass eine erfolgreiche Einführung der neuen Getränkeautomaten weiteren Werbeeinsatz und Zeit voraussetzte.

Auch wenn die Beispiele zeigen, dass am Ende der 1950er Jahre die Automatisierung auf dem Kaffeesektor voranschritt, waren dies doch vereinzelte Erscheinungen, die keine Auswirkungen auf die Konsumgewohnheiten der Privathaushalte hatten. Kaffee war in der Bundesrepublik der 1950er Jahre vor allem ein traditionelles Getränk. Nachdem die krisenhaften Zeiten der hohen Besteuerung, des Schmuggels und Schwarzhandels Mitte des Jahrzehntes überwunden waren und in der zweiten Hälfte mit dem Erreichen des Vorkriegskonsums die Notzeiten endgültig überwunden schienen, erfreuten sich die Verbraucher beim Luxusgut Kaffee an den althergebrachten Konsumritualen.

2. Planrückstände und Prioritäten: Versorgung, Konsum und Qualität in der frühen DDR

In der Sowjetischen Besatzungszone war durch die Währungsreform keine Wende in der Wirtschaftsentwicklung erfolgt. Die Menschen in Ostdeutschland lebten weiterhin einen Alltag, der von Entbehrungen geprägt war und in dem Kaffeekonsum keine oder kaum eine Rolle spielte. Das Ziel der Bemühungen der Regierenden war indes die Wiederherstellung einer Konsumnormalität, in der Hunger und Mangel als überwunden gelten konnten. Die in den ersten Planaufstellungen gezeigten Hoffnungen, den Vorkriegsstand bei der Versorgung mit Lebensmitteln zügig zu erreichen, erfüllten sich nicht. Der stellvertretende Vorsitzende der Staatlichen Plankommission, Paul Straßenberger, skizzierte 1951 trotz allem die weiterhin hohen Erwartungen in die sozialistische Planwirtschaft:

> „Die aufgezeigte Entwicklung läßt in den Jahren 1951 und 1952 das Nahrungs-Volumen stärker anwachsen als das der Industriegüter. Das Zurückbleiben der Nahrungsmittelkurve ab 1952 ist durch die in diesem Zeitraum beginnende normale Versorgung der Bevölkerung mit Nahrungsmitteln begründet. Die hieran anschließende kräftige Steigerung der Bekleidungskurve fängt die Verlagerung der Kaufkraft von Nahrungsmitteln auf Bekleidung ab 1952 auf. Sowohl die starke Steigerung der Bekleidungsfonds insbesondere in den Jahren ab 1952 als auch besonders die der sonstigen Industriewaren (Kultur- und Luxusgüter) geben dem sich bis 1955 entwickelnden Lebensstandard Ausdruck."[266]

Die erhoffte Entwicklung stellte sich jedoch ebenso wenig ein wie das Ende der Rationierung, welches in derselben Prognose auf spätestens 1953 angekündigt worden war.

Die Prognosen wurden überarbeitet und die Voraussagen über den Versorgungsgrad mit Lebensmitteln und anderen Gütern des täglichen Bedarfs immer wieder nach unten korrigiert. Auf die Ursachen des schlechten Starts in die Konsument-

[266] Manuskript der Vorlesung von Paul Straßenberger, Stellvertreter des Vorsitzenden der Staatlichen Plankommission für Industrie und Verkehr an der Hochschule für Planökonomie Berlin-Karlshorst, 1951, zit. n. Jörg Roesler: Privater Konsum in Ostdeutschland 1950–1960, in: Schildt/Sywottek (Hg.): Modernisierung im Wiederaufbau, S. 290.

wicklung ist bereits vielfach hingewiesen worden.[267] Die wirtschaftlichen Ausgangsbedingungen waren schwierig. Zu den Kriegszerstörungen kamen die Demontagen und Reparationen als weitere Last hinzu:[268]

„Als die Reparationen 1953 offiziell für beendet erklärt wurden, hatte der Osten Deutschlands die höchsten im 20. Jahrhundert bekannt gewordenen Reparationsleistungen erbracht."[269]

Andererseits waren vor dem Krieg die Industrieanlagen auf dem Gebiet der späteren DDR sehr viel moderner und die landwirtschaftliche Fläche für die Lebensmittelproduktion erheblich größer als auf westlicher Seite. Christoph Buchheim hat deshalb in seinen Forschungen darauf hingewiesen, dass es keinen einfachen Zusammenhang zwischen den Kriegsfolgen und dem Wirtschaftswachstum in der SBZ/DDR gab.[270]

Die Situation nach dem Krieg war gekennzeichnet durch Not und Hunger. Wirtschaftliche Umstrukturierungen, wie die Bodenreform und die Verstaatlichung von Unternehmen, waren in dieser Situation als Lösung der Schwierigkeiten postuliert worden, erwiesen sich aber in der konkreten Umsetzung als schwierig und oft kontraproduktiv. Eine Wirtschaftshilfe, wie sie Westdeutschland durch den Marshall-Plan zugutekam, erhielt der ostdeutsche Staat nicht. Die SED proklamierte seit ihrer Gründung im Frühjahr 1946 die Verbesserung der Lebensbedingungen der Bevölkerung als ökonomische Hauptaufgabe. Der Lebensstandard konnte zwar tatsächlich stetig verbessert werden, hielt jedoch mit der westdeutschen Wirtschaftskraft nicht Schritt.

Dabei wurde anfangs die Priorität auf eine Versorgung der Bevölkerung mit Lebensmitteln und anderen Gütern des Grundbedarfes gelegt. Das entbehrliche Genussmittel Kaffee spielte deshalb in den ersten Jahren kaum eine Rolle in den Bemühungen um die Versorgungssicherung. Die Zeit zwischen 1945 und 1958 war wesentlich von Not- und Mangelzuständen geprägt:

„Die Konsumtionsverhältnisse der Nachkriegszeit lassen sich mit dem Begriff der Bedarfsdeckungsgesellschaft charakterisieren. Das heißt, es konnten nur die notwendigsten Bedürfnisse – und auch viele nicht immer hinreichend – befriedigt werden."[271]

267 Vgl. beispielsweise André Steiner: Von Plan zu Plan. Eine Wirtschaftsgeschichte der DDR, München 2004; Rainer Karlsch/Jochen Laufer/Friederike Sattler: Sowjetische Demontagen in Deutschland 1944–1949. Hintergründe, Ziele und Wirkungen, Berlin 2002; Rainer Karlsch: Allein bezahlt? Die Reparationsleistungen der SBZ/DDR 1945–1953, Berlin 1993; Roesler: Privater Konsum in Ostdeutschland 1950–1960.

268 Der Anteil der laufenden Reparationsleistungen am Bruttosozialprodukt der SBZ/DDR betrug 1946 48,8%, 1950 18,4% und 1953 12,9%. Die Gesamtkosten der Reparationszahlungen werden mit 14 Mrd. Dollar in Preisen von 1938 beziffert. Vgl. Steiner: Von Plan zu Plan, S. 33.

269 Burghard Ciesla: „All das bremst uns, kann uns aber nicht aufhalten". Wohlstandsversprechen und Wirtschaftswachstum: Grundprobleme der SED-Wirtschaftspolitik in den fünfziger Jahren, in: Dierk Hoffmann/Michael Schwartz/Hermann Wentker (Hg.): Vor dem Mauerbau. Politik und Gesellschaft in der DDR der fünfziger Jahre, München 2003, S. 149–164, hier S. 158.

270 Vgl. Christoph Buchheim: Kriegsfolgen und Wirtschaftswachstum in der SBZ/DDR, in: Geschichte und Gesellschaft 25 (1999), S. 515–529.

271 Ina Merkel: Utopie und Bedürfnis. Die Geschichte der Konsumkultur in der DDR, Köln/Weimar/Wien 1999, S. 312.

Abb. 15: Konsumversprechen in der DDR – die Waage senkt sich auch ohne Bohnenkaffee und verheißt ein Ende des Mangels.

Das Ende der Rationierungen 1958 beendete schließlich die Ära der Nachkriegszeit in der DDR. Insgesamt brachten die 1950er Jahre auch der DDR die Rückkehr zu einer Versorgung, die bei den meisten Gütern der der Vorkriegszeit entsprach.[272]

Obwohl die Läden der Handelsorganisation (HO)[273] bereits 1949 in sehr geringen Mengen Kaffee verkauft hatten, kann der Beginn einer offiziellen Versorgung mit Bohnenkaffee in der DDR erst auf das Jahr 1951 datiert werden. Zuvor hatte es zwar Vereinbarungen über Kaffeeimporte aus Frankreich und Belgien gegeben, die aber durch die exportierenden Firmen nicht eingehalten wurden.[274] Ab Okto-

272 Roesler: Privater Konsum in Ostdeutschland 1950–1960, S. 290.

273 Zur HO siehe unten.

274 So wurde z. B. der Vertrag über eine Einfuhr von 200 t Kaffee aus Frankreich und von 155,2 t aus Belgien aus den Jahren 1949/50 wegen Nichterfüllung storniert. Vgl. Schreiben des Deutschen Außenhandels an das Ministerium für Innerdeutschen Handel, Außenhandel und Materialversorgung vom 18. 1. und 7. 2. 1950, BArch, DL 1/3803.

ber/November 1950 sind erste kleinere Importe dokumentiert, und zwar sowohl direkt aus dem Herkunftsland Brasilien als auch über den Umweg via Holland oder Belgien.[275] In der Statistik erscheint der Bohnenkaffee in der DDR erstmals 1951, und zwar mit einem Pro-Kopf-Verbrauch von 11,2 Gramm pro Jahr und einer Gesamt-Einfuhr von 205 Tonnen.[276] Nimmt man die damals übliche Berechnung von fünf Gramm für eine Tasse Kaffee, dann bedeutete dies einen durchschnittlichen Konsum von etwas mehr als zwei Tassen Kaffee im Jahr. Die Menge steigerte sich in den folgenden Jahren auf 71,7 Gramm für 1952 und 239,7 Gramm für das Jahr 1953.[277] In der Mitte des Jahrzehnts erreichte der jährliche Pro-Kopf-Verbrauch 370 Gramm und erst 1960/61 konnte die Ein-Kilo-Marke im Durchschnittskonsum überschritten werden. Trotz der permanenten Steigerung lag der Konsum damit wesentlich unter dem Niveau in Westdeutschland – ein Faktum, das sich während der gesamten Zeit des Bestehens der DDR nicht ändern sollte.

In der Aufstellung der Importpläne der DDR spiegeln sich die Prioritäten in der Nahrungs- und Genussmittelversorgung wider. In den Planberechnungen ging man bei allen Gütern vom durchschnittlichen Verbrauch der Vorkriegszeit aus – in der Regel von 1936, aber gelegentlich auch von einem Durchschnittswert der Jahre 1928/29/34 und 1936. Während z. B. in der Planung für das Jahr 1954 bei fast allen Produkten ein Einholen und z. T. sogar Überschreiten des Vorkriegsverbrauchs vorgesehen war, wich die angestrebte Menge bei Kaffee erheblich von diesem Richtmaß ab.[278] In dieser Planung, die unter dem Eindruck des Aufstandes am 17. Juni 1953 stand, wurde der Vorkriegskonsum mit 2,18 Kilo Kaffee pro Kopf und der für 1954 vorgesehene Konsum mit 0,944 Kilo pro Kopf beziffert – eine Menge, die mit 0,35 Kilo tatsächlichem Verbrauch 1954 nicht einmal annähernd erreicht wurde.[279]

In der rationierten Versorgungswirtschaft der DDR, in der der Grundversorgung der Bevölkerung absolute Priorität eingeräumt wurde, war Bohnenkaffee nicht vorgesehen. Bohnenkaffee war zwar zumindest theoretisch ab 1949 in den HO-Läden frei verkäuflich, aber das bedeutete nicht, dass die DDR-Bürger ihn

275 Vgl. BArch, DL 1/3804.

276 Entwicklung des Lebensstandards der Bevölkerung in der Zeit des ersten Fünfjahrplanes, Mai 1956, S. 66, BArch, DL 1/3827. Die zitierte Tabelle sagt nichts darüber aus, ob es sich dabei um gerösteten oder ungerösteten Kaffee handelt. Es dürfte sich jedoch um ungerösteten Kaffee handeln, da im Statistischen Jahrbuch der DDR für 1955 der Pro-Kopf-Verbrauch mit 0,287 kg angegeben wurde und in der Tabelle des Ministeriums für Handel und Versorgung für das gleiche Jahr 0,37 kg. Die statistische Vergleichbarkeit für die 1950er Jahre ist bei Bohnenkaffee insofern etwas schwierig, als der Pro-Kopf-Verbrauch erstmalig im Statistischen Jahrbuch 1963 ausgewiesen ist (hier für die Jahre 1955 mit 0,287 kg, 1958 mit 0,714 kg und 1959 mit 0,821 kg). Vgl. Statistisches Jahrbuch der DDR, Berlin 1963, S. 397.

277 Ebd.

278 Vgl. Schreiben des Ministeriums für Außenhandel und Innerdeutschen Handel an den Vorsitzenden der Staatlichen Plankommission vom 25. 11. 1953, Anlage, BArch, DE 1/29646.

279 Schreiben des Staatssekretärs im Ministerium für Außenhandel und Innerdeutschen Handel an den Stellvertreter des Vorsitzenden der Staatlichen Plankommission vom 23. 11. 1953, Anlage, ebd.

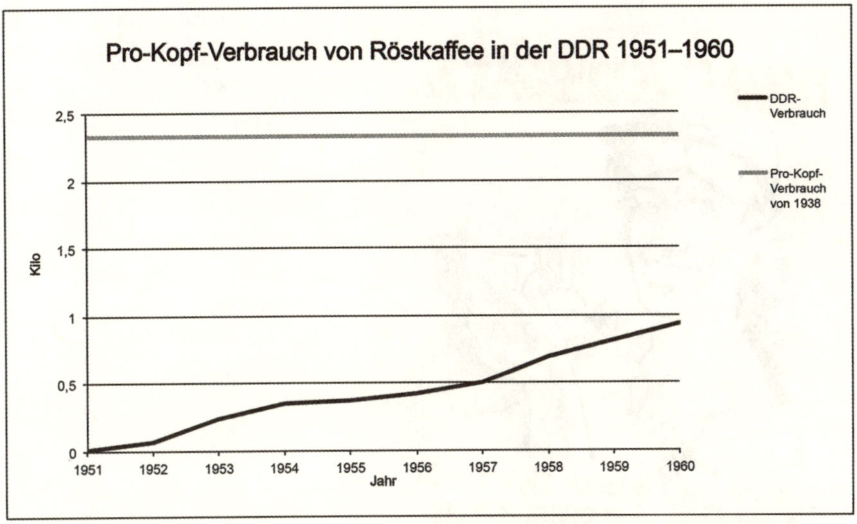

Abb. 16: Statistik nach Zahlenangaben der Statistischen Jahrbücher der DDR und des Institutes für Marktforschung Leipzig

dort tatsächlich kaufen konnten. Hohe Preise, vor allem aber geringe Importe, machten Bohnenkaffee in der Wirtschaft der frühen DDR zur Rarität.

Kaffee-Ersatz

Die Menschen in der DDR tranken im Alltag genau wie ihre westlichen Nachbarn vor allem Ersatzkaffee. Dieser war mit einer Zuteilung von monatlich 125 Gramm pro Person Teil der Waren, die zunächst nur auf Karten erhältlich waren.[280] Der „Muckefuck" – wie der Kaffee-Ersatz auch von den DDR-Bürgern genannt wurde – wurde schon im Mai 1950 als eine der ersten Waren aus der Rationierung, die in der DDR noch bis 1958 aufrechterhalten wurde, herausgenommen und war von diesem Zeitpunkt an frei verkäuflich.[281] Produziert wurde der Ersatzkaffee beispielsweise in dem 1908 in Magdeburg gegründeten Kathreiner-Malzkaffeewerk, das die berühmten Marken Kathreiners Malzkaffee und Linde's hergestellt hatte und für die Herstellung des Malzes auf die reiche Getreideproduktion der Magdeburger Börde zurückgreifen konnte. Nach der Enteignung im Jahr 1945 arbeitete das Werk erst einmal ohne eindeutige Rechtsgrundlage weiter und wurde 1948 dem Verband der Konsumgenossenschaften angegliedert. Das Magdeburger Werk stellte Kneipp-Malzkaffee und andere Kaffee-Ersatzmischungen her. Ab 1953 wurde dort auch Bohnenkaffee geröstet, Mitte der 1950er Jahre erhielt der Betrieb den Namen „Röstfein". Noch im Jahr 1967 produzierte Röstfein 65 Prozent des

[280] Roesler: Privater Konsum in Ostdeutschland 1950–1960, S. 291.
[281] Ebd.

Abb. 17: Werbeplakat für Kaffee-Ersatzmischung, 1949

Malzkaffees der DDR.[282] Neben dem Konsumwerk stellten auch einige volkseigene, aber auch private Betriebe Ersatzkaffee her.[283]

Die Qualität des Ersatzkaffees wurde streng kontrolliert. So vergab das Deutsche Amt für Material- und Warenprüfung an acht von zweiundzwanzig getesteten Ersatzkaffee-Erzeugnissen aufgrund von Mängeln kein Prüfzeichen. Die Kontrolleure beanstandeten vor allem schlechte Röstungen – was sie auf überalterte Röstanlagen zurückführten – und unzureichende Verpackungen. Trotzdem zeigten sich die Prüfer im Allgemeinen mit der Qualität der getesteten Produkte zufrieden.[284]

„Mir schmeckt's …", strahlte ein Arbeiter auf einem Werbeplakat der Konsumgenossenschaften von 1949, „… denn ich trinke die gute KONSUM Kaffee-Ersatzmischung!" Der Werktätige mit der Schutzbrille, der ganz offensichtlich schwere Tätigkeiten verrichten musste, hatte seine gute Laune (wie auch sein gutes Aussehen) behalten, weil es ihm zumindest an Kaffee-Ersatz nicht mangelte. Er schöpfte seine Kraft aus einer guten Tasse des wunderbaren Ersatz-Getränkes, welches ihn zufriedenstellte. Das Plakat, auf dem der Vorzeigekonsument ein wenig zu

[282] Vgl. Andreas Ludwig (Hg.): KONSUM. Konsumgenossenschaften in der DDR, Köln/Weimar/Wien 2006, S. 168f.; Simone Tippach-Schneider: Abc des Ostens. 26 Objektgeschichten, Cottbus 2003, S. 40, und http://www.roestfein.de/ (29. 4. 2009).

[283] Gütebericht des Deutschen Amtes für Material- und Warenprüfung vom 1. 6. 1957, BArch, DE 1/29136.

[284] Ebd.

aufdringlich den Betrachter anlächelte, um glaubwürdig zu sein, wirkt wie eine Erwiderung auf einen Vorredner, der geäußert hatte, dass er den „Muckefuck" ungenießbar finde. Das Plakat entwarf eine heile Aufbau-Welt, in der selbstverständlich hart gearbeitet wurde, aber das Erreichte bereits in einem gewissen Rahmen genossen werden konnte.

Im Jahr 1949 erschien dieses Bild noch glaubwürdig. Die Versprechen und die Hoffnung auf eine gute Zukunft in einem sozialistischen und damit besseren Deutschland ließen Einschränkungen noch akzeptabel erscheinen, zumal im Westen Deutschlands die Kaffeetrinker auch noch zum Verzicht gezwungen waren.

Stärker als im Westen substituierte die Bevölkerung den fehlenden Kaffee durch Tee. Tee war für die Bevölkerung der DDR wesentlich leichter erreichbar, da beispielsweise grusinischer (georgischer) Tee aus der Sowjetunion bezogen werden konnte und nicht nur auf dem Weltmarkt gegen knappe Devisen beschafft werden musste. Die Einfuhrzahlen von Tee und Kaffee bezeugen, dass die Menschen in der DDR angesichts des Kaffeemangels zu Tee als alternativem Warmgetränk griffen: Im Jahr 1951 wurden nur 205 Tonnen Rohkaffee einführt, aber 340 Tonnen Tee.[285] Im westlichen Nachbarland überstieg der Import von Kaffee den Teeimport stets um ein Vielfaches – 1951 wurde dort über 14-mal mehr Kaffee eingeführt als Tee.[286] In der DDR blieb die Relation der importierten Genussmittel auch 1952 in etwa gleich, obwohl sich die eingeführten Mengen erheblich steigerten.[287] Ab 1953 änderte sich das Verhältnis der Importmengen. Während der Kaffeeimport seit diesem Jahr ganz deutlich stieg, sank der Teeimport beträchtlich ab. Ab 1955 pendelte sich der Teekonsum dann bei 1600 bis 1800 Tonnen ein, während der Import von Rohkaffee von 6599 Tonnen (1955) auf 22 557 Tonnen (1959) anwuchs.[288] Für den Pro-Kopf-Verbrauch bedeutete dies, dass der Jahreskonsum von Tee sich ab 1955 für die nächsten eineinhalb Jahrzehnte etwa zwischen 80 und 90 Gramm bewegte, während sich der Konsum von Kaffee von 287 Gramm im Jahr 1955 bis zum Ende der Republik stetig steigerte.[289]

Fasst man die Konsumentwicklung von Bohnenkaffee in der ersten Hälfte der 1950er Jahre zusammen, so war sein Genuss die ganz seltene Ausnahme. Schon allein wegen der geringen Importmengen konnte das Bedürfnis nach einer gelegentlichen Tasse Kaffee legal nicht befriedigt werden. Die Menschen suchten deshalb nach anderen Wegen.

Schwarzmarkt und Schmuggel – das zweite Versorgungsnetz

Die Ostdeutschen zeigten großes Geschick, in einer Zeit, in der Kaffee in den Läden nicht zu kaufen war, gelegentlich eine Tasse Kaffee zu genießen. Zwar hatte

285 Statistisches Jahrbuch der DDR 1957, S. 520.

286 1951 importierte die Bundesrepublik 34 404 t Kaffee und 2348 t Tee. Statistisches Jahrbuch für die Bundesrepublik Deutschland 1954, S. 511.

287 1952 betrug die Einfuhr von Kaffee 1312 t und von Tee 1900 t. Ebd.

288 Statistisches Jahrbuch der DDR 1959, S. 580.

289 Zum Vergleich: In der Bundesrepublik stieg der Pro-Kopf-Verbrauch bei Tee ab 1949 mit 31 g im Jahr gleichmäßig an, bis er sich ab dem Jahr 1956 um 115 g im Jahr einpendelte. Vgl. auch Roesler: Privater Konsum in Ostdeutschland 1950–1960, S. 297.

auch in der Perspektive der Bevölkerung der Konsum von Kaffee angesichts der alltäglichen Versorgungsprobleme keine Priorität, aber das Genussmittel blieb ein begehrter Luxus. Ein Zeitzeuge beschrieb die Situation:

> „Nach dem Krieg, da hätte man gerne Kaffee getrunken, aber da gab's dann wieder keinen. Aber es gab Möglichkeiten, dass man irgendwie, irgendwo, irgendwann mal an ein Tässchen ran kam."[290]

In Ostdeutschland entwickelte sich ein zweites Versorgungsnetz, in dem die Bevölkerung zusätzlich Güter beziehen konnte. Ähnlich wie im Westen bestand dieses Netz aus vielfältigen Möglichkeiten und Strategien legaler bis illegaler Art. Anders als in der Bundesrepublik blieb angesichts der Lücken und Engpässe, die die Versorgungssituation der DDR kennzeichneten, dieser zweite Markt bis zu deren Ende bestehen und wurde zu einem Kennzeichen des Konsumentenverhaltens im ostdeutschen Staat.[291]

In diesem zweiten Versorgungssystem erwarb die Bevölkerung Bohnenkaffee über Beziehungen, durch Schmuggel über die deutsch-deutsche Grenze oder auf dem schwarzen Markt. Eine Zeitzeugin berichtete von einer Bekannten, die Ende der 1940er Jahre regelmäßig Pakete aus Amerika erhielt:

> „[Mein] Vater trank doch so gerne Kaffee und der hat ja dann wie gesagt im Thüringer Wald, oder da im Eichsfeld, hat er dann Kaffee gekauft von der Mutter meiner Freundin, die kriegte Pakete aus Amerika. Und die hatte so eine kleine Rente. Und da war immer Kaffee drin und dann verkaufte die den Kaffee 100-gramm-weise und viertelpfundweise. Den hat sie dann immer so für 15 Mark oder 30 Mark so verkauft. Und hat sich die Rente aufgebessert."[292]

Über diese Pakete lernte Frau Kolbe den Instant-Kaffee kennen, den sie erst nach ihrer Übersiedelung in den Westen wieder vorfand:

> „Ich weiß nur, dass die Pakete aus Amerika, dass die auch schon diesen gefriergetrockneten Kaffee, den wir dann als Jacobs-Kaffee hatten, hatten die als Maxwell [...]. Ja, aber nicht nur den. Die haben auch, also Bohnen [gehabt]. Aber sie haben auch zum Teil schon den Pulverkaffee geschickt [...]. Und die [Verwandten aus Amerika] schickten auch noch andere Sachen denn, Kleidung und so, aber immer eben Bohnenkaffee."[293]

Für die Kaffeeversorgung der Familie war der Vater zuständig, der sehr gerne Kaffee trank: „Er war immer ganz fröhlich, wenn er mal wieder 'ne Tasse kriegte."[294]

Im Falle einer anderen Zeitzeugin dagegen war die Großmutter die Akteurin bei der Beschaffung des Kaffees:

> „Weil meine Mutter sehr früh starb, bin ich bei meiner Großmutter aufgewachsen und die hat ja sogar alle möglichen Lebensmittel gegen Kaffee vertauscht. Da waren ja die Tauschgeschäfte so zu Gange nach dem Krieg. Brot oder dann waren ja auch Marken – sie gab

[290] Ton- oder Filmdokumente, Andreas Kuno Richter/Lutz Rentner: Mahlzeit DDR – 3. Kosta – Rondo – Kaffeemix, MDR 2004, Interview mit Manfred Uhlich, Min. 2:10.
[291] Zu den verschiedenen Erwerbsstrategien und ihren Bedeutungen vgl. Merkel: Utopie und Bedürfnis, S. 277–300.
[292] Interview mit Renate Kolbe, Wiebke Kolbe (Interviewerin), Kiel 14. 1. 2009, S. 2.
[293] Ebd., S. 4.
[294] Ebd.

dann also Marken irgend jemand ab und kriegte dafür Kaffee, weil sie trank sehr gerne Kaffee."[295]

Neben diesen Kauf- und Tauschpraktiken, die vor allem über private Beziehungen abgewickelt wurden, war Bohnenkaffee auch auf dem Schwarzmarkt erhältlich, der sich in einigen Städten herausgebildet hatte. Untersuchungen über die Preise auf dem schwarzen Markt im Frühjahr 1949 ergaben, dass nicht in allen Städten Bohnenkaffee auf dem illegalen Markt gehandelt wurde. Wo er verkauft wurde, differierten die Preise stark: In Dresden beispielsweise kostete das Pfund Kaffee 100 DM,[296] in Görlitz 140 DM, in Dessau 110 DM und in Quedlinburg 90 DM.[297] Regionale Preisdifferenzen zeigten sich auch bei anderen Waren. So musste der Käufer für ein Ei in Görlitz 1,50 DM zahlen, in Leipzig hingegen drei bis fünf DM. Bei den ansonsten gehandelten Waren überwogen die Güter des täglichen Bedarfs, wie etwa Brot, Butter und Fleisch. Insgesamt gab es ein sehr umfangreiches Angebot von Zement über Bügeleisen und Möbel bis hin zu Gold.[298]

Daneben fuhren auch viele Ostdeutsche über die Grenze nach Westdeutschland, wo sie trotz des ungünstigen inoffiziellen Umtauschkurses von einer DM zu vier bis fünf DDR-Mark einige Waren bedeutend billiger kaufen konnten als in den staatlichen HO-Läden. Darüber hinaus erwarben DDR-Bürger im Westen auch Güter, die dort zwar ebenso teuer, jedoch qualitativ hochwertiger waren oder eher dem Modegeschmack der Zeit entsprachen. Auch der Kaffee im Westen war besser als die DDR-Mischung. So entwickelte sich ein reger Markt für DDR-Bürger, die z. B. in dem grenznahen West-Berliner Stadtteil Gesundbrunnen einkaufen gingen, was dem Bezirk den liebevoll-spöttischen Beinamen „HO-Gesundbrunnen" einbrachte, oder in die West-Berliner Badstraße, die auch „Sachsendamm" genannt wurde.[299] Der Betreiber eines Geschäftes berichtete:

„Meine Kunden auf dem Bad-Markt kamen also aus der damaligen Zone, aus Leipzig und Erfurt, weiß ich, wo sie überall herkamen, Stralsund. Die ganze DDR ist praktisch damals unterwegs gewesen und hat hier eingekauft [...]. Die Kunden konnten in Ost oder West

295 Ton- oder Filmdokumente, Richter/Rentner: Mahlzeit DDR, Interview mit Leni Staatz, Min. 1:55.

296 Zur Währung in der DDR: Die Deutsche Mark der Deutschen Notenbank (DM) galt vom 24. 7. 1948 bis 31. 7. 1964, wurde zur Mark der Deutschen Notenbank (MDN) vom 1. 8. 1964 bis 31. 12. 1967 und schließlich zur Mark (M) der Deutschen Demokratischen Republik (auch: Mark der DDR) vom 1. Januar 1968 bis 30. Juni 1990. Zur Geschichte und Bedeutung der DDR-Währung vgl. Rainer Gries: Die Mark der DDR. Eine Kommunikationsgeschichte der sozialistischen deutschen Währung, Erfurt 2003; Helmut Kahnt: Die Geschichte der Deutschen Mark. In Ost und West, Regenstauf 2003.

297 Schreiben der Landesregierung Sachsen, Landespreisamt, an den Chef der Finanzabteilung der SMA für das Land Sachsen, Herrn Komarov, vom 4. 3. 1949, BArch, DL 1/656.

298 Ebd. Für 2 kg Schwarzbrot zahlte man zwischen 10 und 12 DM. Butter wurde mit 20 bis 35 DM für 250 g gehandelt, Zucker mit 12 bis 17 DM für ein Pfund und Fleisch mit 20 bis 45 DM für ein Pfund.

299 Vgl. Erika M. Hoerning: Sektoren – Währungen – Grenzen. Grenzhandel in Berlin-Wedding, in: Roland Schwarz (Hg.): Der Wedding – hart an der Grenze. Weiterleben in Berlin nach dem Krieg, Berlin 1987, S. 205–216, hier S. 208 ff.; Roesler: Privater Konsum in Ostdeutschland 1950–1960, S. 298.

zahlen […]. Die Angebote waren immer gezielt auf die Ostkundschaft. Was die gefragt haben, das wurde eben von uns aus beschafft."[300]

Der Einkaufstourismus über die deutsch-deutsche Grenze ging in beide Richtungen. Die Westdeutschen konnten im Osten bestimmte Güter und Dienstleistungen für wenig Geld erwerben. Die Ostdeutschen gingen zum Einkaufen in den Westen oder aber sie tauschten mitgebrachte Waren. In der ostdeutschen Bevölkerung wurde dieses Verhalten diskutiert, wie ein Stimmungsbericht aus dem Jahr 1958 beschrieb:

„Die Kontrollmaßnahmen usw. gegen Westschieber werden vollauf unterstützt. Aber man verlangt durchgreifende Maßnahmen seitens der Regierung, die garantieren, daß unser Obst aus den Gärten, den Dörfern usw. nicht ungehindert nach Westberlin verschoben wird. In Pankow gibt es riesige Gartenanlagen. Aus diesen seien bisher Unmengen in Körben, Eimern und sehr unauffälligen Aktentaschen (die man unter die Sitzbank stellt) nach Westberlin gegangen."[301]

Außer Obst nahmen die Ostdeutschen auch subventionierte Waren, Lebensmittel und Bekleidung in den Westen mit, die dann wiederum im Angebot der DDR fehlten. Der Schleichhandel in beide Richtungen wurde mit harten Strafen geahndet. Der Schmuggel einiger Pfund Bohnenkaffee konnte in der Phase des sogenannten verschärften Klassenkampfes 1952/53 eine mehrjährige Zuchthausstrafe zur Folge haben. Das Gesetz zum Schutze des innerdeutschen Handels benutzte die SED-Führung auch zur Sozialdisziplinierung der eigenen Bevölkerung, denn der Kaffeebezug aus dem Westen stellte den Überlegenheitsanspruch des eigenen Systems in Frage.[302] Trotzdem nahmen viele das Risiko in Kauf, wie die Schwiegermutter von Annerose Mühlfort:

„Meine Schwiegermutter, wie das nach dem Krieg war, die ist immer nach Berlin gefahren und dann hatte die in der Jacke solche kleinen Röhrchen und die hat dann immer heimlich Kaffee geröstet und das immer 50-Gramm-beutelchenweise verkauft. Da hat sich meine Schwiegermutter über Wasser gehalten mit den zwei Kindern. Einmal auf dem Bahnhof in Berlin, da ist so ein Röhrchen geplatzt und da sind die ganzen Kaffeebohnen so rum und da hatte sie ein bisschen Angst. Aber sie hatte immer Glück."[303]

Als sich die allgemeinen Lebensbedingungen verbesserten und die Regierung der DDR nach der Verkündung der „neuen ökonomischen Hauptaufgabe" 1958 die Versorgung mit Kaffee verbesserte,[304] ging der deutsch-deutsche Schmuggel zurück. Die westdeutsche Presse beschrieb die Situation am Ende des Jahrzehnts:

„Da der Schmuggel mit Lebensmitteln, Kaffee, Tabakwaren usw. immer mehr zurückgeht, sind auch diese Beamten [die Zollgrenzbeamten] toleranter geworden. Natürlich auf Anweisung von oben. Unverändert empfindlich reagieren sie jedoch, wenn wertvolle Dinge

300 Interview mit Winfried Gellert, zit. n. Hoerning: Sektoren, S. 209.

301 „Bericht über die am 3. Juni 1959 im Hause Pankow, Berlinerstr. 3 durchgeführte Hausversammlung" vom 4. 6. 1958 von Luise Zahn, Mitarbeiterin in der Redaktion „Neuer Weg" (Zeitschrift für Parteiarbeiter), SAPMO-BArch, DY 30/IV 2/5/580, Bl. 93, zit. n. Merkel: Utopie und Bedürfnis, S. 288.

302 Vgl. Petra Weber: Justiz und Diktatur. Justizverwaltung und politische Strafjustiz in Thüringen 1945–1961, München 2000, S. 362 f.

303 Ton- oder Filmdokumente, Richter/Rentner: Mahlzeit DDR, Interview mit Annerose Mühlfort, Min. 2:35.

304 Siehe unten.

wie optische Geräte, die in Jena, in Dresden und in Görlitz hergestellt werden, nach dem Westen geschmuggelt werden sollen. Auch Hausratgegenstände, Musikinstrumente, Schreib- und Rechenmaschinen sowie Porzellan werden neben Büchern und Schallplatten immer noch heimlich über die Grenze geschleppt."[305]

Bis 1961 gab es allein in Berlin außerdem ca. 50 000 Personen, die im Osten wohnten und im Westen arbeiteten. Diese Grenzgänger sorgten neben den Einkaufstouristen für einen kontinuierlichen Zufluss von Kaffee über die Grenze.[306] Mit dem Bau der Mauer kam der illegale Kaffeeimport aus dem Westen dann weitgehend zum Erliegen.

Bohnenkaffee gelangte natürlich auch über die Pakete aus Westdeutschland ins Land, freilich nur, wenn man Verwandte im Westen hatte, wie Charlotte Nielitz anmerkte: „Wir hatten auch keine Westverwandtschaft. Da war der Bohnenkaffee, das war aus bei uns."[307]

HO-Kaffee: ein zweifelhaftes Vergnügen

Parallel zu den Restriktionen versuchte die SED den Schwarzmarkt und Schmuggel auch durch die im Herbst 1948 gegründete Handelsorganisation in den Griff zu bekommen. In den sogenannten freien Läden der Handelsorganisation – kurz HO genannt – konnten die Kunden Waren ohne Bezugsscheine oder Karten erhalten. Dafür zahlten sie deutlich überhöhte Preise, die allerdings unter denen des Schwarzmarktes lagen. Neben der Austrocknung des Schwarzhandels erhoffte sich die SED durch die Gründung der HO eine Erhöhung der Steuereinnahmen, die Abschöpfung der überschüssigen Kaufkraft und damit die Stabilisierung des Geldwertes.[308]

Der wichtigste Bezugspunkt für das Preisniveau der Handelsorganisation waren die Schwarzmarktpreise, die durch die staatlichen Läden um 10–20 Prozent unterboten werden sollten.[309]

Mit dieser Idee der Bekämpfung des Schwarzmarktes durch Handel beschritt die SBZ/DDR zum ersten Mal den zweischneidigen Weg der Politik der zwei Preisklassen, die dem Ideal einer sozialistischen egalitären Verteilung widersprach.[310] Für die Mehrheit der Bevölkerung war das Angebot der neu eröffneten HO-Läden wegen der hohen Preise beinahe unerschwinglich. Die Führung der

305 Was wird noch geschmuggelt?, in: Der Tag vom 23.7.1960.

306 Vgl. Volker Wünderich: Ohne Bohnenkaffee kein Sozialismus? Kaffee und Westgrenze der DDR, in: Dietrich/Rossfeld (Hg.): Am Limit, S. 78. Zu den Grenzgängern siehe Kap. I.3.

307 Ton- oder Filmdokumente, Richter/Rentner: Mahlzeit DDR, Interview mit Charlotte Nielitz, Min. 10:11.

308 Zur Geschichte der HO-Läden vgl. Katherine Pence: Building Socialist Worker-Consumers. The Paradoxial Construction of the Handelsorganisation – HO, in: Peter Hübner/Klaus Tenfelde (Hg.): Arbeiter in der SBZ – DDR, Essen 1999, S. 497–526.

309 Jennifer Schevardo: Vom Wert des Notwendigen. Preispolitik und Lebensstandard in der DDR der fünfziger Jahre, Stuttgart 2006, S. 97.

310 Mit dem Dilemma der sozialen Differenzierung, das mit der Einführung von zwei Preisklassen verbunden war, hat sich Ina Merkel eingehend beschäftigt. Vgl. Ina Merkel: Luxus im Sozialismus. Eine widersinnige Fragestellung?, in: Reinhold Reith/Torsten

SED war sich der Problematik und der sozialen Sprengkraft, die dieser Weg beinhaltete, bewusst. „Ich weiß, daß manche Menschen immer wieder die Frage stellen, warum wir nicht alle Leute gleichmäßig versorgen“[311], konstatierte Walter Ulbricht in einer Rede anlässlich des einjährigen Bestehens der HO, um im Weiteren „eine solche Gleichmacherei“ angesichts der gegebenen Umstände als „Hemmung des Aufbaues in unserem Lande“ anzuprangern. Auf die Beanstandungen der Bevölkerung, lebenswichtige Mangelwaren würden in der HO zu teuren Preisen verkauft und eine zusätzliche Versorgung, die sich nach dem Geldbeutel richte, sei nicht gerecht, antwortete der Leiter der Handelsorganisation Paul Baender, dass gerade die Gewinne der HO dazu beitragen würden, den generellen Warenmangel zu beseitigen. Indem die Gewinne an den Staatshaushalt abgeführt würden, dienten sie beispielsweise dem Neubau von Fabriken und der Finanzierung von Produktionsanreizen für Bauern.[312]

Die HO erstellte ein Akzise-System, um die in den HO-Preisen enthaltene Verbrauchssteuer zu berechnen: Der durchschnittliche HO-Preis bei der Warengruppe Brot und Kleingebäck lag im April 1949 5,3-mal so hoch wie der Kartenpreis, bei der Gruppe Fleisch/Wurst/Fisch betrug der HO-Preis das Zehnfache und bei Zuckerwaren mehr als das Fünfundzwanzigfache der entsprechenden Preise im Rationierungssystem.[313] Die Akzisesätze berücksichtigten dabei die Preise der Waren auf dem Schwarzmarkt. Sie verwiesen zudem darauf, welche Güter von der SED zu den Bedarfs- und welche zu den Luxusgütern gezählt wurden. Der höchste Verbrauchssteuersatz lag dabei mit 966 Prozent auf Kaffee, gefolgt von Kakao mit 900 Prozent.[314]

Die massiven Preissenkungen, die bis Ende 1951 bei der HO durchgeführt wurden, verbesserten zwar die Erreichbarkeit der Waren für viele Menschen, vor allem profitierten hier jedoch die Haushalte mit hohem Einkommen. Für die Bevölkerung mit niedrigerem Einkommen verteuerte sich sogar die Lebenshaltung, da viele Waren gleichzeitig aus der Bewirtschaftung genommen wurden und nicht mehr für die günstigen Kartenpreise erworben werden konnten.[315]

Bohnenkaffee blieb sehr teuer in den HO-Läden. Mit 100 DM für ein Pfund Kaffee war das Preisniveau sehr dicht am Schwarzmarktpreis und erheblich höher als in West-Berlin. Auch nach der Preissenkung mussten viele Menschen auf den Genuss von HO-Kaffee verzichten. Die Qualität des immer noch teuren Kaffees schwankte stark und die Versorgung war sehr unregelmäßig. Wie bei anderen Gütern auch wurden Großstädte wie Berlin oder die Messestadt Leipzig bevorzugt mit Kaffee versorgt, was bei der geringen importierten Kaffeemenge bedeutete,

Meyer (Hg.): „Luxus und Konsum“ – eine historische Annäherung, Münster 2003, S. 221–236, und Merkel: Utopie und Bedürfnis.

311 Stenographische Niederschrift der Rede des stellvertretenden Ministerpräsidenten Walter Ulbricht auf der Feierstunde anlässlich des einjährigen Bestehens der HO am 17. 11. 1949. Zit n. Merkel: Utopie und Bedürfnis, S. 250.

312 Die HO vor neuen Aufgaben, in: Neues Deutschland vom 15. 11. 1949.

313 Schevardo: Vom Wert des Notwendigen, S. 95.

314 Ebd., S. 96. Zum Vergleich: Bei Weißzucker betrug der Steuersatz 177%, bei Dauerbackwaren 214%, bei Fleisch- und Fischwaren 330% und bei Butter 376%.

315 Vgl. Steiner: Von Plan zu Plan, S. 70 f.

dass er an manchen Orten zeitweise nur selten oder gar nicht erhältlich war. Diese Schwerpunktversorgung ging zu Lasten der Kleinstädte und Dörfer: „In Röstkaffee hinreichende Bereitstellung für Imbißstuben und Gaststätten. Voller Verkauf in Verkaufsstellen in Berlin und Leipzig – zur Messe. Darüber hinaus konnte in Betriebsverkaufsstellen und an die Landbevölkerung im August/September etwas Kaffee verkauft werden“[316], fasste das Ministerium für Handel und Versorgung beispielsweise die Situation im Herbst 1954 zusammen.

Frau Kolbe, deren Familie sich über Beziehungen die beliebten Bohnen verschaffen und die daher auf den Kauf bei der HO verzichten konnte, berichtete über den Kaffee der staatlichen Handelsorganisation:

> „Und nachher gab es in den 50er Jahren [...], in den HO-Läden in den größeren Städten in der DDR, gab es dann Kaffee zu kaufen. Aber der war wahnsinnig teuer. Und ich glaube nicht, dass mein Vater da Kaffee gekauft hat. Außerdem hörten wir dann immer, dass der nicht gut war.“[317]

Aus dem Westen blickte „Der Spiegel“ auf die ostdeutsche Kaffeeversorgung:

> „Erst als die HO zum Herbst 49 den Pfundpreis auf 70 DM-Ost senkte, wurde das Kaffeegeschäft lebhafter. Und als um Weihnachten 49 Tütchen mit 100 Gramm für 12 DM-Ost auf den Markt kamen, schlugen sich die Leute vor den HO-Läden um diese Kaffeekrümel. Seit Januar 1950 ist auch in den HO-Läden kein Bohnenkaffee mehr zu haben. Die Konsumläden und Privatgeschäfte haben Bohnenkaffee nie geführt. Lediglich in den HO-Gaststätten kann man für 1 Ostmark eine Tasse schlechten Bohnenkaffee trinken, Marke Kongo Robusta.“[318]

Zuvor hatte auch das „Hamburger Abendblatt“ berichtet, dass im Osten schon der Kampf um kleine Kaffeemengen Tumulte auslösen konnte:

> „‚Eine schreiende Woge von Menschen ergoß sich in den Raum. Glas klirrte. Es war schrecklich und panikartig. Angstvoll zitternd und grauweiß im Gesicht die Verkäuferin [...].‘ Ein Juwelenraub? Nein, eine Schilderung der ‚Märkischen Volksstimme‘ in Potsdam über den Verkauf von K a f f e e i m H O - L a d e n. Die Stunden, in denen die Kundschaft Schlange stand, waren für die meisten vertane Zeit. Denn nur die ersten Hundert wurden berücksichtigt. 50 Gramm pro Person zu jeweils vier DM das kleine Tütchen.“[319]

Die unregelmäßige Versorgung mit oft schlechtem, in jedem Fall aber teurem Kaffee dauerte bis weit in die 1950er Jahre an. Mitunter war Kaffee überhaupt nicht im Angebot, wie etwa das Ministerium für Handel und Versorgung im September 1953 eingestehen musste:

> „Röstkaffee konnte, obwohl sehr gefragt, auch im Monat September nicht angeboten werden. In Imbiß-Stuben und Gaststätten konnte der Kaffee-Bedarf gedeckt werden. Infolge

[316] Ministerium für Handel und Versorgung, Abteilung Bedarfsplanung, Bedarfsforschung und Handelsstatistik: Bericht über die Ergebnisse der Bedarfsforschungen im III. Quartal 1954 vom 30. 9. 54, S. 15, BArch, DL 1/2605.

[317] Interview mit Renate Kolbe, Wiebke Kolbe (Interviewerin), Kiel 14. 1. 2009, S. 2.

[318] Am Caffeehandel betheiligt. Deutschlands Schmuggler, Serie, in: Der Spiegel vom 10. 8. 1950, S. 38.

[319] Um 50 Gramm Kaffee, in: Hamburger Abendblatt vom 27. 10. 1949. Hervorhebung im Original.

dieses Kaffeemangels und in Verbindung mit der Preisherabsetzung war der Teeumsatz gleichbleibend gut."[320]

Die Mangelsituation hatte sich auch im Juni 1954 noch nicht geändert:

„Für Röstkaffee läßt sich die Bedarfsdeckung nicht feststellen, da Kaffee nur zeitweise und damit in viel zu geringen Mengen zur Verfügung stand [...]. Die Bevölkerung war enttäuscht, daß zum 1. Mai, zu Ostern und Pfingsten Kaffee in den meisten Bezirken nicht erhältlich war."[321]

Erst ab 1955 war ein gleichmäßiges Kaffeeangebot einigermaßen gewährleistet. Ab diesem Jahr entspannte sich auch die Situation der allgemeinen Versorgung mit Genussmitteln langsam:

„Die steigende Kaufkraft und Verbesserung in der Lebenshaltung zeigen sich besonders auf dem Gebiet der Nahrungs- und Genussmittel, die statt einer planmäßigen Steigerung von 1,7% zum Vorjahre eine solche um 5% ausweisen."[322]

Zu dem oft mangelhaften Angebot und der schlechten Qualität kam das Problem hinzu, dass für den Kaffee keine geeignete aromafeste Verpackung zur Verfügung stand.[323] Dadurch alterte das empfindliche Genussmittel vergleichsweise rasch in den Papier- und Pappepackungen, was sich wiederum negativ auf den Geschmack auswirkte.

Gerösteter Kaffee wurde in den HO-Läden in unterschiedlicher Form und Menge angeboten. Auch hier gab es ein breites Sortiment an Klein- und Kleinstpackungen: 1954 – als sich die Kaffeeproduktion schon in einem leichten Aufschwung befand – wurde berichtet, dass geröstete Kaffees aus billigen Sorten zum Preis von fünf DM für 62,5 Gramm verkauft wurden. Tütenverpackungen des Volkseigenen Betriebes (VEB) Venag Kaffee- und Nährmittelwerke Halle/Saale waren ab zehn Gramm für 0,84 DM erhältlich, und zwar in den Abpackungen 25, 50 und 100 Gramm. Außerdem wurden „Presslinge" – also gemahlener und zusammengepresster Bohnenkaffee – mit einem Gewicht von 8,5 Gramm angeboten, die der VEB Trumpf aus Weißensee ab Mitte 1954 erzeugte.[324] Die Zeitschrift der Kaffee- und Teehändler Westdeutschlands berichtete von der Kaffeelage in der DDR kurz vor Weihnachten des Jahres 1954:

„Nachfrage ist trotz der hohen Preise vorhanden. Die staatlichen Stellen sind deshalb bemüht, der Bevölkerung gerade vor den Festtagen Kaffee verfügbar zu machen. In den HO-

320 Ministerium für Handel und Versorgung, Abteilung Bedarfsforschung und Umsatzplanung: Marktlagenbericht September 1953 vom 19. 10. 1953, S. 15, BArch, DL 1/2604.

321 Ministerium für Handel und Versorgung, Abteilung Bedarfsforschung und Absatzplanung: Bericht II. Quartal 1954 vom 23. 6. 1954, S. 12, BArch, DL 1/2605.

322 Rat des Bezirkes Potsdam, Abteilung Handel und Versorgung: Analyse zum Volkswirtschaftsplan III. Quartal 1955, Planteil Handel vom 1. 11. 1955, S. 1, BArch, DL 1/2604.

323 Ministerium für Handel und Versorgung, Abteilung Bedarfsforschung und Umsatzplanung: Bericht über die Ergebnisse der Bedarfsforschung im I. Quartal 1954 vom 22. 4. 1954, S. 12, ebd.

324 Vgl. Ministerium für Handel und Versorgung: Abteilung Bedarfsforschung und Absatzplanung: Bericht II. Quartal 1954 vom 23. 6. 1954, S. 12, BArch, DL 1/2605. Vgl. auch Kaffeelage in der DDR, in: Kaffee- und Tee-Markt, Heft 24 vom 19. 12. 1954.

Gaststätten, wie auch in den privaten Gaststätten und Kaffeehäusern, wird Kaffee überall ausgeschenkt.“[325]

Deutsche Kaffee-Erinnerung

Da sich die Menschen in Ost- wie in Westdeutschland auf eine gemeinsame Kaffee-Tradition beziehen konnten, war es wenig verwunderlich, dass sich die Praktiken im Konsum und in der Betrachtung des Genussmittels in den 1950er Jahren trotz sehr unterschiedlicher Konsumniveaus in vielerlei Hinsicht sehr ähnelten. In beiden Staaten war der Kaffeegenuss mit dem Sonntag oder dem Feiertag eng verbunden. Die Erinnerung von Annerose Mühlfort beispielsweise glich der der Zeitzeugen aus dem Westen:

„Also bei meinen Eltern, da gab es eigentlich in den ersten Jahren, wo ich noch zu Hause war, da gab es [Kaffee] eigentlich nur immer sonntags, außer zum Geburtstag. Ich weiß nicht, die Mutti hat eigentlich immer nicht viel Kaffee gekauft.“[326]

Auch die Beschreibung der Kaffee-Zeremonie, die Joachim Schacht bei seinem Vater erlebte, hätte von einem Zeitzeugen in Westdeutschland stammen können:

„Die Zubereitung, das war eigentlich eine kleine Zeremonie. Ich sehe meinen Vater noch in der Küche sitzen, eine hölzerne Kaffeemühle zwischen die Knie geklemmt, die Bohnen wurden gemahlen. Und dann eine weiße Porzellankanne, da wurde ein Filter aus Aluminium aufgesetzt; das Kaffeepulver in das Filtertütchen geschüttet. Nach dem Filtern des Kaffees kamen die Stürze drauf und ganz zum Schluss ein Tropfenfänger – ein kleines Schaumgummiröllchen – unter die Schnauze und dort war eine schöne grüne Libelle aus Kunststoff drauf.“[327]

Die Zubereitung und der Genuss von Kaffee sowie die damit verbundenen Zuschreibungen ähnelten sich in beiden deutschen Staaten, wenn auch der Konsum von Bohnenkaffee im Osten deutlich geringer als im Westen war. Unter den Bedingungen des Mangels war die Tasse Kaffee hüben wie drüben Träger einer Erinnerung an eine als gut erlebte Zeit und eine Messlatte für die Unordnung der Nachkriegsverhältnisse. Die Historikerin Ulla Heise konstatiert zutreffend:

„Bohnenkaffee hat durch die Nachkriegszeit genauso wie nach dem Ersten Weltkrieg nichts an seiner Prestigekraft verloren. Also, wenn Bohnenkaffee in ausreichender Menge da ist, ist das Leben in Ordnung, wenn Bohnenkaffee fehlt, ist das Leben nichts wert. Also Kaffee ist ein Getränk, woran man die Lebensqualität festmachte.“[328]

Die Lebensqualität in der DDR ließ in den 1950er Jahren deutlich zu wünschen übrig. Der fehlende oder schlechte Kaffee, seine Substitution durch Ersatzstoffe war eng mit dieser mangelnden Lebensqualität verbunden. Diese Verknüpfung von schlechtem Kaffee und schlechtem Leben verankerte sich im Bewusstsein der DDR-Bürger und äußerte sich in späteren Jahrzehnten in aufmerksamen Beob-

325 Kaffeelage in der DDR, in: Kaffee- und Tee-Markt, Heft 24 vom 19. 12. 1954.
326 Ton- oder Filmdokumente, Richter/Rentner: Mahlzeit DDR, Interview mit Annerose Mühlfort, Min. 8:55.
327 Ebd., Interview mit Joachim Schacht, Min. 3:19.
328 Ebd., Interview mit Ulla Heise, Min. 7:10.

achtungen und empfindlichen Reaktionen bei Änderungen, die die Kaffee-Versorgung betrafen.

Kaffeeversorgung und Systemwettstreit

Auf dem V. Parteitag der SED im Juni 1958 verkündete Walter Ulbricht:

„Die ökonomische Hauptaufgabe besteht darin, die Volkswirtschaft innerhalb weniger Jahre so zu entwickeln, daß die Überlegenheit der sozialistischen Gesellschaftsordnung gegenüber der kapitalistischen Herrschaft umfassend bewiesen wird. Deshalb muß erreicht werden, daß der Pro-Kopf-Verbrauch der werktätigen Bevölkerung an allen wichtigen Lebensmitteln und Konsumgütern höher liegt als der Pro-Kopf-Verbrauch der Gesamtbevölkerung in Westdeutschland."[329]

Im Oktober betonte das Politbüro des ZK der SED in seinem Beschluss „Zu Fragen der Versorgung und des Handels":

„Ganz besonderer Anstrengungen bedarf es, Westdeutschland bei der *Versorgung der Bevölkerung mit den wichtigsten industriellen Konsumgütern und mit Genußmitteln* einzuholen und zu überholen."[330]

Entsprechend dieser ambitionierten Zielsetzung erweckte nun auch die Versorgung mit Kaffee die Aufmerksamkeit der Planungsbehörden. Das Ministerium für Handel und Versorgung schrieb im Dezember 1958 an die Räte der Bezirke:

„Es wurde wiederholt festgestellt, dass das Angebot von Röstkaffee beim Handel noch Lücken aufweist. Demgegenüber stehen die Meldungen der Röstereien, dass die für das IV./58 abgeschlossenen Verträge durch die Handelsorgane nur zögernd realisiert werden. Es wird nochmals darauf hingewiesen, dass der Verkauf von Röstkaffee in allen Orten der Republik maximal zu steigern ist. Dabei sind entsprechend den in den letzten Abteilungsleiterbesprechungen gegebenen Hinweisen auch private Einzelhändler und Gaststätten einzubeziehen. Die Förderung des Kaffeeverkaufes bezieht sich in vollem Umfange auch auf das I./59. Alle Möglichkeiten der Werbung sind auszunutzen. Vor allem muss die Ware überall und immer frisch angeboten werden. Es ist darauf zu achten, dass die breite Streuung auf keinen Fall zu überalterten Beständen führt."[331]

Das Stiefkind Kaffee bekam auf einmal die volle Aufmerksamkeit. Die Umsetzung der geforderten Maxime verlief zwar nicht so gradlinig, wie es sich das Ministerium erhoffte, doch setzte die Verkündung des Wunsches bzw. der Aufgabe, den

[329] Walter Ulbricht: Über den Kampf um den Frieden, für den Sieg des Sozialismus, für die nationale Wiedergeburt Deutschlands als friedliebender, demokratischer Staat, in: Zentralkomitee der Sozialistischen Einheitspartei Deutschlands (Hg.): Dokumente der Sozialistischen Einheitspartei Deutschlands. Beschlüsse u. Erklärungen des Zentralkomitees sowie seines Politbüros und seines Sekretariats, Bd. VII, Berlin 1961, S. 259. Zur gesamtwirtschaftlichen Bedeutung dieser neuen Hauptaufgabe vgl. Steiner: Von Plan zu Plan, S. 110–115; Annette Kaminsky: Wohlstand, Schönheit, Glück. Kleine Konsumgeschichte der DDR, München 2001, S. 60f.

[330] Zu Fragen der Versorgung und des Handels. Beschluß des Politbüros des ZK der SED vom 28. 10. 1958, in: Zentralkomitee der Sozialistischen Einheitspartei Deutschlands (Hg.): Dokumente der Sozialistischen Einheitspartei Deutschlands, Bd. VII, S. 405. Hervorhebungen im Original.

[331] Schreiben des Ministeriums für Handel und Versorgung (Säverin) an die Räte der Bezirke vom 12. 12. 1958, BArch, DN 1, zit. n. Ton- oder Filmdokumente, Richter/Rentner: Mahlzeit DDR.

Abb. 18: Der Siebenjahrplan 1959 sollte die Versorgung mit Kaffee (das kleine weiße Paket trägt die Aufschrift Kaffee), mit Südfrüchten und vielem mehr durch den erfolgreichen Export von hochwertigen Industriewaren ermöglichen.

westdeutschen Konsum auf allen Ebenen einzuholen und zu überholen, hinsichtlich der Kaffeeversorgung eine grundlegende Umwälzung in Gang. Dies hatte auch den Effekt, dass die Sehnsucht der Bevölkerung nach einer guten Tasse Kaffee ernst genommen wurde. Die mit hohen Importsteigerungen und damit Kosten verbundenen Anstrengungen auf dem Kaffee-Sektor wurden dabei in deutlich erzieherischer Absicht mit der „Leistungssteigerung der Werktätigen in der Produktion" gerechtfertigt. Die Erhöhung der Export-Leistung sollte die gesteigerten Kaffeeimporte ermöglichen. Die Bemühungen um eine bessere Kaffeeversorgung richteten sich einerseits an den Westen, den man im Systemwettstreit überflügeln wollte, andererseits zielten sie auf die eigenen Bürger, bei denen man für den DDR-Kaffee und damit auch um Vertrauen in die Fähigkeit der Regierung, eine angemessene Versorgung mit Kaffee herzustellen, werben wollte. Auf die Rede von Ulbricht folgte eine Vielzahl von Verordnungen und Maßnahmen. In den internen Diskussionen zwischen den an der Kaffeeversorgung beteiligten staatlichen Behörden, wie dem Handelsministerium, und den für die Versorgung der Bevölkerung zuständigen Kommissionen und den Kaffee verarbeitenden oder mit Kaffee handelnden Betrieben wurde immer wieder darauf hingewiesen, dass diese Maßnahmen vor allem ein Ziel hatten: „[...] das Vertrauen der Bevölkerung zu unserem Kaffee wieder zu gewinnen."[332]

332 Schreiben des VEB Kaffee- und Nährmittelwerke Halle an die Staatliche Plankommission vom 3. 10. 1959, BArch, DE 1/25062.

Als ein wichtiger Schritt auf diesem Weg wurde die Anweisung Nr. 14/59 erlassen, die sicherstellen sollte, dass die empfindliche Ware Kaffee frisch in den Handel kam:

„Der Bevölkerung ist nur fachlich einwandfrei gerösteter und sorgfältig verlesener f r i - s c h e r K a f f e e anzubieten. In keinem Ort der Republik darf Kaffee beim Verkauf über den Ladentisch bzw. beim Verbrauch in der Gaststätte älter als höchstens 14 Tage nach erfolgter Röstung sein."[333]

Für die Röstereien bedeutete dies, dass der die Rösterei verlassende Kaffee nicht älter als 48 Stunden sein durfte.[334] Außerdem musste von nun an jede Packung mit dem Röstdatum versehen werden. Der Großhandel hatte sicherzustellen, dass der nach Bedarf disponierte Kaffee 24, spätestens jedoch 48 Stunden nach Eintreffen an den Einzelhandel ausgeliefert wurde. Noch lieber sah das Ministerium – wenn möglich – den Direktbezug der Verkaufsstellen vom Röstbetrieb. Die Verkaufsstellen erhielten die Vorschrift, den Kaffee sofort nach dem Eintreffen in aromafesten Behältnissen unterzubringen und diese regelmäßig zu reinigen. Die Order sah weiter vor, dass in Gemischtwaren-Verkaufsstellen die Gefahr einer Beeinträchtigung durch geruchsintensive Waren ausgeschlossen werden sollte. Die Gaststätten wurden gemahnt, die Bohnen erst unmittelbar vor der Zubereitung zu mahlen. Darüber hinaus erteilte das Ministerium die Weisung, in größeren Städten und Orten Spezialgeschäfte einzurichten, in denen neben Kaffee ein artverwandtes Sortiment – Tee, Kakao und Schokoladenerzeugnisse – angeboten werden sollte.

Die Anweisung 14/59 regelte somit die Herstellung und den Vertrieb von Kaffee auf allen Ebenen. Selbst kleine Details, wie die Reinigung der Behälter und die Lagerung von Kaffee, waren zur Angelegenheit des Ministeriums gemacht worden. Das war angesichts des stiefmütterlichen Umgangs mit Kaffee im Handel offenbar auch dringend nötig, wie man im Mitteilungsblatt „Interessantes für den Kaffee-Verkäufer" im April lesen konnte. „Muß das sein?", fragte dort der Redakteur und meinte damit unter anderem die unsachgemäße Lagerung des Genussmittels in manchen Verkaufsstellen.

„Eine gute Tasse Kaffee schmeckt nur bei einer Zubereitung von frischem Kaffee. Das wissen alle, die im Handel mit Kaffee zu tun haben – und doch, sind wir ehrlich mit uns, tun wir nicht oft zu wenig dafür, den Konsumenten frischen Kaffee anbieten zu können? Von uns allen wird aber verlangt, alles nur Mögliche zu erdenken, damit die Konsumenten zu ihrem Recht kommen. Tun wir wirklich etwas – oder besser: t a t e n wir etwas? Ja, jetzt ist das Recht und Gesetz, jetzt hat man doch endlich eine Anweisung in der Hand, jetzt kann man etwas verlangen. Jetzt muß der Großhandel und die Industrie spuren! Und Du selbst, der Du diese Zeilen liest, bist Du etwa auch daran erinnert zu handeln und mitzuwirken? Du hast es sicher schon getan! Sicher hast Du nun in Deiner Verkaufsstelle dafür gesorgt, daß der Kaffee nicht mehr im Lager steht und vor lauter Tabakgeruch weint. Sicher sorgst Du jetzt für einen guten Verschluß des Kaffees – auch im Laden. **Sicher disponierst Du jetzt so, daß Du nur bis zur nächsten Kaffeelieferung bevorratet bist.** Sicher bist du jetzt so findig, den Kaffee nicht mehr auf dem Ladenaufbau neben Pfefferminzbonbons zu de-

[333] Verfügungen und Mitteilungen des Ministeriums für Handel und Versorgung, Anweisung Nr. 14/59 – Handel mit Kaffee – vom 6. 3. 1959, BArch, DN 1/10943. Hervorhebung im Original.

[334] Mit Ausnahme von Freitagsröstungen oder bei zwei aufeinanderfolgenden Feiertagen. In diesem Falle durfte die 24-Stunden-Frist überschritten werden.

korieren. Ja, sicher, jetzt bist Du rührig und gibst dem Kaffee im täglichen Verkauf den gebührenden Platz, der ihm seiner Empfindlichkeit und Hochwertigkeit nach zukommt."[335]

Der ohnehin schon qualitativ schlechte Zustand der Bohnen wurde durch die achtlose Behandlung und die langen Lagerzeiten noch weiter gemindert.

Nachdem die neue Anweisung Frische und angemessene Lagerung gewährleisten sollte, geriet die Kaffeequalität in den Fokus der Verantwortlichen. Um die Güte des Kaffees war es bisher nicht gut bestellt. Die mit Kaffee befassten Behörden und Betriebe bereiteten daher die Einführung von verschiedenen Kaffeemischungen vor, die neben einem stabilen Preis auch eine gleichbleibende Qualität garantieren sollten. Dabei holte man auf allen Ebenen den Rat von Fachleuten ein, diskutierte und beschloss Mischungsverhältnisse, Provenienzen, Verpackungen und deren Aufmachung. Am Ende der Überlegungen stand die Entwicklung von drei Sorten von unterschiedlicher Qualität, bei der nichts dem Zufall überlassen blieb. Ein Merkblatt des Ministeriums für Handel und Versorgung konkretisierte den Beschluss des Ministerrates, zum 1. Oktober 1959 neue Preise für Röstkaffee und ein Angebot mit verschiedenen Qualitäten und Preisen einzuführen:[336] Die beste Qualität, Mona, war eine Mischung aus 50 Prozent kolumbianischen Hochlandbohnen oder gleichwertigem indischen Kaffee und 50 Prozent Santos aus Brasilien, was den Rohkaffee-Preisklassen I bzw. IV entsprach. Die Sorte Mona trug den festgelegten Zusatz „aromatisch-edel" und wurde für 80 DM pro Kilo verkauft.[337]

Der günstige Kosta-Kaffee, der die Bezeichnung „kräftig-würzig" bekam, kostete 60 DM pro Kilo und bestand aus einer Mischung von je 40 Prozent der Rohkaffee-Preisklassen IV und VII und 20 Prozent der Klasse VI, die durch Verwendung brasilianischer, afrikanischer und javanischer Bohnen erreicht wurde.[338] Die Kaffeemarken Kosta und Mona wurden in den handelsüblichen Kleinverpackungen zu 25, 50, 100, und 125 Gramm angeboten. Kosta-Kaffee wurde darüber hinaus auch lose verkauft – im Gegensatz zu Mona-Kaffee, der ausschließlich verpackt in den Handel kam. Die dritte Sorte, Rondo, der das Attribut „mundig, ausgeglichen" bekam, war bereits avisiert, sollte aber erst später eingeführt werden.

Für die Sorten Mona und Kosta wurde zusätzlich die Kreation von Melange-Mischungen beschlossen. In diesen wurden 20 Prozent der Bohnen mit einer Karamell-Schicht überzogen. Der Zucker harmonisierte den Geschmack und gab dem Kaffee eine stärkere Färbung.[339]

335 Muß das sein?, in: Interessantes für den Kaffee-Verkäufer, Nr. 2 vom 1. 4. 1959, BArch, DE 1/25062. Hervorhebungen im Original.

336 Zu den im Folgenden dargestellten Neuerungen vgl.: Ministerium für Handel und Versorgung: Merkblatt über Maßnahmen anlässlich der Preissenkung für Traubenwein und Röstkaffee vom 25. 9. 1959, BArch, DN 1/10943.

337 Die Sorte Mona wurde nur von vier Betrieben in der DDR erzeugt: VEB Venag, Halle, VEB Bero, Köpenick, VEB Kaffee und Tee, Radebeul, und Konsum (später Röstfein), Magdeburg.

338 Die Preisklasse VII bestand aus Robusta-Bohnen, alle anderen Preisklassen aus Arabica-Kaffee.

339 Zur fast allgegenwärtigen Verwendung von Zucker in Nahrungsmitteln, der über seine süßende Wirkung hinaus eine Menge von Eigenschaften hat, vgl. Sydney Mintz: Die süße Macht. Kulturgeschichte des Zuckers, Frankfurt a. M. 1992.

Das neue Sortiment wurde durch Kaffee-Presslinge in Kosta-Qualität zu fünf und zehn Gramm ergänzt. In den Gaststätten und gastronomischen Einrichtungen der Republik wurde ebenfalls die Sorte Kosta zum Ausschank bestimmt. Gleichzeitig wurde die „Einsatzmenge pro Tasse" von 5 auf 6,5 Gramm – bei unveränderten Ausschankpreisen – erhöht. Das Ministerium bestimmte darüber hinaus die Verkündung dieser Änderungen an den Endverbraucher. Dass die neuen Mengen auf den Getränkekarten angegeben werden mussten, reichte offenbar nicht: Es war vielmehr „zu sichern, dass in den Gaststätten das Bedienungspersonal die Gäste auf die Veränderung der Einsatzmengen hinweist".[340] Das zentrale Merkblatt des Ministeriums für Handel und Versorgung regelte selbst kleinste Details, wie die Umstellung der Selbstportionierer und anderer Maschinen in den Gaststätten, und es kündigte im auferlegten Wettstreit mit dem Westen auch eine Erweiterung der Angebotspalette an:

> „Zur Verbesserung der Versorgung der Bevölkerung mit warmen und kalten Getränken ist eine Erweiterung des Kaffeeangebotes notwendig. Es muß daher in dafür geeigneten Gaststätten und Cafés erreicht werden, daß außer den üblichen Kaffeegetränken auch Kaffeespezialitäten zum Angebot kommen."[341]

Die vom Ministerrat beschlossene Preissenkung hieß, dass für den alten Preis nun eine bessere Qualität erhältlich war, während die Sorte minderer Qualität im Preis um ein Viertel herabgesetzt wurde. Für alle Sorten wurde eine bestimmte optische Aufmachung und Verpackung festgelegt. Die Namensgebung wie auch die Aromabezeichnung der Sorten waren von einem Werbekollektiv entwickelt worden.[342]

Ein von der Staatlichen Plankommission überarbeiteter Vorschlag zeigt, dass die Kriterien für die Benennung der Kaffeesorten ähnlichen Überlegungen folgten, wie sie bei einer Markenentwicklung in einem marktwirtschaftlichen System angewandt wurden. Eine nüchterne Benennung in Sorte A (aromatisch), M (mundig) und K (kräftig) wurde verworfen. Auch die Kaffeetrinker im Sozialismus wollten über die Namen den Wohlgeschmack und die exotische Herkunft imaginieren, welche in der Namensgebung Mona, Rondo und Kosta ihren Ausdruck fanden. Die Verwendung der Vokale A und O wie auch der Konsonanten M und N sollte Wohlempfinden assoziieren. Die Endung aller Namen auf den Buchstaben A oder O verweist gleichzeitig auf den spanisch-portugiesischen Sprachgebrauch der lateinamerikanischen Herkunftsländer. Namen, Bilder und Farbgebung wurden verbindlich für alle Kaffee herstellenden Betriebe festgelegt. Dies entsprach den Handhabungen eines „corporate design". Im Systemwettstreit mit dem Westen beschlossen die Regierenden der DDR, die Kaffeeverpackungen nicht nach sozialistischen Wertmaßstäben zu gestalten, sondern die westlichen Aufmachungen zum Vorbild zu nehmen, die als ansprechender galten. Diese Ausrichtung zeigte sich auch in den Weisungen des auf Wunsch der Staatlichen Plankommission gegründeten Arbeitskreises „Verpackung", der kritisierte:

340 Ministerium für Handel und Versorgung: Merkblatt über Maßnahmen anlässlich der Preissenkung für Traubenwein und Röstkaffee vom 25. 9. 1959, BArch, DN 1/10943.
341 Ebd.
342 Vgl. Vorschlag des Werbekollektivs E. und A. Günther, H. Gerlach, an die Staatliche Plankommission vom 30. 7. 1959, BArch, DE 1/25062.

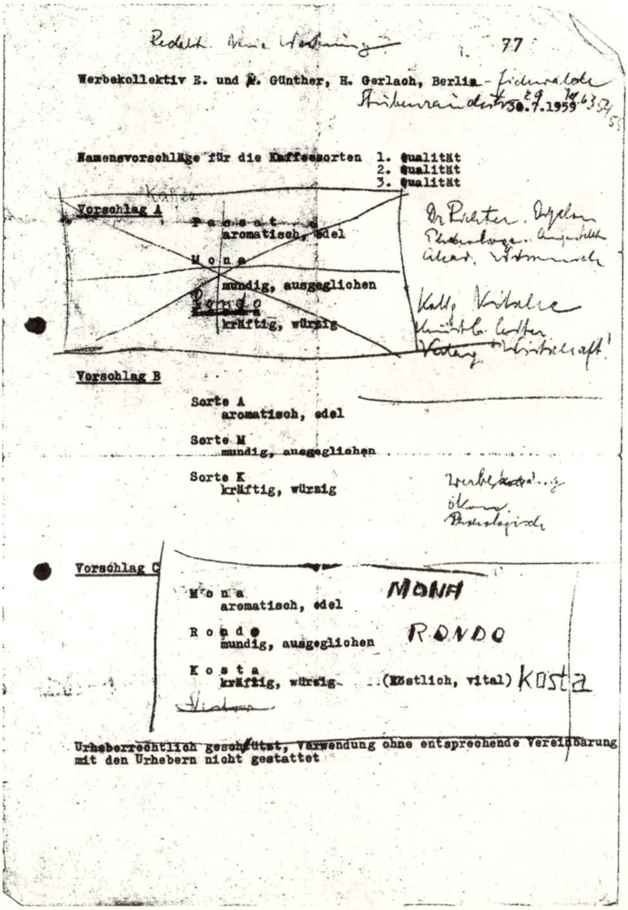

77

Werbekollektiv E. und . Günther, H. Gerlach, Berlin

30.7.1959

Namensvorschläge für die Kaffeesorten 1. Qualität
2. Qualität
3. Qualität

Vorschlag A

Passat
aromatisch, edel

Mona
mundig, ausgeglichen

Rondo
kräftig, würzig

Vorschlag B

Sorte A
aromatisch, edel

Sorte M
mundig, ausgeglichen

Sorte K
kräftig, würzig

Vorschlag C

Mona — MONA
aromatisch, edel

Ronde — RONDO
mundig, ausgeglichen

Kosta
kräftig, würzig ..(Köstlich, vital) Kosta

Urheberrechtlich geschützt, Verwendung ohne entsprechende Vereinbarung mit den Urhebern nicht gestattet

Abb. 19: Namensvorschläge für Kaffeesorten (1959)

„Die bei uns verwendeten Packmittel und Packstoffe zeigten sehr oft eine sehr unzweckmäßige Formgebung sowie eine geschmacklose Aufmachung. Sie wirken daher nicht verkaufsfördernd, sondern führen zu einer ablehnenden Haltung in den Kreisen der Konsumenten.“[343]

Der Arbeitskreis wies sämtliche Packmittel herstellenden Betriebe, egal ob es sich um Staats- oder Privatbetriebe handelte, an, „ab sofort alle Aufträge abzulehnen, die in bezug auf Aufmachung und Formgebung den Forderungen unserer Bevölkerung und dem Weltniveau nicht entsprechen“.[344]

Die Packung dem Weltniveau anzupassen, war ein ambitioniertes Unterfangen, welches durch knappe Ressourcen von Anfang an auf wackligen Beinen stand. Deshalb wurden Prioritäten gesetzt: Der Qualitätskaffee Mona bekam

343 Schreiben des Leiters des Arbeitskreises „Verpackung“, Schuppe, an die Vereinigung Volkseigener Betriebe vom August 1959, BArch, DE 1/25062.

344 Ebd.

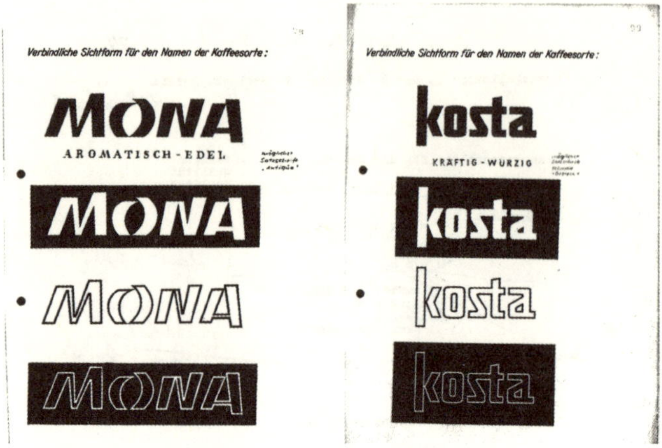

Abb. 20: Sichtformen für die Namen von Kaffeesorten (1959)

eine schöne und aromasichernde Umhüllung in Gold- oder Silberfolie,[345] während die Verpackung der Marke Kosta – ohne Folie – lediglich schöngeredet wurde:

„Kosta dagegen wird nach Verbrauch der bisherigen Kaffeepackungen ohne Folie in den Handel kommen. Doch keine Angst wegen Gefährdung des Aromas. Der Aromaschutz ist absolut gewährleistet und das Produkt ist das gleiche.“[346]

Trotz der Verpackungsmängel gab es nun in der sozialistischen Republik Kaffee in einer durch das Mischungsverhältnis garantierten Qualität, in einer einheitlichen Erscheinung und zu einem festgelegten Preis. Damit war der Kaffee als Markenartikel in der DDR geboren. Die Sorten erwiesen sich als überaus langlebig. Mona- und Rondo-Kaffee sollten die Geschichte der DDR bis an ihr Ende begleiten, die Kaffeemischung Kosta wurde bis zur „Kaffeekrise“ 1977 verkauft.

Der neue Markenartikel wurde intensiv beworben. Die Werbekampagne hatte zwar einige Startschwierigkeiten und setzte daher nicht wie geplant gleichzeitig mit der Markeneinführung ein, doch mit einiger Verzögerung kam der Reklamefeldzug schließlich in Gang. Fensterstreifen in den Schaufenstern verkündeten: „Ihr gewohnter Kaffee in bisheriger Qualität wird billiger“ und „Der neue Kaffee für den Kenner aromatisch-edel und von hoher Qualität“.[347]

Die Röstbetriebe luden Pressevertreter zur Kostprobe und in den Zeitungen waren Lobgesänge auf die neuen Sorten zu lesen, verbunden mit dem obligatorischen Hinweis, dass der begehrte Konsumgenuss der Regierung und den von den „Werktätigen erarbeiteten Erfolgen“ zu verdanken seien. Neben dieser Pressearbeit gestalteten die Röstbetriebe Werbematerial in Form von Flugschriften und Plakaten und warben sogar mit fahrbaren Reklameaufbauten auf Lkws. Darüber

345 Die 100- und 125-Gramm-Packungen waren golden, die 50- und 25-Gramm-Packungen silbern.
346 Kaffee – aromatisch und edel, in: Freiheit Halle vom 23. 10. 1959.
347 Protokoll über die Tagung der Kaffeeröstbetriebe am 21. 9. 1959 in Halle, BArch, DE 1/25062.

Abb. 21: Werbung für Röstfein-Kaffee 1958

hinaus gab es Veränderungen in der Belieferung, wie der ehemalige Röstfein-Mitarbeiter Herr Schacht erinnert:

„Wir hatten hier im Hause einen sogenannten Frischedienst organisiert, das heißt, wir hatten 14 Kleintransporter, die fuhren regelmäßig die umliegenden Verkaufsstellen ab und belieferten die Geschäfte mit röstfrischem Kaffee."[348]

Im Überschwang der Ankündigungen passierten Unachtsamkeiten. So hatte die „Berliner Zeitung am Abend" geschrieben, dass nun die aussortierten Fehlbohnen nicht mehr nachgeröstet und wieder beigemischt würden, und damit auf einen bis dahin unbekannten Missstand erst aufmerksam gemacht. Der Werkleiter des Kaffeewerkes Halle kritisierte: „Es ist doch ganz unklug, etwas worüber bisher die Öffentlichkeit nicht unterrichtet war, nunmehr zu popularisieren."[349]

Die Rohkaffeeversorgung, die für eine gleichbleibende Qualität sorgen sollte, war keineswegs jederzeit garantiert, wie offiziell verkündet wurde. Bereits während in der Presse die gesicherte Versorgungslage angekündigt worden war, konnte der sortimentsgerechte Kaffeeimport nicht realisiert werden. Das Problem bestand in einem Import-Engpass der Sorten, aus denen der Kosta-Kaffee geröstet wurde. Die Bevollmächtigten aus Ministerrat und Ministerium für Außen- und Innerdeutschen Handel hatten mit der Staatlichen Plankommission vereinbart,

[348] Ton- oder Filmdokumente, Richter/Rentner: Mahlzeit DDR, Interview mit Herrn Schacht, Min. 9:45.

[349] Werkleiter der VEB Kaffee- und Nährmittelwerke Halle an Staatliche Plankommission, Schreiben vom 29. 10. 1959, BArch, DE 1/25062.

dass als Übergangslösung vorübergehend von der Lebensmittelindustrie für die Kaffeemischung Kosta bessere Kaffeesorten eingesetzt werden sollten. Diese Lösung war teurer als im Plan vorgesehen. Die Mehrkosten wurden aber vorübergehend den Betrieben der Lebensmittelindustrie vom Ministerium der Finanzen gestundet.[350] Um die geregelte Durchführung der neuen Kaffeeverordnungen nicht zu gefährden, war die schlechtere Kaffeemarke also anfangs besser, als dies ursprünglich beabsichtigt war.

Das große Haupt- und Dauerproblem der Kaffeeversorgung der DDR war die Abhängigkeit von Importen und die Bezahlung in Devisen. Der Rohkaffee selbst wurde in der Regel auf dem Weltmarkt gekauft und mit den frei konvertierbaren Valuta bezahlt, über welche die DDR nur in sehr begrenztem Maße verfügte. Bereits im März 1959 war deshalb auf einer Besprechung der mit Kaffeeherstellung und -handel befassten staatlichen Stellen und Betriebe über eine zukünftige Einfuhr aus den sozialistischen Ländern China und Vietnam nachgedacht worden. Aus China erhoffte man sich ab 1961 Lieferungen von Arabica-Kaffee, die der Preisklasse IV entsprechen sollten. Vietnam war damals als Lieferant von Arabicas der Preisklasse V oder Robustas vorgesehen, obwohl diese zuvor bei der Qualitätskontrolle der Rösterei in Magdeburg zurückgewiesen worden waren:

> „Aus Vietnam wurde von den Organen des Außenhandels Kaffee der Sorte Chari eingeführt. Dieser Kaffee ist in seiner Qualität so minderwertig, daß er nur bis zu höchstens 2% dem übrigen Kaffee beigemischt werden kann. Aber auch diese Beimischung wird noch aus Qualitätsgründen vom Betrieb [Konsumkaffeewerk Magdeburg] abgelehnt. Die durchgeführte Verkostung des Kaffees ergab, daß die Kritiken des Betriebes zu Recht bestehen. Genosse Ehlert überließ mir auf meinen Wunsch einen kleine Probe von diesem Kaffee. Ich überreiche Ihnen diese Probe als Anlage und empfehle, diesen Kaffee aufbrühen zu lassen, damit Sie sich selbst über die Qualität orientieren können.“[351]

Für die Lösung des Devisenproblems beim Kaffeeimport boten die sozialistischen Länder erst einmal keine Lösung. Höherwertige Bohnen der oberen Preisklassen wuchsen nur im „kapitalistischen“ Ausland.

Über die Einfuhr der Bohnen hinaus kollidierte die Versorgung an oft unerwarteten Stellen mit der problematischen Devisensituation: Verbesserungen hinsichtlich der Verpackungen oder der Erweiterung des Sortiments verkomplizierten sich dadurch, dass sich Gegenstände oder Maschinen nicht in der eigenen Wirtschaft produzieren ließen oder dafür benötigte Rohstoffe importiert werden mussten. Nicht nur bei den großen ambitionierten Projekten am Ende der 1950er Jahre, wie der Einführung des coffeinfreien und des löslichen Kaffees,[352] stieß man bei Detailfragen oft an die durch den Devisenmangel gesetzten Grenzen. Unwägbarkeiten taten sich beispielsweise auch bei der verordneten Verpackung des Goldkindes Mona auf. Bei einer Packungs-Bestandsaufnahme in allen Mona-Kaffeebetrieben berichtete der Werkleiter des Kaffeebetriebes in Halle:

350 Vgl. Unterlagen und Schriftwechsel über die Festsetzung der Produktions- und Verbrauchsabgaben bei Erzeugnissen der Lebensmittelindustrie, BArch, DN 1/10943.
351 Schreiben des Ministeriums für Lebensmittelindustrie (Mücke) an Minister Westphal vom 16. 1. 1958, BArch, DE 1/25062.
352 Siehe unten.

„Nach Kenntnis der Sachlage ist keiner der grafischen Betriebe in der Lage, die Verpflichtung zu übernehmen, daß auch im Laufe des kommenden Jahres der Lack ‚Goldton' 19009/III von Coswig ausreichend zur Verfügung gestellt werden kann, da die Bereitstellung der erforderlichen Farbpigmente überwiegend durch Importe erfolgt."[353]

Für die Planungs- und Regierungsbehörden stellte sich am Ende des Jahrzehnts ein weiteres Problem: Der Konsum blieb hinter der geplanten Erhöhung des Kaffeeangebots zurück. Dies hatte verschiedene Ursachen: Zum einen hielt sich das Misstrauen in den DDR-Kaffee seitens der Bevölkerung. Die neuen Sorten wurden zunächst kritisch beäugt, wie z. B. bei der Einführung der Melange-Mischungen. So berichtete der VEB Kaffee und Tee Radebeul von empörten Kunden, die die karamellisierten und deshalb dunkleren Bohnen irrtümlich für verbrannte Bohnen angesehen hatten.[354] Außerdem war Bohnenkaffee immer noch ein kostspieliger Luxus, was insbesondere den Absatz der sehr teuren Sorte Mona erschwerte. Am 28. Oktober 1959 meldete das Ministerium für Handel und Versorgung Probleme beim Abverkauf:

„Es haben sich beim Groß- und Einzelhandel in den ersten Oktobertagen so große Bestände an Mona gebildet, daß deren Absatz innerhalb von 14 Tagen nicht gewährleistet ist."[355]

Allein im Bezirk Dresden beliefen sich laut Ministerium die Bestände von Mona-Kaffee im Großhandel auf acht Tonnen. Als Ursache dieser Überbestände nannte die Behörde, dass die Mischung Mona nicht in Kleinpackungen – gemeint waren hier die Packungen von 25 und 50 Gramm – sondern zunächst nur in 125-Gramm-Packungen in den Handel gekommen sei. Außerdem gebe die Qualität des vom VEB Kaffee und Tee Dresden gelieferten Kaffees Anlass zu berechtigten Beanstandungen. Der Kaffee blieb beim Handel liegen und drohte alt zu werden. Deshalb wandte sich der stellvertretende Minister für Handel und Versorgung am 28. September 1959 an die Staatliche Plankommission:

„Ich bitte Sie deshalb, sofort Maßnahmen einzuleiten, die den schnellsten Verkauf der Mona-Bestände beim Handel zur Folge haben. Dabei wird von mir vor allem daran gedacht, daß die geringe Qualität des VEB Kaffee und Tee aus dem Handel zurückgenommen wird und weiter, daß untersucht wird, inwieweit die 125-g-Packungen, auch der anderen Betriebe, in 25-g- und 50-g-Packungen umgepackt werden können."[356]

Auch andere Betriebe berichteten von Problemen beim Abverkauf. Der VEB Kaffee- und Nährmittelwerke Halle konnte beispielsweise im letzten Quartal 1959 200 Tonnen Kaffee nicht absetzen.[357] Der Konsum erreichte die im Plan gemachten Vorgaben nicht. So war am Ende des Jahrzehntes in der DDR die eigentümliche Situation entstanden, dass die ostdeutsche Bevölkerung aus staatlicher Sicht

353 Schreiben des Werkleiters der VEB Kaffee- und Nährmittelwerke Halle an die Staatliche Plankommission vom 10. 9. 1959, BArch, DE 1/25062.
354 Schreiben des VEB Kaffee und Tee Radebeul an die Staatliche Plankommission vom 4. 11. 1959, ebd.
355 Schreiben des Ministeriums für Handel und Versorgung (Müller) an die Staatliche Plankommission (Klevensath) vom 28. 10. 1959, ebd.
356 Ebd. Unterstreichungen im Original.
357 Schreiben der Vereinigung Volkseigener Betriebe Süß- und Dauerbackwarenindustrie an die Staatliche Plankommission vom 25. 11. 1959, ebd.

zu wenig Kaffee trank. Auch die beiden Richtwerte Vorkriegskonsum und Weststandard blieben bei einem jährlichen Pro-Kopf-Verbrauch von 817 Gramm für 1959 in unerreichbarer Ferne.[358] Ein Einholen oder Überholen der prosperierenden westdeutschen Gesellschaft war beim Konsum des Genussmittels Kaffee – im Gegensatz zu einigen anderen Lebensmitteln – weder unmittelbar noch in absehbarer Zeit in Sicht.

Voreilige Versprechungen moderner Zeiten – Kaffeeträume

Mit der Einführung der neuen Sorten waren in der Presse auch zwei weitere Neuerungen angekündigt worden, die aus der westlichen Kaffeelandschaft bekannt waren: Coffeinfreier Kaffee und Extrakt-Kaffee.

Ende November konnte der VEB Venag in Halle coffeinfreien Kaffee zum Preis von acht DM je 100 Gramm in den Handel bringen. Der zunächst euphorische Entwurf eines Merkblattes für den Einzelhandel anlässlich der Einführung des coffeinfreien Kaffees in der DDR wurde vom Ministerium für Handel und Versorgung in eine wesentlich nüchternere Form mit Betonung des Gesundheitsaspektes geändert. In der ersten Version hatte es noch geheißen: „Er wird also allen Freunden eines milden feinen Kaffees zusagen."[359] Dieser Satz wurde gestrichen und ersetzt durch: „Er ist vorwiegend für den Verbrauch durch Herzkranke bestimmt."[360] Darunter war handschriftlich vermerkt worden: „Warum eine solche Werbung, die auch Nichtherzkranke zum Kauf veranlassen würde?"[361] Der Korrektor im Ministerium, ein Mann namens Reichardt, hatte bereits im Mai desselben Jahres auf einer Besprechung beim Staatlichen Kontor die Meinung geäußert, man solle den coffeinfreien Kaffee nur gegen ärztliches Rezept ausgeben lassen.[362] Der Grund für die Weigerung, die Neuerung zu feiern und zu bewerben, lag vor allem darin, dass der coffeinfreie Kaffee keine wirkliche DDR-Errungenschaft war. Jahrelange Forschungsbemühungen, einen eigenen entcoffeinierten Kaffee herzustellen, waren ergebnislos verlaufen.[363] So gelang es zunächst nicht, das Coffein zu entziehen, ohne die Bohnen zu zertrümmern. Als Ausweg blieb deshalb nur, coffeinfreien Rohkaffee über den innerdeutschen Handel in Hamburg und Bremen einzukaufen und diese Bohnen in den DDR-Betrieben zu rösten. Da die Veredelung in Westdeutschland zusätzliche Kosten verursachte, versuchten die Planungs-

[358] Lutz Roland/Petra Leopold/Ursula Krause: Prognose zur Entwicklung des Verbrauchs von Röstkaffee bis 1980, hg. vom Institut für Marktforschung, Leipzig 1969. Zum Vergleich: Der Pro-Kopf-Verbrauch 1938 betrug 2,33 kg, in der Bundesrepublik war man 1959 bei 2,65 kg angelangt.

[359] Etwas Neues aus der Kaffeebranche – Entwurf durch den Hauptdisponenten Neubert (Staatliches Kontor für pflanzliche Erzeugnisse) mit handschriftlichen Korrekturen von Reichardt (Ministerium für Handel und Versorgung) vom 3.12.1959, BArch, DE 1/25062.

[360] Ebd.

[361] Ebd.

[362] Protokoll über die Besprechung am 12.5.1959 beim Staatlichen Kontor Berlin, S. 1, BArch, DE 1/25062.

[363] Schreiben der Vereinigung Volkseigener Betriebe Süß- und Dauerbackwarenindustrie (Direktor Thäle) an Staatliche Plankommission vom 14.4.1959, ebd.

behörden, den Bedarf möglichst gering zu halten und Kaufanreize durch unbedachte Äußerungen zu vermeiden.[364] Da außerdem offensichtlich das Scheitern des Entcoffeinierungsvorhabens vor der Öffentlichkeit verborgen werden sollte, wurde das Thema coffeinfreier Kaffee auf die Versorgung von Herzkranken reduziert.

Der Plan, einen eigenen Kaffee-Extrakt – also einen löslichen Kaffee in Pulverform – zu entwickeln, scheiterte an ähnlichen Schwierigkeiten. Seit 1955 gab es Versuche zur Herstellung eines Kaffee-Extraktpulvers, die in den ersten Jahren jedoch negativ verliefen.[365] Die Idee für den Pulverkaffee war durch den Blick in den Westen inspiriert. Das Ministerium für Lebensmittelindustrie berichtete 1957:

„Im kapitalistischen Ausland und auch in Westdeutschland ist seit Jahren ein Kaffee-Extraktpulver (bekanntes Erzeugnis Nescafé) auf dem Markt, das sich dadurch auszeichnet, daß es in Wasser vollständig und ohne Rückstand löslich ist [...]. Nach Darstellung des Ministeriums für Handel und Versorgung ist ein echter Bedarf an Kaffee-Extraktpulver vorhanden, der gegenwärtig durch illegale Einkäufe in Westberlin zu einem Teil gedeckt wird."[366]

Die eigene Produktion von löslichem Kaffee sollte das Genussmittelsortiment erweitern. Damit wollte das Ministerium den Abfluss von Geldern nach Westberlin oder Westdeutschland vermindern und die Kaufkraft der Bevölkerung abschöpfen.[367] Da sich das Vorhaben, eine eigene Extraktionsanlage zu bauen, bis Ende des Jahrzehnts nicht konkretisieren ließ, wurde der Import einer Kaffee-Extraktionsanlage aus Westdeutschland erwogen, zu dem sich Ministerium und Staatliche Plankommission aber nicht durchringen konnten.[368] Bis zum Ende des Jahrzehnts konnten DDR-Bürger Kaffee-Pulver nur aus dem Westen beschaffen.

Auch wenn die Kaffee-Träume von einem modernen Sortiment mit eigenem coffeinfreien Kaffee und Kaffee-Extrakt in den 1950er Jahren nicht verwirklicht werden konnten, war die Versorgung der Bürger mit Kaffee dank der verstärkten Wahrnehmung des Genussmittels durch die Regierung, die den Systemwettbewerb mit dem Westen gewinnen wollte, einen wichtigen Schritt vorangekommen. Die DDR-Bürger konsumierten lediglich ein Drittel der Kaffeemenge, die die bundesdeutsche Bevölkerung verbrauchte. Der Preis für den Kaffee lag in der DDR wesentlich höher und die verkauften Packungsgrößen in den Geschäften,

[364] Da es zuvor keinen coffeinfreien Kaffee in der DDR gegeben hatte, waren Bedarfsplanungen sehr vage. Als Behelf wurde eine Angabe aus dem Jahr 1939 herangezogen, wonach der Umsatz von coffeinfreiem Kaffee am Gesamtkaffeeumsatz in Deutschland ein bis zwei Prozent betragen hatte. Vgl. Schreiben des Staatlichen Kontors für pflanzliche Erzeugnisse an Deutsche Genussmittel GmbH Import – Export vom 7. 4. 1959, ebd.

[365] Vgl. Bericht über die Herstellung von Kaffee-Extraktpulver in der DDR, Ministerium für Lebensmittelindustrie (gezeichnet Böhme, Mücke und Thäle), vermutlich September 1957, BArch, DE 1/25083.

[366] Ebd.

[367] Ebd.

[368] Vgl. Vermerk der Hauptverwaltung Pflanzliche Erzeugnisse betr. Situation über den Stand der Errichtung einer Kaffee-Extrakt-Anlage vom 13. 2. 1958, BArch, DE 1/25083; vgl. auch Bericht der Abteilung Lebensmittelindustrie Fachgruppe Süß- und Dauerbackwaren vom 25. 9. 1959, BArch, DE 1/25062.

die als ein Indikator für eine Wohlstandsentwicklung angesehen werden können, waren im Durchschnitt kleiner. 1960 legte die Staatliche Zentralverwaltung für Statistik einen zusammenfassenden Bericht über die Entwicklung und das Verhältnis der Preisniveaus in beiden deutschen Staaten vor. Demzufolge war zwar das Niveau der Lebenshaltungskosten in der DDR von 1950 bis 1959 um 43 Prozent gesunken und in der Bundesrepublik um 21 Prozent gestiegen, das Leben in Ostdeutschland war aber immer noch deutlich teurer als in Westdeutschland. Mit Ausnahme von Bildung, Unterhaltung, Heizung, Beleuchtung und Wohnraum mussten die ostdeutschen Haushalte in allen Bereichen mehr ausgeben. Im Bereich der Lebensmittel zahlten sie bei Brot und Kartoffeln weniger, bei höherwertigen Nahrungsmitteln wie Fleisch, pflanzlichen Ölen und Fetten, Milchprodukten und Eiern sowie bei Genussmitteln aber mehr. Besonders die Ausgaben für Kaffee lagen deutlich über denen der bundesrepublikanischen Vergleichshaushalte.[369] Kaffee war am Ende der 1950er Jahre in beiden deutschen Staaten immer noch ein Luxusgut, in der DDR in stärkerem Maße als in der Bundesrepublik.

3. Kaffee-Transit – Grenzüberschreitungen

Die durchlässige Grenze

Grundsätzlich ist die deutsch-deutsche Beziehungsgeschichte in den 1950er Jahren von zwei gegensätzlichen Phänomenen geprägt: Einerseits polarisierten sich auf beiden Seiten der Grenze die Meinungen und Urteile über den jeweils anderen Staat und seine Bürger, andererseits war die jeweils andere Gesellschaft konkret erlebbar, da die Grenze trotz des Kalten Krieges noch in beide Richtungen durchlässig war. Einer Erhebung des Emnid-Institutes vom September 1952 zufolge besaßen 41 Prozent der westdeutschen Bevölkerung über 16 Jahre Verwandte und Freunde in der DDR.[370] Die freundschaftlichen und verwandtschaftlichen Beziehungen wurden durch Post- oder Telefonverbindungen aufrechterhalten, vor allem jedoch durch einen regen Reiseverkehr: Zwischen 1953 und 1961 besuchten 14,2 Millionen Personen aus der DDR die Bundesrepublik.[371] Die Zahl der Reisen von Westdeutschen in die DDR oder zu mehrtägigen Aufenthalten in Ost-Berlin betrug im selben Zeitraum 13,5 Millionen.[372] Für die noch hinzukommenden zahlreichen Reisen von West-Berlinern in den Ostsektor und in die DDR liegen

[369] Zum Bericht der Staatlichen Zentralverwaltung für Statistik vgl. Schevardo: Vom Wert des Notwendigen, S. 218 ff.

[370] Vgl. Hermann Wentker: Die gesamtdeutsche Systemkonkurrenz und die durchlässige innerdeutsche Grenze. Herausforderung und Aktionsrahmen für die DDR in den fünfziger Jahren, in: Hoffmann/Schwartz/Wentker (Hg.): Vor dem Mauerbau, S. 59–75, hier S. 60.

[371] Rainer Barzel: Innerdeutsche Beziehungen, in: Görres-Gesellschaft zur Pflege der Wissenschaft (Hg.): Staatslexikon. Recht – Wirtschaft – Gesellschaft, Freiburg i. Br. 1987, S. 82–90, hier S. 85.

[372] Ebd.

keine Angaben vor.[373] Darüber hinaus fanden deutsch-deutsche Begegnungen auf Sportveranstaltungen, Fachtagungen oder Messen statt. Bei der Leipziger Messe 1955 waren von 970 Ausstellern 475 aus der Bundesrepublik, darunter auch einige Kaffeefirmen. Die große Hamburger Rohkaffee-Firma Bernhard Rothfos stellte dort ebenso aus wie das Konsum-Kaffeewerk Magdeburg oder der VEB Elfe aus Berlin, der Kaffee-Presslinge herstellte.[374] Neben den Kontakten, die sich über den Messebetrieb selbst ergaben, trafen Ost- und Westdeutsche in der Messezeit als Vermieter und Mieter aufeinander. Die Gäste aus dem Westen brachten zusätzliches Geld, aber auch begehrte Genussmittel mit:

> „Wir haben zur Messe immer vermietet. Wenn Messe war, dann hatten die Leipziger vor allen Dingen das Interesse, sich einen Messeonkel zu kaschen. Denn das war ja ein guter Zuverdienst. Am begehrtesten waren natürlich die aus dem Westen oder dem westlichen Ausland, denn die konnten wenigstens mal einen ordentlichen Kaffee mitbringen."[375]

Die Grenze zwischen den beiden deutschen Staaten war an vielen Stellen durchlässig. Im Berlin der 1950er Jahre war die Grenzüberschreitung in beide Richtungen kein Problem. Es gab viele Grenzgänger. Das waren Personen, die in dem einen Staat wohnten und in dem anderen arbeiteten. Der tägliche Grenzübertritt zum Arbeitsplatz war vor allem in Berlin bis 1961 ein Bestandteil der alltäglichen Lebenswelt.[376] 1949 arbeiteten rund 122 000 West-Berliner in Ost-Berlin oder im Berliner Umland (Ost-Grenzgänger), während 76 000 Ost-Berliner in den Westsektoren Berlins ihrer Erwerbstätigkeit nachgingen (West-Grenzgänger).[377] Zu den offiziellen Arbeitsverhältnissen kamen noch solche ohne Arbeitsvertrag: Ost-Berliner Handwerker nahmen die Chance wahr, Westgeld jenseits der Grenze zu verdienen. Der hohe Umtauschkurs machte sie zu billigen Arbeitskräften, obwohl sie vergleichsweise mehr verdienten als in der DDR.[378] Diese Möglichkeit, die

[373] Kurt Plück: Innerdeutsche Beziehungen auf kommunaler und Verwaltungsebene, in Wissenschaft, Kultur und Sport und ihre Rückwirkungen auf die Menschen im geteilten Deutschland, in: Deutscher Bundestag (Hg.): Materialien der Enquete-Kommission „Aufarbeitung von Geschichte und Folgen der SED-Diktatur in Deutschland". Deutschlandpolitik, innerdeutsche Beziehungen und internationale Rahmenbedingungen, Baden-Baden 1999, S. 2015–2064, hier S. 2025 ff.

[374] Vgl. Leipziger Frühjahrsmesse 1955, in: Kaffee- und Tee-Markt, Heft 7 vom 2. 4. 1955, S. 19.

[375] Interview mit Frau Glasow, zit. n. Thomas Ahbe/Michael Hofmann: Es kann nur besser werden. Erinnerungen an die 50er Jahre in Sachsen, Leipzig 2001, S. 86.

[376] Zu dem Phänomen der Grenzgänger vgl. Frank Roggenbuch: Das Berliner Grenzgängerproblem. Verflechtung und Systemkonkurrenz vor dem Mauerbau, Berlin 2008; Erika M. Hoerning: Zwischen den Fronten. Berliner Grenzgänger und Grenzhändler 1948–1961, Köln/Weimar/Wien 1992; dies.: Sektoren, S. 205–216; Jörn Schütrumpf: Zu einigen Aspekten des Grenzgängerproblems im Berliner Raum von 1948/49 bis 1961, in: Rolf Badstübner/Jochen Cerny/Gerhard Keiderling (Hg.): Studien zur Geschichte der Deutschen Demokratischen Republik, Berlin 1984, S. 333–358.

[377] Die Grenzgänger bekamen einen Teil ihres Lohnes in West- und einen Teil in Ostwährung ausbezahlt. 1949 erhielten Ost-Grenzgänger 60% ihrer DM-Ost-Lohnsumme zum Kurs von 1:1 in DM-West, während West-Grenzgänger 30% ihres Einkommens in DM-West ausgezahlt bekamen und den Rest in Ostwährung. Dieses System wurde durch die eigens eingerichtete Lohnausgleichskasse ermöglicht.

[378] Hoerning: Sektoren, S. 208 f.

manche DDR-Bürger nutzten, um nach dem Maßstab der Zeit relativ leicht viel Geld zu verdienen, wurde von anderen mit Geringschätzung und Ablehnung betrachtet:

„Aber wir haben dafür fleißig gearbeitet, meine Frau und ich. Andere aber machten im Prinzip gar nichts und wohnten dennoch so fürstlich. Die fuhren nämlich abends für zwei, drei Stunden nach West-Berlin. Das war das Scheuerlappengeschwader. Sie arbeiteten in West-Berlin als Reinemachefrauen und kamen dann mit der vier- bis fünffachen Wochenentlohnung zurück. Das gab schlechte Stimmung."[379]

Die Zeitschrift „Kaffee- und Tee-Markt" berichtete, dass sich vor allem ostdeutsche Frauen als nicht erfasste Hilfskräfte „einen zusätzlichen Verdienst in Westmark verschafften, der es ihnen erlaubte, für sich und ihre Familien West-Berliner Waren einzukaufen".[380] Der Kauf von Westkaffee bot neben der Bereicherung des persönlichen Konsums die Möglichkeit, über den Weiterverkauf oder durch Tausch die Verdienstspanne, die durch den Umtauschkurs entstanden war, noch zu erweitern.

Das Prinzip „Arbeitskraft aus dem Osten gegen Waren vom Westen!"[381] beschränkte sich zu Beginn der 1950er Jahre nicht auf Berlin. Das „Hamburger Abendblatt" schilderte im Dezember 1950 die Zustände an der niedersächsischen Zonengrenze zwischen Göttingen und Dannenberg, wo ostdeutsche Handwerker, wie Maurer, Dachdecker, Klempner, aber auch Photographen in den westlichen Grenzorten ihre Dienste für die Hälfte des üblichen Lohnes anböten.[382] Diese Arbeitsverhältnisse waren allerdings illegal. Durch die Errichtung des DDR-Grenzregimes 1952 wurden sie fast gänzlich unterbunden.

In Berlin, wo der Großteil der Grenzgänger einer legalen Tätigkeit nachging, pendelten selbst im Jahr 1961 noch sehr viele Menschen zu ihrem Arbeitsplatz über die Grenze. Trotz Entlassungen, Sperrung der West-Berliner Umlandsgrenze und Propaganda der SED gegen grenzübergreifendes Arbeiten von DDR-Bürgern waren 1961 immer noch 12 000 Westdeutsche in Ost-Berlin und 60 000 Ostdeutsche in West-Berlin beschäftigt, bevor der Bau der Berliner Mauer am 13. August 1961 diesem Phänomen ein Ende setzte.

Die Arbeitspendler brachten – obwohl dies in der Regel nicht legal war[383] – Waren über die Grenze mit, die den kontinuierlichen Güterfluss verstärkten, den die deutsch-deutschen Einkaufstouristen in Gang hielten. Bohnenkaffee eignete sich hervorragend als Mitbringsel in den Osten, da dieser in Ostdeutschland zumindest bis weit in die zweite Hälfte der 1950er Jahre oft knapp und von erheblich schlechterer Qualität als der Kaffee im Westen war. Obwohl West-Grenzgänger wie auch Einkaufstouristen die Möglichkeit hatten, in allen Bezirken Berlins einzukaufen, entwickelte sich an den grenznahen Stadtteilen wie Kreuzberg oder

379 Interview mit Herrn Gleisberg, zit. n. Ahbe/Hofmann: Es kann nur besser werden, S. 76.

380 Berlin, in: Kaffee- und Tee-Markt, Heft 7 vom 11. 4. 1962, S. 9.

381 Menschen zwischen Ost und West. Das tägliche Brot wird von jenseits der Grenze geholt, in: Hamburger Abendblatt vom 18. 12. 1950.

382 Ebd.

383 Eine Ausnahme bildeten diejenigen Ost-Grenzgänger, die in der DDR nicht in einem Privatbetrieb arbeiteten. Sie erhielten die Erlaubnis, für ihre Ost-Mark in der DDR Lebensmittel einzukaufen. Vgl. Hoerning: Sektoren, S. 207.

Wedding ein ausgeprägter, auf die Bedürfnisse der Bewohner des anderen Währungsgebietes ausgerichteter Grenzhandel, der mit seinen kleinen Läden und Buden das Stadtbild nachhaltig veränderte und darüber hinaus vielen Menschen eine berufliche Existenz bot. Hier fanden außerdem Begegnungen statt, die das Bild der Bürger des einen Staates über den jeweils anderen mit beeinflussten. Ein Verkaufsfahrer der Firma Jacobs Kaffee schilderte eine Szene des Kaffee-Tourismus in Berlin:

„Beim Beliefern eines Standes stand neben mir eine Frau aus dem Osten, die unseren guten Jacobs Kaffee einkaufte, zu meiner Verwunderung in lauter kleinen Tüten. Sie begann, den Kaffee kunstgerecht wie eine alte Schmugglerin zu verstauen. Mein Angebot, ihr dabei behilflich zu sein, lehnte sie freundlich, aber bestimmt ab. Sie war gerade dabei, ihr Mieder mit Kaffeebohnen auszubessern."[384]

Die „Berliner Illustrierte" zitierte einen Ost-Berliner Arbeiter, der sich im Westen mit Kaffee versorgte:

„Ich komme aus dem Paradies der Arbeiter, um als Arbeiter bei den Kapitalisten in Westberlin eine gute Tasse Kaffee zu trinken. Wer kann mir das verübeln? Wer hat das Recht, mir die tausend Dinge vorzuenthalten, die das Leben schöner, bequemer und abwechslungsreicher gestalten?"[385]

Ähnlich wie in West-Berlin entstand längs der Zonengrenze zwischen der Bundesrepublik und der DDR ein auf die Bedürfnisse der Ostdeutschen ausgerichteter Grenzmarkt, der allerdings illegal war. Vergehen gegen das Gesetz zum Schutz des innerdeutschen Handels konnten – wie bereits erwähnt – mit hohen Zuchthausstrafen geahndet werden. Die Bedingungen für den Ein- und Verkauf waren deshalb ungleich schwieriger als in Berlin. Einkäufer in beide Richtungen nahmen zum Teil kilometerweite Fußmärsche in Kauf und gingen dabei stets das Risiko einer Grenzkontrolle ein. Trotzdem florierte bis zur Errichtung des Grenzregimes im Mai 1952 das Geschäft im Zonenrandgebiet:

„In den gleichen Orten [Schöningen und umliegende kleine Städte], am stärksten vielleicht im Goslarer und Helmstedter Gebiet, haben sich nach den ambulanten auch zahlreiche alte Kaufleute nach den Bedürfnissen der Kundschaft von jenseits der Zonengrenze gerichtet [...]. Die Grenzgänger kommen in der Dunkelheit. Früher mussten sie warten, bis es Tag war, um einzukaufen, und in der nächsten Nacht zurückzukehren. Das haben sie jetzt nicht mehr nötig. Abends nach 23 Uhr, wenn die Grenzgänger eintreffen, öffnen sich die Läden in Vienenburg und anderswo. Zwei Stunden bleiben sie für das Nachtgeschäft offen. In dieser Zeit wird gekauft und verkauft. Die Industrie- und Handelskammer wollte einschreiten. Die Arbeitszeitverordnung wurde angeführt, Polizei mobilisiert. In den Grenzorten winkte man ab. Die soliden Kaufleute wollen schließlich auch verdienen. Soll der ambulante Händler, der in Buden, Zelten, alten Scheunen und unter Brücken auf Kunden wartet, das Geschäft alleine machen?"[386]

Der Einkaufstourismus war ein gesamtdeutsches Phänomen. Westdeutsche nutzten einen Besuch in der „Zone" und die damit verbundenen Vorteile des Wechsel-

384 Sauerbier: 100 Jahre Jacobs Café, S. 47.
385 Zit. n. ebd.
386 Menschen zwischen Ost und West. Das tägliche Brot wird von jenseits der Grenze geholt, in: Hamburger Abendblatt vom 18. 12. 1950.

Abb. 22 und 23: Der Einkaufstourismus und die Folgen der Mauer: Die West-Berliner Badstraße im Juli und im September 1961. Die Fotos wurden vom selben Standort aus aufgenommen.

kurses ebenfalls für einen günstigen Einkauf oder für die Gestaltung eines preiswerten Freizeitvergnügens.

Die Bedeutung des legalen Grenzhandels in Berlin lässt sich vor allem retrospektiv in den Auswirkungen nach dem Bau der Berliner Mauer erschließen. So berichtete die Zeitschrift der Kaffee-Händler und -Röster im Jahr 1962 rückblickend:

> „Der gesamte Röstkaffeeumsatz in Berlin [hat] durch die Absperrungsmaßnahmen vom 13. August 1961, wie viele andere Handelszweige, eine recht empfindliche Schwächung erfahren […]. [Zuvor] kamen viele Ostberliner und andere Bewohner der Ostzone nach Berlin, um hier ihren Kaffee zu kaufen. Oft nicht nur für sich, sondern gleich für Bekannte und Verwandte, denn wenn der Kaffee auch nicht viel billiger war (durch den bereits erwähnten Umrechnungskurs) als in der Zone, so war er doch um so vieles besser."[387]

Durch den Ausfall der Einkaufstouristen und der Grenzgänger als Kaffeekunden, so die Zeitschrift „Kaffee- und Tee-Markt" weiter, sei ein beträchtlicher Umsatzrückgang beim Röstkaffee entstanden, der jedoch noch unter dem mit etwa 40 Prozent bezifferten Umsatzausfall der großen Schuhgeschäfte liege. Viele Einzelhandelsgeschäfte im direkten Grenzbereich mussten schließen, da über Nacht die Kundschaft weggeblieben war.

Die plötzliche Aussperrung der ostdeutschen Kunden vom West-Berliner Kaffeemarkt schlug sich deutlich im dortigen durchschnittlichen Pro-Kopf-Verbrauch nieder: Dieser lag im Jahr 1960 nach starken Steigerungsraten bei 4,6 Kilo Rohkaffee und im Jahr 1961 – also nach viermonatigem Ausfall der Ostkäufer – bei 4,47 Kilo,[388] obwohl das Ausbleiben der ostdeutschen Kaffeekäufer teilweise durch einen stark einsetzenden Päckchenversand wettgemacht wurde, mittels dessen die Ostdeutschen in Form von Bestellungen ihre restlichen Westgeldguthaben umsetzten. Nachdem diese Guthaben Ende 1961 aufgebraucht waren, bildete die übliche Versorgung durch Verwandte und Freunde wieder den Schwerpunkt im grenzübergreifenden Päckchenversand von West nach Ost.[389]

387 Berlin, in: Kaffee- und Tee-Markt, Heft 7 vom 11. 4. 1962, S. 8.
388 Ebd. Zum Vergleich: Der Pro-Kopf-Verbrauch von Rohkaffee in der Bundesrepublik lag 1961 bei 3,72 kg.
389 Ebd., S. 8f.

Das Bild des Anderen

Die grenzüberschreitenden Besuche prägten bei vielen Menschen das Bild der jeweils anderen Gesellschaft: Nach einer Umfrage von Infratest in der DDR im Jahr 1955, woher die Befragten Informationen über den Westen bekämen, gaben 35 Prozent an, ihre Eindrücke entstünden vor allem durch Besuchsreisen in den Westen.[390] Gleichzeitig verstellte der Kalte Krieg aber auch den Blick auf die gesellschaftliche Realität im Nachbarland. Bezogen auf die Kaufkraft und den Kaffeekonsum im jeweils anderen Land lassen sich dadurch sehr widersprüchliche Sichtweisen feststellen. Denn einerseits wurde die wirtschaftliche Potenz der Bevölkerung der Bundesrepublik aufgrund der engen Kontakte durchaus realistisch eingeschätzt, wie etwa von Frau Kolbe, deren Großmutter aus dem Westen Pakete schickte:

„Ja, aber die hatten ja selbst wenig Geld und die konnten sich hier [in der Bundesrepublik] auch keinen Kaffee kaufen. Der war ja dann auch so teuer."[391]

Andererseits entstand durch die bunte Warenwelt und die Produktivkraft der westdeutschen Wirtschaft bei vielen Ostdeutschen ein Bild von überaus wohlhabenden westdeutschen „Brüdern" und „Schwestern". 1957 kursierte – nach Angaben des Bundesministeriums für gesamtdeutsche Fragen – folgender Witz in der DDR:

„Wissen Sie, daß die Westdeutschen drei große Sorgen haben?
1. Wo fahren wir nächsten Sonntag hin?
2. Was für'n Wagen werden wir uns im nächsten Jahr kaufen?
3. (wenn es geklingelt hat!) ‚Oh, hoffentlich ist's kein Besuch aus der Zone!'"[392]

Obwohl die Vielzahl der persönlichen Beziehungen und Besuche zwischen Ost und West den Menschen ermöglichte, ihre Bilder und Beurteilungen an der Wirklichkeit im anderen Deutschland zu überprüfen, bildeten sich bereits in den 1950er Jahren gewisse Stereotypen, die der gesellschaftlichen Realität im jeweils anderen Land nicht gerecht wurden. Der oft neidisch-vergleichende Blick, den die Bürger der DDR auf die Lebensverhältnisse der Nachbarn richteten und der dem eigenen Alltag ein zumeist verklärtes Bild des Lebens in den Westzonen gegenüberstellte, hatte seinen Ursprung bereits im Auftreten der Besatzungsmächte nach dem Krieg. Der ehemalige Leiter der Propaganda- und Informations-Abteilung der Sowjetischen Militäradministration in Deutschland (SMAD) Sergej Tjulpanow beschrieb das unterschiedliche Erscheinungsbild von amerikanischen und sowjetischen Soldaten in der Nachkriegszeit wie folgt:

„Viele Bürger, unter ihnen auch Angehörige der Intelligenz, ganz zu schweigen von den Vertretern des Kleinbürgertums, ließen sich davon beeindrucken, daß die amerikanischen Soldaten Schokolade, gute Zigaretten, Kaffee usw. im Überfluß hatten, während diese Din-

390 Plück: Innerdeutsche Beziehungen, S. 2957.
391 Interview mit Renate Kolbe, Wiebke Kolbe (Interviewerin), Kiel 14. 1. 2009, S. 5f.
392 Zit. n. Hertha Kludas: Briefe von Deutschland nach Deutschland. Aus dem Alltag einer Frau in der Sowjetzone, München 1959, S. 37. Das Buch suggeriert, eine Edition von Briefen zwischen einer „Hausfrau in der Sowjetzone" und ihrer in Hamburg lebenden Schwester zu sein. Diese Propaganda wurde vom Bundesministerium für gesamtdeutsche Fragen herausgegeben.

ge unseren Soldaten nicht zur Verfügung standen. Eindruck hinterließ auch die sicherlich attraktivere Uniform der ‚Amis' im Vergleich zu den ausgewaschenen Feldblusen der sowjetischen ‚Iwans'."[393]

Der Historiker Rainer Gries spricht in seiner Untersuchung über die Versorgungssituation und Vergleichsmentalität nach dem Krieg von einem „selbstmitleidigen Blick" der Menschen in der SBZ/DDR in den tatsächlich oder vermeintlich besseren Westen: „Der permanente Zonenvergleich gehörte [...] zum Bestandteil des Alltagsbewußtseins der Nachkriegszeit."[394] Der Bezug auf den Westen wurde durch die Regierung der DDR verstärkt, die in ihren internen Statistiken beständig den Vergleich mit der Bundesrepublik zog und mit dem Plan vom „Einholen und Überholen" eben diesen Vergleich zur staatlichen Sichtweise erklärte. Indem die DDR-Führung dadurch den West-Konsum quasi als Richtmaß definierte, bestärkte sie die Neigung der DDR-Bürger zum Vergleich ihrer Lebenssituation mit dem Lebensstandard in Westdeutschland und beraubte sich gleichzeitig der Chance einer Eigendefinition nach sozialistischen Werten. „Das eigentliche Problem bestand nicht darin, daß es dem Osten nicht gelang, wie der Westen zu werden, sondern", so die Kulturwissenschaftlerin Ina Merkel, „daß der Osten versuchte, wie der Westen zu werden."[395]

Als westliches Pendant entwickelte sich eine Vorstellung von den armen „Brüdern und Schwestern" im Osten, deren Situation sich so sehr von dem starken wirtschaftlichen Aufschwung in der Bundesrepublik unterschied. Diese anderen Deutschen, die zu bemitleiden bzw. nach Kräften zu unterstützen waren, unterstrichen die vermeintliche Überlegenheit der eigenen Wirtschaft.[396] In diesem Bewusstsein wurden auch Pakete in die „Ostzone" gesandt – ein Warenverkehr, der wohl wie kein anderer die gegenseitigen Wahrnehmungen und Missverständnisse widerspiegelte.[397] Wie Annette Kaminsky in ihrer Untersuchung der Konsumgeschichte der DDR schildert, spielte bei der Entstehung dieser Perspektive auch das Bundesministerium für gesamtdeutsche Fragen in Bonn, dessen Bild der DDR auch politisch-propagandistische Züge trug, eine wichtige Rolle. In den Notizen der westdeutschen Kaffeehändler, die von ihren Besuchen der Leipziger Messe berichten, findet man diesen Blick nicht. Hier fällt vielmehr auf, welches Verständnis ostdeutschen Kollegen entgegengebracht wurde und wie deren Bemühungen bei der Produktion von Kaffee angesichts der schwierigen Ressourcenlage Anerkennung bei den westlichen Kaffee-Fachleuten fanden. 1957 schrieb die Zeitschrift der Kaffee-Händler „Kaffee- und Tee-Markt":

„Es gehört zu der besonderen Tragik der Teilung Deutschlands, daß es in der Bundesrepublik genügend Menschen gibt, die mit hämischem Händereiben verzeichnen, wie langsam es vorangeht in Mitteldeutschland und welche Mißerfolge man dort hinnehmen muß. Schlimmer noch, wenn diese Einstellung mit Mitleid gepaart ist. Die Begegnungen und

393 Sergej Tjul'panov: Deutschland nach dem Kriege (1945–1949). Erinnerungen eines Offiziers der Sowjetarmee, Berlin 1987, S. 188, zit n. Gries: Die Rationen-Gesellschaft, S. 133f.

394 Ebd., S. 133.

395 Merkel: Utopie und Bedürfnis, S. 416.

396 Vgl. Kaminsky: Wohlstand, Schönheit, Glück, S. 60f.

397 Zum Thema Westpaket vgl. Kap. II.3.

Gespräche in Leipzig haben gezeigt, daß man sich neutral und ohne Blick auf das Parteiabzeichen, als Bürger eines fleißigen Industriestaates fühlt und besonders überall da stolz auf die unter oft so schweren Bedingungen geleistete Arbeit ist, wo diese sich mit den Leistungen des freien Auslandes oder Westdeutschlands messen kann [...]. Man sollte sich in seiner Einstellung dem Wirtschaftsleben der Ostzone gegenüber vom gesunden Verstand leiten lassen und nüchtern die Realität erkennen. Die von leiser Schadenfreude durchzogene Vorstellung, die Wirtschaft jenseits der Zonengrenze ersticke langsam unter dem ersten Schneefall eines nun schon 12 Jahre währenden Winters, ist nicht nur dumm und sinnlos, sie schadet dem selbst am meisten, der sich von ihr täuschen läßt."[398]

Im nächsten Jahr berichtete der Korrespondent von der Leipziger Messe allerdings von einer deutlich frostigeren Atmosphäre, die sich unter anderem darin äußerte, dass man nicht „mehr die selbe Sprache spreche", wie er die Auseinanderentwicklung von ost- und westdeutschen Messebesuchern beschrieb.[399]

Zusammenfassung: Die 1950er Jahre

Der Blick auf den Kaffeekonsum und die Wahrnehmung von Kaffee in den 1950er Jahren zeigt in beiden deutschen Staaten eine deutliche Verbindung zwischen Konsum und individuellem sowie gesellschaftlichem Selbstverständnis mit einer klaren Referenz auf das politische Geschehen. Wirtschaftlicher Erfolg – bzw. das Vermögen eines Staates, seine Bürger mit Kaffee zu versorgen – korrelierte auf beiden Seiten der deutschen Grenze immer wieder mit politischen Legitimitätsvorstellungen. Lebensmittelmangel hingegen führte – wie etwa beim Schmuggel – zu einer von großen Teilen der Bevölkerung als legitim empfundenen illegalen Praxis. Dies wurde auch von den politisch Verantwortlichen wahrgenommen, die diesem illegalen Treiben nicht immer erfolgreich gegenzusteuern wussten. Die Untersuchung widerlegt die bisherige Forschung, indem sie als überaus wichtiges Ergebnis festhält, dass in der Bundesrepublik Schwarzmarkt und Schmuggel keinesfalls mit der Währungsreform zum Erliegen gekommen waren. Im Gegenteil: Der illegale Import und der illegale Konsum von Kaffee prägte vor allem die Zeit von 1948 bis 1953. Noch deutlich länger dauerte der Schmuggel von Kaffee in die DDR, allerdings in wesentlich geringerer Größenordnung.

Gleichzeitig waren beide Wirtschaftsräume, auch wenn sie als Systemkonkurrenten agierten, miteinander verflochten. Deutlich erscheint bereits in den 1950er Jahren eine Abhängigkeit, die das Verhältnis beider Staaten bis zum Ende der Zweistaatlichkeit prägen sollte. Kaffeeversorgung als Indikator zeigt deutlich die Dimension der Systemkonkurrenz, aber auch die subtilen Ebenen, auf denen der Kalte Krieg ausgefochten wurde.

Die Wahrnehmung in beiden deutschen Staaten prägten Konsumerfahrungen aus dem zuvor einheitlichen Wirtschaftsraum: Die Abwesenheit des Genussmittels Kaffee und dessen allgemeine Substitution setzten die Bürger mit Krisenzeit gleich. Die Verfügbarkeit diente als Gradmesser für eine Normalisierung nicht nur der Lebensverhältnisse, sondern auch der politischen Situation.

[398] Leipzig 1957, in: Kaffee- und Tee-Markt, Heft 6 vom 18.3.1957, S. 3.
[399] Umweg über Leipzig, in: Kaffee- und Tee-Markt, Heft 5 vom 6.3.1958, S. 3.

Die staatliche Bewertung der Bedürfnisse der Bürger wandelt sich in beiden Systemen: Ein Umdenken von der bisherigen Einschätzung als nicht notwendiges Luxusgut manifestierte sich in der Bundesrepublik schließlich in der Reduktion der Steuer, die eine Reaktion auf das von Frauen noch mehr als von Männern reklamierte Recht auf eine Tasse Kaffee war. In der DDR bricht die staatliche Wahrnehmung des Kaffees als nicht notwendiges Luxusgut – als Auswirkung von Systemkonkurrenz und Unzufriedenheit der Bevölkerung – erst 1959 und wird von einer Wahrnehmung als berechtigt zu stillendes Bedürfnis abgelöst. Die Bevölkerung in ihrem Wunsch nach einer Tasse Kaffee ernst zu nehmen, war für die SED ein längerer Prozess: Nachdem die politisch Verantwortlichen bereits 1953 eine für sie traumatische explosive Reaktion auf ihre Ignoranz gegenüber den Bedürfnissen der Bürger erlebt hatten und darauf schließlich mit der Hebung des allgemeinen Lebensstandards reagierten, dauerte es – angesichts der volkswirtschaftlichen Schwierigkeiten – noch viele Jahre, bis sie auch den Konsum mit Genussmitteln als selbstverständlichen Teil dieses Lebensstandards sahen.

Mit dem 1958 verkündeten Ziel, den Westen auch bei den Genussmitteln zu überholen, verabschiedete sich die SED-Führung von traditionellen sozialistischen Konsumvorstellungen zugunsten einer an quantitativen Maßstäben gemessenen Systemkonkurrenz. Die Regierung orientierte sich an einem schlichten „Mehr“ und vor allem am Maßstab Weststandard.

Die Entwicklung der bundesdeutschen Gesellschaft zeigt deutlich, dass die Bürger erst nachdem sie eine Phase beinahe unbegrenzter Deckung der Grundbedürfnisse durchschritten hatten, sich in ihren Kriterien umorientierten. Der beleibte Ludwig Erhard verkörperte in der Bundesrepublik ein Lebensgefühl, das von einer Fülle an Konsummöglichkeiten geprägt war. Nach der Politisierung des gesamten Lebens im Nationalsozialismus folgte ein Rückzug ins Private, in dem der Konsum eine zentrale Rolle spielte. Gleichzeitig vermittelte der massenhafte Konsum die Sicherheit, die „schlechte Zeit“ endgültig überwunden zu haben.

Die DDR-Gesellschaft erlebte keine „Fresswelle“ wie die Bundesrepublik in den frühen 1950er Jahren. Eine Umorientierung auf sozialistische Werte gelang nicht und krankte an der beständigen Erinnerung an Mangelsituationen, aus denen der DDR-Staat letztlich nie herauskam, auch wenn der Bedarf an Grundnahrungsmitteln ab Ende der 1950er Jahre fast immer gedeckt war.

In der politisch sich verschärfenden Situation entdeckten beide Systeme den Konsum als Waffe im Kalten Krieg. Obgleich die beiden Gesellschaften vor dem Bau der Mauer nicht hermetisch abgeschottet waren, verschlechterte sich das Klima zwischen den Menschen beider deutscher Staaten und auch die Wahrnehmung der jeweils anderen Gesellschaft bekam einen zunehmend distanzierten Charakter.

II. Vom Sonntagskaffee zum Alltagsgetränk: Kaffeekonsum in den 1960er Jahren

1. Der Durchbruch: Kaffee als Volksgetränk und Markenartikel in der Bundesrepublik

Allgemeine Entwicklung

In den 1960er Jahren wurde Kaffee in der Bundesrepublik ein Gut des allgemeinen Massenkonsums. In der ersten Hälfte der Dekade setzte sich die stetige Steigerung des Kaffeeverbrauchs aus den 1950er Jahren weiter fort und folgte damit der bundesdeutschen Wohlstandsentwicklung. Dieser Zusammenhang zeigte sich nicht nur in Westdeutschland: „Der steigende Bohnenkaffeekonsum geht Hand in Hand mit der Zunahme privater Einkommen. Steigt in einem Land das Einkommen der Bevölkerung, so ist in der Regel mit einer Zunahme des Kaffeeverbrauchs zu rechnen",[1] stellte die Fachzeitschrift für Werbung und Verkauf im Lebensmitteleinzelhandel „Neuwieder Hefte" 1964 ganz allgemein fest.

Diese Einschätzung erwies sich bis Mitte der 1960er Jahre als zutreffend und wurde durch Forschungen unabhängiger Wirtschaftsinstitute bestätigt und ergänzt. Einige Parameter des Verbrauchs hatten sich gegenüber früheren Jahrzehnten verschoben. So kamen 1963 das Institut für Weltwirtschaft an der Universität Kiel, das Hamburger Welt-Wirtschaftsarchiv und das ifo-Institut in ihren Gutachten zu dem Ergebnis, dass die immer noch steigende Nachfrage nach Kaffee in der Bundesrepublik im Gegensatz zu früheren Jahren nun stärker von Einkommensveränderungen als von Preisänderungen abhängig sei.[2] Tatsächlich nahm vor allem die Preiselastizität von Kaffee immer mehr ab, aber auch die Einkommenselastizität der Nachfrage sank – der Markt steuerte auf eine Sättigung zu, weil die Menschen nicht mehr Kaffee tranken, obwohl sie mehr Geld zur Verfügung hatten.[3]

Ein allgemeines Wohlstandsniveau war erreicht: „Der Bürger vermag gegenwärtig zumeist zu kaufen, was sein Herz begehrt – wenn er sich an jene Güter hält, die die Industrie in großen Serien rationell und entsprechend preiswert herstellt",[4] fasste die Journalistin Elly Staegmeyr die Situation treffend zusammen.

1 Kaffeeangebot mit neuen Impulsen, in: Neuwieder Hefte. Illustrierte Monatszeitschrift für Werbung und Verkauf im Lebensmitteleinzelhandel, April 1964, zit. n. Der Kontakt, 7/1964, o. P., Historisches Archiv Mondelez International.

2 Vgl. Jahresbericht der Kaffee-Großröster und -Importeure 1963, in: Kaffee- und Tee-Markt. Europas Fachzeitschrift der Kaffee- und Teewirtschaft mit den regelmäßigen Mitteilungen der Fachverbände, Hamburg 1950–1988, Heft 16 vom 25. 8. 1964, S. 28.

3 Vgl. Berndt Lehbert: Mögliche Auswirkungen von Senkungen der Kaffeesteuer auf den Kaffeeverbrauch in der Bundesrepublik Deutschland, in: Review of World Economics 104 (1970), S. 275–301. Die Preis- und Einkommenselastizitäten der Nachfrage als Koeffizienten beschrieben die jeweilige Abhängigkeit des Konsums eines Produktes von Preis- oder Einkommensänderungen. 1970 war die Nachfrage nach Kaffee dann weitgehend preisunelastisch.

4 Zit. n. Optimismus mit gedämpften Tönen, in: Der Kontakt, 2/1965, S. 5 f., Historisches Archiv Mondelez International.

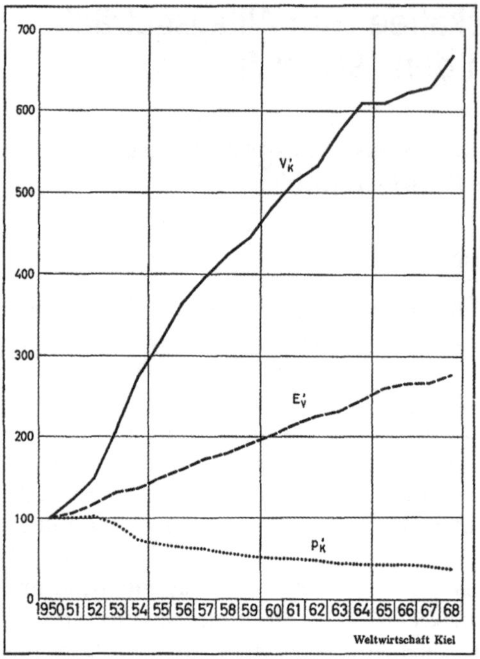

V_k: Kaffeeverbrauch
P_k: Realer Kaffeepreis
E_V: Reales verfügbares Einkommen

Abb. 24: Kaffeeverbrauch und reales verfügbares Einkommen je Kopf der Bevölkerung sowie realer Kaffeepreis in der Bundesrepublik Deutschland 1950–1968 (1950 = 100)

Die jährlichen Steigerungsraten des Kaffeeverbrauchs hatten im Zeitraum zwischen 1954 und 1964 mit 10 bis 20 Prozent oft über denen des Bruttosozialproduktes gelegen. Ab 1964 flachte die Verbrauchskurve leicht ab. In der Bundesrepublik verlangsamte sich lediglich die Zunahme im Verbrauch, während andere Länder – besonders die USA, aber auch Frankreich und England – bereits einen Rückgang des Kaffeeverbrauchs feststellten.[5] Die westdeutschen Großröster, die sich an die starken Umsatzsteigerungen gewöhnt hatten, zeigten sich beunruhigt, obwohl die Zunahme des Pro-Kopf-Verbrauchs 1965 noch um 6,02 Prozent stieg und damit fast die 8,4-prozentige Steigerungsrate des Bruttosozialproduktes erreichte.[6]

1966 schließlich kam der Umbruch: „Weniger!" betitelte die Zeitschrift „Kaffee- und Tee-Markt" den Artikel zum Verbrauch 1966 und klagte: „Etwas ist auch beim Kaffee und Tee zu Ende gegangen."[7] Die Einfuhr von Kaffee stieg kaum noch an, der Pro-Kopf-Verbrauch ging erstmals seit 1948 zurück – um 0,39 Prozent – und pendelte sich in der Folge unter der Vier-Kilogramm-Grenze ein.[8] Die

[5] In den USA war 1965 ein Rückgang um 3,1% gegenüber dem Vorjahr zu verzeichnen. Vgl. Verein der Kaffee-Großröster und -Importeure, Jahresbericht 1965, S. 5.
[6] Ebd.
[7] Weniger! Kaffee- und Teeverbrauch 1966, in: Kaffee- und Tee-Markt, Heft 5 vom 7. 3. 1967, S. 5.
[8] Ebd.

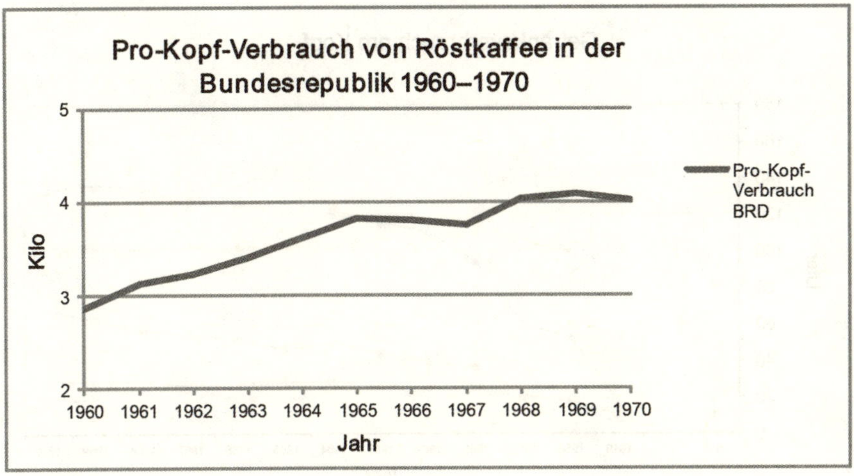

Abb. 25: Statistik nach Zahlenangaben des Statistischen Bundesamtes, des Deutschen Kaffeeverbandes und verschiedener Marktforschungsuntersuchungen

Stagnation des Kaffeeverbrauchs fiel mit der wirtschaftlichen Rezession in der Bundesrepublik ab 1966 zusammen.[9] Als 1968 die Wirtschaftskrise überwunden war und in der Folge ein kräftiges Wirtschaftswachstum einsetzte, stieg auch die Verbrauchskurve für Kaffee erneut an. Allerdings nahm der Pro-Kopf-Verbrauch nicht mehr in solchen Größenordnungen zu, wie sie die Kaffeeindustrie aus früheren Zeiten gewohnt war. Größere Absatzsteigerungen ließen sich deshalb nur auf Kosten der Konkurrenz durchsetzen.

Die Zeit des nachholenden Konsums war bei Kaffee endgültig vorbei. Der Genuss des Getränkes war zum Alltagsgut geworden und gehörte zum Leben der Bundesbürger selbstverständlich dazu. Neue Konsumgüter rückten ins Zentrum der erfüllbaren Sehnsüchte: In der Periode, die nach der Krise 1966/67 einsetzte, ermöglichten hohe Einkommenszuwächse, Wünsche insbesondere nach langlebigen Gebrauchsgütern wie Autos, Fernsehgeräten, Hi-Fi-Anlagen, Waschmaschinen und nicht zuletzt auch Urlaubsreisen zu erfüllen.[10]

Alfred Reckendrees deutet diese Zeitspanne in seiner Untersuchung bundesdeutscher Konsummuster als „die entscheidende Periode für den Durchbruch des Massenkonsums".[11] In dieser Phase stabilisierte sich der Kaffeekonsum mit einer Marktsättigung auf hohem Niveau. Gleichzeitig verschwand der Begriff vom „echten Bohnenkaffee" aus dem allgemeinen Sprachgebrauch. Der Genuss eines Getränkes aus Kaffeebohnen war zur Selbstverständlichkeit geworden, die nicht

9 1967 sank das Bruttosozialprodukt um 0,2%, während die Arbeitslosenquote von 0,7 auf 2,2% stieg.

10 Alfred Reckendrees: Konsummuster im Wandel. Haushaltsbudgets und Privater Verbrauch in der Bundesrepublik 1952–98, in: Alfred Reckendrees/Toni Pierenkemper (Hg.): Die bundesdeutsche Massenkonsumgesellschaft 1950–2000, Berlin 2007, S. 29–61, hier S. 60.

11 Ebd.

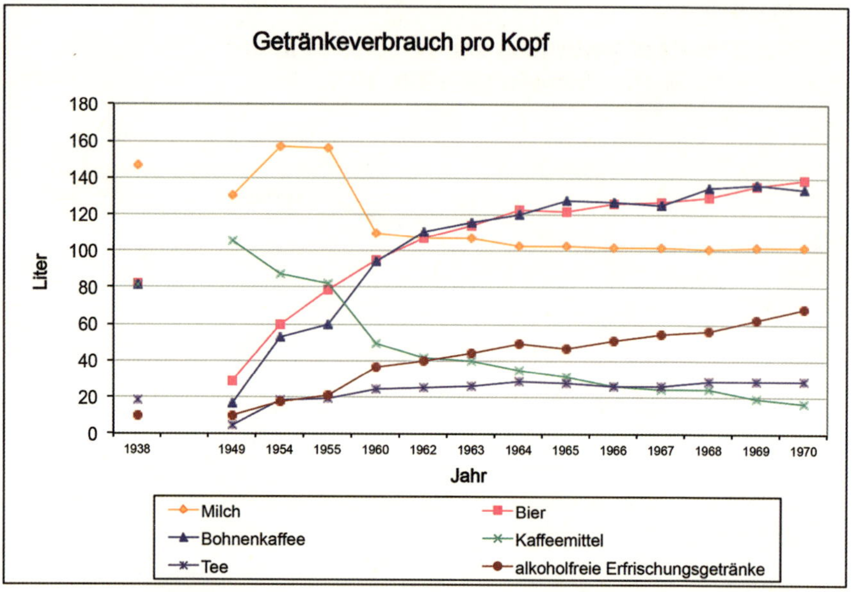

Abb. 26: Pro-Kopf-Verbrauch in Litern bei verschiedenen Getränkearten in der Bundesrepublik

mehr hervorgehoben und gegenüber Ersatzkaffeestoffen abgesetzt werden musste. Mit dem Durchbruch zum selbstverständlichen und alltäglichen Konsumgut hatte außerdem der Bohnenkaffee seinen gesellschaftlichen Distinktionscharakter verloren.

Mit dem wachsenden Wohlstand stieg auch die Größe der Kaffeepackungen. Die Zeit, in der Kaffee in Klein- und Kleinstmengen verkauft wurde, war vorbei. Zu Beginn des Jahrzehnts kauften die meisten Konsumenten Kaffee in Größenordnungen von 125 und 250 Gramm.[12] 1965 meldete der Verband der Großröster, dass die 250-Gramm-Packungen mengenmäßig die größte Rolle spielten.[13] Die Abhängigkeit der Packungsgrößen von der Wohlstandsentwicklung wird auch von der nachhinkenden Entwicklung in Berlin bestätigt: Der Trend zu größeren Packungen setzte in West-Berlin gegenüber Westdeutschland verzögert ein. Aufgrund der höheren Lebenshaltungskosten in der Inselstadt hielt die Nachfrage nach Kleinmengen länger als im Rest der Republik an.[14]

Insgesamt erfreute sich Bohnenkaffee in den 1960er Jahren einer großen Beliebtheit, während der Konsum von Ersatzkaffee im Lauf des Jahrzehnts immer

[12] Institut für Verbrauchsforschung Emnid GmbH & Co.: Kaffeekonsum und Konsumentengewohnheiten. 25. Erhebung, November 1961, S. VIII, Historisches Archiv Mondelez International, Archiv HAG. 30% der Konsumenten kauften Viertelpfundpakete, 25% Halbpfundpackungen, 13% erwarben die Bohnen pfundweise und 2% in Gebinden von 1000 g und mehr.

[13] Verein der Kaffee-Großröster und -Importeure, Jahresbericht 1966, S. 8.

[14] Vgl. Gordian: Kaffee und Tee. Ernte – Handel – Verbrauch Dez. 1949 – Dezember 1950, Heft 7, 11. 4. 1962, S. 9.

weiter zurückging. 1960 tranken die Bundesdeutschen durchschnittlich 94,1 Liter Bohnenkaffee und 49,5 Liter Kaffeemittel (Ersatzkaffee), während sie 1965 120 Liter Bohnenkaffee und 26 Liter Ersatzkaffee verbrauchten.[15] Gleichzeitig überholte der Konsum von Kaffee 1961 erstmals den von Bier.[16] Im Jahrzehnt darauf wechselten sich die beiden Getränke an der ersten Stelle des bundesdeutschen Verbrauchs ab.[17] Bohnenkaffee hatte es an die Spitze der beliebtesten Getränke geschafft – eine Position, die er für die nächsten Jahrzehnte beibehalten sollte.

Kaffeekonsum als Politikum

Nicht nur Einkommens- und Preisänderungen beeinflussten den Kaffeemarkt. 1962 erklärte die Bundesregierung auf der internationalen Kaffeekonferenz in New York mit Blick auf die kaffeeerzeugenden Länder, den Konsum von Kaffee in Westdeutschland fördern zu wollen. Diese Absichtsbekundung hatte eine längere Vorgeschichte: Seit einigen Jahren belastete eine starke weltweite Überproduktion den internationalen Kaffeemarkt. Dieses Problem, welches vor allem das Haupterzeugerland Brasilien betraf, war nicht neu. Mehrfach hatten vor allem die Erzeugerländer versucht, diesem sich wiederholenden Dilemma durch internationale Absprachen, Lagerwirtschaft oder großangelegte Vernichtungsaktionen zu begegnen. Vor allem die Bilder der großen „Quemadas" – die massenhafte Vernichtung von Rohkaffee in den 1930er Jahren –, in denen Arbeiter Berge von Kaffee über die Schiffsreling ins Meer schaufelten oder verbrannten, waren um die Welt gegangen und hatten sich nachhaltig ins Gedächtnis der bundesdeutschen Bevölkerung eingeprägt. Während dieser Vernichtungsaktionen, die insgesamt sechs Jahre dauerten, waren damals 80 Millionen Sack Rohkaffee zerstört worden.[18]

30 Jahre später drohte eine ähnliche Situation. „Der Spiegel" berichtete im Oktober 1962, dass in Brasilien zwei volle Jahresernten unverkauft auf Halde lagerten:

> „Um den Zusammenbruch seiner aufgeblähten Kaffeewirtschaft zu verhindern, kaufte der brasilianische Staat den Planteuren die Vorräte ab, lagerte sie ein oder vernichtete sie. Anfang dieses Jahres wurden im Kaffeezentrum Municip Colatina täglich 4000 Sack Bohnen verbrannt, bis ein Stapel von 200 000 Sack in Flammen aufgegangen war."[19]

Zum Zeitpunkt der brasilianischen Vernichtungsaktion lagerten weltweit 84 Millionen unverkaufte Kaffeesäcke. Die nicht absetzbaren Bohnenmassen waren die Folge einer spezifischen Konstellation von Weltwirtschaftsgefüge, Ernte- und Absatzbedingungen, Kaltem Krieg und militärischen Auseinandersetzungen. In einem die Risiken atomarer Auseinandersetzungen gänzlich verkennenden Artikel

[15] Vgl. Verein der Kaffee-Großröster und -Importeure, Jahresbericht 1965, S. 8, und Jahresbericht 1967, S. 9.

[16] Der genaue Verbrauch lag bei 110 Liter Kaffee und 107 Liter Bier pro Kopf.

[17] Verein der Kaffee-Großröster und -Importeure, Jahresbericht 1967, S. 9, und Zahlenmaterial des Ifo-Institutes München – ifo-schnelldienst, Berichte zur Wirtschaftslage, 1. 8. 1973, S. 20.

[18] Die Kaffeewirtschaft seit Ende des 2. Weltkrieges, in: Kaffee- und Tee-Markt, Heft 12 vom 29. 6. 1962, S. 7.

[19] Heiß wie die Hölle, in: Der Spiegel vom 17. 10. 1962, S. 49.

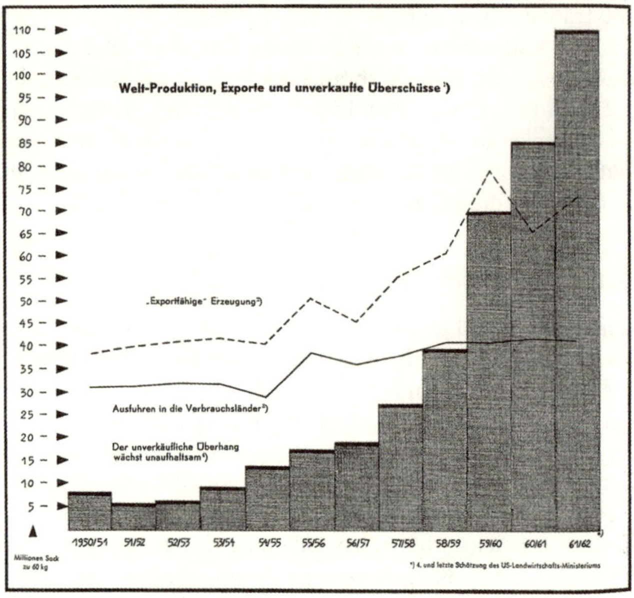

Abb. 27: In der weltweiten Kaffee-Produktion lag die erzeugte Menge wesentlich über der verbrauchten und führte dadurch zu einem enormen Überschuss.

zeigte die Zeitschrift „Kaffee- und Tee-Markt", wie sehr der Kaffeekonsum in Deutschland mit internationalen politischen und wirtschaftlichen Entwicklungen verflochten war. Bezugnehmend auf den Verlauf des Krieges zwischen Nord- und Südkorea 1950–1953 schrieb die Zeitschrift am 29. Juni 1962:

„Wenn der Atomkrieg am Yalu[20] stattgefunden hätte ... wäre der Kaffeewirtschaft der Welt die Misere von heute erspart geblieben: Der unverkäufliche Überschuß von mehr als 84 Millionen Sack [...]. W e n n MacArthur damals seinen Willen im Pentagon hätte durchsetzen können, wäre der Korea-Krieg schon nach 10 Monaten zu Ende gegangen, stünden die unverkäuflichen Welt-Kaffeestocks heute bei etwa 6 oder 8 Millionen Sack, wären die Anträge auf Senkung der Kaffeesteuer im Bundestag nie zu einem Parteien-Politikum erhoben worden und der fashionable Badeort Punta del Este hätte nie von einer ‚Studiengruppe zur Vorbereitung für ein langfristiges Internationales Abkommen für Kaffee' vernommen."[21]

Der Korea-Krieg, so begründet die Zeitschrift ihre Schlussfolgerungen, habe auf allen internationalen Warenmärkten zu einer „wahren Kauforgie" geführt. Am schlimmsten habe sich dieser Ansturm bei Rohkaffee ausgewirkt und die Preise in schwindelerregende Höhen getrieben. Als 1954 Ernteausfälle die Preise noch wei-

[20] Der Yalu ist ein Grenzfluss zwischen China und Nordkorea. Die weiter unten genannte Punta del Este ist eine Stadt und ein Badeort in Uruguay.

[21] Die Kaffeewirtschaft seit Ende des 2. Weltkrieges, in: Kaffee- und Tee-Markt, Heft 12 vom 29. 6. 1962, S. 5. In dem Krieg, in den neben Nord- und Südkorea auch USA und UN-Truppen auf der einen und China auf der anderen Seite massiv eingriffen, hatte der amerikanische Oberkommandierende General MacArthur den Einsatz nuklearer Waffen gegen strategische Ziele in der Mandschurei gefordert – ohne Rücksicht auf eine mögliche globale Kriegsausweitung. Der General war daraufhin im April 1951 abberufen worden. Hervorhebungen im Artikel.

ter nach oben klettern ließen, wurden weltweit die Kaffeepflanzungen massiv ausgedehnt. Das Ergebnis dieser Entwicklung war die enorme Überproduktion, die sich durch den natürlichen Kaffeezyklus von der Pflanzung bis zur Ernte um etwa fünf Jahre zeitversetzt auswirkte. Der mit diesem Überfluss einhergehende Preisverfall bedrohte die Volkswirtschaften in den Kaffeeerzeugerländern. Im bestehenden Ost-West-Konflikt fürchteten die USA und Europa die politische und soziale Sprengkraft der ruinösen Kaffeepreise. Der revolutionäre Funke, der seit dem Sturz der Batista-Diktatur 1959 von Kuba ausging, drohte – aus Sicht der westlichen Welt – auf andere Entwicklungsländer überzugreifen. In Afrika brodelte es in den um Unabhängigkeit kämpfenden Ländern. Die Bekämpfung der Überproduktion stand ganz im Zeichen politischer und wirtschaftlicher Anspannung in der Welt des Kalten Krieges.

Am 9. Juli 1962 beriefen die Vereinten Nationen eine Kaffeekonferenz in New York ein, um angesichts der Probleme ein langfristiges Kaffeeabkommen auszuhandeln. Zum ersten Mal sollte in einer gemeinsamen Absprache von Erzeuger- und Verbraucherländern ein Übereinkommen getroffen werden, welches die Bedingungen des Weltkaffeehandels regelte. Die Konferenz endete mit einem Quotenabkommen, das die Ausfuhrmengen für die einzelnen Länder festlegte. Das auf fünf Jahre befristete International Coffee Agreement (ICA) sollte bis zum 30. Dezember 1963 ratifiziert werden und vorher bereits informell zur Anwendung kommen.[22] In dem Übereinkommen verpflichteten sich die Erzeugerländer zu einer stufenweisen Beschränkung der Produktion und Begrenzung der Lagerhaltung, während die Verbraucherländer versprachen, sich an die Abnahmequotierungen zu halten. Auf der Konferenz hatten die kaffeeproduzierenden Staaten die hohe Kaffeesteuer in der Bundesrepublik kritisiert und deren Absenkung verlangt. Diesem Druck wollte sich die Bundesregierung nicht beugen. Sie versprach jedoch, die Möglichkeiten einer Konsumausweitung zu prüfen und in ihrer Handelspolitik die Erzeugerländer aktiv zu unterstützen.

Alle Verbraucherländer sicherten außerdem zu, keine Importe ohne Ursprungszeugnisse zuzulassen. Als Zugeständnis an die Erzeugerländer wurde eine Hintertür für den Kaffee-Absatz in Form einer als „Annex B" bezeichneten Zusatzvereinbarung ausgehandelt: Danach fielen Ausfuhren in „Neue Märkte", d. h. in Staatshandelsländer und Länder mit niedrigen Volkseinkommen, nicht unter die Exportquoten für die Erzeugerländer und konnten dadurch zu niedrigen Preisen an diese „New-market"-Länder verkauft werden.[23] Von dort kam der Kaffee als sogenannter „Touristen-Kaffee" teilweise in die traditionellen Verbraucherländer, untergrub dadurch die Idee des Kaffeeabkommens und schuf gleichzeitig einen neuen „grauen Markt".

Die Kaffeehändler wie auch die Bundesregierung stellten das Kaffeeabkommen gerne als eine Form von Entwicklungshilfe dar. Tatsächlich war die Vereinbarung für die westlichen Staaten angesichts der Stärke und des Erfolges der antikolonialen Befreiungsbewegungen vor allem ein Instrument zur Abwehr kommunisti-

[22] Mark Pendergrast: Kaffee. Wie eine Bohne die Welt veränderte, Bremen 2001, S. 304.
[23] Vgl. Denkschrift der Bundesregierung zum internationalen Kaffee-Übereinkommen 1962, in: Kaffee- und Tee-Markt, Heft 8 vom 28. 4. 1963, S. 42.

scher Expansion in der „Dritten Welt".[24] Sogar die Zeitschrift „Kaffee- und Tee-Markt" kam zu dieser Einschätzung:

„Das Kaffeeabkommen war von Anfang an ein fast von der Realität des Produktes Kaffee losgelöstes politisches Instrument. Ursprünglich so etwas wie ein US-amerikanischer Sommerdeich gegen die erste Welle einer kommunistischen Springflut [...]. Wenn der Kaffeepflücker in Lateinamerika den Kaffee pflückt, den keiner kaufen darf, zahlt er denselben Tribut, den wir zahlen, wenn wir Kaffee teurer kaufen als er sein könnte. Es ist der Preis dafür, dass sich die Kaffeeländer nicht in ‚zwei, drei Vietnam' verwandeln."[25]

Steuer, Zoll und Konsumentenprotest

Obwohl mittlerweile der Kaffeeverbrauch in der Bundesrepublik wesentlich über dem Vorkriegsstand lag, forcierten sowohl die westdeutsche Kaffeewirtschaft als auch die Bundesregierung die Steigerung des Konsums. Der Konflikt entzündete sich jedoch an der Interessenskollision zwischen dem Staat, der sein Steueraufkommen absichern wollte, und den Kaffeehändlern, die die Steuern als größtes Konsumhindernis betrachteten. Beide Seiten nutzten in der politischen Argumentation das Kaffeeabkommen für ihre Interessen. Die Diskussion um die Senkung oder gar Streichung der Abgabenbelastung, die seit ihrer Einführung 1948 die Gemüter von Kaffeeakteuren, Regierungsvertretern und Konsumenten erhitzt hatte, setzte sich in den 1960er Jahren fort. Zu Beginn des Jahrzehnts erhob der deutsche Staat für jedes Kilo Bohnenkaffee, welches in einem deutschen Hafen gelöscht wurde, beim Überschreiten der Grenze einen Zoll von 1,– DM, eine Kaffeesteuer von 3,60 DM und außerdem die Umsatzausgleichssteuer von 0,36 DM. So lag der Anteil, der an den Fiskus abgeführt werden musste, mit 4,96 DM pro Kilo Rohkaffee über dem durchschnittlichen reinen Warenwert, der nach Angaben der Kaffeehändler unter 4,30 DM lag.[26]

Die Kaffeehändler argumentierten nach Kräften gegen die Steuerbelastung und wiesen auf den wesentlich höheren Kaffeekonsum in anderen Staaten hin, die entweder gar keine oder eine sehr viel niedrigere Kaffeesteuer erhoben.[27] Außerdem führten die Kaffeehändler die Probleme der Herstellungsländer vor Augen:

„Die hohen deutschen Steuern für Kaffee stellen nach Ansicht aller Sachverständigen eine ungebührliche Behinderung des internationalen Handelsverkehrs dar. In einer Zeit, in der die überseeischen Entwicklungsländer um ihr wirtschaftliches und politisches Gleichgewicht kämpfen, sehen sie die Behinderung ihres Absatzes in den Industrieländern, die ihnen viel verkaufen wollen, als einen unfreundlichen Akt an."[28]

[24] Vgl. Pendergrast: Kaffee, S. 301–307.
[25] Die politische Hypothek, in: Kaffee- und Tee-Markt, Heft 21 vom 6. 11. 1967, S. 5.
[26] Die Kaffeesteuer ist unzeitgemäß, in: Der Kontakt, 4/1961, o. P., Historisches Archiv Mondelez International.
[27] Diese Länder waren Schweden, Dänemark, Finnland, Island, Norwegen, USA, Kanada, Schweiz, Belgien, Luxemburg, Frankreich und die Niederlande. Die Schweden tranken beispielsweise 1961 mit 7,7 kg Kaffee pro Kopf im Jahr durchschnittlich mehr als doppelt so viel wie die Bundesdeutschen, die 3,7 kg konsumierten.
[28] Rundschau für den Deutschen Einzelhändler, zit. n. Der Kontakt, 4/1961, o. P., Historisches Archiv Mondelez International.

In der Diskussion meldeten sich auch vereinzelt empörte Konsumenten zu Wort: „Der Kaffeepreis in Deutschland ist m. E. für einen selbstverständlichen täglichen Bedarfsartikel grundgesetzwidrig,“[29] schrieb beispielsweise Karl Draeger aus München 1962 in einem Leserbrief an den „Spiegel“. Die hohen staatlichen Gebühren blieben im Verhältnis von Bürgern und Regierung ein kontroverses Thema, das von Seiten der Verbraucher immer noch von einem tief sitzenden Misstrauen in die Herrschenden in Bonn, verbunden mit einer latenten Verteidigungsbereitschaft geprägt war, wie das Beispiel der badisch-schweizerischen „Mokka-Pilger“ zeigte: Bis zum 1.Januar 1961 erlaubten die Zollbestimmungen den Bewohnern des südbadischen Grenzlandes, jeden Monat im kleinen Grenzverkehr 250 Gramm des billigen Schweizer Kaffees zollfrei in die Bundesrepublik einzuführen. Als danach eine neue Verfügung des deutschen Bundesfinanzministeriums in Kraft trat, durften die Südbadener zwar weiterhin 250 Gramm pro Monat, jedoch nur noch 125 Gramm pro Grenzübertritt mitnehmen. Die Kaffeekonsumenten, von denen der badische Kaffeehandel erwartet hatte, dass sie sich im verstärkten Maße nun den bundesdeutschen Einkaufsmöglichkeiten zuwenden würden, reagierten wütend und trotzig. Die Zeitschrift „Kaffee- und Tee-Markt“ berichtete über die Zustände an der Grenze:

> „Wer seit dem 1. Januar des neubegonnenen Jahres an die südbadische Grenze zur Schweiz gelangte, konnte ein seltsames Treiben beobachten. Er sah ganze Familien über die Grenze schreiten, in einem der nahegelegenen Schweizer Läden verschwinden, schnurstracks zum Schlagbaum zurückkehren, um dann mit Kehrtwendung wieder an den Zollposten vorbeigehend erneut in dem Laden zu verschwinden. Und wieder kehrten die Leute sofort zur Grenze zurück und verschwanden dann im bundesdeutschen Hinterland. Und wer dann ganz genau hinsah, konnte ein triumphierendes Lächeln auf allen Gesichtszügen entdecken und die Worte ‚Na, denen werden wir's zeigen‘ standen auf ihren Lippen geschrieben.“[30]

Die Bewohner des Grenzgebietes holten sich die ihnen zustehenden zollfreien Kaffeerationen auf ihre Weise. Wenn durch zweimaliges Durchschreiten der Grenzkontrollstelle die erlaubte Menge des kleinen Grenzverkehrs beschafft worden war, kehrten einige noch einmal um, um die Kaffeefreimenge des großen Grenzverkehrs zu kaufen. Diese betrug nur 49 Gramm, so dass die Motivation zum dritten Grenzübertritt hauptsächlich in einer Provokation gegen die Regierung bestand. Die Möglichkeit, mittels dieser eigensinnigen Aktion zu protestieren, mobilisierte viele Menschen, die dafür sogar Unannehmlichkeiten in Kauf nahmen:

> „Und alle, alle kommen sie. Aus den abgelegensten Orten des Zollgrenzbezirks kommen Menschen, die vorher nie daran gedacht haben, sich nur einmal im Jahr aus der Schweiz Kaffee zu holen, eben weil es für sie zu umständlich und auch zu kostspielig wäre [...]. Aber darum geht es jetzt nicht mehr. Jetzt fahren sie in die Schweiz, um das schöne Gefühl zu haben, der deutschen Bundesregierung mal ‚ordentlich eins auszuwischen‘ und ‚die sollen ja nicht denken, uns können die verschaukeln‘ und ‚na, die werden wir mal ärgern‘.“[31]

Die Aktion richtete sich zwar vordergründig gegen den neuen Kaffee-Erlass. In der Absicht, „denen da oben eines auszuwischen“, zeigte sich aber auch ein generelles Gefühl der Gängelung und Ohnmacht gegenüber staatlichem Handeln, das

[29] Leserbriefe, in: Der Spiegel vom 28. 11. 1962, S. 25 ff.
[30] Mokka-Pilger, in: Kaffee- und Tee-Markt, Heft 3 vom 3. 2. 1961, S. 10.
[31] Ebd.

Bedürfnis nach eigenem Handlungsspielraum und das Beharren auf einmal erworbenen Rechten. Die Botschaft an die Regierung verwies auf ein eigenes Macht-Potential: „Nicht mit uns!" Gleichwohl richtete sich der Protest nicht gegen den Staat, sondern an ihn.

Der Ansturm der „Mokka-Pilger" war so groß, dass die Regierung einlenkte. Ende Februar 1961 zog das Bundesfinanzministerium die Verfügung wieder zurück. Als Grund wurde angegeben, dass die Zöllner trotz Verstärkung dem Ansturm der empörten Grenzgänger nicht gewachsen seien.[32]

Auch wenn daraufhin an der südbadischen Grenze Ruhe einkehrte, stritten sich Bundesregierung, Kaffeehändler und Konsumenten auch den Rest des Jahrzehntes weiterhin über Zoll und Steuer, ohne jedoch eine Einigung oder Veränderung zu erreichen.

Konkurrenz und Preiskampf

Der Kaffeemarkt der Bundesrepublik war überschaubar. Bereits in den 1950er Jahren hatten sich einige große Marktführer etabliert, die das Kaffeegeschäft dominierten. Die Kaffeeanbieter teilten sich in zwei Gruppen. Auf der einen Seite standen die „Abpacker": Großröstereien, die Kaffeemischungen in Frischhalte-Packungen füllten und mit ihren Markenartikeln dic einschlägige Lebensmittelbranche belieferten, wie dies die Firmen Jacobs, Idee-Kaffee, Onko, Pedro-Kaffee, Ronning oder Faber praktizierten. Auf der anderen Seite waren die „Versender" – später auch „Filialisten" genannt – wie Tchibo und Eduscho. Diese Firmen hatten ihre Marktmacht damit begründet, dass sie Kaffee auf Bestellung per Post direkt zu den Konsumenten verschickten. Dieses Vertriebssystem flaute seit Ende der 1950er Jahre zunehmend ab: „Nur etwa ein Drittel der Verbraucherschaft interessiert sich noch für Versandeinkauf. Die meisten Hausfrauen bevorzugen aus Bequemlichkeitsgründen den viertelpfundweisen Einkauf röstfrischer Ware im Laden",[33] so analysierte der Leiter des Bremer Kaffee-Versandhauses Eduscho, Rolf Schopf, die Grenzen der Versandbranche. Als Folge bauten die „Versender" zusätzlich ein Filialnetz auf. In den Filialen, die nach einem einheitlichen Prinzip gestaltet waren, füllten Verkäuferinnen den Kaffee frisch ab.

Im Verhältnis zwischen Kunden und Kaffeeanbietern gab es in der ersten Hälfte der 1960er Jahre deutliche Veränderungen, an denen sich die Effizienz der neuen Marktstrategie der „Versender" ablesen ließ. Wenn von Bohnenkaffee-Marken die Rede war, dachten nach einer Befragung des Emnid-Institutes 1961 spontan 62 Prozent aller Hausfrauen des Bundesgebietes an Jacobs. An zweiter Stelle folgte Onko mit 35 Prozent, dann Tchibo mit 31, Vox mit 25, Eduscho mit 23, Ronning mit 18 Prozent und das Schlusslicht Nescafé mit 17 Prozent.[34] Auch auf die Frage

[32] Kurznotizen, in: Kaffee- und Tee-Markt, Heft 5 vom 3. 3. 1961, S. 25.

[33] Heiß wie die Hölle, in: Der Spiegel vom 17. 10. 1962, S. 52.

[34] Von allen Hausfrauen dachten 25% an Jacobs, 10% an Onko, 9% an Tchibo, 7% an Vox, 6% an Eduscho, 4% an Ronning und 3% an Nescafé. Vgl. Institut für Verbrauchsforschung Emnid GmbH & Co.: Kaffeekonsum und Konsumentengewohnheiten. 25. Erhebung, November 1961, S. I, Historisches Archiv Mondelez International, Archiv HAG.

nach der besten Qualität und den tatsächlich gekauften Marken nannten die meisten Hausfrauen ebenfalls zuerst Jacobs.[35] Dieses herausragende Ergebnis verdankte der Bremer Großröster nicht zuletzt seiner intensiv betriebenen Produktwerbung. Bei erneuter Befragung zur spontanen Markenerinnerung in den folgenden Jahren konnte Jacobs sogar noch einige Prozent zulegen.[36] Zwei als „Versender" bekannte Firmen konnten bis 1965 ihre Zugewinne auf der Beliebtheitsskala beinahe verdoppeln: Tchibo arbeitete sich mit 56 Prozent auf den zweiten Platz vor und Eduscho nannten nun 41 Prozent der Hausfrauen bei der Frage nach der spontanen Markenerinnerung. Der tatsächliche Marktanteil der „Versender" lag zu der Zeit bei etwa 35 Prozent.[37]

Tchibo hatte seine erste Filiale bereits am 13. Oktober 1955 in Hamburg eröffnet. Dort konnten die Kunden den Kaffee vor dem Kauf auch probieren. „Der Probierbetrieb wirft keinen Gewinn ab, aber ich habe immer Betrieb in den Läden. Dadurch werden Kunden angelockt",[38] erklärte der Firmenchef Max Herz und gab die Parole aus: „In jedem Ort, wo Menschen leben, muß es Tchibo-Läden geben."[39] Das Filialnetz wuchs schnell und dehnte sich in den folgenden Jahren auf die gesamte Bundesrepublik aus. Im Jahr 1962 gab es bereits 252 solcher Spezialgeschäfte.[40] Die Möglichkeit, in den Filialen einen Kaffee zu trinken, wurde von den Kunden gut angenommen. Sie tranken den Kaffee dort im Stehen, weil die Filialen so eine Zulassung als Gastwirtschaft und den damit verbundenen Einbau von Kundentoiletten umgehen konnten. Zusätzlich richtete die Firma ab 1963 in Bäckereien und Konditoreien sogenannte Frische-Depots ein. Hierbei handelte es sich um einheitlich gestaltete Regale, in denen die Tchibo-Kaffeesorten angeboten wurden.

Das rasante Wachstum verschaffte den „Filialisten", vor allem aber der Firma Tchibo, die Aufmerksamkeit der Mitkonkurrenten. „Kampf dem ‚Experten'" verkündete die Firma Jabobs beispielsweise in Anspielung auf die Tchibo-Werbe-Figur, den von Wensley Pithey gespielten Kaffee-Experten. Und sie meinte, was sie sagte: In Orten, in denen Tchibo eine Filiale oder ein Depot eröffnet hatte, entsandte Jacobs ein Team zur „Anti-Tchibo-Werbeaktion". In der Mitarbeiterzeitschrift „Der Kontakt" häuften sich Artikel über diese Einsätze, die sich wie Kriegsberichte lasen. Aus dem Landkreis Ulm-Ehingen berichtete das Blatt beispielsweise:

> „In den Orten Langenau, Blaubeuren, Ehingen (6000 bis 10 000 Einwohner) traten wir jeweils mit vier Werbedamen und einem Dekorateur zum Gegenschlag an. Der gut gekochte Kaffee sowie die zur Verteilung gekommenen Luftballons und Tragetaschen brachten den erwünschten Erfolg. Es wurden je Werbedame täglich ca. 8 bis 12 kg JACOBS KAFFEE

[35] Im Einzelnen: Wenn sie nur an die Qualität des Bohnenkaffees dachten, hielten von allen befragten Hausfrauen folgende Marke für die beste: Jacobs (23%), Tchibo (11%), Onko (7%), Eduscho (5%), Vox (4%) und Ronning (3%). Nach den beim Einkauf bevorzugten Marken nannten die Konsumentinnen: Jacobs (23%), Tchibo (12%), Onko (7%), Eduscho (5%), Vox (4%), Ronning (4%) und Nescafé (2%). Vgl. ebd., S. If.

[36] 1963 wurde Jacobs von 64% der Befragten an erster Stelle genannt, 1965 von 67%.

[37] Wenn Kunden Atmosphäre schnüffeln, in: Der Kontakt, 6/1966, S. 8, Historisches Archiv Mondelez International.

[38] Heiß wie die Hölle, in: Der Spiegel vom 17. 10. 1962, S. 52.

[39] Zit. n. ebd., S. 55.

[40] Ebd., S. 38.

verkauft, was für die örtlichen Verhältnisse teilweise schon den Monatsumsatz eines Kunden [gemeint sind hier Einzelhändler] übersteigt."[41]

Die Konkurrenz auf dem Kaffeemarkt war ohnehin schon stark. Als Mitte des Jahrzehnts klar wurde, dass bei stagnierendem Verbrauch zusätzliche Marktanteile nur auf Kosten von Mitbewerbern erkämpft werden konnten, wurde der Wettbewerb noch schärfer: „An der Verkaufsfront hat eine Schlacht begonnen, in der hart gerungen wird. Es geht um jede Bohne", schrieb die Mitarbeiterzeitschrift von Jacobs „Der Kontakt" 1966. Vor allem die beiden Giganten Jacobs und Tchibo bekriegten sich mit den ihnen zur Verfügung stehenden Mitteln der Werbung und traten mitunter sogar im Gerichtssaal gegeneinander an; vor allem aber inszenierten sie Preisschlachten.

Am offensivsten thematisierte Tchibo den Preisaspekt in einer Anzeige, in der statt Geldmünzen Kaffeebohnen aus einer geöffneten Geldbörse quollen.

„Wieviel sollten Sie für Kaffee bezahlen?", war die Frage in der Überschrift und die Antwort lautete: „Wir meinen: 7,90 DM – das ist der richtige Preis. Denn soviel verlangen wir für ein halbes Kilo ‚Gold-Mocca'. Allerdings: Sie können auch weniger bezahlen. Wenn Sie sich mit einer geringeren Qualität zufrieden geben. Oder Sie bezahlen mehr. Aber selbst dann werden Sie kaum besseren Kaffee bekommen [...]. Tchibo: Nur in unseren eigenen Filialen oder direkt durch die Post."[42]

Die später ungewohnt werdende Nennung eines Preises in Werbeanzeigen von Großunternehmen lag an der noch bis 1973 bestehenden Preisbindung für Kaffee.[43]

Die Preise für Röstkaffee folgten bis 1965 dem kontinuierlichen Abwärtstrend der 1950er Jahre und sanken von durchschnittlich 17,22 DM pro Kilo im Jahr 1960 auf 16,65 DM im Jahr 1965 und schließlich 15,60 DM im Jahr 1969.[44] Die Röster verfolgten eine Niedrigpreis-Strategie, obwohl immer wieder festgestellt worden war, dass auf Seiten der Verbraucher zu dieser Zeit die konsumierten Mengen weitgehend von den dafür aufgewendeten Kosten unabhängig waren.

Der Preistrend lief bei Röstkaffee entgegen der allgemeinen Entwicklung: Die meisten Konsumgüter hatten sich derart verteuert, dass 1966 ein Wirtschaftsredakteur den Spruch prägte: „Die Mark ist nur noch fünfzig Pfennig wert."[45] Andererseits stiegen die Löhne noch schneller als die Preise.

Die Preis-Marketing-Strategie der Röster war riskant: Auf der einen Seite ließ sich eine Verbilligung oft nur über eine Qualitätsverschlechterung umsetzen, was angesichts des verwöhnten deutschen Verbrauchergeschmacks gewagt war. Auch warnten Kritiker, dass sich bei weiterer Reduktion der Qualität der Abstand zum Pulverkaffee vermindere.[46] Auf der anderen Seite trieben die Röster mit einer Ar-

[41] Besonders wachsam sein. Auch an der schönen „blauen" Donau kämpft man gegen den Experten, in: Der Kontakt, 4/1965, S. 37, Historisches Archiv Mondelez International.
[42] Werbung in: Revue, Nr. 41 vom 14. 10. 1962.
[43] Zur Preisbindung vgl. Kap. III.1.
[44] Verein der Kaffee-Großröster und -Importeure, Jahresbericht 1965, S. 8, und Jahresbericht 1970, S. 10.
[45] Der Münchener Wirtschaftsredakteur Walter Slotosch wird hier zitiert nach: Die Halbierte Mark, in: Der Kontakt, 1/1966, S. 4, Historisches Archiv Mondelez International.
[46] Kaffee- und Tee-Markt, Heft 1 vom 8. 1. 1968, S. 5.

Abb. 28: Deutliche Botschaft: Kundenwerbung durch Preissenkung (Tchibo 1962)

gumentation, die weniger die Qualität als vor allem den Preis hervorhob, die Kunden hin zu den aufkommenden Discountläden.

Der Grundgedanke dieser Betriebe lag im Prinzip des Weglassens – die Discounter reduzierten ihr Angebot auf das Wesentliche, indem sie konsequent an Service, Sortiment und Ausstattung sparten. Außerdem verfolgten sie eine Einkaufspolitik, mit der sie trotz guter Warenqualität durch die Abnahme großer Mengen günstige Preise erzielen konnten.[47] Der größte und wichtigste Discounter war das 1961/62 von den Brüdern Karl und Theo Albrecht gegründete Unternehmen ALDI[48] mit seiner Eigenmarke Albrecht-Kaffee. Die Konsumenten nahmen die Discountmärkte gut an, 1962 betrug die Zahl der Läden in der Bundesrepublik bereits 500. Obwohl diese auf dem Kaffeemarkt in den 1960er Jahren noch eine bescheidene Rolle spielten, wurde ihre Existenz und Ausbreitung von den Kaffeehändlern argwöhnisch beobachtet – zu Recht, wie die 1970er Jahre zeigen sollten.

[47] Im Einzelnen bedeutete dies: Keine Dubletten, keine Markenartikel, keine Frischeartikel, keine Preisauszeichnung der Produkte, kein Auspacken der Waren – verkauft wurde aus den Umkartons und von Paletten – keine Ladendekoration und -werbung. Zum Aufkommen der Discounter vgl. Reckendrees: Konsummuster im Wandel; Karl Ditt: Rationalisierung im Einzelhandel. Die Einführung und Entwicklung der Selbstbedienung in der Bundesrepublik Deutschland 1949–2000, in: Michael Prinz (Hg.): Der lange Weg in den Überfluss. Anfänge und Entwicklung der Konsumgesellschaft seit der Vormoderne, Paderborn 2003, S. 315–356; Arne Andersen: Der Traum vom guten Leben. Alltags- und Konsumgeschichte vom Wirtschaftswunder bis heute, Frankfurt a. M. 1997, S. 62 f.

[48] AL-brecht DI-scount.

Internationale Konkurrenten spielten auf dem Röstkaffeemarkt der Bundesrepublik keine Rolle. Es hatte sich herausgestellt, dass ausländische Kaffeemarken von den Westdeutschen nicht goutiert wurden. Dies bestätigt auch eine Untersuchung der Handelskammer Hamburg 1968, die prognostizierte, dass die EWG-Ausweitung auf Großbritannien und Skandinavien keinerlei Auswirkungen für die kaffeeverarbeitende Industrie haben werde.[49] Sogar der Gigant Coca-Cola scheiterte mit dem Versuch, 1968 seine Röstkaffee-Marke City-Kaffee auf dem deutschen Markt zu etablieren.[50]

Obgleich die Kaffeehändler von internationalen Rivalen also weitgehend verschont blieben, führte die Konkurrenz untereinander zu einem Absterben vieler Betriebe. Die Entwicklung lässt sich auch aus den Mitgliedszahlen des Vereins der Kaffee-Großröster und -Importeure ablesen, die in ihren Jahresberichten beständig das Ausscheiden von Firmen aufgrund von Konkursen oder Aufgabe der Rösterei vermerkten: Während am 1. Januar 1965 der Verein 498 Mitglieder zählte, blieben Ende 1969 nur noch 325 Mitglieder übrig, obwohl 1966 allein durch den Beitritt des Vereins Deutscher Kaffee-Groß-Händler und -Röster aus Köln 29 Firmen hinzugekommen waren.[51]

Die Entsinnlichung der Bohne

Die 1960er Jahre waren die Zeit wichtiger Strukturveränderungen im Kaffeesektor. Der Durchbruch von Kaffee als Markenartikel setzte im Vergleich zu anderen Produkten sehr spät ein, obgleich einige Kaffee-Firmen schon längst Markenkaffee anboten. Trotzdem waren zu Beginn des Jahrzehnts die Meinungen noch geteilt. So gab 1962 beispielsweise L. Witzens aus Wartenberg (Bayern) in einem Leserbrief im „Spiegel“ die verbreitete Meinung wieder:

> „Kaffeebohnen sind wie Kirschen oder Kartoffeln eine Gattungsware, die umgehend von Gegend zu Gegend und von Ernte zu Ernte anders ausfällt. Es ist ausgeschlossen, solche landwirtschaftlichen Erzeugnisse zum Markenartikel zu machen, wie etwa Persil oder Miele-Waschmaschinen oder Ford-Autos.“[52]

Auch in der Fachwelt waren nicht alle überzeugt. Im „Kontakt“ beispielsweise, der Mitarbeiterzeitung der Firma Jacobs, erstreckte sich die Debatte über die Vorzüge des Markenartikels bis weit in die 1960er Jahre. Die Zeitschrift druckte immer wieder einschlägige Artikel ab – etwa aus der „Rundschau für den Deutschen Ein-

[49] Röstkaffee lässt sich schwer „internationalisieren“, in: Kaffee- und Tee-Markt, Heft 7 vom 5. 4. 1968, S. 5.

[50] Ebd. Siehe auch: Kampf um Euro-Bohnen, in: Der Spiegel vom 24. 11. 1969, S. 68. Obwohl Coca-Cola stets mit dem coffeinhaltigen Erfrischungsgetränk gleichgesetzt wurde, war die Firma in den USA sowohl mit einem Pulverkaffee als auch mit einem Röstkaffee auf dem Markt.

[51] Vgl. Verein der Kaffee-Großröster und -Importeure, Jahresbericht 1965, S. 11, Jahresbericht 1966, S. 12, Jahresbericht 1969, S. 14. Ab 1970 wurde der Verein der Großröster- und -Importeure mit dem Verein der am Caffeehandel betheiligten Firmen in Hamburg und dem Verein der Hamburger Caffeeimport-Agenten und -Makler zum Deutschen Kaffeeverband zusammengeführt.

[52] Leserbriefe, in: Der Spiegel vom 28. 11. 1962, S. 27.

zelhandel“ oder aus dem „Magazin der Hausfrau“. Auf der Rückseite der Zeitschrift fanden sich wiederholt Sinnsprüche und Zitate, die offensichtlich die Jacobs-Außendienstler in Gesprächen mit Einzelhändlern oder Hausfrauen unterstützen sollten, wie z. B.:

„Markenartikel im Sortiment sichern dem Kaufmann ein gutes Geschäft und einen schnellen Umschlag, zumal sie zu einem guten Teil schon vorverkauft sind.“[53]

Genannt sei hier auch der Bericht eines Lebensmittelhändlers, der die Vorteile der Markenartikel pries:

„Zwar gibt es bei uns noch keine Großfilialbetriebe oder Supermärkte. Aber ihr Einfluß aus den umliegenden Städten wirkt sich auch bei uns aus. Die stärkste Waffe gegen ihre Konkurrenz ist der Markenartikel. Wenn ich in meinem Sortiment vorwiegend Markenartikel führe, dann vermeide ich viel Ärger und spare Zeit, denn der Markenartikel verkauft sich von selbst. Er braucht keine großen Empfehlungen und Erklärungen des Verkäufers.“[54]

Diese Beispiele, von denen es unzählige weitere gibt, zeigen, dass es offensichtlich noch erheblichen Diskussionsbedarf gab. Und obwohl gerade die Firma Jacobs, selbst ein führender Markenartikelanbieter, eindeutig für den Kaffee als Markenartikel warb, enthielten die Jacobs-Preislisten bis 1964 noch lose Ware.[55]

Als der Kaffee um das Jahr 1965 die Schwelle zum Massenkonsumgut überschritt, hatte er sich auch als Markenartikel etabliert. Gleichzeitig wandelte sich sein Status vom Sonntags- zum Alltagsgetränk. Nach übereinstimmenden Marktforschungsergebnissen wurde 1964 in rund 90 Prozent der bundesdeutschen Haushalte Kaffee getrunken. Annähernd 60 Prozent der Verbraucher gaben an, täglich Kaffee zu trinken. Etwa 85 Prozent der Kaffeetrinker nahmen wenigstens einmal in der Woche Kaffee zu sich.[56] Mit der Entwicklung zum Markenartikel verlor die Herkunft des Kaffees an Wichtigkeit. Auch wurden die Bohnen immer seltener lose und stattdessen häufiger in abgepackter und zum Teil in gemahlener Form verkauft. Die „Neuwieder Hefte“ konstatierten 1964:

„Das Angebot von Kaffee mit Herkunftsbezeichnung und Angabe der Mischung verliert mehr und mehr an Bedeutung. Offene, geschüttete Kaffeedekorationen mit Angabe der Kaffeesorte und der Mischung finden sich fast nur noch in ausgesprochenen Spezialgeschäften. Das mag für den Kaffeekenner mit geübter Zunge betrüblich sein, der große Verbrauchermarkt hat sich aber in der anderen Richtung entwickelt, das Angebot von Kaffee als Markenware ist weiter im Vordringen. Für die Masse der Kaffeetrinker sind Namen wie Arabica, Robusta, Maragogype, Santos oder Guatemala keine Wertbegriffe.“[57]

Der Bedeutungsverlust der Herkunftsländer zeigte sich auch im Streit um den Mokka, der ab 1955 die Gerichte beschäftigt hatte. Röster, die für ihre Kaffeemi-

[53] Das Zitat ist unterschrieben mit „Rundschau für den Deutschen Einzelhandel“. Der Kontakt, 1/1960, o. P., Historisches Archiv Mondelez International.

[54] Der Markenartikel – eine Existenzfrage, in: am runden tisch, Nr. 12/61, zit. n. Der Kontakt, 9–10/1961, o. P., Historisches Archiv Mondelez International.

[55] Vgl. Historisches Archiv Mondelez International, Archiv Jacobs, 00873915 R2 12/13, Preislisten 1930, 1948–1970.

[56] Kaffeeangebot mit neuen Impulsen, in: Neuwieder Hefte. Illustrierte Monatszeitschrift für Werbung und Verkauf im Lebensmitteleinzelhandel, April 1964, zit. n. Der Kontakt, 7/1964, o. P., Historisches Archiv Mondelez International.

[57] Ebd.

schungen den Zusatz Mokka verwendet hatten, um eine beim Verbraucher gefragte kräftige Geschmacksnote zu betonen, waren mit der geltenden Kaffeeverordnung in Konflikt gekommen und häufig in Strafprozessverfahren abgeurteilt worden. Die Gerichte vertraten meist die Auffassung, dass die Bezeichnung lediglich in Bezug auf die Herkunft der Bohnen zulässig sei und „Mokka“ oder „mocca“ den Verschiffungshafen Mokka (Mocha) oder allgemein zumindest eine arabische oder abessinische Provenienz des Kaffees kennzeichnen müsse. Ein Revisionsverfahren vor dem Bundesgerichtshof kam 1962 schließlich zu der gegenteiligen Ansicht, und künftig durfte der Zusatz Mokka als Gütebezeichnung fungieren.[58]

Die genannten Strukturveränderungen wiesen in Richtung einer zunehmenden Standardisierung des Produktes Kaffee. Zugleich erfolgte eine Entsinnlichung der Ware und eine Versinnlichung der Packung. Die Kaffeebohne verschwand aus dem Verkaufsprozess. Sofern sie nicht zur Unkenntlichkeit zermahlen war, versteckte sie sich in der Verpackung und war sinnlich erst nach dem Öffnen der Packung erfassbar. Mit den Provenienzen – den Herkunftsbezeichnungen im Verkaufsprozess – verschwand eine wichtige Projektionsfläche und ein Stimulanz für die Phantasie. Die exotischen Ländernamen (wie Costa Rica, Kolumbien, Guatemala) transportierten das Bild von echter und unerreichbarer Ferne, Abenteuer, Dschungel, fremden Menschen und Gebräuchen. Diese Regionen der Erde lagen damals jenseits der für möglich gehaltenen Reiseziele der allermeisten Kaffeetrinker in Deutschland. Die kleinen Bohnen waren aus den unerreichbaren Ländern nach Europa gekommen und transportierten deren Exotik in die bundesdeutschen Küchen und Wohnzimmer. Mit dem Verschwinden der Provenienzen und der Bohnen aus der Wahrnehmungswelt des Konsumenten und dem Trend zum gemahlenen Kaffee oder gar Pulverkaffee wurde der Kaffee entsinnlicht. Im kleingemahlenen braunen Pulver konnte nur noch der Duft das Bild der weiten Welt hervorrufen. Marken- und Mischungsnamen ersetzten die fernen Herkunftsbezeichnungen. Die Hersteller gaben sich Mühe, die Namen möglichst prächtig klingen zu lassen, und auch die Verpackungen wurden immer aufwendiger. Die Sinnlichkeit des Produktes verlagerte sich auf eine neue Sinnlichkeit des äußeren Scheins. Da die Konsumenten nicht mehr wählen konnten zwischen Bohnen verschiedener Herkunft, Farbe, Größe oder unterschiedlichen Aussehens und diese durch Fühlen und Berühren nicht mehr erfahrbar waren, boten die Kaffeehersteller statt dessen neue Verpackungen und neue Namen an. Und ein weiterer Aspekt unterstützte diesen Prozess der Ent- und neuen Versinnlichung: Die voranschreitende Selbstbedienung in den Läden führte unweigerlich zu einer verstärkten Aufmerksamkeit für das Werbemedium Verpackung.[59]

[58] Zur Mokka-Frage vgl. Jahresbericht 1960, in: Kaffee- und Tee-Markt, Heft 14 vom 31.7. 1961, S. 25; Mocca, in: Ebd., Heft 7 vom 11.4.1962, S. 9; Jahresbericht 1962, in: Ebd., Heft 15 vom 15.8.1963, S. 25.

[59] So wurden bereits 1963 etwa 25% aller Lebensmittelgeschäfte im Bundesgebiet in Selbstbedienung geführt und die Zahl war rasant am Steigen: Am 1.1.1963 gab es insgesamt 40 094 SB-Geschäfte – ein Jahr zuvor hatte es am gleichen Stichtag 30 680 gegeben, was eine Zuwachsrate von 31% bedeutete. Vgl. Jeden Tag 31 neue SB-Läden, in: Der Kontakt, 11/1963, o. P., Historisches Archiv Mondelez International.

Die Umstellung und Neugestaltung der Angebotspalette von Jacobs 1966 war beispielhaft für diesen Innovationsprozess in der Produktkommunikation, der sich in der gesamten Kaffeebranche vollzog. Das Unternehmen hatte bis dahin seinen abgepackten Kaffee unter den Sortenbezeichnungen Grün, Blau und Rot verkauft. Mit den Farbbezeichnungen für die verschiedenen Mischungen stand Jacobs nicht alleine. Eine als Rot bezeichnete Sorte boten auch Brücken Kaffee, Edeka, Klipps Kaffee, Melitta und Ronning an. Die beiden Letztgenannten führten auch noch die Marken Braun und Grün bzw. Blau und Gold.[60] 1966 entschied sich Jacobs zu einer völligen Überarbeitung seiner Produkte und Verpackungen. Die verschiedenen Sorten bekamen „kurze, verständliche und einprägsame" Bezeichnungen. Die günstige Kaffeesorte Rot hieß nun Edel Mocca und die Sorte Blau erhielt den Namen Tradition. Das Flaggschiff der neuen Erzeugnisreihe war die „Krönung", die mit dem Zusatz „Erlesene Spitzenklasse" angepriesen wurde.[61] Die Verpackungen wurden komplett verändert, wenn auch die Firma Wert auf einen behutsamen Übergang zum neuen Erscheinungsbild legte: Die Farben, die der jeweiligen Kaffeesorte bisher ihren Namen gegeben hatten, wurden für die Gestaltung der neuen Packungen ebenso wie der Zusatz „wunderbar" in weißer Schreibschrift auf rotem Grund übernommen. Offensichtlich war sowohl die Umgestaltung wie auch die nachfolgende Werbekampagne erfolgreich: Der neue Kaffee-Star Jacobs Krönung gewann bald einen Marktanteil von 30 Prozent.

Konsumenten und Konsumgewohnheiten im Strukturwandel

Der Strukturwandel in der Kaffeebranche wirkte sich natürlich auch auf die Konsumenten aus, die ihrerseits nicht nur die Macht hatten, ein Produkt Erfolg haben oder scheitern zu lassen, sondern ständig den Prozess der Kaffeeproduktion durch ihr Verhalten und ihre Entscheidungen beeinträchtigten. Der Einfluss des einzelnen Verbrauchers auf Konsumerzeugnisse und deren gesellschaftliche Wahrnehmung war weitreichend: Er konnte sich für oder gegen den Kauf eines bestimmten Produktes entscheiden, für die eine oder andere Marke, Qualität, Preisklasse, Angebotsart, Aufmachung, Darreichungsform, den Vertriebsweg und Herkunftsort. Er konnte auch wählen, welchen Stellenwert er einem Produkt in seinem Leben einräumen wollte oder generell, welche Bedeutung der Akt des Konsumierens in seinem Leben einnehmen sollte.

Die Marktforschungsinstitute versuchten, mit ihren Befragungen die Konsumentenwünsche zu entschlüsseln. Da die meisten Untersuchungen im Auftrag der Kaffeeindustrie stattfanden – oder zumindest auf ein Verwertungsinteresse durch diese abzielten –, orientierten sich die Forschungen an den Konjunkturen der Fachdiskussionen und den Interessen der Kaffeehersteller. Die Marktforschungsuntersuchungen gaben den Kaffeeherstellern Aufschluss darüber, wie die Kunden

[60] Historisches Archiv Mondelez International, 00879893 R2 12/12, Konkurrenz 1963–1967.
[61] Zur Neugestaltung der Jacobs-Produkte vgl. Rolf Sauerbier: 100 Jahre Jacobs Café, Bremen 1994, S. 55f.

auf ihre Strategien reagierten, und sie loteten aus, welche neuen Angebote und welche Formen der Werbung erfolgversprechend sein konnten. Das in den Marktforschungsuntersuchungen und anderen Veröffentlichungen entworfene Bild der Verbraucher in den 1960er Jahren zeigt, wie holperig die von den Kaffeekonzernen favorisierte Entwicklung zu einer Standardisierung verlief und wie sehr die Kaffeehersteller sich entgegen ihren eigenen Vorstellungen mit den Wünschen der Verbraucher arrangieren mussten.

So war die Hälfte der Hausfrauen 1961 immer noch der Meinung, dass sie vom Aussehen einer Kaffeebohne auf deren Güte schließen könnte.[62] In einer Warenkunde wies Klaus Jacobs auf die Zusammenhänge von Bohnenform, Bohnengröße, Bohnenschnitt und den Verbrauchervorstellungen hin:

> „Diese Frage spielt gerade im deutschen Markt eine wesentliche Rolle, da der Röstkaffee nicht wie in den USA gemahlen auf den Markt kommt, sondern in ganzen Bohnen, die ein möglichst gleichmäßig schönes Bild abgeben müssen. Denn bei der deutschen Hausfrau herrscht die Auffassung, daß eine große Bohne auch qualitativ besser sei."[63]

In der ersten Hälfte der 1960er Jahre wurde – wie auch im Jahrzehnt davor – noch viel „mit den Augen" gekauft. „Je größer die Bohne, je besser der Kaffee", vernahmen die Meinungsforscher des Emnid-Institutes 1961. Es gab aber auch Gegenstimmen, die verlauten ließen: „Kleine Bohnen sind besser!" oder „Die mittlere Bohne ist die beste!"[64] Als weitere Qualitätskriterien wurden eine gleichmäßige Größe oder ein gleichmäßiges Aussehen, die Art der Röstung bzw. der Färbung, ein heller Strich in der Mitte, eine glatte Oberfläche, eine gleichmäßige Form, aber auch der Duft und der Glanz genannt. Die teilweise widersprüchlichen Aussagen, die in keiner Weise mit den Ergebnissen der Kaffeeforschung übereinstimmten, zeigten das Bedürfnis nach einer eigenen Kompetenz angesichts der Herausforderung eines unüberblickbaren Angebots. Die befragten Konsumentinnen wollten selbst die Expertinnen für ihre Konsumgüter bleiben und suchten dabei nach Kriterien, die sie bei der ihnen möglichen Beurteilung per Augenschein als Orientierung einsetzen konnten. Da diese Art der Qualitätsbestimmung weder von den Kaffeehändlern noch von der Werbung propagiert wurde, musste es sich entweder um eine im Familien-, Bekannten- oder Freundeskreis tradierte Ansicht handeln oder um eine Ableitung aus der Qualitätsbestimmung bei anderen Gütern. Die Tradition dürfte das wichtigste Richtmaß gewesen sein.

Auch in der Beurteilung der für den Kaffeehandel so wichtigen Herkunftsländer stimmten die meisten Äußerungen der von Emnid befragten Konsumentinnen nicht mit den Qualitätsmerkmalen der Kaffeehändler überein.[65] Auf die Frage, aus welchem Land nach ihrer Meinung der beste Kaffee komme, gaben zwar

[62] Institut für Verbrauchsforschung Emnid GmbH & Co.: Kaffeekonsum und Konsumentengewohnheiten. 25. Erhebung, November 1961, S. V, Historisches Archiv Mondelez International, Archiv HAG.

[63] Der Kontakt, 6/1964, o. P., Historisches Archiv Mondelez International.

[64] Institut für Verbrauchsforschung Emnid GmbH & Co.: Kaffeekonsum und Konsumentengewohnheiten. 25. Erhebung, November 1961, S. V u. 37ff., Historisches Archiv Mondelez International, Archiv HAG.

[65] Ebd., S. 42ff.

39 Prozent an, dass sie keine Vorstellung hätten,[66] fast ein Drittel jedoch führte Brasilien an, welches tatsächlich zwar sehr viele, jedoch qualitativ nicht besonders hochwertige Bohnen produzierte. Andere Nennungen waren eher unspezifisch, wie etwa bei den 13 Prozent, die Amerika bzw. Südamerika angaben. Nur sehr wenige Stimmen entfielen auf die klassischen Exporteure guter Kaffees, wie Costa Rica (4 Prozent), Guatemala (3 Prozent), Kolumbien (1 Prozent) oder Mittelamerika (1 Prozent). Von einigen wenigen wurde auch Deutschland, Holland, die Schweiz, Hamburg, oder Bremen genannt, was zwar eine falsche geografische Angabe war, in der Logik der Verbraucher aber durchaus seinen Sinn hatte. Guter Kaffee kam ja nach Aussagen der Produktwerbung aus Hamburg oder Bremen, wo die großen Röster Jacobs, Tchibo und Eduscho ihren Sitz hatten, oder aus der Schweiz, wo die Firma Nestlé beheimatet war. Auch Benennungen der anderen Länder entsprachen einer inhärenten Logik, da hauptsächlich jene Länder genannt wurden, aus denen der meiste Kaffee in die Bundesrepublik kam und folglich auch beworben wurde. Eine höhere Schulbildung brachte übrigens nur unwesentlich realistischere Ergebnisse. Gebildetere Frauen waren offensichtlich eher geneigt, eine eigene Meinung zum Thema zu äußern,[67] von ihnen votierte jedoch sogar ein noch höherer Prozentsatz für Brasilien.[68]

Die von den Meinungsforschern befragten Hausfrauen hatten indes sehr genaue Vorstellungen von den Eigenschaften guten Kaffees. „Bester Bohnenkaffee", so entschied jeweils die Mehrzahl der Verbraucherinnen in einer Umfrage 1963, war vor allem kräftig, pulvrig gemahlen, belebend, würzig und säurearm.[69] Die Tendenz ging außerdem eher zu coffeinreichem als coffeinarmem und eher zu mildem als herbem Kaffee. In Bezug auf die Röstung entschieden sich die meisten für einen Mittelwert – der Kaffee sollte weder zu schwach noch zu stark geröstet sein.

In mehreren weiteren Umfragen fällten die Verbraucherinnen ein klares Votum für Kaffee als aromatisches, kräftiges, würziges und belebendes Genussmittel.[70]

[66] Dieser hohe Prozentsatz war wohl auch der Fragestellung geschuldet, die lautete: „Aus welchem Land kommt nach Ihrer Meinung wohl der beste Kaffee – oder haben Sie darüber keine Vorstellung?", und damit die Nennung von „keine Vorstellung" schon fast in den Mund legte.

[67] 42% der Befragten mit Volksschulbildung und 29% mit höherer Schulbildung (insgesamt 38%) gaben an, „keine Vorstellung" zu haben.

[68] Für Brasilien votierten 26% der Befragten mit Volksschulbildung, mit höherer Schulbildung 33% (insgesamt 28%).

[69] Vgl. Institut für Verbrauchsforschung Emnid GmbH & Co.: Kaffeekonsum und Konsumentengewohnheiten. 26. Erhebung, November 1963, S. 13–22, Historisches Archiv Mondelez International, Archiv HAG.

[70] Die meisten Hausfrauen nannten in einer Befragung 1961 „aromatisch", „frisch", „gehaltvoll", „duftig" und „kräftig" als die wichtigsten Eigenschaften, die nach ihrer Ansicht ein wirklich guter Kaffee haben sollte. Auch „herzhaft", „würzig", „rein" und „edel" wurden sehr häufig genannt. Wenig Anklang fanden die Eigenschaften „trocken", „süß", „abgestimmt", „süffig", „blumig", „mild", „mundig" und „voll". Keinen Anklang fanden die Begriffe „säuerlich", „cremig", „dünn", „bitter", „fruchtig", „herb", „scharf", „weich", „zart" und „rassig". Vgl. Institut für Verbrauchsforschung Emnid GmbH & Co.: Kaffeekonsum und Konsumentengewohnheiten. 25. Erhebung, November 1961, S. IV, Historisches Archiv Mondelez International, Archiv HAG.

Eindeutig standen dabei die anregenden Aspekte im Sinne eines Muntermachers im Vordergrund. „Echter Bohnenkaffee" sollte auch echtes Coffein enthalten – für coffeinfreie Kaffees stand ein anderes Marktsegment zur Verfügung. Gleichzeitig waren die Konsumenten durch die Gesundheitsdiskurse, die Ende der 1950er Jahre einsetzten, sensibilisiert und fragten nach dem Gehalt an Säure und Milde. Die weiteren genussassoziativen Nennungen ergaben sich vor allem aus der Schnittmenge des Begriffsangebotes der Meinungsforscher und der Sprache der Produktwerbung.

Bei der Zubereitung der Bohnen hatte sich mittlerweile der Kaffeefilter etabliert. Die Monatszeitschrift für Werbung und Verkauf „Neuwieder Hefte" stellte 1964 fest: „Das Filtern von Bohnenkaffee hat sich in den letzten Jahren mehr und mehr eingebürgert."[71] Etwa 60 Prozent der Kaffeeverbraucher– Emnid ermittelte 1965 sogar 71 Prozent[72] – bereiteten ihren Kaffee regelmäßig mit Filter zu, in Großstädten häufiger als in kleinen Orten. Die „Neuwieder Hefte" rieten angesichts der steigenden Bedeutung dieser Zubereitungsart daher den Einzelhändlern:

> „Der Frage des Kaffeefilterns sollte im Laden immer wieder Aufmerksamkeit geschenkt werden. Filterpapier und auch die Filter selbst gehören räumlich mit zum Kaffeeangebot."[73]

Gleichzeitig mit der steigenden Beliebtheit der Filtertechnik erschien ein neues Wort im Sprachgebrauch: Der Begriff Filterkaffee tauchte neben dem bis dahin für Güte bürgenden Wort Bohnenkaffee bzw. echter Bohnenkaffee auf und etablierte sich als Qualitätsbegriff. Besonders deutlich zeigte sich dieser Wandel, als die Deutsche Nestlé AG ihr neues Produkt Nescafé Gold als Filterkaffee bewarb und die restliche Branche der Kaffeehändler dagegen Sturm lief. Nestlé wurde mit einstweiligen Verfügungen überhäuft und musste die Werbestrategie für sein Erzeugnis ändern.[74]

Die störrische Hausfrau? Gemahlener und vakuumierter Kaffee: Konsumentenwünsche versus Rösterinteressen

Der größte Teil des Kaffees wurde Mitte des Jahrzehnts noch in ungemahlenem Zustand angeboten. Der Grund dafür lag zum großen Teil an den Schwierigkeiten der Hersteller, den Kaffee aromaschonend zu mahlen und aromabeständig zu verpacken. Trotz der einigermaßen befriedigenden Lösung des Problems durch die Vakuumverpackung, die ihre technischen Schwierigkeiten aus den 1950er Jahren

[71] Kaffeeangebot mit neuen Impulsen, in: Neuwieder Hefte. Illustrierte Monatszeitschrift für Werbung und Verkauf im Lebensmitteleinzelhandel, April 1964, zit. n. Der Kontakt 7/1964, o. P., Historisches Archiv Mondelez International.

[72] Institut für Verbrauchsforschung Emnid GmbH & Co.: Kaffeekonsum und Konsumentengewohnheiten. 27. Erhebung, Februar 1965, S. 60, Historisches Archiv Mondelez International, Archiv HAG.

[73] Kaffeeangebot mit neuen Impulsen, in: Neuwieder Hefte. Illustrierte Monatszeitschrift für Werbung und Verkauf im Lebensmitteleinzelhandel, April 1964, zit. n. Der Kontakt 7/1964, o. P., Historisches Archiv Mondelez International.

[74] Vgl. Kaffee- und Tee-Markt, Heft 1 vom 12. 1. 1966, S. 6.

nunmehr überwunden hatte, verweigerte sich aus Sicht der Großröster und -händler die traditionsgebundene Hausfrau ohne sachliche Gründe den Neuerungen.

Die Konsumenten empfanden frisch gemahlenen Kaffee – zu Recht – als aromareicher.[75] Gleichzeitig gehörte für viele Verbraucher der Mahlvorgang selbst bereits zur häuslichen Zeremonie der Kaffeezubereitung. Die Kaffeebranche warb hingegen für die standardisierten gemahlenen Kaffeepackungen, da sie einen rationelleren Verkauf ermöglichten, und konnte damit allmählich einigen Erfolg verbuchen. Der Absatz von gemahlenem Kaffee dehnte sich aus. Trotzdem klagten die Händler über zu viel „Handarbeit beim Kaffeekochen" und über schwerfällige und unwissende Verbraucher. Um die Überlegenheit des gemahlenen Produktes zu kommunizieren, pries man die Vorzüge industrieller Verfahren:

> „Gerade beim gemahlenen Kaffee muß das Verbraucher-Vorurteil so tief verwurzelt sein, daß die Anstrengungen, es auszurotten, von manchen schon als so gut wie gescheitert angesehen werden. Denn obgleich Kaffee industriell viel schonender und hygienischer und mit viel mehr Rücksicht auf sein Aroma gemahlen werden kann, obgleich es möglich ist, ihn aromasicher und haltbar zu verpacken, breitet sich der Umsatz von gemahlenem Kaffee bei uns kaum aus. Der traditionelle Kaffee beherrscht unbestritten das Bild [...]. Der Mangel an Bereitschaft, gemahlenen Kaffee als das dem ungemahlenen überlegene Produkt anzuerkennen, läßt sich nur aus Mißtrauen und Unkenntnis erklären [...]."[76]

Hier wurden moderne, industriell erzeugte und standardisierte Produkte als die Besseren dargestellt, weil sie nicht im Mief kleiner Küchen mit der herstellenden Hand in Berührung kamen, sondern mit chromglänzenden Maschinen erzeugt wurden. Dieses Fortschrittsdenken sollte sich in der Gesellschaft schließlich durchsetzen und für lange Zeit prägend bleiben. Am Ende der 1960er Jahre war dieser Streit um die Kaffeezubereitung allerdings noch nicht ausgefochten.

Viele Verbraucher kauften weiterhin ganze Bohnen. 1965 gaben in einer Emnid-Umfrage 70 Prozent der Hausfrauen an, ungemahlene Bohnen zu kaufen, während nur sieben Prozent den bereits von der Rösterei gemahlenen Kaffee bevorzugten. 20 Prozent nutzten die Möglichkeit, den Kaffee im Geschäft frisch mahlen zu lassen oder ihn dort selbst zu mahlen.[77] Für diesen Zweck installierten sogar Selbstbedienungsläden in der Nähe der Kaffeeregale eine Mühle. Marktforschungen ergaben allerdings, dass das Mahlen im Geschäft rückläufig war.[78] Dies wurde zum Teil mit der wachsenden Ausstattung der Haushalte mit elektrischen Kaffeemühlen begründet, deren Anschaffung sich schließlich rentieren sollte. Der Hauptgrund lag jedoch in der trotz der beschriebenen zählebigen Traditionen zunehmenden Relevanz fabrikgemahlenen Kaffees. Die Kaffeebranche und die Einzelhändler sahen bereits neuen Zeiten entgegen:

[75] Die Kaffeehändler, die ein Interesse an standardisierten Produkten hatten, versuchten diese Meinung als „unbegründet" hinzustellen.

[76] Bildungslücken, in: Kaffee- und Tee-Markt, Heft 19 vom 9. 10. 1967, S. 5.

[77] Institut für Verbrauchsforschung Emnid GmbH & Co.: Kaffeekonsum und Konsumentengewohnheiten. 27. Erhebung, Februar 1965, S. 5, Historisches Archiv Mondelez International, Archiv HAG.

[78] Kaffeeangebot mit neuen Impulsen, in: Neuwieder Hefte. Illustrierte Monatszeitschrift für Werbung und Verkauf im Lebensmitteleinzelhandel vom April 1964, zit. n. Der Kontakt, 7/1964, o. P., Historisches Archiv Mondelez International.

„Noch scheint der Verbraucher nach der Kaffeemühle im Laden zu verlangen. In absehbarer Zeit dürfte es aber durchaus diskutabel sein, [...] auf den Kundenservice des Kaffeemahlens ganz zu verzichten."[79]

Noch optimistischer blickte die Zeitschrift „Kaffee- und Tee-Markt" in die Zukunft:

„Denn die Kundin, die sich abgepackten Bohnenkaffee im Laden mahlen läßt, wird wohl bald ein ebenso störender Schnörkel im glatten Ablauf des Kaffeeverkaufs sein, wie die Verkäuferin, die Kaffee abwiegt (mahlt) und verpackt."[80]

Durch die standardisierte Packung mit gemahlenem Röstkaffee hofften Röster wie Einzelhändler Personal und Zeit einsparen zu können.[81] Für die Röster ergab sich darüber hinaus der Vorteil, dass sie weniger Verleseverlust hatten, wenn sie keine Rücksicht mehr auf das optische Erscheinungsbild nehmen mussten. Farbliche Abweichungen, zu kleine Bohnen, unschöne Formen oder sogar Bruch spielten hier keine Rolle.

Um den gemahlenen Kaffee auch wirklich frisch anbieten zu können, bedurfte es der Vakuumverpackung, die vor allem bei Dosen angewendet wurde. Auf dem deutschen Markt hatte sich außer der Firma Melitta niemand an die Produktion der Vakuum-Weichpackung herangetraut, weil die Röster mit dem Widerstreben der Hausfrauen rechneten.[82] Offensichtlich war die Zurückhaltung der Hersteller begründet, denn die Verbraucher standen oftmals ratlos vor den ziegelsteinartigen Kaffeepackungen. Eine Zeitzeugin berichtet von ihrer ersten Begegnung mit dem neuen Produkt:

„Ich war [...] bei meiner Mutter zu Besuch. Wir wollten Kaffee kochen und es war keiner da. Dann hab ich meine kleine Schwester, die damals so sieben, acht Jahre war, nebenan zum Bäcker geschickt, sie sollte gemahlenen Kaffee holen. Dann kam sie wieder, brachte ein Paket, was steinhart war. Dann hab ich gesagt: ‚Das geht doch nicht, die haben dir alten Kaffee angedreht!' Bin mit ihr wieder runter gegangen in die Bäckerei und da hat die Bäckersfrau mir erzählt, das ist also ein ganz neues Verfahren: Der Kaffee wird gemahlen und frisch vakuumverpackt. Und ich hab mich dann beruhigen lassen, wir sind nach Hause gegangen. Wir haben wunderbaren Kaffee gekocht. Das war mein Kaffee-Erlebnis mit vakuumverpacktem Kaffee."[83]

So vorbehaltlos ließen sich jedoch nicht alle Konsumenten überzeugen. Die meisten Verbraucher hingen an ihren Gewohnheiten und Vorstellungen, die mit den Interessen der Röster hinsichtlich einer stärkeren Standardisierung kollidierten.

Die Zeitschrift „Kaffee- und Tee-Markt" als Sprachrohr der Kaffeebranche polemisierte häufig gegen die „trägen" Verbraucher und die „störrischen" Hausfrauen. Der Herausgeber der Zeitschrift „Gordian-Max Rieck" betrieb neben dem Verlagsgeschäft auch eine Eisenwarenhandlung, die u. a. Ausstattungsgegenstände für

[79] Ebd.

[80] Von der Hand in die Tüte: Moderne Verpackungsmethoden in Deutschland?, in: Kaffee- und Tee-Markt, Heft 8 vom 19. 4. 1966, S. 5.

[81] Ebd.

[82] Wer ist schwerfälliger, der Verbraucher oder die Kaffeebranche?, in: Kaffee- und Tee-Markt, Heft 8 vom 20. 4. 1967, S. 6. Melitta stellte seit 1962 vakuumverpackten gemahlenen Kaffee her. Vgl. Das Erbe der patenten Hausfrau, in: taz vom 4. 10. 2009.

[83] Interview mit Renate Kolbe, Wiebke Kolbe (Interviewerin), Kiel 14. 1. 2009.

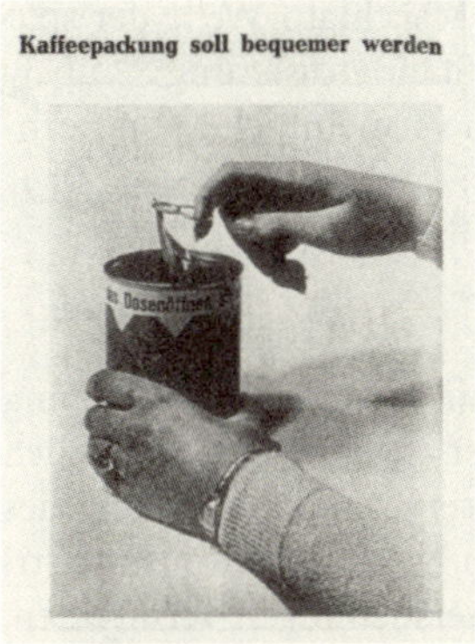

Abb. 29 und 30: Die beiden Abbildungen, die einer Doppelseite der Zeitschrift „Kaffee- und Tee-Markt" entnommen sind, zeigen das Spannungsverhältnis zwischen Kaffee-Tradition und -Moderne am Ende der 1960er Jahre und gleichzeitig den Scheideweg, den der Kaffee seitdem antrat.

Kaffeegeschäfte anbot. In der „Kaffee- und Tee-Markt"-Ausgabe vom April 1969 wurde eine Werbung der Eisenwarenhandlung für Verkaufsbehälter aus eigener Produktion, die das traditionelle Segment des Kaffeehandels ausstatten sollten, direkt neben einem Artikel platziert, der sich mit den Problemen der Verbreitung von Vakuumkaffee und gemahlenen Bohnen auseinandersetzte und mit den Worten begann:

> „In der Vorstellung des Verbrauchers, so scheint es manchmal, ist Kaffee immer noch mit der Bohne, der Kaffeemühle und dem Aufgusszeremoniell verbunden. Es scheint schwierig zu sein, der deutschen Hausfrau moderne Packungen oder sogar bequemere für den Kaffee verkaufen zu können."[84]

Der Artikel war illustriert mit einer Abbildung, in der Frauenhände eine Vakuumdose mit Patentverschluss öffnen. Auf der gegenüberliegenden Seite bedienten die Kaffeeverkaufsbehälter aus Keramik das traditionelle Kaffee-Image par excellence: Kunstvoll verzierte Behälter aus Porzellan und Messing mit Abbildungen exotisch aussehender Menschen und Pflanzen präsentierten dort nach Herkunftsland sortierte lose Bohnen. Damit illustrierte die Zeitschrift gewollt oder ungewollt das Spannungsfeld zwischen Kaffee-Tradition und -Moderne am Ende des Jahrzehnts.

Gleichwohl symbolisierten die beiden Bilder die künftige zweigeteilte Entwicklung des Produktes Kaffee: Die Masse der Verbraucher konsumierte zunehmend die neuen gemahlenen und vakuumierten Standard-Kaffees, aber es sollte noch bis Ende der 1970er Jahre dauern, bevor der Verkaufsanteil des gemahlenen Kaffees den ungemahlenen übertraf.[85] Ein kleiner Marktanteil blieb hingegen den Spezialitäten erhalten. Dieses exklusive Sortiment fristete die nächsten zwanzig Jahre ein eher randständiges Dasein, bis es durch die Wiederentdeckung der Kaf-

[84] Kaffeepackung soll bequemer werden, in: Kaffee- und Tee-Markt, Heft 8 vom 25. 4. 1969, S. 30.

[85] Ende der 1960er Jahre betrug der Marktanteil von gemahlenem Kaffee lediglich 5%. Vgl. ebd.

fee-Spezialitäten im Zuge der Coffee-Shop- und Latte-Macchiato-Welle der späten 1990er und 2000er Jahre in eine Form „exklusiver Standardisierung“[86] überführt und erweitert wurde, was die Grenzlinie zwischen vermeintlichen und echten distinktiven Besonderheiten erneut verschob.[87]

Imagewandel

Steigende Einkommen und eine zunehmende Industrialisierung in der Fertigung trugen dazu bei, dass immer mehr ehemalige Luxusgüter allgemein erschwinglich und zu Artikeln des Massenkonsums wurden. Mit dieser Demokratisierung des Konsums verschoben sich auch die Erwartungen an den Nutzen der Konsumartikel. Soziologische und wirtschaftswissenschaftliche Untersuchungen vermerkten, dass der Geltungsnutzen einer Ware neben ihrem Zwecknutzen eine immer größere Bedeutung erlangte.[88]

„In Ermangelung anderer Prestigezeichen und Statussymbole werden wirtschaftliche Güter, vor allem auch Gegenstände des sogenannten Konsumvermögens, als Symbol der eigenen Leistungsfähigkeit und als Mittel zur Befriedigung des Geltungsbedürfnisses gewertet und begehrt“,[89] schrieb der Wirtschaftswissenschaftler Volker Hardegen 1967 in der Zeitschrift „Kaffee- und Tee-Markt“ und betonte die Zunahme der Kaufentscheidungen, die auf soziales Ansehen abhoben.

Das auf Distinktion bedachte Verhalten der Konsumenten bezog sich auf das Produktimage, welches zunehmend der Schlüssel für erfolgreiche Verkaufszahlen wurde. Der Kaffee bot hier eine breite Projektionsfläche, wie Untersuchungen von Marktforschern bestätigten. Kaffeegenuss als solcher, aber auch die verschiedenen Kaffeesorten waren hochgradig symbolisch aufgeladen.

Eine Erhebung der Gesellschaft für Marktforschung beschrieb 1960 das Image des Bohnenkaffees in Abgrenzung zu coffeinfreien oder sogenannten Gesundheits-Kaffees:

„Menschen, die coffeinhaltigen Kaffee trinken, werden vor allem als berufstätig und gesellig angesehen. Zudem stellt man sie sich eher als die Verbraucher der anderen zwei Kaffeearten als zielstrebig vor. Das Bild eines geselligen Menschen ist so zu verstehen, daß der betreffen-

[86] Hier sei als Beispiel auf die Nespresso-Boutiquen verwiesen, die in der Anlage Juweliergeschäften ähneln und die an Nespresso-Clubmitglieder Kapseln für die Hightech-Kaffeemaschinen der Nestlé-Tochter verkaufen. In diesen seit 1986 existierenden Läden bietet die Firma mit den verschiedenfarbigen Alukapseln erfolgreich ein exklusives wie auch extrem standardisiertes Produkt an, das sonst nur über den Nespresso-Club-Versand bezogen werden kann. Vgl. Die Bohnen-Revolution, in: Der Spiegel vom 13.2.2010, S. 80f.

[87] Als extremes Beispiel sei hier der teuerste Kaffee der Welt, der „Kopi-Luwak“ erwähnt. Dieser indonesische Kaffee wird als Frucht von einer speziellen Schleichkatzenart, dem Fleckenmusang, gefressen und fermentiert anschließend im Magen der Katze. Da die Tiere nur das Fruchtfleisch der Kaffeekirschen verdauen können, werden die Bohnen ausgeschieden. Das Exkret wird gesammelt, die Bohnen gewaschen und geröstet. Von diesem Kaffee stehen weltweit jährlich zwischen 230 und 450 kg zur Verfügung. In Europa kosten derzeit 100 g etwa 100 Euro. Vgl. http://de.wikipedia.org/wiki/Kopi_Luwak (23.3.2010).

[88] Vgl. Andersen: Der Traum vom guten Leben, S. 43f.

[89] Hintergründe der Bedarfsverlagerung im Konsumgütersektor, in: Kaffee- und Tee-Markt, Heft 15 vom 10.8.1967, S. 19.

Tabelle Nr. 25

Zutreffende Eigenschaften eines Menschen, der bestimmte Kaffeearten bevorzugt

zu Frage 21

i. v. H.

Lfd. Nr.	Eigenschaft	Männer			Frauen		
		Kaffee HAG	coffeinhaltiger Kaffee	Gesundheitskaffee	Kaffee HAG	coffeinhaltiger Kaffee	Gesundheitskaffee
	100 =	156	156	156	157	157	157
1	2	3	4	5	6	7	8
1	gesellig	22	63	13	24	58	14
2	schwächlich	38	4	54	47	3	45
3	berufstätig	17	68	14	15	67	12
4	langweilig	28	7	35	20	10	34
5	zielstrebig	22	46	15	16	48	16
6	ängstlich	48	6	38	45	6	41
7	sportlich	36	24	24	32	17	30
8	gesund	26	41	24	24	42	23
9	weiß nicht	7	5	12	8	6	11
-	insgesamt :	244	264	229	231	257	226

Abb. 31: Eine Untersuchung aus dem Jahr 1960 ergab erhebliche Image-Unterschiede für Trinker von coffeinhaltigen und -freien bzw. -reduzierten Kaffees.

de Verbraucher mit anderen Menschen gern zusammen ist. Dabei wird [...] den Gästen, selbst von Trinkern coffeinfreien Kaffees, eher coffeinhaltiger Kaffee kredenzt."[90]

Dagegen wurden die Konsumenten des coffeinfreien Kaffee HAG oder sogenannter Gesundheitskaffees eher als schwächlich und ängstlich oder sogar krank wahrgenommen. Außerdem wurden sie in signifikant mehr Nennungen als langweilig und weniger gesellig bezeichnet.

Die „Gesundheitskaffees", die als säurearm und coffeinreduziert beworben wurden, wie z. B. der von Darboven hergestellte Idee-Kaffee, waren Ende der 1950er Jahre in Westdeutschland auf den Markt gekommen und von den traditionellen Röstern kritisch beäugt worden, da sie allein durch ihre Existenz suggerierten, dass der „normale" Kaffee ungesund sei. Die Zeitschrift „Kaffee- und Tee-Markt" zog eine interessante Parallele zu anderen Nahrungsmitteln, bei denen „nach der Fresswelle die Sättigung" eingesetzt habe. So würden zuvor ersehnte Dinge wie

90 Motivuntersuchung Produkt-Image Kaffee HAG – Einstellungen, Images und Persönlichkeit verschiedener Verbrauchergruppen, erstellt von der Firma HAG AG Bremen, von der GFM/Gesellschaft für Marktforschung mbH Hamburg, Oktober 1960, S. 20, Historisches Archiv Mondelez International, Archiv HAG, Marktforschungsuntersuchungen.

z. B. Fett in einer Zeit des „Wirtschaftswunderüberflusses" unter gesundheitlichen Gesichtspunkten kritisch betrachtet. Doch diese Thematisierung der Bekömmlichkeit sei vor allem ein Trick und ein „gefährliches Spiel", um die Verkäuflichkeit des eigenen Produktes zu erhöhen.[91]

Da coffeinfreier Kaffee durch die Produkte von Kaffee HAG abgedeckt sei, werde von Mitbewerbern, die ihren Marktanteil vergrößern wollten, nun zusätzlich die Säure thematisiert. Doch Gesundheit war generell zu einem wichtigen Thema geworden. So versuchten die Röster und Kaffeehändler den Diskurs in Richtung auf einen scheinbar medizinisch begründeten Lobgesang auf die wunderbaren Kräfte ihres Getränkes zu lenken, wie z. B. in einem Artikel im „Kontakt" 1961:

„Ein Lob dem Morgenkaffee

Der Kaffee am frühen Morgen ist das Waschwasser des Kreislaufs. [...]

Der Morgenkaffee ist von besonderer Wirkung auf die Nieren. Dies hat seinen Grund darin, daß durch den nächtlichen Schlaf das Blut mit Schlacken überladen ist. Auch die Hautdrüsen sind mit Abfallstoffen überfüllt und das Adersystem ist auch noch vom Schlaf her auf Ruhe eingestellt. Durch den Genuß des Morgenkaffees weiten sich die Adern, und die Nierenfilter füllen sich mit Blut. Dadurch wird viel Harn, Schweiß und Talg produziert, und der Körper wird von den Schlacken der Nacht gereinigt. Ein bedeutender Arzt behauptete einmal, daß der Morgenkaffee für das Körperinnere genau dasselbe wäre wie die Waschung für das Äußere des Körpers und daß man den Morgenkaffee geradezu als das Waschwasser des Blutkreislaufes bezeichnen kann.

Nach dem Trinken mittags nach dem Essen wirkt er wieder ganz anders. Jetzt sind es nicht die Nieren, auf die das braune Getränk in erster Linie Einfluß hat, sondern es sind die Verdauungsorgane. Der Kaffee wirkt auf Magen und Darmdrüsen sowie auf die Muskeln des Darmkanals. Auf diese Weise wird die Verdauung des Mittagessens gefördert und günstig beeinflußt.

Der Nachmittagskaffee spornt zu Aktivität an, denn er wirkt auf die Muskeln. Die betreffende Person fühlt nach dem Genuß des braunen Getränks erhöhte körperliche Spannkraft.

Kaffee, der am Abend getrunken wird, regt in erster Linie die Gehirntätigkeit an: Phantasie und Geist werden beflügelt, die Gedanken werden schneller und die Vorstellungen klarer."[92]

Der Artikel beschreibt den Kaffee als medizinisches Wundergetränk, das zu jeder Tageszeit wechselnde Wirkungen entfaltet. Die Verweise auf die spezifische Wirksamkeit des Kaffees für Organe im menschlichen Körper ließen die Argumentation glaubwürdig klingen, zumal der Hinweis auf einen „bedeutenden Arzt" nicht fehlte, der trotz seines Renommees jedoch anonym bleibt. Trotz solcher Bemühungen gelang es den Kaffeeherstellern nicht, den Kaffee selbst als Gesundheitsallheilmittel zu etablieren, aber die Diskussion um die Schädlichkeit des Kaffees, die immer wieder unter verschiedenen Gesichtspunkten aufflackerte, blieb doch weitgehend ungefährlich für das Image der braunen Bohnen und ihrer Konsumenten.

Der vitale, aktive und erfolgreiche Mensch trank nach allgemeiner Vorstellung Bohnenkaffee. Eine Studie von Makrotest 1966 ergab z. B., dass Frauen, die keinen Kaffee tranken, von ihren Geschlechtsgenossinnen im Allgemeinen als kränklich

[91] „Gesundheitskaffee", in: Kaffee- und Tee-Markt, Heft 24 vom 17. 12. 1959, S. 25f.

[92] Ein Lob dem Morgenkaffee, in: Der Kontakt, 7 u. 8/1961, o. P., Historisches Archiv Mondelez International.

eingeschätzt wurden: „Eine Hausfrau, die keinen Kaffee trinkt, muß noch jung sein. Sie kann über keinen kultivierten Geschmack verfügen, wenn sie sonst gesund ist",[93] so lautete die Einschätzung in Marktforschungsinterviews. Da viele Produkte im Zeitalter des demonstrativen Konsums nach den gesellschaftlichen Zuordnungen gekauft wurden, spielte auch die Demoskopie eine wachsende Rolle für die Produktentwicklung und Werbung. Gleichzeitig spiegeln die Fragenkataloge der Meinungsforscher die Erwartungen und Hoffnungen der Kaffeeproduzenten z. B. auf neue Absatzmärkte wider. Fragte Emnid 1959 erstmalig nach dem Zusammenhang von Gesundheit und Kaffeekonsum, so rückte bezeichnenderweise ab 1965 auch die Jugend in den Fokus der Marktforscher. Jugendliche waren vor dem Hintergrund der Marktsättigung als neue Zielgruppe entdeckt worden. Aufgrund der bis dahin geringen Affinität der Jugendlichen zu dem Genussmittel – diese griffen lieber zur Coca Cola[94] – wartete hier nach Vorstellung der Kaffeehersteller möglicherweise ein riesiger Markt, der mit gezielter Werbung erschlossen werden könnte. Doch die Jugendlichen wollten sich mit dem Traditionsgetränk nicht recht anfreunden. Hier deutete sich bereits ein Trend an, der den Kaffeeröstern im nächsten Jahrzehnt schmerzlich bewusst wurde: Nachdem Bohnenkaffee nicht länger als Luxus galt, bekam er zunehmend ein antimodernes Image.

Tradition und Moderne

In der Werbekampagne für die neuentwickelte Marke Krönung bemühte sich die Firma Jacobs in der zweiten Hälfte der 1960er Jahre, das schwierige Gegensatzpaar von Kaffee-Tradition und Moderne unter einen Hut zu bringen. Dabei vollzog sie einen interessanten Rückgriff auf die Großmutter-Reklame von 1957. Ein Anzeigenmotiv für Jacobs Krönung zeigte eine ältere Frau in Kittelschürze, deren liebevolle Aufmerksamkeit auf die manuelle Kaffeemühle in ihren Händen gerichtet war, inmitten einer altmodisch-ländlichen Küchenlandschaft mit einem klassischen Holzbüffet, losen Eiern und Blümchenkaffeetassen. Im Hintergrund stand eine geöffnete Packung Jacobs-Kaffee, aus der die gerade gemahlenen Bohnen augenscheinlich stammten. Die Komposition des Bildes machte deutlich: Hier wurde für das leibliche Wohl mit viel Handarbeit, Sorgfalt, Zeit und einem hohen Anteil an naturbelassenen Lebensmitteln gesorgt. Gleichzeitig verorteten die Werber die Küchenszene durch eine Farbpostkarte zwischen den sepiafarbenen Portraits am Küchenschrank und die Form der Küchenuhr in die Zeit der 1960er Jahre. Inmitten einer stressbelasteten Arbeitswelt weckte das Bild Sehnsucht nach der traditionellen Welt einfacher Werte und entschleunigter Lebensweise. Durch die Bildunterschrift erhielt die Szene eine sinnvolle Auflösung: „Mutter Wolters Ferien-Aroma können Sie jeden Alltag haben." Die Sehnsucht der Konsumenten nach Urlaub und Freizeit sollte gestillt werden, indem ein Feriengefühl in den Alltag zurückgeholt wurde. Dies unterstrich auch der weitere Anzeigentext:

[93] Aus Rundschau für den deutschen Einzelhändler, zit. n.: Der Kontakt, 6/1966, S. 10, Historisches Archiv Mondelez International.

[94] Vgl. Coke für die Jungen – Kaffee für die Alten?, in: Kaffee- und Tee-Markt, Heft 9 vom 5. 5. 1967, S. 5.

Abb. 32 und 33: Zwei Anzeigenmotive aus einer Werbeserie für Jacobs Krönung. Die anderen Motive der Reihe zeigen Familiensituationen. Die „Mutter Wolters"-Anzeige vollführt einen interessanten Rückgriff auf die Welt der Jacobs-Großmutter aus den 1950er Jahren.

„Das knusperfrische Steinofenbrot und die selbstgemachte dicke Erdbeermarmelade fehlen Ihnen zu Hause? Aber das Wichtigste haben Sie: Jacobs-Kaffee. Der bringt Ihnen jeden Morgen ein wenig Ferien-Aroma. Riechen Sie mal … stimmt! So duftete es in Mutter Wolters gemütlicher Pension."

Eine zweites Motiv aus derselben Anzeigenserie kontrastierte „Mutter Wolters Ferienwelt": Die Werbung zeigte eine junge Frau in einer modernen Einbauküche. Auch sie hält eine Kaffeemühle in der Hand, allerdings eine elektrische, die die weiße Schlichtheit der Küche teilt. Doch die Frau schenkt der Mühle keinen Blick: Obwohl die Bohnen erst zur Hälfte gemahlen sind, lenkt sie ihre Aufmerksamkeit genau wie ihre rechte Hand bereits auf die Kaffeekanne. Diese junge Frau ist „modern": Sie hat viel zu tun. Zeit ist nicht im Überfluss vorhanden. Sie begegnet den Anforderungen des Alltags, indem sie möglichst viele Handgriffe gleichzeitig durchführt – der Begriff des „Multitasking" wurde zu der Zeit noch nicht verwendet, das damit Bezeichnete passte jedoch hervorragend in die neue weibliche Lebenswelt. Die Tätigkeitsbereiche der jungen Frau liegen – wie ihre moderne Kleidung suggeriert – offensichtlich in wesentlichen Teilen außerhalb der Küche. Keine Schürze bedeckt die fleckenlose weiße Hose und die ebenso saubere rosafarbene Bluse. Hier erhellte die Bildunterschrift nicht die imaginierte Situation, sondern verblüffte durch Kontrast: „Tradition" stand dort in mächtiger altmodischer Frakturschrift. Die Intention dieses Kontrastes lag darin, den Betrachter auf der Suche nach dessen Klärung zum Lesen des Anzeigentextes zu bringen. So hieß es weiter:

„Sie weiß nichts von der jahrzehntelangen Rösterfahrung, die Jacobs hat. Nichts von der Hohen Schule des Mischens und von den besten Kaffeeplantagen der Welt. Sie weiß nur, daß sie sich auf ihren Geschmack verlassen kann. Und auf den Geschmack ihrer Mutter, ihrer Schwiegermutter, Großmutter [...]".

Der Rückgriff auf die Tradition bezog sich auf die Erfahrungen der Frauengenerationen vor der jungen (Haus-)Frau, deren schwierige und oft aufwendige Nahrungs- und auch Kaffee-Zubereitungen sie nicht auf sich nehmen muss, an deren qualitativen Errungenschaften sie aber partizipieren kann, dank „Jacobs Krönung". So baute Jacobs in beiden Anzeigen geschickt eine Brücke zwischen der Behaglichkeit der Welt der Großmütter und der modernen Lebenswelt der 1960er Jahre. Gleichwohl wirkte die Werbung offenbar nicht wirklich überzeugend: Die junge Frau, die eine moderne Einstellung zur Hausarbeit verkörperte, entsprach nicht dem damaligen noch immer virulenten Hausfrauenideal. Als überzeugendes Vorbild konnte sie in der damaligen Zeit nicht aufgebaut werden. So blieb das Motiv in der Werbelandschaft einmalig und wurde nicht wieder aufgegriffen.

Die Werbung für Bohnenkaffee zeigte vor allem Inszenierungen von Festlichkeit, Gemütlichkeit, Familienleben, Genuss und Luxus, der alltäglich geworden war. Am Ende der 1960er Jahre gab es erste Hinweise, dass dieser Deutungsrahmen an seine Grenzen gelangte. Nach Meinung von weitsichtigen Fachleuten drohte das aufgebaute „Oma-Image" der Kaffee-Branche zu schaden. Klaus Argenton, langjähriger Chefredakteur der Zeitschrift „Kaffee- und Tee-Markt", polemisierte unter der Überschrift „Omas Kaffee lebt" gegen die mangelnde Flexibilität der professionellen Kaffeewerbung, die vor allem den Geschmack und die Lebenswirklichkeit der jungen Generationen nicht mehr erreichen würde:

„Da gibt es nichts zu zweifeln: Wenn Lieschen Müller jun. zur Ehefrau herangereift ist, läßt sie aus dem Minirock den Saum raus, schneidet ihrem Mann die kragenschonenden Haare ab, und beide stehen, nach dem Willen einer plüschseligen Kaffeebranche vor dem Wunder der Kaffeezubereitung [...]. Haben Sie mal überlegt, was Lieschen Müller sen. wie jun. morgens mit dem ersten Schluck Kaffee machen, den sie zu sich nehmen? Sie spülen mit ihm die Pille runter, mit dem Unterschied, daß die Mutter noch Tchibos guten Goldmocca dafür nimmt, während die Tochter sich mit Nescafé begnügt. Und die Kaffeebranche häkelt derweil die Omamasche. Jacobs Geburtstagskaffee dampft, Tchibos Moccaläden glänzen im Glanz der 50er Jahre, und Ed, Usch und O schlagen Purzelbäume dazu, die kleinen Schelme [...]. Wenn es nicht in allerletzter Sekunde noch gelingt, Kaffee vom Odium des Omagetränks zu befreien, wird die Kaffeebranche auf dem Plüschsessel sitzen bleiben, während die Jugend an ihr vorbeibraust, um das Weltall zu erobern."[95]

Man könne, so Argenton weiter, der Jugend nicht mit Erfolg weiterhin ungemahlenen Kaffee in der üblichen Verpackung anbieten. Nach Meinung des Redakteurs wies die wiederverschließbare Blechdose mit gemahlenem und vakuumverpacktem Kaffee mit einem Öffnungsmechanismus nach „Bierdosensystem" zum Aufreißen, wie sie Jacobs anbot, den richtigen Weg.[96] Hier liege die Zukunft, denn so,

[95] Omas Kaffee lebt, in: Kaffee- und Tee-Markt, Heft 2 vom 21. 1. 1969, S. 5.

[96] Ebd. und: Mit der Dose in die Lücke, in: Kaffee- und Tee-Markt, Heft 4 vom 21. 2. 1969, S. 5. Die wiederverschließbaren Packungen blieben außerdem im Gegensatz zur Folienpackung bis zum letzten Rest formstabil und konservierten den Kohlensäurespiegel über dem Kaffee zu dessen besserer Haltbarkeit.

„wie im Haushalt die Selbströstung verschwand, als es gerösteten Kaffee gab, so muß der ungemahlene Kaffee untergehen".[97]

Diese Zukunft aber hatte beim Verbraucher erst sehr zögerlich begonnen. Kaffeeexperten erklärten die Stagnation des Kaffeeabsatzes zwar nicht zuletzt durch die fehlende Hinwendung junger Menschen – und besonders junger Ehefrauen – zum Kaffeegenuss, gleichzeitig stellten sie aber fest, dass „in der Vorstellung des Verbrauchers der Kaffee immer noch mit der Bohne, der Kaffeemühle und dem Aufgusszeremoniell verbunden" sei."[98] Der Marktanteil von gemahlenem Kaffee in Vakuumdosen lag 1969 in der Bundesrepublik lediglich bei vier bis fünf Prozent.[99] Auch die als verloren geglaubte junge Generation, die dem Kaffeegenuss wenig abgewinnen konnte, griff kaum zu diesem Produkt, sondern lieber zum Pulverkaffee.

In der Küche einer traditionsgebundenen Hausfrau war löslicher Kaffee eher verpönt. Der Behauptung „Eine tüchtige Hausfrau verwendet keinen sofortlöslichen Kaffee-Extrakt!" stimmte in einer Befragung 1965 die Mehrheit der Hausfrauen zu, 28 Prozent sogar überaus entschieden („Ganz richtig").[100] Kaffeekochen war in der Vorstellungswelt der 1960er Jahre noch eng verbunden mit dem Fleiß und der Kompetenz der dafür zuständigen Frauen. Dieses Bild wurde nicht nur von Männern entworfen, sondern mindestens ebenso vehement von Frauen verteidigt. So sprach sich bei einer Umfrage die große Mehrheit von Hausfrauen – und 65 Prozent sogar ganz entschieden – für die Behauptung aus: „Richtiges Kaffeekochen muß gekonnt sein!"[101]

Das Kochen von gutem Kaffee war eine weibliche Domäne und auch genossen wurde das Getränk gern im Rahmen weiblicher Geselligkeit. Diese gelegentlichen weiblichen Kaffeekränzchen, die zum damaligen Frauenalltag gehörten, rückten auch in den Fokus wissenschaftlicher Untersuchungen.

Eine Umfrage im Jahr 1963 unter Hausfrauen, die sich innerhalb der letzten vier Wochen zum Kaffeeklatsch getroffen hatten – dies waren 49 Prozent –, ergab hinsichtlich der Gesprächsthemen, dass Krankheiten das am häufigsten besprochene Thema bei den nachmittäglichen Zusammenkünften waren, gefolgt von Mode und Fernsehen, Kindererziehung und Blumenpflege und auf dem vierten Platz Männer und Reisen.[102] Bei genauerer Betrachtung der Altersstruktur zeigte sich bei jüngeren Frauen ein anderes Interessensfeld als bei älteren: Während jüngere Frauen als Hauptgesprächsthema Kleidung bevorzugten, gefolgt von Fernsehen, Männern, Kindererziehung und schließlich Krankheiten und Reisen, war das überragende Thema bei älteren Frauen Krankheiten und als nächstes die Blumen-

[97] Mit der Dose in die Lücke, in: Ebd., S. 5.
[98] Kaffeepackung soll bequemer werden, in: Kaffee- und Tee-Markt, Heft 8 vom 25. 4. 1969, S. 30.
[99] Ebd.
[100] Institut für Verbrauchsforschung Emnid GmbH & Co.: Kaffeekonsum und Konsumentengewohnheiten. 27. Erhebung, Februar 1965, S. 77, Historisches Archiv Mondelez International, Archiv HAG.
[101] Ebd., S. 66.
[102] Gespräche beim Kaffeeklatsch, in: Der Kontakt, 11/1963, o. P., Historisches Archiv Mondelez International.

pflege. Gespräche über Fernsehen und Reisen, Kleidung und Kindererziehung rangierten mit größerem Abstand dahinter.

Weitere Gespräche drehten sich um gute Einkaufsmöglichkeiten, neue Kochrezepte, Fußbodenpflege (was die älteren mehr interessierte als die jüngeren), Waschmaschinen, die besten Putzmittel, Haustiere, Musik, Küchenmaschinen, Romane und endlich auch Politik, die gemeinsam mit neuen Filmen weit abgeschlagen auf dem Gesprächsthemen-Ranking landete.

Eine Aufschlüsselung hinsichtlich der Schulbildung ergab ebenfalls Differenzen: Hausfrauen mit höherer Schulbildung unterhielten sich vor allem über Reisen. Fragen der Kindererziehung interessierten sie mehr als die Frauen mit einfacher Schulbildung. Frauen mit kürzerer Schulzeit unterhielten sich bei ihren Kaffee-Zusammenkünften eher über gute Einkaufsmöglichkeiten und Putzmethoden.

Ehe-Psychologen wiesen auf die wohltuende Wirkung des Kaffeeklatsches hin und empfahlen diesen, den Geschlechterrollen entsprechend, den Hausfrauen, um den abends nach Hause kommenden Mann entspannt und erfrischt – Kaffee machte bekanntlich munter – empfangen zu können: „Der Ehemann, der abends von der Arbeit nach Hause kommt, möchte aber nicht dort eine ebenfalls zum Umfallen müde Frau vorfinden.“[103] Jedoch dürfe der Kaffeeklatsch keinesfalls bis zum Eintreffen des Mannes von der Arbeit ausgedehnt werden: „Denn wenn Männer etwas noch weniger gern sehen als eine müde Frau, dann ist es eine im Kreise ihrer Freundinnen munter drauflosschnatternde Ehefrau.“[104] Diese Ratschläge, die damit implizit die Frauen in die Nähe von schnatternden Gänsen rückten, waren durchaus ernst gemeint. Die Lehre, die daraus gezogen werden sollte, war: Kaffee macht munter, und geselliges Beisammensein bereichert die sonst oft einsame und mühsame Tätigkeit der Hausfrauen, die sich abends um das Wohlbefinden des Mannes kümmern sollten. Die Kaffeeindustrie begrüßte solche Vorschläge. Ihr war alles willkommen, was die Verbraucher zu einer Konsumsteigerung veranlassen konnte.

Phänomen Pulverkaffee

Die 1950er Jahre waren keine gute Zeit für die Vermarktung von Instant-Kaffee gewesen. Obwohl der Zweite Weltkrieg die Verbreitung von Extrakt-Kaffee[105] weltweit wesentlich gefördert hatte, fand dieser in der frühen Bundesrepublik kaum Käufer. In der Truppenverpflegung der Alliierten hatte sich das Kaffeepulver bewährt: Es war leicht und platzsparend, schnell und unkompliziert zuzubereiten, löste sich auch in kaltem Wasser oder kalter Milch auf und war besonders lange haltbar.[106] In Westdeutschland blieb der Konsum von Pulverkaffee auf die

103 Kaffeeklatsch hebt die Stimmung, in: Der Kontakt, 4/1964, o. P., Historisches Archiv Mondelez International.

104 Ebd.

105 Das pulverförmige Kaffee-Konzentrat hat viele Namen: Extrakt-, Express-, Pulver-, Puder-, Instant- oder löslicher Kaffee werden hier synonym gebraucht, auch wenn in der zeitgenössischen Diskussion oftmals mit der Verwendung eines Begriffs eine Absichtserklärung verbunden war, wie z. B. die Diskreditierung eines Konkurrenzproduktes.

106 Pulver, Preiskampf und Prozesse, in: Kaffee- und Tee-Markt, Heft 17 vom 8. 9. 1969, S. 6.

auf dem Schwarzmarkt angebotenen Dosen der US-Besatzungstruppen beschränkt. Er haftete im Gedächtnis als ein Getränk der Notzeit:

„Unsere Bekanntschaft mit dem Bohnenkaffee-Extrakt ist noch gar nicht so alt. Sie fällt in eine Zeit, an die wir uns nicht mehr allzugern erinnern. Ohne Zweifel aber bereitete damals eine ‚hinten herum' erworbene Dose Puderkaffee einen köstlichen Genuß. Als dann aber der lang ersehnte Bohnenkaffee wieder auf den Markt kam, schien für uns die Zeit des Puderkaffees vorbei zu sein."[107]

Und obwohl einige Firmen, wie beispielsweise Jacobs, in den 1950er Jahren viel in die Produktwerbung der Extraktkaffees investierten, blieb dessen Umsatz auf ein Minimum beschränkt.[108]

In den 1960er Jahren gewann mit zunehmender Industrialisierung und Modernisierung der Lebensgewohnheiten der Kaffee in Pulverform immer mehr an Bedeutung. Am Beginn des Jahrzehntes nahm sich der Verbrauch vor allem mit Blick auf andere europäische Länder noch relativ bescheiden aus. Während 1962 in der Bundesrepublik der Anteil des löslichen Kaffees am Gesamtkaffeeumsatz sechs Prozent ausmachte, betrug er in Großbritannien zur selben Zeit 60 Prozent. „Der lösliche Kaffee ist im Begriff, eine Art zweites Nationalgetränk [in England] zu werden und wird praktisch in allen Familien, außer in den entfernt gelegenen Gebieten von Wales und Schottland konsumiert",[109] berichtete die Zeitschrift „Kaffee- und Tee-Markt", die diesen Erfolg des Pulverkaffees im Wesentlichen auf eine dynamische Werbung und niedrige Preise zurückführte. Die Bundesrepublik lag mit dem relativ geringen Extraktkaffee-Konsum zwar unter dem europäischen Durchschnitt von 9,5 Prozent, bildete jedoch noch lange nicht das Schlusslicht: Mit jeweils einem Prozent belegten Schweden, Finnland, Norwegen und Italien die letzten Plätze. Der lösliche Kaffee war in diesen Ländern jedoch wesentlich teurer. In Italien wurde die geringe Nachfrage darüber hinaus mit der Liebe der Italiener zum Espresso erklärt. Die Zurückhaltung der bundesdeutschen Kaffeetrinker begründeten Experten vor allem mit deren hohen Ansprüchen, denn das Pulver erreichte bei weitem nicht die Qualität des aus Bohnen gebrühten Vorbildes.[110]

Am bekanntesten war der lösliche Nescafé des Schweizer Nestlé-Konzerns. Laut einer Untersuchung des Emnid-Institutes im Jahr 1961 dachten 79 Prozent der bundesdeutschen Hausfrauen an Nescafé, wenn von Bohnenkaffee-Extrakt die Rede war. Dieser hohe Bekanntheitsgrad führte zu einer synonymen Verwendung der Marke Nescafé für Pulverkaffee allgemein. An zweiter Stelle folgten Maxwell mit 37 Prozent und schließlich Mocca-Press von Jacobs mit sechs Prozent.[111]

[107] Das aktuelle Thema: Moccapress, in: Der Kontakt, 11–12/1961, o. P., Historisches Archiv Mondelez International.
[108] Zu den Schwierigkeiten der Produkteinführung von Extraktkaffee vgl. Stephanie Abke: Die Werbung der Firma Jacobs in den 50er und 60er Jahren als Spiegel gesellschaftlichen Wandels in der Bundesrepublik Deutschland, unveröffentlichte Magisterarbeit, Bremen 1997, S. 89–92.
[109] Der Konsum von löslichem Kaffee in Europa; in: Kaffee- und Tee-Markt, Heft 11 vom 5. 6. 1964, S. 5.
[110] Ebd.
[111] Institut für Verbrauchsforschung Emnid GmbH & Co.: Kaffeekonsum und Konsumentengewohnheiten. 25. Erhebung, November 1961, S. I, Historisches Archiv Mondelez International, Archiv HAG.

Im Laufe der 1960er Jahre nahm die Bedeutung von Extraktkaffee stetig zu. Dies lag sicherlich an der intensiven Werbung, vor allem aber an den veränderten Lebensgewohnheiten der Verbraucher. Auf dem aufsteigenden Reise- und Campingmarkt beispielsweise fand das Pulver begeisterte Abnehmer. So freute sich Jacobs 1962, für die von ihm angebotene Marke Mocca-Press einen neuen Absatzweg gefunden zu haben: Die Firma war zur offiziellen Campingausstellung des Deutschen Camping Club e. V. nach Essen eingeladen worden und beteiligte sich mit einem „zünftigen Campingstand“ – mit Steilwandzelt und Birkentisch –, um den Extrakt-Kaffee dort bei den insgesamt 170 000 Besuchern anzupreisen und durch kostenlosen Ausschank zu bewerben.[112] Gerade der Pulverkaffee eignete sich aufgrund seiner einfachen Zubereitung für das Leben auf dem Zeltplatz, und so konnte Jacobs den Messeeinsatz als vollen Erfolg verbuchen, zumal sie als alleinige Kaffeefirma auf der Ausstellung vertreten war. Das Echo auf den Messeeinsatz war so groß, dass die Kaffeefirma erfreut feststellte, „daß mit den Campern neue Absatzwege für uns offen stehen“.[113]

Die Camping-Ausstellung wurde zum Auftakt einer groß angelegten Werbeaktion. Der Juni-Ausgabe der Zeitschrift „Campingfreunde“ wurde die von Jacobs gestaltete Broschüre „Auf großer Campingfahrt“ beigelegt. Außerdem erhielten alle Außendienstmitarbeiter von Jacobs eine Aufstellung der kommerziellen Zeltplätze in ihrem Gebiet mit der Aufforderung, sich z. B. in den oft zu den Plätzen gehörenden Kiosken nach geeigneten Vertriebsmöglichkeiten umzusehen. Die Werbung für die Marke Mocca-Press ging ebenfalls verstärkt auf den Gebrauch des Pulverkaffees beim Campen ein. Das Konzept schien aufzugehen: Noch im September 1962 verkündete die Mitarbeiter-Zeitschrift „Der Kontakt“, dass die Strategie, den Camping-Plätzen ein besonderes Augenmerk zu schenken, ein voller Erfolg sei und Jacobs-Fabrikate bereits auf 58 Prozent der vom Deutschen Camping Club empfohlenen Plätze erhältlich seien.[114]

Das Express-Produkt harmonierte ideal mit der neu entdeckten Mobilität und Reiselust der „Erlebnisgesellschaft“,[115] da die einfache Zubereitung bestens in die schlichten Möglichkeiten der Camping-Küche passte. Zudem waren die Zelturlauber per se bereit, hinsichtlich Qualität und Bequemlichkeit Abstriche zugunsten des erholsamen Frischlufterlebnisses zu machen, und sahen damit eher über

112 Vgl. Camping – ein neuer Absatzweg!, in: Der Kontakt, 5–6/1962, o. P., Historisches Archiv Mondelez International.

113 Ebd.

114 Erfolg auf Campingplätzen, in: Der Kontakt, 7–9/1962, o. P., Historisches Archiv Mondelez International.

115 Zur Transformation der Gesellschaft, die nach den Worten des Soziologen Gerhard Schulze nicht mehr das Überleben, sondern das Erleben als zentrales Element wahrnahm, vgl. Axel Schildt: Materieller Wohlstand – pragmatische Politik – kulturelle Umbrüche. Die 60er Jahre in der Bundesrepublik, in: Axel Schildt/Detlef Siegfried/Karl Christian Lammers (Hg.): Dynamische Zeiten. Die 60er Jahre in den beiden deutschen Gesellschaften, Hamburg 2000, S. 21–53; Gerhard Schulze: Die Erlebnisgesellschaft. Kultursoziologie der Gegenwart, Frankfurt a. M. 2000. Die Aufwendungen für Sport-, Camping- und Freizeitartikel in der Bundesrepublik waren 1962 auf 1,2 Mrd. DM angestiegen, zusammen mit den entsprechenden Aufwendungen in den anderen westeuropäischen Staaten erreichten sie etwa 6 Mrd. DM.

den Geschmack hinweg, der hinter dem Genuss von echtem Bohnenkaffee noch deutlich zurückblieb. Die Verwendung von Schnell- und Fertiggerichten ermöglichte schließlich eine kostengünstige und autarke Verpflegung im Urlaub, die als Alternative zum Restaurantbesuch gern genutzt wurde.[116] Dafür konnten die Gerichte und Getränke am gewünschten Ort zubereitet werden – aufwendig kochen und „richtigen" Kaffee bereiten konnte man schließlich nach dem Urlaub in der heimischen Küche.

Doch auch im alltäglichen Gebrauch sollte der Pulverkaffee nach Wunsch der Produzenten möglichst eine Nische finden. Die Werbung für den Extrakt-Kaffee bemühte sich, den Verbrauchern nahezubringen, „zwischendurch mal schnell eine Tasse Kaffee zu trinken".[117] So schuf die Agentur Ted Bates für Jacobs Mocca-Press Bild-Szenen, die Menschen in ihrer alltäglichen Umgebung zeigten, etwa bei der Arbeit, beim Hobby oder bei der Hausarbeit, und die sich eine kurze Pause in Form einer schnellen Tasse Pulverkaffee gönnten.[118]

Nachdem sich der Verkauf von löslichem Kaffee lange Zeit schleppend hingezogen hatte und die Firma bereits nahe daran war, das Projekt Pulverkaffee aufzugeben, sollte eine neue Kampagne Klarheit über die Zukunft des Produktes bringen.[119] Die Werbung für den neuen Mocca-Press glich einem Feldzug:

> „Die Botschaft vom neuen MOCCAPRESS wird also pausenlos, Monat für Monat, dem Verbraucher dargebracht. Er hört sie, er sieht sie, in Farbe und schwarz-weiß. Er wird sie bemerken, denn er muß sie bemerken – der Angriff auf sein Unterbewußtsein ist zu intensiv. Der Beitrag, der für die Kampagne 1964 bereitsteht, ist sehr groß – es wird nicht gespart – der Einsatz ist umfassend."[120]

Der Werbeeinsatz war tatsächlich gewaltig. Er berücksichtigte neben einer Vielzahl von Kriterien auch das Verpackungsmaterial: „Frauen lieben Glas von jeher. Formschöne Gläser besonders",[121] stellte die Firma Jacobs 1964 die neue Verpackung für Mocca-Press vor. Auch die anderen Pulverkaffee-Hersteller hatten bereits auf Glas umgestellt oder waren gerade dabei. Durch ein neues Produktionsverfahren bot sich diese Umstellung an, da die Blechdosen dem Erzeugnis keinen ausreichenden Schutz gewährten.[122] Darüber hinaus bediente die neue Verpackung ein modernes

[116] Gleichwohl fanden Instant-Produkte nicht vorbehaltlos den Weg zum Verbraucher. So erwies sich die Idee von Kaffee-Milch-Pasten im Kunststoffdarm als Flop. Die farblich gekennzeichneten „Kaffeewürste" enthielten verschiedene Füllungen, die je nach Geschmack bereits mit Milch oder Zucker versetzt waren, und sollten zum Gebrauch in die Kaffeetasse gedrückt und mit heißem Wasser aufgefüllt werden. Vgl. Kaffee-Milch-Pastete aus dem Kunststoffdarm, in: Der Kontakt, 1/1964, o. P., Historisches Archiv Mondelez International.

[117] … erst mal 'ne Tasse MOCCAPRESS!, in: Der Kontakt, 2/1965, S. 7, Historisches Archiv Mondelez International.

[118] Vgl. ebd., S. 7–11.

[119] Vgl. Abke: Die Werbung der Firma Jacobs, S. 90f.

[120] JACOBS stellt vor: Der neue MOCCAPRESS, in: Der Kontakt, 1/1964, o. P., Historisches Archiv Mondelez International.

[121] Ebd.

[122] In dem neuen Verfahren wurden die Aromaträger vor der Extraktion abgetrennt und dem Pulver nach der Sprühtrocknung wieder zugesetzt. Vgl. Kaffeeangebot mit neuen Impulsen, in: Neuwieder Hefte. Illustrierte Monatszeitschrift für Werbung und Verkauf

Ästhetikempfinden, war nach Vorstellungen der Verbraucher einfacher und besser zu handhaben und außerdem im Haushalt wiederverwendbar, wie der Extraktkaffee-Hersteller Jan Beernd Rothfos in einem Interview hervorhob.[123]

Der Verbrauch von Kaffee-Extrakt hatte in den 1960er Jahren kontinuierlich zugenommen und betrug 1967/68 elf Prozent des gesamten Kaffeeverbrauchs.[124] Das Pulver schien endgültig aus der Sorgen-Ecke herausgekommen zu sein. „Erklärbar ist das Phänomen nicht, jedenfalls nicht für mich", schrieb der Chefredakteur der „Kaffee- und Tee-Markt" Klaus Argenton im Mai 1968:

> „Das lösliche Kaffeepulver hat eindeutig die geheimnisvolle Schwelle übertreten, die jahrelang der Ausbreitung seines Verbrauchs in Deutschland im Wege lag [...]. Ganz offensichtlich ist auch bei dem Genußmittel Kaffee die 20jährige ‚Nachkriegszeit' zu Ende gegangen, und mit dem Beginn eines neuen, neuartigen, ja möglicherweise völlig anderen Verbraucherzeitalters hat gleichzeitig das lösliche Kaffeepulver neu Tritt gefaßt, während sich bei Röstkaffee die Truppen erst zu sammeln scheinen."[125]

Der Pulverkaffee wurde von den traditionellen Röstern zu Recht als Konkurrenz betrachtet. Da seit 1966 der Pro-Kopf-Kaffeeverbrauch stagnierte, gleichzeitig sich der Konsum von Pulverkaffee stark ausbreitete, verlief diese Entwicklung zu Ungunsten des herkömmlichen Filterkaffees. „Der beste Bohnenkaffee der Welt wird bald nicht mehr gekocht: Das Verhältnis der deutschen Hausfrauen zu den braunen Bohnen ist gestört — schon heute wird **jede zehnte Tasse Kaffee mit Pulver** und heißem Wasser gemacht", orakelte „Die Zeit" im Mai 1968 und beschrieb die Misere der Großröster:

> „Die Beteuerung, daß keines der Instant-Pülverchen einem hochwertigen Röstkaffee auch nur annähernd das Wasser reichen könnte, hilft den renommierten Kaffeekönigen nicht. Sie müssen, wollen sie nicht kampflos Marktanteile preisgeben, ihre guten Bohnen auch in Pulverform verkaufen. Die deutschen Kaffeetrinker wollen es so."[126]

Der Extraktkaffee hatte seine Nische im bundesdeutschen Markt gefunden.[127] Die Verbraucher griffen für eine schnelle und bequeme Zubereitung zum Pulver. Für

im Lebensmitteleinzelhandel, April 1964, zit. n. Der Kontakt, 7/1964, o. P., Historisches Archiv Mondelez International.

123 Kaffee zwischen Blech und Glas. Interview mit Jan Beernd Rothfos, in: Kaffee- und Tee-Markt, Heft 23 vom 4. 12. 1964, S. 7. Die Hersteller konzipierten die neuen Abpackungen neben ästhetischen Aspekten nach Gesichtspunkten von Stapelbarkeit und formpsychologischen Überlegungen: „Die Einschnürung des Rumpfes beispielsweise, um psychologisch die Griffsympathie neben der Zierde zu erreichen", wurde von Rothfos als Beispiel hierfür genannt. Andere Gestaltungsmerkmale, wie etwa die Zierrillen, dienten vor allem dazu, sich von Konkurrenzprodukten nicht erst im Etikett zu unterscheiden und die Verpackung selbst als kaufentscheidenden Faktor mit einzubeziehen.

124 Der Konsum des löslichen Kaffees in Europa, in: Kaffee- und Tee-Markt, Heft 22 vom 23. 11. 1967, S. 6.

125 Jetzt geht es mit dem Pulver rascher voran, in: Kaffee- und Tee-Markt, Heft 9 vom 8. 6. 1968, S. 5.

126 Kaffeemacht – Bohnen in Bedrängnis; in: Die Zeit vom 3. 5. 1968. Hervorhebung im Original.

127 Der Extraktkaffee-Markt in der Bundesrepublik, auf dem z. B. 1968 450 Mio. Mark umgesetzt wurden, wurde von den ausländischen Firmen Nestlé und General Foods (Maxwell) mit etwa 55 Prozentanteilen dominiert, während die in der Bundesrepublik angesiedelten Hersteller Deutsche Extrakt Kaffee, Ibenco und Jacobs den Rest unter sich aufteilten.

ein genussvolles und kontemplatives Kaffeetrinken allerdings blieb der traditionelle Bohnenkaffee die erste Wahl: „Samstags und sonntags bereite ich mir selbstgemahlenen Filterkaffee [...], nur die anderen Tage, damit es schneller geht, verwende ich Pulverkaffee“,[128] schrieb eine Kaffeetrinkerin in einem Brief an die Firma Jacobs.

Kaffee-Werbung

In den 1960er Jahren brach das Fernseh-Zeitalter an.[129] Die Fernsehgeräte zogen nun nicht mehr nur in öffentlichen Orten ein, sondern eroberten die privaten Wohnzimmer. Zu Beginn des Jahres 1960 waren 3,3 Millionen Geräte angemeldet, am Ende des Jahrzehnts verfügten die Bundesdeutschen bereits über 15 Millionen TV-Geräte.[130] Die Kaffee-Röster nutzten das neue Werbemedium zunehmend, wobei die zur Verfügung stehenden Sendeminuten anfangs das größte Hindernis darstellten.[131] Die Firma Jacobs, die bereits ab 1959 bewegte Bildbotschaften über die öffentlich-rechtlichen Anstalten ausstrahlen ließ, konnte sich jedoch schon für das zweite Quartal 1964 145 Sendetermine sichern und so einmal täglich im Deutschen Fernsehen für ihre Produkte werben.[132] Mit Beginn der Fernsehwerbung gestaltete die Firma ihre gesamte Produktwerbung neu. Die Werbebotschaft „Kaffee mit Niveau“ betonte die Zusammengehörigkeit von harmonischem Familienleben und Kaffeegenuss. Diese Strategie wurde von der Firmenleitung als großer Erfolg gesehen und prägte auch in den nächsten 30 Jahren viele Kampagnen. In der Festschrift zum hundertjährigen Bestehen der Firma schlussfolgerte der Autor:

> „Vielleicht lag ihr Erfolg auch darin, daß Harmonie und Familienglück Werte waren, die in der Lebensrealität vieler Familien nicht existierten, an denen viele Menschen aber dennoch festhielten.“[133]

Dies mag in vielen Fällen richtig sein, trotzdem speiste sich der Erfolg wohl eher aus einem wunschgeleiteten Wiedererkennen besonderer Momente, die durch den kostbaren Jacobs-Kaffee gleichzeitig aufgewertet und auch festgehalten wurden, wie dies beispielsweise auch der TV-Spot „Kaffee nach dem festlichen Mahl“ vermittelte.

Auch die anderen Firmen setzten auf die Darstellung festlicher Momente im Familien- oder Freundeskreis. Selbst Nestlé verfolgte diese Strategie mit der Werbelinie für Nescafé, obwohl die Pulverkaffee-Reklame in der Regel andere Vorzüge

[128] Aus unserer Postmappe, in: Der Kontakt, 4/1966, S. 23, Historisches Archiv Mondelez International.

[129] Vgl. hierzu Konrad Dussel: Vom Radio- zum Fernsehzeitalter. Medienumbrüche in sozialgeschichtlicher Perspektive, in: Schildt/Siegfried/Lammers (Hg.): Dynamische Zeiten, S. 673–694.

[130] Schildt/Siegfried/Lammers (Hg.): Dynamische Zeiten, S. 31; Sauerbier: 100 Jahre Jacobs Café, S. 50 f.

[131] So mussten sich z. B. im November 1963 25 Kaffee-Firmen 107 Werbeminuten teilen. Vgl. Was ist die Bohne wert?, in: Kaffee- und Tee-Markt, Heft 5 vom 12. 3. 1963, S. 7.

[132] Sauerbier: 100 Jahre Jacobs Café, S. 50.

[133] Ebd., S. 51.

betonte, da der lösliche Kaffee mit dem Manko zu kämpfen hatte, dass er geschmacklich nicht an den gebrühten Kaffee herankam, und deshalb eher die schnelle, bequeme und damit moderne Zubereitung in den Vordergrund rückte.

Die Kaffee-Werbebotschaften differierten in entscheidenden Punkten von denen, die die Reklame in den 1960er Jahren allgemein aussandte. Eine Auswertung der Ranking-Liste der 100 häufigsten Wörter in deutschen Werbeslogans dieses Jahrzehntes gibt einen interessanten Einblick in die Trends der Werbesprache und damit in die Wertewelt der 1960er Jahre.[134] Dort dominierten Wörter wie Frische, Qualität, Sicherheit, Geschmack, Fortschritt, Freude und Schönheit,[135] die eine Verbindung mit Verben wie schützt, pflegt und hilft eingingen und auf diese Weise an pflegende und dienende Eigenschaften der Produkte oder der die Produkte nutzenden Menschen erinnerten. Die genannten Adjektive versprachen eine durch Sicherheit und Gesundheit geprägte Modernität. Außerdem wurden die Begriffe Natur und natürlich jetzt deutlich positiv besetzt.

Im Vergleich zu der Werbeworte-Ranking-Liste der 1950er Jahre fällt auf, dass dort das Wort Frau nicht mehr auftaucht. Die Auswahl suggeriert ein männliches Jahrzehnt: Nur Männer und Kinder werden als Akteure genannt. Eine mögliche Erklärung bietet vor allem die Verbindung dieses Befunds mit den helfenden und pflegenden Attributen, die Frauen zugeschrieben wurden: Die Frau war nicht mehr direkte und zentrale Ansprechpartnerin, sondern wurde auf dem Umweg als treusorgende Gattin, pflichtbewusste Sekretärin oder liebevolle Mutter angesprochen, die das Beste für ihre Lieben erwerben sollte. Sie kaufte die Produkte nicht für sich selbst, sondern zur Verbesserung des Lebens ihrer Familie. In diesem Kontext stand auch die interessante Verschiebung des Passivs „gepflegt" in den 1950er Jahren hin zu dem Aktiv „pflegt" in der folgenden Dekade.

Die „Pause", zu der die Werbespots in den 1950er Jahren noch aufriefen, taucht in den 100 häufigsten Slogans des Jahrzehntes ebenso wenig wie in den folgenden auf. Der Begriff war durch die Coca-Cola-Nutzung verbraucht. Zudem hatte die Coca-Cola-Firmenleitung im Zusammenhang mit der Werbung für das coffeinhaltige Erfrischungsgetränk die Betonung der (Arbeits-)Pause als positiven Wert bemängelt. Die Menschen sollten nicht Pause machen, sondern arbeiten.

Den Extrakt der Werbebotschaften der 1960er Jahre könnte man folgendermaßen zusammenfassen: Ein moderner Mann mit Geschmack lebt in Sicherheit und wünscht den Fortschritt, während eine im Hintergrund agierende Frau für die Pflege des familiären Wohlbefindens zuständig ist.

Auch in der Kaffeewerbung fungierten die Frauen vor allem als Gastgeberinnen oder Ehefrauen – mit einigen Ausnahmen allerdings. Eine Werbelinie von Jacobs zeigte prominente Schauspielerinnen wie Luise Ullrich, aber auch anonyme

134 Diese Listen sind veröffentlicht unter http://www.slogans.de/slogometer.php?Year=2009 (12.3.2009). Vgl. die Auswertung für die 1950er Jahre in Kap. I.

135 Die genaue Platzierung stellte sich folgendermaßen dar: Frische (21), Qualität (27), Sicherheit (35), sicher (36), Geschmack (38), Fortschritt (43), schützt (49), Freude (50), gesund (52), leicht (54), pflegt (63), Natur (71), hilft (73), Schönheit (75), sauber (92), modern (93) und natürlich (94). Die hinter den zitierten Werbeworten in Klammern genannten Zahlen entsprechen dem Platz, den diese Botschaften im Ranking einnahmen.

Frauen, ungestört beim Kaffeegenuss. Doch die Mehrheit der Anzeigen-, Plakat- und Filmreklamen „häkelten die Oma-Masche“ weiter fort, wie der Redakteur der Zeitschrift „Kaffee- und Tee-Markt“ Klaus Argenton bissig bemerkte, oder versuchten sich zaghaft an einer Moderne, die jedoch an Traditionen rückgebunden blieb.[136] Einzig die Werbung für löslichen Kaffee präsentierte ein neues und modernes Gesicht – sei es durch zielgruppenorientierte Campingkampagnen in den Werbebotschaften allgemein oder auch durch das Erscheinungsbild der Produkte. Dort setzten die Public-Relation-Abteilungen deutlich auf eine jüngere – aber nicht jugendliche – Zielgruppe. Die klassische Werbung für Bohnenkaffee, die traditionelle Werte betonte, blieb damit hinter den zeitgenössischen Werbeslogans, die Modernität und Fortschritt in den Vordergrund stellten, zurück. Allerdings gab es in der Kaffeewerbung der 1960er Jahre eine herausragende Ausnahme, die eine vollkommen andere Strategie verfolgte und damit einen beachtlichen Erfolg erzielte: die Firma Tchibo.

Tchibo: der Kaffee-Experte

Im schärfer werdenden Konkurrenzkampf um die Kaffeetassen der Konsumenten betonte die Firma Tchibo die fremdländische Herkunft ihrer Bohnen und verband geschickt exotische Phantasien mit heimischen Garantien für Sachkenntnis und Sorgfalt. Der Großröster warb mit dem Slogan „Von der Plantage direkt zu Ihnen liegt der Weg Ihres Kaffees nur in unserer Hand“[137] und begleitete jede Neueröffnung einer Filiale durch Pressemitteilungen, in denen erwähnt wurde, dass das Hamburger Stammhaus eine eigene Plantage in der ehemaligen Kolonie Deutsch-Ostafrika besaß.[138] In Kenias Hauptstadt Nairobi gründete der Firmeninhaber Max Herz eine eigene Einkaufsfirma, deren Leiter dem „Spiegel“ zufolge auf allen Rohkaffee-Auktionen mitbot und durch seine Massenaufkäufe dort die Preise in die Höhe trieb.[139]

1964 bat Max Herz die weltweit operierende amerikanische Werbe-Agentur Doyle, Dane und Bernbach, den Tchibo-Werbe-Etat zu übernehmen.[140] Die Firma hatte bereits einen großen Erfolg mit der Erfindung der Figur Juan Valdez erzielt, der im Auftrag des nationalen Verbandes der Kaffeepflanzer Kolumbiens für deren Kaffee warb. Der bescheidene und freundliche Kaffeepflanzer Juan Valdez – verkörpert durch den Schauspieler José Duval mit Sombrero und traditioneller

[136] Siehe dazu das Beispiel der jungen Frau in der Einbauküche im Abschnitt „Tradition und Moderne“.

[137] Zit. n. Heiß wie die Hölle, in: Der Spiegel vom 17. 10. 1962, S. 56.

[138] Ebd. Diese Plantage befand sich in Tanganjika.

[139] Ebd.

[140] Wolfgang Hars: Lurchi, Klementine & Co. Unsere Reklamehelden und ihre Geschichten, Berlin 2000, S. 257. Die Agentur hat u. a. die berühmte VW-Werbung („Er läuft und läuft und läuft …“) erfunden. Bereits im Jahr 1966 – ein Jahr nach dem Tod des Senior-Chefs Max Herz – trennte sich die Agentur von dem deutschen Kaffee-Konzern und damit auch von dem 8,5-Millionen-Auftrag. Tchibo hatte der Werbefirma, die als erfolgreichste Agentur der Welt gehandelt wurde, zu viel hineingeredet. Die Figur des Kaffee-Experten warb weiterhin für den Konzern, wurde aber von anderen Werbefirmen betreut.

Bauerntracht – brachte seine handgepflückten Bohnen auf dem Rücken seines Maultieres von den kolumbianischen Bergen. Der sympathische Schnauzbartträger war bei den amerikanischen Konsumenten sehr erfolgreich. Fünf Monate nach Beginn der Werbekampagne war in den USA die Zahl der Verbraucher, die kolumbianischen Kaffee für den hochwertigsten der Welt hielten, um 300 Prozent gestiegen. Tatsächlich spiegelte die Werbung ein Stück Wirklichkeit wider: Der meiste kolumbianische Kaffee wurde auf kleinen Fincas an Berghängen angepflanzt und von dort auf dem ersten Teil der Reise mit Maultieren transportiert, bevor die Eisenbahn ihn zu den Hafenstädten brachte.[141] 1962 dehnte der kolumbianische Kaffeeverband die Kampagne auf Kanada und Europa aus.[142] In der Bundesrepublik warben die Kolumbianer mit dem Slogan:

„Auf dem 1800 Meter hoch gelegenen Hang eines Berges in Kolumbien, Südamerika, arbeitet Señor Valdez. Für eine gute Tasse Kaffee müßte er eigentlich nach Deutschland fahren. Dorthin werden die besten Bohnen des kolumbianischen Kaffees geschickt.“[143]

Der stolze Kaffeepflanzer wurde zur Vorlage für die Figur, die den guten Ruf der Marke Tchibo allgemein und von Tchibo Gold-Mocca im Besonderen festigen sollte. Mit Hilfe der amerikanischen Werbeagentur gelang es dem Konzern, die Eigenschaften Qualität, Exotik, Vertrauen, Sachkenntnis und sicheres Auftreten im Weltmaßstab in dem gepflegten älteren „Kaffee-Experten“ glaubwürdig zu bündeln. Dieser durchstreifte rastlos die Kaffeeländer, immer auf der Suche nach den besten Bohnen für die Tchibo-Kunden:

„Kwaheri, Bwana Tchibo. Kawaheri heißt in Kenia ‚Auf Wiedersehen‘. Man wird den Tchibo-Kaffee-Experten dort noch oft wiedersehen. Denn in Kenia wächst gewöhnlich guter Kaffee. Und wo der wächst, da ist auch unser Experte. Immer wieder durchstreift er die größten Kaffee-Anbaugebiete der Welt. In Afrika. In Mittelamerika. In Südamerika. Per Bahn. Per Auto. Per Flugzeug. Zur Not auch per Kanu. Er sucht nach besten Kaffees. Und er findet sie.
Wir in Hamburg machen daraus ‚Tchibo-Gold-Mocca‘ und Tchibo ‚mild‘. Indem wir jede der Rohkaffeesorten sorgfältig kontrollieren. Einzeln rösten. Liebevoll mischen.
Tchibo-Kaffee zu machen kostet viel Mühe. Und Zeit. Und Geld.
Aber wir haben es uns schon immer viel kosten lassen, guten Kaffee zu machen.“[144]

Der von Tchibo präsentierte „Kaffee-Experte“ trug ungeachtet der tropischen Temperaturen stets untadelige seriöse Kleidung: Zum nachtblauen Einreiher und Homburg hatte er eine schwarze Aktentasche dabei, auf der in silbernen Buchstaben der Schriftzug Tchibo zu lesen war. In dem britischen Schauspieler Wensley Pithey hatten die Werbefachleute die Idealbesetzung gefunden: „Ein soignierter Herr mittleren Alters mit Embonpoint und der unauffälligen Physiognomie, wie man sie häufig bei stillen Genießern findet.“[145] Der Schauspieler, der in Deutschland nicht bekannt war, sollte seriös und glaubwürdig den Typus „honoriger hanseatischer Kaufmann“ verkörpern. Mit dem „Tchibo-Experten“ schuf die Werbeagen-

[141] Zur Werbefigur Juan Valdez vgl. Pendergrast: Kaffee, S. 313 ff.
[142] Ebd., S. 313 ff.
[143] Tchibo-Werbeanzeige, in: Constanze, Heft 28 vom 7. 7. 64, S. 67.
[144] Tchibo-Werbung, zit. n. Hars: Lurchi, Klementine & Co, S. 257.
[145] Aussage eines Doyle-Dane-Bernbach-Texters, zit. n. ebd., S. 258.

Abb. 34 und 35: Señor Valdez – eingetragenes Warenzeichen der Federación Nacional de Cafeteros de Colombia – wurde als erfolgreiche Werbefigur nach Deutschland exportiert. Die Verkörperung einer Kaffee-Figur (in diesem Falle eines Kaffee-Pflanzers) durch einen professionellen Schauspieler bot eine Vorlage für den „Tchibo-Kaffee-Experten". In den Anzeigen, die beide vom amerikanischen Werbebüro Doyle, Dane und Bernbach geschaffen worden waren, präsentieren sich die drei dargestellten „Kaffee-Experten" in der gleichen Körperhaltung.

tur eine Vertrauensperson für die deutsche Hausfrau. Ohnehin wussten nur wenige Konsumenten, dass sich hinter dem Markennamen Tchibo die Abkürzung für Tchilling-Bohne verbarg. Durch den exotischen Klang wurden die sechs Buchstaben von vielen Verbrauchern für ein Spezialwort brasilianischer Kaffeeplanteure oder eine arabische Vokabel gehalten.[146]

Jede Werbeanzeige erzählte ein Abenteuer des Experten, der auf der Jagd nach den besten Bohnen alle Register zog. „Wer ist der Dicke neben dem Massai?", fragte die geschickt komponierte Anzeige zur Einführung des Kaffeejägers und gab die Antwort: „Sein Freund. Der Tchibo-Kaffee-Experte."[147] Auf einem großen Bild standen zwei Männer, wie sie gegensätzlicher kaum sein konnten, mit verschränkten Armen und gleicher Körperhaltung nebeneinander inmitten von tropischem Grün, in dem nur Kenner die Kaffeesträucher erkennen konnten. Links der beschriebene „Tchibo-Experte" mit deutlich erkennbarer Aktentasche mit dem Firmen-Schriftzug, rechts ein offensichtlich hochrangiger dunkelhäutiger Angehöriger des Massai-Stammes – ein jeder versehen mit den Insignien von Macht und Würde seiner Gesellschaft. Die Anzeige wertete durch die Eingangsfrage den Afrikaner zugunsten des Europäers auf und brach so mit der bisherigen Werbetradi-

146 Heiß wie die Hölle, in: Der Spiegel vom 17. 10. 1962, S. 38.
147 Tchibo-Werbeanzeige, in: Constanze, Heft 17 vom 21. 4. 1964, S. 99.

tion, die Schwarze oder Farbige als Unterlegene oder Dienende darstellte.[148] Im Fließtext wurde der „Kaffee-Experte" vorgestellt, der in Afrika „Bwana Tchibo" (Herr Tchibo) gerufen werde und tiefe Freundschaft nicht nur mit dem Massai, sondern mit Kaffeepflanzern in aller Welt unterhalte. Weitere Anzeigen erzählten von seiner Ernennung zum afrikanischen Ehrenhäuptling (weil er die ganze Ernte gekauft hatte) oder zeigten ihn bei der kritischen Prüfung von Kaffeebohnen („Ist diese Kirsche wirklich reif genug für Tchibo?"[149]). „Der Tchibo-Kaffee-Experte", so suggerierte der Werbetext, kümmerte sich persönlich darum, dass nur die besten Bohnen die Tassen der Konsumenten erreichten. Mit der Gestalt des Experten war die Kaffeefirma in der Markenwerbung einen neuen Weg gegangen. Obwohl die Personifizierung von Marken durch Werbefiguren vor allem in anderen Ländern schon wesentlich früher entwickelt worden war,[150] war die Belebung einer Figur durch einen professionellen Schauspieler in Deutschland ein Novum.

Die Präsentation ein und derselben Figur in einem wechselnden narrativen Rahmen wurde zur Erfolgsgeschichte, die sich in der bundesdeutschen Werbung vielfach wiederholte.[151] Im Jahr 1964 traf die Strategie auf Verbraucher, die solche Botschaften noch nicht entsprechend decodieren konnten und die Tchibo-Urwaldgeschichten glaubten. Beim Konzern gingen Leserbriefe ein, die sich nach dem Befinden des Mannes erkundigten und die angesichts der tropischen Temperaturen für ein Buschhemd statt eines Anzugs plädierten.[152]

Die Darstellung einer erfundenen Figur durch einen Schauspieler war für die Konsumenten noch ungewohnt und wurde von einigen als Betrug empfunden. „Der Spiegel" titelte „Tchibung" und schloss sich der Empörung an, die er aus Fachorganen und Verbraucherkehlen vernommen zu haben glaubte. In einem Interview mit dem Darsteller Wensley Pithey versuchte das Magazin die Kultfigur zu demaskieren.[153] Der Autor gab Pithey zwar auch die Möglichkeit, seine Sicht darzustellen, gab jedoch zu verstehen, dass er diese nicht teile:

„‚Tchibung' entfuhr es auch mir. Doch der Umhaderte gabelte unverdrossen sein Curry-Gewürztes. ‚Ich verstehe die Aufregung nicht. In Amerika findet niemand etwas dabei, wenn ein Handelsprodukt personifiziert wird. In England gibt es sogar eine gewerkschaftliche

148 Vgl. Keith R. Allen: Massai-Mann und Tchibo-Experte. Kaffee-Werbung und der Reiz des Fremden, in: Peter Lummel (Hg.): Kaffee – vom Schmuggelgut zum Lifestyle-Klassiker. Drei Jahrhunderte Berliner Kaffeekultur, Berlin 2002, S. 61–67.

149 Vgl. Tchibo-Werbeanzeige, in: Constanze, Heft 27 vom 30. 6. 1964, S. 39.

150 Die Figur „Jonny Walker" warb seit 1820 für den gleichnamigen Whisky und 1891 wurde das Michelin-Männchen „Bibendum" als Markenzeichen der Reifenfirma eingeführt. In Deutschland wurde 1918 der Sarotti-Mohr erfunden, die Weiße Dame war ab 1922 gemeinsam mit dem Waschmittel Persil zu sehen und Salamander „Lurchi" pries ab 1937 Schuhe an. Vgl. Joachim Kellner/Werner Lippert: Werbefiguren. Geschöpfe der Warenwelt, Düsseldorf, New York 1992.

151 Zum Beispiel mit der Waschmittelwerbung von Klementine (Johanna König) ab 1968 oder Jacobs-Krönung-Protagonistin Karin Sommer (Xenia Katzenstein) ab 1972.

152 Vgl. Tchibung, in: Der Spiegel vom 26. 8. 1964, S. 83.

153 Ebd. In dem Interview nach seinem Lieblingsgetränk gefragt, gab Wesley Pithey „Mosel-Wein" an. Und auf die Frage nach seinem liebsten Kaffee antwortete er pflichtgemäß „Tchibo-Gold-Mokka", schränkte aber sofort ein „wenn ich auf dem Kontinent bin". Zu Hause würde er gerne Maxwell trinken, allerdings habe sein Arzt ihm aufgrund seiner Leber den Kaffeegenuss untersagt.

Vereinbarung, wonach in Werbefilmen Angehörige der werbenden Firma von Schauspielern dargestellt werden müssen.'"[154]

Die ernstzunehmende Argumentation wurde durch den nächsten Satz geschickt relativiert, in dem Herr Pithey als „Monument gepflegter Unschuld" bezeichnet wurde.

Auch die konkurrierenden Kaffeehändler und Röster gaben vor, erschüttert zu sein. Klaus Argenton, Chefredakteur der Zeitschrift „Kaffee- und Tee-Markt", führte einen Feldzug gegen die Figur:

> „Wir, die wir alle Verbraucher sind, schlucken brav das vorgekaute Fernsehwerbe- und Anzeigenmahl, auch wenn uns manches allzu schwer im Magen liegt, solange die Zutaten aus der großen ollen ehrlichen Kiste stammen, und wir nehmen auch den einen oder anderen würzenden Fehlgriff nach kleinen appetitlichen Schwindeleien noch in Kauf, wenn der Koch das ganze erträglich anzurühren verstand. Nur, irgendwo muß der Spaß aufhören. Da nämlich, wo sich die Köche absichtlich in den Zutaten vergreifen und uns die elegante Unwahrheit nett aufgeputzt und mit Petersilie garniert hingehalten wird [...]. Dieser Mann mit dem schwarzen Hut wird als personifizierte Werbelüge ‚eingesetzt'. Er ist beileibe kein Experte für Kaffee. Höchstens ein Fachmann in der Kunst [...], ein Experte der Schauspielerei also. Nie hat dieser Mann Dinge getan, die die cleveren und smarten Boys von Doyle-Dane-Bernbach ihm unter den Börsenhut gezaubert haben."[155]

Im Folgenden belegte der Autor haarklein, welche Behauptungen in der Kampagne nicht der Wahrheit und den Gepflogenheiten des Kaffeeeinkaufs entsprachen. Argenton wies darauf hin, dass Tchibo keinesfalls nur den besten Kaffee und auch nicht „erntenweise" kaufe, sondern ebenso wie alle anderen Großröster vor allem über die Rohkaffeeexporteure seine Bohnen beziehe. Ein englischer Schauspieler könne außerdem bei den strengen Rassegesetzen Ostafrikas kein Häuptling werden und die Massai seien keine Kaffeebauern, sondern steppenbewohnende Rinderhirten. In dem Artikel spricht der Chefredakteur und Repräsentant der Konkurrenz von „Betrug und Unredlichkeit" und „verantwortungslosen Meinungsmanipulatoren", denen der Verbraucher – oder Lieschen Müller, die annehme, dass der nette „Kaffee-Experte" Herr Tchibo persönlich sei – nahezu schutzlos ausgesetzt sei.[156]

Sicherlich darf man annehmen, dass die Botschaft des umtriebigen Kaffee-Experten, der persönlich für die besten Bohnen in den Kaffeetassen der Hausfrauen sorgt, von vielen Konsumenten geglaubt wurde. Trotzdem war die Argumentation des Kaffee-Journalisten mehr der Konkurrenzsituation im Kaffeehandel geschuldet als der ehrlichen Empörung, die er suggerierte.[157] Die Rivalen im Kaffeegeschäft kämpften mit harten Bandagen: Die Firma Übersee-Kaffee erwirkte bei der Hamburger Zivilkammer eine einstweilige Verfügung gegen die Tchibo-Werbung auf der Grundlage des Gesetzes gegen unlauteren Wettbewerb. Diese gründete jedoch keineswegs auf der Verkörperung des „Tchibo-Experten" durch einen Schauspieler, sondern darauf, dass die Tchibo-Werbung den wettbewerbsrechtlich

[154] Ebd.
[155] Tchibo falsch beraten, in: Kaffee- und Tee-Markt, Heft 14 vom 22. 7. 1964, S. 5.
[156] Ebd., S. 5ff.
[157] Dies bestätigte der ehemalige Chefredakteur Klaus Argenton in einem Gespräch mit Dorothee Wierling im Jahr 2006 (Interviewmaterial).

verbotenen Eindruck eines besonders günstigen Angebots erwecke.[158] Auch die Verbände der Kaffeeröster wurden von ihren Mitgliedern aufgefordert, etwas gegen den „Tchibo-Experten" zu unternehmen. Die Kaffeefirma Eduscho versuchte, die Erfolgsstrategie zu übernehmen, und schuf eine Reihe von Kaffee-Fachleuten und den Slogan: „Einer kann nicht alles allein." Doch die Konkurrenz konnte sich nicht durchsetzen. Der Großröster Tchibo legte gegen die einstweilige Verfügung vor dem Oberlandesgericht Berufung ein, erwirkte seinerseits eine einstweilige Verfügung gegen Eduscho und konnte seine erfolgreiche Kampagne ohne den lästigen Nachahmer fortsetzen.[159] In den folgenden Jahren reiste der gemütliche Mann mit dem Homburg noch durch weitere Kaffeeländer und errang einen Platz unter den großen Werbeikonen der Bundesrepublik.

Der Erfolg der Werbekampagne speiste sich aus der glaubwürdigen Figur des sympathischen Experten. Dieser erschien zudem im Moment eines Wandels des Produktimages, in dem die Herkunft des Kaffees ihre Bedeutung im Verkaufsprozess verlor. Die Nennung der zuvor in den Sorten enthaltenen Provenienzen verschwand hinter gut klingenden anonymen Namen, die auf den direkten Erlebenshorizont der bundesdeutschen Konsumenten abgestimmt waren: Gala, Krönung, Gold und Edel als Name oder Namensteile zielten auf eine Atmosphäre von Festlichkeit ab und bezogen sich nicht mehr auf die fernen Ursprungsländer. In den Anzeigen dominierten familiäre oder festliche Geselligkeit, die durch die Präsentation des Genussmittels in feinem Porzellan weihevoll aufgewertet wurde. In dem Moment, in dem sich die Kaffeewerbung der verschiedenen Firmen in der Vermittlung dieser kulturellen Muster anglich, sich die Bedeutung von Bohnenkaffee vom Sonntags- immer mehr zum Alltagsgetränk verschob und eine reiselustige Bevölkerung sich für Gegenden jenseits der Landesgrenzen interessierte, war die Präsentation der exotischen Herkunft des Tchibo-Kaffees ein gelungener Schachzug, der die Phantasie der Verbraucher fesselte. Gleichzeitig schuf Tchibo mit der Figur des Experten einen Vermittler zwischen den Welten.[160] Ein Stück Exotik wurde für die Bundesdeutschen damit greifbar und erlebbar. Der „Kaffee-Experte" kam aus demselben Kulturkreis wie die Konsumenten und vermittelte für diese die fremde Welt.

Fast zwei Jahrzehnte warb der „Tchibo-Kaffee-Experte" mit immer neuen Erzählungen aus Afrika und Lateinamerika. Ende der siebziger Jahre starb der Dar-

158 Vgl. Juristenfutter, in: Kaffee- und Tee-Markt, Heft 16 vom 25. 8. 1964, S. 5; Tchibung, in: Der Spiegel vom 26. 8. 1964, S. 83.

159 Bezugnehmend auf ..., in: Kaffee- und Tee-Markt, Heft 17 vom 8. 9. 1964, S. 5. Vgl. auch das Interview mit dem ehemaligen DDB-Texter Werner Butter, in: Joachim Kellner/Ulrich Kurth/Werner Lippert (Hg.): 1945 bis 1995. 50 Jahre Werbung in Deutschland, Ingelheim 1995, S. 67.

160 Ähnlich agierten beispielsweise Frauenzeitschriften zur selben Zeit als Bindeglied zwischen fremden Kulturen und der bundesdeutschen Bevölkerung, wenn sie im Rezeptteil die Pizza und als Modetipp den Sarong oder die italienische Mode generell aufgriffen und gleichzeitig diese Exotik durch die Abwandlung von Rezepten oder Schnittmustern in Form von heimischen bzw. bekannten Zutaten in Übereinstimmung mit deutschen Gewohnheiten brachten und damit den Kontakt zum Fremden entschärften. Die erwähnten Beispiele stammen aus dem Jahrgang 1964 der „Constanze", ließen sich aber beliebig erweitern.

steller Wensley Pithey und mit ihm die Kampagne. Die von ihm verkörperte Figur war vor dem Hintergrund der beginnenden antikolonialen Konsumdiskurse unpassend geworden.

2. Die westliche Norm: Wunsch und Wirklichkeit in der DDR

Die Entwicklung des Kaffeekonsums in den 1960er Jahren

„Eine Tasse Kaffee – für uns heute eine Selbstverständlichkeit",[161] schrieb das „Neue Deutschland" im September 1960. Dieser Satz ließ sich in zwei Richtungen interpretieren. Kaffee gehörte zum Leben in der DDR mittlerweile selbstverständlich dazu, ebenso selbstverständlich folgte der „einen" Tasse meist keine zweite. Im Laufe der 1960er Jahre nahm der Kaffeekonsum in der DDR kontinuierlich zu. Während die Bevölkerung 1960 pro Kopf durchschnittlich 0,93 Kilo verbrauchte, waren es 1969 bereits 2,17 Kilo.[162]

In der Konsumentwicklung des Getränkes in den 1960er Jahren lassen sich zwei Phasen unterscheiden: Bis 1962 zeigte der Verbrauch große jährliche Steigerungsraten. In diesem Zeitraum zielten die Bemühungen der Kaffee-Röster und des -handels in erster Linie darauf, den Bedarf der Bevölkerung zu decken. Ab 1963 nahm der Konsum zwar weiterhin zu, die Zunahmen fielen jedoch deutlich geringer aus. Die sozialistische Marktforschung erklärte den Bruch um 1962/63 unter anderem mit einer gewissen Sättigungstendenz der Verbraucher und stellte fest, dass sich offensichtlich die Faktoren Preis, Sortiment und Einkommen eingependelt hatten, die die Nachfrage stabilisierten. Nach der Sättigung des Bedarfs, so die Interpretation, führte der weiterhin steigende Lebensstandard zu einem gleichmäßigen Ansteigen des Genussmittelkonsums.[163]

Diese Zäsur fiel mit halbherzigen Wirtschaftsreformen in der DDR zusammen. Das „Neue ökonomische System der Planung und Leitung der Volkswirtschaft" – abgekürzt NÖSPL genannt –, welches die Eigenverantwortung und die Entscheidungsfreiheit der Betriebsleitungen stärkte, wurde im Sommer 1963 der Öffentlichkeit vorgestellt. Hinter dem neuen Programm stand die Idee, Marktmechanismen innerhalb der sozialistischen Planwirtschaft stärker zu nutzen.[164] Tatsächlich führte die neue Wirtschaftspolitik zu einem größeren Wirtschaftswachstum und einer Erhöhung des Lebensstandards. Trotzdem erreichte der

[161] Kaffee – gestern und heute, in: Neues Deutschland, Messesondernummer, September 1960.

[162] Vgl. Lutz Roland/Petra Leopold/Ursula Krause (Institut für Marktforschung): Prognose zur Entwicklung des Verbrauchs von Röstkaffee bis 1980 (Teil I), Leipzig 1969, BArch, DL 102/394, S. 10; Statistisches Jahrbuch der DDR, Berlin, 1973.

[163] Vgl. ebd., S. 11.

[164] Zu den Hintergründen und Auswirkungen des „Neuen ökonomischen Systems" vgl. André Steiner: Von Plan zu Plan. Eine Wirtschaftsgeschichte der DDR, München 2004, S. 129–164, und das Interview mit dem ehemaligen stellvertretenden Leiter der Staatlichen Plankommission Herbert Wolf, in: Stefan Wolle: Aufbruch in die Stagnation. Die DDR in den Sechzigerjahren, Bonn 2005, S. 57.

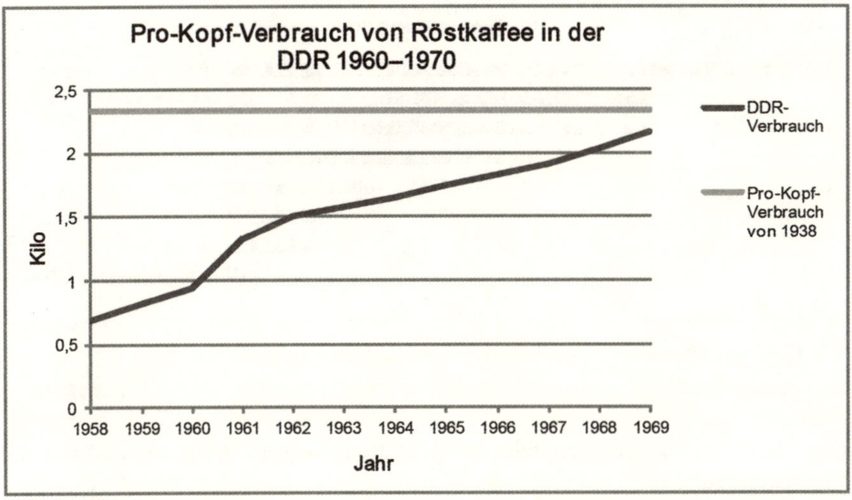

Abb. 36: Statistik nach Zahlenangaben der Statistischen Jahrbücher der DDR und des Institutes für Marktforschung Leipzig

Kaffeeverbrauch bis zum Ende des Jahrzehnts weder den Pro-Kopf-Verbrauch der Bundesrepublik von 1960 noch den von 1938.[165]

Statistische Aussagen bezüglich des Kaffeekonsums müssen allerdings insofern eingeschränkt werden, als lediglich der Verbrauch des in der DDR verarbeiteten Kaffees berücksichtigt wurde. Tatsächlich lag der Konsum jedoch deutlich über der statistisch erfassten Menge, da die Geschenksendungen und Mitbringsel aus dem Westen wesentlich zur Versorgung beitrugen.[166] 1968 erklärten Marktforscher der DDR eine überdurchschnittliche Zunahme des Konsums des DDR-eigenen Kaffees u. a. mit dem Rückgang der Kaffeepräsente aus dem Westen.[167] Tatsächlich fällt die statistische Diskrepanz zwischen der erfassten und der verbrauchten Menge, die generell in allen Staaten bei der Berechnung von Pro-Kopf-Entwicklungen besteht, in der DDR aufgrund der spezifischen Situation deutlich höher aus als in anderen Volkswirtschaften. Der tatsächliche Kaffee-Verbrauch lag durch diese Zusatzversorgung etwa 15 bis 30 Prozent höher, als die Statistik dies auswies.[168] Obwohl dieses Phänomen im Blick behalten werden muss, ist eine Orientierung an den offiziellen Statistiken

[165] Der Pro-Kopf-Verbrauch in der Bundesrepublik lag 1960 bei 2,9 kg pro Kopf im Jahr. Der Wert von 1938 betrug 2,33 kg.

[166] Vgl. Kap. II.3.

[167] Vgl. Lutz Roland/Petra Leopold/Ursula Krause (Institut für Marktforschung): Prognose zur Entwicklung des Verbrauchs von Röstkaffee bis 1980 (Teil I), Leipzig 1969, BArch, DL 102/394, S. 11.

[168] Die statistische Diskrepanz ist zwar dort höher als in anderen Staaten, gleichwohl besteht sie überall. In der Bundesrepublik müssten umgekehrt die Geschenksendungen vom Pro-Kopf-Verbrauch abgezogen werden. Zur Entwicklung grenzübergreifender Kaffee-Präsente vgl. Kap. II.3.

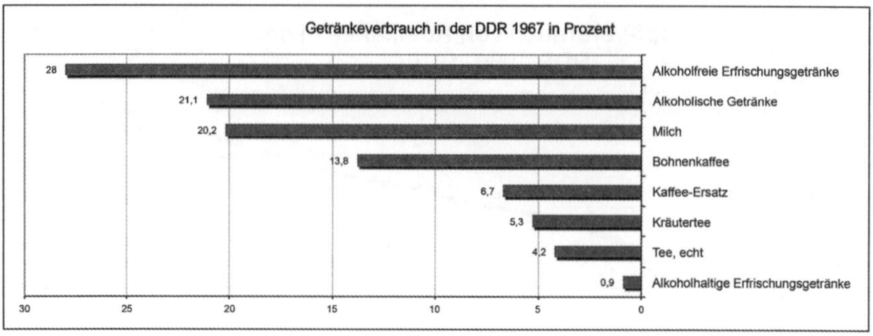

Abb. 37: Grafik über den Verbrauch verschiedener Getränke in der DDR 1967

sinnvoll, da sie wiedergeben, wie viel Geld die Bevölkerung für das Genussmittel aufwendete.

Laut einer Untersuchung des Getränkekonsums der DDR-Bürger 1967 stand Kaffee mit einem Anteil von 15,5 Prozent an vierter Stelle, gefolgt von Kaffee-Ersatz mit 6,7 Prozent.[169] Die Bevölkerung der DDR trank vor allem alkoholfreie Erfrischungsgetränke, alkoholische Getränke und Milch. Der Getränkekonsum in der Bundesrepublik[170] ergibt ein abweichendes Bild: Dort standen Kaffee und Bier an erster Stelle, während die Milch ebenfalls den dritten Platz einnahm. Auffällig ist vor allem die Differenz zwischen Bohnen- und Ersatzkaffee, die in der Bundesrepublik sehr hoch, in der DDR dagegen vergleichsweise niedrig ausfiel. Der Substitut-Charakter von Kaffee-Ersatz war folglich in der DDR 1967 noch wesentlich ausgeprägter als in Westdeutschland.

Dieses Ergebnis deckt sich mit anderen Angaben, die das Institut für Marktforschung in Leipzig 1969 ebenfalls ermittelte:

„Zwischen Röstkaffee und Kaffee-Ersatz besteht eine Substitutionswirkung. Dabei zeigt sich, daß Röstkaffee die aktive Position ist. Das heißt, die Entwicklung des Röstkaffee-Verbrauchs bestimmt die Entwicklung des Verbrauchs von Kaffee-Ersatz und nicht umgekehrt."[171]

Vor allem Personen mit geringerem Einkommen griffen noch verstärkt zum Kaffee-Ersatz. Auch zwischen Stadt und Land unterschieden sich die Konsumzahlen und wiesen auf verschiedene Verbrauchstraditionen hin: Haushalte in kleineren Gemeinden unter 1000 Einwohnern deckten noch mehr als die Hälfte ihres Kaffeekonsums durch Surrogate, in Städten mit über 100 000 Einwohnern war es nur noch ein Viertel.[172] Viele DDR-Bürger tranken im Alltag auch in der zweiten

[169] Vgl. Bernd-Dieter Schimizek: Die Verbrauchsgewohnheiten der Bevölkerung der DDR bei Getränken unter besonderer Berücksichtigung der alkoholfreien Erfrischungsgetränke, Leipzig 1976, S. 3ff. Wasser wurde in der Untersuchung nicht berücksichtigt.

[170] Zum Getränkekonsum in der Bundesrepublik vgl. Kap. I.1.

[171] Lutz Roland/Petra Leopold/Ursula Krause (Institut für Marktforschung): Prognose zur Entwicklung des Verbrauchs von Röstkaffee bis 1980 (Teil I), Leipzig 1969, BArch, DL 102/394, S. 47. Hervorhebungen im Original.

[172] Vgl. ebd.

Hälfte des Jahrzehnts noch hauptsächlich Ersatzkaffee, am Wochenende jedoch bevorzugten sie Bohnenkaffee.[173]

Die in der Abbildung des Pro-Kopf-Verbrauchs von Röstkaffee 1958–1968 eingezeichnete Vergleichslinie von 1938 dient an dieser Stelle lediglich der Anschaulichkeit. In den Statistiken der DDR fand sich diese Vergleichszahl nicht mehr wieder. Die Gegenüberstellung war in den publizierten Dokumenten und auch in den internen Akten aufgegeben worden. Da die Bundesrepublik diesen Richtwert 1957/58 erreicht hatte, während in der DDR in den 1960er Jahren dieses Ziel noch nicht einmal in Sichtweite war, ließ man die Vergleichszahl stillschweigend unter den Tisch fallen. Die Differenz, die sich aus der Betrachtung ergeben hätte, mochten die Verantwortlichen nicht wahrnehmen und orientierten sich lieber an positiven Prognosen. „Mit der produzierten Röstkaffeemenge konnte der mengenmäßige Bedarf der Bevölkerung voll abgedeckt werden",[174] stellte das Institut für Marktforschung 1968 fest. Die Forscher prognostizierten, dass die weitere Produktion keinen nachholenden Bedarf mehr zu befriedigen habe.

Auch wenn sich nicht mehr rekonstruieren lässt, ob auch die Bevölkerung die Orientierung am Vorkriegskonsum aufgab, deutet doch alles darauf hin, dass die Menschen in der DDR ebenfalls den Vergleich vor allem zwischen Ost- und Westdeutschland zogen. Das Diktum vom „Einholen und Überholen" hatte den Weststandard als Bezugspunkt gestärkt. Dass dieser (Kaffee-)Wohlstand nicht eintrat, war schmerzlich genug. Sich ins Gedächtnis zu rufen, dass bis Ende der 1960er Jahre noch nicht einmal das Niveau der Vorkriegszeit erreicht worden war, hätte die SED-Führung gezwungen, eine schlecht zu rechtfertigende Niederlage einzugestehen. Allein der in den Westpaketen enthaltene Kaffee erinnerte die DDR-Bürger beständig an die unerreichbare westliche Fülle.

Doch die Blicke richteten sich nicht nur in Bezug auf die konsumierten Mengen auf den Westen, auch bei dem Angebot des Kaffeesortimentes fungierte er als Vorbild. Sämtliche Entwicklungen und Neuerungen auf dem westdeutschen Markt wurden sowohl von den Regierenden als auch von den Bürgern, die sich Teilhabe am Westkonsum wünschten, genau registriert und begehrt. Die Diskussionen um entcoffeinierte Kaffees, Schonkaffees, Kaffee-Extrakt und Kaffee-Automaten liefern dafür gute Beispiele, die unten genauer erläutert werden. Allein die Fülle westlicher Marken und Sorten stand in deutlichem Kontrast zu den wenigen und streng standardisierten Sorten der DDR.

Das Einheits-Sortiment

Kaffee wurde in der DDR in den 1960er Jahren nach streng genormten und zentralistischen Vorgaben produziert. In der Praxis bedeutete dies, dass jede in den Verkauf gelangte Kaffeemischung und jede in einer Gaststätte oder durch einen

[173] Vgl. Lutz Roland/Petra Leopold/Ursula Krause (Institut für Marktforschung): Prognose zur Entwicklung des Verbrauchs von Röstkaffee bis 1980 (Teil II): Verbrauchsgewohnheiten bei Röstkaffee – Befragungsergebnis, Leipzig 1969, BArch, DL 102/403, Tab. 113–129.

[174] Vgl. ebd. (Teil I), Leipzig 1969, BArch, DL 102/394, S. 5. Hervorhebung im Original.

Automaten ausgeschenkte Tasse in Bezug auf die Mengen, Qualität und Preise landesweit einer strengen Regelung unterlagen. Die Kaffeepreise, die vom Ministerrat beschlossen wurden, hingen nicht direkt von den Kosten ab, die die DDR im Einkauf auf dem Weltmarkt zahlte. Vielmehr existierten zwei getrennte Preis-Regelkreise: Die Importe, die gegen Devisen getätigt werden mussten, die dem Außenhandel nur in einer begrenzten Menge zur Verfügung standen, wurden in Valuta-Mark (VM) berechnet. Die Binnenpreise in Mark der DDR galten ab dem Zeitpunkt, an dem der Kaffee im Land war. Hier korrelierten die staatlich festgelegten Preise für die Industrie, den Handel und den Verbraucher. Der hohe Preis, den die Bevölkerung in Ostdeutschland für das Genussmittel zahlen musste und der über Jahrzehnte weitgehend identisch blieb, war zum einen den kostbaren Devisen, die dafür aufgewendet werden mussten, zum anderen der Einschätzung des Getränkes als nicht zur Grundversorgung notwendiges Luxusgut durch die Regierenden der DDR geschuldet.[175]

Insgesamt 23 Betriebe mit unterschiedlichen Eigentumsformen stellten Röstkaffee für ein einheitliches und auf das Wesentliche begrenztes Sortiment nach streng typisierten Richtlinien her – unter der Aufsicht des VEB Kaffee- und Nährmittelwerke Halle, der zum „Erzeugnisgruppenleitbetrieb" bestimmt worden war.[176] Neben den Leitmarken Kosta, Rondo und Mona produzierten die Werke First Class, Kosta-Melange, die kandierte Bohnen enthielt, und eine Kaffee-Verlese-Mischung (KVM), der bei den anderen Sorten aussortierte, sogenannte Fehlbohnen beigemischt waren. Diese Verlese-Mischung wurde ausschließlich an Großverbraucher geliefert und ab und zu in den Werkküchen ausgeschenkt oder aber in den Betriebsverkaufsstellen zum Preis von 40 Mark pro Kilo lose an Betriebsangehörige verkauft.[177] Die Großverbraucher und Gaststätten erhielten in erster Linie die Mischung Kosta zum Ausschank.

First-Class-Kaffee wurde in den ab 1966 gegründeten Delikat-Feinkostgeschäften und in den Intershops vertrieben. Um die Qualität der Spitzenklasse First Class zu betonen, musste offensichtlich zum Englischen gegriffen werden, das gewollt oder ungewollt die Bedeutung westlicher Konsumstandards unterstrich. Mit dem stattlichen Preis von 120 Mark pro Kilo kostete die Marke First Class um die Hälfte mehr als die Premiumsorte Mona mit 80 Mark und das Doppelte der günstigen Kosta-Mischungen für 60 Mark. Neben diesem Sortiment, in dem der Preis eng an die Qualität gekoppelt war, konnten die Konsumenten Bohnenkaffee auch in coffeinfreier und in löslicher Variante erwerben. Der coffeinfreie Kaffee, der sich unprätentiös „Coffeinfreier Kaffee" nannte, basierte auf der Rondo-Mischung aus Hochlandkaffee und Santos und kostete 80 Mark pro Kilo, das Kaffee-Extrakt-

[175] Mit der Frage des Luxus im Sozialismus beschäftigt sich der interessante gleichnamige Artikel von Ina Merkel: Luxus im Sozialismus. Eine widersinnige Fragestellung?, in: Reinhold Reith/Torsten Meyer (Hg.): „Luxus und Konsum" – eine historische Annäherung, Münster 2003, S. 221–236.

[176] Lutz Roland/Petra Leopold/Ursula Krause (Institut für Marktforschung): Prognose zur Entwicklung des Verbrauchs von Röstkaffee bis 1980 (Teil I), Leipzig 1969, BArch, DL 102/394, S. 1 f.

[177] Anmerkung für das Mitteilungsblatt 4-II-6811 A-Ro/Bis vom 23. 11. 1962, BArch, DN 1/15833. Der Anteil der Fehlbohnen bei der Verlese-Mischung betrug 20%.

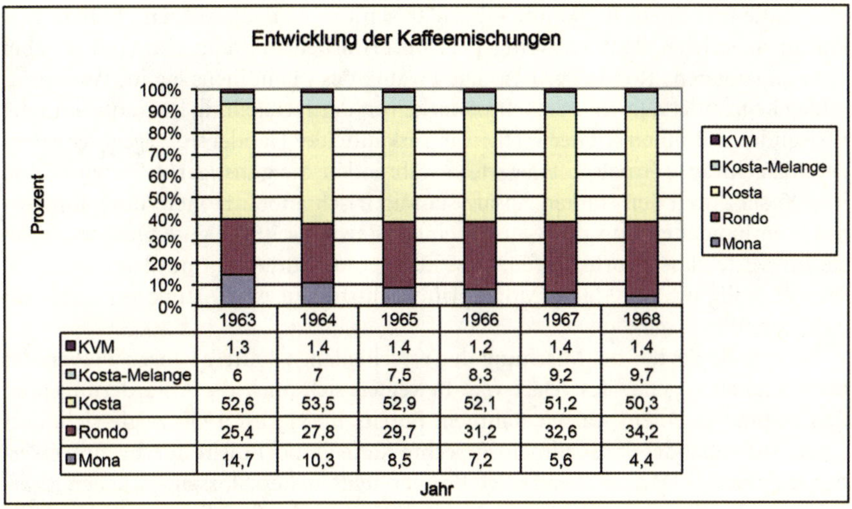

	1963	1964	1965	1966	1967	1968
KVM	1,3	1,4	1,4	1,2	1,4	1,4
Kosta-Melange	6	7	7,5	8,3	9,2	9,7
Kosta	52,6	53,5	52,9	52,1	51,2	50,3
Rondo	25,4	27,8	29,7	31,2	32,6	34,2
Mona	14,7	10,3	8,5	7,2	5,6	4,4

Abb. 38: Grafik über die Entwicklung der Kaffeemischungen (1963–1968)

pulver Presto lag bei 37,50 Mark für 125 Gramm. Angegeben wurden die Preise selbst am Ende des Jahrzehntes nicht für das Kilo, sondern in der Regel für 125-Gramm-Packungen.[178] Neben den für den Handel bestimmten Kaffees produzierten die Kaffee- und Nährmittelwerke Halle noch einen „Transitkaffee“, den sie ausschließlich an sogenannte Sonderbedarfsträger – wie z. B. die Intershops – gegen ausländische Valuta verkauften. Die Rezeptur des „Transitkaffees“ entsprach der Qualitäts-Mischung Mona.

Das Institut für Marktforschung untersuchte den Verbrauch der einzelnen Kaffeesorten für die Jahre 1963 bis 1968. Der günstigste Kaffee war der Beliebteste: Die Marken Kosta und Kosta-Melange lagen zusammen bei 60 Prozent des konsumierten Kaffees mit leicht steigender Tendenz zugunsten der Melange-Mischung. Die ebenfalls noch günstige Rondo-Mischung vergrößerte ihren Marktanteil stetig, im Gegenzug verringerte sich der Konsum des teuren Mona-Kaffees. Der Verbrauch der Kaffee-Verlese-Mischung war mit nur 1,3 Prozent vergleichsweise unbedeutend. Ebenfalls gering war der Marktanteil des coffeinfreien Kaffees und des Instantkaffees, die beide nur etwa 0,5 Prozent des Gesamtverbrauchs ausmachten.

Der Verbrauch des teuren Mona-Kaffees korrelierte allerdings nicht – wie zu erwarten wäre – mit steigenden Einkommen, wohl aber der Konsum der qualitativ darunter liegenden Marke Rondo.[179] Den Edel-Kaffee Mona kauften vor allem

[178] Die genannten Preise wurden von hier zur besseren Vergleichbarkeit hochgerechnet. Pro 125 g bezahlten die Verbraucher entsprechend: First Class 15 M, Mona 10 M, Rondo 8,75 M, Kosta 7,50 M, Kosta-Melange 7,50 M, Kaffee-Verlese-Mischung 5 M, coffeinfreier Kaffee 10 M und löslicher Presto 37,50 M. Vgl. Lutz Roland/Petra Leopold/Ursula Krause (Institut für Marktforschung): Prognose zur Entwicklung des Verbrauchs von Röstkaffee bis 1980 (Teil I), Leipzig 1969, BArch, DL 102/394, S. 3.

[179] Vgl. ebd., S. 36 ff.

Haushalte mit einem Einkommen bis 800 Mark monatlich, während höhere Einkommensbezieher deutlich weniger davon erwarben und augenscheinlich lieber zum günstigeren „Rondo" griffen. Die Lösung des Phänomens lag im Warenumschlag begründet: Obwohl die teure Marke von der Herstellung her (aufgrund der verwendeten Bohnen) höherwertig war, verkaufte der Handel sie wegen der geringeren Nachfrage oftmals überlagert,[180] während er die günstigeren Sorten Rondo und Kosta durch den starken Absatz ständig frisch anbot. Höhere Einkommensgruppen handelten also durchaus in einem Bewusstsein für gute Qualität, wenn sie zur Mittelklassensorte griffen. Dass nun gerade Bürger mit mittleren Einkommen auffällig oft zur Marke Mona griffen, dürfte auf ein Distinktionsbedürfnis zurückzuführen sein.

Da für alle Sorten die Mischung der verschiedenen Kaffees – nach Provenienz und Qualität – genau festgelegt war, bewegten sich auch die Anforderungen an den Import in einem starren Rahmen. Bereits im Herbst 1959 zeigte sich, dass „vom Außenhandel der sortimentsgerechte Kaffeeimport nicht durchgeführt werden konnte".[181] Da vor allem billige Bohnen fehlten, beschlossen – wie bereits erwähnt – die Verantwortlichen im Ministerrat und der Staatlichen Plankommission, als Übergangslösung die Qualität des günstigen Kosta-Kaffees zu verbessern. Die Mehrkosten stundete das Ministerium der Finanzen.[182] 1966 herrschte erneut ausgerechnet an den günstigsten Bohnen Mangel: Aufgrund von Problemen im Warentausch mit Brasilien konnte die DDR keine ausreichende Menge preiswerten Kaffees beziehen. So mussten die staatlichen Importeure auf Rohkaffees höherer Preisklassen ausweichen, was für den Staat Mehrkosten in Höhe von 25,8 Millionen Mark und für die Bürger eine zeitweise Verbesserung der Kaffeequalität bei gleichbleibenden Preisen bedeutete.[183]

Nicht immer hatten die Beschaffungs- und Herstellungsschwierigkeiten einen derart positiven Nutzen für die Bevölkerung. Kaffee war zwar ausreichend vorhanden, aber es gab immer wieder Probleme bei der ausreichenden Versorgung in der erwünschten Qualität. Das starre Wirtschaftssystem reagierte schwerfällig auf akute Mängel, so dass die Regierung den Anspruch auf eine beständige Voll- wieder zugunsten einer Schwerpunktversorgung mit Kaffee aufgab. Große Städte – vor allem die Orte mit einer Schaufensterwirkung nach Westen wie Berlin oder die Messestadt Leipzig – wurden weiterhin bevorzugt versorgt, während z. B. ländliche Gebiete oft das Nachsehen hatten. In großen Orten war der Kaffee eher frisch und dort durften die Konsumenten auch berechtigt hoffen, die von ihnen gewünschte Sorte stets zu erhalten.[184] Außerhalb der Schwerpunkte war dies nicht

[180] Röstkaffee ist ein empfindliches Gut, welches – außer bei Lagerung in einem Vakuum – schnell an Frische verliert. Die enthaltenen Stoffe sind sowohl verderblich (z. B. die Öle) als auch anfällig für eine Schädigung durch Fremdgeruch.

[181] Protokoll der Sitzung des Ministerrates vom 25. 9. 1959, BArch, DN 1/10943.

[182] Ebd.

[183] Vermerk zum Entwurf einer Vorlage für das Präsidium des Ministerrates der DDR zu Veränderungen der Röstkaffeerezepturen, Entwurf vom 4. 2. 1966, BArch, DN 1/15883.

[184] Vgl. Lutz Roland/Petra Leopold/Ursula Krause (Institut für Marktforschung): Prognose zur Entwicklung des Verbrauchs von Röstkaffee bis 1980 (Teil I), Leipzig 1969, BArch, DL 102/394, S. 38 f.

der Fall. Vor allem beim beliebten Kosta-Kaffee lagen die Planzahlen für die Produktion lange Zeit unter dem Bedarf – ein Manko, über das sich viele Bürger beschwerten.[185]

Die Kaffeeversorgung in der DDR litt in erster Linie unter dem allgemeinen Devisenmangel und der schlechten industriellen Ausrüstung der landeseigenen Kaffeeindustrie. Die Dachorganisation VVB Süß- und Dauerbackwarenindustrie, der die Kaffeeproduktion ab 1966 zugeordnet war, stellte in einem zusammenfassenden Bericht 1967 fest, dass die Produktion von Röstkaffee dadurch erschwert werde, dass Kaffee vor dem Krieg auf dem Gebiet der DDR nur in Lebensmittel-Großhandels- oder Einzelhandelsbetrieben geröstet worden sei und erst der sozialistische Staat mit dem Aufbau einer Röstindustrie begonnen habe. Die notwendigen Industriemaschinen müssten alle aus dem Westen importiert werden:

> „Im gesamten sozialistischen Lager werden keine Anlagen für die Kaffeeröstindustrie hergestellt. Seit 1961 wurden 7 moderne vollautomatische Röstmaschinen aus Westdeutschland importiert. Auf diesen werden 48% der Produktion hergestellt. Die restliche Produktion erfolgt auf Maschinen, die vor 1939 gebaut worden sind. Sie entsprechen sowohl in der Erreichung maximaler Ausbeuten und in der Arbeitsproduktivität nicht mehr dem neuesten wissenschaftlich-technischen Stand."[186]

Auch der Aufbau einer erweiterten Produktpalette, mit der die SED-Führung mit dem westlichen Angebot gleichziehen wollte, scheiterte immer wieder an der Leistungsfähigkeit der eigenen Wirtschaft und am Zwang zum Einsparen von Devisen.

Westliche Normen und ostdeutsche Realitäten

Die Menschen in der DDR lebten in dem Wissen, dass es in westlichen Ländern ein wesentlich größeres Kaffeeangebot gab, als der sozialistische Staat ihnen zur Verfügung stellen konnte. Der Wunsch, der eigenen Bevölkerung umfassende Kaffee-Erzeugnisse anzubieten, war bei der Regierung, den Behörden und den Produktionsbetrieben vorhanden. Seit den 1950er Jahren planten die Verantwortlichen eine Erweiterung des Sortimentes mit eigenen coffeinfreien und löslichen Kaffees, in den 1960er Jahren mit Schonkaffees, Heißgetränkeautomaten und der Glasverpackung von Instantkaffee. All diesen Bestrebungen war gemeinsam: der Wille zur Nachahmung des westlichen Vorbildes, dessen Scheitern an den Realitäten und das notgedrungene Ausweichen auf Importe aus kapitalistischen Staaten.

Ähnlich wie in den 1950er wurde auch in den 1960er Jahren eine eigene Entcoffeinierung immer wieder projektiert und immer wieder verschoben.[187] Auf die Anfragen aus der Bevölkerung nach dem wiederholt angekündigten Produkt gab 1965 die Abteilung Lebensmittelindustrie des Volkswirtschaftsrates be-

[185] Vgl. Begründung der Vorlage für das Präsidium des Ministerrates der DDR über Änderungen der Rezepturen der Röstkaffeemischungen, Anlage vom Schreiben des Ministeriums für Finanzen (Rumpf) an das Ministerium für Bezirksgeleitete Industrie und Lebensmittelindustrie (Krack) vom 22. 2. 1966, BArch, DN 1/15883.

[186] VVB Süß- und Dauerbackwarenindustrie: Grundkonzeption zur Entwicklung der Kaffeeindustrie, 25. 10. 1967, BArch, DG 5/4082.

[187] Zu den coffeinfreien und löslichen Kaffees in den 1950er Jahren vgl. Kap. I.2.

kannt, dass die Versuche, einen eigenen coffeinfreien Kaffee herzustellen, gescheitert seien:

> „[Die] nach dem planmäßigen Abschluß der Entwicklungsarbeiten für das coffeinfreie Kaffeepulver veranstalteten Testuntersuchungen und weitere analytisch-organoleptische Untersuchungen [sind] so ausgefallen, daß der vorgesehene Verkauf an die Bevölkerung nicht bestätigt werden konnte." Es habe sich bei den Untersuchungen gezeigt, daß „Farbe, Geruch und Geschmack des aus dem Pulver aufgebrühten Kaffees nicht dem vergleichbaren coffeinfreien Kaffee anderer Länder entsprach".[188]

Um der Bevölkerung coffeinfreien Kaffee liefern zu können, wichen die Behörden auf Importe aus und ließen Kaffeebohnen weiterhin in Westdeutschland entcoffeinieren.[189]

Ähnlich verhielt es sich bei löslichem Kaffee, der in der DDR den Namen Presto trug: Bereits zu Beginn des Jahrzehnts wurde deutlich, dass sich die Wünsche nach einer baldigen eigenen Produktion von Kaffee-Extrakt nicht realisieren ließen. Bis Mai 1967 experimentierte der Berliner Betrieb VEB Bero auf Versuchsanlagen mit mäßigem Erfolg: Der so produzierte Kaffee fand wenig Anklang bei der Bevölkerung. 1967 tranken die Verbraucher lediglich 0,2 Prozent löslichen Kaffee – im Vergleich zum westeuropäischen Durchschnitt von 16 Prozent und selbst zum geringen Pulverkaffee-Konsum in der Bundesrepublik war dies ein verschwindend geringer Wert.[190] Es gelang dem Betrieb nicht, ein geschmacklich gutes und in gewünschtem Maße lösliches Getränk zu erzeugen. Außerdem beutete die Versuchsanlage den Rohstoff schlechter aus als vergleichbare moderne Anlagen: Um eine Tonne löslichen Extrakt herzustellen, benötigten die Mitarbeiter im VEB Bero 3824 Kilo Kaffee statt sonst üblicher 2970 Kilo. Eine Tonne Instant kostete den Staat so 13 950 VM, während die gleiche Menge fertiges brasilianisches Kaffeepulver zum Preis von 9054 VM inklusiv Transportkosten erhältlich war.[191] Die SED-Führung gab die eigene Herstellung von Instantkaffee deshalb auf und importierte brasilianisches Fertig-Pulver. Der für den Extrakt zuständige Produktionsbetrieb VEB Bero füllte nun das Expresspulver lediglich um, statt es selbst zu produzieren.[192]

Der günstige brasilianische Kaffee brachte aufmerksame Rechner im Ministerium für Finanzen auf die Idee, zusätzliche Devisen einsparen zu können: Gesamtwirtschaftlich gesehen war eine gebrühte Tasse aus dem Pulver günstiger als eine aus herkömmlichem Röstkaffee hergestellte. Wenn es also gelänge, den Konsum von löslichem Kaffee gegenüber Bohnenkaffee auszuweiten, spare der Staat. Auf Vorschlag des Ministers für Bezirksgeleitete Industrie und Lebensmittelindus-

188 Zit. n. Kurznotizen, in: Kaffee- und Tee-Markt, Heft 2 vom 21. 1. 1965, S. 25f.

189 VVB Süß- und Dauerbackwarenindustrie: Grundkonzeption zur Entwicklung der Kaffeeindustrie vom 10. 11. 1967, S. 6, BArch, DG 5/4082. Die Entcoffeinierung in Westdeutschland kostete den sozialistischen Staat 500,– VM pro Tonne Kaffeebohnen.

190 VVB Süß- und Dauerbackwarenindustrie: Zusammengefaßte Grundkonzeption der Entwicklung der Kaffeeindustrie vom 10. 11. 1967, BArch, DG 5/4082.

191 Ebd. Vgl. auch Schreiben der Deutschen Genussmittel GmbH Import – Export an den Ministerrat der DDR vom 7. 2. 1968, BArch, DN 1/15833. Die Preisangabe galt für das Jahr 1967. Im darauffolgenden Jahr sank der Preis auf 8591,– VM.

192 Schreiben des Ministeriums der Finanzen (Abteilungsleiter Klengel) an VVB Süß- und Dauerbackwarenindustrie vom 15. 2. 1968, BArch, DN 1/15833.

trie[193] wurden 1969 die Preise pro Tasse für beide Kaffeesorten angeglichen und der Endverbraucherpreis für das Extrakt-Pulver von 300 000 Mark pro Tonne auf 192 000 gesenkt, was bedeutete, dass die Konsumenten die handelsübliche 50-Gramm-Packung nun für 9,50 Mark statt für 15 Mark kaufen konnten.[194] Da man damit den Instant-Verbrauch ausreichend angekurbelt zu haben glaubte, reduzierten die Behörden den aktuellen Importplan für Rohkaffee um 500 Tonnen zugunsten einer Steigerung bei Extraktpulver von 60 Tonnen auf 195 Tonnen, was nach den Berechnungen für die Volkswirtschaft eine Einsparung an Devisen in Höhe von 700 000 Mio. VM gebracht hätte.[195] Der Plan ging jedoch nicht auf. Durch die jahrelangen Experimente mit dem schlechten Presto-Pulver hatte die Bevölkerung das Vertrauen in das lösliche Pulver aus der DDR verloren und verringerte den Konsum eher noch. Das brasilianische Instantgetränk war zwar tatsächlich erheblich besser, doch die Behörden hatten diese Verbesserung nicht ausreichend kommuniziert.[196]

1969 verwendeten nur sieben Prozent der Haushalte überhaupt Instant-Kaffee und damit noch weniger als in der Bundesrepublik. In einer Erhebung zu den Vorzügen des Presto-Kaffees nannten 61 Prozent der Befragten vor allem die schnelle und 22 Prozent die bequeme Zubereitung. Ein kleiner Teil – immerhin 13 Prozent – begründete den Konsum mit dem guten Geschmack des Getränkes.[197]

Das Problem mit dem Pulver blieb bis zum Ende der DDR bestehen. Eine Produktion des Extraktes im eigenen Land hatte sich nicht realisieren lassen. Die Nachfrage wurde weiterhin über Importe aus Brasilien und auch Westdeutschland gedeckt. Löslicher Kaffee stagnierte in Ostdeutschland bei einem prozentualen Anteil von höchstens 0,5 Prozent am gesamten Kaffeeverbrauch.[198]

Wunsch und Wirklichkeit kollidierten auch beim Thema Heißgetränkeautomaten. Die „Coffee-quick"-Maschinen wurden aus Westdeutschland importiert, da diese Automaten in der DDR nicht hergestellt werden konnten. 1966 gab es in der gesamten DDR 21 Getränkeautomaten, deren Verteilung viel über die Wertschätzung der Aufstellorte verrät: Zwei befanden sich in der Mädler-Passage in Leipzig, einem Zentrum des Einzelhandels und der Touristik, fünf auf dem Messegelände der IGA in Erfurt und 14 dienten der Arbeiterversorgung in verschiedenen Großbetrieben.[199] Obwohl die Automaten keine Gewinne erwirtschafteten, versprach

193 Der Begriff „bezirksgeleitet" verweist auf die Organisationsstruktur der Volkseigenen Betriebe, die entweder zentral geleitet (Z), bezirksgeleitet (B) oder kommunalgeleitet (K) waren.

194 Vgl. Ministerium für Handel und Versorgung: Sonderpreisdienst – Kaffee-Extraktpulver, 8. 12. 1969, BArch, DN 1/15833.

195 Ministerium der Finanzen (Abteilungsleiter Klengel) an Minister Böhm, Vermerk vom 4. 7. 1969, ebd.

196 Vgl. Lutz Roland/Petra Leopold/Ursula Krause (Institut für Marktforschung): Prognose zur Entwicklung des Verbrauchs von Röstkaffee bis 1980 (Teil I), Leipzig 1969, S. 6, BArch, DL 102/394.

197 Ebd. (Teil II): Verbrauchsgewohnheiten bei Röstkaffee – Befragungsergebnis, Leipzig 1969, BArch, DL 102/403, Tab. 142–148.

198 Nur jede hundertste Tasse DDR-Kaffee aus Extrakt, in: Tagesspiegel vom 14. 6. 1990.

199 Ministerium der Finanzen (Henke): Vermerk über den Einsatz von Heißgetränkeautomaten, 14. 11. 1966, BArch, DN 1/15833.

ein vermehrter Einsatz eine Verbesserung in der Kaffeeversorgung an Nachfrageschwerpunkten und außerdem eine Einsparung von Arbeitskräften, wobei allerdings ein unvorhergesehenes Problem auftrat: Die Becher mussten nämlich ebenfalls aus Westdeutschland importiert werden und zwar zu einem Stückpreis von 7,7 Pfennigen. Da die Becher in der DDR nicht bzw. nur wesentlich teurer produziert werden konnten, floss so mit jedem Plastikbecher ein kleiner Devisenstrom nach Westen. Mitarbeiter des Ministeriums für Handel und Versorgung dachten über wiederverwendbare Becher nach, verwarfen die Idee jedoch, da der Arbeitsaufwand durch Einsammeln, Reinigen und Wiederbereitstellen sehr hoch gewesen wäre und die Idee der Kaffeeausschankautomatisierung konterkarierte.[200] Das Ministerium, das 1966 noch die Anschaffung und den Einsatz von 3821 Heißgetränkeautomaten bis zum Jahr 1970 vorgesehen hatte, ruderte im Jahr darauf eilig zurück und erklärte mit Blick auf die fehlgeschlagene Eigenproduktion von Bechern:

> „Eine Erweiterung des Einsatzes von Heißgetränkeautomaten aus Importen des NSW in der Betriebsversorgung wird vorerst nicht erfolgen."[201]

Bis Ende des Jahrzehntes wurden keine weiteren Automaten mehr importiert und alle weiteren Pläne in die nächste Dekade verschoben.

Auch bei der Verpackung für löslichen Kaffee konnte die Wirtschaft der DDR nicht mit der westlichen Norm mithalten: Glasverpackungen für das Pulver, die sich in der westlichen Welt etabliert hatten und bei den Konsumenten gut ankamen, konnten die eigenen Betriebe nicht herstellen. Die Vereinigten Volkseigenen Betriebe Haushalts- und Verpackungsglas bestätigten 1966 das Dilemma, „daß in der Glasindustrie der DDR bis 1970 und darüber hinaus kapazitäts- und arbeitskräfteseitig keine Möglichkeiten bestehen, Glasverpackung (Leichtgläser) für Kaffee-Extrakt-Pulver selbst herzustellen".[202] Der Import sei daher unumgänglich.

Auch im Hinblick auf andere Kaffeeprodukte konnte die Anforderung nach einer geeigneten Verpackung nicht in allen Punkten befriedigend gelöst werden. Für die Umhüllung der geruchsempfindlichen gerösteten Bohnen fehlten immer noch Rohstoffe und Maschinen. Besonders deutlich zeigte sich das Problem, nachdem immer mehr Kunden in den Verkaufsstellen gemahlenen Kaffee verlangten. Viele Läden hatten sich mit Mühlen ausgerüstet, jedoch mangelte es an einer angemessenen Verpackung, wie ein staatlicher Kaffee-Instrukteur schilderte:

> „Die jetzt üblichen Karton-, Folien- und sonstigen Maschinen-Packungen werden zum Mahlen des Inhalts auf- und meist eingerissen, sind nicht mehr zum Transport des gemahlenen Kaffees zu benutzen und werden weggeworfen. Der gemahlene Kaffee kommt dann

200 Vgl. Schreiben des Ministeriums für Handel und Versorgung, Bereich Handelspolitik-Einzelhandel (Merkel), an Ministerium der Finanzen (Krause) vom 19. 12. 1967, BArch, DN 1/15833.

201 Ebd. NSW bedeutet Nichtsozialistisches Wirtschaftsgebiet.

202 Ministerium für Bezirksgeleitete Industrie und Lebensmittelindustrie: Komplexes Programm für die Rekonstruktion der Kaffeewirtschaft, Vorlage zur Sitzung des Ministerrates am 2. 12. 1966, S. 4 f., BArch, DG 5/0069.

gewöhnlich in eine andere Tüte, die eigentlich als Verpackung für Salz, Zigarren oder Hosenknöpfe gedacht war.“[203]

Eine wirklich geeignete Verpackung für fabrikfertig gemahlenen Kaffee gab es in der DDR in den 1960er Jahren nicht. Dieser Kaffee wurde deshalb nur in kleinsten Mengen zu fünf oder zehn Gramm in Würfelform gepresst verkauft. Sie hießen „Presslinge“ und entsprachen der Qualität der Marke Kosta. Fabrikfertig gemahlener Kaffee in einer aromadichten Verpackung wurde in der DDR erst nach 1973 produziert. Die bis dahin genutzte Verpackung der Kosta-Presslinge eignete sich nur für einen Kurzumschlag von maximal 18 Tagen.[204]

1966/67 entwickelte sich bei den für Kaffeeherstellung zuständigen Stellen eine Diskussion darüber, ob es empfehlenswert sei, einen leicht bekömmlichen Kaffee herzustellen. Als Vorbild diente der von dem Hersteller Darboven unter der Marke Idee-Kaffee in Westdeutschland angebotene Schonkaffee. Die Befürworter versprachen sich davon unter anderem eine Verlagerung der Nachfrage:

„Diese Kaffeemischung ist überwiegend für Herz-, Magen- und Gallenkranke bestimmt. Durch ein spezielles Bearbeitungsverfahren wird die Säure verändert bzw. verringert. Die Mischung kann später den heute noch von vielen Verbrauchern gekauften entkoffeinierten Kaffee ersetzen.“[205]

Die Kritiker argumentierten jedoch, dass die höhere Bekömmlichkeit umstritten sei:

„In Auswertung der uns zur Verfügung stehenden Literatur und unter Berücksichtigung bisher in der DDR durchgeführter Untersuchungen kann eine objektive Aussage darüber, ob dieser Kaffee physiologische Vorteile gegenüber normal hergestelltem Kaffee besitzt, nur durch eine klinische Begutachtung erbracht werden. Das bereits vorliegende Gutachten müsste durch weitere Gutachten, die signifikante Unterschiede hinsichtlich der Bekömmlichkeit gegenüber normalem Kaffee erkennen lassen, also basierend auf klinischen Versuchen durch verschiedene Einrichtungen, ergänzt werden.“[206]

Klinische Versuche der Martin-Luther-Universität in Halle ergaben ebenfalls keine medizinische Begründung für Schonkaffees, und so wurde die Produktion von säurearmen und bekömmlichen Kaffees erst einmal zu den Akten gelegt.[207] Bei den Kaffeeneuerungen der 1960er Jahre im Spannungsfeld von westlichen Normen und ostdeutschen Realitäten wurde das Problem des Schonkaffees als einziges nicht durch Westimport gelöst, sondern aufgrund geringer Relevanz stillschweigend begraben.

203 Nationalzeitung vom 8. 1. 1961, zit. n. Kaffee- und Tee-Markt, Heft 3 vom 3. 2. 1961, S. 5.

204 Vgl. Kurzdokumentation zur Vorbereitung und Aufnahme der Produktion von „Mocca-fix“ gemahlener Röstkaffee für den Langzeitumschlag, aromageschützt verpackt im VEB Kaffee- und Nährmittelwerke Halle/Saale, o. J., BArch, DG 5/4082.

205 Ministerium für Bezirksgeleitete Industrie und Lebensmittelindustrie: Komplexes Programm für die Rekonstruktion der Kaffeewirtschaft, Vorlage zur Sitzung des Ministerrates am 2. 12. 1966, S. 11, BArch, DG 5/0069.

206 Schreiben des Ministeriums für Gesundheitswesen (Sefrin) an Ministerium für Bezirksgeleitete Industrie und Lebensmittelindustrie (Kraack), betr. Genehmigung spezieller Produktionsverfahren und Rezepturen für Röstkaffee vom 22. 6. 1966, S. 3, BArch, DG 5/4082.

207 Vgl. VVW Süß- und Dauerbackwarenindustrie Halle: Konzeption über die weitere Entwicklung der Kaffeeindustrie vom 12. 2. 1970, BArch, DG 5/4082.

Mangel, Sparzwang und Lösungsversuche

Das große Dilemma der DDR in den 1960er Jahren war die Abhängigkeit von westlichen Maschinen und Produkten bei gleichzeitigem Zwang, Devisen einzusparen. In dem Versuch, diesem Zwiespalt zu begegnen, entstanden Ideen, die oft ebenso phantasiereich wie illusorisch waren. Die Abteilung Technik und Produktion der Lebensmittelindustrie schlug 1967 eine Rohkaffeeveredelung vor, die minderwertige Sorten wie Robusta und Minas auf ein Arabica-Niveau veredeln sollte.[208] Die Versuche wurden 1970 ebenso wie die Experimente, Kaffee-Extraktpulver durch Zugabe von Kohlehydraten zu verbilligen, ohne positive Ergebnisse eingestellt.[209] Andere Herangehensweisen suchten überall noch ein kleines bisschen mehr einzusparen. So wurde etwa der Anteil der kandierten Bohnen bei der Kosta-Melange-Mischung vom Ministerium für Bezirksgeleitete Industrie und Lebensmittelindustrie 1968 von 30 auf 40 Prozent hochgesetzt, nachdem 1958 ursprünglich nur ein Anteil von 20 Prozent vorgesehen worden war. Durch diese Maßnahme sparte die DDR jährlich etwa 20 Tonnen Rohkaffee.[210] Ein weiteres Beispiel war die Idee, die in Gaststätten vorgeschriebene Kaffeemenge pro Tasse von 6,5 auf 6 Gramm herabzusetzen.[211]

Als gute Möglichkeit zur Einsparung entpuppte sich die Herstellung einer eigenen Kaffeemischung für Gaststätten, in der Bohnen zum Einsatz kommen konnten, die „außenhandelsseitig interessant und geschmacklich einwandfrei sind, aber vom optischen Eindruck her bisher nicht in die Standardmischungen in Bohnenform eingearbeitet werden konnten".[212] Da die Gaststätten bis dahin mit der Sorte Kosta beliefert wurden, versprachen sich die Behörden zudem, den Engpässen in der Versorgung mit der beliebten Marke begegnen zu können.

Der Anspruch des zentralistischen Systems, alles in den leitenden Behörden zu durchdenken und zu regeln, hatte bei einem Produkt, welches nur über den staatlichen Außenhandel ins Land kam, einige Berechtigung. Allerdings konnten Probleme nie schnell und unbürokratisch gelöst werden. Trotz des zentralistischen Leitprinzips versuchten die Behörden, die Wünsche der Bevölkerung zu berücksichtigen und die Bürger in einzelnen Fällen auch bei der Problemlösung mit einzubeziehen, wie das folgende Beispiel einer Bürgerbeschwerde und des behördlichen Umgangs damit zeigt.

In der DDR war es üblich, dass sich Bürger direkt an die in der Politik zuständigen Personen wandten. Institutionalisierte, an eine Behörde oder Volksvertretung gerichtete Bitten oder Beschwerden waren als demokratisches Korrektiv ge-

[208] Ministerium für Bezirksgeleitete Industrie und Lebensmittelindustrie: Komplexes Programm für die Rekonstruktion der Kaffeewirtschaft, Vorlage zur Sitzung des Ministerrates am 2. 12. 1966, S. 11, BArch, DG 5/0069.

[209] Vgl. VVW Süß- und Dauerbackwarenindustrie Halle: Konzeption über die weitere Entwicklung der Kaffeeindustrie vom 12. 2. 1970, BArch, DG 5/4082.

[210] Ebd.

[211] Ministerium für Bezirksgeleitete Industrie und Lebensmittelindustrie: Komplexes Programm für die Rekonstruktion der Kaffeewirtschaft, Vorlage zur Sitzung des Ministerrates am 2. 12. 1966, S. 11, BArch, DG 5/0069.

[212] Vgl. VVW Süß- und Dauerbackwarenindustrie Halle: Konzeption über die weitere Entwicklung der Kaffeeindustrie vom 12. 2. 1970, BArch, DG 5/4082.

dacht und trugen die Bezeichnung Eingaben.[213] Dieses System basierte einerseits auf dem SED-Leitsatz „Arbeite mit, plane mit, regiere mit!" Andererseits blieb trotz der Möglichkeiten persönlicher Einflussnahme das Prinzip des Paternalismus erhalten. Die Bürger der DDR nutzten dieses Medium massenhaft. Ein ostdeutscher Witz verglich die politischen Systeme der Bundesrepublik und DDR wie folgt:

„Während im kapitalistischen Westen alles nach einem System von ‚Einnahmen und Ausgaben' ablief, funktionierte die kommunistische DDR nach einem System von ‚Eingaben und Ausnahmen'".[214]

Die Behörden nahmen die Eingaben sehr ernst. Die Briefe wurden an die zuständigen Stellen geleitet, die Anliegen detailliert geprüft und möglichst binnen vier Wochen mündlich oder schriftlich beantwortet. Eingaben in Bezug auf die Kaffeeversorgung sind fast ausschließlich für das Jahr 1977 – die sogenannte Kaffeekrise der DDR – überliefert. Eine seltene Ausnahme bildet ein Brief vom 22. September 1963. In ihm wandte sich die Verkäuferin Frau Schurig aus Aue wegen des anhaltenden Mangels an Kaffee-Filtertüten an die stellvertretende Vorsitzende des Ministerrates für den Bereich Handel, Versorgung und Konsumgüterproduktion Margarete Wittkowski:

„Sehr geehrte Frau Minister Dr. Wittkowski!

Gestern las ich die ‚für dich', und unter anderem Ihre Antwort an Frau Koslowski aus Reuth betreffs des Filterpapiers. Ich darf feststellen, dass Sie sich die ganze Sache sehr einfach machen und die Schuld dem Vst.-Leiter [Verkaufsstellen-Leiter] und den Verkäuferinnen zuschieben. Auch ich wohne im Bezirk Karl-Marx-Stadt, in Aue, bin Verkäuferin in einer Schreibwarenverkaufsstelle und habe nur sehr selten Filterpapier anzubieten, das betrifft alle Größen und auch Filtertüten. Aber das liegt nicht an mir. Ich schicke Ihnen meine Vst.-Bestellungen mit, da ist nicht einmal Filterpapier vergessen worden. Nein, der Großhandel hat nichts, so auch heute wieder, und ist welches am Lager, muß es zugeteilt werden. Glauben Sie, Frau Koslowski würde gleich an Sie schreiben, wenn ein oder zwei Mal kein Papier vorrätig wäre? Nein, sie würde in den nächsten Laden gehen, doch da ginge es ihr genau so. Wenn Sie in Berlin 8 Vst. prüfen ließen, und nur in 4 Vst. welches vorhanden wäre, dann kann es auch sein, daß es die Größen waren, die sehr selten gebraucht werden. Dieser Zustand besteht im Bezirk Karl-Marx-Stadt schon Jahre, ohne daß sich etwas geändert hat. Hätte Ihre Antwort etwa so gelautet: ‚Wir haben keine Rohstoffe', oder ‚Die Maschinenkapazität reicht nicht aus', so hätte ich das eingesehen. Möglich ist auch, daß im Norden unserer Republik Filterpapier lagert, weil dort kein Kaffee gefiltert wird. Sie können eine Änderung herbeiführen, wenn Sie die Planziffern ändern lassen [...]. Ich hoffe, daß ich bald eine Nachricht von der Änderung dieser Zustände erhalte."[215]

213 Zum System der Eingaben vgl. Mary Fulbrook: Ein ganz normales Leben. Alltag und Gesellschaft in der DDR, Darmstadt 2008, S. 252–307; Felix Mühlberg: Eingaben als Instrument informeller Konfliktbewältigung, in: Evemarie Badstübner (Hg.): Befremdlich anders. Leben in der DDR, Berlin 2000, S. 233–270; Ina Merkel: „Wir sind doch nicht die Mecker-Ecke der Nation". Briefe an das DDR-Fernsehen, Köln/Weimar/Wien 1998; Alf Lüdtke/Peter Becker (Hg.): Akten, Eingaben, Schaufenster. Die DDR und ihre Texte; Erkundungen zu Herrschaft und Alltag, Berlin 1997; Jochen Staadt: Eingaben. Die institutionalisierte Meckerkultur in der DDR. Goldbrokat, Kaffee-Mix, Büttenreden, Ausreiseanträge und andere Schwierigkeiten mit den Untertanen, Berlin 1996.

214 Fulbrook: Ein ganz normales Leben, S. 290.

215 Schreiben Schurigs an Frau Wittkowski vom 22. 9. 1963, BArch, DC 20/10054.

Frau Schurig hatte den Brief an die Zeitschrift „für dich" geschrieben, die ihn an Margarete Wittkowski weiterleitete. Als Antwort schrieb der Leiter der „Arbeitsgruppe Dr. Wittkowski", seine Stelle sei beauftragt, die Sachlage zu untersuchen und „die notwendigen Maßnahmen zur Veränderung der Lage den verantwortlichen Organen vorzuschlagen und durchzusetzen".[216] Als Erstes werde ein Mitarbeiter Anfang Dezember in Karl-Marx-Stadt mit den verantwortlichen Stellen sprechen, Funktionären der Großhandelsgesellschaft GHG Haushaltswaren, dem Versorgungskontor VK Bürobedarf und dem Staatlichen Kontor für Zellstoff und Papier. In diesem Gespräch am 9. Dezember 1963, zu dem Frau Schurig ebenfalls eingeladen war, wurde die Erarbeitung eines Konzeptes beschlossen, wie die Versorgung mit Filtertüten künftig besser geregelt werden könne.

Am Ende dieses Prozesses erarbeiteten die GHG Haushaltswaren und das VK Bürobedarf gemeinsam eine Konzeption, die dem Mangel mit einer zentralen Verteilung ausschließlich über den Schreibwareneinzelhandel begegnen wollte, um doppelte Lagerhaltung auszuschließen und besser disponieren zu können, bis eine Produktionserhöhung möglich sei. Ein abweichender Vorschlag, die Herstellung von Porzellan-Filter zu verbieten, fand keine Mehrheit.[217]

Das Beispiel zeigt den eher ungewöhnlichen Weg einer Eingabe, bei dem die Beschwerdeführerin selbst in die institutionalisierte Lösungsfindung einbezogen wurde. Diejenige, die auf den Mangel aufmerksam gemacht hatte, wurde nicht nur über den Gang ihrer Beschwerde auf dem Laufenden gehalten, sondern durfte den Prozess aktiv mitgestalten und wurde darüber hinaus aufgrund ihrer Stellung als Verkäuferin als Expertin wahrgenommen. Auch wenn der Mangel an Filtertüten kurzfristig nicht behoben werden konnte, setzten sich doch zumindest die beteiligten Stellen mit dem Anliegen der Beschwerdeführerin ernsthaft auseinander, was zeigt, dass die Unzufriedenheit von Konsumenten für das SED-System eine politische Herausforderung war. Versorgungsprobleme konnten nicht ignoriert werden, wenn sich für sie auch oft keine adäquate Lösung fand. Rigorose Pläne, den Mängeln mit Verboten zu begegnen, wie z. B. bei fehlenden Papierfiltern die Herstellung der zugehörigen Porzellanfilter zu untersagen, fanden sich zwar immer wieder, setzten sich jedoch – von der „Kaffeekrise" im Jahr 1977 abgesehen[218] – in der Kaffeeversorgung nicht durch.

Luxusgut im bescheidenen Wohlstand

Kaffee war und blieb teuer in der DDR. Trotz steigender Einkommen, die allgemein einen bescheidenen Wohlstand erlaubten, der ab Mitte der 1960er Jahre einsetzte, und der Tatsache, dass der Kaffeekonsum auch in der DDR zum Alltag gehörte, waren die beliebten Bohnen doch ungleich schwerer erschwinglich als im westlichen Nachbarland.

[216] Schreiben Franz' an Schurig vom 15. 11. 1963, ebd.
[217] Gemeinsame Konzeption von GHG Haushaltswaren und VK Bürobedarf vom 13. 1. 1964, ebd.
[218] Vgl. Kap. III.2.

Selbst für Menschen mit vergleichsweise hohem Einkommen war der Erwerb von Kaffee eine kostspielige Angelegenheit. Dietrich Lemke, der als damaliger Direktor der Deutschen Export und Importgesellschaft Feinmechanik – Optik im Dezember 1963 nach Barcelona reiste, beschrieb seine dortigen Einkäufe:

„Ich kaufte einen dicken roten Wollpullover, ein Spielzeug und, für mich, eine NATO-Pelle – so nannten sie zuhause die Regenmäntel aus Nylon, die man sonst nur von Westverwandten haben konnte […]. Und außerdem zwei Kilopackungen Bohnenkaffee, denn zuhause war der einfach noch zu teuer."[219]

In der DDR dominierten bei den Packungen kleine Größen und auch Kleinst-Packungen existierten noch immer:

„Die Abpackungsgrößen 25 g und 50 g sind international nicht üblich und ebenfalls nicht kaffeetypisch. Sie sind jedoch bei uns durch den relativ hohen EVP [Einzelverkaufspreis] entstanden."[220]

Kaffee wurde außerdem in Gebinden zu 65, 100 und 125 Gramm verkauft. In den 1960er Jahren gab es in der DDR keine 250-Gramm-Packungen – außer bei den nur in Intershop- und Delikat-Läden gehandelten First-Class-Mischungen – und keine 500-Gramm-Pakete. Lediglich Großunternehmern wurden die Bohnen in Gebinden von ein oder zehn Kilo verkauft.[221] Die Kleinpackungen waren nicht nur den hohen Kaffeepreisen geschuldet. Angesichts der wenig befriedigenden Aromadichte der Verpackungen war der Kauf in kleinen Einheiten auch im Hinblick auf die Qualität und Frische die bessere Wahl.

Nach einer repräsentativen Konsumentenbefragung des Institutes für Marktforschung vom Juni 1968 gab ein Fünftel der Befragten an, nur am Wochenende bzw. in größeren Abständen Kaffee zu trinken, und jeder Zehnte trank gar keinen Röstkaffee. Mehrere Tassen täglich gönnte sich bereits fast die Hälfte der Befragten (45 Prozent) und für ein weiteres Viertel lag der Konsum bei einer Tasse täglich.[222]

Der Verbrauch von Bohnenkaffee hing stark vom Einkommen und der Berufssparte ab. In Arbeiter-, Angestellten- und LPG-Haushalten wurde wesentlich mehr Kaffee getrunken als in einkommensschwachen Rentnerhaushalten.[223] Das Bil-

219 Dietrich Lemke: Handel & Wandel. Lebenserinnerungen eines DDR-Außenhändlers 1952–1995, Zeuthen 2006, S. 391.

220 VVB Süß- und Dauerbackwarenindustrie: Grundkonzeption zur Entwicklung der Kaffeeindustrie vom 10. 11. 1967, S. 8, BArch, DG 5/4082.

221 Vgl. Ministerium der Finanzen, Abteilung Lebensmittelindustrie: Anweisung Nr. 101 zur Sicherung einer hochwertigen und im vollen Umfang gebrauchswerterhaltenden Verpackung für Röstkaffee, 1. 12. 1964, BArch, DN 1/15883; vgl. auch Ministerium für Bezirksgeleitete Industrie und Lebensmittelindustrie: Analyse vom 31. 12. 1971, S. 5, BArch, DG 5/4082.

222 Lutz Roland/Petra Leopold/Ursula Krause (Institut für Marktforschung): Prognose zur Entwicklung des Verbrauchs von Röstkaffee bis 1980 (Teil I), Leipzig 1969, BArch, DL 102/394, S. 26 ff.

223 Der Verbrauch in den LPG-Haushalten lag hinter dem in den Arbeiter- und Angestellten-Haushalten, deutlich jedoch über den Rentner-Haushalten. 1966 verbrauchten z. B. pro Haushalt durchschnittlich: Arbeiter und Angestellte 4,6 kg, LPG-Mitarbeiter 4,3 kg und Rentner 2,2 kg.

dungsniveau spielte beim Kaffeekonsum ebenfalls eine Rolle. Personen mit Hochschulbildung verbrauchten durchschnittlich sieben Gramm Kaffee pro Tag, während diejenigen, die nach der 8. Klasse die Schule beendet hatten, mit etwa 5,5 Gramm pro Tag auskamen.

Zudem stand die Verbrauchsmenge in Relation zur Größe des Wohnortes: Je größer der Ort, desto mehr Kaffee wurde getrunken.[224] Allerdings spielte auch die Region mit ihren spezifischen Konsumgewohnheiten eine Rolle. So machten beispielsweise die „Kaffee-Sachsen" ihrem Spitznamen alle Ehre: Deutlich über dem Durchschnitt, der 1967 bei 1,915 Kilo Kaffee pro Kopf im Jahr lag, konsumierten die Bewohner Dresdens (2,35 kg), Leipzigs (2,24 kg) und Karl-Marx-Stadts (2,07 kg) das Genussmittel. Berlin als Schaufenster der DDR übertraf mit 2,16 Kilo pro Kopf ebenfalls deutlich die durchschnittlich konsumierte Menge. Weit unterdurchschnittlich war der Kaffeeverbrauch in Schwerin (1,52 kg) und Neubrandenburg (1,48 kg) in Mecklenburg-Vorpommern, außerdem in Erfurt (1,56 kg) und Suhl (1,42 kg) in Thüringen.[225]

Wo kauften die DDR-Bürger Kaffee ein? Seit Ende der 1950er Jahre war die Selbstbedienung auch in ostdeutsche Geschäfte eingezogen. Das erste Selbstbedienungsgeschäft der DDR hatte 1956 in Halle an der Saale eröffnet und in den folgenden Jahren wurde Selbstbedienung zum Parameter des Fortschritts im DDR-Einzelhandel.[226] 1961 gab es nach Angaben des Ministeriums für Handel und Versorgung bei Nahrung- und Genussmitteln bereits 5098 Selbstbedienungsgeschäfte, von denen etwa zwei Drittel von den Konsumgesellschaften und das andere Drittel von der HO geführt wurden.[227] Ab 1966 konnten die DDR-Bürger Kaffee außerdem in den neuen Feinkostläden erwerben. Die Delikat-Läden verkauften die teuren und qualitativ hochwertigen Sorten Mona und First Class. Ina Merkel hat in diesem Zusammenhang zu Recht auf das Dilemma der SED-Führung hingewiesen, einerseits im Sinne des Sozialismus Gleichheit zu propagieren, andererseits durch das Luxus-Segment im Lebensmittelhandel wie auch in anderen Bereichen ein System von zwei Warenklassen zu etablieren, das dem Egalitätsideal diametral entgegenstand.[228]

In wachsendem Maße tranken die Ostdeutschen ihren Kaffee nun aushäusig. Wenngleich die Kaffeehausbesucher mitunter lange auf einen Sitzplatz warten mussten und die Gäste oft vor den Cafés Schlange standen, entstand ab Mitte der 1960er Jahre eine Kaffeehauskultur mit gut besuchten Cafés. Die ehemalige Lehrerin Frau Gläser erinnerte sich in einem Interview vor allem an die positiven Seiten der knappen Plätze:

[224] Lutz Roland/Petra Leopold/Ursula Krause (Institut für Marktforschung): Prognose zur Entwicklung des Verbrauchs von Röstkaffee bis 1980 (Teil I), Leipzig 1969, BArch, DL 102/394, S. 31 f.

[225] Ebd., S. 17.

[226] Vgl. hierzu Andreas Ludwig (Hg.): KONSUM. Konsumgenossenschaften in der DDR, Köln/Weimar/Wien 2006, S. 29 ff.

[227] 12 500 SB-Läden in der Zone, in: Der Kontakt, 1/1981, o. P., Historisches Archiv Mondelez International.

[228] Vgl. Merkel: Luxus im Sozialismus; dies.: Utopie und Bedürfnis. Die Geschichte der Konsumkultur in der DDR, Köln/Weimar/Wien 1999, S. 248–277.

„Man lernte die Leute kennen und die Freude, dass man einen Platz kriegte. Und da wurde auch nicht groß gefragt, hier darf ich mich hier hinsetzen. Wenn es keine Plätze gab, setzte man sich hin und man kam sofort ins Gespräch. Jeder hatte da was zu erzählen. Was man gekriegt hatte, hat man sich gefreut. Was man nicht hatte, hat man geschimpft drüber. Und so war das.“[229]

Auch die Marktforscher registrierten den Trend zum Außer-Haus-Konsum. Eine Untersuchung des Institutes für Marktforschung in Leipzig stellte fest, dass der Röstkaffeeverbrauch in den Großverbrauchereinrichtungen, d. h. in Cafés und Betrieben, im Lauf des Jahrzehntes zugenommen habe. Die im öffentlichen Raum verbrauchte Menge Kaffee verfünffachte sich von 238 Tonnen im Jahr 1961 auf 1218 Tonnen im Jahr 1968.[230] Die tatsächliche Menge dürfte noch höher gelegen haben, da einige Großküchen Kaffee auch im Einzelhandel kauften. Die Marktforscher interpretierten den Anstieg mit dem Bedürfnis nach Arbeitserleichterung und Freizeit, da die Konsumenten den Kaffee nicht selbst zuzubereiten brauchten.[231]

Importpolitik

Der Kaffeehandel der sozialistischen Staaten bot dem Osten wie dem Westen eine Plattform, das eigene System gegenüber dem anderen aufzuwerten. So urteilte die westdeutsche Zeitung „Die Zeit“ 1960:

„Die kommunistischen Länder werden schon deswegen niemals ernsthafte Handelspartner für die Entwicklungsländer werden, weil sie dem Gros ihrer Bevölkerung gar keinen höheren Lebensstandard bieten wollen [...]. Das Kilogramm Brasilkaffee, das cif deutschen Hafen (roh) 3,30 DM kostet, wird in den HO-Läden der Zone zu 60 bis 80 DM-Ost verkauft. Die gleiche Qualität (es handelt sich um mindere Sorten) kostet bei uns rund 14 DM. An den Wucherpreisen wird die ganze Verbraucherfeindlichkeit des kommunistischen Systems deutlich, das einen wirklichen Lebensgenuß nur hochbezahlten Funktionären und Spezialisten ermöglicht.“[232]

Die bundesdeutsche Presse wurde nicht müde, auf die aus ihrer Sicht rückständige Versorgung mit Kaffee in der DDR hinzuweisen. Im Gegenzug entwarf die Propaganda der DDR ein Bild der Westdeutschen, die für ihren materiellen Wohlstand ihren politischen Verstand verkauft hatten und die im Schatten des Atomkriegs arg- und sorglos ins Verderben schlitterten. Eine Fotomontage zeigt ein westdeutsches Paar am Kaffeetisch, zufrieden in einer Idylle mit Eigenheim und Garten. Der (Ehe-)Mann riecht genießerisch und voll Vorfreude auf den Kaffeegenuss an einem Glas Nescafé, die gepflegte und elegant gekleidete Frau steht und schenkt – entsprechend dem damaligen Verständnis der Geschlechterrollen – zu-

[229] Ton- oder Filmdokumente, Richter/Rentner: Mahlzeit DDR, Interview mit Elli Gläser, Min. 12:27.

[230] Das entsprach einer Steigerung von 1 auf 3,5% am Gesamtverbrauch. Vgl. Lutz Roland/ Petra Leopold/Ursula Krause (Institut für Marktforschung): Prognose zur Entwicklung des Verbrauchs von Röstkaffee bis 1980 (Teil I), Leipzig 1969, BArch, DL 102/394, S. 12 f.

[231] Ebd., S. 50.

[232] Politik mit Kaffeebohnen. Der Ostblock ist ein schlechter Handelspartner für Entwicklungsländer, in: Die Zeit vom 25. 11. 1960.

Abb. 39: Westdeutsche aus Sicht der DDR-Propaganda (1965)

frieden lächelnd Kaffee in die Tasse. Der Himmel über der glücklichen Szene wird ausgefüllt vom Pilz einer Atomexplosion. Die Bildunterschrift erklärt den Kontrast zwischen Schrecken und Sorglosigkeit: „Uns passiert nichts. Wir sind unpolitisch!“ Die Verwendung des Kaffeetisches als Synonym für die sorglose Wohlstandsidylle illustriert auch, wie gut die westdeutsche Kaffeewerbung, aus der das Vordergrund-Motiv offensichtlich entnommen war, dieses Lebensgefühl aufgriff und in Szene setzte. Die ostdeutsche Propaganda versuchte diese Werbebotschaft der westdeutschen Kaffeefirmen und damit auch das „Wirtschaftswunder“ in der Bundesrepublik zu demontieren, indem sie aus der Angst der Menschen vor einem Atomkrieg politisches Kapital schlagen wollte.

Die ostdeutsche Presse schob die Ursache aller Probleme bei Kaffeeproduktion und -handel und damit auch die unzureichende Kaffeeversorgung in der DDR auf das kapitalistische System, so z. B. in einem Bericht der „Neuen Zeit“:

„Man kann unschwer voraussehen, daß, sobald der Kolonialismus das Zeitliche segnet, sobald dieses System zusammenbricht, vom Kaffeeproblem in seinem sozialen, wirtschaftlichen und politischen Aspekt keine Spur bleiben wird. Dann wird es bloß das Genußmittel geben, die Menschen in allen Ländern werden viel billigen Kaffee haben, und die Werktätigen, die Kaffee züchten und verarbeiten, werden um den morgigen Tag nicht zu bangen brauchen."[233]

Die Kaffeepflücker und -züchter in der „Dritten Welt" hatten allerdings auch vom Handel mit dem sozialistischen Staat, der die Ausbeutung der Entwicklungsländer anprangerte, kaum Vorteile. Auf dem Weltmarkt kaufte die DDR oft sogar zu wesentlich geringeren Preisen als die westlichen Länder den Rohkaffee ein, da die weltweite Überproduktion von Kaffee den sozialistischen Staaten eine stärkere Position verschafft hatte: Sie wurden von den Erzeugerländern als zukunftsfähige Absatzmärkte betrachtet, die noch erhebliche Kapazitäten bargen, und sie fielen nach dem Kaffeeabkommen von 1963 als „New-market"-Länder nicht unter die Handelsquoten.[234] Das verschaffte ihnen die Möglichkeit, außerhalb dieser Handelsbegrenzungen Sondertarife auszuhandeln.

Die Hoffnungen der kaffeeproduzierenden Staaten richteten sich vor allem auf die großen Länder Sowjetunion und China, deren Bevölkerung in erster Linie Tee trank, denen jedoch bei steigendem Lebensniveau auch ein erhöhter Kaffeeverbrauch prognostiziert wurde. Aber auch in den anderen Ostblockstaaten sahen sie Absatzchancen. Gleichwohl wurden diese Erwartungen immer wieder enttäuscht, wie z. B. im Fall von Polen, das 1959 von Brasilien zwar 128 000 Sack Kaffee bezog, dem Land dann aber verkündete, dass es aufgrund der nun gut gefüllten Lager künftig mit einem erheblichen Rückgang der Kaffeebezüge rechnen müsse.[235] Brasilien hoffte die Lücke, die dieser neu erschlossene Absatzmarkt bereits kurz nach seiner Eroberung hinterlassen hatte, mit Beziehungen zur DDR zu füllen. Tatsächlich importierte die DDR-Regierung im ersten Halbjahr 1960 155 000 Sack brasilianische Bohnen. Doch trotz der enormen Steigerung der Kaffeeeinfuhr, die die Wirtschaft der DDR um der Kaffeeversorgung der Bevölkerung willen zu schultern versuchte – 1959 hatte sie lediglich 80 000 Sack aus Brasilien importiert –, wirkte sich die Menge auf dem brasilianischen Markt kaum aus.[236] Allerdings waren Handelsbeziehungen nicht nur im Hinblick auf die bezogenen Mengen relevant. Im Schatten des Kalten Krieges war jede Absichtserklärung, mit sozialistischen Staaten zu handeln, zugleich eine an die westliche Welt und vor allem an die USA gerichtete Drohung, denn diese befürchteten Terraingewinne des Kommunismus in den Entwicklungsländern. Brasilien entsandte 1960 eine Delegation in die Sowjetunion, um den Tauschhandel Kaffee gegen Öl, Weizen, Flugzeuge und Maschinenteile zu vereinbaren.[237] Solche Kompensationsgeschäfte wurden auch von den Außenhändlern der DDR angestrebt und z. B. 1961 mit Brasilien realisiert, als der Tausch von 580 Traktoren und Planiermaschinen gegen brasilianischen Rohkaffee beschlossen wurde.[238]

233 Kaffee einmal anders gesehen, in: Neue Zeit, Nr. 51 vom Dezember 1960, S. 18.
234 Vgl. hierzu Kap. II.1.
235 Politik mit Kaffeebohnen. Der Ostblock ist ein schlechter Handelspartner für Entwicklungsländer, in: Die Zeit vom 25. 11. 1960.
236 Zum Vergleich: Die Bundesrepublik Deutschland kaufte im Erntejahr 1959/60 insgesamt 844 000 Sack Brasil-Kaffee und deckte damit etwa ein Viertel bis ein Fünftel des westdeutschen Bedarfs. Vgl. ebd.
237 Pendergrast: Kaffee, S. 301.
238 Brasilien: Kompensationsgeschäfte mit der SBZ, in: Kaffee- und Tee-Markt, Heft 2 vom 19. 1. 1961, S. 19.

Neben dem Handel und Warentausch mit kapitalistischen Ländern baute die Regierung der DDR die Wirtschaftsbeziehungen mit kommunistisch regierten Staaten gezielt aus. Da Kaffee nur in Ländern innerhalb eines schmalen Streifens um den Äquator – im sogenannten Kaffeegürtel – wuchs, kamen für den Import von Bohnen aus sozialistischen Kulturen nur wenige Länder in Frage. Mit Kuba, das vor allem Zuckerrohr und Tabak, aber auch Kaffee anbaute, wurde ein Warentauschabkommen vereinbart: Die DDR lieferte vor allem Industriewaren wie Erzeugnisse des Maschinenbaus, der Elektrotechnik, der Feinmechanik, der Optik, der chemischen Industrie und der Leichtindustrie; dafür exportierte der karibische Inselstaat Zucker, Südfrüchte, Kaffee und weitere landwirtschaftliche Produkte sowie mineralische Rohstoffe.[239] Die Anbauflächen auf dem Inselstaat waren allerdings begrenzt, daher konnte die Produktion von Kaffee kaum gesteigert werden. Anders war die Situation in Vietnam: Dort existierten noch große Gebiete, die sich mit hoher Wahrscheinlichkeit zum Kaffeeanbau eigneten. Bereits 1961 wurde in der Diskussion um die Klassifizierung der verschiedenen Rohkaffees nach Qualitätsstufen festgestellt, dass sich die Qualität der aus Vietnam kommenden Arabica-Bohnen laufend verbessere.[240] Neben den Arabicas bezog die DDR auch Robusta-Kaffees aus Vietnam, und ein Ausbau der Anbaufläche in dem tropischen Land war für die ostdeutsche Regierung von größtem wirtschaftlichem Interesse. Das Institut für tropische und subtropische Landwirtschaft der Karl-Marx-Universität in Leipzig studierte deshalb den Nährstoffgehalt der vietnamesischen Böden für ihre Eignung für den Kaffeeanbau und erarbeitete gemeinsam mit vietnamesischen Instituten Pläne für die Düngung, die Bodenpflege und den Erosionsschutz.[241] Auch die erste „Zentrale Versuchsstation für Kaffee und andere Plantagenkulturen“ wurde mit Hilfe Leipziger Wissenschaftler in Tay Hieu gebaut. Das Ziel der Bestrebungen war, die Anbaufläche in Vietnam auf das Siebenfache zu erweitern, um die Jahresproduktion auf 20 000 Tonnen erhöhen zu können. Neben den Schwierigkeiten, die geernteten Bohnen qualitativ auf ein hohes Niveau zu bringen, wirkte sich vor allem der Vietnam-Krieg negativ auf die Bemühungen aus. So berichtete der Direktor der Versuchsstation in Tay Hieu, dass die Anlage im Mai von US-Militär bombardiert worden sei. Trotz des Krieges und der langwierigen Verwirklichung der Pläne angesichts der langen Zeitspanne bis zur Fruchtreife der Kaffeesträucher gaben sich vietnamesische wie deutsche Forscher optimistisch und hofften, nach Beendigung der militärischen Auseinandersetzungen ihre Pläne entsprechend umsetzen zu können.[242] Tatsächlich bauten die Vietnamesen nach dem Kriegsende 1975 die Kaffeeproduktion aus, was im folgenden Kapitel noch genauer zu beleuchten sein wird.

Insgesamt verlief die Geschichte des Kaffeekonsums in der DDR in den 1960er Jahren ohne spektakuläre Veränderungen. In dem Maße, in dem dort ein bescheidener Wohlstand einzog, stieg auch der Konsum des weiterhin teuren Genussmit-

239 Warenprotokoll für 1969 mit Kuba unterzeichnet, in: Neues Deutschland vom 8.12. 1968.

240 Schreiben von Direktor Schäbe an die Deutsche Genussmittel GmbH Import – Export vom 15.11.1961, S. 2, BArch, DN 1/10943.

241 Forschungsauftrag für Vietnam, in: Neues Deutschland vom 11.6.1966.

242 Ebd.

tels. Neue Kaffeeprodukte wurden zwar von der Regierung angekündigt und von der Bevölkerung erwartet, aber die 1960er Jahre erwiesen sich in dieser Hinsicht als Enttäuschung. Kein einziges innovatives Projekt konnte aus eigener Kraft umgesetzt werden. Als Ausweg griff die Regierung notgedrungen zum Westimport und suchte Hilfe in der Entwicklung von Sparmaßnahmen. Das Genussmittel, für das in der DDR nicht geworben wurde, um die Nachfrage nicht anzuregen, gab auch selten Anlass für Presseartikel, da die Misserfolge nicht an die Öffentlichkeit dringen sollten. In dieser Atmosphäre richteten die DDR-Bürger den Blick nach Westdeutschland, auch, weil von hier neben den Konsumvorbildern ein stetiger Zufluss an braunen Bohnen kam.

3. Kaffee als grenzüberschreitendes Präsent – Mengen, Motive und Missverständnisse

Kaffee wurde in Paketen von West- nach Ostdeutschland geschickt und war ein beliebtes Mitbringsel. Das Produkt spielte als grenzüberschreitende Gabe nicht nur quantitativ eine große Rolle, sondern hatte auch einen hohen symbolischen Wert, den der 1999 gedrehte Spielfilm „Sonnenallee" über das Leben im Ost-Berliner Grenzgebiet 1973 thematisiert: Nach der Rückkehr von Frau Ehrenreich, gespielt von Katharina Thalbach, von der Beerdigung des Onkels in Westdeutschland entwickelt sich folgender Dialog:

Frau Ehrenreich: „Ich sage euch, das ist ja so bunt da. Hier: Überraschung [klopft auf eine Dose Kaffee], hab ich geschmuggelt!"

Sohn (Alexander Scheer): „Mama! Kaffee ist doch total egal. Das brauchst du doch nicht schmuggeln!"

Herr Ehrenreich (Henry Hübchen): „Das ist doch – das ist doch keine Krönung! Gab's keine Krönung?"

Frau Ehrenreich: „Guck mal rein!"

Herr Ehrenreich öffnet die Dose, greift mit der Hand hinein und schaut konsterniert. Er prüft die Konsistenz: „Das ist doch kein Kaffee!"

Frau Ehrenreich (stolz): „Nee, das ist Onkel Heinz."

Tochter (Annika Kuhl): „Du hast Onkel Heinz geschmuggelt?

Frau Ehrenreich: „Ich hatte keine Lust auf die Behördengänge. Da passt er doch rein."[243]

Und tatsächlich passte er „da rein", auch im übertragenen Sinne. Der West-Onkel Heinz, gespielt von Ignatz Kirchner, hatte sich zu Lebzeiten einen Sport daraus gemacht, immer neue Schmuggelmöglichkeiten bei seinen Ostbesuchen auszuloten. Mit seinen Geschenken aus der bunten West-Warenwelt, die er aus verborgenen Taschen zog, inszenierte er sich – obwohl selbst ein „kleines Würstchen" – als der Bote einer besseren, reicheren und bunteren Welt, deren Fülle er in den durch Mangel an gehobenen Gütern geprägten DDR-Alltag brachte.

Dieser Ausschnitt aus dem Kultfilm „Sonnenallee" von Leander Haußmann zeigt Beziehungen zwischen Ost- und Westdeutschen satirisch überspitzt, trifft dabei

[243] Sonnenallee. Film von Leander Haußmann, 1999, Min. 1:10:45.

aber mehrfach den Kern der asymmetrischen Verhältnisse, indem er die Relevanz von Westkaffee als begehrte Zusatzversorgung aufgreift, auf das hohe Prestige der Westmarken anspielt und die Motive und Wahrnehmungen des Westonkels dekonstruiert.

Onkel Heinz konnte in Haußmanns Film in Westdeutschland nicht der sein, der er in Ostdeutschland sein durfte. Durch seinen Zugang zu den Westwaren und in dem Akt der Grenzüberwindung erfuhr er eine persönliche Aufwertung. Die Dose Westkaffee mit ihrem hohen Symbolwert wurde für ihn zur passenden Urne.

Mengen – Entwicklung und Bestimmungen

Obwohl gerösteter Bohnenkaffee auch in der frühen Bundesrepublik ein Luxusartikel war, wurde er relativ früh ein Bestandteil der westlichen Geschenksendungen in die DDR. Nach der „Verordnung über Geschenk- und Päckchenverkehr auf dem Postwege mit Westdeutschland, Westberlin und dem Ausland", die seit dem 5. August 1954 die Einfuhrbestimmungen in die DDR regelte, durfte ein Paket bis zu 250 Gramm Kaffee enthalten[244] – eine Menge, die wohl kaum in den Paketen zu finden war, in einer Zeit, als Kaffee auch in der Bundesrepublik noch in Klein- und Kleinstmengen gehandelt wurde. Die ersten Pakete enthielten vor allem Grundnahrungsmittel, wie Fett, Reis, Mehl oder Hülsenfrüchte.[245] Vom Charakter her waren diese Sendungen in erster Linie Hilfspakete zur Grundversorgung. Vom Bundesministerium für gesamtdeutsche Fragen wurden die finanziell geförderten Pakete auch als politische Waffe im Kalten Krieg verstanden, die die Unterlegenheit des kommunistischen Regimes demonstrieren sollte.[246]

Das Engagement der bundesdeutschen Paketversender war beachtlich. Viele Bundesbürger erinnerten ihre eigene Situation als Empfänger von CARE-Paketen und waren gerne bereit, aus dieser Erfahrung heraus den materiell schlechter gestellten Ostdeutschen ähnliche Sendungen zukommen zu lassen. Die Zeitschrift „Kaffee- und Tee-Markt" berichtete beispielsweise von dem Einsatz einer Betriebsbelegschaft 1955:

> „Die Belegschaft einer Pforzheimer Lebensmittelgroßhandelsfirma und Kaffeegroßrösterei hat in freiwilliger Leistung von kostenlosen Überstunden der Ostzonenbevölkerung eine Weihnachtsfreude bereitet. Der für die Überstunden aufzuwendende Betrag wurde für die Erstellung von Ostzonenpaketen verwendet, die noch rechtzeitig vor dem Weihnachtsfeste zum Versand gekommen sind."[247]

[244] Die Pakete, für die nach der Verordnung maximal 7 kg zugelassen waren, durften außerdem z. B. bis zu 250 g Kakao, 300 g Schokolade und 50 g Tabak enthalten. Jeder Bewohner der DDR durfte monatlich eine Geschenksendung erhalten und verschicken – diese Regelung wurde 1956 auf 12 Pakete im Jahr unabhängig vom Monat verändert. Vgl. Christian Härtel: Ostdeutsche Bestimmungen für den Paketverkehr im Spiegel westdeutscher Merkblätter, in: Christian Härtel/Petra Kabus (Hg.): Das Westpaket. Geschenksendung, keine Handelsware, Berlin 2000, S. 45–53, hier S. 45 ff.

[245] Ebd., S. 46.

[246] Vgl. Stefan Creuzberger: Kampf für die Einheit. Das gesamtdeutsche Ministerium und die politische Kultur des Kalten Krieges 1949–1969, Düsseldorf 2008, S. 301–312.

[247] Weihnachtspakete für die Ostzone, in: Kaffee- und Tee-Markt, Heft 1 vom 3. 1. 1956, S. 35.

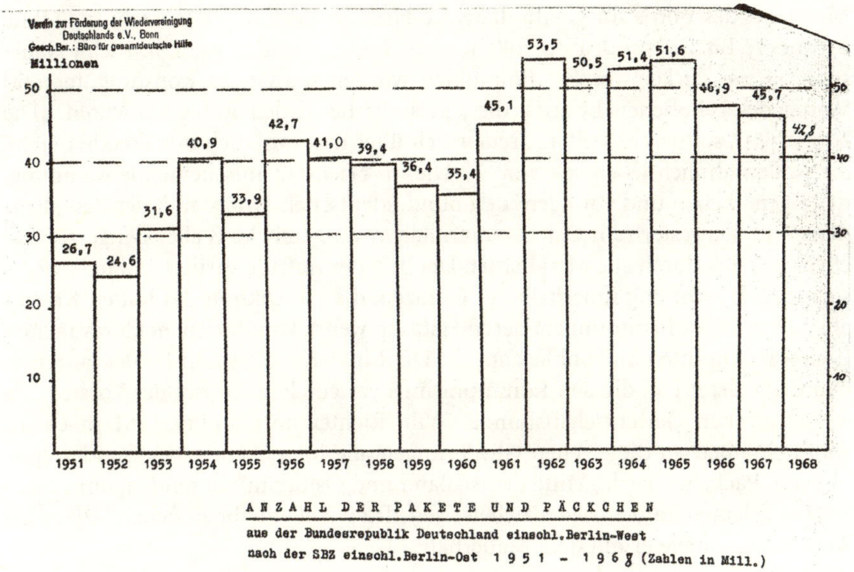

Abb. 40: Die Entwicklung des Paketverkehrs von der Bundesrepublik in die DDR 1951 bis 1968 nach Zahlen des Ministeriums für gesamtdeutsche Fragen in Bonn

Die Zahl der Pakete in den 1950er Jahren war groß. 1956 erreichte sie mit 42,7 Millionen ihren vorläufigen Höhepunkt und sank bis 1960 auf 35,4 Millionen. Nach dem Bau der Mauer stieg die Zahl wieder an und erreichte 1962 mit 53,5 Millionen Paketen ihr Maximum. Durch die Abriegelung waren Briefe und Pakete eine Möglichkeit, mit Verwandten und Bekannten in Kontakt zu bleiben. Außerdem symbolisierten die Pakete den Protest gegen den Mauerbau und gegen den von der SED regierten ostdeutschen Staat, der für das große Engagement der Westdeutschen beim Paketversand in die „Ostzone" eine wichtige Rolle spielte.

Mit den verbesserten Konsummöglichkeiten in der DDR änderte sich der Charakter der Paketsendungen, die immer seltener Grundnahrungsmittel enthielten. Die Genussmittel, und damit vor allem Kaffee, erhielten neben Gütern, die in der DDR nur schwierig oder gar nicht erhältlich waren, einen zentralen Stellenwert. In den zahlreichen Merkblättern, die über die Bestimmungen in Bezug auf die Geschenksendungen aufklären und vor allem die Bundesbürger zum Packen solcher Sendungen bewegen sollten, lässt sich dieser Wandel deutlich nachvollziehen.[248] Spätestens ab dem Beginn der 1960er Jahre wurde immer wieder angeregt, die Geschenksendungen nicht mit elementaren Bedarfsgütern auszustatten, sondern mit hochwertigen, nicht lebensnotwendigen Gütern. So hieß es z. B. in dem

[248] Die Merkblätter wurden von verschiedensten Institutionen publiziert. Vereine, kirchliche Gruppen, Gewerkschaften, aber auch die Lebensmittelindustrie rieten zum Pakete-Packen und halfen dabei. Vor allem das Bundesministerium für gesamtdeutsche Fragen bzw. für innerdeutsche Beziehungen, wie es ab 1969 hieß, gab viele Aufrufe und Anleitungen heraus.

Merkblatt des Büros für gesamtdeutsche Hilfe zu Beginn des Jahrzehnts: „Ohne besondere Bitten von drüben sollten nicht mehr geschickt werden: Mehl, Nährmittel, Reis, Zucker, Tee."[249] Empfohlen wurden stattdessen Konsumgüter und Waren des gehobenen Bedarfs, die „etwas Farbe in den Alltag" brächten. „Die Menschen", so hieß es weiter, „freuen sich über das, was auch uns Freude macht. Sie wollen ähnlich leben wie wir."[250] Die im Nachsatz aufscheinende Mahnung, das eigene Leben und vor allem den bundesdeutschen Wohlstand, der den „Brüdern und Schwestern im Osten" vorenthalten war, zum Maß aller Dinge zu machen, zog sich durch alle Merkblätter. Der Ton der Aufrufe variierte zwar, bewegte sich jedoch recht eng innerhalb der Grenzen, die die Diktion des Kalten Krieges absteckte. Selbst Institutionen, deren Haltung weder konservativ noch revanchistisch war, stimmten im Hinblick auf die DDR in den 1950er und 1960er Jahren in den Chor derer ein, die den Kommunismus verteufelten. So rief der Vorsitzende des Deutschen Gewerkschaftsbundes Willi Richter im Oktober 1961 in einem Rundschreiben an die eigenen Gliederungen alle Menschen in der Bundesrepublik auf, Päckchen nach „Mitteldeutschland und Ostberlin" zu senden, um „unseren Landsleuten immer wieder zu beweisen, daß wir alle zu ihnen stehen".[251] Seinen Appell begründete er mit dem Mauerbau:

> „Am 13. August d. J. wurde durch die Terrormaßnahmen des kommunistischen Regimes Ost- von Westberlin hermetisch abgeriegelt. Damit wurde die sowjetische Besatzungszone ein grosses Konzentrationslager und unseren Brüdern und Schwestern aus der Zone und Ostberlin die letzte Möglichkeit der persönlichen Verbindungen mit uns genommen."[252]

Die Aufrufe berührten in der Regel mehrere Aussageebenen. Neben der praktischen Anleitung präsentierten sie die Vorteile des eigenen politischen und wirtschaftlichen Systems, urteilten den Sozialismus ab, unterstützen die Sprachregelung des Kalten Krieges, bestärkten die Westdeutschen in der Notwenigkeit der Wiedervereinigung oder warben für eigene Produkte. Ein Aufruf in der Zeitschrift „Kaffee- und Tee-Markt" von 1961 enthielt als Subtext vor allem die Aussage, dass Kaffee in der Bundesrepublik sehr viel günstiger als in der DDR sei. Die Displays mit den Ratgebern der Firma Kaffee HAG, die in den Lebensmittelläden aufgestellt wurden, machten ganz offen Produktwerbung.

Die Sprachregelung der Merkblätter veränderte sich mit dem politischen Klima. Bis Ende der 1960er Jahre wurde das Wort DDR gemäß den offiziellen politischen Sprachregelungen nicht verwendet.[253] Stattdessen wurde von „Mitteldeutschland", der „SBZ", der „Sowjetzone" etc. gesprochen, wodurch die Nichtanerkennung der DDR als Staat zum Ausdruck gebracht wurde. Durch das Inkrafttreten des Grundlagenvertrages von 1973 erfolgte eine staatliche Anerkennung der DDR.

249 „Geschenksendungen nach Mitteldeutschland", Merkblatt des Büros für gesamtdeutsche Hilfe, zit. n. Härtel: Ostdeutsche Bestimmungen für den Paketverkehr, S. 48.

250 Ebd.

251 Schreiben des Vorstandes des DGB Willi Richter an den Bundesvorstand, Hauptvorstände, Landesbezirke, Orts- und Kreisausschüsse vom 30. 4. 1961, Archiv der Forschungsstelle für Zeitgeschichte in Hamburg, 554-6-69 DGB Hamburg/Nordmark – Soziale Gruppen: Jugend Aktionen/„SBZ-Paketaktionen" 1949–1981.

252 Ebd.

253 Vgl. hierzu Härtel: Ostdeutsche Bestimmungen für den Paketverkehr, S. 48.

Abb. 41 und 42: Werbung für Kaffeeversand in die DDR

Die deutsch-deutschen Beziehungen entspannten sich, was sich auch in den neuen ostdeutschen Regelungen für Geschenksendungen und Mitbringsel im Reiseverkehr niederschlug. Von Oktober 1973 an hatten die DDR-Behörden die Höchstmenge für Kaffee auf 500 Gramm angehoben. Die Durchführungsbestimmung vom 13. September 1976 legte ein Kilogramm als neue Obergrenze fest und am 19. September 1977, als die sogenannte Kaffeekrise in der DDR für Unmut sorgte, hob die SED-Führung die Mengenbegrenzung bei Kaffee – wie auch bei Tabakwaren, Spirituosen, Wein und Sekt – für den Postweg und im Reiseverkehr ganz auf.[254] Generell kann in der bis dahin geltenden Begrenzung der Bohnenkaffeemenge keine Schikane durch die DDR-Regierung gesehen werden, wie dies mitunter – selbst in wissenschaftlichen Werken – geschieht. Die Maßnahmen richteten sich vielmehr in erster Linie gegen den Tausch der nicht konsumierten Mengen auf dem schwarzen Markt. Die Kontingente für die Pakete, die 12-mal jährlich pro Bürger empfangen werden durften,[255] lagen teilweise über dem tatsächlichen

[254] Ebd., S. 51 f.

[255] Bis 1956 durfte jeder Bewohner der DDR eine Geschenksendung pro Monat empfangen und verschicken; ab 1956 waren pauschal 12 Pakete pro Jahr erlaubt – ungeachtet des Zeitpunktes. 1983 fiel die Begrenzung für den Empfang der Pakete generell weg, für den Versand blieb sie jedoch weiter bestehen. Vgl. ebd., S. 47 u. 52.

Pro-Kopf-Verbrauch im Westen: Zur Zeit des ersten Einfuhrerlasses 1954, der 250 Gramm pro Monat genehmigte, lag der durchschnittliche Verbrauch in der Bundesrepublik bei der Hälfte dieser Menge pro Person. Als 1973 die Menge auf 500 Gramm erhöht wurde, konsumierte der durchschnittliche Westdeutsche 380 Gramm Kaffee, in der DDR lag das Quantum bei 190 Gramm im Monat.

Eine Analyse von Paketaktionen des DGB 1959 und 1962/63 hat ergeben, dass in fast allen Paketen Kaffee enthalten war, in den allermeisten Fällen allerdings nur 125 Gramm und nur selten die erlaubte Maximalmenge von damals 250 Gramm.[256] Eine Untersuchung des Institutes für Marktforschung in Leipzig aus dem Jahr 1978, als die Mengenbegrenzungen für den Paketversand aufgehoben worden waren, kam zu dem Ergebnis, dass fast jede Sendung Kaffee enthalte, statistisch gesehen aber durchschnittlich nur 363 Gramm.[257]

Zu den Kaffeepräsenten in den „Westpaketen“ kamen noch die Bohnen hinzu, die als Geschenke von Besuchern aus dem Westen mitgebracht wurden. Insgesamt war die Menge des vom Westen in den Osten transferierten Bohnenkaffees enorm und hatte einen hohen Anteil an dem in der DDR konsumierten Kaffee.[258] Anton Dressler aus Kassel zog seine persönliche Bilanz:

> „Da hab ich also mal ausgerechnet, dass wir, also praktisch, wenn wir da im Monat rübergefahren sind mit 4 Pfund Kaffee, das sind 2 Kilo, das sind 24 Kilo im Jahr, und das sind 240 Kilo, also fast 5 Zentner, nur in den letzten 10 Jahren, die ich da rübergeschafft habe.“[259]

Nicht nur Einzelpersonen bilanzierten die Einfuhren. Auch die DDR-Behörden registrierten den beständigen Zustrom des Genussmittels genau und analysierten ihn in seiner volkswirtschaftlichen Bedeutung. Nachdem die DDR den Paketsendungen aus dem Westen erst misstrauisch gegenüber gestanden und Warnungen vor westdeutschen „Liebesgaben“ ausgegeben hatte, schätzte sie bald pragmatisch den wirtschaftlichen Nutzen dieser Sendungen. Für jedes Pfund Kaffee, das als Geschenk über die Grenze kam, mussten keine wertvollen Devisen aufgewendet werden. Natürlich waren neben Kaffee auch andere Dinge eine willkommene Hilfe. Das Institut für Marktwirtschaft beobachtete auf Anweisung des Ministeriums für Handel und Versorgung den Warenstrom ab 1966 und bilanzierte kontinuierlich sowohl die in die DDR hineingelangten Waren als auch die Ausfuhrsendungen hinsichtlich ihres Umfangs und Inhaltes.[260] Darüber hinaus analysierte das Institut den Anteil der geschenkten Güter in Relation zum Einzelhandelsumsatz und berechnete in Bezug auf den Wert wie auf die Menge der Waren den Einfuhrüberschuss.

[256] Vgl. Inhaltslisten der Pakete des DGB aus den Jahren 1959, 1962 und 1963, Archiv der Forschungsstelle für Zeitgeschichte in Hamburg, 554-6-69 DGB Hamburg/Nordmark – Soziale Gruppen: Jugend Aktionen/„SBZ-Paketaktionen“ 1949–1981.

[257] Analyse des Postpaket- und Päckchenverkehrs BRD bzw. Berlin (West) – DDR und DDR – BRD bzw. Berlin (West) im IV. Quartal 1978, S. 12, BArch, DL 102 VA 247.

[258] Siehe unten.

[259] Ton- oder Filmdokumente, Richter/Rentner: Mahlzeit DDR, Interview mit Herrn Dressler, Min. 10:40.

[260] Leider sind die Analysen des Institutes für Marktwirtschaft nur ab 1978 erhalten. Diese Untersuchungen wurden als geheime Verschlusssache unter strengen Geheimhaltungsmaßnahmen behandelt, wie mir auch eine Mitarbeiterin des Institutes bestätigte.

Im Jahr 1978 sah die Bilanz beispielsweise folgendermaßen aus:[261] Insgesamt wurden 24,2 Millionen Geschenksendungen von West nach Ost und neun Millionen in die Gegenrichtung geschickt. Der Schwerpunkt des Postverkehrs konzentrierte sich auf das vierte Quartal und hier deutlich auf den Monat Dezember. Obwohl die asymmetrische Verteilung der Paketsendungen den Eindruck vermittelt, dass DDR-Bürger vor allem bedürftige Empfänger westlicher Hilfeleistungen waren, erwiesen sich statistisch gesehen unter Berücksichtigung des Bevölkerungsschlüssels die Bewohner der DDR als die eifrigeren Paketpacker. Die Bundesrepublik hatte 1978 mit 61,3 Millionen Einwohnern 3,6-mal so viel Bevölkerung wie die DDR zum selben Zeitpunkt mit 16,8 Millionen. Pro 1000 Einwohner versendeten die Menschen in der Bundesrepublik in diesem Jahr also 395 Pakete, während die Ostdeutschen 536 Pakete schickten.[262] Dieses Mengenverhältnis blieb bis zum Ende der DDR etwa konstant. Trotzdem werden allgemein die Westdeutschen in erster Linie als Paketsender und die Bevölkerung der DDR als Paketempfänger wahrgenommen.[263]

Das Wertvolumen eines Westpaketes lag nach Analyse des Institutes für Marktforschung in Leipzig durchschnittlich bei rund 123 Mark, das eines Ostpaketes bei rund 18 Mark – wobei bei allen Preisberechnungen berücksichtigt werden muss, dass das Institut vom Wert der Waren in DDR-Mark ausging und diese Zahlen nur geringen Aufschluss über die tatsächlichen finanziellen Aufwendungen der westdeutschen Paketsender geben.[264] Gerade Kaffee war mit 60 bis 80 Mark für das Kilo in der DDR um ein Vielfaches teurer als in der Bundesrepublik. Der Gesamtwert der Einfuhrsendungen wurde für das vierte Quartal mit 1380 Millionen Mark beziffert, was bei einer Ausfuhr von 100 Millionen Mark einen Einfuhrüberschuss von 1289 Millionen Mark bedeutete.

Bezogen auf den Inhalt – ermittelt wiederum nach dem Wert in DDR-Preisen – enthielt ein Westpaket durchschnittlich 35 Prozent Genussmittel – dieser Anteil wurde nur noch von den 56 Prozent Textilwaren übertroffen.[265] Auch hier erklärt sich der hohe Prozentsatz von Genussmitteln und Textilien zum Teil – aber auch nur zum Teil – durch den hohen Preis dieser Waren in der DDR. Er war zudem auch den Qualitätsunterschieden geschuldet und bei Textilien brachte er auch den Wunsch, westlichen Modetrends zu folgen, zum Ausdruck.

261 Folgende Zahlenangaben nach Institut für Marktforschung: Analyse des Postpaket- und Päckchenverkehrs für das IV. Quartal 1978, BArch, DL 102 VA 247.

262 Eigene Berechnung nach Angaben der Statistischen Jahrbücher der Bundesrepublik Deutschland und der DDR. Rechnet man die Bevölkerung der DDR auf die Zahl der Bundesrepublik hoch, so würden den 24,2 Mio. Westpaketen hypothetische 32,4 Mio. Ostpakete gegenüberstehen.

263 Dass das in dieser Untersuchung ebenso geschieht, liegt am Untersuchungsgegenstand: Kaffee wurde bis auf geringe Ausnahmen tatsächlich vor allem von West nach Ost verschickt.

264 Zahlenangaben hier und im Folgenden nach Institut für Marktforschung: Analyse des Postpaket- und Päckchenverkehrs für das IV. Quartal 1978, BArch, DL 102 VA 247.

265 Es folgten Schuhe mit 2,8%, Nahrungsmittel mit 2,4% und sonstige Industriewaren mit 2,0%. Südfrüchte machten 0,7%, Käse, Fisch und Fleisch zusammen 0,6% und Fette 0,1% des Wertes aus.

GVS LRJ/149-1/79
Blatt 11

Tab. 11 Gesamtmengen für die wichtigsten Erzeugnisse des Sortiments Nahrungs- und Genußmittel
Zeitvergleich IV. Quartal 1978 : IV. Quartal 1977

Position	ME	Gesamtvolumen Einfuhr IV/77	IV/78	Entw. in %	Gesamtvolumen Ausfuhr IV/77	IV/78	Entw. in %
Hülsenfrüchte	to	83	116	139,8	o,6	4,4	733,3
Reis	"	13o	1o2	78,5	1,1	1,3	118,2
Kokosflocken	"	138	1o2	73,9	o,6	2,8	466,7
Rosinen	"	49o	445	9o,8	o,6	o,5	83,3
Nüsse, Mandeln	"	693	771	111,3	42	35	83,3
Bienenhonig	"	46	89	193,5	43	59	137,2
kochf. Suppen	Mio Btl.	6,6	5,9	89,4	o,o	o,o	o,o
Puddingpulver	" "	1o,o	7,9	79,o	o,o	o,o	o,o
Brühwürfel	" St.	3,3	3,7	112,1	o,o	o,o	o,o
Keks, Gebäck	to	1622	1434	88,4	1289	1236	95,9
Kaffee	"	4257	4246	99,7	o,9	1,o	111,1
Tee, schwarz	"	164	162	98,8	2	5	25o,o
Kakaopulver	"	1155	851	73,7	o,o	1	o,o
Schokolade (1oo g-Tafel)	Mio St.	31,8	29,3	92,1	o,o	o,3	o,o
Pralinen	to	6o2	795	132,1	93	97	1o4,3
Südfrüchte	"	1973	2177	11o,3	6	2o	333,3
Fischwaren	"	381	414	1o8,7	12	16	133,3
Zigaretten	Mio St.	76,9	86,6	112,6	5,o	4,4	88,o
Tabak	1ooo P.	168	294	175,o	9,o	18	2oo,o
Fleisch	to	336	422	125,6	182	169	92,9
Obst	"	353	379	1o7,4	233	3o5	13o,9

Abb. 43: Vergleich des Inhaltes der Geschenkpakete im jeweils IV. Quartal 1977 und 1978 nach Menge. Das Institut für Marktforschung stellte beständig solche Vergleiche über die Paketsendungen und ihre Entwicklung auf. Die Statistik erfolgte für interne Zwecke und war nicht zur Veröffentlichung bestimmt.
Im konkreten Beispiel ist das Volumen der gesendeten Waren aus dem jeweils IV. Quartal zueinander in Beziehung gesetzt, die „Entw. in %" gibt die prozentuale Entwicklung zwischen dem letzten Jahresviertel 1977 und 1978 an. Im IV. Quartal wurden in den Paketen zwischen Ost- und Westdeutschland insgesamt 4246 Tonnen Kaffee in die DDR und eine Tonne nach Westdeutschland geschickt.

Die Sendungen aus Ostdeutschland enthielten – ebenfalls vom Wert des Inhalts in DDR-Preisen her bestimmt – vor allem Textilwaren, Nahrungsmittel und Lederwaren, aber auch 5,5 Prozent Genussmittel und sogar Südfrüchte.[266] Die Ostdeutschen schickten selbstgebackene Stollen, Handarbeiten oder kunstgewerbliche Gegenstände als Präsente über die Grenze, in der Hoffnung, dass die in das Produkt investierte Arbeit die Sendungen für die Empfänger aufwertete. Die Pa-

266 Im Einzelnen und nach DDR-Preisen ermittelt: 67% Textilwaren, 14% Nahrungsmittel, 11% Schuhe und Lederwaren, 5,5% Genussmittel, 1,5% Käse, Fisch und Fleisch und 0,1% Südfrüchte.

kete der DDR-Bürger enthielten auch Kaffee – im vierten Quartal 1978 insgesamt eine Tonne, die geschenktem Westkaffee von 4246 Tonnen im selben Zeitraum gegenüberstand.

Die (Gegen-)Geschenke der Ostdeutschen bescherten der DDR-Wirtschaft mitunter Probleme und sollten nach Ansicht der DDR-Regierung auf keinen Fall aus wichtigen Wirtschaftsgütern bestehen. Doch auch Selbstgebackenes wie der weihnachtliche Stollen rief volkswirtschaftliche Schwierigkeiten hervor: Da einige Zutaten wie Mandeln, Korinthen und Orangeat vorher für teure Devisen aus dem Westen importiert worden waren, forderte der Leiter des Bereichs Kommerzielle Koordinierung im Ministerium für Außenhandel Alexander Schalck-Golodkowski 1978 sogar ein „zollrechtliches Ausfuhrverbot für Stollen".[267] Angesichts der Empfindlichkeiten, an die ein solches Verbot vermutlich gerührt hätte, wurde der Vorschlag jedoch zu den Akten gelegt.

Volkswirtschaftlich gesehen hatten die westdeutschen Kaffeesendungen für die DDR eine große Bedeutung: 1978 wurden rund 9000 Tonnen über die Pakete eingeführt – dies entsprach 18,9 Prozent des Kaffeeumsatzes in der DDR.[268] Die Menge des eingeführten Kaffees steigerte sich bis zur Wiedervereinigung noch etwas und erreichte 1988 mit 11 200 Tonnen ihren Höhepunkt. In keinem Fall jedoch überstieg die private Einfuhrmenge das in der DDR produzierte Quantum, wie die DDR-Forscherin Annette Kaminsky dies behauptet.[269]

Die politischen Beziehungen zwischen beiden deutschen Staaten beeinflussten den Warenstrom und wirkten sich in der DDR direkt auf den Einzelhandel aus. 1972/73 beispielsweise registrierte das Institut für Marktforschung in Leipzig angesichts der Reiseerleichterungen zwischen den beiden deutschen Staaten einen spürbaren Rückgang der Inlandnachfrage nach Kaffee:

> „Diese Entwicklung ist fast ausschließlich auf die im Verlaufe des Jahres 1972 eingeleiteten Veränderungen in den Beziehungen zwischen der DDR und der BRD sowie zu West-Berlin zurückzuführen. Durch die steigende Zahl von Kontakten zwischen Bürgern der drei genannten Territorien (allein über zwei Millionen Besuche von West-Berlinern in der DDR wurden 1972 registriert) sowie die veränderten Zollbestimmungen für die Einfuhr von Röstkaffee wurden neue Warenwege geschaffen, die bei steigendem effektiven Verbrauch zu einer Verringerung der Nachfrage im Einzelhandel führten."[270]

Das Verhältnis des über die Westpakete ins Land gelangten Kaffees und der Warenbereitstellung der DDR blieb nach dem Grundlagenvertrag von 1973 bis zum Ende der Republik mit 1:6 bis 1:5 relativ konstant. Zusammen mit den Mengen, die als Geschenk von Reisenden mitgebracht wurden, betrug der Anteil des Westkaffees am Kaffeekonsum in der DDR bis zu 30 Prozent – das Institut für Markt-

[267] Staadt: Eingaben, S. 56.

[268] 1978 wurden in der DDR 47 000 t Röstkaffee bereitgestellt.

[269] Annette Kaminsky: Konsumpolitik in der DDR. Von den Versorgungsutopien der fünfziger Jahre zu den Versorgungskrisen der achtziger Jahre, in: Lothar Mertens/Dieter Voigt (Hg.): Machtokkupation und Systemimplosion. Anfang und Ende der DDR – zehn Jahre danach, Berlin 2001, S. 67–98, hier S. 95.

[270] Institut für Marktforschung: Die Entwicklung des Bedarfs der Bevölkerung der DDR in den Jahren 1974 und 1975 bei 218 ausgewählten Positionen. Teil I, Leipzig 1973, S. 125, Archiv des Institutes für Marktforschung Leipzig.

forschung konstatiert in seiner Analyse aus dem Jahr 1979 sogar ein Quantum von über 30 Prozent.[271] Diese Menge müsste streng genommen in statistischen Betrachtungen wie z. B. beim Pro-Kopf-Verbrauch von Kaffee in der DDR mit hinzugerechnet werden.

Der Zufluss aus dem Westen wurde auch von der SED-Führung wahrgenommen. Eine von dem für Handel und Versorgung zuständigen ZK-Mitglied Werner Jarowinsky an Erich Honecker gesendete Information „Zur Sicherung der Versorgung der Bevölkerung mit Röstkaffee im Jahre 1978“ enthielt den von dem SED-Chef unterstrichenen Satz:

> „Bei der Einschätzung des tatsächlichen Kaffeeverbrauchs in der DDR muß berücksichtigt werden, daß zum Einzelhandelsumsatz beträchtliche Mengen über den Paket- und Reiseverkehr vorwiegend aus der BRD hinzukommen. Das sind 10 kt jährlich.“[272]

Angesichts der ständig prekären Devisensituation, in der sich die DDR befand, betrachteten die Machthaber die Flut von Westkaffee – vor allem seit der „Kaffeekrise“ von 1977 – als willkommene Möglichkeit, internationale Zahlungsmittel einzusparen. Andererseits entging ihnen der ambivalente Charakter der Sendungen nicht, der zwar die eigene Volkswirtschaft entlastete, andererseits der eigenen Bevölkerung ständig den Rückstand gegenüber dem westlichen Wohlstand vor Augen führte und Begehrlichkeiten weckte.

Motive

Nicht nur in der staatlichen, sondern auch in der privaten Versorgung war der Kaffee aus dem Westen willkommen. Allerdings verteilte sich der Zustrom nicht gleichmäßig auf die Bevölkerung. „Wir hatten auch keine Westverwandtschaft. Da war der Bohnenkaffee, das war aus bei uns“,[273] erinnert sich Charlotte Nielitz an die 1950er Jahre, als Kaffee in der DDR selbst nur in sehr geringen Mengen erhältlich war. Der Kaffeekonsum der Bürger in der DDR war nicht zuletzt abhängig davon, ob diese Verwandte oder Bekannte in Westdeutschland hatten. Der Volksmund wandelte mit Wolf Biermann den sozialistischen Grundsatz „Jedem nach seinen Fähigkeiten“ in „Jedem nach dem Wohnsitz seiner Tante“ um. Für ostdeutsche Familien war der Zugang zu Westwaren ein Privileg, das soziale Beziehungen und auch den Status mitbestimmte. Westwaren waren zwar seit Beginn der 1960er Jahre nicht mehr für die Deckung des Grundbedarfs entscheidend, sie besaßen jedoch einen hohen symbolischen Gehalt und waren begehrte Distinktionsmittel. Außerdem diente Westkaffee im DDR-Alltag mit seinen Tausch-Netzwerken als Zahlungsmittel. Mit Jacobs „Krönung“ oder „Tchibo-Gold-Mocca“ konnten begehrte Waren oder auch Dienstleistungen wie z. B. Handwerkerleistungen eingetauscht werden. Der Westkaffee wurde in manchen Bereichen zu einer akzeptierten Zweitwährung:

[271] Institut für Marktforschung: Analyse des Postpaket- und Päckchenverkehrs für das IV. Quartal 1979, BArch, DL 102 VA 247.

[272] Information zur Sicherung der Versorgung der Bevölkerung mit Röstkaffee im Jahre 1978, geschickt von Werner Jarowinsky an Erich Honecker, 19. 5. 1978, SAPMO-BArch, Büro Günter Mittag, DY 30/2906.

[273] Ton- oder Filmdokumente, Richter/Rentner: Mahlzeit DDR, Interview mit Charlotte Nielitz, Min. 10:11.

> „Unter den abonnierten Milchtüten entdecke ich eine geschlossene Tüte (Preis 8,45 Mark) und bezahle sie ohne nachzusehen. Es waren ja noch andere Kunden im Laden. […] Zu Hause große Überraschung und Freude: Ein Glas Bienenhonig schlüpft aus der Tütenhülle. Letztmalig vor vier Monaten welchen bekommen. Schöner Erfolg meiner Kaffeespende an die drei Verkäuferinnen zum lieben Weihnachtsfeste!“[274]

Eine andere Zeitzeugin berichtet:

> „Westpakete waren für unsere Familie immer eine große Freude und eine echte Hilfe. Nach dem Tod meines Mannes, als ich mit sechs Kindern im Alter von fünf bis 16 Jahren dastand, haben sie uns manchmal buchstäblich über Wasser gehalten […] viel zu kaufen war mir ja nicht möglich. Den Kaffee konnte ich auch öfter gegen Gemüse und Obst bei unserem Gemüsehändler eintauschen.“[275]

Westkaffee war für die DDR-Bürger nicht nur als Konsumgut und Tauschobjekt interessant, sondern auch als Prestigeobjekt. Die leeren West-Kaffee-Dosen wurden wieder mit DDR-Kaffee gefüllt.[276]

Die Pakete, die den Westkaffee in die DDR brachten, und die als Gegengeschenk wahrgenommenen Sendungen von Ost nach West sind ein fester Bestandteil der Erinnerungswelt der innerdeutschen Beziehungen. Das Westpaket ist nicht nur ein Erinnerungsort der DDR, es gehörte auch für die meisten Westdeutschen zu einem selbstverständlichen Bestandteil ihrer Alltagswelt.[277] Die Pakete wurden aus verschiedenen Motiven und auf der Grundlage unterschiedlicher Beziehungen gepackt: Für nähere und entfernte Verwandte, für Bekannte und auch für Fremde. Viele Bundesbürger erinnern sich auch noch an Pakete, die in der Schule im Unterricht zusammengestellt wurden und dort auch als Mittel der politischen Erziehung dienten.[278]

Es gab eine große Anzahl von Hilfsorganisationen, die es sich zur Aufgabe gemacht hatten, Pakete in die DDR zu senden. Dazu gehörten große Verbände wie das Deutsche Rote Kreuz, die Caritas, die Arbeiterwohlfahrt oder die Gewerkschaften, aber auch eigens zu diesem Zweck gegründete Organisationen wie das Hilfswerk Ost, die Deutsche Bruderhilfe, das Hilfswerk der Helfenden Hände, die Hilfsgemeinschaft Mitteldeutschland, die Rheinische Hilfsgemeinschaft für den deutschen Osten und viele andere.[279]

274 Das war es mal wieder! Hausfrau in einer Kleinstadt. Wochenprotokoll: Beschreibung vom Wochen-Einkaufstag, in: Werner Filmer: Alltag im anderen Deutschland, Düsseldorf 1985, S. 26.

275 Eine existenzielle Hilfe, in: Härtel/Kabus (Hg.): Das Westpaket, S. 102.

276 Vgl. Anne Kaminsky: „Nieder mit den Alu-Chips“. Die private Einfuhr von Westwaren in die DDR, in: Härtel/Kabus (Hg.): Das Westpaket, S. 161–180, hier S. 172.

277 Zu Recht findet das Westpaket einen Platz in dem von Martin Sabrow herausgegebenen Buch „Erinnerungsorte der DDR“: Petra Kabus: Das Westpaket, in: Martin Sabrow (Hg.): Erinnerungsorte der DDR, München 2009, S. 441–450.

278 Volker Wünderich: Ohne Bohnenkaffee kein Sozialismus? Kaffee und Westgrenze der DDR, in: Eva Dietrich/Roman Rossfeld (Hg.): Am Limit. Kaffeegenuss als Grenzerfahrung, Zürich 2001, S. 76–87, hier S. 81.

279 Petra Kabus: Liebesgaben für die Zone. Paketkampagnen und Kalter Krieg, in: Härtel/Kabus (Hg.): Das Westpaket, S. 121–136, hier S. 124. Speziell zur Deutschen Bruderhilfe vgl. Eva Determann: Von Mensch zu Mensch. Die Deutsche Bruderhilfe, eine Bremer Initiative im geteilten Deutschland, Bremen 2010.

Nach einer Analyse von infratest im Jahr 1964 schickten 32 Prozent aller Haushalte Briefe und Geschenksendungen „nach drüben".[280] Jeder vierte Westdeutsche schickte oder schrieb selbst. Die Paketversender waren in der Hauptsache weiblich: Frauen schickten 67 Prozent der Pakete, Männer 33 Prozent. Insgesamt hatten 1964 39 Prozent aller Haushalte der Bundesrepublik Verwandte und/oder Bekannte in der DDR. Die Empfänger waren vor allem Verwandte zweiten Grades (60 Prozent), ansonsten Bekannte (22 Prozent) und Verwandte ersten Grades (18 Prozent).[281]

Das Bundesministerium für gesamtdeutsche Fragen – 1969 umbenannt in Bundesministerium für innerdeutsche Beziehungen – unterstützte und förderte die Paketaktionen mit dem erklärten Ziel, die Wiedervereinigung Deutschlands voranzutreiben.

„Alle politischen Bemühungen um eine künftige Wiedervereinigung Deutschlands können nur dann und nur solange real und glaubhaft sein, wie der Wille zur Wiedervereinigung im deutschen Volk lebendig bleibt. Sollte einmal das Bewußtsein der Zusammengehörigkeit ‚hüben und drüben' verloren gehen, wäre einer Politik der Wiedervereinigung der Boden entzogen [...]. Zu einer auf Wiedervereinigung gerichteten Politik gehört daher notwendig das unaufhörliche Bemühen um Erhaltung des Zusammengehörigkeitsbewußtseins in beiden Teilen Deutschlands – und zwar um so mehr, je länger der Zeitraum der Teilung veranschlagt werden muß."[282]

Das Ministerium stellte 1967 fest, dass die privaten Kontakte durch das Aussterben der älteren Generation und die damit verbundene Entfremdung gefährdet seien, und verwies in dem Zusammenhang auf die Tatsache, dass der Postverkehr, „der in gewissem Maße als Gradmesser der menschlichen Verbundenheit angesehen werden kann", eine sinkende Tendenz zeige – eine Entwicklung, der das Ministerium auch in den 1970er und 1980er Jahren noch durch Öffentlichkeitsarbeit begegnen wollte.[283]

Durch die Verbesserung der materiellen Situation in der DDR entfiel ein starker Stimulanzgeber für die Hilfsbereitschaft der Westdeutschen:

„Das karitative Motiv für die Hilfe nach drüben ist damit weitgehend entfallen. Es ist schwieriger geworden, Geschenksendungen nach drüben mit dem richtigen Inhalt zu füllen. Offensichtlich nimmt die Unsicherheit darüber zu, was man überhaupt noch in die Zone schicken kann, ohne die Empfänger vielleicht zu kränken."[284]

Die Bundesregierung ließ sich die Aktionen, in denen sich die Geschichte des Kalten Krieges widerspiegelte, einiges kosten: Das Bundesministerium für gesamtdeutsche Fragen unterstützte die Kampagnen „Päckchen nach drüben" mit erheblichem Aufwand und finanziellen Mitteln. 1964 beispielsweise wurden 25 Hilfsverbände, die Pakete in die DDR versandten, mit 3 860 500 DM subventioniert, die

280 Private Verbindungen nach Mitteldeutschland. Ergebnisse aus einer Repräsentativ-Befragung durch infratest im Juni/Juli 1964, S. 1, BArch Koblenz, B 137/4790.

281 Ebd., S. 3.

282 Private Kontakte nach Mitteldeutschland. Bedeutung – Situation – Aufgaben, Entwurf des Büros für gesamtdeutsche Hilfe vom 5. 6. 1967, S. 2, BArch Koblenz, B 137/4790.

283 Ebd., S. 1.

284 Ebd., S. 3.

gesamte „Osthilfe“ umfasste in diesem Jahr über elf Millionen DM.[285] Darüber hinaus konnten private Paketpacker die Sendungen bis Mitte der 1960er Jahre von der Steuer absetzen.

Auch der DGB sponserte die Päckchen: Eine Aktion der DGB-Jugend zu Weihnachten 1957 erwies sich als ein nicht gerade überwältigender Erfolg, und deshalb unterstrich die Bezirksleitung 1959 rügend, dass der DGB Beihilfen zu den Paketen zahle – im Durchschnitt 30 DM pro Person.[286]

Bei der Bereitstellung von Anschriften hatten die Organisationen mitunter Schwierigkeiten, weil die Geschenksendungen sowohl eines privaten Absenders als auch eines privaten Empfängers bedurften, denn Geschenksendungen von Hilfsorganisationen galten aus SED-Sicht als „Korruptionspakete“, die beschlagnahmt wurden[287]:

> „Wie in den Vorjahren, haben wir auch für die Weihnachtsaktion 1963 alle unsere Jugendsekretäre eingeschaltet, uns neue Adressen von jungen und älteren Menschen aus der Zone zu beschaffen: Das ist natürlich immer mit sehr viel Mühe verbunden. Die Menschen drüben scheuen sich oft sehr, Adressen zu nennen, wohin man Pakete schicken könnte.“[288]

Mit den Adress-Problemen hatten die Paket-Organisationen generell zu kämpfen. Während der DGB mühsam Ostadressen über Weiterempfehlungen zusammentrug, nutzten andere Gruppen kirchliche Netzwerke oder vermittelten persönliche Kontakte über Firmenpatenschaften. Für die großen Organisationen mit erheblichem Paketausstoß war es nicht immer einfach, ihre Aktionen durch Privatadressen zu tarnen. Das katholische Bonifatiuswerk mit Sitz in Paderborn löste das Problem dahingehend, dass es Pakete andernorts umpacken lies, um die Masse der Sendungen nicht mit der westfälischen Stadt in Verbindung zu bringen.[289]

Eine Auswertung der Unterlagen der DGB-Paketaktionen aus den Jahren 1957 bis 1963 ergab, dass zwar nicht immer Kaffee geschickt wurde, jedoch meistens. Da sich im genannten Zeitraum Kaffee als Markenware in der Bundesrepublik noch nicht etabliert hatte, verwundert es nicht, dass die Sendungen keine bevorzugte Markenware beinhalteten und auch in den Dankesbriefen nur allgemein für „den Kaffee“ gedankt wurde – nicht für eine Kaffee-Marke. Viele Empfänger bezeugten den besonderen Wert, indem sie angaben, den Kaffee zu außergewöhnlichen Gelegenheiten, wie etwa Weihnachten, zu konsumieren. Mit dem Dank verbunden war häufig der Wunsch, mit einer Gegengabe zu danken. Gleichzeitig

285 Kabus: Liebesgaben für die Zone, S. 127.

286 Schreiben des Deutschen Gewerkschaftsbundes, Landesbezirk Nordmark, Abteilung Jugend, an die DGB-Jugendsekretäre vom 10.4.1959, Archiv der Forschungsstelle für Zeitgeschichte in Hamburg, 554-6-69 DGB Hamburg/Nordmark – Soziale Gruppen: Jugend Aktionen/„SBZ-Paketaktionen“ 1949–1981.

287 Vgl. Volker Ilgen: CARE-Paket & Co. Von der Liebesgabe zum Westpaket, Darmstadt 2008, S. 106f.

288 DGB-Landesbezirk Nordmark (Wolfgang Baumhöver), Sachlicher Bericht anlässlich der SBZ-Paketaktion Weihnachten 1963, undatiert, vermutlich Anlage zur Abrechnung an den Bundesvorstand vom 12.2.1964, Archiv der Forschungsstelle für Zeitgeschichte in Hamburg, 554-6-69 DGB Hamburg/Nordmark – Soziale Gruppen: Jugend Aktionen/„SBZ-Paketaktionen“ 1949–1981.

289 Kabus: Liebesgaben für die Zone, S. 126.

wurde eingeräumt, dass dieses schwierig oder momentan unmöglich sei. So schrieb beispielsweise Helga Schiemann: „Denn es ist hier gar nicht so einfach etwas Passendes zu finden, womit man auch jemandem eine Freude machen könnte.“[290] Insgesamt spiegeln die Briefe die schwierige Situation wider, mit einem völlig fremden Menschen in eine Beziehung zu treten, die von einer materiellen Asymmetrie überlagert ist. Einige Ostdeutsche entzogen sich dieser Situation, indem sie die Pakete nicht annahmen.

Obgleich es in den untersuchten DGB-Paketaktionen keine Präferenz für eine bestimmte Kaffeesorte gab, besaßen die ostdeutschen Empfänger offensichtlich ein Bewusstsein für feine Unterschiede: „Wir bekommen von unseren Verwandten, Lieferanten und Freunden reichlich Pakete und Päckchen. Von 10 Sendungen ist in 8 Päckchen JACOBS KAFFEE“,[291] schrieb ein DDR-Bürger 1961 an die Firma Jacobs.

Nachdem Kaffee in der Bundesrepublik in den 1960er Jahren griffige Marken-Namen bekommen hatte, wurde in Dankesbriefen oder Wunschäußerungen zunehmend Marken-Kaffee genannt. Auf den Wunschlisten und den Inhaltsverzeichnissen, die den Paketen beigelegt waren, standen nun häufig die in Westdeutschland am meisten beworbenen Kaffees Jacobs Krönung und Tchibo Gold-Mocca.[292] Die Marken, die in der DDR durch die Werbung des Westfernsehens bekannt waren, machten den Kaffee unverkennbar zum Westkaffee, worauf Ina Dietzsch in ihrer Untersuchung über deutsch-deutsche Briefwechsel hinweist.[293] Die Markennamen und die Verpackungen werteten die Konsumgüter zu West-Waren auf, die in der DDR-Gesellschaft als Distinktionsmittel fungierten:

> „Die Jacke ist prima, paßt sehr gut sowie Strümpfe. Die Büchse Kaffee auch mein Fall, so ist mein Bedarf für Weihnachten schon gedeckt. So eine Kaffeebüchse hatte ich bei Bekannten schon mal gesehen u. war ganz begeistert von ihr und nun habe ich selbst so eine. Horst freut sich für ein Geschenk u. meint [sic], nun kann ich Weihnachten mit Westsachen angeben.“[294]

In den Geschenken materialisierten sich wesentliche Facetten des Selbst- und Fremdbildes in beiden deutschen Gesellschaften und die Gaben wirkten sich ihrerseits auf die Konstruktion dieser Bilder aus. Mit den Geschenken wurden auch gegenseitige Wahrnehmungen, politische Einschätzungen, Vorurteile und Empfindlichkeiten ein- und ausgepackt. Die Motive und Absichten waren auf beiden

[290] Brief von Helga Schiemann aus Calbe/Saale an Lothar Pluszynski aus Hamburg vom 7.12.62, Archiv der Forschungsstelle für Zeitgeschichte in Hamburg, 554-6-69 DGB Hamburg/Nordmark – Soziale Gruppen: Jugend Aktionen/„SBZ-Paketaktionen“ 1949–1981.

[291] Ein Brief aus der Zone, in: Der Kontakt, 2/1961, o.P., Historisches Archiv Mondelez International. Hervorhebung im Original.

[292] Ina Dietzsch: Geschenkpaket – ein fundamentales Mißverständnis. Zur Bedeutung des Paketaustausches in persönlichen Briefwechseln, in: Härtel/Kabus (Hg.): Das Westpaket, S. 105–117, hier S. 112.

[293] Ina Dietzsch: Grenzen überschreiben? Deutsch-deutsche Briefwechsel 1948–1989, Köln/Weimar/Wien 2004, S. 133.

[294] Dankesbrief von H. H. (Bitterfeld) an H. R. (Hamburg) vom 30.11.1962, Archiv der Forschungsstelle für Zeitgeschichte in Hamburg, 554-6-69 DGB Hamburg/Nordmark – Soziale Gruppen: Jugend Aktionen/„SBZ-Paketaktionen“ 1949–1981.

Seiten in erster Linie von persönlichen Einstellungen geprägt und daher sehr vielfältig. Doch war vor allem das von Fremden für Fremde gepackte Westpaket auch ein Politikum, dessen Botschaft eine Ablehnung des von Kommunisten regierten Staates darstellte. Diese Geschenke hatten nicht den Zweck, „den Frieden zu kaufen", wie der Anthropologe Marcel Mauss dies für Gaben an die Götter und die Menschen allgemein formulierte.[295] Vielmehr brachten sie den Kalten Krieg in die Wohnzimmer, wo die Systemauseinandersetzung auf der Ebene des Konsums geführt wurde. Unter dem Deckmantel der Wohltätigkeit verbarg sich mitunter eine subtile Form des Systemkonflikts. Die kleinen kapitalistischen Konsumbomben fingen dort an zu ticken, wo es das System am empfindlichsten traf: Im Bewusstsein der Ostdeutschen schufen sie Unzufriedenheit, Wünsche und Sehnsüchte.

Dies blieb auch der SED-Führung und den Behörden der DDR nicht verborgen:

> „Durch den Postpaket- und -päckchenverkehr sowie den Reiseverkehr werden die DDR-Bürger direkt oder indirekt mit dem Warenangebot der BRD konfrontiert. Das führt zu sehr konkreten Ansprüchen an die Qualität, die modische Aktualität usw. unseres Warenangebotes. Dieser ständig wirkende politische Faktor darf nicht unterschätzt werden."[296]

Die in den 1950er und 1960er Jahren stets wiederholten Warnungen der SED-Führung vor den Gefahren der Westpakete blieben nahezu wirkungslos, so dass man schließlich von ihnen Abstand nahm. Denn: Auf der anderen Seite wurde die Entlastung vom Konsumdruck begrüßt, die die Pakte fraglos herbeiführten. Für dieses Dilemma gab es keine Lösung, die Regierung der DDR blieb im Zwiespalt gefangen.

Obwohl die Bundesbürger die Pakete in der Regel aus Hilfsbereitschaft packten, gab es immer auch eine weitere Komponente. Die Westdeutschen konnten ihre Gaben in dem Bewusstsein senden, im besseren, erfolgreicheren Deutschland zu leben. Sie konnten den eigenen, möglicherweise zum Teil noch nicht gefestigten Wohlstand demonstrieren und sich selbst dadurch des bisher Erreichten versichern.[297] Zugleich boten ihnen die Präsente Gelegenheit, sich gegenüber den „armen Brüdern und Schwestern in der Ostzone" aufzuwerten. Die Besuche und Geschenke eröffneten Westdeutschen die Möglichkeit, sich vor dem Ost-Hintergrund als Überlegene zu inszenieren. Als Botschafter der Welt des bunten Westkonsums verfügten sie über einen Status, der nicht unbedingt ihrer sozialen Position im eigenen Land entsprechen musste.

Missverständnisse

Insgesamt spiegelten die Westpakete ein kompliziertes Beziehungsgeflecht wider: Missverständnisse im Hinblick auf Wünsche und Bedürftigkeit waren an der Ta-

[295] Vgl. Marcel Mauss: Soziologie und Anthropologie, Bd. 2: Gabentausch, Soziologie und Psychologie, Todesvorstellungen, Körpertechniken, Begriff der Person, Frankfurt a. M. 1997.

[296] Institut für Marktforschung: Analyse des Postpaket- und Päckchenverkehrs für das V. Quartal 1978, S. 27, BArch, DL 102 VA 247.

[297] Ina Dietzsch: Deutsch-deutscher Gabentausch, in: Ina Merkel/Katrin Böske (Hg.): Wunderwirtschaft. DDR-Konsumkultur in den 60er Jahren, Köln/Weimar/Wien 1996, S. 204–213, hier S. 205.

gesordnung und auch der Status der Gaben, die irgendwo zwischen Geschenk und Versorgungssendungen angesiedelt waren, war ungeklärt.[298] Die Pakete enthielten neben den Waren ja auch Botschaften über das jeweilige Selbst- und Fremdbild, über Vorurteile und Verletzbarkeiten. Das Ausmaß von Enttäuschungen oder Kränkungen lag in erster Linie in der gegenseitigen deutsch-deutschen Wahrnehmung, aber auch in der persönlichen Einstellung der betreffenden Personen begründet. Die ehemalige DDR-Bürgerin Frau Staatz schildert ihre Sicht wie folgt:

„Wir hatten also keine Westverwandtschaft, die uns Päckchen schickte, aber es waren dann mal irgendwelche Schulkameraden, die dann den berühmten Albrecht-Kaffee mitbrachten. Ich sagte, mein Gott, ihr gebt immer so viel Geld für uns aus. Nee, nee, sagte meine Bekannte, wir kaufen das im Aldi und setzen Euch von der Steuer ab. Und das war ja für alle Teile war das ja dann gut, dass jeder dann in seiner Art was dazutun konnte. Nee, dass man mal Kaffee bekam. Natürlich, wenn man den bekam und der war überlagert, dann hat er eben auch nicht mehr so geschmeckt. Wichtig ist, dass er frisch geröstet ist. Das ist ja für das Kaffee-Aroma immer bedeutend."[299]

In Frau Staatz' Beurteilung überwog eine positive pragmatische Sichtweise, die das begrüßte, was andere als kränkend empfanden, obgleich ihre Äußerungen auf eine als herabwürdigend empfundene Praktik schließen lassen, der sie durch ihre Betrachtungsweise die Schärfe nehmen wollte. Frau Staatz sah sich zumindest vorgeblich dadurch entlastet, dass der Kaffee ihre Bekannten nicht so teuer kam, wie sie befürchtet hatte. Der Umstand, dass die Westdeutschen bis 1965 die Geschenke als „zusätzliche Belastung" von der Steuer absetzen konnten, war zwar den wenigsten DDR-Bürgern bekannt, viele Ostdeutsche fühlten sich jedoch gedemütigt, wenn sie davon erfuhren.[300] Im Gegensatz zu Frau Staatz empfanden andere Beschenkte den günstigen ALDI-Kaffee als Geringschätzung ihrer Person, denn sie waren davon überzeugt, dass die Westdeutschen sich für ihren eigenen Konsum nicht mit den billigen Bohnen zufriedengäben, und so nahmen sie das Präsent mit dem Eindruck entgegen, zweite Wahl zu erhalten nach der Devise „für die Zone reicht's ja". Gleichzeitig wollte man sich aber auch nicht undankbar zeigen. Die Schriftstellerin Irene Böhme beschreibt dieses Gefühlsdilemma, welches sie „den Komplex vom kleinen Bruder" nennt:

„Selbstverständlich bedankt sich der Beschenkte bei Verwandten und Bekannten. Wortreich bewundert er Qualität, modische Form, technische Ausstattung, erkundigt sich nach Neuheiten und Preisen, beneidet seine Gäste um das reichhaltige Warenangebot in seinem Land. Der Beschenkte freut sich wirklich und ist gleichzeitig nicht aufrichtig. Er wertet das Geschenk nicht so hoch, wie er vorgibt. Er bemerkt, daß es ein Sonderangebot, ein billiges Supermarktstück, [...] ein ausrangierter Gegenstand ‚immer noch gut genug für die Zone' ist. Trifft das ausnahmsweise nicht zu, bleibt er mißtrauisch. Tief verwurzelt ist in ihm der Komplex vom kleinen Bruder, der alte Sachen aufzutragen und darüber glücklich zu sein hat."[301]

[298] Hierzu vgl. Dietzsch: Geschenkpaket – ein fundamentales Mißverständnis.
[299] Ton- oder Filmdokumente, Richter/Rentner: Mahlzeit DDR, Interview mit Leni Staatz, Min. 11:15.
[300] Bernd Lindner: „Dein Päckchen nach drüben". Der deutsch-deutsche Paketversand und seine Rahmenbedingungen, in: Härtel/Kabus (Hg.): Das Westpaket, S. 25–44, hier S. 34; Jutta Voigt: Westbesuch. Vom Leben in den Zeiten der Sehnsucht, Bonn 2009, S. 65.
[301] Irene Böhme: Die da drüben. Sieben Kapitel DDR, Berlin 1985, S. 11f.

Auch die Westdeutschen nahmen wahr, dass es nicht unbedingt gleichgültig war, ob der Kaffee von Jacobs oder von ALDI stammte. Peter Kamin, der selbst viele Jahre für Jacobs tätig war, besaß einen Blick für die ungleichen Beziehungen zwischen den Menschen in Ost und West:

„Und dann hab ich dann beobachtet, dass manchmal so Leute, gerade wenn dann so Weihnachten war oder so, die griffen dann auch zu so Billigangeboten. Und dann hab ich gesagt: ‚Ob man den trinken kann?' Ich hab dann gesagt, also wissen Sie was, was wollen Sie denn damit machen? Wollen Sie nach drüben? Ja, wollen wir nach drüben schicken. Ich sag, wissen Sie was, das könnt ihr Euch doch wohl nicht antun. Ihr gönnt Euch die Krönung, und den schickt ihr jetzt nach drüben – das ist doch unfair."[302]

Der ehemalige Beschäftigte bei Jacobs übersah freilich, dass viele Bundesbürger für sich selbst ebenfalls zum Billig-Kaffee griffen und mit dessen Qualität durchaus zufrieden waren. Sie empfanden die Wünsche aus dem Osten als anmaßend und konnten nicht verstehen, dass der Kaffee, den sie selbst konsumierten, für ihre Verwandten und Bekannten in der DDR nicht gut genug sein sollte. Letztlich war es natürlich auch eine Frage der finanziellen Möglichkeiten, denn auch wenn die Geschenke von der Steuer abgesetzt werden konnten, hieß das noch nicht, dass der Staat diese komplett finanzierte. Trotzdem schienen Produkte aus dem Discounter vielen Menschen als ein unangemessenes Präsent. Die 1984 aus der DDR in den Westen übergesiedelte Ute J., die anschließend vor dem Problem stand, selbst Pakete in die DDR zu füllen, beschreibt ihre Gefühle beim Einkauf für die Geschenksendung:

„Hier mußte es doch irgendwo sein: In Berlin die Hasenheide runter, kurz vor der Graefestraße auf der rechten Seite sollte sich der vielbeschworene ALDI-Laden befinden. Endlich fand ich das blau-weiße A über dem Eingang. Drinnen lange Regalreihen mit unausgepackten Pappkartons voller Waren. Eine lange Schlange an nur einer geöffneten Kasse. Im April 1984 war ich von Ost- nach Westberlin übergesiedelt, und nun, kurz vor Weihnachten, stand mein erstes Weihnachts-Westpaket an die Eltern und die Schwester ins Haus. Und hier sollte ich es zusammenstellen? Den ALDI-Tip hatte ich von mit mir übergesiedelten Leidensgenossen bekommen, aber dieser Laden schien mir der Bedeutung des Ereignisses ganz und gar nicht angemessen. Damit das Unterfangen nicht ganz umsonst war, packte ich ein paar Süßigkeiten zum Auffüllen des Paketes in den Korb. Dann nahm ich doch lieber den Gang durch etwas bessere Geschäfte in Kauf, auch wenn dort allgemeiner Weihnachtseinkaufsstreß herrschte."[303]

Die Frage „Albrecht-Kaffee oder Krönung?" zeigt auch, dass die Gaben von Seiten der DDR-Bürger eher als Geschenk empfunden wurden, während sie in den Augen der Bundesbürger den Charakter der Versorgungshilfe nie ganz loswurden.

Aus diesem Grund gestaltete sich auch für die Ostdeutschen das Dilemma der Gegengeschenke dringlicher, als dies von westlicher Seite wahrgenommen wurde. Eine einseitige Geschenkbeziehung rührte an den Stolz und das Selbstbewusstsein der DDR-Bürger, und tatsächlich lag die Zahl der Paketsendungen aus der DDR – wie bereits ausgeführt – pro Kopf der Bevölkerung höher als umgekehrt. Dass

302 Ton- oder Filmdokumente, Richter/Rentner: Mahlzeit DDR, Interview mit Peter Kamin, Min. 11:45. Vgl. auch http://www.peterkamin.de/Deutschland/germany.htm, 13. 4. 2010.
303 Eine Ostfrau packt ein Westpaket, in: Härtel/Kabus (Hg.): Das Westpaket, S. 42.

dies nicht so wahrgenommen wurde, lag nicht nur an dem materiell wertvolleren Inhalt der Westpakete. Auch die Rezeption als Westpaket und Gegengeschenk verweist auf die Asymmetrie der Austauschbeziehungen und deren Wertigkeit. In den auf Konsum als zentralen Wert ausgerichteten Gesellschaften beider deutscher Staaten und des gemeinsamen deutschen Staates war und ist „kostbar" oft ein Synonym für „kostspielig". Wert hatte, was teuer oder schwer erhältlich war. Daher verwiesen die gegenseitigen Geschenke die Ostdeutschen stets auf die Rolle der „ärmeren Verwandten".

Zudem hatten die Geschenksendungen von Ost nach West einen reaktiven Charakter. Denn den in den Augen der Ostdeutschen ebenso kostbaren wie kostspieligen Geschenken sollte, wenn schon nicht ein Ausgleich, dann doch mindestens eine Anerkennung folgen. Dass die Waren der Westpakete in der Bundesrepublik wesentlich billiger wurden und dort auch den Distinktionscharakter verloren, war den Ostdeutschen in der Regel nicht bewusst. Für die DDR-Bürger blieben der Kaffee und viele andere dieser Konsumgüter durch ihre hohen Preise oder die schwierige Erreichbarkeit luxuriös.

Über die Zeit reichten die Besuche und Geschenke oft nicht, um Familienbeziehungen tatsächlich aufrechtzuerhalten. Der generationelle Wechsel verstärkte die Entfremdung, die sich zwischen Ost- und Westdeutschen entwickelte. Die Entspannungspolitik und das Ende des Kalten Krieges nahmen den Sendungen ein Stück weit ihre Dringlichkeit und Legitimation. Die Geschenke transformierten sich mehr und mehr in Relikte aus einer vergangenen Zeit, auch wenn sie gleichwohl in der Sinnwelt beider deutscher Gesellschaften präsent blieben. Die Westpakete mit ihrer hohen symbolischen Aufladung waren ein Kristallisationspunkt für wechselseitige Wahrnehmung. Die DDR-Bürger assoziierten mit den Geschenksendungen den Duft der westlichen und damit auch der weiten Welt. Allein der Geruch der Pakete nach einer Mischung aus Kaffee, Orangen, Rasierwasser und Waschmittel inspirierte Vorstellungen von einem Leben jenseits der Mauer und verwies die Menschen in der DDR trotz steigenden Wohlstands auf den Platz des armseligen Zukurzgekommenen. In einer ambivalenten Dynamik verfestigte sich aus Sicht der Westdeutschen eine als unangemessen empfundene Anspruchshaltung der Ostdeutschen, die als Undankbarkeit und stetiges Genörgel prägend erinnert wurde und wird.

Zusammenfassung: Die 1960er Jahre

Vor dem Hintergrund einer allgemeinen Wohlstandsentwicklung in den 1960er Jahren wandelten sich in beiden Staaten das Produkt Kaffee und die Konsumentengewohnheiten in starkem Maße. In der Bundesrepublik vollzog sich dieser Wandel grundlegend und auf vielen Ebenen: Das einstige Luxusgut entwickelte sich zum Massenkonsumerzeugnis und vom Sonntags- zum Alltagsgetränk. Kaffee erschien zum ersten Mal an der Spitze des bundesdeutschen Getränkekonsums und behielt diese Position – gemeinsam mit Bier – für die folgenden Jahrzehnte. Gleichzeitig transformierte sich das Produkt von der lose verkauften Ware zum Markenartikel und wechselte in diesem Prozess sein öffentliches Erscheinungsbild. Die Sinnlichkeit des Produktes selbst verschwand aus dem Angebots- und Verkaufsprozess zugunsten einer sinnlich inszenierten Aufmachung.

Gemeinsam mit diesem Strukturwandel verlor das Genussmittel seinen Distinktionscharakter und die Konsumenten veränderten ihre Gewohnheiten. Die Bezeichnung „echter Bohnenkaffee“ verschwand aus dem allgemeinen Sprachschatz, dafür tauchte beispielsweise der Begriff „Filterkaffee“ als Qualitätsmerkmal auf. Nachdem die Gesellschaft und damit auch die Kaffeekonsumenten die Krisen- und Notzeiten hinter sich gelassen hatten, traten sekundäre Aspekte stärker zutage: Neben dem reinen Konsuminteresse spielte das Distinktionsbedürfnis und damit das Produktimage eine immer größere Rolle. Das Konsumgut Kaffee spiegelte die Selbstbilder, Sehnsüchte wie auch Wünsche der Nutzer wider.

Auch in der DDR entwickelte sich bei den Konsumenten ein Distinktionsbedürfnis, wenn auch in wesentlich geringerem Maße als im Nachbarland. Während in der Bundesrepublik Kaffee zum Massenkonsumgut wurde, blieb er im sozialistischen Staat – obgleich er auch dort seinen Weg in den Alltag fand – ein Luxusgut im bescheidenen Wohlstand. In der DDR zeigten die 1960er Jahre deutlich das Dilemma zwischen gesellschaftlichem Anspruch und ökonomischer Wirklichkeit angesichts der Bemühungen, mit der westlichen modernen Konsumentwicklung Schritt zu halten. Nachdem 1961/62 der Plan, die Bundesrepublik im Lebensstandard zu überholen, aufgegeben werden musste, scheiterten auch eine Reihe ambitionierter Projekte, die ein vergleichbares eigenes Angebot gewährleisten sollten. Der Referenzhorizont für Kaffeekonsum und die damit verbundenen sozialen Praktiken verschoben sich nun deutlich vom Maßstab der Vorkriegszeit zum neuen Richtmaß Weststandard. Dabei nahmen sowohl Bürger als auch die SED-Führung die westlichen Kaffeeprodukte als die überlegenen und modernen wahr. Gegenläufige Entwicklungen, wie etwa dass die DDR bereits vor der Bundesrepublik den Wandel zum Markenprodukt vollzogen hatte, wurde in dem beständigen Vergleich nicht bemerkt. Die Verflechtung beider Staaten in den 1960er Jahren war geprägt durch eine einseitige wirtschaftliche und mentale Abhängigkeit.

Der Kaffeekonsum rückte in einen globalen Zusammenhang, den der Ost-West-Konflikt prägte. Politische Konflikte und wirtschaftliche Schwierigkeiten, ausgelöst durch Überproduktion und Preisverfall in den Erzeugerländern, aber auch durch den Kalten Krieg und die sich formierenden Unabhängigkeitsbewegungen in den Entwicklungsländern, bildeten den Hintergrund des internationalen Kaffeeabkommens von 1963. Das Abkommen entstand aus Sicht der Bundesrepublik und der anderen westlichen Konsumentenländer nicht zuletzt in Absicht der Abwehr – vermeintlicher oder realer – kommunistischer Bedrohung durch die Befreiungsbewegungen. Die DDR, die die Befreiungsbewegungen teilweise unterstützte und damit diametral entgegengesetzte Interessen vertrat, profitierte in wirtschaftlicher Hinsicht selbst von dem Abkommen. Obwohl sie die Ausbeutung der Entwicklungsländer durch die westlichen Industriestaaten anprangerte, bezog sie Rohkaffee zu Sondertarifen.

Der Austausch von Geschenksendungen und damit der enorme Zufluss von Kaffee aus der Bundesrepublik in die DDR verband nicht nur die Bürger beider Staaten, sondern schuf vor allem eine Gemengelage komplizierter, asymmetrischer Beziehungen. Zusammen mit den Geschenksendungen wurden auch gegenseitige Wahrnehmungen, politische Einschätzungen, Vorurteile und Empfindlichkeiten ein- und ausgepackt. Anschaulich zeigten die Geschenksendungen die bunte Warenwelt des Westens und drängten zur Wertung im Systemvergleich. Vor allem die Sendungen von und an einander unbekannte Personen waren überwiegend politisch motiviert und wurden mit einem Gefühl verbunden, im überlegenen Teil Deutschlands zu wohnen. „Jedes Paket, jede Liebesgabe, egal ob privat oder von einer Organisation verschickt, erwies sich", so urteilt Volker Ilgen, „jenseits der ohnehin bestehenden ideellen oder emotionalen Aufladung, die Sender wie Empfänger damit verbanden, als Politikum ersten Ranges."[304]

Der Versand und Empfang der Pakete brachte den „Kalten Krieg" in die Lebenswelt der Menschen. Die Regierungen beider deutscher Staaten sahen in den 1950er und 1960er Jahren in den Paketen eine politische Waffe. Während die Bundesregierung diese sehr bewusst gegen die SED-Führung einsetzte, zeigten die SED-Oberen eine ambivalente Haltung: Sie begrüßten die wirtschaftliche Entlastung durch diese Privatimporte und planten sie sogar fest mit ein, warnten aber zugleich die Bevölkerung vor deren „korruptiven" Charakter. Schließlich fanden sie sich mit den Westpaketen ab, die die DDR-Bürger am Warenkonsum des Westens partizipieren ließen.

[304] Ilgen: CARE-Paket, S. 133.

III. Konsumentenansprüche und Weltmarkt-schwankungen – die 1970er und 1980er Jahre

1. Konzentration, Konsumentenkritik und Konsum-protest in der Bundesrepublik

Allgemeine Entwicklung

Obwohl der Pro-Kopf-Verbrauch an Kaffee in der Bundesrepublik 1970 mit vier Kilogramm bereits ein hohes Niveau erreicht hatte und der Markt gesättigt schien, brachten die 1970er und 1980er Jahre noch einmal gewaltige Steigerungen. Die Kurve stieg allerdings nicht so beständig wie in den Jahrzehnten zuvor: Der Konsum unterlag starken Schwankungen, und zum ersten Mal seit Ende des Krieges zeigte die Verbrauchskurve ein deutliches Auf und Ab statt eines mehr oder weniger gleichmäßigen Anstiegs.

1975 überholte die von der Bevölkerung konsumierte Menge an Bohnenkaffee endgültig die an Bier, und das Genussmittel wurde zum „Volksgetränk Nr. 1" in der Bundesrepublik.[1] Gemessen an den für die Getränke aufgewendeten Ausgaben belegte der Aufguss aus den braunen Bohnen allerdings nach Bier, Milch, Spirituosen und Erfrischungsgetränken den fünften Platz.[2] 1987 erreichte der Konsum des Genussmittels seinen Höchststand, und der Pro-Kopf-Verbrauch pendelte sich auf knapp unter acht Kilo ein. Nach der Vereinigung beider deutscher Staaten sackte die Verbrauchskurve durch den geringeren Konsum im Osten des Landes nach unten, erholte sich etwas und sank anschließend auch über die Jahrtausendgrenze hinweg ab.[3]

Produktionskrisen und Weltmarktpreise

Nachdem die Kaffeepreise auf dem Weltmarkt 1969 einen Tiefstand erreicht hatten, zogen sie in den folgenden Jahren an. Ein starker Frost in Brasilien, gefolgt von einer Dürre, vernichtete Teile der Ernte. 1970 wurde in Brasilien der gefürchtete Kaffeerost (Hemileia vastatrix) entdeckt. Diese Pilzerkrankung, die ursprünglich auf die Alte Welt beschränkt war, breitete sich in Brasilen explosionsartig aus und erreichte von dort aus über Kolumbien auch Mittelamerika, wo sie ebenfalls sehr große wirtschaftliche Schäden verursachte. Auf den Kaffeepflanzungen gab es

1 Vgl. Getränkeabsatz in der Bundesrepublik Deutschland „sprudelt" auch 1986, in: Kaffee- und Tee-Markt, Heft 22 vom 20. 11. 1986, S. 3.

2 Im Jahr 1976 wurde beispielsweise von den Bundesdeutschen für Getränke ausgegeben (Angaben in Mio. DM; in Klammern: der Verbrauch je Einwohner in Liter): Bier: 16,24 (150,9 l); Milch: 8,72 (93,3 l); Spirituosen: 7,38 (20,2 l); Erfrischungsgetränke: 6,47 (102,2 l), Bohnenkaffee 5,96 (150,9 l). Vgl. Getränkeverbrauch in der Bundesrepublik Deutschland 1976, in: Kontakt, 8/1977, S. 20, Historisches Archiv Mondelez International.

3 Vgl. Statistische Jahrbücher und Jahresberichte des Deutschen Kaffeeverbandes.

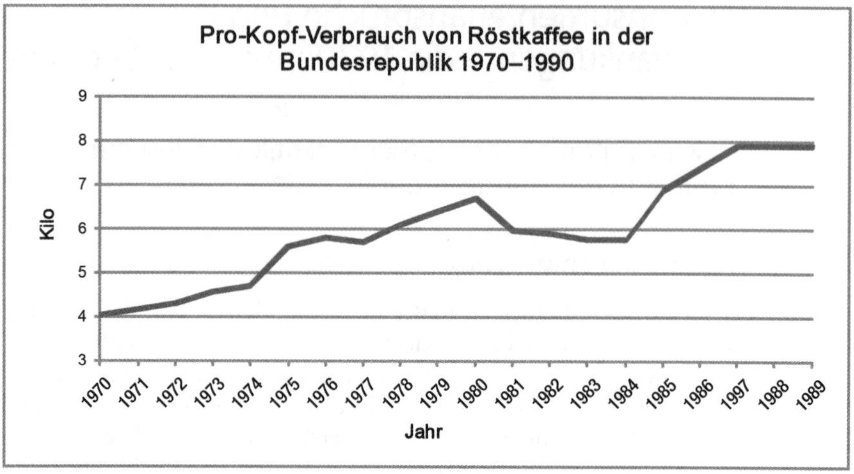

Abb. 44: Statistik nach Zahlenangaben des Statistischen Bundesamtes, des Deutschen Kaffeeverbandes und verschiedener Marktforschungsuntersuchungen

hohe Ausfälle, die zum Teil die gesamte Ernte betrafen. Viele Pflanzen mussten vollständig vernichtet werden.[4]

Der Preis für Kaffee stieg auch in den folgenden Jahren weiter an. Die Katastrophenmeldungen hörten nicht auf: Ein Jahrhundert-Frost in Brasilien vernichtete 1975 mehr als die Hälfte des Gesamtanbaus des Landes.[5] In Angola und Äthiopien beeinträchtigten Bürgerkriege die Kaffeeernte. In Guatemala zerstörte ein Erdbeben 1976 wichtige Verkehrsstrecken, in Kolumbien litt die Kaffeeproduktion unter Überschwemmungen und in Nicaragua tauchte erneut der Kaffeerost auf.[6] Als Folge stiegen die Weltmarktpreise innerhalb von zwei Jahren beinahe um das Sechsfache.[7] Diese Preissteigerungen schlugen allerdings nicht im selben Verhältnis auf den Binnenmarkt durch: In der Bundesrepublik verteuerte sich der Preis auf nicht einmal das Doppelte, während Kaffeetrinker in den USA das Dreifache der Ursprungssumme zahlen mussten.

Trotzdem sorgten die hohen Preise auch in Westdeutschland für Aufregung bei Händlern wie Konsumenten. „Nur Sekt ist teurer als Kaffee“,[8] titelte beispielsweise die „Welt am Sonntag“ im Juni 1977. Auch wenn der Deutsche Kaffeeverband als Protest auf den Artikel eine vierseitige Gegendarstellung schickte, in der er unter

4 Sigmund Rehm/Peter von Blanckenburg: Handbuch der Landwirtschaft und Ernährung in den Entwicklungsländern, Bd. 4: Spezieller Pflanzenbau in den Tropen und Subtropen, Göttingen 1989, S. 433.

5 Mark Pendergrast: Kaffee. Wie eine Bohne die Welt veränderte, Bremen 2001, S. 347 f. Aus der Luft betrachtet, sahen weite Gebiete wie verbrannt aus, weshalb die Naturkatastrophe auch der „schwarze Frost“ genannt wurde.

6 Ebd.

7 Axel Springer Verlag: Kaffee, Tee, Kakao. Märkte – Informationen für die Werbeplanung, Hamburg 1978, S. 120.

8 Nur Sekt ist teurer als Kaffee, in: Welt am Sonntag vom 19. 6. 1977.

Abb. 45: Karikatur: Teurer Kaffee, März 1977

Steigende Kaffee-Preise in der Bundesrepublik Deutschland	
Sommer 1975:	DM 7,83 (= 100)
Sommer 1976:	DM 9,45 (= 121)
Sommer 1977:	DM 13,56 (= 173)
Weihnachten 1977:	DM 11,95 (= 153)

Abb. 46: Durchschnittliche Endverbraucher-Preise für ein Pfund Bohnenkaffee in der Bundesrepublik Deutschland

anderem die Berechnungsgrundlage für den Viertelliter Kaffee anzweifelte,[9] traf die Schlagzeile das Gefühl der Konsumenten, die ihren Kaffeeverbrauch reduzierten und auch wieder verstärkt zu Ersatzkaffee griffen. Dessen führender Hersteller in der Bundesrepublik, Unifrank, verkaufte im ersten Halbjahr 1977 ein Viertel mehr Ware als im Jahr zuvor.[10] Auch wenn die Konsumrate bei Kaffeesurrogaten relativ gesehen enorm anstieg, blieb sie doch im Vergleich zur Nachkriegszeit auf einem verhältnismäßig niedrigen Niveau.[11] Doch zeigte ein Einkommensgefälle in der Verbrauchsstatistik, dass der günstige Malz-, Korn- oder Zichorienkaffee die teureren Bohnen bei Menschen mit geringem Einkommen immer noch substituierte, wenn auch nur zu einem kleinen Teil.[12] Dieser Charakter trat angesichts steigender Preise in der Krise ab 1976 wieder deutlicher hervor.[13]

Im Schatten dieser Entwicklung griffen die bundesdeutschen Röster eine Idee aus den Vereinigten Staaten auf: Sie schufen Mixprodukte aus Kaffee und Getreide. „Was schon seit dem Ende des vorigen Jahres ‚auf Verdacht' bereit lag, kommt

[9] Vgl. Einschreiben des Deutschen Kaffeeverbandes e.V. an den Hauptgeschäftsführer der „Welt am Sonntag" vom 21.6.1977, Archiv des Deutschen Kaffeeverbandes, DKV ZA 1977.

[10] Nur Sekt ist teurer als Kaffee, in: Welt am Sonntag vom 19.6.1977.

[11] Während z.B. 1958 71% aller Haushalte Ersatzkaffee verwandten, waren es 1974 noch 25%. Generell wies der Verbrauch von Ersatzkaffee ein Land-Stadt-Gefälle auf: Je kleiner der Wohnort, desto höher war der Anteil an Kaffeemittel-Konsumenten. Auffällig viel wurde das Surrogat in den 1970er Jahren noch im landwirtschaftlichen Milieu getrunken: Dort konsumierten 1974 immerhin noch 40% der Haushalte Ersatzkaffee. Axel Springer Verlag: Kaffee, Tee, Kakao, 1978, S.180.

[12] Ebd.

[13] Vgl. ebd., S.80.

Abb. 47 und 48: Die Mischungen Rogga halb & halb und Jota Sport mit 50 Prozent Röstkaffee und 50 Prozent Surrogat aus Getreide und Zichorie waren bei der Zubereitung ebenso wie herkömmlicher Bohnenkaffee zu behandeln.

nun mit Schwung in die Regale",[14] berichtete die Zeitschrift „Kaffee- und Tee-Markt" im Mai 1977. Im Gegensatz zu den getreidelastigen Mixkaffees in den USA enthielten die Mischungen der deutschen Firmen wesentlich mehr Röstkaffee. Marktführer Jacobs entwickelte in Anlehnung an seine in der direkten Nachkriegszeit sehr erfolgreiche Ersatzkaffeemarke Jota den Mischkaffee Jota Sport; andere zogen nach, wie Messmer mit der Sorte Aromata oder die Ibenco GmbH mit ihrem Eigenmarkenartikel Rogga halb & halb.[15]

Die Mixkaffees scheiterten jedoch auf dem bundesdeutschen Markt und verschwanden bald wieder aus den Regalen.[16] Anders als beispielsweise die französische bevorzugte die bundesdeutsche Bevölkerung offenbar eine klare Trennung zwischen Original und Ersatz.

Trotz erhöhter Belastungen der Haushaltbudgets tranken die Bundesbürger 1977 kaum weniger Kaffee als in den beiden Jahren zuvor. Die Kurve des Pro-Kopf-Verbrauchs knickte nur leicht ein. Als ab August 1977 die Preise wieder sanken, stieg der Konsum umso deutlicher an. Die spektakulären Preissenkungsak-

[14] Kaffee- und Tee-Markt, Heft 9 vom 6. 5. 1977, S. 3.

[15] Ebd.

[16] In keiner Publikation, die sich mit Kaffee beschäftigt, wurden die Mischkaffees nach ihrer Einführung überhaupt weiter erwähnt. Vgl. auch Volker Wünderich: Die „Kaffeekrise" von 1977. Genussmittel und Verbraucherprotest in der DDR, in: Historische Anthropologie 11 (2003), Heft 2, S. 242–261, hier S. 246.

tionen der großen Kaffeekonzerne – bis zu 1,20 DM pro Pfund – ließen die Verbraucher wieder aufatmen: Die Krise war überstanden.

Von den Verbrauchern unbemerkt wandelten sich in diesem Zeitraum die Transportbedingungen: Als erstes Schiff einer fortan regelmäßigen Container-Linie lief am 13. März 1977 die Caribia Express in Bremerhaven ein.[17] Nachdem Kaffee traditionell als Stückgut transportiert worden war, bedeutete die Verpackung in Containern vor allem kürzere Liegezeiten und weniger Arbeitskräfte. Ein Schiff, welches zuvor mit einer Ladung von 75 000 Säcken anlandete und mit dessen Entladung 40 Hafenarbeiter rund drei Tage beschäftigt waren, konnte nun innerhalb eines Tages von sechs Personen gelöscht werden.[18] Im Transportwesen vollzog sich so ein Trend, welcher sich auch im Konsumbereich abzeichnete: eine Entwicklung hin zu rationellen Arbeitsabläufen.

Konzentration und Konkurrenz

Der weiterhin harte Konkurrenzkampf in der Kaffeebranche führte zu einem Konzentrationsprozess, in dem immer mehr kleine Anbieter das Handtuch warfen.[19] Diese Entwicklung wird besonders anhand der Mitgliederzahlen des Deutschen Kaffeeverbandes deutlich. Während dem Verband am 1. Januar 1970 413 Firmen angehörten, waren es im Januar 1975 247 und wiederum fünf Jahre später nur noch 160.[20]

Zu einer weiteren Verschärfung des Wettbewerbs, die den Konzentrationsprozess beschleunigte, führten 1973 die Aufhebung der Preisbindung für Kaffee und der Ersatz durch eine Preisempfehlung. Im Lebensmitteleinzelhandel überwogen mittlerweile Verbrauchermärkte, Discounter, Warenhäuser und Filialgeschäfte, die sich bevorzugt von den großen Kaffeefirmen beliefern ließen, da sie mit diesen günstige Konditionen aushandeln konnten. Nach dem Wegfall der Preisbindung verschärften sich auch dort die Bedingungen. Zeitgleich verschob sich der private Kaffeeeinkauf zugunsten der preisgünstigen Großmärkte.[21] Leidtragende waren vor allem kleine Röster und kleine Einzelhandelsgeschäfte. Zusätzlich führte der Konkurrenzkampf im Lebensmittelhandel dazu, dass immer mehr Lebensmitteleinzelhandelsgeschäfte aufgaben – im Jahr 1976 beispielsweise 9000.[22] Solche Betriebe stellten jedoch die Hauptkundschaft der mittelständischen Röstereien dar, die zunehmend ihre Existenzgrundlage verloren.

Der scharfe Wettbewerb und der Kampf um die Markanteile, den die großen Kaffeeröstereien ausfochten, ließ diese trotz steigender Rohkaffeepreise eine Erhöhung der Produktpreise immer weiter hinausschieben. Gleichzeitig deckte sich der Großhandel vor den drohenden Preiserhöhungen reichlich mit günstigerem

[17] Kaffee per Container, in: Kontakt, 4/1977, S. 20f., Historisches Archiv Mondelez International.

[18] Ebd.

[19] Zur Konkurrenz in den 1960er Jahren vgl. Kap. I.1.

[20] Zahlen nach den Jahresberichten des Deutschen Kaffeeverbandes.

[21] Axel Springer Verlag: Kaffee, Tee, Kakao, 1978, S. 119f.

[22] Jahresbericht 1976 des Deutschen Kaffeeverbandes e. V., in: Kaffee- und Tee-Markt, Heft 13 vom 5. 7. 1977, S. 18.

Kaffee ein und bot die Packungen dann zu Schleuderpreisen an.[23] Bei dieser Entwicklung konnten kleine und mittlere Röstereien nicht mithalten.

Im Konkurrenzgefüge des Röstkaffeemarktes eroberten die Discounter Marktanteile. Die beiden Albrecht-Brüder galten mit ALDI als die ganz großen Gewinner. In den 1970er Jahren rückte das Unternehmen auf den dritten Platz des Röstkaffeemarktes vor.[24] Mehrfach profitierte der Billig-Anbieter von den Krisen der Mitbewerber. 1977, als wegen der hohen Preise andere Kaffeehersteller weniger absetzten, legte der Discount-Markt zu, und als sich 1983/84 die großen Röster im Kaffee-Krieg bekämpften, strömten die Kunden massenweise zu ALDI.[25] 1977 lag der Marktanteil des Discounters, der seinen Kaffee selbst röstete, bei 15 Prozent, 1988 sogar bei 18 Prozent.[26]

Insgesamt wurde der Kaffee-Markt in den 1970er und 1980er Jahren von lediglich sechs Anbietern beherrscht, die etwa 75 Prozent des Gesamtmarktes für sich beanspruchten. Während Jacobs und Tchibo mit Anteilen zwischen 18 und 25 Prozent am Markt um die Führung kämpften, kam ALDI mit elf bis 18 Prozent auf Platz drei, dicht gefolgt von der Firma Eduscho, die zwischen zehn und zwölf Prozent lag. Kaffee HAG tranken etwa sieben Prozent, Melitta um die fünf und Darbovens Idee-Kaffee wurde von ein bis zwei Prozent der Kaffeetrinker konsumiert.[27] Das restliche Segment teilten sich kleine Anbieter und regionale Fachgeschäfte.

Konsumentengewohnheiten

Wo kauften die Konsumenten Kaffee ein? Röstkaffee bezogen die meisten Westdeutschen über den Lebensmitteleinzelhandel, der die länger haltbaren vakuumverpackten Kaffees verkaufte. Tchibo und Eduscho, die die Bohnen ungemahlen anboten und erst auf Wunsch der Kunden mahlten, setzten diese hauptsächlich über ihr Filialnetz und in den Kaffee-Depots ab. Diese befanden sich in Bäckereien, Konditoreien oder auch in Lebensmittelgeschäften, die sich verpflichteten, die Marke des betreffenden Rösters exklusiv zu führen. Ab 1985 suchten die Filialisten verstärkt die räumliche Nähe zu großen Verbrauchermärkten, bei denen sie im Eingangsbereich Filialen errichteten oder in Kooperation mit dort befindlichen Bäckereien Depots aufbauten.[28]

Auf der anderen Seite experimentierte z. B. Jacobs mit eigenen Verkaufsflächen innerhalb der Verbrauchermärkte in Form von Spezialitäten-Regalen, Sonderplatzierungen etc. und peilte Ende der 1980er Jahre zur Absatzerweiterung den Verkauf in Tankstellen-Shops und Kiosken an.[29]

[23] Ebd.

[24] Ebd., S. 221. Vgl. auch Kap. I.1. Die Hauptmarken von ALDI waren die Röstkaffeesorten Albrecht Gold und Albrecht Silber sowie der lösliche Kaffee Ali (von Nestlé) und Studio Cafe Gold (von der Deutschen Extrakt Kaffee GmbH).

[25] Vgl. Gudrun Aydt: Kommunikationsanalyse der Kaffeewerbung, Stuttgart 1985, S. 40.

[26] Axel Springer Verlag: Kaffee, Tee, Kakao, 1978, S. 221; Axel Springer Verlag: Kaffee, Tee, Kakao. Märkte – Informationen für die Werbeplanung, Hamburg 1990, S. 112.

[27] Aydt: Kommunikationsanalyse der Kaffeewerbung, S. 37.

[28] Axel Springer Verlag: Kaffee, Tee, Kakao, 1990, S. 111.

[29] Ebd., S. 111 f.

Abb. 49: Diagramm über die Marktanteile von Röstkaffee nach verschiedenen Geschäftsarten. Im Jahr 1988 lag der Absatz über den klassischen Lebensmittelhandel bei 50%, über ALDI bei 18%, Tchibo bei 18% und Eduscho bei 14% (Axel Springer Verlag: Kaffee, Tee, Kakao, 1990, S. 112).

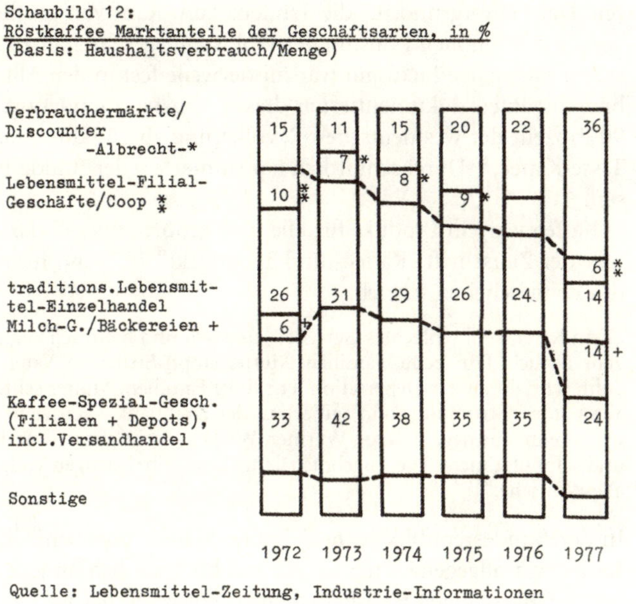

Abb. 50: Tabelle über die Entwicklung der Packungsgrößen im Haushaltsmarkt 1970–1982

Packungsgrößen im Haushaltsmarkt

	250g/200g	500g	andere
1970	51%	40%	9%
1975	34%	65%	1%
1977	28%	72%	0%
1980	15%	81%	4%
1982	10%	89%	1%

Der Trend zu größeren Packungen setzte sich in den 1970er und 1980er Jahren fort. Bereits 1975 entfielen etwa zwei Drittel des Kaffeeumsatzes auf die 500-Gramm-Packungen. 1982 dominierten sie den Verkauf sogar mit knapp 90 Prozent. Kleinpackungen fristeten ein Schattendasein und spielten ebenso wenig eine Rolle wie Großpackungen über 500 Gramm.[30] Auch bei den löslichen Kaffees ging die Tendenz zu größeren Packungen. Dort griffen die Konsumenten vor allem zu 100- oder 200-Gramm-Packungen.[31]

Bei der Entwicklung hin zu größeren Verpackungseinheiten spielten die Verbesserungen in der Verpackung eine große Rolle. Allerdings setzte der Alterungsprozess auch bei vakuumierten Kaffees ein, sobald Packungen angebrochen wa-

30 Axel Springer Verlag: Kaffee, Tee, Kakao, 1978, S. 113.
31 Ebd., S. 114.

ren. Der Hauptgrund für die Tendenz zum Kauf von größeren Paketen ist daher vor allem im hohen Konsum der Wohlstandsgesellschaft zu suchen.

Das ehemalige Luxusgut war mittlerweile fest in den Alltag integriert. Die Verbrauchszahlen dokumentierten diesen Umstand eindeutig: 1982 tranken knapp 90 Prozent der westdeutschen Bevölkerung ab 15 Jahren täglich mindestens eine Tasse Kaffee.[32] Durchschnittlich konsumierte jeder Bundesbürger täglich 3,9 Tassen.[33]

Kaffee war ein Produkt für alle und gehörte überall dazu, wie der Chefredakteur der Zeitschrift „Kaffee- und Tee-Markt“ 1973 mit humoristischem Blick auf das Zeitgeschehen schrieb:

> „Kein Kater, kein schlechtes Gewissen, tropisch und heimisch zugleich; ganz alltäglich und ganz festlich. Für rechte Familien: Mutter stopft Strümpfe, Vater steht an der Drehbank, Sohn schreibt an der Dissertation. Für linke Familien: Mutter schreibt an der Dissertation, Vater stopft Strümpfe, Sohn agitiert an der Drehbank – Kaffee ist immer dabei. Freuden- und Freundebringer, Tröster, Wärmer, Wecker, riecht gut, schmeckt gut, macht nicht dick und schmutzt nicht. Die Angebotspalette dieses einzigartigen Volksgetränkes reicht aus für alle Wünsche.“[34]

In der Bundesrepublik hatte sich eine Vielfalt unterschiedlicher Sorten etabliert. Kaffee war allgegenwärtig. Es gab ihn buchstäblich an jeder Straßenecke und zu Preisen, die mit den Haushaltsbudgets gut vereinbar waren.

Den meisten Kaffee tranken die Westdeutschen zum Frühstück und am Nachmittag.[35] Nach wie vor konsumierten Frauen mehr Kaffee als Männer. In den meisten Fällen kauften sie ihn auch ein und bereiteten ihn zu.[36] Die Entscheidung für eine Kaffeemarke war eine weibliche Domäne, während bei Bier die Männer bestimmten.[37]

Die Vorliebe für bestimmte Kaffeesorten korrelierte stark mit dem Lebensalter der Konsumenten: Coffeinhaltiger Röstkaffee fand in der Gruppe der 30- bis 50-Jährigen die meisten Liebhaber, während löslicher Kaffee 20- bis 30-Jährige in starkem Maße ansprach, der auch bei den 50- bis 64-Jährigen überdurchschnittlich viel getrunken wurde. Die Neigung zu entcoffeiniertem Kaffee stieg mit zunehmendem Alter ab 50 Jahren linear an.[38]

[32] Weitere 5% konsumierten gelegentlich und nur 5% tranken nie Kaffee. Bureau für Marktinformatik: Kaffee-Pegel ’82. Eckdaten und Entwicklungslinien des deutschen Kaffeeverbrauchs, S. 7f.

[33] Die Menge teilte sich auf in 89% Röstkaffee und 11% löslichen Kaffee. Bezogen auf den Coffeingehalt ergab sich die Relation von 87% coffeinhaltigem und 13% coffeinfreiem Kaffee. Ebd., S. 12f.

[34] Genießt Vertrauen – verdient Vertrauen: Kaffee für alle, in: Kaffee- und Tee-Markt, Heft 11 vom 7. 6. 1973, S. 3.

[35] Bureau für Marktinformatik, Kaffee-Pegel, S. 40f.

[36] Ulla Jacobs: Kaffee – Sehnsucht nach innerer Wärme, in: Matthias Horx/Peter Wippermann (Hg.): Markenkult. Wie Waren zu Ikonen werden, Düsseldorf 1995, S. 384–405, hier S. 388f.; Axel Springer Verlag: Kaffee, Tee, Kakao, 1978, S. 158.

[37] Bei Ketchup durften die Kinder entscheiden. Vgl. Jacobs: Kaffee – Sehnsucht nach innerer Wärme, S. 388; Aydt: Kommunikationsanalyse der Kaffeewerbung, S. 59.

[38] Bureau für Marktinformatik, Kaffee-Pegel, S. 15f.

Kaffee war in den 1970er und 1980er Jahren ein häusliches Getränk. 77 Prozent der Tassen wurden zu Hause geleert.[39] In hohem Maße wurde das warme Getränk auch mit der familiären Nestwärme assoziiert:

„Ein Getränk wird zur nostalgischen Ersatzhandlung [...]. Wärme bedeutet Emotion. Auch der situative Einzeltrinker, der sich seinen Kaffee zwischen Zähneputzen und Frühstück reinzieht, inszeniert ein rührendes Stück Heimat damit."[40]

1975 betrug der Kaffeeverbrauch außerhalb der privaten Haushalte nur etwa 17 Prozent des gesamten Konsums,[41] 1982 war dieser auf 20 Prozent gestiegen.[42] Von dieser Menge entfiel allerdings nur ein kleiner Anteil auf die Gastronomie. Das Gros des aushäusigen Kaffees tranken die Menschen am Arbeitsplatz.[43] Das anregende Getränk mit der ihm zugeschriebenen Steigerung der Konzentrationsfähigkeit passte ideal zu den Anforderungen der Arbeitswelt. Gleichzeitig bot es die Möglichkeit, deren Zwängen kurzzeitig zu entfliehen:

„Durch das Kaffeemachen oder -holen, durch den Vorgang des Trinkens distanzieren wir uns für eine Weile von unserer Arbeit, dem Streß. Jemand, der Kaffee trinkt, wird weniger von Kollegen belästigt, denn der Kaffeetrinker signalisiert: ‚Ich bin im Schonraum.' Man holt sich mit dem heißen Kaffee ein Stück **Zuhause** an den Arbeitsplatz."[44]

Dieser emotionale Effekt war Kaffeetrinkern noch wichtiger als die erhoffte Steigerung der Konzentration.[45]

Kaffee bot Heimat, Wärme und familiäre Nähe. Andererseits schuf er durch seine Sortenvielfalt und die den verschiedenen Kaffees zugeordneten Stimmungsbilder und Assoziationen auch die Möglichkeit zur Differenzierung und Abgrenzung. Kaffeegenuss war eng gekoppelt an Prestige und Images.

Ein solches Image umgab auch den aus Italien kommenden Espresso, einen dunkel gerösteten Kaffee, der in speziellen Maschinen unter hohem Druck aufgebrüht und stark konzentriert aus kleinen Tassen getrunken wurde. Dieses Getränk war keine Neuheit. Die zur Herstellung benötigte Maschine war bereits 1906 von Luigi Bezzera erfunden worden, und seit den 1950er Jahren tauchten immer wieder Meldungen in der Presse auf, wonach sich der italienische Kaffee auch in Westdeutschland wachsender Beliebtheit erfreue.[46] Zusammen mit dem Sieges-

[39] Jacobs: Kaffee – Sehnsucht nach innerer Wärme, S. 389.
[40] Ebd., S. 391.
[41] Der deutsche Kaffeemarkt, in: Kontakt, 9/1976, S. 20f., Historisches Archiv Mondelez International.
[42] Bureau für Marktinformatik, Kaffee-Pegel, S. 43f.
[43] Von den 20% im Jahr 1982 entfielen 16% auf den Arbeitsplatz und nur 4% auf die Gastronomie. Die 16% am Arbeitsplatz teilten sich auf in: Kantine oder Cafeteria 4,4%, unmittelbar am Arbeitsplatz 10,2% und sonst wo bei der Arbeit 1,6%. In Hotels und Pensionen wurden 0,2%, in Restaurants und Gaststätten 1,1%, in Imbissstuben oder am Kiosk 0,3%, in Cafes und Konditoreien 1,7%, im Kaffeespezialgeschäft 0,6% und sonst wo 0,2% Kaffee getrunken. Vgl. ebd., S. 47–50.
[44] Jacobs: Kaffee – Sehnsucht nach innerer Wärme, S. 389. Hervorhebung im Original.
[45] Ebd.
[46] Vgl. 50 Jahre Espresso. Siegeszug einer Kaffeemaschine, in: Fortschritt vom 29. 11. 1959, vgl. auch entsprechende Berichte in: Kaffee- und Tee-Markt, Heft 15 vom 3. 8. 1954, S. 3; Heft 16 vom 17. 8. 1954, S. 3f.; Heft 23 vom 3. 12. 1960, S. 10.

zug, den das italienische Essen in der Bundesrepublik antrat, avancierte auch der Espresso zum symbolisch aufgeladenen Getränk, das mit südlicher Lebensart und Urlaubsstimmung verbunden wurde.[47] Gleichzeitig bot die Anschaffung einer eigenen Espressomaschine die Möglichkeit zur Statusdemonstration. Die in den 1980ern angebotene Kult-Maschine von La Pavoni kostete immerhin an die 2000 Mark.[48] Noch in den 1990er Jahren sagten Trendforscher der Modeerscheinung, dass begüterte Kaffeetrinker, Gäste zu sich nach Hause auf eine Tasse einladen und um die chromblitzenden Geräte versammeln, keine Zukunft voraus. Ulla Jacobs glaubte vielmehr einen Trend zur Konsumkritik erkennen zu können:

> „Luxus ist etwas Peinliches geworden, und wir genießen ihn nicht mehr hemmungslos. Für die Kulturelite gehören Espresso und Cappuccino nach wie vor zum Trend, doch dieser Trend kann nicht ausgebaut werden, darüber ist man sich in den Marketingabteilungen einig.“[49]

Trendforscher und Marketingabteilungen sollten allerdings widerlegt werden. Espresso wurde im Zuge der Spezialitätenrevolution, die Ende der 1990er Jahre einsetzte, zum Erfolgsgetränk schlechthin.[50]

Zauberwort Convenience – der Trend zur einfachen Zubereitung

In den 1970er Jahren entwickelte sich eine Tendenz zur einfachen und bequemen Handhabung in der Kaffeezubereitung. Der Begriff „Convenience“ – der Bequemlichkeit oder Annehmlichkeit bedeutet – wurde im Bereich der Lebensmittelherstellung zum Zauberwort des Jahrzehnts. Dieser Trend vollzog sich in mehreren Bereichen.

Die Konsumenten fragten vermehrt gemahlenen Kaffee nach. Nach den Schwierigkeiten, die die Kaffeebranche in den 1960er Jahren hatte, den Verbrauchern das pulverige Produkt schmackhaft zu machen, kam der Absatz nun in Schwung. 1978/79 machte gemahlener Kaffee die Hälfte des Hauskaffeeverbrauches aus. Ein Grund für die gesteigerte Nachfrage lag in den Fortschritten, die mittlerweile auf dem Gebiet der Verpackung erzielt worden waren.

Fabrikfertig gemahlener Kaffee wurde bis 1975 entweder in Dosen oder in einem luftdichten Folienbeutel angeboten. Der Beutel – in der Bundesrepublik vor allem von Melitta als Verpackung gewählt – benötigte jedoch eine weitere Umverpackung aus Karton für eine standfeste Aufstellung im Einzelhandelsregal. Durch

[47] Zur Bedeutung italienischen Essens in der bundesdeutschen Kulturgeschichte vgl. Maren Möhring: Fremdes Essen. Die Geschichte der ausländischen Gastronomie in der Bundesrepublik Deutschland, München 2012; dies: Gastronomie in Bewegung. Migration, kulinarischer Transfer und die Internationalisierung der Ernährung in der Bundesrepublik Deutschland, in: Comparativ – Zeitschrift für Globalgeschichte und vergleichende Gesellschaftsforschung 3/2007, S. 68–85.

[48] Jacobs: Kaffee – Sehnsucht nach innerer Wärme, S. 398.

[49] Ebd., S. 399 f.

[50] Vgl. hierzu Uwe Spiekermann: Lifestyle und Kaffee. Kaffeebars als Trendprodukt der Jahrtausendwende, in: Eva Dietrich/RomanRossfeld (Hg.): Am Limit. Kaffeegenuss als Grenzerfahrung, Zürich 2001, S. 106–119.

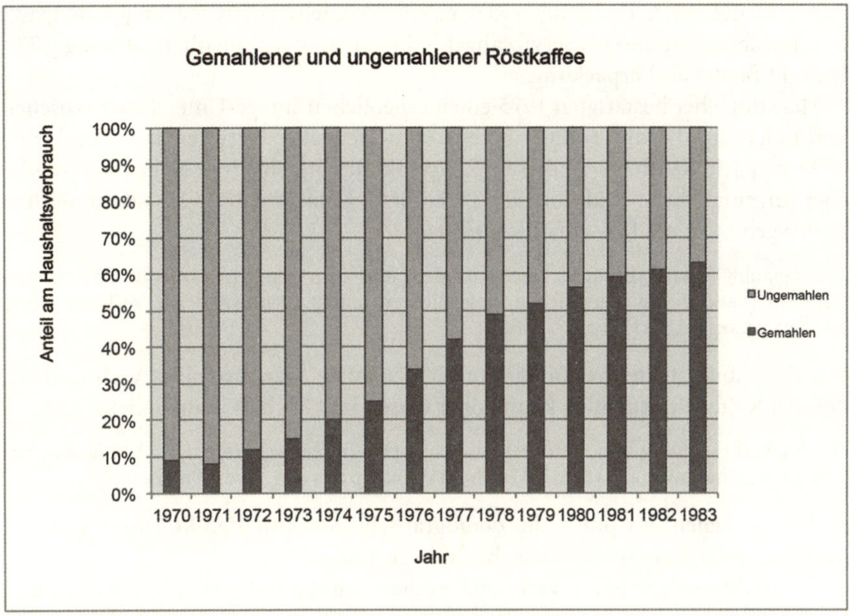

Abb. 51: Diagramm über den Anteil von gemahlenem und ungemahlenem Kaffee am Verbrauch 1970–1983

die mittlerweile hohe Popularität des Umweltschutzgedankens in der Öffentlichkeit entwickelten die Verbraucher eine Abneigung gegen ein Übermaß an Verpackungsabfall.[51] Andere Verpackungsverfahren, die den Folienbeutel durch einen Rahmen aus Kunststoff stützten, boten in dieser Hinsicht keine Vorteile und wurden von den Kaffeeherstellern in der Bundesrepublik nicht angewandt.[52] Die standfesten Blechdosen waren hier überlegen – allerdings waren sie auch teuer und erzeugten einen Abfallberg von Blechumhüllungen. Der Wunsch nach einer einfachen, aber standfesten Folienverpackung wurde gelöst, als Marktführer Jacobs im Juni 1975 die Mahlkaffee-hart-Packungen (MKH) einführte – auch „Backstein", „Brikett" oder „Ziegel" genannt.[53] Diese Vakuumpackung, die auch andere Röster übernahmen, dominierte bald den Markt. Vor allem im Lebensmitteleinzelhandel, der Kaffee in der Regel abgepackt anbot, waren die Verkaufszahlen sehr hoch: 1983 betrug der Anteil der in sogenannten Backsteinpackungen verkauften Ware dort 81 Prozent des abgesetzten Kaffees, gemahlene und vakuumverpackte Bohnen in anderer Abpackung deckten nur noch ein Segment von 13 Prozent.[54] Während also der Lebensmitteleinzelhandel lediglich sechs Prozent der braunen Bohnen ungemahlen verkaufte, wählten die Filialisten Tchibo und

[51] Abschied von gestern, in: Kaffee- und Tee-Markt, Heft 11 vom 9. 6. 1975, S. 3.
[52] Ebd.
[53] Aydt: Kommunikationsanalyse der Kaffeewerbung, S. 46; vgl. auch Präsentationsunterlagen: Ausgangslage/Marktsituation, 1977, Archiv der Neumann-Kaffee-Gruppe.
[54] Axel Springer Verlag: Kaffee, Tee, Kakao. Märkte – Informationen für die Werbeplanung, Hamburg 1984, S. 33.

Eduscho, die ihren Kaffee über das eigene Vertriebssystem vorrangig als ganze Bohnen absetzten und als Serviceangebot im Laden frisch mahlten, vorrangig Tüten und Beutel als Verpackung.

Marktforscher bestätigten 1975 einen erheblichen Image-Unterschied zwischen Verbrauchern, die die Bohnen bereits vom Hersteller fertiggemahlen und luftdicht verpackt kauften – zu diesem Zeitpunkt hauptsächlich in einer Dose –, oder aber ungemahlen in traditioneller Tütenform. Konsumenten von vakuumiertem Kaffee genossen ein fortschrittliches Image.

> „Man glaubt, diese Verbraucher seien jünger und conveniencebewußter, in verstärktem Maße in das Berufsleben eingegliedert, hätten mehr Geld zur Verfügung und ständen gesellschaftlich höher.“[55]

Das Gegenbild stellte der Käufer von „Tütenkaffee“ dar, also eines Verbrauchers, der den Kaffee ungemahlen kaufte oder diesen im Geschäft mahlen ließ:

> „Dieser Verbraucher gilt als betont konservativ mit ausgeprägtem Traditionsbewusstsein. Er gilt aber auch als altmodisch, älter, sparsam und einfach.“[56]

In beiden Fällen entsprach die demografische Struktur der Konsumenten von Vakuum- oder Tütenkaffee tatsächlich deren Images.[57]

Die traditionsbewussten Verbraucher, die noch die Bohnen sehen wollten und bevorzugt in Spezialitätengeschäften einkauften, zählten nun zum alten Eisen. Die Zukunft gehörte einer nachwachsenden Generation, die eine Kombination von Bequemlichkeit und Frischegarantie bevorzugte.

Auch die Kaffeezubereitung selbst vereinfachte sich: Der Ausstattungsgrad mit Kaffeemaschinen in deutschen Haushalten stieg enorm. Hatte 1973 erst jeder fünfte Haushalt eine Maschine, so war es zwei Jahre später bereits mehr als jeder dritte.[58] Die Elektrifizierung und Mechanisierung der Kaffeezubereitung setzte den Prozess der 1950er und 1960er Jahre fort, in dem die Wohnungen und vor allem auch die Küchen zunehmend mit Elektrogeräten ausgestattet worden waren.[59]

Die Bundesdeutschen konnten und wollten sich immer mehr Maschinen leisten, die ihnen im Haushalt Arbeit abnahmen. Mit der Anschaffung einer Kaffeemaschine folgten die Westdeutschen vor allem einem Bedürfnis nach Bequemlichkeit; gleichzeitig versprach die Verwandlung der Kaffeezubereitung in eine technisch-spielerische Handlung auch einen Prestigegewinn.[60]

Die Kaffeemaschinen und der fertig gemahlene Kaffee erleichterten die Zubereitung in einem solchen Maß, dass diese sogar die Verwendung von Instant-

[55] Einstellungen zu Kaffee und Kaffeeverpackungen in der Bevölkerung, in: Kaffee- und Tee-Markt, Heft 10 vom 21. 5. 1976, S. 8. Hervorhebung im Original.

[56] Ebd.

[57] Ebd.

[58] Kurznachrichten, in: Kaffee- und Tee-Markt, Heft 15 vom 6. 8. 1975, S. 1.

[59] Vgl. Arne Andersen: Der Traum vom guten Leben. Alltags- und Konsumgeschichte vom Wirtschaftswunder bis heute, Frankfurt a. M. 1997, S. 90–110 und 234–242.

[60] Haushalts-Kaffeeautomaten – ein Millionenhit, in: Kaffee- und Tee-Markt, Heft 19 vom 6. 10. 1975, S. 3.

Kaffee zurückdrängten. Das Pulver war bis 1975 in seiner Beliebtheit stark gestiegen und hatte einen Marktanteil von 17 Prozent erreicht.[61] Nach diesem Höhepunkt sank der Verbrauch von löslichem Kaffee kontinuierlich ab, bis ein neues Erzeugnis ab 1988 das vor sich hin dümpelnde Instant-Geschäft belebte. Die Firma Nestlé hatte einen großen Erfolg mit dem Convenience-Produkt Cappuccino – einer Pulvermischung aus löslichem Kaffee, Milchpulver, Fett und Zucker, die lediglich mit heißem Wasser aufgegossen werden musste. Bereits nach nur einem halben Jahr nach der nationalen Einführung erreichte es einen Marktanteil von knapp sechs Prozent. Die Nachfrage überstieg die Produktion so stark, dass die Fernsehwerbung gestoppt wurde.[62] Die anderen Kaffeeanbieter zeigten sich von dem Erfolg inspiriert und warfen ihrerseits Spezialpulverprodukte auf den Markt, die sich bei den Konsumenten einer großen Beliebtheit erfreuten und den Hauch eines Italien-Urlaubs auch ohne teure Espressomaschinen in die bundesdeutschen Behausungen zauberten.

Auch beim Ersatzkaffee bevorzugten die Verbraucher in den 1970er und 1980er Jahren die erleichterte Zubereitung der löslichen Produkte. Innerhalb von zehn Jahren hatte sich dort das Verhältnis von traditionellen Kaffeemitteln zu Instants umgekehrt: Während im Jahr 1965 die herkömmlichen Sorten mit 70 Prozent der getrunkenen Tassen klar dominierten, lagen 1975 die Instants vorne und erreichten einen Anteil von 53 Prozent.[63]

Mit dem Trend hin zur einfachen Zubereitung reduzierte sich der Genuss von Kaffee auf den Akt des Trinkens. In einer repräsentativen Befragung von 1975 lag die Bewertung der Ansicht „Die Kaffeezubereitung muß für mich schnell vonstatten gehen" in einer Skala von 1 bis 5 durchschnittlich bei 2 („trifft zu"), während gleichzeitig die Mehrheit der Probanden die Aussage „Das Kaffeekochen ist für mich eine kleine Zeremonie" als weniger zutreffend (Note 4 der Skala) bezeichnete.[64] „Daß zum Kaffeetrinken eine gemütliche Atmosphäre gehört und daß Kaffee einen besonderen Genuß bedeutet, sind nach wie vor sehr bedeutende Faktoren, die die Motive der Kaffeetrinker bestimmen. Allerdings gehört die ‚Kaffeekränzchen-Ideologie', nach der schon die Zubereitung des Kaffees eine Art Zeremonie ist, endgültig der Vergangenheit an",[65] fasste die Zeitschrift „Kaffee- und Tee-Markt" die Ergebnisse der Untersuchung zusammen. Omas Kaffeemühle mit der beschaulichen Handhabung hatte endgültig ausgedient. Was nun zählte, war das Endprodukt und nicht mehr der Weg dorthin. Auch die Meinungsforschung attestierte einen „Trend zur Versachlichung des Kaffee-Erlebnisses".[66]

Die Produktwerbung spiegelte diesen Prozess: So ging es bei der Jacobs-Kaffee anpreisenden Werbe-Ikone Karin Sommer nicht mehr um die Fähigkeit, den Kaffee zuzubereiten. Zum Erfolg führte in den Jacobs-Kurzgeschichten lediglich

[61] Anteil des löslichen Kaffees am Röstkaffeemarkt: 1961: 8%, 1973: 15%, 1975: 17%, 1976: 14%, 1977: 12%. Vgl. Axel Springer Verlag: Kaffee, Tee, Kakao, 1978, S. 78.
[62] Axel Springer Verlag: Kaffee, Tee, Kakao, 1990, S. 110.
[63] Axel Springer Verlag: Kaffee, Tee, Kakao, 1978, S. 88.
[64] Einstellungen zu Kaffee und Kaffeeverpackungen in der Bevölkerung, in: Kaffee- und Tee-Markt, Heft 10 vom 21. 5. 1976, S. 3.
[65] Ebd.
[66] Ebd.

die Verwendung der richtigen Marke.[67] Das Kaffeekochen wurde nicht länger als hausfrauliche Kunst betrachtet. Der Prozess der Zubereitung hatte seinen Zauber verloren.

Kritische Konsumenten – das 400-Gramm-Desaster der Großröster

In den 1980er Jahren lernten die Kaffeekonzerne die Macht der Konsumenten fürchten. Auch in den Jahrzehnten zuvor hatte es immer wieder Konsumentenproteste gegeben, diese richteten sich jedoch vor allem an den Staat, der mit Steuern und Zöllen die Kaffeepreise verteuerte. Erstmals rückten nun die Kaffeehändler ins Visier der Verbraucherkritik.

Im Herbst 1983 begann die Firma Jacobs mit der Vermarktung einer Idee, die aus Sicht des Konzerns die Kaffeeherstellung revolutionieren und dem Kaffeegiganten weitere Marktanteile bescheren sollte. In einem neuen Kurzzeitröstverfahren war es angeblich gelungen, die Bohnen wesentlich ergiebiger zu machen. Durch die Behandlung mit einem speziellen Heißluftverfahren blähten sich die Bohnen um bis zu einem Viertel mehr auf. „Popcorn-Kaffee" nannte die Konkurrenz das Produkt dieser neuen Herstellungsmethode spöttisch.[68]

Jacobs brachte eine neue 400-Gramm-Packung auf den Markt, die genauso ergiebig sein sollte wie die herkömmliche 500-Gramm-Packung. Daneben führte die Firma 200- und 600-Gramm-Packungen ein. Die Werbung für das neue Produkt betonte, dass der Preis für die Verbraucher gesunken sei, wenn man den Preis auf die einzelne Tasse Kaffee umrechne. Auf das Kilo Kaffee umgerechnet stieg der Preis allerdings um etwa 14 Prozent.[69]

Zwischen den verschiedenen Kaffeeröstern entstand ein erbitterter Werbekrieg um die Vor- und Nachteile der unterschiedlich gerösteten Kaffees. Im sogenannten Kaffeekrieg blieb der Streit nicht auf das Feld der Propaganda beschränkt: Es kam zu etwa 30 Prozessen, bei denen sich die Konzerne gegenseitig verklagten.[70] Schon im Herbst 1983 reichte Tchibo Klage gegen Jacobs ein. Der Bremer Firma wurde daraufhin vom Gericht wegen „Irreführung der Verbraucher" untersagt, die 400-Gramm-Packung, die in Größe und Aufmachung der früheren 500-Gramm-Packung stark ähnelte, weiter zum Verkauf anzubieten, und vorgeschrieben, auf ihren neuen Kaffeepackungen deutlich darauf hinzuweisen, dass diese nur 400 Gramm enthielten.[71] Einige Monate später imitierte Tchibo selbst das Röstver-

[67] Zur Werbung mit der Ikone Karin Sommer siehe unten.

[68] Bei dem Verfahren wird die Röstzeit auf weniger als drei Minuten reduziert. Die Kaffeebohnen werden bei erheblich höherer Luftgeschwindigkeit schwebend geröstet. Die Wärmeübertragung erfolgt fast ausschließlich durch die heiße Luft auf die Kaffeebohnen, die ständig von heißem Luftstrom umgeben sind. Das Kurzzeitröstverfahren bewirkt eine erhebliche Vergrößerung des Volumens und führt zu einer Steigerung der Ergiebigkeit.

[69] Neue Röst-Art als Waffe gegen Billig-Kaffees, in: Hamburger Abendblatt vom 16. 9. 1983.

[70] Pendergrast: Kaffee, S. 392f. Vgl. auch die diesbezüglichen Artikel in der Zeitschrift „Kaffee- und Tee-Markt".

[71] Gerichtsentscheid gegen Jacobs, in: Süddeutsche Zeitung vom 15. 10. 1983.

fahren und auch die neuen Packungsgrößen. In dem Versuch, sich von Jacobs abzusetzen, erfand die Hamburger Firma neue Begriffe und nannte den Heißluftvorgang „Mehr-Tassen-Röstverfahren“ oder auch „Ultra-Kurzzeitröstung“.[72] Kaffee HAG setzte mit seiner Marke Onko ebenfalls auf das neue Herstellungsverfahren. Eduscho probierte dies ebenfalls, aber die Maschinen explodierten bei dem Versuch.[73] ALDI verzichtete aus Kostengründen auf die neue Technologie.[74]

Die Großröster Jacobs und Tchibo gaben sich siegessicher. Sie hatten ihre neuen Produkte erfolgreich auf Versuchsmärkten getestet und setzten große Hoffnungen auf die neue Waffe im Kampf um Marktanteile gegen die Billig-Kaffees. Beide Firmen investierten den umfangreichsten Werbeetat ihrer Firmengeschichte für die Vermarktung ihrer Produkte.[75] Auf die Reaktion der Konsumenten waren sie nicht vorbereitet: Jacobs und Tchibo erlebten den größten Rückschlag seit Gründung ihrer Unternehmen.

Die Verbraucher witterten Betrug und lehnten die neuen Packungen ab. Aus ihrer Sicht steckte dahinter ein Coup der Kaffeeindustrie, die über die neuen Packungen eine Preissteigerung durchsetzen wollte und nun weniger Kaffee zum gleichen Preis verkaufte. Die Verbraucherzentrale in Hamburg kritisierte das Vorgehen der Kaffeeröster und mutmaßte, dass sich das neue Röstverfahren zur Verwendung von geringwertigen Kaffeebohnen eigne. Gewinner sei nicht der Verbraucher, sondern allein der Hersteller, denn effektiv bekomme der Konsument 20 Prozent weniger Kaffee für sein Geld.[76]

Die neuen Packungen blieben in den Regalen stehen, und die Konsumenten liefen zu Hunderttausenden zur Konkurrenz über, die noch gewohnte Pfund- und Halbpfund-Packungen anbot. Von diesem Protest profitierten vor allem Eduscho und der Discounter ALDI, der kurzfristig sogar die Marktführerschaft übernahm.[77] Jacobs und Tchibo büßten große Marktanteile ein.

Die Großröster ruderten schließlich zurück, führten das Pfund wieder ein und stellten letztlich die Produktion der neuen Packungsgrößen ganz ein. Doch selbst mit dem Eingeständnis des Fiaskos verärgerten die Kaffeefirmen die Verbraucher. So erklärte der Tchibo-Finanzvorstand Dr. Horst Pastuszek zwar ganz richtig: „Wir haben den Wunsch vieler Verbraucher falsch eingeschätzt“,[78] fügte aber hinzu, dass der Konzern den Verbrauchern mit neuen Preisen, Packungen und Röstverfahren zuviel zugemutet habe. Die neuen Packungsgrößen hätten zu Verunsicherung und Verwirrung geführt, weil die Verbraucher die herkömmliche Pfundpackung gewohnt gewesen seien. Auch Dosierungsprobleme wurden zur Erklärung des Desasters angeführt. Damit fühlten sich viele Verbraucher erneut

72 „Ultra“-Kurzzeitröstung und neue Packungsgrößen bei Tchibo, in: Frankfurter Allgemeine Zeitung vom 10. 1. 1984.

73 Pendergrast: Kaffee, S. 392.

74 Ebd.

75 Vgl. „Ultra“-Kurzzeitröstung und neue Packungsgrößen bei Tchibo, in: Frankfurter Allgemeine Zeitung vom 10. 1. 1984; Rolf Sauerbier: 100 Jahre Jacobs Café, Bremen 1994, S. 67.

76 Verbraucherzentrale kontra Kaffeeröster, in: Hamburger Abendblatt vom 13. 10. 1983.

77 Sauerbier: 100 Jahre Jacobs Café, S. 67 f.

78 Tchibo gesteht Schlappe für die 400-g-Packung ein, in: Handelsblatt vom 9. 3. 1984.

für dumm verkauft. Schließlich waren sie nicht zu einfältig, um die Vorzüge des neuen Kaffees zu begreifen. Sie wollten ihn nicht und hatten den Röstern eine klare Absage erteilt.

Das „Hamburger Abendblatt" sah einen Sieg der Verbraucher:

„Sieg auf der ganzen Linie
Wenn das kein Erfolg für die deutschen Kaffeetrinker ist! Zuerst zwangen sie die Röster, mit dem Packungsverwirrspiel aufzuhören und das Pfund wieder ins Sortiment zu nehmen. Jetzt ist der Sieg auf der ganzen Linie komplett: Der erste Anbieter, die Jacobs-Gruppe, nimmt endgültig Abschied von der 400-Gramm-Packung und der Augenwischerei mit ‚aufgeblähten' Kaffeebohnen.
Damit wird überdeutlich, wie sehr die Verbraucher unterschätzt wurden. Warum aber gibt man dies nicht einfach zu? Es klingt nicht gerade überzeugend, jetzt zu sagen, daß die Kunden durch das neue Röstverfahren ‚Dosierungsprobleme' bei der Zubereitung des Getränks hatten. Die Werbung wollte den Kaffeetrinkern doch weismachen, die ‚dicke Bohne' sei das Nonplusultra in puncto Ergiebigkeit – 400 Gramm soviel wie vorher ein Pfund. Und jetzt haben sie das Kaffeekochen verlernt?
Die Wahrheit liegt ganz woanders. Die ungeliebten Packungen blieben beim Handel in den Regalen stehen [...]. Das mußte sich letztlich in der Kasse der Röster niederschlagen."[79]

Die Konsumenten hatten eindrucksvoll ihre Macht demonstriert und die Grenzen aufgezeigt, die selbst der geschicktesten Produktwerbung gesetzt waren.

Kaffee und Gesundheit

Die Kontroverse um gesundheitliche Vor- und Nachteile des Kaffeegenusses ist so alt wie das Genussmittel selbst. Angesichts des neuen Gesundheitsbewusstseins der westdeutschen Bevölkerung bekam die Debatte in den 1970er und 1980er Jahren neuen Aufschwung. Pressemeldungen verkündeten recht widersprüchliche Befunde. Auf der einen Seite warnten Forscher vor Blutdrucksteigerung, erhöhtem Herzinfarktrisiko, Magengeschwüren und der Gefahr von Nieren- und Blasenkrebs.[80] Ärzte rieten schwangeren Frauen vom Kaffeegenuss ab, weil dieser zu einer Schädigung der Frucht durch eine Missbildung im Bereich der Kiefer-Gaumen-Spalte führen könne. Auf der anderen Seite wurden diese Befunde angezweifelt und Gegenbeispiele präsentiert. Die Korrelation mit den Herzinfarkten rührte nach Aussagen anderer Gutachten bei einer großen Anzahl von Vielkaffeetrinkern vom erhöhten Zigarettenkonsum. Weitere Analysen konstatierten einen krebshemmenden Effekt von Coffein und hofften auf Erfolge bei der Krebstherapie. Kaffeefürsprecher argumentierten, dass die Krankheit Pellagra – eine Niacinmangelerscheinung – in Afrika erfolgreich mit Kaffee bekämpft werde. Außerdem wirke Kaffee stimmungsaufhellend. Kaffeebefürworter und -gegner konnten letzt-

[79] Sieg auf der ganzen Linie, in: Hamburger Abendblatt vom 6. 6. 1984.

[80] Zu allen hier und im Weiteren aufgeführten Beispielen vgl. „Die halbe und die ganze Wahrheit über die Kaffeebohne". Zur physiologischen und psychologischen Wirkung des Genussmittels Kaffee – Auszüge aus den Aufzeichnungen eines Kaffee-Colloquiums der Nestlé Erzeugnisse GmbH am 6.Mai 1980 in München unter der Leitung von Dr. med. Antje Schaeffer-Kühnemann (Moderatorin der Fernseh-Sendung „Die Sprechstunde"), Serie, in: Kaffee- und Tee-Markt, Heft 11 vom 4. 6. 1980, S. 14–20, bis Heft 14 vom 21. 7. 1980, S. 5–8.

lich die passenden Argumente auswählen. Nebenbei schürten die Kaffeeröster als Hersteller von Röst- oder Schonkaffees entsprechend ihrem jeweiligen Verkaufsinteresse die Diskussion.

Die Kaffeeindustrie offerierte ein breites Angebot an „bekömmlichen", reizgeminderten Kaffees. Entcoffeinierte oder auch teil-entcoffeinierte Kaffees wandten sich an Menschen mit Herz- und Kreislaufbeschwerden und Schlafstörungen. Andere Sorten, die mit den Bezeichnungen „mild" und „reizarm" warben, richteten sich an Menschen mit Magen-, Darm- und Gallenbeschwerden oder mit Angst vor diesen Leiden. Da die verwendeten Begrifflichkeiten nicht geschützt waren, wussten oft nur die Hersteller, worin die behauptete Reizarmut bestand. Neben diesen behandelten Kaffees boten die Hersteller auch „naturmilde" Kaffees an, die durch ihre Herkunft und Züchtung der Bohnen einen milden Charakter aufwiesen.[81]

Bei den Verbrauchern erfreuten sich die bekömmlichen Kaffeesorten großer Beliebtheit. Damit folgten die Kaffeetrinker einem allgemeinen Verbrauchstrend, der Raucher zu leichten Marken greifen ließ, Konsumenten von Erfrischungsgetränken zu kalorienreduzierten Produkten und Biertrinker zu alkoholreduziertem Bier. Die Gesundheitswelle spülte die Marktanteile dieser Produkte nach oben. 1988 hatten sich die „naturmilden" Kaffees einen Anteil von 22 Prozent erobert, die entcoffeinierten lagen bei 15 und die reizstoffarmen bei 11 Prozent.[82]

Vom neuen Bewusstsein der Bevölkerung profitierten auch die Hersteller von Kaffee-Ersatz. „Landkaffee ist wieder ‚in'", beschrieb die Zeitschrift „Natürlich und Gesund" im Dezember 1984 den Image-Wandel des Produktes.[83] Der Autor führte diese Entwicklung auf die gesellschaftliche Tendenz zu gesunder Kost zurück, die neben dem Kalorienbewusstsein auch den Wunsch nach natürlichen Produkten wachsen lasse. Das Surrogat feierte sein Comeback hauptsächlich in Form von Instant-Produkten, die nun den Ersatzkaffee-Markt dominierten.

Auf der Suche nach der Jugend

Bereits Ende der 1960er Jahre warnten Kenner der Kaffeebranche vor dem traditionellen Image des Getränks, welches die junge Generation nicht erreichte. In den folgenden Jahren und Jahrzehnten starteten verschiedene Röster Werbe- und Imagekampagnen, die gezielt das Lebensgefühl junger Menschen ansprechen sollten. Die Firma Jacobs warb 1969 mit der „Boutique in Braun" für ihren löslichen Kaffee. „Die Jacobs Moccapress Boutique in Braun schenkt 10 000 Frauen entzückend braune Herbstmode",[84] offerierte der Röster und verloste modische Wildledermäntel, Hosenanzüge, flotte Taschen und Schlapphüte in der „kaffeebraunen" Modefarbe.[85] Auch in der weiteren Werbung für den Pulverkaffee setzte Jacobs auf die Verbindung zwischen jungen Frauen, aktueller Mode und jugendlicher Aufmachung.

[81] Vgl. Was sind eigentlich Schonkaffees?, in: contact deutschland, 2/1985, S. 15.
[82] Axel Springer Verlag: Kaffee, Tee, Kakao, 1990, S. 35.
[83] Landkaffee ist wieder „in", in: Natürlich und Gesund vom Dezember 1984.
[84] Anzeige in: Der Kontakt, 9/1969, S. 16–17, Historisches Archiv Mondelez International.
[85] Vgl. Die Jacobs Moccapress Boutique in Braun, in: Der Kontakt, 9/1969, S. 15–18, Historisches Archiv Mondelez International.

Abb. 52, 53 und 54: Die Kaffeewerbung versuchte, gezielt die Jugend anzusprechen. „Jeans Coffee – Heiße Bohne" von der Edeka-Eigenmarke Hanseaten-Kaffee; Werbung für die Marke Mocca-Press und Jacobs Junior von Jacobs.

Während sich Instant-Getränke bei Jugendlichen tatsächlich einer gewissen Beliebtheit erfreuten, gelang es den Herstellern der Röstkaffeesorten nicht, die heranwachsende Generation anzusprechen, obwohl sie mit großen Kampagnen ihre Zielgruppe zu erreichen versuchten. Eduscho verloste im April 70 000 Freikarten für die „Star-Show '77", eine in mehreren Großstädten durchgeführte Musikveranstaltung mit den populären Pop-Gruppen Slade, Rubettes, Pussycat und Supermax. Zu gewinnen gab es außerdem „7000 heiße LP's für junge Leute", und der Kaffeehändler verkaufte gleichzeitig das Buch „Star Szene '77 – 1000 internationale Top-Stars von A-Z, präsentiert von Ilja Richter", für 8,95 DM in seinen Filialen.[86] Die Edeka-Marke Hanseatenkaffee setzte auf eine betont sexy Aufmachung des von ihr feilgebotenen „Jeans-Coffee". Eine junge Frau – da der Kopf außerhalb des Bildausschnittes lag, vor allem durch die knallroten Fingernägel erkennbar – offerierte eine Kaffee-Packung mit dem doppeldeutigen Zusatz „Heiße Bohne" auf Höhe ihres Schoßes. Das Design der Verpackung selbst – Jeansstoff, der mit einem teilweise geöffneten Reisverschluss versehen war, aus dem braune Kaffeebohnen quollen – unterstrich die sexuelle Aufladung der Anzeige.

Das jugendliche Gewand des altmodisch geltenden Getränks war nicht unbedingt glaubwürdig. Auch andere Ideen machten das Traditionsgetränk für die anvisierte Zielgruppe kaum attraktiv. So scheiterte 1975 der Versuch von Jacobs, mit einer neuen Kreation den „Kaffeetrinker von morgen" zu erreichen: Jacobs Junior, eine Instant-Mischung aus Kaffee und Kakao, konnte trotz zielgruppenorientierter Werbung die Jungkonsumenten nicht überzeugen.[87]

Erstmals im Jahr 1988 schien einem Produkt der Durchbruch zur Jugend zu gelingen. Die Kampagne für das Produkt „Swing" aus dem Hause Jacobs trug alle Anzeichen einer Erfolgsstory: Der poppig aufgemachte Kaffee mit kräftigem Geschmack, der mit dem Zusatz „Der freche Kaffee" und dem ebenfalls „frechen" Protagonisten „Hubert" beworben wurde, erreichte innerhalb kürzester Zeit eine

[86] Werbeflugschrift von Eduscho, April 1977, Historisches Archiv Mondelez International, Archiv HAG, HAG Tchibo/Eduscho/VF (1974–1978).

[87] Neues Produkt für den Kaffeetrinker von morgen, in: Kontakt, 11/1975, S. 17, Historisches Archiv Mondelez International.

Abb. 55: Jacobs gab der Jugend ein Recht auf Frechheit: Protagonist „Hubert" in einem Werbespot der Firma Jacobs für „Swing".

Markenbekanntheit von 50 Prozent.[88] Die Zeitschrift „Lebensmittel-Praxis" kürte das Produkt im Juli 1988 zum „erfolgreichsten neuen Produkt in den Regalen des Handels".[89] Mit einem Werbeaufwand von knapp elf Millionen Mark und einem Arsenal von Accessoires, wie Thermosflaschen, Kaffeegeschirr und aufblasbaren Badeinseln im „Swing-Design", wollte die Firma Jacobs ein Gegengewicht zu der von Meinungsforschern festgestellten konservativen Ausstrahlung ihres Produktsortiments setzen.[90] Der Erfolg war allerdings nicht von langer Dauer. Als die Intensität der Werbekampagne nachließ, brachen die Absatzzahlen ein. „Swing gibt es noch – sonst lässt sich nichts dazu sagen",[91] bilanzierte die Marketingabteilung der Firma einige Jahre nach der Markteinführung.

Der Grund, warum die Kaffeewerbung bei den Jugendlichen auf wenig Resonanz stieß, lag vermutlich in der traditionellen Aufladung und der Assoziation des heißen Getränkes mit der Wärme des Familienlebens. Das Genussmittel stand gerade für jene Werte, gegen die sich die jungen Menschen abzugrenzen suchten. In der Entwicklungsphase, in der die Heranwachsenden gegen Traditionen und Normen der Elternhäuser rebellierten, lehnten sie auch das Getränk ab, das diese Werte verkörperte.

Das Problem, die Jugendlichen mit den Werbebotschaften nicht erreichen zu können, löste sich in gewisser Hinsicht dadurch, dass diese älter wurden und einen erstaunlichen Wandlungsprozess durchmachten:

„Wenn die Kids groß genug sind, um die Familie zu verlassen, wenn sie in ihre erste Studentenbude ziehen oder in eine WG, dann kaufen sie genau den gleichen Kaffee [wie ihre Eltern]. Bei keinem anderen Produkt gibt es ein solch **traditionelles Verhalten** wie beim Kaffee. Es geht um das Gefühl, etwas mitgenommen zu haben. Jede Tasse Kaffee, die alleine

88 Kaffeemarkt – Mit Schwung aus der Krise, in: Copy, Heft 20 vom 17. 10. 1988, S. 36f.
89 Zit. n. ebd., S. 37.
90 Weg vom Oma-Image, in: Wirtschaftswoche vom 14. 8. 1987.
91 Zit. n. Jacobs: Kaffee – Sehnsucht nach innerer Wärme, S. 387.

getrunken wird, wird mit dem **Familienleben** assoziiert. Ein Getränk wird zur nostalgischen Ersatzhandlung."[92]

Auch jenseits der Suche nach der verlorenen Jugend forschten die Röster beständig nach neuen Zielgruppen und Strategien, um im harten Wettbewerb Marktanteile zu gewinnen. Ein Weg, den die beiden Filialisten Tchibo und Eduscho beschritten, war die Diversifizierung ihres Angebotes.

Surfbretter, Kaffee und Sex-Shops

Um die Käufer zum Erwerb ihrer Waren anzuregen, hatten Händler bereits in der ersten Hälfte des 20. Jahrhunderts sogenannte Zugaben entdeckt. 1932 schob der Gesetzgeber der Konkurrenz mit den meist kostenlosen Extras einen Riegel vor: Das Gesetz über das Zugabewesen, welches bis 2001 in Kraft blieb, verbot neben einer Ware oder Leistung eine zusätzliche Ware oder Leistung als Zugabe anzubieten, auch wenn für sie ein geringfügiges, offenbar nur zum Schein verlangtes Entgelt erhoben wurde.[93] Die Verordnung nannte mehrere Ausnahmen, etwa Reklamegegenstände von geringem Wert oder handelsübliche Zubehöre zur Ware. Kaffeehersteller boten ihr Produkt traditionell zu besonderen Gelegenheiten mit schönen Umhüllungen an, wie z. B. eigens entwickelten Festtags-Schmuckdosen zu Weihnachten, und umgingen damit das Verbot, da es sich bei diesen zusätzlichen Kaufanreizen um Verpackungen – sprich: handelsübliches Zubehör – handelte. Die Dosen brachten den Röstern zusätzlichen Umsatz im Feiertagsgeschäft:

> „Die Rösterbranche vertraute immer auf die Zugkraft der Schmuckdosen als Geschenkverpackungen. Denn sie ließ den Inhalt auch als Festgeschenk geeignet werden."[94]

Als der Kaffeehandel nach dem Zweiten Weltkrieg wieder in Schwung kam, versuchten verschiedene Firmen, sich durch kostenlose Extras gegenüber der Konkurrenz abzusetzen und kamen dadurch in Konflikt mit den Behörden. Die Streitigkeiten um die lockenden Zugaben beim Kaffeeverkauf beschäftigten die Gerichte in den 1950er und 1960er Jahren immer wieder. Da untersagt war, nicht mit dem Produkt in Beziehung stehende Gegenstände – wie etwa Handtücher – beizugeben, gestalteten einige findige Kaffeehändler diese zu Kaffeeverpackungen um und verkauften ihre Bohnen in umgenähten Taschen-, Geschirr- oder Handtücherverpackungen. Die Käufer konnten diese Kaffeebeutel durch Auftrennen einer Naht schnell in Haushaltswäschestücke verwandeln.

In den 1960er Jahren zeichnete sich besonders Tchibo durch neue Ideen für Verpackungs-Beigaben aus. Statt altertümliche Blechdosen benutzte die Firma moderne Plastikbehälter oder packte Bohnen in ein Gefäß, das als Trinkbecher weiter verwendet werden konnte.[95] Gerade die zur Kaffeeaufbewahrung gedach-

[92] Ebd., hier S. 390 f. Hervorhebungen im Original.
[93] Deutsche Zugabeverordnung vom 9. 3. 1932, Reichsgesetzblatt I, 1932, S. 121; http://transpatent.com/gesetze/zugabev.html (25. 5. 2010).
[94] Kaffee- und Tee-Markt, Heft 21 vom 8. 11. 1963, S. 5.
[95] Kaffee- und Tee-Markt, Heft 16 vom 29. 6. 1963, S. 29.

Abb. 56: Verkaufspraxis in den 1950ern: Kaffee im Taschentuch-, Geschirrtuch- oder Serviettentuchbeutel oder in der Klarsichtdose

ten Klarsichtdosen waren sehr begehrt. Der Kaffeeexperte und langjährige Chefredakteur der Zeitschrift „Kaffee- und Tee-Markt" Klaus Argenton erinnerte sich:

„[...] das waren solche, wo ein Pfund Kaffee reinpasste, eine Klarsicht-Plastikdose mit einem Plastikdeckel, und wenn man die mit so'm Klebeband verschloss, dann war der Kaffee da drin gut aufgehoben [...]. Nun wurden solche Dosen auch ohne Kaffee verkauft und die waren dann wesentlich teurer, denn damals war das noch ein relativ teurer Artikel. Und er [Tchibo-Chef Herz] gab eben den zu [...]. Allerdings wenn sie [die Hausfrauen] solche schöne Klarsichtdosen haben wollten, dann mussten sie gleich 'n ganzes Pfund nehmen. Und das war damals durchaus nicht üblich."[96]

Neben solchen kostenlosen Extras bot Tchibo in den Filialen immer mehr zusätzliche Artikel an und baute neben dem Kaffeeverkauf ein weiteres Sortiment auf. Durch Aktionsangebote sollten Käufer in die Geschäfte gelockt werden: Die Filialen der Hamburger Firma boten nun zu günstigen Preisen Plastikschüsseln, Strandtaschen und Platzsets an. Diese Praktiken, die vom Mitbewerber Eduscho kopiert wurden, verschafften den beiden Kaffeefirmen zahlreiche Anfeindungen.

Waren zuerst nur die Konkurrenten in der eigenen Branche verärgert, machten sich die Filialisten immer mehr Einzelhändler zu Feinden. 1973 eskalierte der Streit zum ersten Mal, als Tchibo die Buchhändler verprellte, weil die Kaffeefirma das beliebte Kochbuch „Kochen heute" des Verlags Gräfe und Unzer unter der Bedingung, dass die Käufer gleichzeitig ein Pfund Kaffee zum Preis von 7,90 DM erwarben, zum Schleuderpreis von 8,05 DM anbot. Genau das gleiche Buch hatte der Münchener Verlag bislang für 55 DM verkauft. Die Buchhändler liefen Sturm und drohten auch dem Verlag Konsequenzen an. Der Hamburger Buchhändler Günther Christiansen, Mitglied im Sortimentsausschuss des Börsenvereins des Deutschen Buchhandels, beschrieb die Empörung unter den Buchhändlern:

„Natürlich trifft jeder Buchhändler seine Entscheidung selbst, aber daß der Verlag umsatzmäßig einiges merken wird, ist klar. Wir haben Gräfe-und-Unzer-Bücher aus dem Fenster und von der Kasse weggenommen, empfohlen werden sie auch nicht. Kollegen haben mir sogar gesagt, daß sie den nächsten Gräfe-und-Unzer-Vertreter aus dem Laden schmeißen."[97]

[96] Interview mit Klaus Argenton, Dorothee Wierling (Interviewerin), Hamburg 7. 5. 2005, Transkript S. 110f., Werkstatt der Erinnerung, FZH/WdE 734.
[97] Ein Pfund Kaffee und ein Buch, bitte!, in: Die Welt vom 9. 12. 1973.

Abb. 57: Die Bundesrepublik im Fußball-Fieber: Neben 13 Verlagen warb auch Kaffeeröster Eduscho mit einem WM-Buch um die Gunst der Fans. Innerhalb weniger Stunden war die erste Lieferung in den Kaffeefilialen bereits vergriffen, obwohl die Bücher nur als Koppelgeschäft mit einem Pfund Kaffee zusammen erhältlich waren.

Im Jahr darauf folgte der nächste Coup, als Eduscho zur Fußball-Weltmeisterschaft 1974 ein Buch von Franz Beckenbauer veröffentlichte.[98] 1977 verkaufte der Bremer Filialist Hildegard Knefs Bestseller „Der geschenkte Gaul" zum Preis von 7,95 DM als Lockmittel für die Kunden.[99] Zu diesem Zeitpunkt hatten die beiden Großröster nicht nur die Buchhändler verprellt. Mit ihren Billig-Angeboten waren sie in neue Sparten vorgedrungen. Noch scheiterten die Offensiven mitunter an gerichtlichen Verfügungen, z. B. als Tchibo 1975 mit dem Plagiat einer bekannten Uhr im Porsche-Design für 18,95 DM aufwartete, die im Original 670 DM kostete.[100] Doch die Gerichtsbeschlüsse stellten keinen längerfristigen Hinderungsgrund dar. Bei weiteren Billigkopien bekannter Produkte von Rolex, WMF und anderen Firmen spielte die Zeit den Kaffeeröstern in die Hände: Zwar erwirkten die Hersteller der Originale in den meisten Fällen ein Verkaufsverbot wegen „Irreführung der Verbraucher", doch ehe der Richterspruch wirksam wurde, hatten die Kaffee-Filialisten ihre Waren längst unter die Leute gebracht.[101]

Auch sonst gab es in der Geschäftstätigkeit mit den Produkten aus dem Nicht-Kaffee-Bereich kein Halten mehr: Die Kaffeehändler verkauften in ihren Filialen alles vom Frühstücksbrettchen bis zum Videorecorder. Sogar Surfbretter, Tennisschläger und Fahrräder wurden in Mengen umgeschlagen, von denen der Einzelhandel nur träumen konnte. Als Tchibo das „Sea-Runner"-Surfbrett für immerhin 1145 DM anbot, verkaufte die Kaffeefirma in eineinhalb Wochen etwa 4000 Bretter. Dies waren etwa zehn Prozent dessen, was Warenhäuser und Fachgeschäfte in einem Jahr absetzten.[102]

[98] Vgl. hierzu die Dokumentation im Archiv HAG, Tchibo/Eduscho/VF (1974–1978), Historisches Archiv Mondelez International.
[99] Buchmarkt: Knef zum Kaffee, in: Der Spiegel vom 2. 5. 1977, S. 174.
[100] Kaffee-Uhren, in: Der Spiegel vom 3. 11. 1975, S. 102.
[101] Alles dran, in: Der Spiegel vom 10. 5. 1982, S. 110 f.
[102] Blech und Plastik, in: Der Spiegel vom 27. 6. 1983, S. 56–59.

Abb. 58: Karikatur: „Haben Sie auch Kaffee?" (1977)

„Haben Sie auch Kaffee?"

Die Kunden hatten offensichtlich das Gefühl, ein gutes Geschäft gemacht zu haben. Manche Angebote waren allerdings nicht so günstig, wie sie schienen. „Ein vergleichbares Brett" zu dem im Volksmund „Kaffeebrett" genannten Surfboard „kostet bei uns 860 Mark", betonte ein verärgerter Kölner Fachhändler[103] Für die Filialisten waren die Zusatzprodukte in jedem Fall ein gutes Geschäft, wie Tchibo-Firmenchef Herz in der Fernsehsendung „Plus – Minus" am 2. September 1976 betonte:

> „Wir produzieren diese Zusatzartikel in sehr großen Stückzahlen, wir kalkulieren sie genauso wie den Kaffee, und wir verkaufen sie in keinem Falle mit Verlust. Das ist eine ganz eindeutige Sache."[104]

Den Kaffeehändlern gelang es, ihre Waren als einzigartige Gelegenheiten anzubieten und bei den Kunden den Eindruck zu erwecken, ein gutes Produkt zu einem sehr günstigen Preis erworben zu haben. Das erweiterte Sortiment erwies sich nicht nur als Lockmittel für Kaffeekunden, sondern bescherte den Unternehmen gute Gewinne. Aus dem Akt der Verkaufsförderung war mittlerweile ein Akt der Diversifikation geworden. In der ersten Hälfte der 1980er Jahre brachten die Nebengeschäfte bereits ein Viertel des Tchibo-Umsatzes ein. Aufgrund höherer Handelsspannen trugen die Zusatzartikel mehr zum Gewinn bei als Kaffee.[105]

[103] Ebd., S. 58.

[104] Berichtigte Wiedergabe der Bandaufnahme für eine Fernsehsendung über Kaffee in „Plus – Minus" am 2. 9. 1976, S. 4, Archiv des Deutschen Kaffeeverbandes, DKV ZA 1977.

[105] Ebd., S. 57.

1982 schlugen die verärgerten Einzelhändler zurück. Sie kauften in großen Mengen Kaffee und boten diesen in ihren Geschäften weit unter dem üblichen Preis an. Fahrradhändler, Juweliere und andere Fachhändler verkauften zentnerweise Kaffee. Der Fahrradhändler Klaus Martin Menkoff, der den Protest initiiert hatte, wünschte „allen Kaffeeverkäuferinnen viel Spaß beim exakten Justieren der Kettenschaltung“[106] und setzte in nur drei Tagen 5000 Pakete Kaffee ab.[107] Da Eduscho und Tchibo nicht über den Großhandel vertrieben, kaufte der Fahrradhändler „Jacobs Krönung“ ein, die er für zwei Mark unter dem bundesweit üblichen Preis anbot, obwohl sich die Aktion gegen die von Tchibo und Eduscho ausgeübten Praktiken richtete. Auch andere Geschäfte wichen auf Jacobs-Kaffee aus und verwischten damit die Stoßrichtung ihres Protestes gegen die Kaffee-Filialisten.

Trotzdem kam die Aktion der Fach- und Einzelhändler in der Öffentlichkeit gut an, und es beteiligten sich immer mehr Geschäfte. Die „Westdeutsche Zeitung“ meldete unter der Überschrift „Das ist die Krönung: Kaffee im Sexshop!“ am 23. Juli 1982, dass die braunen Bohnen nun auch zwischen Dessous, Sex-Ratgebern und Dildos angeboten würden:

> „Einige 500-Gramm-Packungen der besten Sorte lagen sozusagen als Krönung zwischen den üblichen Sexualhygiene-Artikeln im Schaufenster mitten in der Gladbacher Fußgängerzone. Und der Preis war wunderbar: Nur 7,50 Mark für das Pfund. In fünf Tagen war der ganze Vorrat von mehr als drei Zentnern ausverkauft.“[108]

Den preisreduzierten Markenkaffee gab es auch in den Beate-Uhse-Shops in Hamburg, Frankfurt und Dortmund, die sich ebenfalls mit jeweils drei bis vier Zentnern bevorratet hatten.

So spektakulär die Aktionen der Händler waren, letzten Endes beeindruckten sie die beiden Filialisten wenig. Diese bauten ihr Sortiment immer mehr aus. Unter dem Motto „Jede Woche eine neue Welt“ hatte Tchibo im Jahr 2010, wöchentlich wechselnd, etwa 2000 Produkte in seinem Angebot.[109] Neben den Gebrauchsartikeln offerierte die Kaffeefirma inzwischen auch Reisen, Finanzdienstleistungen und Mobilfunk. Statistisch gesehen, besaß 2006 jede deutsche Frau einen Tchibo-BH, und in jedem zweiten Haushalt stand ein Tchibo-Spargeltopf.[110] „Tchibo prägt die Alltagskultur mehr als alle Filme, Popstars und schwedischen Möbelhäuser zusammen. Tchibo uniformiert das Land“,[111] urteilte die „Süddeutsche Zeitung“ 2006 und wies darauf hin, wie präsent die Artikel der Kaffeefirma in deutschen Küchen oder bei Kinderbekleidung seien. Viele Men-

[106] Händler schlagen zurück, in: Frankfurter Rundschau vom 7. 5. 1982.

[107] Alles dran, in: Der Spiegel vom 10. 5. 1982, S. 110f.

[108] Das ist die Krönung: Kaffee im Sex-Shop!, in: Westdeutsche Zeitung vom 23. 7. 1982. Die im Text enthaltenen Anspielungen auf die Marke Krönung von Jacobs sind dabei zwar irreführend, da die Aktion sich gegen die von Tchibo und Eduscho ausgeübten Praktiken richtete. Tatsächlich wurde jedoch wirklich Kaffee von Jacobs verkauft, da Tchibo und Eduscho Kaffee in der Regel nicht an Weiterverkäufer abgaben.

[109] http://www.tchibo.com/content/311850/-/de/sortiment/produkte/wochenwelt.html (19. 5. 2010). Eduscho wurde 1997 von Tchibo übernommen.

[110] Das Phänomen Tchibo. Jede Woche eine neue Uniform, in: Süddeutsche Zeitung vom 1. 9. 2006.

[111] Ebd.

schen orientierten sich beim Kauf mehr an den Schnäppchen-Angeboten der Tchibo-Filialen als an ihrem tatsächlichen Bedarf. Diese gängige Konsumpraxis freute die Marketing-Abteilung, die in einer Präsentation eine junge Frau zitierte:

„Ich habe heute Kinderwäsche gekauft, die ist wunderschön und wirklich günstig. Und das Witzige ist: Ich habe gar keine Kinder."[112]

Während die Großröster Tchibo und Eduscho mit den Schnäppchen Erfolge feierten, gelang der Firma Jacobs die Inszenierung einer neuen Kaffee-Saga.

Karin Sommer: „Mühe allein genügt nicht"

Nachdem der „Tchibo-Kaffee-Experte" in den 1960er Jahren so erfolgreich war, schuf 1972 Tchibo-Gegenspieler Jacobs ebenfalls eine Figur, die zur Kaffee-Legende wurde. Karin Sommer warb von nun an für Jacobs-Kaffee allgemein, vor allem aber für die Star-Marke „Krönung". Mit großem Erfolg verkörperte sie Natürlichkeit, Ehrlichkeit und Kompetenz. Sie konnte nicht nur hervorragenden Kaffee kochen, sondern war auch eine fachkundige Ratgeberin in Fragen der familiären Harmonie. Die Firma selbst beurteilte die Werbung als „eine der erfolgreichsten Werbekampagnen [...], die jemals in Deutschland gestartet wurden".[113]

Die von der Werbeagentur J. W. Thompson gestaltete Kampagne wollte Konsumanlässe prägen, zu denen Jacobs-Kaffee getrunken wurde und mit denen die Marke sofort assoziiert werden konnte.[114] Mit großem Erfolg zeigte die Jacobs-Werbung Situationen, die den Albtraum jeder Verbraucherin darstellten: Die Hausfrau servierte Kaffee, der den Gästen oder dem Ehemann nicht schmeckte. Die Hälfte der Tasse blieb ungetrunken stehen. Karin Sommer rettete die Situation durch ein Päckchen „Jacobs Krönung".

Mann und Frau beim Morgenessen
MANN: Dein Kaffee schmeckt mir nicht. Ich trinke lieber den im Büro.
FRAU: Ja aber...
MANN: Tschüss.
Frau mit Karin Sommer in der Küche.
FRAU: Und dabei geb ich mir doch so viel Mühe.
SOMMER: Das alleine genügt nicht.
FRAU: Wie?
SOMMER: Deinem Kaffee fehlt einfach das ganze Aroma. Hier: Probier doch mal meinen Jacobs Kaffee.
SPRECHER AUS DEM OFF:
Jacobs Kaffee. Da schmeckt man das ganze Aroma. Wunderbar!
Mann und Frau beim Morgenessen
MANN: Siehste, das ist ein Kaffee! Der schmeckt![115]

[112] Zit. n. ebd.
[113] Sauerbier: 100 Jahre Jacobs Café, S. 61.
[114] Vgl. Wolfgang Hars: Lurchi, Klementine & Co. Unsere Reklamehelden und ihre Geschichten, Berlin 2000, S. 157.
[115] Zit. n. Robert Fayet: Mit dem Verwöhn-Aroma. Das Bild der Frau in der Kaffeewerbung, in: Gabrielle Obrist/Robert Fayet (Hg.): Mein Aroma! ... wunderbar. Motive und Parolen in der Kaffeewerbung, Zürich 1995, S. 19–25, hier S. 23.

Abb. 59: Werbe-Ikone „Karin Sommer" auf der Titelseite der Firmenzeitung von Jacobs „Kontakt", 1973

Der Erfolg der Werbe-Ikone Karin Sommer basierte sicherlich auch auf ihrem Habitus: Obwohl sie Kompetenz bewies, wo andere Frauen scheiterten, gab sie sich nicht überheblich oder besserwisserisch. Sie nahm die Frau mit ihrem Problem ernst, agierte verständnisvoll und absolut solidarisch. Mit ihrem Lieblingssatz „Mühe allein genügt nicht!" bescheinigte sie der verzweifelten Hausfrau, dass diese sich alle Mühe gegeben hatte und das Problem eben nicht in ihrer Person begründet lag, sondern lediglich in der falschen Kaffeesorte. Als gute Freundin gab sie, wo Rat gefragt war, ein ehrliches Feedback und zeigte die Lösung, ohne die Person unter Druck zu setzen oder diese als schlechte Hausfrau abzuqualifizieren. So war sie nicht nur die ideale Ehefrau, sondern auch die ideale Freundin und Beraterin.

Die Werbeleitung suchte die Person, die diese Figur verkörpern sollte, sehr sorgfältig aus. Die Case-Study beurteilte das Fotomodell Xenia Katzenstein als ideale Karin-Sommer-Besetzung:

„Xenia ist vom Gesamteindruck her sehr frisch, natürlich, lustig, fröhlich, patent und kann als problemlos angesehen werden. Sie scheint außerdem der Typ einer jungen, modernen Hausfrau zu sein, die allerdings neben dem Haushalt noch andere Interessen hat. Xenia verkörpert in ihrer Rolle ein höchst unkompliziertes Wesen, das die täglichen kleinen und großen Aufgaben für ihre Familie und ihren Haushalt mit einem Lächeln meistert. Ihr einfaches, natürliches, mit beiden Beinen auf dem Boden stehendes Naturell hilft ihr, mit allen Menschen gut auszukommen. Sie weiß in allen Fragen Rat. Anderen und sich selbst zu helfen ist für sie eine Selbstverständlichkeit. Sie geht für ihre Familie auf, ohne dabei den Charakter des Heimchens zu haben. Überall, wo sie hinkommt, ist sie beliebt, unabhängig vom Alter der sie umgebenden Personen. Sie ist gleichermaßen für Erwachsene wie für Kinder da. Als werbliche Rahmenfigur findet sie Akzeptanz durch ihre absolute Unkompliziertheit und als modernes Idealbild einer heilen Welt. Ihre Bindung zu Jacobs erfährt sie, indem ihr Zuhause – das gemütliche Heim, das sie gestaltet und dem sie seinen Inhalt gibt – ein Zuhause ist, in dem Jacobs-Kaffee die zentrale Funktion der Kommunikation mit der

Familie und mit anderen Menschen in positiv lösender Form zukommt. ‚Daheim mit Jacobs – das ist schön'."[116]

Der Konzern legte großen Wert darauf, die Person Karin Sommer authentisch erscheinen zu lassen. Aus diesem Grund baute er sie zu einer realen Figur auf und versuchte zu kaschieren, dass sie ein Kunstprodukt war. Selbst den Mitarbeitern im eigenen Hause wurde eine echte lebende Protagonistin vorgegaukelt. In einem „Interview" der Mitarbeiter-Zeitschrift „Kontakt" wurde Karin Sommer mit ihrem Mann Peter und den zwei Kindern Max und Monika als Wesen aus Fleisch und Blut eingeführt:

„*kontakt*: Wie sind Sie zum ‚Film' gekommen?
Karin Sommer: Das war ganz lustig. Eines Tages klingelte es und ein Herr fragte mich, ob ich nicht Lust hätte, mich mit meinem Jacobs Kaffee ein wenig fotografieren und filmen zu lassen. Im ersten Augenblick war ich natürlich ganz verblüfft. Aber dann zeigte er mir ein Foto – und ich ahnte warum. Meine Mutter hatte heimlich, einfach so aus Spaß, an Jacobs geschrieben, daß wir, die ganze Familie – mein Mann, mein Vater und auch die Schwiegereltern –, so begeistert von Jacobs Kaffee sind. Und sie hatte noch ein Foto dazugepackt [...]. Auf diesem Bild muß ich denen wohl gefallen haben [...].
kontakt: Was glauben Sie, warum man gerade Sie für die neuen Jacobs-Anzeigen fotografiert hat?
Karin Sommer: Tja, vielleicht, weil mir Jacobs so gut schmeckt. Ich glaube nämlich, man muß von dem Kaffee richtig begeistert sein, wenn die Fotos überzeugen sollen. So tun, als ob mir der Kaffee unheimlich gut schmeckt, könnte ich nie. Ich bin doch Hausfrau und nicht Fotomodell!"[117]

Die Karin-Sommer-Spots folgten immer noch einem streng konventionellen Rollenverständnis. Das „Verwöhn-Aroma" sollte nicht die Frau oder ihre Freundinnen verwöhnen, sondern den Ehemann, den eine schlechte Tasse Kaffee aus dem Haus trieb. Der Gatte hatte – schon wegen seiner Rolle als Familienernährer und durch seine berufliche Belastung – das Recht auf eine besonders gute Behandlung. Die fürsorgliche Frau sorgte für ihn und die Familie, kaufte ein, bereitete zu und überließ das Urteil über das Zubereitete schließlich ihm.

Damit griff Jacobs eine Werbestrategie auf, die in den USA bereits lange Zeit zum Teil ebenso drastisch wie anschaulich praktiziert wurde. Eine amerikanische Publikation über Kaffeemarketing formulierte die zugrunde liegende Überlegung folgendermaßen:

„Wir können davon ausgehen, dass eine Frau niemals eine Kaffeemarke kaufen würde, wenn sie glaubt, ihr Ehemann und die anderen kaffeetrinkenden Familienmitglieder würden sich über den Kaffee beklagen und vielleicht sogar an ihren Kochkünsten zweifeln."[118]

So könnten Frauen, aber auch Männer, werblich angesprochen werden. Als Vorbild fungierte ein Zeitschrifteninserat der amerikanischen Kaffeefirma Chock Full O'Nuts Coffee. Die Werbung zeigte eine erstaunte Frau mit einer umgestülpten

116 Zit. n. Joachim Kellner/Werner Lippert: Werbefiguren. Geschöpfe der Warenwelt, Düsseldorf/New York 1992, S. 113.
117 Kennen Sie Karin Sommer?, in: Der Kontakt, 8–9/1973, S. 4f., Historisches Archiv Mondelez International.
118 James P. Quinn: Scientific Marketing of Coffee, New York 1960, S. 25, zit. n. Obrist/Fayet (Hg.): Mein Aroma! ... wunderbar, S. 22.

Abb. 60: Werbeanzeige von Chock Full O'Nuts Coffee

Kaffeetasse auf dem Kopf, deren restlicher Inhalt über ihr Gesicht lief. In der Bildüberschrift konnte man den Appell lesen: „Männer! Lasst es nicht so weit kommen! Gewinnt Euren Kampf um eine anständige Tasse Kaffee, ohne die Beherrschung zu verlieren!" Und die Fußzeile lehrte den Betrachter, dass die Frau nur ihre Pflicht erfülle, wenn sie das Recht des Mannes auf eine gute Tasse Kaffee respektierte.[119]

Die amerikanische Werbung vermittelte mit Humor und Ironie die gleiche Botschaft wie der Werbespot mit Karin Sommer. Auch in der deutschen moderateren Version wurde als Aufgabe der Frau vorausgesetzt, den Mann und die Gäste zufrieden zu stellen. Zugleich wurde in wechselnden Dialogen das Versagen der Hausfrau inszeniert, die zwar eine Demütigung durch ihren Mann erfahren hatte, aus dieser Situation jedoch noch relativ unproblematisch von der kompetenten und wohlwollenden Freundin gerettet werden konnte.

Der große Erfolg der Kampagne kann nur damit erklärt werden, dass hier gesellschaftlich tief verankerte Befürchtungen und Sehnsüchte angesprochen wurden. Die jungen Ehefrauen fühlten sich in ihrer Rolle nicht sicher. Die vormals übliche und sonst einen sicheren Handlungsrahmen gewährleistende transgene-

[119] Ebd., S. 22ff.

rationelle Weitergabe von weiblichen Verhaltenskodizes funktionierte nicht mehr. Die Müttergeneration hatte in jungen Jahren während der Kriegs- und Nachkriegszeit einen gänzlich anderen Erfahrungshorizont erworben. Und so war die Retterin auch keine Mutter- oder Großmutterfigur, sondern die souveräne Freundin oder Nachbarin. Den nur indirekt angesprochenen Männern wurde ein einfacher Handlungsrahmen angeboten: Sie durften Fürsorge beanspruchen und gleichzeitig Herr und Richter im Hause sein. Bei Unzufriedenheit konnten sie sich durch schlechte Laune oder Flucht entziehen.

Karin Sommer war 13 Jahre lang die Werbe-Botschafterin von Jacobs. 1985 setzten die Werbeleiter die Figur ab. Karin Sommer passte nicht mehr in die Zeit und zum Selbstbewusstsein der modernen Frauen. Verbraucherinnen reagierten zunehmend mit Ablehnung.[120] Neue Werbebilder waren gefragt.

In den folgenden Jahren löste die „festliche Kaffeerunde“ als Motiv die Identifikationsfigur Karin Sommer ab.[121] Die neue Firmenwerbung von Jacobs inszenierte die Kaffeerunde in verschiedenen Variationen. Berühmt wurde eine Version von 1987, in der Roger Whittaker eine stimmungsvolle Familienweihnachtsfeier musikalisch begleitete.[122]

An den über die Werbung transportierten grundlegenden Botschaften änderte sich dabei nichts. Die vermittelten Werte Gemeinschaft, Geselligkeit und Familie blieben weiterhin zentral.[123] Zunehmend erweiterte der Kaffeekonzern jedoch in den folgenden Jahren sein Werbekonzept. Frecher, jünger, kreativer und selbstbewusster wurden die Protagonisten in den 1990er Jahren und folgten damit dem gesellschaftlichen Trend der Individualisierung und Pluralisierung von Lebensstilen. Gegen Ende der 1990er Jahre schuf Jacobs in der Krönung-Light-Werbung noch einmal eine Werbefigur, die zwar nicht so populär wurde wie Karin Sommer, jedoch in der Zielgruppe der Homosexuellen und darüber hinaus Kultcharakter annahm: Der schwule „Mike“ mit dem Wahlspruch „Typisch Kaffeetante“ wurde nicht nur von der Gay-Community anerkennend aufgenommen.[124]

Mit der Personifizierung gelang es den Kaffeefirmen, die Produkte so im öffentlichen Bewusstsein zu verankern, dass später der bloße Auftritt der Figur genügte, um die Mehrzahl der Betrachter Markennamen und Produkt assoziieren zu lassen. Neben dieser Einprägung in das Konsumentengedächtnis hatten Werbefiguren vor allem zwei Vorteile: Sie verkürzten die Distanz des Verbrauchers zur beworbenen Marke und erhöhten die Identifikationsmöglichkeiten.[125]

Dies galt nicht nur für die fiktionalen Geschöpfe der Werbeindustrie. Neben den beiden Kunstfiguren, dem „Tchibo-Experten“ und Karin Sommer, gab es auch einen echten Kaffee-Onkel in der Werbung: Nicolaus Darboven, der für seinen sanften Idee-Kaffee warb. Zum ersten Mal erschien im Frühjahr 1963 der

120 Kellner/Lippert: 1945 bis 1995, S. 113.
121 Sauerbier: 100 Jahre Jacobs Café, S. 64.
122 http://www.youtube.com/watch?v=8uVP5Fnb-O8 (2.9.2013).
123 Svenja Kunze/Alexander Schug: Jacobs Kaffee ... wunderbar. Eine Bremer Kaffeegeschichte, Bremen 2012, S. 210f.
124 Ebd., S. 212.
125 Gerhard Paul: Das HB-Männchen. Werbefigur des Wirtschaftswunders, in: Zeithistorische Forschungen 4 (2007), S. 84–115, hier S. 100.

Abb. 61: Darboven als personifizierter Kaffee-Onkel rückte über seine erfolgreiche Werbung auch ins Visier der Kritiker.

damals 72-jährige Inhaber der fünftgrößten deutschen Kaffeefirma mit einem Jahresumsatz von 100 Millionen Mark persönlich im Fernsehen, was vor allem bei den über 40-jährigen Frauen gut ankam, die ihm bergeweise Verehrerpost schickten.[126] „Ich danke Ihnen für Ihr freundliches Lächeln“, schrieb eine Frau an Herrn Darboven, und eine andere schmeichelte ihm: „Ich freue mich immer so sehr über Ihren Besuch in meinem Wohnzimmer.“[127] Andere Frauen wurden deutlicher und schickten ihm Heiratsanträge.[128] Die echte Figur überlebte die anderen. Über die Jahrtausendwende hinweg setzte Nachfolger Albert Darboven die Familientradition fort: „Denken Sie, ich engagiere einen Schauspieler, um Ihnen zu erklären, wie gut mein Idee-Kaffee schmeckt? Die Zeit nehme ich mir schon selbst“,[129] erklärte der Hamburger Kaffeehändler, der glaubwürdig als honoriger hanseatischer Kaufmann sich selbst spielte.

Da diese Werbung den ansonsten gesichtslosen großen Kaffeefirmen eine reale Projektionsfigur verlieh, rückte Kaffee-Onkel Darboven jedoch auch als negative

[126] Hars: Lurchi, Klementine & Co, S. 136, und http://www.darboven.com/index.php?id=170 (2. 1. 2010). Hars datiert den Beginn der Werbesendungen auf 1973, während die Firma selbst 1963 dafür angibt.

[127] Warum Herr Darboven im Fernsehen Kaffee trinkt, in: Bild vom 4. 4. 1974.

[128] Der freundliche Herr, der viele Verehrerinnen hat, in: Hamburger Abendblatt vom 7. 4. 1982.

[129] Zit. n. ebd., S. 137.

Personifikation ins Visier von Konzernkritikern. In einem Plakat, welches ungerechte Herstellungs- und Handelsbedingungen kritisierte, stand in großen Lettern: „Über Geschmack läßt sich streiten. Über Ausbeutung nicht! Am Konzernkaffee klebt Blut!" In einer Ecke prangte als Adaption der Werbung für Idee-Kaffee ein Bild von Albert Darboven mit einem abgeänderten Zitat: „Der Garant für die Ausbeutung durch Idee Kaffee bin ich persönlich."[130]

„Blutkaffee" – Solidarität und „fairer" Handel

Immer mehr Verbraucher stellten ihren persönlichen Konsum in einen weltweiten Zusammenhang und fragten kritisch nach den Produktionsbedingungen in den Herkunftsländern des Kaffees und den Begleiterscheinungen des internationalen Kaffeehandels. Das Thema, das Gegenstand von internationalen Auseinandersetzungen und Kaffeeabkommen war,[131] war von einem Teil der Konsumenten aufgegriffen worden. Allerdings begriffen die Kritiker die Probleme des internationalen Kaffeehandels nicht nur im volkswirtschaftlichen Sinne, sondern bezogen die Lebensrealitäten der Kaffeepflanzer und -arbeiter mit ein. Sie überlegten gleichzeitig, wie sie diese Bedingungen durch persönliches Engagement verändern könnten. Solidaritätsgruppen, die Informationsmaterial über ungerechte Herstellungs- und Handelsbedingungen erstellten und in Aktionen darauf aufmerksam machten, knüpften nun eigene alternative Handelsbeziehungen zu den Kaffee produzierenden Ländern.

Der Bezug zur „Dritten Welt" und die Solidarität mit den Befreiungsbewegungen war bereits in den politischen Auseinandersetzungen der sogenannten Studentenunruhen von 1968 eine treibende Kraft gewesen.[132] Obwohl politische Aktionen und Demonstrationen den Schwerpunkt gebildet hatten, waren im Umfeld der Proteste vereinzelt Verkaufsaktionen mit Produkten durchgeführt worden, deren Erzeuger- und Handelsbedingungen als unfair angeprangert wurden. Im November 1968 verkaufte erstmals eine Gruppe deutscher und holländischer Jugendlicher in Iserlohn Rohrzucker, um auf die Ungerechtigkeit der indirekten Subvention des europäischen Rübenzuckers durch Einfuhrbeschränkungen und Zölle aufmerksam zu machen.[133] Im folgenden Jahr veräußerte die Katholische Arbeiterjugend in einigen Städten Kaffee, Schokolade und Reis.[134]

130 Plakat „Über Geschmack läßt sich streiten", o. J., Archiv el rojito.

131 1964 gründete sich beispielsweise die aus der UN entstandene „Konferenz der Vereinten Nationen für Handel und Entwicklung" (engl.: United Nations Conference on Trade and Development, kurz UNCTAD), die die ungerechten Handelsbeziehungen thematisierte. Vgl. UNCTAD: A Brief Historical Overview, Genf 2006, http://www.unctad.org/en/docs/gds20061_en.pdf (27. 5. 2010).

132 Vgl. hierzu Ingo Juchler: Die Studentenbewegungen in den Vereinigten Staaten und der Bundesrepublik Deutschland der sechziger Jahre. Eine Untersuchung hinsichtlich ihrer Beeinflussung durch Befreiungsbewegungen und -theorien aus der Dritten Welt, Berlin 1996, S. 17 u. 82, und Bastian Hein: Die Westdeutschen und die Dritte Welt. Entwicklungspolitik und Entwicklungsdienste zwischen Reform und Revolte 1959–1974, München 2006, S. 139 ff.

133 Ebd., S. 145.

134 Ebd.

In größerem Umfang importierte erstmals die Aktion „Dritte-Welt-Handel" im Herbst 1973 eine größere Menge Kaffee.[135] Die Gruppe, die 1970 von der Arbeitsgemeinschaft der Evangelischen Jugend und dem Bund der Deutschen Katholischen Jugend zur Betreuung entwicklungspolitischer Aktionsgruppen gegründet worden war und aus der später die Dritte-Welt-Läden hervorgingen, orderte 50 000 Kilo Kaffee von einem Genossenschaftsverband indianischer Kleinbauern aus Guatemala.

Die Idee, nicht nur gerechtere Bedingungen für die Kaffeepflanzer zu fordern, sondern sie auch durch eigene Handelsbeziehungen – wenn auch in bescheidenem Umfang – zu realisieren, wurde von immer mehr Gruppen aufgegriffen, die vor allem dem kirchlichen Spektrum entstammten und zahlreiche auch nicht kirchlich gebundene Menschen anzogen. Zusätzlich zu den bestehenden entwicklungspolitisch aktiven kirchlichen Kreisen gründeten sich neue selbständige Aktionsgruppen und Dritte-Welt-Läden, die auf ehrenamtlicher Basis betrieben wurden.

Neben diesen Gruppen, die vor allem aus christlichen und humanitären Motiven handelten, entstand eine politische Solidaritätsbewegung. Die Lateinamerika-Solidaritätsgruppen sympathisierten mit den Befreiungsbewegungen, die sich in diesen Ländern gebildet hatten. Ihre Kritik an der Handels- und Entwicklungspolitik der Bonner Regierung fiel deutlich radikaler aus, als dies bei den anderen Gruppen der Fall war. Die Solidaritätsgruppen kritisierten, dass der in der Bundesrepublik getrunkene Kaffee zu großen Teilen aus Ländern wie El Salvador und Guatemala komme, in denen die Kaffeeproduktion eine wesentliche Ursache von Verelendung und Unterdrückung sei und die ständig wachsende staatliche Repression mit Kaffee finanziert werde.[136] Dabei nahmen sie auch die großen Kaffeekonzerne ins Visier und riefen dazu auf, diese zu boykottieren, weil an deren Kaffee „Blut klebe". Im Juni 1981 organisierten die Lateinamerika-Gruppen eine bundesweite Kaffeeboykott-Aktion.[137] In vielen Städten verteilten die Aktivisten Flugblätter und andere Informationsmaterialien und boten gleichzeitig Kaffee aus dem Sortiment der Dritte-Welt-Läden an. In Hamburg marschierten Demonstranten auf den Sandtorquai im Freihafen, in dessen Umgebung sich viele bedeutende Kaffeefirmen und auch der deutsche Kaffeeverband angesiedelt hatten.[138] Der Kaffeeverband, der bundesweit seine Gegeninformation auf Hochglanzpapier verteilte, beobachtete die Aktionen mit großer Sorge.[139]

Die Lateinamerika-Gruppen organisierten auch eine Solidaritätsbewegung für Nicaragua, dessen Diktator Anastasio Somoza 1979 durch die sandinistische Revolution gestürzt worden war. Im Rahmen von „internationalen Arbeitsbrigaden" reisten ab 1982 zahlreiche Menschen in das lateinamerikanische Revolutionsland, um den neuen Staat zu unterstützen, der vor allem wegen der Anfeindung aus

[135] Kurznotizen, in: Kaffee- und Tee-Markt, Heft 21 vom 5. 11. 1973.

[136] „Alles frisch?", in: taz vom 20. 11. 1981.

[137] Ebd.

[138] Interview mit Klaus Argenton, Dorothee Wierling (Interviewerin), Hamburg 7. 5. 2005, Transkript S. 81, Werkstatt der Erinnerung, FZH/WdE 734.

[139] Ebd.; vgl. auch „Alles frisch?", in: taz vom 20. 11. 1981.

Abb. 62: Die El-Salvador-Solidaritätsgruppe in Münster gestaltete einen Werbeaufkleber von Tchibo um. Die Kaffeefirma hatte im September 1981 ihre runden Abziehfolien mit der Aufschrift „Alles frisch!“ verteilt. Wer mit einem solchen Aufkleber auf seinem Auto gesehen wurde, nahm an einer Verlosung teil und hatte damit die Chance, als Hauptpreis einen von 20 VW-Golfs zu gewinnen – schon bald klebte auf jedem 10. Auto ein „Alles frisch!“-Aufkleber. Die Solidaritätsgruppe nutzte diese hohe mediale Aufmerksamkeit, um ihre eigene Botschaft zu transportieren.

Nordamerika in massiven Schwierigkeiten steckte. Die von den USA organisierte und finanzierte Contra-Armee richtete nicht nur durch militärische Angriffe direkt schwere Schäden an, sondern auch indirekt, indem viele nicaraguanische Bürger, die zu deren Abwehr zum Militär eingezogen wurden, als Arbeitskräfte – z. B. auf den Kaffeeplantagen – fehlten. Auch sollen Contras gezielt Kaffeeplantagen angegriffen und die Ernte vernichtet haben.[140] Um Abhilfe zu schaffen und zugleich mit den Erfahrungsberichten aus Zentralamerika in der Bundesrepublik für Solidarität zu werben, fuhren westdeutsche Aktivisten als Arbeitsbrigadisten in das zentralamerikanische Land, um dort Kaffee zu pflücken.[141] Die Arbeitsbrigaden kamen aus vielen Ländern. Auch die DDR, die die sandinistische Revolutionsregierung unterstützte, entsandte FDJ-Gruppen, die in Nicaragua bei der Kaffeeernte halfen.[142]

Neben Informationskampagnen und der Unterstützung der Arbeitsbrigaden begannen einzelne Gruppen der Lateinamerika-Solidarität mit dem eigenen Import von Kaffee. Daraus entstanden schließlich kleine Kaffeefirmen, wie El rojito, Venceremos, Liberación und Ökotopia, die auf kollektiven Strukturen mit einem

140 Kaffeebrigaden für Nicaragua, in: taz vom 11. 10. 1986.

141 „Wir pflücken schon mehr als die Nicas“. Marielouise Janssen-Jurreit über den Revolutions-Tourismus deutscher Linker nach Mittelamerika, in: Der Spiegel vom 30. 1. 1984, S. 113–116.

142 Jugendliche aus 22 Ländern in Nikaragua bei der Kaffee-Ernte, in: Neues Deutschland vom 4. 2. 1988; FDJler zur Ernte nach Nikaragua, in: Junge Welt vom 6. 12. 1988.

Abb. 63: Plakat einer Lateinamerika-Solidaritätsgruppe, die sich für einen „fairen" Kaffeehandel einsetzte

hohen Anteil von ehrenamtlichem Engagement beruhten.[143] Die Werbung für einen „fairen" Kaffeehandel gab sich kämpferisch und betonte den neuen Ansatz mit viel revolutionärer Symbolik, wie roten Sternen oder einer Kaffeekanne, die die Faust erhob.

Vor allem Nicaragua eignete sich als Herkunftsland und Handelspartner für den Einkauf von Bohnen zu einem gerechten Preis. Die Qualität allerdings setzte in den Anfangsjahren den Geschmacksnerven und Magenschleimhäuten der solidarischen Kaffeetrinker arg zu.

Die linke „tageszeitung", die für den „Nica-Kaffee" warb und ihn zudem in der eigenen Betriebskantine ausschenkte, beschäftigte sich im Mai 1988 in einer Kolumne mit dem Zwiespalt zwischen eigenem Wohlergehen und internationaler Solidarität:

„Schon wieder Streit in der taz: ‚Mein Magen' jammerten die einen, ‚Contra-Schweine', schimpften die anderen. Was ist passiert? Einigen altgedienten tazlern stößt das Antriebs- und Schmiermittel, der täglich in horrenden Mengen getrunkene Nicaragua-Kaffee, mittlerweile sauer auf. Eine im Konferenzraum aushängende Unterschriftsliste fordert die Umstellung auf magenschonenden Kaffee. Ist das persönliche Wohlergehen wichtiger als die internationale Solidarität? Sicher, meint die Lobby der lädierten Magenschleimhäute. Was soll einem die Welt-Revolution, wenn man schmerzverkrümmt am Arbeitsplatz hockt und der Horizont auf Feierabend und Kamillentee zusammenschrumpft. Warum das Revoluz-

143 Peter Hadwiger/Jochen Hippler/Helmut Lotz: Kaffee. Gewohnheit und Konsequenz, St. Gallen/Berlin/São Paulo 1989, S. 99.

Abb. 64: Karikatur Detlef Surreys: „Emil"

zer-Gebräu so bitter schmecken muß, dürfte selbst von plantagenbewährten Sandino-Komitees kaum zu begründen sein. Das haben wir gern: die Welt verbessern wollen, aber nicht mal akzeptablen Kaffee hinkriegen. Südamerika scharf gebrannt, ja bitte, aber die taz-Kantine bedarf der milden Sorte. Wir fordern: Schluß mit dem kalten Kaffee-Krieg!"[144]

Der mit viel Sarkasmus verfasste Artikel hatte internationale Folgen. Über die Nachrichtenagentur dpa gelangte die Meldung nach Nicaragua und wurde dort von der Zeitung der rechten Opposition aufgegriffen: „Was ist denn mit dem Kaffee los? Die Deutschen beklagen sich",[145] stand in „La Prensa" zu lesen. Die flapsigen Klagen der westdeutschen Zeitungs-Linken wurden von den revolutionären Sandinisten sehr irritiert aufgenommen und einzelne Äußerungen als Affront gewertet. Sie reagierten schnell und luden den taz-Korrespondenten ins Büro der staatlichen Kaffeeorganisation ENCAFE ein. Schließlich war die Bundesrepublik der wichtigste Käufer nicaraguanischer Bohnen.[146] Allerdings war der alternative Markt noch sehr klein und der Hauptanteil floss über den kommerziellen Kaffeehandel nach Westdeutschland.

Trotz des Engagements für die alternativen Handelsbeziehungen waren den Protagonisten aus Kirchen, Dritte-Welt-Läden, Aktionsgruppen und Lateinamerika-Solidaritätsbewegung die Grenzen ihres Konzeptes deutlich. Das kleine Segment des „fairen" Handels bot nur punktuell eine Alternative zu den herkömmlichen Strukturen und änderte nichts an den Machtverhältnissen des Welthandels.[147] Der Schwerpunkt lag in der Aufklärung:

„Kaffee ist eine politische und eine pädagogische Ware, die Informationsarbeit, beispielsweise über Zentralamerika und über den Welthandel möglich macht. Eine breite Öffentlichkeit über die Kaffeeproblematik – als Beispiel für andere Waren aus Ländern der sogenannten Dritten Welt – zu informieren heißt, den Boden für einen faireren Handel vorzubereiten."[148]

144 Kalter Kaffee, in: taz vom 5. 5. 1988.

145 Zit. n. Heißer Kaffee. Sandinisten reagieren auf taz-interne Kaffee-Diskussion, in: taz vom 14. 5. 1988.

146 Ebd.

147 Vgl. Hadwiger/Hippler/Lotz: Kaffee, S. 96 ff.

148 Ebd., S. 96.

Eine Wende kündigte sich 1992 an, als neben den beiden bisherigen Handelsorganisationen GEPA und MITKA,[149] die ihre Produkte vor allem über Dritte-Welt-, Naturkostläden und Solidaritätsgruppen absetzten, eine neue Initiative hinzukam, die die Verbreitung der fair gehandelten Produkte in den Supermärkten zum Ziel hatte. Der Verein „TransFair – Verein zur Förderung des Fairen Handels mit der ‚Dritten Welt' e.V." entwickelte nach dem Vorbild das Max-Havelaar-Gütesiegels aus den Niederlanden ein eigenes Siegel für „fair" gehandelte Waren und begann Verhandlungen mit den großen Ketten des Lebensmittelhandels.[150] Der Schritt, fair gehandelte Produkte aus der Nische der Dritte-Welt- und Bioläden in den normalen Handel zu bringen, führte zu einer stärkeren Wahrnehmung dieser Güter in der Öffentlichkeit und versetzte die Konsumenten in die Lage, auch beim alltäglichen Einkauf Waren mit gerechteren Produktions- und Handelsbedingungen zu wählen. Kaffee war das erste Produkt mit TransFair-Gütesiegel, das die Verbraucher in den Supermärkten finden konnten, weitere folgten: Ab 1994 gab es Tee mit dem Fair-Zeichen, ab 1996 Kakao und Schokolade. In den darauffolgenden Jahren folgten Bonbons, Honig, Bananen und Orangensaft.[151] 1992 betrug der Anteil „fair" gehandelten Kaffees 0,3 Prozent am deutschen Kaffeemarkt.[152] Im Jahr 2009 boten rund 40 Hersteller Kaffee mit Fairtrade-Siegel an, mit 5 620 000 verkauften Kilos war Kaffee zu diesem Zeitpunkt immer noch stärkstes Fair-Trade-Produkt.[153] Allerdings lag die Bundesrepublik mit einem Anteil von 1,3 Prozent „fair" gehandelter Bohnen am gesamten Kaffeeverkauf deutlich hinter anderen Ländern – in Großbritannien etwa betrug der Anteil 25 Prozent.[154]

Neben den ungerechten Produktionsbedingungen problematisierten Konsumenten zunehmend auch die ökologischen Begleitumstände des Kaffeeanbaus und deren Auswirkungen. Die Plantagenpflanze wurde vor allem in großen Monokulturen angebaut und mit Pestiziden behandelt, von denen einige, wie Lindan und DDT, in der Bundesrepublik längst verboten waren. So fanden immer mehr ökologische Gesichtspunkte Eingang in den Diskurs um den Kaffee, auch wenn die große Stunde der Bio-Kaffees in der Bundesrepublik eigentlich erst nach der Jahrtausendwende schlug.[155] Zu Beginn der 1990er Jahre standen den 1,8 Millio-

149 Vgl. die Selbstdarstellungen der GEPA (Gesellschaft zur Förderung der Partnerschaft mit der Dritten Welt mbH) und der MITKA (Mittelamerika Im- und Export GmbH), in: Christine Mansfeld/Renate Kuhlmann: BUKO Agrar Dossier. Kaffeebauer und Kaffeepflückerin, Kaffee-Abkommen, Kaffeemarkt in der BRD, Kaffeezölle, Kaffee und fairer Handel, Hamburg 1992, S. 31 u. 34.

150 Vgl. ebd., S. 32 f.

151 Fairness zeigen. Zeichen setzen. Faltblatt von TransFair 1999, Archiv der Forschungsstelle für Zeitgeschichte in Hamburg, Sammlung Michelsen.

152 Transfair: Investition in mehr Gerechtigkeit, in: BUKO Agrar Dossier. Kaffeebauer und Kaffeepflückerin, Kaffee-Abkommen, Kaffeemarkt in der BRD, Kaffeezölle, Kaffee und fairer Handel, Hamburg 1992, S. 32 f.

153 Transfair: Jahresbericht 2009 – Ausblick 2010, Köln 2010, S. 15. Der Anteil an biologisch erzeugtem Kaffee beim Fair-Trade-Kaffee lag bei 66%.

154 Fairer Handel. Mehr Umsatz mit gutem Gewissen, in: Der Tagesspiegel vom 13. 8. 2010.

155 Vgl. Wie bio ist Fairtrade?, in: Schrot & Korn, 12/2006, S. 33–40; Mehr Schein als Sein, in: test, 5/2009, S. 27–31.

nen Tonnen konventionell erzeugten Rohkaffees lediglich 2,2 Tonnen aus zertifiziertem biologischem Anbau gegenüber.[156]

Den in den 1970er und vor allem 1980er Jahren entwickelten neuen „fairen" Handelsbeziehungen gelang nur schwer ein Durchbruch. Langfristig demonstrierten allerdings immer breitere Gesellschaftsschichten ein neues Bewusstsein für alternative Handelsprodukte, deren Sortiment sich beständig auf neue Produkte ausweitete. Das Wort Konsumentenmacht und -verantwortung bekam eine neue Bedeutung und die mit dem Kaffee begonnene Entwicklung stellte langsam die Weichen für neue Denkmuster und Möglichkeiten.

2. Hoffnungen und Enttäuschungen in der DDR

Allgemeine Entwicklung

Die DDR stand in den 1970er Jahren, nachdem auf dem VIII. Parteitag der SED 1971 die „Erhöhung des materiellen und kulturellen Lebensniveaus des Volkes" zur Hauptaufgabe erklärt worden war,[157] im Zeichen einer Konsumhoffnung, die durch die Ausbreitung eines wachsenden allgemeinen Wohlstandes gerechtfertigt schien. Der Bedarf an Grundnahrungsmitteln war seit den 1960er Jahren gesichert. Gleichzeitig beharrte die Bevölkerung wie auch die politische Führung weiterhin auf konstanten Preisen für diese Bedarfsgüter.[158]

Erich Honecker selbst, der ab 1971 den Posten des Ersten Sekretärs im Zentralkomitee innehatte, wehrte sich gegen alle Vorschläge zur Preiserhöhung. Der Leiter der Staatlichen Plankommission Gerhard Schürer hielt die Reaktion des Parteichefs gegen ein derartiges Vorhaben im Jahr 1979 fest:

> „Die Leute brauchen billiges Brot, eine trockene Wohnung und Arbeit. Wenn diese drei Dinge stimmen, kann dem Sozialismus nichts passieren. Für Honecker war deshalb jede Preisänderung, die zur Belastung der Bevölkerung führte, undenkbar. Er sagte immer, alle großen konterrevolutionären Entwicklungen in den anderen sozialistischen Ländern wie Polen haben mit Preiserhöhungen begonnen."[159]

Da die Preise für die Grundnahrungsmittel niedrig blieben, konnten die DDR-Bürger angesichts steigender Löhne nun insgesamt mehr Geld für Kaffee und andere Genussmittel ausgeben. „Röstkaffee ist für den überwiegenden Teil der erwachsenen Bevölkerung zum untrennbaren Bestandteil des täglichen Lebens

156 Christine Mansfeld: Von Kaffeebohnen, Wirtschaftsstrukturen und Lebensverhältnissen, in: BUKO Agrar Dossier. Kaffeebauer und Kaffeepflückerin, Kaffee-Abkommen, Kaffeemarkt in der BRD, Kaffeezölle, Kaffee und fairer Handel, Hamburg 1992, S. 4–11, hier S. 10.

157 Vgl. André Steiner: Von Plan zu Plan. Eine Wirtschaftsgeschichte der DDR, München 2004, S. 167 ff.

158 Lediglich bei Spirituosen gab es 1971 eine Preiserhöhung. Vgl. Gundula Gröhn: Vergleich der Ausgaben und des Verbrauchs von Nahrungs- und Genußmitteln in der DDR und BRD, Leipzig 1978, S. 20, BArch, DL 102/1602. Zu den Hintergründen von Preisstabilität, staatlichen Subventionierungen und Verschuldungskrisen vgl. ebd., S. 187 ff.

159 Gerhard Schürer, zit. n. Steiner: Von Plan zu Plan, S. 190.

geworden. Eine stabile Versorgung wird – wie bei allen Erzeugnissen des Grundbedarfs – als selbstverständlich erwartet",[160] stellte das Institut für Marktforschung Ende der 1970er Jahre fest. Die statistischen Daten bestätigten diese Aussage. In fast allen Haushalten der DDR wurde Bohnenkaffee getrunken und die meisten Menschen konsumierten das Getränk auch an ihrem Arbeitsplatz.[161] 1975 wurde nur in sechs Prozent aller Haushalte kein Bohnenkaffee verbraucht; 1967 waren es noch 25 Prozent gewesen.[162]

Insgesamt gesehen stieg der Pro-Kopf-Verbrauch von Kaffee in den letzten 20 Jahren der DDR gegenüber den vorhergehenden beiden Dekaden auch weiterhin an, allerdings nicht in einer kontinuierlichen Linie. Verschiedene Ereignisse beeinflussten das Konsumentenverhalten und die Konsumstatistik. So wirkten sich die nach dem Grundlagenvertrag von 1973 und der ersten KSZE-Konferenz mit der Schlussakte von Helsinki 1975 von politischer Entspannung geprägten deutsch-deutschen Beziehungen auch auf den Umsatz des Genussmittels in der DDR aus: Nachdem sich der westdeutsche Besucherstrom infolge der staatlichen Entspannungsbemühungen und der Reiseerleichterungen verstärkte und auch die Zollbestimmungen für die Kaffeeeinfuhr geändert wurden, wuchs der private Kleinstimport von Westkaffee in einem Maße, dass der ostdeutsche Einzelhandel einen spürbaren Rückgang der Nachfrage verzeichnete.[163] Aus diesem Grund blieben auch die Steigerungsraten der offiziellen Verbrauchsstatistik – die diese zusätzliche Versorgung nicht berücksichtigte – in den 1970er Jahren trotz eines effektiv steigenden Verbrauchs zunächst deutlich hinter den Zahlen der vorhergehenden Dekade zurück.[164] 1977/78 sorgte dann die sogenannte Kaffeekrise[165] für eine Stagnation des Verbrauchs und bildete zugleich eine einschneidende Zäsur in der Wahrnehmung der Bevölkerung. Erst ab den 1980er Jahren verzeichnete die Statistik des Pro-Kopf-Konsums wieder eine gleichmäßige Steigerungsrate ohne Stockungen. 1987 hatte dieses Wachstum seinen Zenit erreicht und ging in den nachfolgenden Jahren wieder etwas zurück.

Im Zeichen des allgemeinen Wohlstandes hatten sich die Konsumgewohnheiten der verschiedenen sozialen Gruppen durch die gestiegenen Einkommen ange-

160 Petra Knötzsch: Die Bedarfsentwicklung bei Röstkaffee und echtem Tee in den Jahren 1980 bis 1985, Leipzig 1979, S. 1, BArch, DL 102/1276.

161 1978 wurde in 97% der Arbeiterhaushalte, 99% der LPG-Haushalte, 98% der Angestelltenhaushalte und 84% der Rentnerhaushalte Bohnenkaffee getrunken. Am Arbeitsplatz konsumierten ihn 71% der Beschäftigten aus Arbeiterhaushalten, 43% aus LPG-Haushalten, 77% aus Angestelltenhaushalten und sogar 11% der bereits in Rente Lebenden. Vgl. ebd.

162 Institut für Marktforschung: Die Entwicklung des Bedarfs der Bevölkerung der DDR in den Jahren 1976 und 1977 bei ausgewählten Positionen. Teil I: Waren des täglichen Bedarfs, Leipzig 1975, S. 167, Archiv des Institutes für Marktforschung Leipzig.

163 Institut für Marktforschung: Die Entwicklung des Bedarfs der Bevölkerung der DDR in den Jahren 1974 und 1975 bei 218 ausgewählten Positionen. Teil I, Leipzig 1973, S. 124f., Archiv des Institutes für Marktforschung Leipzig.

164 Während die Steigerungsrate beim Kaffeeverbrauch im Zeitraum 1956–1970 jährlich etwa 5,5% betrug, stieg der Konsum 1970–1975 lediglich um 1,0% pro Jahr. Vgl. Petra Knötzsch: Der Röstkaffeeverbrauch im Jahr 1978, Leipzig 1978, S. 3, BArch, DL 102/1184.

165 Siehe unten.

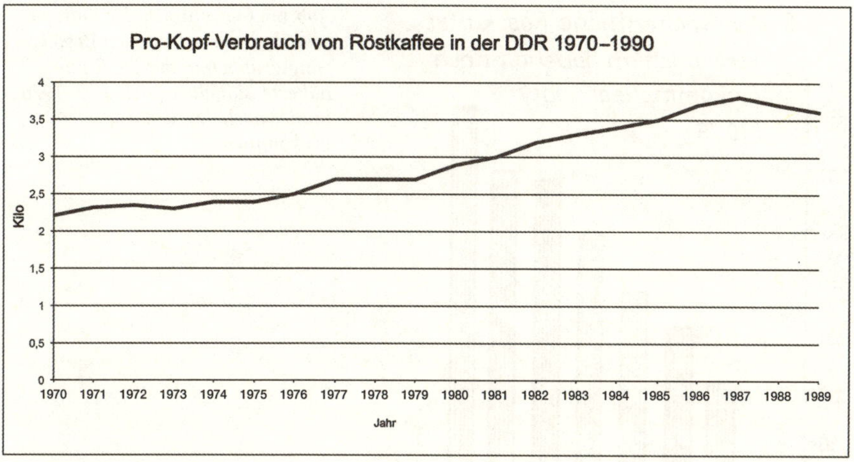

Abb. 65: Statistik nach Zahlenangaben der Statistischen Jahrbücher der DDR und des Institutes für Marktforschung Leipzig

nähert. So gaben 1978 Arbeiter im Monat durchschnittlich 48,60 Mark für Kaffee aus, LPG-Mitglieder 47,00 Mark und Angestellte 51,90 Mark. Dass Rentner mit 25,30 Mark monatlich weniger für Kaffee verauslagten, führten Marktforscher in erster Linie auf gesundheitsbedingte Gründe zurück.[166] Diese These erscheint allerdings angesichts der weiterhin geringen Renten fragwürdig. Trotz der generellen Annäherung blieb der Kaffeeverbrauch aufgrund der hohen Kosten abhängig von der Höhe der Einkommen. Mit Ausnahme der Rentner war er für die Menschen in der DDR allerdings zu einem Alltagsgetränk geworden. Eine ehemalige DDR-Bürgerin beschrieb die Situation:

> „Kaffee spielt bei den Deutschen wohl eine entscheidende Rolle. Ich kenne fast niemanden, der keinen Kaffee trinkt. Früher in der DDR Luxus (da enorm teuer), wurde er trotzdem von fast allen getrunken."[167]

DDR-Bürger kauften in erster Linie preisgünstigen Kaffee. Bis 1976 blieben die durchschnittlich für das Produkt gezahlten Summen nur geringfügig über dem Preis der billigsten Röstkaffeesorte Kosta.[168] Nachdem diese 1977 vom Markt genommen wurde, erhöhten sich im nächsten Jahr entsprechend die Durchschnittsausgaben pro Kilo von 64,50 auf 69,00 Mark. Dieser Betrag lag noch unter der von nun an günstigsten Sorte Rondo, da Gaststätten und Großverbraucher das

[166] Durchschnittsverbrauch von Kaffee pro Woche und Haushalt: Arbeiter 157 g (22 Tassen), LPG-Haushalte 170 g (24 Tassen), Angestellte 155 g (22 Tassen) und Rentner 92 g (13 Tassen). Vgl. ebd., S. 10f.

[167] Brief von Sigrid M. vom 29. 9. 2009, im Besitz der Autorin.

[168] Abgesehen von der nur über Werksverkäufe erhältlichen Verlese-Mischung. Vgl. Petra Knötzsch: Die Bedarfsentwicklung bei Röstkaffee und echtem Tee in den Jahren 1980 bis 1985, Leipzig 1979, S. 14f., BArch, DL 102/1276.

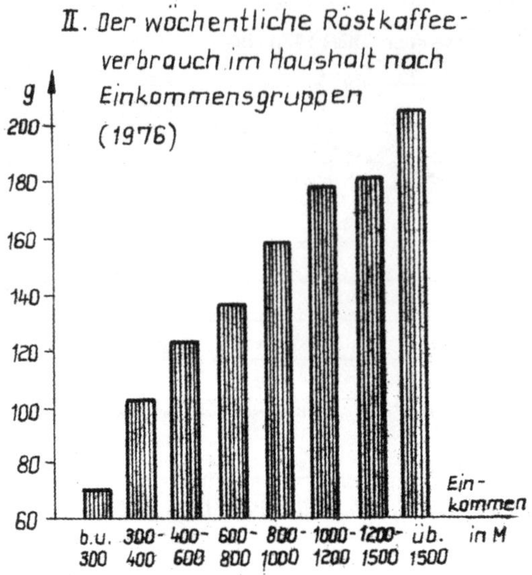

Abb. 66: Obwohl sich der Kaffeeverbrauch der verschiedenen Bevölkerungsgruppen in der DDR annäherte, staffelte er sich auch 1976 immer noch deutlich nach dem Einkommen.

Kilo Kaffee für 60,00 Mark erhielten.[169] Einkommenssteigerungen korrelierten vor allem mit einer Erhöhung der Menge und führten kaum zum Erwerb von qualitativ höherwertigem Kaffee. Auch wurden weiterhin hauptsächlich kleine Packungen verkauft. Noch 1974 wurden etwa 50 Prozent der Gesamtmenge an Röstkaffee in 125-Gramm-Packungen abgepackt.[170]

Die Angebotslage hatte sich insofern verbessert, als die verschiedenen Sorten fast immer und überall tatsächlich erhältlich waren. Allerdings bestanden weiterhin Engpässe bei besonders beliebten Produkten. So fragten die DDR-Bürger mehr Kosta-Kaffee nach, als produziert wurde. Dieses Problem löste sich 1977 auf eine wenig populäre Art, als dieser meist gekaufte Kaffee – zu Beginn der „Kaffeekrise" – vom Markt genommen wurde.[171] Auch der ebenfalls beliebte, gemahlene „Mocca-Fix" war nicht in ausreichender Menge vorhanden. Bis 1989 wurde bei dieser Sorte keine Bedarfsdeckung erreicht. Beim coffeinfreien Kaffee berichteten Marktforscher ebenfalls des Öfteren über eine ungesättigte Nachfrage.[172] Im Gegensatz dazu fiel der Konsum von Instantkaffee – aufgrund der beständig schlechten Qualität – kaum ins Gewicht. Sein Anteil am Kaffeeumsatz betrug im Durchschnitt lediglich etwa 0,5 Prozent.[173]

169 Ebd., S. 15.

170 Schreiben des VEB Bero an Ministerium für Bezirksgeleitete Industrie und Lebensmittelindustrie, Minister Kraak, vom 28. 1. 1974, BArch, DG 5/4082.

171 Zu den Hintergründen vgl. das Kapitel zur „Kaffeekrise".

172 Dies geht aus den verschiedenen Berichten des Institutes für Marktforschung hervor. Vgl. hierzu beispielsweise: Institut für Marktforschung: Die Entwicklung des Bedarfs der Bevölkerung der DDR in den Jahren 1976 und 1977 bei ausgewählten Positionen. Teil I: Waren des täglichen Bedarfs, Leipzig 1975, S. 167, Archiv des Institutes für Marktforschung Leipzig.

173 Ebd., S. 168.

Nach wie vor spielte Kaffee aus dem Westen eine nicht unerhebliche Rolle: Das Verhältnis des über Westpakete ins Land gelangten Kaffees und der Warenbereitstellung der DDR blieb nach dem Grundlagenvertrag von 1973 bis zum Ende der Republik mit 1:6 bis 1:5 relativ konstant. Zusammen mit den Mengen, die bei Besuchen mitgebracht wurden, betrug der Anteil des Westkaffees am DDR-Verbrauch bis zu 30 Prozent.[174] Im Jahr 1978 beispielsweise bezogen die DDR-Bürger pro Kopf durchschnittlich 2,77 Kilo Kaffee (77 Prozent) aus der Inlandsproduktion, 520 Gramm (14,5 Prozent) über westdeutsche Geschenkpakete, 230 Gramm (6,3 Prozent) über Mitbringsel aus dem Reiseverkehr und 70 Gramm (2 Prozent) aus den Intershops.[175]

Im länderübergreifenden Vergleich des Kaffeekonsums besetzte die DDR eine mittlere Position, die ihrer Stellung zwischen Ost und West entsprach: International zählte sie zu den Ländern mit geringem Verbrauch. Im Vergleich mit anderen sozialistischen Ländern hatte sie dagegen eine Spitzenposition inne. 1975, als der Pro-Kopf-Verbrauch in Schweden jährlich bei 13,5 und in der Bundesrepublik bei 5,2 Kilo lag, konsumierten die Ostdeutschen nach offizieller Statistik 2,3 Kilo pro Jahr, die Ungarn 2,1, die Polen 1,0, die Tschechoslowaken 0,9 und die Menschen in der Sowjetunion 0,2 Kilo.[176]

In der DDR selbst lebten traditionelle lokale Verbrauchsgewohnheiten weiter. So machten die als „Kaffeesachsen“ bezeichneten Bewohner des südlichen Bezirkes ihrem Ruf weiterhin alle Ehre und führten die Kaffee-Konsumstatistik an, während im Norden der DDR, in Berlin und im Thüringer Raum deutlich weniger Kaffee getrunken wurde.[177] Auch in der Selbstwahrnehmung der Sachsen spielte Kaffee eine Rolle. So finden sich in vielen Briefen ähnliche Äußerungen wie im Dankesschreiben von Lilo B. aus Lüneburg an ihre Tante Friedel und ihren Onkel Herbert für das Weihnachtspaket aus dem Westen:

> „Die Freude war groß, alles wurde auf den Weihnachtstisch gepackt, bis auf den Kaffee, der wurde gleich gekostet. Wir sind ja so richtige Kaffeesachsen.“[178]

Der Begriff „Kaffeesachse“, der im 19. Jahrhundert ursprünglich eine abwertende und spöttische Konnotation hatte und darauf hindeutete, dass dort besonders schlechter, dünner oder mit Ersatzkaffee versetzter Kaffee getrunken wurde, er-

[174] Institut für Marktforschung: Analyse des Postpaket- und Päckchenverkehrs für das IV. Quartal 1979, BArch, DL 102 VA 247.

[175] Petra Knötzsch: Der Röstkaffeeverbrauch im Jahr 1978, Leipzig 1978, S. 2, BArch, DL 102/1184.

[176] Institut für Marktforschung: Die Entwicklung des Bedarfs der Bevölkerung der DDR in den Jahren 1976 und 1977 bei ausgewählten Positionen. Teil I: Waren des täglichen Bedarfs, Leipzig 1975, S. 169, Archiv des Institutes für Marktforschung Leipzig.

[177] Petra Knötzsch: Die Bedarfsentwicklung bei Röstkaffee und echtem Tee in den Jahren 1980 bis 1985, Leipzig 1979, S. 19, BArch, DL 102/1276. Vgl. auch Institut für Marktforschung: Die Entwicklung des Bedarfs der Bevölkerung der DDR in den Jahren 1978 und 1979 bei ausgewählten Positionen. Teil I: Waren des täglichen Bedarfs, Leipzig 1977, S. 172, Archiv des Institutes für Marktforschung Leipzig.

[178] Brief von Lilo B. vom 10. 1. 1987, Archiv der Forschungsstelle für Zeitgeschichte in Hamburg, 11/B42: Briefe von Verwandten in der DDR 1948–1994.

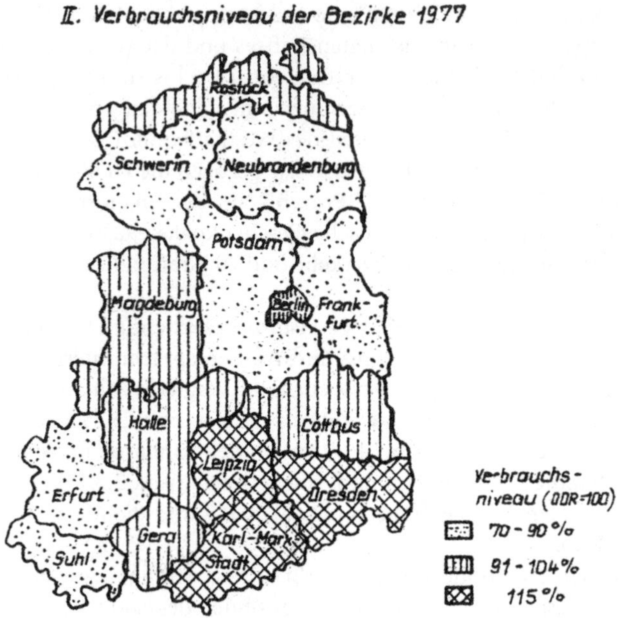

Abb. 67: In der DDR lebten lokale Verbrauchstraditionen weiter. Deutlich über den anderen Bezirken lag der Kaffeekonsum in Sachsen.

fuhr einen Bedeutungswandel.[179] In Verbindung mit dem Verzehr von typisch sächsischem Gebäck wurde das Kaffeetrinken zu einem Bestandteil sächsischer Gemütlichkeit stilisiert. Auch die Bedeutung des von den Sachsen angeblich bevorzugten „Blümchenkaffees" – ein Synonym für besonders dünnen Kaffee – wandelte sich zum Positiven. Die Herkunft des Wortes „Blümchenkaffee" wird verschieden gedeutet. Im 19. Jahrhundert bezeichnete der Begriff häufig Ersatzkaffee. Der Begriff „Blümchen" symbolisierte die blaue Wegwarte, deren Wurzel als Zichorie zu Kaffeesurrogat verarbeitet wurde.[180] Genau wie bei den „Kaffeesachsen" wurde der ehemalige Spottname zu einer regionalen Besonderheit aufgewertet. Die Kaffee-Historikerin Ulla Heise beispielsweise führt den Begriff auf das Dekor der Tassen aus der Meißener Porzellanmanufaktur zurück, welche am Boden mit Blumenornamenten verziert sind.[181] Der Kaffee in der Tasse war folglich so dünn, dass die Blume am Tassenboden sichtbar blieb. Diese Deutung hat sich mittlerweile allgemein durchgesetzt.[182]

179 Hierzu vgl. Manuel Schramm: Konsum und regionale Identität in Sachsen 1880–2000. Die Regionalisierung von Konsumgütern im Spannungsfeld von Nationalisierung und Globalisierung, Stuttgart 2003, S. 92–106.

180 Ebd.

181 Vgl. Ulla Heise: Süße muß der Coffee sein! Drei Jahrhunderte europäische Kaffeekultur und die Kaffeesachsen, Leipzig 1994, hier vor allem S. 10 ff.

182 Eine Steigerungsform wird auch angeboten: Beim „Schwerterkaffee" ist der Kaffee so durchsichtig, dass überdies noch das Meißener Emblem – das Doppelschwert – der Tassenunterseite zu sehen ist. Entsprechend ist beim „Doppelblümchenkaffee" auch das Dekor der Untertasse und beim „Doppelschwerterkaffee" das Emblem der Unterseite der Untertasse mit sichtbar. http://de.wikipedia.org/wiki/Blümchenkaffee (20. 10. 2010).

Obwohl sowohl der „Kaffeesachse", als auch der sächsische „Blümchenkaffee" also einen entgegengesetzten Entstehungshintergrund aufweisen, wurden spätestens in der zweiten Hälfte des 20. Jahrhunderts beide Stereotypen mit einer positiven und selbstbewussten Identifikation besetzt.

Die tatsächlichen Unterschiede beim Kaffeekonsum in der DDR nahmen über die Zeit tendenziell ab. Die deutliche Vorreiterstellung Sachsens blieb allerdings bis zum Ende der DDR bestehen.[183]

Wo tranken die Ostdeutschen Kaffee? In der DDR war das Genussmittel – ebenso wie in der Bundesrepublik– ein vorwiegend häusliches Getränk. Im Jahr 1978 tranken die Ostdeutschen 80 Prozent des Kaffees zu Hause – vor allem morgens und nachmittags.[184] Am Arbeitsplatz wurden weitere 15 Prozent konsumiert: „Die sich wandelnden Arbeitsbedingungen und die ständigen Bemühungen um eine Verbesserung der Arbeitsplatzversorgung haben zu einem anhaltenden Trend des Konsums von Bohnenkaffee am Arbeitsplatz geführt",[185] stellte das Institut für Marktforschung fest und beobachtete dabei noch eine steigende Tendenz.[186] Die umgerechnet 6,2 Tassen Kaffee, die ein Berufstätiger in der Woche durchschnittlich am Arbeitsplatz zu sich nahm, wurden jedoch entgegen der sozialistischen Vorstellung vom Arbeitskollektiv vor allem individuell zubereitet und nicht in den Betriebskantinen ausgeschenkt.[187] Die Marktforscher begründeten dies in erster Linie mit Qualitätsunterschieden, so dass angenommen werden darf, dass der Kantinenkaffee geschmacklich abfiel. Dafür spricht auch, dass Ware für die Betriebsversorgung bestimmt wurde, die aufgrund von Mängeln nicht in den öffentlichen Verkauf gelangte, wie z. B. die Kaffee-Verlese-Mischung.[188] Doch spielen gewiss auch die Entfernung zur Werksküche sowie gesellige Aspekte eine Rolle für die Wahl des Konsumortes. Die Kaffeerunde in den Betrieben hatte eine so wichtige soziale Funktion, dass sogar viele Rentner noch am Arbeitsplatz Kaffee tranken.[189] Dies hatte vor allem zwei Gründe. Erstens blieben viele DDR-Bürger nach ihrer Verrentung erwerbstätig[190] und zweitens war die Arbeitsstätte in der DDR ein wichtiger sozialer Ort mit vielfältigen Funktionen und Versorgungsauf-

183 Vgl. Sigfried Eck/Barbara Schößler: Untersuchungen zu wesentlichen Unterschieden im Verbrauchsniveau zwischen den Bezirken. Teilbericht: Röstkaffee, Leipzig 1985, Archiv des Institutes für Marktforschung Leipzig.

184 Petra Knötzsch: Der Röstkaffeeverbrauch im Jahr 1978, Leipzig 1978, S. 5f., BArch, DL 102/1184.

185 Ebd., S. 4.

186 Das Institut für Marktforschung verzeichnete 1978 bei den Kaffeetrinkern am Arbeitsplatz einen jährlichen Zuwachs von 7 bis 8%. Vgl. ebd.

187 59% des Kaffees am Arbeitsplatz wurden individuell zubereitet, der Rest in Kantinen und anderen Einrichtungen der Gemeinschaftsverpflegung. Vgl. ebd., S. 7.

188 Vgl. Kap. II.2.

189 Mitglieder von 11% der Rentnerhaushalte tranken 1978 noch am Arbeitsplatz Kaffee. Vgl. Petra Knötzsch: Der Röstkaffeeverbrauch im Jahr 1978, Leipzig 1978, S. 10f., BArch, DL 102/1184.

190 Vgl. Martin Kohli: Die DDR als Arbeitsgesellschaft? Arbeit, Lebenslauf und soziale Differenzierung, in: Hartmut Kaelble u. a. (Hg.): Sozialgeschichte der DDR, Stuttgart 1994, S. 31–61, hier S. 41.

gaben.[191] Der Umstand, dass Rentner ihren ehemaligen Arbeitsplatz aufsuchten, um dort mit den früheren Kollegen Kaffee zu trinken, verdeutlicht die u. a. von Martin Kohli betonte zentrale Bedeutung des Betriebs in der Lebenswelt der DDR-Bürger.[192]

Die verbliebenen 4,7 Prozent Kaffee konsumierten die DDR-Bürger im Jahr 1978 in Gaststätten.[193] Generell lag in Gaststätten der Verbrauch von Getränken höher als der von Speisen. Während nach einer Untersuchung im Jahr 1976 jeder Gaststättenbesucher etwas trank, nahmen nur etwa zwei Drittel auch eine Speise zu sich.[194] Allerdings rangierte Kaffee mit einem Anteil von 17 Prozent am Gaststätten-Getränkekonsum hinter Bier und Spirituosen erst auf dem dritten Platz. Doch zeigten sich starke geschlechtsspezifische Unterschiede: Während Männer vor allem Bier (42%) und Spirituosen (23%), gefolgt von Kaffee (12%) konsumierten, tranken Frauen in erster Linie Kaffee (23%), alkoholfreie Erfrischungsgetränke (20%) und Wein (19%). Dann erst folgten Bier (18%) und Spirituosen (16%).[195]

Der Erfolg

Ende 1973 wurde in der DDR fabrikfertig gemahlener Kaffee in einer aromadichten Verpackung eingeführt. Bislang hatten die DDR-Bürger nur die Möglichkeit, entweder Kaffee im Laden mahlen zu lassen oder gepressten Mahlkaffee zu erstehen, der in 5- oder 10-Gramm-Würfeln verkauft wurde.[196] Am 24. September 1973 meldete der Generaldirektor der Vereinigung Volkseigener Betriebe Süß- und Dauerbackwarenindustrie dem Minister für Bezirksgeleitete Industrie und Lebensmittelindustrie die erfolgreiche Aufnahme der Produktion und Verpackung des neuen Mahlkaffees Mocca-Fix im VEB Kaffee- und Nährmittelwerke Halle.[197] Der Betrieb verpackte gemahlenen Röstkaffee in aromadichte Schlauchbeutel und versah diese mit einem Schutzgas, das den Alterungsprozess verhindern sollte.[198] Der Direktor war mit gutem Grund stolz auf sein neues Produkt. „Mocca-Fix" erfüllte alle vorgegebenen Anforderungen: Der Mahlkaffee wies eine lange Halt-

191 Vgl. Frank Adler: Einige Grundzüge der Sozialstruktur der DDR, in: Projektgruppe „Das sozio-ökonomische Panel" (Hg.): Lebenslagen im Wandel. Basisdaten und -analysen zur Entwicklung in den Neuen Bundesländern, Frankfurt a. M. 1991, S. 152–177, hier S. 168 f.

192 Martin Kohli spricht in diesem Zusammenhang vom Betrieb als „Vergesellschaftungskern". Vgl. Kohli: Die DDR als Arbeitsgesellschaft?, S. 38 ff.

193 Petra Knötzsch: Der Röstkaffeeverbrauch im Jahr 1978, Leipzig 1978, S. 5, BArch, DL 102/1184.

194 Peter Donat: Der Getränkeverbrauch in Gaststätten, in: Mitteilungen des Institutes für Marktforschung 15 (1976), S. 16–23, hier S. 17.

195 Ebd.

196 Vgl. Kap. II. 2.

197 Schreiben von Niedergesäß (Generaldirektor der Vereinigung Volkseigener Betriebe Süß- und Dauerbackwarenindustrie) an Krack (Minister für Bezirksgeleitete Industrie und Lebensmittelindustrie) vom 24. 9. 1973, BArch, DG 5/4082.

198 Kurzdokumentation zur Vorbereitung und Aufnahme der Produktion von „Mocca-Fix", gemahlener Röstkaffee für den Langzeitumschlag, aromageschützt verpackt, im VEB Kaffee- und Nährmittelwerke Halle/Saale, S. 1, BArch, DG 5/4082.

barkeit und einen guten Aromaschutz auf. Darüber hinaus sollte die Verpackung nicht nur ansprechend sein, sondern auch nicht aus Importware bestehen. Dafür entwickelte eine eigens gegründete Arbeitsgemeinschaft eine Triplex-Verbundfolie aus Zellglas (Polyethylen), Aluminium und Polyester.[199]

„In sozialistischer Gemeinschaftsarbeit aller an diesem Vorhaben Beteiligten ist es gelungen, die Produktion des neuen Erzeugnisses – beginnend bei der Forschung und Entwicklung bis zur Überleitung in die Produktion – in der kurzen Zeit von nur 21 Monaten zu verwirklichen."[200]

Nach den langen Misserfolgen bei Versuchen, ein erweitertes Kaffeesortiment zu entwickeln, gelang beim gemahlenen Kaffee nun ein Durchbruch. Der Erfolg wurde am 7. Oktober 1973, dem 24. Jahrestag der DDR, groß gefeiert.[201]

Das haltbare Produkt erleichterte den Herstellern und dem Handel die Disponibilität des bisher rasch verderblichen Gutes.[202] Den Konsumenten, die in den 1960er Jahren immer wieder nach einem solchen Erzeugnis gefragt hatten, wurde die Kaffeezubereitung erleichtert. Im Gegensatz zum schillernden Begriff „Convenience" im Westen war die Sprachregelung im Osten für diese Entwicklung sehr viel nüchterner und pragmatischer: „Dem Konsumenten bietet ein solches Erzeugnis Vorteile, wie Bequemlichkeit beim Kauf und der Zubereitung, und somit eine Erhöhung des Freizeitfonds",[203] schilderte beispielsweise der Direktor der VEB Halle die Vorzüge in ostdeutscher Begrifflichkeit.

Den neuen Mahlkaffee Mocca-Fix konnten die Verbraucher in zwei Güteklassen kaufen, die durch die Farben Gold und Silber unterschieden werden konnten. Die in Silber verpackte Sorte fiel allerdings 1977 Einsparungsmaßnahmen zum Opfer. Von der Qualität her entsprach die Marke Mocca-Fix-Gold der Sorte Rondo. Der fabrikfertig gemahlene Kaffee in den 125-Gramm- und 250-Gramm-Packungen stieß in der DDR auf großes Käuferinteresse. 1978 betrug der Anteil des Mahlkaffees am gesamten Absatz von Röstkaffee bereits 24 Prozent.[204] Er

199 Ebd., S. 2f. 1985 wurde die Verpackung überarbeitet. Durch ein neues Verfahren konnte die Polyesterfolie mit Aluminium bedampft werden, was enorme Mengen des Leichtmetalls einsparte. Vgl. Das neue Gesicht von „Mocca-Fix" ..., in: Volksstimme – Magdeburg vom 22. 11. 1985.

200 Kurzdokumentation zur Vorbereitung und Aufnahme der Produktion von „Mocca-Fix", gemahlener Röstkaffee für den Langzeitumschlag, aromageschützt verpackt, im VEB Kaffee- und Nährmittelwerke Halle/Saale, S. 6, BArch, DG 5/4082.

201 Ebd., S. 5, siehe auch Schreiben von Niedergesäß an Krack vom 24. 9. 1973, ebd.

202 Zur Erläuterung: Gerösteter Kaffee kann lediglich in seiner gemahlenen Form luftdicht verpackt werden. Ganze Bohnen enthalten durch den Röstvorgang entstandenes Kohlendioxid. Der Überdruck des entweichenden Kohlendioxides würde die Packungen aufblähen und eventuell sogar zum Platzen bringen. Vgl. Interview mit Klaus Argenton, Dorothee Wierling (Interviewerin), Hamburg 7. 5. 2005, Transkript S. 111–113, Werkstatt der Erinnerung, FZH/WdE 734.

203 Kurzdokumentation zur Vorbereitung und Aufnahme der Produktion von „Mocca-Fix", gemahlener Röstkaffee für den Langzeitumschlag, aromageschützt verpackt, im VEB Kaffee- und Nährmittelwerke Halle/Saale, S. 2, BArch, DG 5/4082.

204 Der Marktanteil dieses Produktsegmentes in der Bundesrepublik betrug 1977 23% und 1977 47%. Vgl. Petra Knötzsch: Die Bedarfsentwicklung bei Röstkaffee und echtem Tee in den Jahren 1980 bis 1985, Leipzig 1979, S. 16, BArch, DL 102/1276.

vergrößerte sich rasch und wuchs beständig weiter: 1980 ermittelte eine Untersuchung der Röstkaffeeproduktion einen Wert von 46 Prozent, der innerhalb der folgenden vier Jahre sogar auf 56 Prozent anstieg.[205] Die Vorteile, die der Kaffee mit der langen Lagerfähigkeit und der vereinfachten Zubereitung bot, fand bei den Verbrauchern so große Resonanz, dass die Produktion hinter der Nachfrage zurückblieb. „Mocca-Fix" gab es in der DDR immer zu wenig. 1984 sprachen Experten von einer Bedarfsdeckung von 71 bis 85 Prozent, während sie bei ungemahlenem Kaffee bei 100 Prozent lag.[206]

Da das Angebot von „Mocca-Fix" den Bedarf nicht deckte, wurde er unter dem Gesichtspunkt der „Schwerpunktversorgung"[207] verteilt. Das führte dazu, dass das Produkt in Berlin und Halle problemlos erhältlich war, während in anderen Städten und vor allem auf dem Land oft Mangel daran herrschte. Die Leiterin eines kleinen Dorfkonsums in der Prignitz erzählte:

> „Wir bekamen Donnerstag immer Ware und immer wurde der Konsum gestürmt in der Hoffnung, dass irgendetwas schönes [sic] dabei war. Wie zum Beispiel Kaffee, Mocca-Fix, das war ja immer Engpass."[208]

Das Institut für Marktforschung in Leipzig kam in seiner Analyse zu einem ähnlichen Ergebnis:

> „Im WtB-Handel [Waren des täglichen Bedarfs] konnte neben einer ausreichenden Versorgung mit Standarderzeugnissen eine weitere leichte Verbesserung in der Bereitstellung mit Mocca-Fix erreicht werden; im Durchschnitt des Jahres wurde eine Nachfragedeckung von 75% (1984: 71%) registriert."[209]

Obgleich die Bevölkerung den Mahlkaffee sehr gern trank, wurde sie spätestens seit der „Kaffeekrise" 1977 misstrauisch. Schließlich konnte das Pulver auch unerwünschte Bestandteile beinhalten. Außerdem verdrängte das Herstellungsverfahren Sauerstoff durch ein Schutzgas. Anders als bei Vergleichsprodukten aus dem Westen, die mit Vakuumtechnologie abgepackt wurden, roch der Verbraucher beim Öffnen nicht zuerst das Kaffeearoma, sondern das entweichende Gas.[210] Obwohl dieser Umstand die sonst sehr positive Wirkung ein wenig trübte, erreichte die schon bald beliebte Kaffeesorte Mocca-Fix nach der langen Periode fruchtloser Bemühungen endlich einen Durchbruch auf dem Kaffeesektor, den auch die Bevölkerung als solchen wahrnahm.

[205] Zentralinstitut des Ministeriums für Bezirksgeleitete Industrie und Lebensmittelindustrie: Untersuchung der Röstkaffeeproduktion im VEB Kombinat Nahrungsmittel und Kaffee, Berlin 1985, S. 5, BStU, MfS HA XVIII 18093.

[206] Ebd., S. 6. Vgl. auch Petra Knötzsch: Analyse des Verbrauchs von Nahrungs- und Genußmitteln im Jahr 1985, Leipzig 1986, S. 84, BArch, DL 102/1779.

[207] Vgl. Kap. I.2.

[208] Interview mit Frau F., der Leiterin eines Dorfkonsums in der Prignitz, in: Andreas Ludwig (Hg.): KONSUM. Konsumgenossenschaften in der DDR, Köln/Weimar/Wien 2006, S. 145–152, hier S. 147.

[209] Petra Knötzsch: Analyse des Verbrauchs von Nahrungs- und Genußmitteln im Jahr 1985, Leipzig 1986, S. 84, BArch, DL 102/1779.

[210] Vgl. Ton- oder Filmdokumente, Richter/Rentner: Mahlzeit DDR, Interview mit Dr. Ralf Puhlmann, Min. 34:00.

Knapp vier Jahre nach der Einführung des Erfolgsproduktes kam es jedoch zu einer Krise, die alles andere überschattete und die zur entscheidenden Zäsur in der Geschichte des Kaffeekonsums in der DDR wurde.

Die „Kaffeekrise" 1977

Angesichts der Entwicklung der Weltmarktpreise für Kaffee drohten 1977 die Devisenaufwendungen der DDR dramatisch anzusteigen[211] und ließen den Wirtschaftsplan zur Makulatur werden: Dieser sah für das Jahr 1977 eine Importmenge von 51 900 Tonnen Rohkaffee mit Gesamtkosten in Höhe von 231,8 Millionen VM vor.[212] Dabei waren die Planer von einem Betrag von 4467 VM pro Tonne ausgegangen. Im März 1977 betrug der Preis bei steigender Tendenz jedoch bereits rund das Vierfache, nämlich zwischen 17 000 und 20 000 VM für die Tonne. So befürchteten die zuständigen Funktionäre erhebliche Mehrausgaben – die Rede war von 350,2 Millionen VM, wenn die Wirtschaftsplanungen so umgesetzt würden, wie sie vorgesehen waren.[213] Dass die Situation bei Kakaobohnen ähnlich war, verschärfte die Problematik zusätzlich.

Diese Entwicklung lief vor dem Hintergrund einer generell drastischen Diskrepanz zwischen Importen und Exporten im Außenhandel der DDR mit dem westlichen Wirtschaftsgebiet ab. Während 1972 die Nettoverschuldung der DDR im westlichen Ausland noch 1,4 Milliarden US-Dollar betrug, war sie 1977 bereits auf über sieben Milliarden US-Dollar angewachsen.[214] Die Verantwortlichen berieten laufend darüber, wie „die Zahlungsfähigkeit der DDR unter den Bedingungen der bestehenden außenwirtschaftlichen Belastungen infolge der bedeutenden Preiserhöhungen, insbesondere für Rohstoffe und Materialien, die von der DDR importiert werden müssen, zu sichern sowie die Schere zwischen Import und Export im nicht-sozialistischen Wirtschaftsgebiet zu schließen" sei.[215]

Die Abteilung Leicht-, Lebensmittel- und Bezirksgeleitete Industrie beim ZK der SED erarbeitete Vorschläge, wie das Problem der hohen Weltkaffeepreise entschärft werden könnte. Neben den Aufhebungen der Rezepturbindungen – um

211 Eine gute Übersicht zur „Kaffeekrise" bietet Wünderich: Die „Kaffeekrise" von 1977, S. 242–261; Jochen Staadt: Eingaben. Die institutionalisierte Meckerkultur in der DDR. Goldbrokat, Kaffee-Mix, Büttenreden, Ausreiseanträge und andere Schwierigkeiten mit den Untertanen, Berlin 1996, S. 40–51.

212 Vorschläge zur Neugestaltung einiger Genussmittelsortimente – Kaffee und Kakao-Erzeugnisse, Anlage zum Brief von Rüscher an Mittag vom 17. 3. 1977, S. 2f., SAPMO-BArch, Büro Günter Mittag, DY 30/2906.

213 Ebd.

214 Berechnung der Nettoverschuldung bei Paul-Günter Schmidt, Internationale Währungspolitik im sozialistischen Staat, Stuttgart 1985, S. 361, zit. n. Wünderich: Die „Kaffeekrise" von 1977, S. 245.

215 Im Juni und Juli 1977 fasste daher die Parteiführung eine ganze Reihe von Einsparungsbeschlüssen, darunter auch solche, die die Versorgung der Bevölkerung mit Konsumgütern betrafen. Vgl. Staadt: Eingaben, S. 41. Das Zitat ist dem Entwurf der staatlichen Aufgaben zur Ausarbeitung des Volkswirtschaftsplanes 1978 und Maßnahmen zur weiteren Durchführung des Volkswirtschaftsplanes 1977 entnommen, SAPMO-BArch, Politbüro, DY 30 J IV2/2A/2085. Zit. n. ebd., S. 42f.

Mischungen aus den Kaffeesorten produzieren zu können, die gerade auf dem Weltmarkt am günstigsten angeboten wurden – und dem verstärkten Angebot an Tee wurde die Einführung einer neuen Kaffeesorte unter Beimischung von 20 Prozent Kaffee-Ersatz erwogen.[216] Am 31. März 1977 schickte Hans-Joachim Rüscher, der Leiter der ZK-Abteilung, die Probe einer Versuchsmischung an den Sekretär des Zentralkomitees für Wirtschaft und Politbüromitglied Günter Mittag. Zwei Wochen später flog ein Mitarbeiter nach Zürich zum Sitz der Jacobs AG und führte Gespräche mit Vertretern des Konzerns.[217] Dort erfuhr er, dass die Kaffeefirma die Lage auf dem Weltmarkt ebenfalls mit Sorge betrachte: Der scharfe Konkurrenzkampf der Produzenten führe u. a. dazu, dass die Branche auf eine Preiserhöhung verzichte und zum Teil mit Verlust arbeite. Die Firma Jacobs stehe daher kurz vor der Einführung eines Mischproduktes aus je 50 Prozent Ersatz- und Bohnenkaffee, welches unter dem Namen Jota ab dem 2. Mai. 1977 zum Testverkauf in den Einzelhandel der Bundesrepublik gelangen solle.[218] Die Vertreter des westdeutschen Kaffee-Giganten stellten in Aussicht, in absehbarer Zeit den Mischkaffee auch für die DDR produzieren zu können.[219] Mit der Einführung eines mit Surrogat versetzten Kaffees folgte Jacobs einem allgemeinen Trend, den die westdeutschen Röster aus den Vereinigten Staaten übernommen hatten. In der Bundesrepublik drängten – wie bereits erwähnt – mehrere Firmen mit derartigen Produkten auf den Markt, scheiterten jedoch mit diesem Vorhaben.[220]

Wohl unter dem Eindruck dieser Informationen arbeiteten die Außenhandelsspezialisten um Alexander Schalck-Golodkowski im April einen Vorschlag aus, der vorsah, die Kaffeeimporte für das Jahr 1977 auf dem aktuellen Stand einzufrieren und für die folgenden Monate den Konsum durch drastische Maßnahmen zu reduzieren.[221] Weiter wurde empfohlen, fortan nur noch eine einzige Kaffeesorte anzubieten und deren Preis deutlich zu erhöhen. Gleichzeitig sollte auch in der DDR ein Mischkaffee eingeführt werden, der zur Hälfte aus Surrogaten bestehe. Mit Bohnenkaffee seien fortan prioritär die Bewohner der Hauptstadt und der Bezirkshauptstädte sowie andere Versorgungsschwerpunkte zu beliefern. Gaststätten und öffentliche Einrichtungen sollten nur noch brasilianischen Instant-Kaffee[222] anbieten und in Betrieben, Verwaltungen und Institutionen sowie für Repräsentationszwecke sei der Verbrauch von Kaffee generell zu untersagen.

[216] Ebd., S. 4–7.

[217] Vgl. Bericht zur Dienstreise vom 15.–16. 4. nach Zürich vom 17. 4. 1977, SAPMO-BArch, Büro Günter Mittag, DY 30/2906. Die Unterschrift ist unleserlich, könnte aber Kleine heißen. Mit Sicherheit ist es jedoch nicht die Unterschrift von Alexander Schalck-Golodkowski, wie dies Volker Wünderich in seinem Artikel zur „Kaffeekrise" angibt. Vgl. Wünderich: Die „Kaffeekrise" von 1977, S. 245 f.

[218] Zu Mischkaffeeprodukten in der Bundesrepublik und den USA vgl. Kap. III.1.

[219] Bericht zur Dienstreise vom 15.–16. 4. nach Zürich vom 17. 4. 1977, S. 3, SAPMO-BArch, Büro Günter Mittag, DY 30/2906.

[220] Vgl. hierzu Kap. III.1.

[221] Konzeption zur Durchsetzung der Einsparung von Valutamitteln beim Import von Rohkaffee vom 18. 4. 1977, SAPMO-BArch, Büro Günter Mittag, DY 30/2906.

[222] Der brasilianische Instant-Kaffee sollte über einen noch nicht voll ausgenutzten Clearing-Kredit finanziert werden.

Dieses einschneidende Konzept wurde zwar nicht umgesetzt, diente jedoch als Grundlage für weitere Diskussionen. Allerdings gaben führende SED-Funktionäre die Prämisse vor, dass sich die Endverbraucherpreise nicht verändern dürften.[223] Währenddessen stiegen auf dem Weltmarkt die Preise weiter. Der stellvertretende Vorsitzende des Ministerrates Werner Krolikowski gab eine Vorlage in Auftrag, die nach seinem Wunsch auf der Politbürositzung am 28. Juni 1977 beschlossen werden sollte.[224] Erich Honecker ließ jedoch, aufgrund der Brisanz des Themas, die Entscheidung vertagen und fand hierfür die Zustimmung von Politbüromitglied Albert Norden, der dem SED-Chef die Dramatik der Situation vor Augen führte:

„Lieber Erich!
Bei der Behandlung der Vorlage über Kaffee und Kakao habe ich mich sehr über Deinen Einwand gefreut, hier nichts zu überstürzen. Hier geht es ja nicht um irgendeine Versorgungsposition, sondern um ein Volksgenußmittel im besten Sinne des Wortes. Es ist für mich einfach unvorstellbar, daß wir den Ausschank von Bohnenkaffee in den Gaststätten völlig einstellen wollen, zukünftig nur noch etwa 20 Prozent der jetzigen Menge an Bohnenkaffee in den Geschäften verkaufen und der Rest als Mischkaffee angeboten werden soll. Noch dazu als Mischkaffee, bei dem – wie es in der Vorlage heißt, wir weder Erfahrungen über die Produktion noch über den Geschmack und die Verbrauchsentwicklung haben.
Du wirst Dich ebenso wie ich an die Zeit der Einführung der HO-Waren und -Preise erinnern. Am ehesten griffen die Bürger beim Kaffee zu, obwohl er teuer war und ist.
Ich befürchte, die Durchführung der in der Vorlage enthaltenen Maßnahmen wird auf kein Verständnis stoßen, große Unzufriedenheit auslösen.
Natürlich sind wir gezwungen, aus der außenwirtschaftlichen Lage Schlußfolgerungen zu ziehen. Ohne drastische Deviseneinsparung wird es nicht gehen. Und das muß wohl auch den Versorgungssektor einschließen.
Welche Positionen gestrichen oder eingeschränkt werden, ist meines Erachtens ein Politikum ersten Ranges. Ich glaube, daß unsere Fachleute bei nochmaligem Prüfen sicher andere Rohstoffe oder Fertigerzeugnisse des Versorgungssektors finden, die wir notgedrungen und zeitweilig streichen – nur Dinge des ausgesprochenen Massenbedarfs sollten es nicht sein.
Eigentlich wollte ich diese Überlegungen im PB [Politibüro] vortragen. Aber es ist wohl richtiger, sie erst einmal Dir zu unterbreiten.
Mit sozialistischem Gruß
Albert Norden“[225]

Zu Recht fürchtete Albert Norden den politischen Sprengstoff, den eine Einschränkung des Bohnenkaffeekonsums des Bürgers in sich barg. Ähnlich wie das

[223] Schreiben von Rüscher an Mittag vom 8. 6. 1977, SAPMO-BArch, Büro Günter Mittag, DY 30/2906.

[224] Schreiben von Werner Krolikowski an Günter Mittag vom 21. 6. 1977, SAPMO-BArch, Büro Günter Mittag, DY 30/2906.

[225] Schreiben von Albert Norden an Erich Honecker vom 28. 6. 1977, SAPMO-BArch, Büro Günter Mittag, DY 30/2906. Hervorhebungen im Original. Dieser Brief wird übrigens sowohl von Stefan Wolle als auch von Jochen Staadt falsch zitiert. Mit dem Fehler geht leider eine Sinnänderung einher. Dort heißt es fälschlich (siehe Hervorhebung): „Es ist für mich einfach unvorstellbar, daß wir den Ausschank von Bohnenkaffee in den Gaststätten völlig einstellen wollen, zukünftig nur noch etwa 20 Prozent der jetzigen Menge an Bohnenkaffee angeboten werden soll. Noch dazu als Mischkaffee [...].“ Vgl. Staadt: Eingaben, S. 42, und Stefan Wolle: Die heile Welt der Diktatur. Alltag und Herrschaft in der DDR 1971–1989, Bonn 1999, S. 200.

Politbüromitglied beurteilte auch der Schriftsteller Paul Gratzik das sensible Gefüge zwischen Ansprüchen, Wünschen und Erwartungen der Kaffeekonsumenten und den Entscheidungen der Regierenden. In seinem 1977 erschienenen und noch vor den Ereignissen der „Kaffeekrise" beendeten Roman „Transportpaule oder wie man über den Hund kommt" schrieb er:

„Wer auch nur einen Tag in unserer Stadt zugebracht hat, lernt bei uns das Kaffeetrinken. Der Lebensrhythmus der Menschen zwischen ihren alten und neuen Mauern richtet sich nach ihren Kaffeepausen. Sie trinken ihn süß, heiß und in ziemlichen Mengen. Man könnte, wäre man Anarchist, die Menschen allesamt demoralisieren, würde man die Zufuhr des geliebten Kaffees sperren. Die Arbeitermacht bei uns darf sich Fehler erlauben, nur den nie, das Herbeischaffen des Kaffees auch nur einen Moment lang zu vergessen."[226]

Um das Problem zu lösen, wurden mehrere Lösungsvorschläge erwogen. Neben der Reduktion der Verbrauchsmenge spielten auch zusätzliche Einfuhrquellen eine Rolle. Dabei gerieten auch die Westpakete und die Geschenke der Besucher in den Blickwinkel: „Auf Grund von Untersuchungen des Institutes für Marktforschung kann eingeschätzt werden, daß im Jahre 1976 ca. 9900 bis 10 000 t Bohnenkaffee in Geschenksendungen eingeführt wurden",[227] hieß es in einem Schreiben an den Vorsitzenden des Ministerrates Willi Stoph. Für das laufende Jahr könne mit einer ähnlichen Menge gerechnet werden. Der Briefschreiber machte darauf aufmerksam, dass der Zoll wie auch die Grenzorgane nicht mehr einschritten, „auch wenn die in den gesetzlichen Bestimmungen festgelegte Höchstmenge von 1000 g Kaffee überschritten" werde.[228] Des Weiteren konstatierte er, dass die Höchstmengen bei Weitem nicht ausgeschöpft würden, der Durchschnitt habe im vergangenen Jahr nur bei 354 Gramm Kaffee pro Sendung gelegen. Die Aufhebung der Höchstmengenbegrenzung im September 1977 dürfte daher die private Kaffeeeinfuhr von der Bundesrepublik in die DDR kaum erhöht haben. In Bezug auf den Reiseverkehr aus der Bundesrepublik und West-Berlin wurde die Einfuhr auf 2500 bis 3500 Tonnen jährlich geschätzt.[229] Allerdings befürchtete man den Abkauf durch Menschen aus anderen Ostblockstaaten, zumal auch in Polen und der ČSSR die Kaffeepreise angehoben wurden und nun über denen der DDR lagen.[230]

Die politische Führung versuchte darüber hinaus, weitere Quellen für Kaffeeimporte ohne Devisenverluste zu erschließen. Vom 13. bis 17. Juni 1977 reiste eine Delegation aus Partei- und Regierungsmitgliedern unter Führung des Politbüromitglieds und Sekretärs des Zentralkomitees der SED Werner Lamberz nach Äthiopien und anschließend nach Angola. Zu diesen Ländern unterhielt die DDR-Regierung enge außenpolitische Beziehungen.[231] Neben allgemeinen Solidaritäts-

226 Paul Gratzik: Transportpaule oder wie man über den Hund kommt. Monolog, Berlin 1977, S. 45.

227 Schreiben von Chefinspekteur Stauch an den Vorsitzenden des Ministerrates Stoph vom 5. 6. 1977, S. 1, SAPMO-BArch, Büro Günter Mittag, DY 30/2906.

228 Ebd., S. 1 f.

229 Ebd., S. 2 f.

230 Schreiben von Hermann Axen an Erich Honecker vom 1. 7. 1977, SAPMO-BArch, Büro Günter Mittag, DY 30/2906.

231 Vgl. Berichte über die Besuche einer Partei- und Regierungsdelegation der DDR in Äthiopien und Angola, Protokoll des Politbüros des ZK der SED vom 28. 6. 1977, Anlage Nr. 8 b, S. 1–11, und Anlage 8 c, S. 1–14, SAPMO-BArch, DY 30/J IV 2/2 1680.

bekundungen wollten sich die Delegationsmitglieder über die Situation in den beiden jungen sozialistischen Staaten informieren und wirtschaftliche Vereinbarungen ausloten, die für beide Seiten vorteilhaft sein könnten. Mit beiden Staaten konnte Lamberz Verträge über Rohkaffeelieferungen von jeweils 5000 Tonnen jährlich für den Zeitraum 1977–1982 aushandeln. In Äthiopien vereinbarte das Politbüromitglied für die ersten beiden Jahre eine Bezahlung durch DDR-Produkte. So sollten 550 Lkws „W 50" und „Ausrüstungen des speziellen Außenhandels" – eine Umschreibung für militärische Güter – im Wert von 53 Millionen VM die Bezahlung von etwa 4000 Tonnen Rohkaffee sichern.[232] Die Regierung der Volksrepublik Angola willigte ebenfalls prinzipiell in ein Warentauschgeschäft ein, legte sich zu diesem Zeitpunkt jedoch noch nicht auf konkrete Abnahmeverpflichtungen fest.

Das Politbüro bestätigte die ausgehandelten Verträge und regte an, die Beziehungen zu intensivieren. Erich Honecker ließ sich sogar im Urlaub über den Fortgang der Verhandlungen informieren. „Lieber Erich! Auf diesem Wege möchten wir Dir nochmals erholsame Urlaubstage wünschen", schrieben Günter Mittag und Werner Lamberz am 6. Juli, um dann fortzufahren:

„Wir haben in der Zwischenzeit – entsprechend Deinen Weisungen – an der Lösung einiger Probleme gearbeitet, über die wir Dich gerne persönlich informieren möchten. 1. Zur Verwirklichung der Beschlüsse gegenüber Äthiopien und Angola: Mit Äthiopien verlaufen die Dinge recht gut. Genosse Schalck übt eine straffe und sichere Führungstätigkeit aus […]. Alle Schiffe sind aus dem Rostocker Hafen mit den vertraglich festgelegten LKW W 50 und einem Teil der nichtzivilen Güter ausgelaufen […]. Rückstände in der Lieferung militärischer Güter unsererseits (Stahlhelme und Munition) werden wir mit Heinz Keßler klären. Die äthiopische Seite ist bereit, uns über die vertragliche Festlegung (5000 t Rohkaffee) hinaus sofort 7000 t zu liefern. Das ist ein ausgezeichnetes Entgegenkommen und zeigt das eindeutige Vertrauensverhältnis zur SED. Wir haben Genossen Schalck bevollmächtigt, Verträge bis zu 10 000 t Rohkaffee für 1977 abzuschließen, damit wir durch Gegenlieferungen mit DDR-Waren noch mehr freie Devisen ablösen und unsere Zahlungsbilanz weiter entlasten können."[233]

Honecker erfuhr weiter, dass der Ministerrat über das Abkommen mit Angola noch keine Entscheidung getroffen habe. Das operative Geschäft werde von Alexander Schalck-Golodkowski geleitet. Darüber hinaus wussten Mittag und Lamberz dem SED-Chef zu berichten:

„Wir haben veranlaßt, daß in den nächsten 8–10 Tagen die Genossen Ramuta, Schlimper, ein Kaffee-, LKW- sowie ein Handelsexperte nach Angola fahren, um alle Vorbereitungen für den schnellstmöglichen Einsatz unserer Arbeitsbrigaden zu treffen. Wie du weißt, können wir bei rechtzeitigem und klugem Vorgehen wichtige ökonomische Positionen – einschließlich der gesamten Kaffeelinie – in der VR Angola für uns gewinnen […]. Wir haben

232 Ebd. Zur Politik der DDR gegenüber Äthiopien vgl. Haile Gabriel Dagne: Das entwicklungspolitische Engagement der DDR in Äthiopien. Eine Studie auf der Basis äthiopischer Quellen, Münster 2004, und Hans-Joachim Döring: „Es geht um unsere Existenz". Die Politik der DDR gegenüber der Dritten Welt am Beispiel von Mosambik und Äthiopien, Berlin 2001.

233 Schreiben von Günter Mittag und Werner Lamberz an Erich Honecker vom 6. 7. 1977, S. 1 f., SAPMO-BArch, Büro Günter Mittag, DY 30/2906. Im Original des Schreibens wurde Alexander Schalck-Golodkowski fälschlicherweise stets ohne c geschrieben.

die Absicht, besonders aus den durch die DDR bisher nicht verkauften Handelsbeständen, ein Maximum in Angola abzusetzen, und uns durch flexible Handelsmethoden neue Möglichkeiten für den weiteren Import von Kaffee und damit die Ablösung freier Valuta zu ermöglichen."[234]

Neben den weltmarktunabhängigen Kaffeelieferungen versprachen die Beziehungen zu den jungen sozialistischen Staaten einen positiven Effekt für das Ansehen der DDR und Terraingewinne im Ost-West-Konflikt, wie Mittag und Lamberz betonten:

„Beide Aktionen [...] werden als ein Ausdruck dessen gewertet, daß die DDR schnell und effektiv den Kampf der Völker um ihre nationale Unabhängigkeit und soziale Befreiung unterstützt."[235]

In dem Schreiben an Honecker, das mit den Worten „Außer uns kennt diesen Brief niemand" endete, setzten sich beide SED-Funktionäre für ein schnelles Handeln in der Kaffeefrage ein und kündigten an, für die Sitzung des Politbüros in der letzten Juli-Woche eine entsprechende Vorlage vorzubereiten.[236]

In der Sitzung am 26. Juli beschloss das Politbüro dann tatsächlich umfangreiche Sparmaßnahmen bei der Kaffeeversorgung. Der Ministerrat bestätigte diese Entscheidung zwei Tage später.[237] Mit sofortiger Wirkung wurden die günstigen Kaffees zu 60 Mark pro Kilo gestrichen. Dies betraf die bis dahin äußerst beliebte Sorte Kosta und darüber hinaus den gemahlenen „Mocca-Fix" in der Silberverpackung.[238] Außerdem beschlossen die Regierungsgremien die Einführung eines Mischkaffees. Dieser trug den nüchternen Namen Kaffee-Mix und bestand zu 49 Prozent aus Surrogaten. Die teuren Marken Mona, Rondo und Mocca-Fix-Gold und auch coffeinfreier Kaffee sollten weiterhin zum gleichen Preis angeboten – 70 Mark je Kilo für Rondo und den gemahlenen Mocca-Fix-Gold, 80 Mark für die Sorte Mona –, jedoch in ihrer Qualität herabgesetzt werden.[239] Vom weiteren Import brasilianischen Instantpulvers wurde Abstand genommen.

Der neue Mischkaffee „in attraktiv aufgemachter werbewirksamer Verpackung"[240] sollte für 48 Mark pro Kilo verkauft werden und fortan den Hauptteil

[234] Ebd., S. 3.
[235] Ebd.
[236] Ebd., S. 4–6.
[237] Vgl. 35. Sitzung des Präsidiums des Ministerrates vom 28. 7. 1977, BArch, DC 20-1/4/3843, Beschlüsse des Ministerrates.
[238] Es wurden nicht, wie bei Anette Kaminsky zu lesen ist, alle Sorten bis auf eine (Rondo) gestrichen. Auch wurde der Preis der Sorte Rondo nicht verdoppelt, wie sie dort weiter schreibt. Annette Kaminsky: Konsumpolitik in der DDR. Von den Versorgungsutopien der fünfziger Jahre zu den Versorgungskrisen der achtziger Jahre, in: Lothar Mertens/ Dieter Voigt (Hg.): Machtokkupation und Systemimplosion. Anfang und Ende der DDR – zehn Jahre danach, Berlin 2001, S. 67–98, hier S. 87. Auf derselben Seite gibt Kaminsky ein Zitat als Beschluss der SED wieder, welches ursprünglich aus einer Konzeption stammt, die in dieser Form nicht umgesetzt wurde. Vgl. Konzeption zur Durchsetzung der Einsparung von Valutamitteln beim Import von Rohkaffee vom 18. 4. 1977, SAPMO-BArch, Büro Günter Mittag, DY 30/2906.
[239] Allerdings sollte der „Mocca-Fix-Gold" nur in Gebieten der Schwerpunktversorgung wie Berlin, Halle und den Bezirkshauptstädten erhältlich sein.
[240] Beschluss des Politbüros des ZK der SED zur Durchführung des „Beschlusses des Politbüros vom 28. 6. 1977 zur Produktion und der Versorgung mit Kaffee- und Kakaoer-

Abb. 68: Westliches Vorbild: Diese Werbeanzeige für den neuen Mischkaffee aus dem Hause Jacobs heftete Günter Mittag im Juli 1977 in seiner Akte ab.

der Kaffeeversorgung abdecken. Um dies zu gewährleisten, verfügte die Parteiführung, künftig die Versorgung der Großverbraucher der DDR, wie Verwaltung, Armee, Betriebe und Gaststätten, schrittweise weitgehend auf Mischkaffee umzustellen.[241]

Um die Entscheidung zu rechtfertigen, wies man auf die Maßnahmen westlicher Länder hin:

„In vielen Ländern sind solche Maßnahmen bereits getroffen worden, z. B. in Gestalt erheblicher Preiserhöhungen für Röstkaffee und Kakaoerzeugnisse. Auch sind in einigen kapitalistischen Ländern bereits Mischkaffeesorten im Angebot, deren Verbrauch schnell ansteigt: In der BRD beispielsweise die Sorte ‚Jota Sport', die 50 Prozent Bohnenkaffee enthält. In Frankreich wird in zunehmendem Maße in Restaurants und Cafés Mischkaffee serviert. Auch aus den USA sind solche Tatsachen bekannt."[242]

Durch diese Maßnahmenpalette und vor allem mit dem neuen Mischprodukt hofften die SED-Funktionäre, den Einsatz von Rohkaffee entscheidend verringern zu können. Sie hatten weder mit dem Proteststurm gerechnet, den der zum Verkauf angebotene Mischkaffee hervorrief, noch mit der dadurch entstehenden Krisensituation.

Denn durch die Verordnung ergaben sich zahlreiche neue Schwierigkeiten. Da die beliebteste und günstigste Kaffeesorte gestrichen war, wichen die Konsumenten auf die nächsthöhere Preisklasse aus. Allerdings sollte auch die Produktion

zeugnissen" vom 26. 7. 1977, Anlage im Protokoll der 35. Sitzung des Präsidiums des Ministerrates vom 28. 7. 1977, S. 4, BArch, DC 20-1/4/3843, Beschlüsse des Ministerrates.

241 Ebd., S. 3f.

242 Zur weiteren Versorgung der Bevölkerung der DDR mit Kaffee und Kakaoerzeugnissen unter den Bedingungen außerordentlicher Preissteigerungen auf dem Weltmarkt vgl. redigierte Argumentation von Ehrensperger an Mittag, o. D. (Juli 1977), S. 3, SAPMO-BArch, Büro Günter Mittag, DY 30/2906.

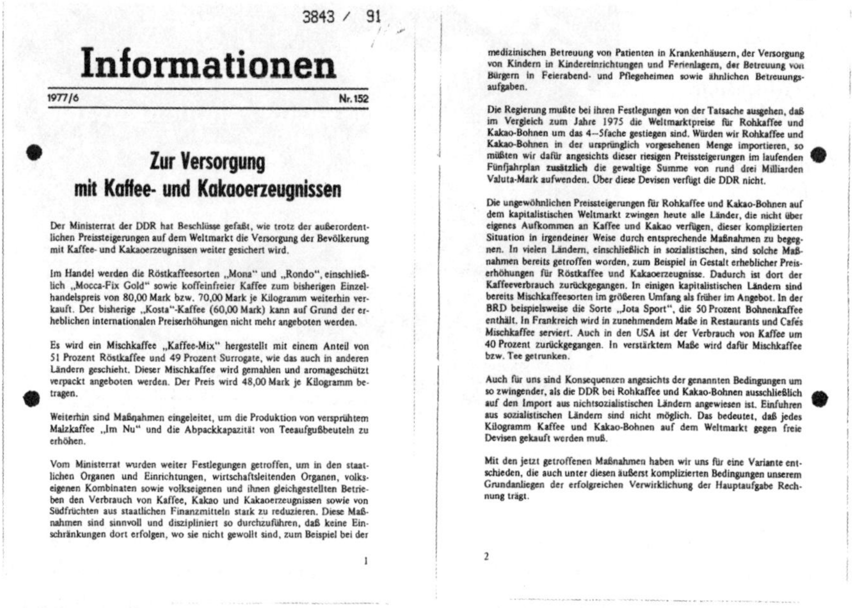

3843 / 91

Informationen

1977/6 Nr. 152

Zur Versorgung mit Kaffee- und Kakaoerzeugnissen

Der Ministerrat der DDR hat Beschlüsse gefaßt, wie trotz der außerordentlichen Preissteigerungen auf dem Weltmarkt die Versorgung der Bevölkerung mit Kaffee- und Kakaoerzeugnissen weiter gesichert wird.

Im Handel werden die Röstkaffeesorten „Mona" und „Rondo", einschließlich „Mocca-Fix Gold" sowie koffeinfreier Kaffee zum bisherigen Einzelhandelspreis von 80,00 Mark bzw. 70,00 Mark je Kilogramm weiterhin verkauft. Der bisherige „Kosta"-Kaffee (60,00 Mark) kann auf Grund der erheblichen internationalen Preiserhöhungen nicht mehr angeboten werden.

Es wird ein Mischkaffee „Kaffee-Mix" hergestellt mit einem Anteil von 51 Prozent Röstkaffee und 49 Prozent Surrogate, wie das auch in anderen Ländern geschieht. Dieser Mischkaffee wird gemahlen und aromageschützt verpackt angeboten werden. Der Preis wird 48,00 Mark je Kilogramm betragen.

Weiterhin sind Maßnahmen eingeleitet, um die Produktion von versprühtem Malzkaffee „Im Nu" und die Abpackkapazität von Teeaufgußbeuteln zu erhöhen.

Vom Ministerrat wurden weiter Festlegungen getroffen, um in den staatlichen Organen und Einrichtungen, wirtschaftsleitenden Organen, volkseigenen Kombinaten sowie volkseigenen und ihnen gleichgestellten Betrieben den Verbrauch von Kaffee, Kakao und Kakaoerzeugnissen sowie von Südfrüchten aus staatlichen Finanzmitteln stark zu reduzieren. Diese Maßnahmen sind sinnvoll und diszipliniert so durchzuführen, daß keine Einschränkungen dort erfolgen, wo sie nicht gewollt sind, zum Beispiel bei der

1

medizinischen Betreuung von Patienten in Krankenhäusern, der Versorgung von Kindern in Kindereinrichtungen und Ferienlagern, der Betreuung von Bürgern in Feierabend- und Pflegeheimen sowie ähnlichen Betreuungsaufgaben.

Die Regierung mußte bei ihren Festlegungen von der Tatsache ausgehen, daß im Vergleich zum Jahre 1975 die Weltmarktpreise für Rohkaffee und Kakao-Bohnen um das 4–5fache gestiegen sind. Würden wir Rohkaffee und Kakao-Bohnen in der ursprünglich vorgesehenen Menge importieren, so müßten wir dafür angesichts dieser riesigen Preissteigerungen im laufenden Fünfjahrplan zusätzlich die gewaltige Summe von rund drei Milliarden Valuta-Mark aufwenden. Über diese Devisen verfügt die DDR nicht.

Die ungewöhnlichen Preissteigerungen für Rohkaffee und Kakao-Bohnen auf dem kapitalistischen Weltmarkt zwingen heute alle Länder, die nicht über eigenes Aufkommen an Kaffee und Kakao verfügen, dieser komplizierten Situation in irgendeiner Weise durch entsprechende Maßnahmen zu begegnen. In vielen Ländern, einschließlich in sozialistischen, sind solche Maßnahmen bereits getroffen worden, zum Beispiel in Gestalt erheblicher Preiserhöhungen für Röstkaffee und Kakaoerzeugnisse. Dadurch ist dort der Kaffeeverbrauch zurückgegangen. In einigen kapitalistischen Ländern sind bereits Mischkaffeesorten im größeren Umfang als früher im Angebot. In der BRD beispielsweise die Sorte „Jota Sport", die 50 Prozent Bohnenkaffee enthält. In Frankreich wird in zunehmendem Maße in Restaurants und Cafés Mischkaffee serviert. Auch in den USA ist der Verbrauch von Kaffee um 40 Prozent zurückgegangen. In verstärktem Maße wird dafür Mischkaffee bzw. Tee getrunken.

Auch für uns sind Konsequenzen angesichts der genannten Bedingungen um so zwingender, als die DDR bei Rohkaffee und Kakao-Bohnen ausschließlich auf den Import aus nichtsozialistischen Ländern angewiesen ist. Einfuhren aus sozialistischen Ländern sind nicht möglich. Das bedeutet, daß jedes Kilogramm Kaffee und Kakao-Bohnen auf dem Weltmarkt gegen freie Devisen gekauft werden muß.

Mit den jetzt getroffenen Maßnahmen haben wir uns für eine Variante entschieden, die auch unter diesen äußerst komplizierten Bedingungen unserem Grundanliegen der erfolgreichen Verwirklichung der Hauptaufgabe Rechnung trägt.

2

Abb. 69: Informationen über Beschlüsse des Ministerrates der DDR zur Versorgung mit Kaffee- und Kakaoerzeugnissen vom Juli 1977

von Rondo-Kaffee gedrosselt werden. Und so standen die Käufer teilweise vor leeren Regalen, während der teure Mona-Kaffee – auf dessen Konsum die Parteileitung irrtümlich gesetzt hatte – in den Lagern überalterte.[243] Der weggefallene Instantkaffee war zwar nur von wenigen DDR-Bürgern konsumiert worden, für die Zubereitung in den Heißgetränkeautomaten war er aber unabdingbar. Außerdem erwies sich der „Kaffee-Mix" technisch als nicht ausgereift: In Kaffeemaschinen ließ sich das Produkt aufgrund des hohen Anteils an Feinstteilen kaum zubereiten, denn es verstopfte die Filter. Das Kaffee-Surrogat-Gemisch, welches zu 51 Prozent aus Röstkaffee und zu 49 Prozent aus Roggen bestand, ließ geschmacklich sehr zu wünschen übrig und war viel zu bitter.[244]

Bei den Konsumenten stieß der neue Mischkaffee auf eine breite Front der Ablehnung. Die Menschen äußerten ihren Unmut in Kantinen, Geschäften sowie Lokalen und schrieben Protestbriefe an Handels- und Kaffeebetriebe wie auch an Mitglieder oder Organisationen von Partei und Staat.

[243] Im Beschluss war ein Verbrauch von 60% „Mona" und 15% „Rondo" sowie 15% „Mocca-Fix-Gold" projektiert worden, während der zukünftige Anteil von „Kaffee-Mix" 20% betragen sollte. Zur Nachfrage nach „Rondo" vgl. SED-Hausmitteilung von Hans Rüscher an Hermann Pöschel vom 19. 8. 1977, S. 2, SAPMO-BArch, Büro Günter Mittag, DY 30/2906.

[244] Ebd., S. 3f.

Abb. 70: Aufwendige Verpackung – zweifelhafter Inhalt: Der ungeliebte Kaffee-Mix

„Der Kaffee schmeckte fast so wie kurz nach dem Krieg, als man versuchte, mit etwas Kaffeezusatz (damals in kleinen Würfeln zu haben) von Malzkaffee oder was es auch war, in [ein] einigermaßen trinkbares Etwas zu brauen,“[245] schrieb z. B. Marianne B. aus Mittweida, und ein „starker Kaffeetrinker“ aus Reichenbach äußerte: „Aber Ihr Bohnenkaffee ‚Kaffee-Mix‘ schmeckt wie Halb und Halb. Nämlich halb Wintergerste, halb Sommergerste. Und das alles für 6,00 Mark.“[246]

Die Bürger beklagten zu Recht, dass der äußere Schein nicht dem Inhalt entsprach. Die mit dem aufwendigen Erscheinungsbild und in der Beschriftung der Packung gegebenen Versprechen wie: „Eine Mischung aus erlesenem Röstkaffee und fein abgestimmten Surrogaten“ oder „ein hochveredeltes Produkt, frisch geröstet und gemahlen“, wurden nicht eingehalten. Dass außer den Werbesprüchen keine konkreten Angaben über den Surrogatanteil und die Rezeptur gemacht wurden, weckte das Misstrauen der Konsumenten. Zudem vermissten diese den Aufdruck des Herstellungsdatums, was bei Kaffeeprodukten sonst üblich war.

Die Kaffeetrinker reagierten empört auf das neue Kaffeeangebot:

„Werter Herr Direktor! Mit Erstaunen habe ich zur Kenntnis genommen, daß plötzlich von Ihrem VEB die Kaffee-Sorte Kosta nicht mehr in den Handel kommt. Dafür wurde mir in der Verkaufsstelle mitgeteilt, daß die Sorte Kaffee-Mix verbilligt angeboten würde. Als ich heute diese neue Sorte kaufte, wurde ich von einigen Kundigen schon darauf aufmerksam gemacht, daß die Qualität in keinem Fall dem Kaffee und damit dem Preis entspricht. Ich war verwundert, daß so viele Kundinnen bereits dieses Erzeugnis kannten und sehr abfällig darüber sprachen. Beim Eigenverbrauch bemerkte ich, daß das Gemisch viel zu fein gemahlen war und sich somit nicht zum Filtern eignet. Wie beim Geruch schon festgestellt,

245 Eingabe von Marianne B. aus Mittweida, Anlage zur SED-Hausmitteilung von Hans Rüscher an Hermann Pöschel vom 19. 8. 1977, SAPMO-BArch, Büro Günter Mittag, DY 30/2906.

246 Eingabe ohne Unterschrift aus Reichenbach, ebd., Hervorhebung im Original.

beweist sich beim Trinken, daß das Getränk kein Kaffee-Aroma aufwies [...]. Meiner Meinung nach kann es nicht im Interesse der Beschlüsse des IX. Parteitages der SED sein, auf eine solche Art das Lebensniveau der Bürger zu erhöhen. Außerdem vermisse ich auf Ihrer Packung die genaue Angabe der Rezeptur. Ich bitte Sie, die in meinem Brief angeführten Kritiken zu durchdenken und meine Fragen zu beantworten."[247]

Ähnlich wie die hier zitierte erzürnte Kaffeetrinkerin erfuhren viele Konsumenten erst beim Einkauf, dass die bisher bevorzugte Marke nicht mehr erhältlich sei. Die Bürger zeigten sich enttäuscht über das heimliche Vorgehen der Regierung, das die Kaffeeversorgung quasi in einer Nacht- und Nebelaktion komplett umgestaltet hatte, und äußerten ihr Unverständnis über die fehlende Einbeziehung und Information der Bevölkerung. Zudem merkten die Verbraucher sehr wohl die verminderte Qualität der restlichen Kaffeesorten. So beschwerte sich Birgit K. aus Leipzig in ihrer Eingabe an eine Kaffeerösterei über die Qualität des Rondo-Kaffees:

„Sollte diese Qualität allerdings in Zukunft weiter verarbeitet werden, dann sollte soviel Ehrlichkeit aufgebracht werden, diesen neuen Umstand der Öffentlichkeit bekanntzugeben, und zwar mit öffentlicher Bekanntgabe in der Presse sowie den entsprechenden Argumenten. Wenn am Weltmarkt die Preise steigen, besonders Kaffee, Südfrüchte und Grundstoff Erdöl, so weiß doch jeder von uns, daß auch unsere DDR Schwierigkeiten und Probleme zu bewältigen hat, um den stabilen Preis zu garantieren. Im allgemeinen neigt ja die Mehrzahl der Verbraucher zu dem Schluß, daß die ‚Wegrationalisierung' der Kaffeesorten zu 3,00 M nicht stattfand, sondern dieser jetzt im ‚Rondo' zu finden ist. Meiner Meinung nach trifft dies auch zu. Qualität zu Lasten des Verbrauchers lehne ich zu Recht ab. Diese Meinung vertritt auch mein Kollektiv der sozialistischen Arbeit."[248]

Andere rechneten nach. Hans M. aus Groitzsch kalkulierte, dass nach den offiziellen Zahlen mit einem Kurs von 2,3 DDR-Mark für den Dollar der Preis für 125 Gramm Rohkaffee bei 1,54 Mark liegen müsste. Er schrieb dem Redakteur, der in der „Sonntäglichen Wirtschaftsbetrachtung" der „Berliner Zeitung" die Mitteilung des Ministeriums zur Kaffeeversorgung publiziert hatte: „Mir ist außerdem bekannt, daß wir nicht alle Kaffeegeschäfte auf Basis harter Devisen (Dollar usw.) abwickeln, sondern auf Basis Warenaustausch".[249] Dieser Feststellung schloss er die Frage nach dem Selbstkostenpreis für „Mona" und „Rondo" an. Der Redakteur antwortete dem Fragesteller, dass auf bestimmte Güter als Quelle für Staatseinnahmen eine Akzise gelegt sei, und wies in dem Zusammenhang darauf hin, dass die DDR 13 Milliarden Mark jährlich für Preissubventionen ausgebe. Einige Zeit später wandte er sich mit der Kritik des Lesers, welche er „nicht ganz vom Tisch zu wischen"[250] vermochte, an das ZK-Mitglied Werner Jarowinsky. Auch berichtete er von weiteren Briefen von Bürgern, die nicht verstehen könnten, dass die DDR mit ihren international an der Spitze liegenden Kaffeepreisen die Preiserhöhungen des Weltmarktes nicht auffangen könne, und bat seinen Genossen

247 Eingabe von Elfride L. aus Weißenfels, ebd.
248 Eingabe von Birgit K. aus Leipzig, ebd.
249 Schreiben von Hans M. an Dr. Karl-Heinz Gerstner (Berliner Zeitung) vom 25.9.1977, SAPMO-BArch, Büro Werner Jarowinsky, DY 30/9076.
250 Schreiben von Dr. Karl-Heinz Gerstner (Berliner Zeitung) an Gen. Dr. Werner Jarowinsky vom 21.11.1977, SAPMO-BArch, Büro Werner Jarowinsky, DY 30/9076.

um einen Hinweis, „ob den Darlegungen des Lesers noch ein anderes wirkungsvolleres Argument entgegengesetzt werden" könne.[251]

Die Empörung der Bevölkerung über das verschlechterte Kaffeeangebot war kaum zu bremsen. Die Bürger äußerten sich in verschiedenen Formen und Medien und wandten sich an unterschiedliche Stellen. Sie zeigten sich mitdenkend, sachkundig und gaben zumindest vor, Schwierigkeiten, die der Regierung ohne eigenes Zutun entstanden waren, in gewissem Umfang mitzutragen. So blieb auch eine humorvolle Kritik eines „Kaffeetrinker-Kollektivs" aus Karl-Marx-Stadt nicht bei dem Spott stehen, mit dem sie das neue Produkt übergoss. Das „Kollektiv" lenkte am Ende ein und wollte die beißende Kritik als Anregung für die Kaffeeröster zur Überarbeitung des Mischkaffeeproduktes verstanden wissen.

Das „Kaffeetrinker-Kollektiv" Karin Klingberg, H. Heller, H. Rothe, U. Riedel, A. Lindner, 9041 Karl-Marx-Stadt, Ernst-Enge-Straße 88

Betr.: Test-Ergebnis „Kaffee-Mix"

Nach einiger Überlegung und Abstimmung im Kollegenkreis möchten wir Ihnen die Testergebnisse Ihres o. g. Produktes nicht vorenthalten. Wir nehmen an, daß wir Ihnen damit wertvolle Hinweise zur weiteren Verbesserung dieses Ihres Qualitätserzeugnisses geben können.

Vorteile der Verwendung von Kaffee-Mix

Das Getränk sollte möglichst noch vor Arbeitsbeginn eingenommen werden, da die ersten, spontanen Heiterkeitsausbrüche auch Kollegen, die am frühen Morgen stets mißgelaunt erscheinen, mit sich fortreißen! (Fröhlicher Arbeitsbeginn ist garantiert!)

Zusätzliche Einsparung von Arbeitszeit und Energie, da die Mehrzahl der passionierten Kaffeetrinker sofort abstinent wird.

Kaffee-Mix ist in allen einschlägigen Geschäften jederzeit erhältlich, vermutlich sogar bald als Zugabe.

Verschüttete Kindheitserinnerungen werden geweckt! (Der Duft erinnert stark an Großmutters eisernen „Kaffee-Topp", der um die Jahrhundertwende tagsüber auf dem Herd die schwarze Zichorien-Brühe wärmte!)

Nachteile von Kaffe-Mix

Durchlaufdauer bei handelsüblichen Kaffee-Filtern ist unendlich! Günstige Lösung dieses Problems: 1 Teelöffel Kaffee-Mix trocken einnehmen dazu möglichst schnell eine Tasse heißes Wasser trinken, damit man die ab jetzt wenig angenehme Prozedur des Kaffeetrinkens bald hinter sich bringt. Diese Methode empfehlen wir den Unentwegten, am besten ist es natürlich, man verzichtet ganz und gar auf sein „Schälchen Heeßen"!

Kaffee-Mix ist ausschließlich für geruchs- und geschmacksgeschädigte Menschen geeignet, da sie dieses Getränk ohne größeren Widerwillen zu sich nehmen können.

Der Test rief bei sieben beteiligten Personen folgende Symptome hervor:
1. Kollegin: ist einige Stunden nach dem Genuß von Kaffee-Mix immer noch sprachlos!
2. Kollegin: hatte „durchschlagenden" Erfolg und kann in Zukunft auf den Konsum von Regulax-Früchtewürfeln ganz verzichten.
3. Kollegin: (Sonderfall) ist wahrscheinlich durch liederlichen Lebenswandel (Kaffee, schwarzer Tee, Zigaretten und manchmal Alkohol) innerlich bereits so zerrüttet, daß sich keinerlei Wirkung zeigte - außer Geruchs- und Geschmacksbelästigung)
4. Kollegin: siehe Punkt 5
5. Kollegin: klagte über Magenbeschwerden und zeigte euphorische Anwandlungen (wie etwa nach dem Genuß von hochprozentigem Alkohol)
6. Kollege: litt kurze Zeit nach dem Genuß von Kaffee-Mix unter sexueller Niedergeschlagenheit (hat sich glücklicherweise nach kurzer Zeit wieder gegeben) und klagte über Schmerzen an den Haarwurzeln (befürchtet als Folgeerscheinung Haarausfall)

[251] Ebd.

7. Kollege: zeigte euphorische Anwandlungen (wie 5. und 6.) obwohl er nur unsere verschiedenen Reaktionen beobachtete. Er ist ein sehr vorsichtiger Mensch und trank vorerst noch keine Tasse Kaffee-Mix.

Schlussfolgerungen bei Verwendung von Kaffee-Mix

bei uns war es bisher üblich, undisziplinierte Kollegen zur Zahlung einer Runde Kaffee (Kosta, denn wir sind ja keine Schwerverdiener!) zu verurteilen.
Ab sofort wird solchen Mitarbeitern damit gedroht, daß Ihnen je nach Grad des Disziplinverstoßes 1 oder 2 Tassen Kaffee-Mix verabreicht werden (mehr wäre unverantwortlich!)
Wir vermuten, daß dadurch die Arbeitsdisziplin erheblich verbessert wird.

Sie sollten auf der für dieses Getränk recht gelungenen, nur zu aufwendigen Verpackung (wenn Sie es schon nicht wagen, die einzelnen Surrogat-Bestandteile prozentual auszuweisen), wenigstens darauf hinweisen, daß der Verbrauch auf eigene Gefahr geschieht.

Sie können schon heute sicher sein, daß Sie Ihren Produktionsplan hinsichtlich Ihres neuen Produkts erfüllen, da sich der Verbrauch bestimmt [hier fehlt das Wort ‚nicht', M. S.]sprunghaft erhöhen wird.
Wir sind überzeugt, daß sich nur wenige Bürger der DDR diesen Angriff auf ihren Geschmack und ihren Geldbeutel gefallen lassen!

Sollten sich Absatzschwierigkeiten einstellen (was zu erwarten ist), dann empfehlen wir den Einsatz als
- Surrogat für Unkraut-Ex - Surrogat für Enthaarungsmittel
- Surrogat für Abführmittel - Surrogat für Alkohol (über 60 %)
u. ä.

Liebe Kollegen vom VEB Kaffee Halle!

Spaß beiseite, aber wir waren von der Verkostung Ihres neuen Produktes ehrlich enttäuscht.
Selbst dann, wenn wir vermuten und das auch einsehen, daß volkswirtschaftliche Erfordernisse eine Kaffee-Einsparung bedingen, ist Kaffee-Mix keinesfalls als Surrogat für Kosta anzusehen. Sie sollten dieses Produkt noch einmal einer sehr ernsten Prüfung unterziehen!
Nehmen Sie bitte unsere stark übertriebene Schilderung nicht ernster als wir selbst.
Trotzdem handelt es sich nach unserer Meinung nicht um eine Mischung erlesenster Kaffeesorten und Surrogate, sondern um eine Zumutung. Als Alternative bleibt ja wohl nur (für Empfänger unserer Gehalts- und Lohnstufen), den Genuß von Kaffee ganz aufzugeben oder monatlich 30 bis 50 Mark mehr aufzuwenden.

Abb. 71: Undatierte Eingabe des „Kaffeetrinker-Kollektivs" aus Karl-Marx-Stadt, vermutlich August 1977

Die vielen Eingaben, Briefe und sonstigen Äußerungen können schwerlich lediglich als „Meckerkultur" abgetan werden, wie die DDR-spezifische Form der offenen Unmutsäußerung oft bezeichnet wird.[252] Sicherlich gab es einige Äußerungen, deren Urheber lediglich ihrem Unmut Luft machen wollten und schimpften. Der überwiegende Teil der Meinungen war aber vor allem in der ersten Zeit von einem anderen Duktus geprägt. Konsumenten äußerten sogar grundlegendes Verständnis, gaben Anregungen und machten Verbesserungsvorschläge. So schlug

252 Zu dem System der Eingaben vgl. Mary Fulbrook: Ein ganz normales Leben. Alltag und Gesellschaft in der DDR, Darmstadt 2008, S. 252–307; Mühlberg: Eingaben als Instrument informeller Konfliktbewältigung, in: Badstübner, Evemarie (Hg.): Befremdlich anders. Leben in der DDR, Berlin 2000, S. 233–270; Ina Merkel: „Wir sind doch nicht die Mecker-Ecke der Nation". Briefe an das DDR-Fernsehen, Köln/Weimar/Wien 1998; Alf Lüdtke/Peter Becker (Hg.): Akten, Eingaben, Schaufenster. Die DDR und ihre Texte. Erkundungen zu Herrschaft und Alltag, Berlin 1997; Staadt: Eingaben.

ein Bürger aus Görlitz vor, durch die Verwendung von 5 Gramm „Mona“ statt 6,5 Gramm „Kosta“ bei der Herstellung von Kaffee in Gaststätten Devisen einzusparen.[253] Auch geht aus dem selbstbewussten Ton und der Bitte oder Aufforderung zur Stellungnahme[254], den viele Schreiben enthielten, hervor, dass sich die Menschen als sachkundige Konsumenten verstanden und davon ausgingen, dass sie von Partei und Regierung ernst genommen werden. Die Eingaben machen den Eindruck einer vertrauten Form der Stellungnahme, deren Beantwortung durch die betreffenden Stellen als selbstverständlich erwartet wurde.

Selbst SED-Mitglieder zeigten sich enttäuscht von der Art und Weise, wie die Beschlüsse unter Ausschluss der Öffentlichkeit gefällt worden waren:

„Ich weiß, dass der Weltmarkt angespannt ist. Ich habe aber kein Verständnis dafür, das wir davon nicht in Kenntnis gesetzt worden sind. Als alte Genossin habe ich Vertrauen zur Partei und sollte die Partei auch zu uns Vertrauen haben.“[255]

Ähnlich wie die Genossin attestierten viele Briefeschreiber der Regierung mangelndes Vertrauen in die Bevölkerung. Tatsächlich hatten die Verantwortlichen weder die Maßnahmen noch deren Begründungen in der Presse publik gemacht. Sie setzten auf eine indirekte Informationspolitik am Verkaufstresen und in der Schankstube: Statt eine Pressemittelung herauszugeben, organisierte der Minister für Handel und Versorgung eine „umfassende Anleitung und Schulung aller verantwortlichen Leiter und der Verkaufskollektive, wo Mischkaffee zum Einsatz kommt“.[256] Das Personal sollte die Konsumenten aufklären und die Vorteile des neuen „Kaffee-Mix“ anpreisen. Zu Recht kritisierten Verbraucher, damit werde die Verantwortung von der SED-Führung auf die untere Ebene abgeschoben.[257]

Die Kaffeefrage erwies sich als Problem Nummer eins in der öffentlichen Diskussion. Der Unmut in der Bevölkerung war so groß, dass er sich auch in vielen Lage- und Stimmungsberichten des Ministeriums für Staatssicherheit niederschlug: „Im Vordergrund der Diskussionen stehen gegenwärtig in allen Bevölkerungskreisen die Maßnahmen des Ministerrates der DDR zur Einsparung von Kaffee, Kakaoerzeugnissen und Südfrüchten. Dabei überwiegen vor allem Meinungsäußerungen zur veränderten Kaffeeversorgung“,[258] berichtete die Zentrale Auswertungs- und Informationsgruppe der Staatssicherheit am 11. August 1977, um dann fortzufahren:

253 Eingabe von Rolf K. vom 27.9.1977, SAPMO-BArch, Büro Werner Jarowinsky, DY 30/9076.

254 Vgl. z.B. Eingabe von Gisela U. aus Erla, Anlage zur SED-Hausmitteilung von Hans Rüscher an Hermann Pöschel vom 19.8.1977, SAPMO-BArch, Büro Günter Mittag, DY 30/2906.

255 Eingabe 1286/7 von J. F. aus Blankenburg vom 10.8.1977, BArch, DL 1 VA 22954. Rechtschreibung nicht korrigiert.

256 Information über den Stand der Realisierung des Beschlusses des Politbüros vom 26.7. 1977 zur Produktion und der Versorgung mit Kaffee und Kakaoerzeugnissen vom 15.8. 1977, S. 1, SAPMO-BArch, Büro Günter Mittag, DY 30/2906. Hervorhebung im Original.

257 Vgl. z.B. Bericht der Zentralen Auswertungs- und Informationsgruppe vom 1.9.1977, S. 4, BStU, MfS ZAIG 4118.

258 Bericht der Zentralen Auswertungs- und Informationsgruppe vom 11.8.1977, S. 1f., BStU, MfS ZAIG 4118.

„In vielen Diskussionen wird Kritik an der Informationspolitik geübt und Unverständnis darüber geäußert, daß in der Presse nicht über die Maßnahmen des Ministerrates zur Versorgungslage mit Kaffee Stellung genommen wurde. [...] Verschiedentlich wurde in diesem Zusammenhang die Frage gestellt, ob wir nicht stark genug seien, um die Bevölkerung offen und ehrlich über bestimmte Schwierigkeiten zu informieren."[259]

Als mit fortschreitender Zeit die SED-Führung keine erkennbaren Reaktionen zeigte, änderten die Diskussionen ihren Charakter. Das Misstrauen der Bevölkerung gegenüber der Staatsmacht und deren Bereitschaft, auf die Konsumentenwünsche einzugehen, wuchs. Auch die anderen Kaffee-Produkte riefen mittlerweile Argwohn hervor. So wurde z. B. der Verdacht geäußert, dass es sich bei der nun schlechter schmeckenden Marke Rondo ebenfalls um eine Art Mischkaffee handle.[260] Innerhalb der Bevölkerung zeichnete sich laut einem Bericht des Ministeriums für Staatssicherheit vom 12. September, „eine Tendenz zunehmender Unzufriedenheit ab". In den Diskussionen seien „teilweise skeptische, resignierende, pessimistische und negative Meinungen bis hin zu aggressiven Argumenten deutlich" geworden.[261] Auch der Ton der Eingaben wurde schärfer. So schrieb eine empörte Rentnerin:

„Was Sie mit dem Kaffee machen, ist eine große Schweinerei. Denken Sie das [sic] sich der Rentner den teuren Kaffee leisten kann? Wissen Sie überhaupt mit Ihrem großen Gehalt was es heißt im Monat mit 300 M auszukommen. Das einzige was sich ein Rentner geleistet hat, war Kaffee, auch das wird ihm genommen. Und Sie wollen eine Arbeiterregierung sein? Über den Westen schimpfen, das [sic] alles teurer wird, und dann selbst nachmachen."[262]

Im Einzelnen reklamierten die Menschen neben dem schlechten Geschmack des neuen Mischgetränkes vor allem die mangelnde Information der Bevölkerung und damit das mangelnde Vertrauen der Regierung in das Volk, die indirekte schleichende Preiserhöhung und die schlechte Filterfähigkeit des „Kaffee-Mix" sowie den zu hohen Preis im Verhältnis zur Qualität. Außerdem wurde der Regierung vorgeworfen, dass die Maßnahmen besonders Menschen mit kleinem Einkommen träfen, vor allem Rentner. Auch gebe es in Arbeitergaststätten nur Mischkaffee, in den Interhotels aber noch richtigen Kaffee. Vermehrte Stimmen stellten laut Berichten der Staatssicherheit die Legitimität der SED-Führung in Frage. Sie äußerten verbittert: „Von einem Arbeiter- und Bauern-Staat könne nicht mehr die Rede sein; dem Arbeiter werde nicht einmal mehr eine Tasse Kaffee gegönnt."[263] Andere wiederum klagten: „Für den Arbeiter in der DDR ginge der Wohlstand ‚langsam aber sicher zu Ende'"[264]. Den Nerv der SED-Führung,

[259] Ebd., S. 2.

[260] Bericht der Zentralen Auswertungs- und Informationsgruppe vom 1. 9. 1977, in: Die DDR im Blick der Stasi. Die geheimen Berichte an die SED-Führung 1977. Bearb. Henrik Bispinck, Göttingen 2012, S. 227.

[261] Hinweise auf Tendenzen der Unzufriedenheit in der Reaktion der Bevölkerung der DDR, 12. 9. 1977, S. 1, BStU, MfS ZAIG 4119.

[262] Eingabe von Berta M. vom 28. 9. 1977, SAPMO-BArch, Büro Werner Jarowinsky, DY 30/9069.

[263] Bericht der Zentralen Auswertungs- und Informationsgruppe vom 1. 9. 1977, S. 4, BStU, MfS ZAIG 4118.

[264] Hinweise auf Tendenzen der Unzufriedenheit in der Reaktion der Bevölkerung der DDR, 12. 9. 1977, S. 4, BStU, MfS ZAIG 4119.

die um internationale Anerkennung rang, traf die Beschwerde: „Die DDR sei inzwischen wieder soweit, daß Arbeiter und Rentner Bettelbriefe in die BRD schicken müssten, um zu Kaffee oder anderen auserlesenen Produkten zu kommen.“[265] Um eine Erklärung ringend, führte die Staatssicherheit den Unmut der Bevölkerung zum Teil auf die Beeinflussung durch die westlichen Massenmedien zurück.

Der Konsum von „Kaffee-Mix“ nahm nach anfänglichem Interesse für das neue Produkt immer mehr ab.[266] Die Kaffee-Surrogat-Mischung – im Volksmund mittlerweile „Erichs Krönung“ genannt – blieb in den Regalen liegen. In den Verkaufsstellen schlug sich dieser Trend schon kurz nach der Einführung nieder: „In der Kaufhalle ‚Zentra‘ in Gera wurden am 5. 8. 1977 27 kg, am 8. 8. 1977 18 kg und am 9. 8. 1977 lediglich 250 g Mischkaffee verkauft.“[267] Die Bevölkerung wollte das schlechte Mixgetränk nicht haben und reagierte mit einem Boykott.

Auch Gaststätten, die in ihrem Kaffeeangebot ausschließlich „Kaffee-Mix“ führten, verzeichneten im September einen Rückgang von 70–90 Prozent: „Die iga-Gaststätte in Erfurt, die bisher überwiegend Kaffeeumsatz tätigte, verkaufte am 2. und 3. September insgesamt 2 Tassen ‚Kaffee-Mix‘.“[268] Einzelne Gaststättenbesucher brachten zu Familienfeiern Röstkaffee selbst mit, „um den Gästen einen anständigen Kaffee anzubieten“.[269] Auch in den Betrieben griffen viele Menschen zur Selbsthilfe, so dass der vermehrte Bestand an Tauchsiedern in Verwaltungsräumen dort mit den Brandschutzverordnungen kollidierte.[270]

Aufgrund der schlechten Qualität des staatlichen Mixes stellten sich die Bürger ihre Kaffeemischungen selbst zusammen. Diese Privatmischungen aus dem Getreidekaffee „Im Nu“ und den Sorten Rondo oder Mona hatten nach Ansicht der Konsumenten ein besseres Aroma als der amtliche Mix.[271]

Beim Verkauf von Röstkaffee kam es mittlerweile zu turbulenten Szenen. Nachdem die Sorte Kosta nicht mehr im Angebot war, konzentrierten sich die Konsumenten vor allem auf die Marke Rondo. Gerüchte, nach denen auch diese Sorte aus dem Sortiment genommen werden sollte, führten schließlich zu Hamsterkäufen. So klagte beispielsweise das Fliesenwerk Boizenburg, dass viele Frauen ihre Arbeitsplätze verließen, sobald Rondo-Kaffee in der Betriebsverkaufsstelle im Angebot sei.[272] Konsumenten beschritten zudem neue Wege der Haltbarmachung:

265 Ebd., S. 5.

266 Vgl. Information über den Stand der Realisierung des Beschlusses des Politbüros vom 26. 7. 1977 zur Produktion und der Versorgung mit Kaffee und Kakaoerzeugnissen, 15. 8. 1977, S. 4, SAPMO-BArch, Büro Günter Mittag, DY 30/2906.

267 Information über die Versorgung mit Kaffee vom 15. 8. 1977, S. 2, BStU, MfS HA XVIII, Nr. 18216.

268 Instrukteursabteilung beim Vorsitzenden des Ministerrates: Informationen zur Versorgung mit Röstkaffee, 12. 9. 1977, S. 3, SAPMO-BArch, Büro Günter Mittag, DY 30/2906.

269 Ebd.

270 Bericht der Zentralen Auswertungs- und Informationsgruppe vom 1. 9. 1977, S. 3, BStU, MfS ZAIG 4118.

271 Instrukteursabteilung beim Vorsitzenden des Ministerrates: Informationen zur Versorgung mit Röstkaffee, 12. 9. 1977, S. 4, SAPMO-BArch, Büro Günter Mittag, DY 30/2906.

272 Instrukteursabteilung beim Vorsitzenden des Ministerrates: Informationen zur Versorgung mit Röstkaffee, 12. 9. 1977, S. 1, SAPMO-BArch, Büro Günter Mittag, DY 30/2906.

„Nach Informationen aus dem Bezirk Erfurt sprechen Bürger offen darüber, daß sie den Kaffee konservieren (mit Einkochblitz in Einweckgläser), um zu Festtagen über Kaffee zu verfügen."[273]

Angesichts der Missstimmung in der Bevölkerung suchten die Politiker nach gangbaren Wegen für Verbesserungen. Versuche der Aromatisierung des ungeliebten Mixkaffees durch das Aufsprühen von Aromaöl wurden wieder aufgegeben, da diese lediglich den Geruch, nicht aber den Geschmack zu ändern vermochten.[274] Auch von dem Vorhaben, noch weitere Sorten Mischkaffee anzubieten und sogar „Jacobs Jota Sport" zu importieren, kamen die Verantwortlichen wieder ab, als sich herausstellte, dass sich auch die westlichen Mischkaffees nicht zufriedenstellend filtern ließen.[275] Beim „Kaffee-Mix" allerdings waren die ostdeutschen Ingenieure insofern erfolgreich, als er sich mit einer neuen Rezeptur wenigstens in einem Teil der Kaffeemaschinen zubereiten ließ. Auch schmeckte die Mischung besser, nachdem der Surrogatanteil nicht mehr ausschließlich aus Roggen bestand, sondern auch Anteile von Zichorie, Zuckerrübenschnitzeln, Gerste, Gerstenspelzen und gerösteten Erbsen enthielt.[276]

Am 20. September beschloss das Politbüro, den Preis für „Kaffee-Mix" auf 32 Mark pro Kilo zu senken.[277] Gleichzeitig entschied die SED-Führung, das hochpreisige Kaffee-Sortiment in den Delikat-Läden auszubauen: Diese sollten künftig eine Röstkaffeemischung mit dem Namen Spitzenklasse für 100 Mark pro Kilo anbieten und darüber hinaus sogar Westkaffee in ihrem Sortiment führen: „Tchibo-Gold-Mocca" und „Jacobs Krönung" waren nun in Abpackungen zu 200 Gramm in Landeswährung für 110 Mark bzw. 130 Mark pro Kilo erhältlich. Dies erforderte die Einfuhr von 300 Tonnen „Jacobs Krönung" und 200 Tonnen „Tchibo-Gold-Mocca".[278] Darüber hinaus einigte sich das Politbüro, endlich eine Pressemitteilung herauszugeben.

Die Situation war noch immer politisch brisant, als sich die SED-Führung zur öffentlichen Stellungnahme durchrang. Am 23. September 1977 – und damit zwei Monate nach der Umsetzung der neuen Maßnahmen – gab das Ministerium für Handel und Versorgung durch die Presse erstmalig die gefällten Entscheidungen bekannt.[279] Drei Tage später ging auch Erich Honecker in seiner Dresdener Rede auf den Zusammenhang von Devisenknappheit, Weltmarktpreisen und Kaffeekonsum ein. Die Bürger sollen sich laut Berichten der Staatssicherheit generell erleichtert über den Schritt an die Öffentlichkeit gezeigt haben, beklagten aber,

[273] Ebd., S. 2.
[274] Mitteilung von Hans Rüscher an Günter Mittag vom 19. 9. 1977, SAPMO-BArch, Büro Günter Mittag, DY 30/2906.
[275] Mitteilung von Hans Rüscher an Günter Mittag vom 8. 9. 1977, ebd. Vgl. auch Protokoll über den Test von Jota-Sport-Kaffeeersatzmischung mit 50% Bohnenkaffee, ebd.
[276] Information betr. Filtrierfähigkeit der Mischkaffeesorte „Kaffee-Mix", Anlage zur Mitteilung von Hans Rüscher an Günter Mittag vom 21. 9. 1977, ebd.
[277] Beschluss des Politbüros des ZK der SED über Maßnahmen zur stabilen Versorgung der Bevölkerung mit Kaffee vom 20. 9. 1977, S. 7, BArch, DC 20-1/4/3894.
[278] Ebd., S. 7 f. und Anlage 3.
[279] Vgl. z. B. Mitteilung des Ministeriums für Handel und Versorgung, in: Neues Deutschland vom 23. 9. 1977.

dass er zu spät gekommen sei. Die Diskussionen seien bereits zu einer Art „Massenpsychose“ herangewachsen, hielten die Berichterstatter fest.[280] „Es sei typisch für unsere Informationspolitik, daß die Bevölkerung zu wichtigen Erscheinungen keine oder zu späte Informationen erhält. Dadurch würden wir uns selbst unzufriedene Diskussionen ‚organisieren‘“,[281] zitierte ein Lagebericht des Ministeriums für Staatssicherheit Stimmen in der Bevölkerung, die in erster Linie von SED-Mitgliedern gekommen sein dürften. Zufrieden mit den Korrekturen des Politbüros waren die meisten Bürger nämlich nicht. Auch der verbesserte und verbilligte „Mix“ sei sein Geld nicht wert und es sei schade um den dabei verwendeten Bohnenkaffee, waren oft geäußerte Meinungen. Der Konsum des neuen „Kaffee-Mix“ blieb minimal – im Dezember 1977 lag sein Anteil z. B. bei einem Prozent des gesamtem Kaffeeumsatzes.[282] Außerdem konnten die Bürger nicht verstehen, warum in der DDR die Situation so angespannt blieb, während auf dem Weltmarkt und im kapitalistischen Nachbarland bereits die Kaffeepreise wieder sanken, wie sie den Westmedien entnehmen konnten.

Auch die Satire wurde schwärzer. So fragten etwa die Kabarettisten der Leipziger „Pfeffermühle“ nach der Gemeinsamkeit von „Kaffee-Mix“ und Neutronenbombe und gaben selbst die Antwort: „Die Tassen bleiben ganz!“[283] In den Akten des Ministeriums für Staatssicherheit ist folgendes bissiges Spottgedicht überliefert:

„Werbespruch für Kaffee-Mix:
Kaffee-Mix, ein schönes Wort,
wer ihn trinkt, der stirbt sofort.
Die Pille ist nun abgeschafft,
Kaffee-Mix hat die gleiche Kraft.
Kaffee-Mix ganz super frisch
versaut dir jeden Kaffeetisch.
Wer morgen [morden?] will, hat's heute leicht,
Kaffee-Mix ist darauf geeicht.
Kaffee-Mix ist zu verwenden,
soll das Unkraut schnell verenden.
Nimm Kaffee – Mix zum Export,
alle Nachbarn laufen fort.
Soll ein Völkchen verenden,
Kaffee-Mix ist zu verwenden.
Du siehst es bald mit sanftem Schauer,
im Kaffee-Mix die Milch ist sauer.

280 Vgl. Hinweise auf erste Reaktionen der Bevölkerung der DDR zur Mitteilung des Ministeriums für Handel und Versorgung am 23. 9. 1977 zur Kaffeesituation vom 26. 9. 1977, BStU, MfS ZAIG 4120, und Information über Reaktionen des Bezirkes Cottbus zur Mitteilung des Ministeriums für Handel und Versorgung vom 23. 9. 1977, BStU, MfS BVfS Cottbus AKG 4166.

281 Hinweise auf erste Reaktionen der Bevölkerung der DDR zur Mitteilung des Ministeriums für Handel und Versorgung am 23. 9. 1977 zur Kaffeesituation vom 26. 9. 1977, S. 1, BStU, MfS ZAIG 4120.

282 Mitteilung von Hans Rüscher an Günter Mittag vom 22. 12. 1977, SAPMO-BArch, Büro Günter Mittag, DY 30/2906.

283 In der „Pfeffermühle“ dreht sich's um Kaffee. Die neue Mischung verärgert die DDR-Bürger, in: Handelsblatt vom 28. 9. 1977.

Hast Du ne Frau, die gar nicht will,
nach Kaffee-Mix liegt sie ganz still.
Der Herzinfarkt, der kommt ganz fix,
genießt Du oft den Kaffee-Mix."[284]

Im Gegensatz zum „Kaffee-Mix" stieß das neue hochwertige Sortiment auf große Resonanz. Trotz der hohen Preise vermerkten erste Analysen eine steigende Tendenz im Verkauf der Sorten Spitzenklasse, Tchibo-Gold-Mocca und Jacobs Krönung, wobei etwa ein Drittel des Umsatzes auf das DDR-Erzeugnis und der Rest auf die Importware fiel.[285] Die Verärgerung der Bevölkerung über den „Kaffee-Mix" und die neue Qualität des Rondo-Kaffees blieb. Letzterer war mittlerweile nicht nur der meistgekaufte – sein Anteil am Konsum lag im letzten Quartal 1977 bei bis zu 95 Prozent –, sondern auch der meistreklamierte Bohnenkaffee. Insgesamt verzeichneten die Behörden im zweiten Halbjahr 1977 14 000 Beschwerden, die sich auf die Sorte Rondo bezogen.[286]

Das Problem der Verbraucher war nicht nur der materielle Verdruss. Sie stellten auch die Legitimität des eigenen Gesellschaftssystems in Frage. Wiederholt wurde in den Eingaben an die Situation direkt nach dem Krieg erinnert, als Kaffee vor allem in Form von Substituten konsumiert worden war. Der verordnete Genuss des Roggengemisches weckte Assoziationen an die „schlechte Zeit", die man 32 Jahre nach Kriegsende endgültig hinter sich gelassen zu haben glaubte. Das nicht lebensnotwendige Genussmittel wurde – erneut – zum Indikator und zum Gradmesser für ein Leben in einem wachsenden Wohlstand, auf das die Bürger Anspruch erhoben. So kam es in einzelnen Aussagen zu einer Gleichsetzung der Kaffee-Versorgung mit dem allgemeinen Zustand des sozialistischen Staates:

„So schlecht, wie es mit dem Kaffee aussieht, ist es in der DDR. Wir können uns auf dem Weltmarkt nichts mehr leisten. Die Ostmark will keiner haben. Wir werden ausgebeutet, sonst könnten wir uns auch Kaffee leisten."[287]

Die Gleichsetzung der Kaffee-Qualität mit der Qualität des Systems sollte fortan die Wahrnehmung der Bevölkerung bis zum Ende der DDR prägen. Die Regierung musste zur Kenntnis nehmen, dass Abstriche am gewohnten Konsum ihre Herrschaft gefährdeten.

Die „Kaffeekrise" entschärfte sich, da die Weltmarktpreise für Rohkaffee sanken. Die SED-Führung zog aus der für sie gefährlichen Legitimitätskrise die Konsequenz, der Kaffee-Einfuhr nun noch mehr Nachdruck zu verleihen und den Import auf eine grundsätzlich neue Basis zu stellen. Die DDR-Regierung führte

[284] Werbespruch für Kaffee-Mix, Oktober 1977, BStU, MfS BVfS Potsdam, Vorl. Archiv 173/85.

[285] Mitteilung von Hans Rüscher an Günter Mittag vom 14. 10. 1977, SAPMO-BArch, Büro Günter Mittag, DY 30/2906.

[286] Schreiben von Dr. Udo Wange (Minister für Bezirksgeleitete Industrie und Lebensmittelindustrie) an Günter Mittag bezüglich Entwicklung der Importe von Rohkaffee und der Qualität der Röstkaffeemischungen, o. D. (August 1978), ebd.

[287] Information über abwertende und politisch-negative Diskussionen sowie Verbreitung von Gerüchten in Zusammenhang mit zentral getroffenen Maßnahmen vom 19. 9. 1977, S. 6, BStU, MfS BV Rostock AKG 275.

Verhandlungen mit den kaffeeproduzierenden Ländern – neben Brasilien, Kolumbien, Angola, Äthiopien und Vietnam nun auch mit den Philippinen, Liberia, Madagaskar, Peru, Costa Rica, Indien, Kenia, Kamerun, Burundi, Uganda, Tansania, El Salvador und Mexiko – und versuchte dabei in erster Linie Verträge auf der Grundlage des Warentausches auszuhandeln.[288] Nach dem Sturz der Somoza-Diktatur in Nicaragua durch die Sandinisten importierte die DDR 1979 erstmals Bohnen aus dem zentralamerikanischen Land.[289]

Auch die Ankurbelung der Kaffeeproduktion in Vietnam wurde von der ostdeutschen Regierung forciert. Der ostdeutsche Staat unterstützte den Anbau in dem traditionellen Tee-Produktionsland intensiv mit technischer und landwirtschaftlicher Ausrüstung, Transportmitteln und Fachkräften.[290]

Obwohl sich die SED-Führung von der Kaffeeproduktion in Vietnam große politische und wirtschaftliche Vorteile versprach und sie für die Ware „Solidaritätspreise" von 30 Prozent über dem Weltmarktniveau zahlte,[291] profitierte sie nur mehr in geringem Umfang von ihrer Unterstützung der vietnamesischen Kaffeeproduktion. Da die Anstrengungen um das Plantagenprodukt im wahrsten Sinne des Wortes erst Jahre später die ersten Früchte trugen, kam die Produktion des Vietnamkaffees erst richtig in Schwung, als die DDR bereits kollabierte. Politbüro-Mitglied Gerhard Schürer erinnerte sich:

> „Und dann bin ich selbst im Jahre 1980 nach Vietnam gefahren und habe versucht, ein Kaffeeabkommen abzuschließen mit Vietnam, was einmal dazu führen sollte, dass im Jahre 1990 – solange brauchte man, bis der Kaffee gewachsen ist und geerntet werden kann – mit erstmalig 1000 Tonnen Kaffee in Kraft getreten ist."[292]

Durch die Bemühungen der ostdeutschen Regierung um den Kaffeeanbau in Vietnam wurde der Grundstein gelegt für die herausragende Rolle, die dieser Staat bei der Versorgung des Welthandels mit Rohkaffee später spielen sollte. Gegenwärtig ist Vietnam nach Brasilien zweitgrößter Kaffeelieferant für Deutschland und zweitgrößter Kaffeeproduzent überhaupt – ebenfalls hinter Brasilien.[293] Im Jahr

288 Erfolgreich war die DDR-Regierung damit in Äthiopien, Angola, Brasilien, Kolumbien, auf den Philippinen, in Kamerun, der Elfenbeinküste und Indien, bis 1981 auch in Madagaskar, in Mexiko und Tansania. Vgl. Information zur Sicherung der Versorgung der Bevölkerung mit Röstkaffee im Jahre 1978 vom 19. 5. 1978, und Bericht des Ministeriums für Außenhandel vom 24. 5. 1978 über den Stand der Vertragsbindung beim Import von Rohkaffee, S. 1–6, SAPMO-BArch, Büro Günter Mittag, DY 30/2906, und Vorlage für die Kommission des Politbüros des Zentralkomitees der SED zur Koordinierung der ökonomischen, wissenschaftlich-technischen und kulturellen Beziehungen der DDR zu Ländern Asiens, Afrikas und des arabischen Raumes, betr. Konzeption für den Import von Rohkaffee und Kakaobohnen aus dem NSW, insbesondere aus Entwicklungsländern, bis 1985, vom 31. 7. 1981 von Dr. Udo Wange, Gerhard Briska und Wilhelm Bastian, SAPMO-BArch, Büro Günter Mittag, DY 30/2680.

289 DDR wird Kaffee aus Nikaragua importieren, in: Neues Deutschland vom 21. 12. 1979.

290 DDR-Delegation besucht Kaffeeanbaugebiet, in: Neues Deutschland vom 14. 1. 1986.

291 Nur jede hundertste Tasse DDR-Kaffee aus Extrakt, in: Der Tagesspiegel vom 14. 6. 1990.

292 Ton- oder Filmdokumente, Richter/Rentner: Mahlzeit DDR, Interview mit Dr. Gerhard Schürer, Min. 29:25. Ausdruck nicht korrigiert.

293 http://www.kaffeeverband.de/de/kaffeewissen/vom-roh-zum-roestkaffee/handel/welthandel (28. 6. 2010).

2007 beispielsweise importierte Deutschland 288 000 Tonnen Rohkaffee aus Brasilien und 234 000 Tonnen aus Vietnam.[294] Im September 2012 meldete das Statistische Bundesamt sogar, dass die Kaffee-Einfuhr in die Bundesrepublik aus Vietnam mit 171 000 Tonnen die aus Brasilien mit 154 000 Tonnen im ersten Halbjahr 2012 übertraf.[295]

Außerdem schloss die DDR mit der holländischen Firma Douwe Egberts einen Vertrag zur Gestattungsproduktion.[296] Ab April 1978 wurde in diesem Rahmen die Herstellung eines gemahlenen und vakuumverpackten Kaffees mit einer Jahresleistung von 2500 Tonnen im Betrieb VEB Kaffee Halle begonnen.[297] Mit dieser neuen Sorte erweiterte der Delikat-Handel sein gehobenes Sortiment.

Nachdem sich gezeigt hatte, dass ein Kaffee-Surrogat-Gemisch den Bohnenkaffeeverbrauch nicht zufriedenstellend senken konnte, schlug der Minister für Bezirksgeleitete Industrie und Lebensmittelindustrie Wange vor, das Verfahren der Kandierung wieder aufzunehmen, dass beim ehemaligen Kosta-Melange-Kaffee angewandt worden war, und eine Marke Rondo-Melange auf den Markt zu bringen.[298] Diese neue Sorte, bei dem durch den Zusatz von Zucker Bohnenkaffee gespart wurde, ging noch im selben Jahr in den Verkauf. In den 1980er Jahren folgte die Marke Mocca-Fix-Melange. Diesem Mahlkaffee waren sieben Prozent Zucker beigefügt worden.

Obgleich der neue Weg der Kaffeebeschaffung nach dem Warentauschprinzip eine gangbare Lösung zu sein schien, zeigten sich bald Schwierigkeiten. Durch die neuen Handelsverträge mit Ländern, die vor allem Robustakaffee anbauten, konnten die Hersteller die bisherigen Mischungsverhältnisse nicht wahren. Minister Wange gab den Impuls für eine einschneidende Rezepturänderung des Rondo- und Mocca-Fix-Kaffees: Bis dahin bestand die Mischung aus 30 Prozent der Preisklasse I (Kolumbianischer oder anderer mittelamerikanischer Kaffee hoher Qualität), 40 Prozent der Preisklasse V (Kaffee aus Brasilien) und weiteren 30 Prozent afrikanischen Kaffees mit überwiegendem Robusta-Anteil. Die neue Rezeptur sah dagegen nur noch zehn Prozent der Klasse I, 15 Prozent der Klasse V und 75 Prozent afrikanische Kaffees bzw. Robusta aus Vietnam, Laos, den Philippinen und weiteren Ländern vor.[299] Dadurch änderte sich der Geschmack. Auf der Skala der sensorischen Qualitätsbewertung für Kaffee rutschte die vergebene Note von 14 Punkten auf 9,4 bis maximal 10,5 Punkte und unterschritt dabei die Mindestan-

294 http://www.destatis.de/jetspeed/portal/cms/Sites/destatis/Internet/DE/Presse/pm/zdw/2008/PD08__020__p002,templateId=renderPrint.psml (28. 6. 2010).

295 https://www.destatis.de/DE/PresseService/Presse/Pressemitteilungen/zdw/2012/PD12_038_p002pdf.pdf?__blob=publicationFile (13. 5. 2013).

296 Gestattungsproduktion bedeutete, dass westliche Unternehmen in der DDR günstig produzieren ließen und als Gegenleistung einen Teil der Waren dem dortigen Binnenmarkt zur Verfügung stellten. Vgl. Wolle: Die heile Welt der Diktatur, S. 201 f.

297 Schreiben von Dr. Udo Wange (Minister für Bezirksgeleitete Industrie und Lebensmittelindustrie) an Günter Mittag vom 7. 2. 1978, SAPMO-BArch, Büro Günter Mittag, DY 30/2906.

298 Schreiben von Dr. Udo Wange an Günter Mittag vom 24. 5. 1978, SAPMO-BArch, Büro Günter Mittag, DY 30/2906.

299 Schreiben von Niedergesäß an die Bezirksleitung der SED in Halle vom 16. 8. 1978, SAPMO-BArch, Büro Günter Mittag, DY 30/2906.

forderung von 11,2 Punkten.[300] Minister Wange genehmigte daraufhin die Produktion von Kaffee unterhalb der Qualitätsgrenze.[301] Trotz der qualitativen Nachteile hielt die politische Führung aus ökonomischen Gründen an dem Handelsprinzip des Warentausches fest. 1980 wurden 83,8 Prozent und 1981 88,5 Prozent des Rohkaffees auf dieser Grundlage importiert.[302]

So verschlechterte sich nach dem Fiasko der „Kaffeekrise" von 1977 die Qualität des Kaffeesortimentes im normalen Lebensmittelhandel. Das Genussmittel war teurer und erheblich schlechter geworden. Lediglich die Delikat-Läden und Intershops boten Kaffees von hoher Qualität an. Das ungeschickte Vorgehen der Politiker hatte in eine Legitimationskrise geführt, die ein gestörtes Vertrauensverhältnis zurückließ. Hinzu kam, dass die Führung der DDR aus der in der Bevölkerung kritisierten Geheimhaltung ihrer Entscheidungen keine Lehren zog und auch weiterhin die Fragen der Kaffeeversorgung abseits der Öffentlichkeit regelte. So überdauerte das Misstrauen gegenüber dem in der DDR produzierten Kaffee die Krise.

Das Image der meisten in der DDR hergestellten Kaffees erholte sich bis zur Wiedervereinigung nicht mehr. Lediglich die Edelmarken der Delikat-Läden und Intershops reichten im Ansehen nahe an den Nimbus Westkaffee heran.

Die „Kaffeekrise" hatte gezeigt, dass es sich bei Kaffee um ein sehr sensibles Gut handelte. Albert Nordens Einschätzung, dass Kaffee ein „Volksgenussmittel" darstelle und eine Streichung hier schnell zum Politikum werden könne, hatte sich als überaus zutreffend erwiesen. Die Bürger der DDR empfanden das anregende Getränk mittlerweile als selbstverständlichen Teil ihres Alltags, obwohl es aufgrund der hohen Preise gleichzeitig immer noch ein Luxusgut war. Diesen Luxus jedoch wollte kaum jemand in der DDR missen und Eingriffe in den Kaffeekonsum sorgten für politischen Sprengstoff. Die Gleichsetzung von Zeiten, in denen es an Bohnenkaffee mangelte, mit Krisenzeiten bildete dabei einen Erfahrungshorizont, der bis in die Kriegs- und Nachkriegszeit zurückreichte. Die Verfügbarkeit des Genussmittels bildete einen Gradmesser für eine stabile Lebenssituation und die Akzeptanz des politischen Regimes.

Luxus oder Bedarf?

Die sozialistische Weltanschauung ging von objektiv bestimmbaren Bedürfnissen aus. Die Befriedigung dieses elementaren Bedarfs wurde als gesellschaftlich notwendig angesehen. Immerhin postulierte das kommunistische Credo, dass jeder

300 Ebd.

301 Schreiben von Dr. Udo Wange an Günter Mittag betr. Entwicklung der Importe und der Qualität der Röstkaffeemischungen, o. D., SAPMO-BArch, Büro Günter Mittag, DY 30/2906.

302 Vorlage für die Kommission des Politbüros des Zentralkomitees der SED zur Koordinierung der ökonomischen, wissenschaftlich-technischen und kulturellen Beziehungen der DDR zu Ländern Asiens, Afrikas und des arabischen Raumes, betr. Konzeption für den Import von Rohkaffee und Kakaobohnen aus dem NSW, insbesondere aus Entwicklungsländern, bis 1985, von Dr. Udo Wange, Gerhard Briska und Wilhelm Bastian, SAPMO-BArch, Büro Günter Mittag, DY 30/2680.

nach seinen Fähigkeiten produzieren und nach seinen Bedürfnissen erhalten solle. Allerdings blieben viele Fragen offen, zumal schon Karl Marx erklärt hatte, dass der Umfang dieser notwendigen Bedürfnisse selbst ein historisches Produkt sei.[303] Außerdem gestanden die Ideologen einen Spielraum und die Beeinflussbarkeit der Bedürfnisse ein, indem sie z. B. fragten:

„Welche Potenz besitzt die Volkswirtschaft, um diese Bedürfnisse zu befriedigen, und welche Aufgaben ergeben sich für Politik, Moral und Ideologie bei der Bewusstseinsbildung hinsichtlich der Bedürfnislenkung und -befriedigung."[304]

Die Antwort lautete:

„Bedürfnisnormative können die objektiv zu erkennende und als notwendig anzusehende Bedürfnisentwicklung im Einklang mit den Anforderungen an die Herausbildung der sozialistischen Lebensweise und die Persönlichkeitsentwicklung sowie anzustrebenden Wegen der Bedürfnisbefriedigung charakterisieren. Daraus können dann Verbrauchsnormative abgeleitet werden, die bereits konkreter die volkswirtschaftlichen Möglichkeiten berücksichtigen, woraus sich ergeben kann, daß auf die erkennbare Tendenz der Bedürfnisbefriedigung eingewirkt werden muß, damit eine bestmögliche Übereinstimmung zwischen real zu befriedigenden Bedürfnissen und gesellschaftlichem Anerkennungsprozeß herbeigeführt werden kann."[305]

Die beiden Autoren erklären darüber hinaus, dass notwendige Bedürfnisse sich beständig weiterentwickelten. Sie zeichneten sich dadurch aus, dass sie in der Gesellschaft oder in der betreffenden Klasse, Schicht oder sozialen Gruppe zum gesellschaftlich Normalen bzw. zur gesellschaftlichen Norm geworden seien.[306]

Die Grundversorgung der Bevölkerung mit allem Lebensnotwendigen war in den 1970er und 1980er Jahren gesichert, während der steigende Lebensstandard die Definition der darüber hinausgehenden Bedürfnisse beständig wandelte: Das in Leipzig erschienene „Meyers Neues Lexikon" definierte Luxus 1972 noch als „Verschwendungssucht", als „Aufwand für den individuellen Genuß, der das historisch mögliche Niveau der Bedürfnisbefriedigung übersteigt".[307] Das „Ökonomische Lexikon" verstand hingegen 1979 unter Luxusmitteln „Güter und Leistungen, die [...] allmählich immer breiteren Kreisen der Werktätigen zugänglich werden".[308]

Das Genussmittel Kaffee bewegte sich zwischen diesen Polen. Tatsächlich war es nicht lebensnotwendig. Trotzdem betrachteten es viele Bürger in den letzten 20 Jahren der sozialistischen Republik als Teil ihrer alltäglichen Grundversorgung. Auch das Institut für Marktforschung untersuchte Kaffee im Jahr 1975 unter der Rubrik „Waren des täglichen Bedarfs".[309] Und obgleich die Regierung die wach-

[303] Vgl. Karl Marx: Das Kapital, Bd. 1, Berlin 1962, S. 185.

[304] Gerhard Manz/Rudolf Walter: Bestimmung des notwendigen Bedürfnisses, in: Mitteilungen des Institutes für Marktforschung 22 (1983), S. 29–31, hier S. 29.

[305] Ebd., S. 29

[306] Ebd., S. 30.

[307] Meyers Neues Lexikon, Bd. 8, Leipzig 1972, S. 700, zit. n. Evelin Grohnert: „Es gab nichts, aber jeder hatte alles". Renate Z., Verkaufsstellenleiterin, erzählt, in: Andreas Ludwig (Hg.): Fortschritt, Norm und Eigensinn. Erkundungen im Alltag der DDR, Berlin 1999, S. 118.

[308] Ökonomisches Lexikon, Bd. 2, Berlin 1979, S. 456, zit. n. ebd.

[309] Institut für Marktforschung: Die Entwicklung des Bedarfs der Bevölkerung der DDR in den Jahren 1976 und 1977 bei ausgewählten Positionen. Teil I: Waren des täglichen Bedarfs, Leipzig 1975, Archiv des Institutes für Marktforschung Leipzig.

sende Prosperität der Bürger befriedigt wahrnahm und zur Legitimation des eigenen Systems nutzte, stellte das Genussmittel doch Anforderungen an die Außenhandelsbilanz, die man nicht unbedingt fördern wollte. So wurde in der DDR für Kaffee – von der Einführungskampagne der zentralen Sorten im Jahr 1959 abgesehen – keine Werbung gemacht.

Grundsätzlich warb man vor allem für Waren, deren Absatz die Industrie ankurbeln wollte – etwa, weil sie im Übermaß produziert worden waren. Für Mangelwaren durfte dagegen nicht geworben werden.[310] Am 23. Januar 1975 wurde dann mit der „Anordnung zum sparsamen Einsatz materieller und finanzieller Fonds für Werbung und Repräsentation“ Werbung prinzipiell verboten und nur noch für Waren erlaubt, „für deren Absatz ein besonderes volkswirtschaftliches Erfordernis besteht“.[311] De facto bedeutete dies das Ende der Binnenwerbung in der DDR. 1976 wurde folglich auch die Redaktion Werbefernsehen beim Deutschen Fernsehfunk aufgelöst.[312]

Für Kaffee änderte sich dadurch jedoch nichts. Dort fand Werbung nur am Produkt selbst statt. Da sich auch in den Geschäften der DDR die Selbstbedienung immer mehr durchsetzte, mussten die Waren über ihr äußeres Erscheinungsbild für sich selbst sprechen. Und sie sprachen eine deutliche Sprache der Distinktion: In den Einkaufsstätten für den alltäglichen Bedarf bedeckte nur eine schlichte Hülle aus einfachen Materialien die mit ganzen Bohnen gefüllten Pakete. Den gemahlenen Kaffee verpackten die Röster in eine moderne goldene Triplex-Folie. Und seitdem DDR-Kaffee in den „Läden des gehobenen Bedarfs“ angeboten wurde, verlieh ein exklusives Erscheinungsbild den Packungen ihre Wirkung.[313] Die Verpackungen für diesen Kaffee zeigen deutlich, wie sehr der West-Standard auch hier als Leitbild fungierte.

Die Delikat-Läden zwischen Luxus und Versorgung

In den 1960er Jahren richtete die Regierung der DDR Geschäfte für den gehobenen Bedarf ein. 1962 eröffneten die ersten Exquisit-Läden für hochwertige Bekleidung und 1966 folgten die Delikat-Geschäfte für Nahrungsmittel. Die Verkaufsstellenleiterin Renate Z. erinnert sich an die Eröffnung der ersten Delikat-Geschäfte:

> „Hier gab's zum Teil eigene Produkte, aber auch Waren aus westlicher Produktion, um Kunden ohne Westgeld trotzdem Westwaren anzubieten, allerdings viel zu teuer. Aber das Geld war ja da, die Leute verdienten genug […]. Das beste Beispiel ist wohl dieser Kaffee in den ovalen Dosen, der ‚first-class‘-Kaffee. Den gab's erst im normalen Laden, dann plötz-

[310] Vgl. Ina Merkel: Utopie und Bedürfnis. Die Geschichte der Konsumkultur in der DDR, Köln/Weimar/Wien 1999, S. 215f.

[311] Verfügungen und Mitteilungen des Ministeriums für Handel und Versorgung vom 25. 6. 1975, Anweisung Nr. 21/75; zit. n. Simone Tippach-Schneider: Messemännchen und Minol-Pirol. Werbung in der DDR, Berlin 1999, S. 158.

[312] Vgl. Rainer Gries: Produktkommunikation. Geschichte und Theorie, Wien 2008, S. 179f.

[313] Zu den Läden des gehobenen Bedarfs wie Delikat und Intershop vgl. Merkel: Utopie und Bedürfnis.

Jahr	EHU Delikat in Mio M	Entw. z. Vj. in Mio M	auf %	Ausgaben pro Kopf M	Anteil am Zuwachs des NGU ges. %	Anteil am NGU ges. %
1978	765	-	-	46	.	1,6
1979	1475	710	192,8	88	53,3	3,0
1980	2107	632	142,8	126	51,5	4,2
1981	2420	313	114,9	145	21,2	4,7
1982	2350	./.70	97,1	141	-	4,5
1983	2476	126	105,4	148	15,1	4,6
1984	3510	1034	141,8	210	58,6	6,3
1985	4126	616	117,5	247	35,6	7,3
1986	4524	398	109,6	273	25,0	7,7
1987	4839	315	107,0	292	17,5	8,0
1988	5195	356	107,4	312	29,7	8,5
1989	5400	205	103,9	325	27,8	8,7

Abb. 72: Die Tabelle veranschaulicht die Entwicklung des Delikat-Handels. Die zweite Spalte gibt den Umsatz (Einzelhandelsumsatz) der Delikat-Läden in Millionen Mark wieder, Spalte drei und vier die Veränderung gegenüber dem Vorjahr in Summe und Prozent. Spalte fünf beziffert die Pro-Kopf-Ausgaben für Produkte des Delikat-Handels, Spalte sechs den prozentualen Anteil dieser Waren am Zuwachs des Einzelhandelsumsatzes von Nahrungs- und Genussmitteln und Spalte sieben gibt den prozentualen Anteil dieser Waren am Einzelhandelsumsatz von Nahrungs- und Genussmitteln generell an.

lich im ‚delikat', im ‚Intershop' und im Export soll er auch irgendwie gewesen sein. Was der gekostet hat, weiß ich nicht mehr, aber billig war er nicht."[314]

Obwohl die DDR-Regierung mit der Einrichtung dieser Feinkostläden einen zwiespältigen Weg beschritt, der sich gegen den egalitären Grundgedanken des Sozialismus wandte, wurden die Läden zunehmend zu einem Faktor der Versorgung. Im September 1977 hatte Erich Honecker in seiner Dresdener Rede den Ausbau der Exquisit- und Delikat-Läden in Aussicht gestellt, um Bürgern ohne Devisen eine Alternative zum Einkauf im Intershop anzubieten.[315] Nach 1978 dehnte sich daher das Netz der Verkaufsstellen immer stärker aus. Die Zahl der Delikat-Geschäfte stieg von 124 um das 7-fache auf 873 im Jahr 1986.[316] Auch die Umsätze wuchsen, wie die unten abgebildete Tabelle zeigt. „Die Versorgung mit hochwertigen Nahrungs- und Genussmitteln über den Delikat-Handel ist zu einem festen Bestandteil des Ernährungsregimes der Bevölkerung geworden",[317] urteilte eine Untersuchung 1986.

314 Interview mit der Verkaufsstellenleiterin Renate Z., zit. n. Ludwig (Hg.): Fortschritt, Norm und Eigensinn, S. 117f.

315 Die sozialistische Revolution in der DDR und ihre Perspektiven. Aus der Rede des Generalsekretärs des Zentralkomitees der SED, Erich Honecker, in: Neues Deutschland vom 27. 9. 1977. Vgl. auch Kapitel zu den Intershops.

316 Petra Knötzsch: Analyse des Verbrauchs bei hochwertigen Nahrungs- und Genußmitteln im Delikathandel 1986, Leipzig 1986, S. 6b, BArch, DL 102/1843.

317 Ebd., S. 17.

Vor allem besondere Anlässe, wie Familienfeiern oder Festtage, führten die Kunden in die Delikat-Läden, wie eine Analyse des Kaufverhaltens 1986 festhielt. Daneben gab es jedoch auch eine große Zahl von Bürgern, die auch für den regelmäßigen Verbrauch dort einkauften.[318]

Der hohe Preis für Kaffeeprodukte ließ die Käufer beim Delikat-Sortiment nur zögerlich zugreifen. Charlotte Nielitz erinnerte sich: „Also im Delikatladen konnte ich mir den Kaffee nicht leisten. So hohe Gehälter bekam man ja damals nicht."[319] Hauptsächlich konsumierten die DDR-Bürger den jeweils günstigsten Kaffee aus dem Sortiment des allgemeinen Lebensmittelhandels. 1978 etwa betrug der Anteil der in Delikat-Läden verkauften Kaffeemenge – die zu diesem Zeitpunkt vor allem aus der Marke Spitzenklasse und aus importierten Sorten bestand[320] – weniger als ein Prozent am Gesamtkonsum.[321] Dieser Anteil steigerte sich kontinuierlich. 1988 lag er bei 4,6 Prozent. 2893 Tonnen Kaffee für insgesamt 306,30 Millionen Mark waren in Delikat-Läden von Konsumenten, die eine hohe Qualität ihres Röstkaffees wünschten, gekauft worden.[322]

Die Entwicklung des Absatzes und der durchschnittlichen Preise von Kaffee im Delikat-Handel

Jahr	Warenbereitstellung (Absatz)/Tonnen	Durchschnittspreis/Mark pro Kilo
1978	500	90
1979	192	89,8
1980	377	91,1
1981	574	90
1982	750	92,57
1983	657	95,44
1984	1214	89
1985	1581	93,02
1986	1936	103,09
1987	2245	105,9
1988	2893	105,9

Abb. 73: Tabelle über die Entwicklung des Absatzes und der durchschnittlichen Preise von Kaffee im Delikat-Handel 1978–1988

318 Ebd.

319 Ton- oder Filmdokumente, Richter/Rentner: Mahlzeit DDR, Interview mit Charlotte Nielitz, Min. 30:30.

320 Die Preise im Einzelnen betrugen 1978: Tchibo 250 g für 27,50 Mark, Jacobs 200 g für 26 Mark, Spitzenklasse 125 g für 12,50 Mark. Vgl.: Gundula Gröhn: Vergleich der Ausgaben und des Verbrauchs von Nahrungs- und Genußmitteln in der DDR und BRD, Leipzig 1978, Anhang, BArch, DL 102/1602.

321 Die Menge des im Delikat-Handel verkauften Röstkaffees betrug in diesem Jahr 500 t im Wert von 45 Mio. Mark. Vgl. Institut für Marktforschung: Die Entwicklung des Einzelhandelsumsatzes bei Nahrungs- und Genußmitteln und des Bedarfs an ausgewählten Positionen für die Jahre 1979 und 1980, Leipzig 1978, S. 39/2, Archiv des Institutes für Marktforschung Leipzig; Petra Knötzsch: Analyse des Verbrauchs bei hochwertigen Nahrungs- und Genußmitteln im Delikathandel 1986, Leipzig 1986, S. 21, BArch, DL 102/1843.

322 Die Angabe bezieht sich auf die Kaffeemenge. Der Wert des Delikat-Kaffees am Gesamtkonsum betrug 6,8%. Petra Knötzsch: Analyse des Verbrauchs bei hochwertigen Nahrungs- und Genußmitteln im Delikathandel 1988, Leipzig 1988, Anhang Röstkaffee, BArch, DL 102/2097.

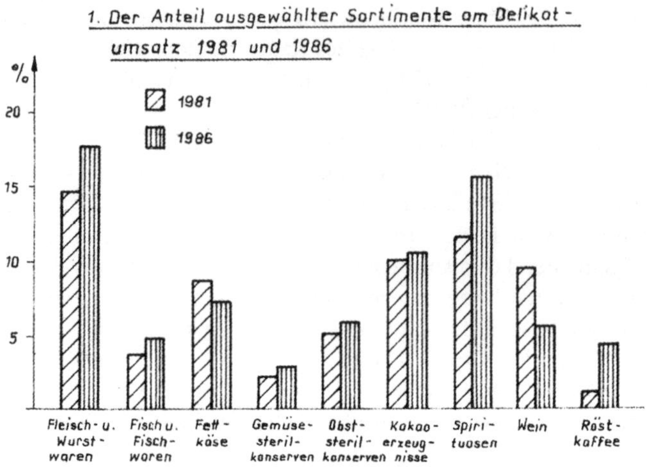

Abb. 74: Diagramm über den Anteil ausgewählter Lebens- und Genussmittel am Umsatz im Delikat-Handel

Die schlechte Kaffee-Qualität aus dem Sortiment der Lebensmittelgeschäfte trieb die Verbraucher nicht massenweise in die Feinkostläden. Statistisch gesehen gab im Jahr 1986 jeder Haushalt 47 Mark für Delikat-Kaffee aus. Bei einem Durchschnittspreis von 105,90 Mark pro Kilo entsprach dies einer Warenmenge von 444 Gramm.[323]

Auch im Umsatz der Delikat-Läden war Röstkaffee nicht der stärkste Artikel, obgleich dieser in den 1980er Jahren enorme Steigerungsraten aufwies. 1980 betrug der Umsatzanteil von Kaffee 1,6 Prozent, acht Jahre später war er auf 6,0 Prozent gestiegen.[324]

Schon die äußere Erscheinung setzte die Feinkosterzeugnisse vom restlichen Lebensmittelsegment ab. Die Aufmachung der Kaffeepackungen in den Delikat-Läden konnte mit den Westkaffees durchaus mithalten. Die aufwendige Gestaltung trug den Kundenansprüchen Rechnung: 41 Prozent der befragten Personen erklärten bei einer Konsumstudie über das Kaufverhalten von Kunden im Delikat-Handel, dass sie sich bei der Kaufentscheidung für ein neues Produkt von der Attraktivität der Verpackung leiten ließen.[325] Diese Begründung rangierte weit vor weiteren Motiven: Das Kaufverhalten anderer Kunden war für 27 Prozent der Käufer entscheidend, der Preis für 19 und die Herkunft des Artikels für 17 Prozent. Das Material für die aufwendigen Verpackungen der Delikat-Erzeugnisse musste jedoch zum überwiegenden Teil importiert werden und stellte insofern ein großes finanzielles Problem für die DDR-Wirtschaft dar.[326] Diese Devisen ver-

323 Zum Vergleich: Der Pro-Kopf-Verbrauch von Kaffee betrug 1986 3,7 kg im Jahr. Vgl. Statistisches Jahrbuch der DDR, Berlin 1989, S. 292.

324 Petra Knötzsch: Analyse des Verbrauchs bei hochwertigen Nahrungs- und Genußmitteln im Delikathandel 1988, Leipzig 1988, Anhang Röstkaffee, BArch, DL 102/2097.

325 Petra Knötzsch: Analyse des Verbrauchs bei hochwertigen Nahrungs- und Genußmitteln im Delikathandel 1986, Leipzig 1986, S. 20, BArch, DL 102/1843.

326 Petra Knötzsch: Analyse des Verbrauchs bei hochwertigen Nahrungs- und Genußmitteln im Delikathandel 1989, Leipzig 1989, S. 19, BArch, DL 102/2174.

Abb. 75: Verschiedene Kaffeemischungen für Delikat-Läden 1989

schlingenden Aufwendungen wurden in Kauf genommen, da vor allem über die Verpackung der Niveauunterschied zu den Waren des alltäglichen Konsums kommuniziert werden konnte. Darüber hinaus erwarteten viele Konsumenten auch im Sozialismus über den reinen Gebrauchswert des Produktes hinaus eine die Sinne ansprechende Aufmachung, die dem Inhalt entsprach.

Der Westen im Osten: Kaffee im Intershop

Westkaffee war im Osten spätestens seit dem 1958 von der Regierung verkündeten Ziel „Einholen und Überholen" als Vergleichsfolie präsent. Der stetige Zustrom an Geschenksendungen und der Empfang des westdeutschen (Werbe-)Fernsehens beförderten die westliche Warenwelt permanent ins Bewusstsein der Konsumenten. Ebenso entscheidend wie diese externen Anreize war für die Wahrnehmung der Bevölkerung die Praxis der Regierenden, trotz Verteufelung des Westens dessen technisches Know-how und Lebensstandard zum Vorbild zu nehmen und immer mehr Konsum-Enklaven für Waren der Bundesrepublik zu schaffen.

Die Intershops, die ab 1955/56 als Dienstleistung für Besucher aus dem westlichen Ausland gegründet wurden, sollten vor allem Devisen ins Land bringen.[327] Angelehnt an das Modell der „Duty-free-Shops" boten diese Läden den Besuchern steuer- und zollfreie Waren aus westlicher Produktion gegen auf dem Weltmarkt frei konvertierbare Währungen. Damit waren die Geschäfte gewissermaßen „exterritoriale Gebiete der westlichen Warenwelt in der DDR".[328] DDR-Bürger waren dort als Käufer eigentlich nicht vorgesehen, da der private Besitz von Devi-

327 Zur Geschichte der Intershops vgl. Katrin Böske: Abwesend anwesend. Eine kleine Geschichte des Intershops, in: Ina Merkel/Katrin Böske (Hg.): Wunderwirtschaft. DDR-Konsumkultur in den 60er Jahren, Köln/Weimar/Wien 1996, S. 214–222.
328 Ebd., S. 219.

sen bis 1974 untersagt war. Trotzdem fanden auch schon vor 1974 Konsumenten Mittel und Wege, um an die inkriminierte Westwährung und zu den Enklaven des Westkonsums zu gelangen. Von denjenigen, denen diese Zugänge verschlossen waren, wurde dies mit Unmut zur Kenntnis genommen, wie die Leiterin einer Verkaufsstelle, Renate Z., feststellte:

„In dieser Zeit wurde die Handelsorganisation ‚Intershop' gegründet. Da kamen Devisen ins Land. Trotzdem war es in den Augen der meisten eine Sauerei. In meinen Augen auch. Das hätte man nicht tun dürfen, denn damit teilte man die Menschen in bestimmte Kategorien ein. Derjenige, der Westgeld hatte, konnte dort einkaufen. Der andere mußte es sich besorgen. 1:4, 1:6, je nachdem, wie der Kurs stand."[329]

1974 änderte sich die Situation: Ab diesem Zeitpunkt war mit der Einführung der „kleinen Devisenfreiheit" den DDR-Bürgern der Besitz von westlichen Währungen gestattet und sie konnten ganz legal in den Intershops einkaufen. Die Legalisierung des Devisenbesitzes ließ freilich die Spaltung in Menschen mit und ohne Zugang zu Westgeld bestehen.

Die SED-Führung stand den Intershops ambivalent gegenüber. Trotz der willkommenen Funktion als Devisenbringer begegneten die Politkader den Intershops mit Unbehagen und betrachteten sie als eine Art notwendiges Übel. Erich Honecker erklärte 1977:

„Diese Läden sind selbstverständlich kein ständiger Begleiter des Sozialismus [...]. Natürlich übersehen wir nicht, daß nun Bürger der DDR, die keine Devisen besitzen, im gewissen Sinne im Nachteil gegenüber denen sind, die über solche Währung verfügen. Mit dieser Frage haben wir uns befaßt und festgelegt, das Netz der Exquisitläden auszubauen, so daß in jedem Kreis Bürger unserer Republik die Möglichkeit haben, Waren der höheren Preisklasse für Mark der DDR zu kaufen [...]. Auch die Anzahl der Delikat-Läden [...] wird erhöht [...]. Wir sind dafür, daß sich die Exquisit- und Delikatläden mit dem Ausbau ihres Netzes, durch ihr Angebot als Konkurrenz zu den Intershop-Läden entwickeln [...]."[330]

Anders als dieser ambitionierte Plan es vorsah, gelang es den Exquisit- und Delikat-Läden nicht, ein tatsächlich gleichwertiges Sortiment anzubieten, obwohl sie zeitweise westliche Marken wie Jacobs und Tchibo verkauften. Psychologische Komponenten spielten eine wichtige Rolle: Die Intershops erschlossen einen – weiteren – Zugang zu Westprodukten. Die Präsentation der bunten Konsumwelt schuf Wünsche bei den DDR-Bürgern. Dort stand neben anderen begehrten Produkten eine Fülle von Kaffeepackungen in den Regalen greifbar, die sonst nur via Westpaket oder -besuch in die heimischen Stuben gelangten.

Gleichzeitig sorgten jedoch der begrenzte Zugang der DDR-Bürger zu Devisen dafür, dass der Kaffeekauf dort in einem engen Rahmen blieb. Für ein Pfund Kaffee bezahlte der Intershop-Kunde etwa 6,50 DM.[331] 1978 bezog jeder Konsument durchschnittlich 70 Gramm Kaffee im Intershop. Dies entsprach einem Anteil von

[329] Interview mit der Verkaufsstellenleiterin Renate Z., zit. n. Ludwig (Hg.): Fortschritt, Norm und Eigensinn, S. 117.

[330] Die sozialistische Revolution in der DDR und ihre Perspektiven. Aus der Rede des Generalsekretärs des Zentralkomitees der SED, Erich Honecker, in: Neues Deutschland vom 27. 9. 1977.

[331] Intershop-Läden in der DDR kennen keine Flaute, undat. AP-Meldung, Archiv des Deutschen Kaffeeverbandes, DKV ZA 90.

nur zwei Prozent am gesamten Kaffeeverbrauch.[332] Im Vergleich dazu betrug die Zusatzversorgung durch die westlichen Kaffee-Geschenke im selben Jahr das Zehnfache.[333]

Der Kaffee aus dem Intershop war zu kostbar, um ihn in erster Linie zum eigenen Verbrauch zu erstehen. Die Menschen kauften ihn vor allem für besondere Anlässe, als Geschenk oder Tauschmittel. Eine Intershop-Verkäuferin beschrieb die Vorteile, die man sich durch Waren und nicht zuletzt Kaffee aus dem Intershop verschaffen konnte:

„Also beim Arzt, ja [...]. Ja, ich hatte ja denn auch immer was für sie. Und Sie waren ein bevorzugter Kunde. Und heute noch grüßen die Leute mich, die Ärzte. Ist wirklich wahr. Wenn Sie was mitgebracht hatten, ein halbes Pfund Kaffee, dem Alter entsprechend, wenn es eine junge Ärztin war, hab ich Parfüm mitgebracht. Oder für eine ältere habe ich Kaffee mitgebracht. Waren Sie sofort drin, ja. Oder beim Lehrer. Sie haben dem Lehrer oder der Lehrerin mal was mitgebracht, die Kinder kriegten automatisch bessere Zensuren, ja. Und das war auch alles viel angenehmer und leichter. Wenn ich 'ne Oma oder was drüben gehabt hätte, ja, ich hätte es noch leichter gehabt im Osten [...].“[334]

Das Besondere dieser Läden sei der Geruch gewesen, stellte Katrin Böske in ihrer Untersuchung der Intershops fest. Zahlreiche ihrer Interviewpartner erinnerten sich an das Geruchsgemisch aus den Düften westlicher Parfüm- und Waschmittelerzeugnisse mit Kaffee, Schokolade und anderen West-Artikeln:

„Die Intershopwaren umgab eine Aura. Mit ihnen verknüpften sich Idealvorstellungen wie tadellose Funktionsfähigkeit, modisches Aussehen oder auch eine besondere Genussbefriedigung. In ihnen spiegelte sich in gewissem Maße das ‚Weltniveau‘ wider [...]. Zu der Besonderheit des Intershops gehörte die Helligkeit und Buntheit der ausgestellten Waren ebenso wie deren Fremdheit und Unerreichbarkeit.“[335]

Obwohl die Waren mit der Devisenfreigabe 1974 leichter erworben werden konnten und auch die Anzahl der Läden vor allem in den 1980er Jahren stark ausgeweitet wurde,[336] veränderte sich die Situation prinzipiell nicht. Die Präsenz des Westens im Osten schuf mehr Unzufriedenheit, als über die Erreichbarkeit der Waren vermindert wurde. Die Bedeutung der Intershops im Bewusstsein der DDR-Bürger war nicht nur, dass sie dort Westwaren kaufen konnten, sondern dass sie diese wahrnehmen und bestaunen konnten. Und folgerichtig nutzten viele Menschen die Geschäfte nicht allein zum Einkauf, sondern auch als Ziel für einen Sonntagsausflug:

„Der sonntägliche Pilgergang durch die Intershops (neben den wenigen Spätverkaufsstellen die einzigen geöffneten Geschäfte am Sonntag) war ein Massenereignis.“[337]

332 Petra Knötzsch: Der Röstkaffeeverbrauch im Jahr 1978, Leipzig 1978, S. 2, BArch, DL 102/1184.
333 Über Geschenke und Reisemitbringsel erhielt jeder DDR-Bürger 1978 durchschnittlich 750 g Kaffee bzw. 20,8% Anteil am Gesamtverbrauch. Vgl. ebd.
334 Interview mit einer ehemaligen Intershop-Verkäuferin, zit. n. Böske: Abwesend anwesend, S. 214.
335 Ebd., S. 221.
336 Vgl. Merkel: Utopie und Bedürfnis, S. 245.
337 Ebd., S. 245.

In der Dauerausstellung des (un)erreichbaren Westkonsums konnten die Ostdeutschen die Fülle des Angebotes in Augenschein nehmen; hier konnten sie betrachten oder auch kaufen, was sie eigentlich nicht kaufen konnten.

Der permanente Vergleich mit der Bundesrepublik

Der wichtigste Bezugspunkt im internationalen Konsumvergleich war aus Sicht der DDR-Bürger, der Behörden und der SED-Führung die Bundesrepublik. So stellte das Institut für Marktforschung 1978 für den Bereich Nahrungs- und Genussmittel ganz allgemein fest:

> „Eine besondere Bedeutung besitzt dabei das Konsumtions- und Preisniveau der BRD, da durch das Angebot in Intershopläden und Exquisit- sowie Delikat-Verkaufsstellen und die persönlichen Kontakte zu BRD-Bürgern ein Großteil der Bevölkerung der DDR die Möglichkeit des produktbezogenen Vergleichs hat.“[338]

Selbstverständlich spielte auch das Westfernsehen eine wichtige Rolle. Vor allem die Werbesendungen brachten den DDR-Bürgern die bunten Produktlandschaften und das Verlangen danach in ihre Wohnzimmer. Nach wie vor lag der Pro-Kopf-Verbrauch von Kaffee in der Bundesrepublik deutlich über dem der DDR. Auch war der durchschnittliche Ausgabenanteil für Nahrungs- und Genussmittel im östlichen Staat wesentlich höher als im westlichen.[339] So verwendeten Arbeiterhaushalte 1976 in der DDR durchschnittlich 6,0 Prozent und in der Bundesrepublik 2,8 Prozent ihres Budgets für Röstkaffee.[340] Die Unterschiede bei der Verwendung der privaten Konsumausgaben beruhten in erster Linie auf dem großen Preisunterschied bei Genussmitteln.

Während die Preise für Nahrungs- und Genussmittel in der Bundesrepublik in den 70er Jahren enorm anstiegen, nahmen gleichzeitig die Geldeinnahmen der Bevölkerung doppelt so schnell zu, so dass die Bundesbürger für Konsumgüter trotz des höheren Preisniveaus im Jahre 1976 im Vergleich zu 1970 im Schnitt 16 Prozent weniger Arbeitszeit aufwenden mussten.[341] Gleichzeitig fand dort eine bemerkenswerte Preisentwicklung der Genussmittel gegenüber den Nahrungsmitteln statt: Während die Nahrungsmittelpreise insgesamt stark zulegten, erhöhten sich die Genussmittelpreise ungleich weniger.[342] In der DDR blieben die Preise wegen der einheitlichen Preisfestlegung konstant.[343] Eine Gegenüberstellung zeigte folgerichtig, dass die auffälligsten Unterschiede zwischen beiden Staaten bei den Genussmitteln bestanden. Röstkaffee wies dabei die größte Differenz auf: Die Preise, die Konsumenten in der DDR zahlten, lagen um 170 bis 650 Prozent über

338 Gundula Gröhn: Vergleich der Ausgaben und des Verbrauchs von Nahrungs- und Genußmitteln in der DDR und BRD, Leipzig 1978, S. 1, BArch, DL 102/1602.
339 Ebd., S. 7.
340 Ebd., S. 11 u. 13.
341 Ebd., S. 19.
342 Zwischen 1970 und 1976 stiegen die Nahrungsmittelpreise durchschnittlich um 48%, die Genussmittelpreise um 28%. Ebd.
343 Lediglich bei Spirituosen gab es 1971 eine Preiserhöhung. Vgl. ebd., S. 20.

Abb. 76: Die Tabelle über den Lohn-Kaufkraft-Vergleich aus dem Jahr 1978 berücksichtigt sowohl die durchschnittlichen Preis- als auch die Einkommensunterschiede in beiden deutschen Staaten.

	Für einen Stundenlohn (Durchschnittslohn) können gekauft werden in der DDR	BRD	Relationswert
Rinderschmorfleisch	0,51 kg	0,81 kg	1,59
Rinderkochfleisch	0,86 kg	1,36 kg	1,58
Schweinebratfleisch	0,66 kg	1,08 kg	1,64
Kochschinken	0,49 kg	0,65 kg	1,33
Jagdwurst	0,74 kg	1,02 kg	1,38
Käse (Gouda)	0,69 kg	1,20 kg	1,74
Butter	0,50 kg	1,36 kg	2,72
Margarine	2,50 kg	2,75 kg	1,10
Eier	14,71 Stück	20,6 Stück	1,40
Speisekartoffeln	29,40 kg	19,05 kg	0,65
Roggenbrot	9,62 kg	5,69 kg	0,59
Weizen-Auszugsmehl	3,79 kg	10,26 kg	2,71
Mohrrüben	10,00 kg	8,76 kg	0,88
Äpfel	2,81 kg	6,12 kg	2,18
Apfelsinen	1,25 kg	6,22 kg	4,98
Röstkaffee	0,07 kg	0,60 kg	8,57
Bier	3,47 l	7,79 l	2,24
Weinbrand	0,20 l	0,78 l	3,90
Tabak	0,08 kg	0,29 kg	3,63

denen der Bundesrepublik.[344] Für günstige Kaffeesorten, wie Rondo oder Mocca-Fix, bezahlten die Verbraucher in Ostdeutschland 1978 pro Kilo 70 Mark, während in Westdeutschland ähnliche Produkte bereits unter 20 DM erhältlich waren. „Jacobs Krönung" wurde in den Delikat-Läden der DDR in 200 Gramm-Packungen für 130 Mark per Kilo angeboten, auf der anderen Seite der Grenze betrug der Kilo-Preis der umsatzstarken Sorte, die dort vor allem in Pfund-Packungen gekauft wurde, knapp über 25 DM.

Das im Vergleich zur Bundesrepublik niedrigere Einkommensniveau der DDR verstärkte die Kaufkraftdifferenz bei Genussmitteln, während sich bei Nahrungsmitteln, die zum Teil in der DDR wesentlich günstiger waren,[345] die Preisunterschiede tendenziell nivellierten.[346] Bezieht man beide Komponenten – Preis und Einkommen – ein, ergibt sich, dass in der DDR der 1970er und 1980er Jahre lediglich einige Erzeugnisse pflanzlicher Herkunft absolut billiger als in Westdeutschland waren. Für Grundnahrungsmittel bezahlten Konsumenten generell etwa 100 bis 200 Prozent mehr als in der Bundesrepublik und für Genussmittel mussten Verbraucher in den meisten Fällen um 400 bis 800 Prozent mehr ausgeben.[347]

344 Vergleichbare Unterschiede gab es nur bei Kakaoerzeugnissen. Hier lagen die Endverbraucherpreise in der DDR um 250–500% höher als in der Bundesrepublik. Der Unterschied von Kakao selbst lag bei etwa 330%, von Spirituosen bei 10–200%, von Wein und Sekt bei 180–310% und von Bier bei 10–45%. Vgl. ebd., S. 21 u. Anhang.

345 So waren in der DDR 1977 z. B. Fisch und Fischwaren um 50–80%, Kartoffeln um ca. 60%, Backwaren um 45–55% sowie Fleisch, Fleisch- und Wurstwaren um 30–50% günstiger als in der Bundesrepublik. Vgl. ebd., S. 20 f.

346 1976 betrug der durchschnittliche Bruttoverdienst in der DDR 925 Mark, in der Bundesrepublik 2226 DM. Vgl. ebd., S. 22.

347 Vgl. ebd., S. 23.

In den Relationen der finanziellen Aufwendungen spiegelte sich der Unterschied zwischen einem System der Markt- und der sozialistischen Planwirtschaft: Die hohen Preise für das Genussmittel Kaffee reflektierten in der DDR nicht nur die staatlichen Devisenaufwendungen, sondern auch dessen Einschätzung als nicht zum notwendigen Grundbedarf gehörenden Luxus. Zusätzlich verschob sich die Ausgabenstruktur durch die Tatsache, dass die DDR-Bürger ungleich weniger für staatlich hoch subventionierte Güter wie beispielsweise Mieten ausgaben als ihre Nachbarn jenseits der Grenze.

In Ostdeutschland begriffen die Verbraucher bis zum Ende der DDR Bohnenkaffee immer noch als ein Luxusgut. Gleichwohl besaß das Getränk einen festen Platz im alltäglichen Leben und erschien auch den Menschen in der DDR unentbehrlich, wie die „Kaffekrise" 1977 zeigte, die zu einem Legitimitätsverlust des Systems und einem bleibenden Vorbehalt gegenüber dem DDR-Kaffee führte. In der Bundesrepublik war der Kaffeegenuss in den 1970er und 1980er Jahren bereits Teil des allgemeinen Massenkonsums. An seine einstige Bedeutung als Luxusgut erinnerten häufig nur noch tradierte Rituale, wie z. B. die Praktiken älterer Menschen, zu Geburtstagen oder Weihnachten Kaffee zu verschenken.

Deutsch-deutsche Verflechtungen

Nicht nur die Wahrnehmung des Genussmittels, auch die Kaffeeproduktion in beiden deutschen Staaten war miteinander verflochten. So entcoffeinierte Kaffee HAG in Bremen ab 1968 für die DDR.[348] Umgekehrt ließ Tchibo in der DDR rösten. 1987 erklärte der Geschäftsführer Michael Herz auf der Leipziger Messe:

> „Wir sind schon seit Jahren auf der Leipziger Messe, denn immerhin ist die Hamburger Kaffee-Firma Tchibo der größte Röstkaffee-Exporteur der Bundesrepublik in die DDR, und außerdem hat Tchibo jahrelang in der Nähe von Leipzig Kaffee geröstet."[349]

Einzelheiten über die Produktion in der DDR, durch die die Hamburger Firma den „Annex B"-Zusatz des Weltkaffeeabkommens über die freien Quoten der „New-market"-Länder nutzte,[350] wollte der Geschäftsführer in dem Gespräch mit dem „Hamburger Abendblatt" nicht nennen: „Es genügt, dass wir die Größten sind."[351] Gleichzeitig kaufte die Regierung der DDR kurzfristig bei westdeutschen Firmen wie Tchibo und Jacobs: Wiederholt bestand der beliebte „Mocca-Fix" zum Teil aus Westkaffee, denn die Außenhändler kauften fertige Mischungen in der Bundesrepublik, wenn die DDR-Röstereien in der Produktion nicht nachkamen.[352]

348 Schreiben der HAG-Aktiengenossenschaft an das Bundeswirtschaftsministerium, den Bundesfinanzminister und den Senator für Wirtschaft und Außenhandel in Bremen vom 28. 2. 1968, betr. Liberalisierung des Interzonenhandels, Historisches Archiv Mondelez International, Archiv HAG, Leipziger Messe 1968–1993 (unsortierter Bestand).

349 Einer von 68 Ausstellern aus Hamburg auf der Frühjahrsmesse: Was macht Tchibo in Leipzig?, in: Hamburger Abendblatt vom 14. 3. 1987.

350 Vgl. hierzu Kap. II.1.

351 Einer von 68 Ausstellern aus Hamburg auf der Frühjahrsmesse: Was macht Tchibo in Leipzig?, in: Hamburger Abendblatt, 14. 3. 1987.

352 Ton- oder Filmdokumente, Richter/Rentner: Mahlzeit DDR, Interview mit Dr. Ralf Puhlmann, Min. 36:20.

Die Konsumenten in der DDR konnten Westkaffee außerdem auf verschiedene Weise erwerben. Die Firma Jakobs beispielsweise unterhielt seit 1967 geschäftliche Kontakte zum sozialistischen Nachbarstaat.[353] 1978 erklärte der Konzern, dass sein gesamtes Kaffeesortiment dort erhältlich sei: Die Delikat-Läden verkauften die „Krönung", die Intershops gemahlenen und ungemahlenen „Edel-Mocca"[354] und „Cronat", und der Genex-Versanddienst offerierte das gesamte Jacobs-Angebot.[355] Darüber hinaus belieferte die Bremer Kaffeefirma den Messe-Service Leipzig und die Schiffsversorgung Rostock sowie einige exklusive Geschäfte für ausgewähltes Publikum: den Versina-Diplomatenshop und die Letex-Spezialgeschäfte für Parteifunktionäre.[356] Die wachsende Vorliebe der ostdeutschen Konsumenten für die „Krönung" erklärte das westdeutsche Unternehmen im Januar 1979 mit der Konzentration der Fernsehwerbung auf diese Marke.[357]

1976 sollen die braunen Bohnen eine außergewöhnliche Rolle im Verhältnis beider Staaten zueinander gespielt haben. Der Leiter des Bereichs Kommerzielle Koordinierung Alexander Schalck-Golodkowski, der in der Devisenbeschaffung des Öfteren ungewöhnliche Wege beschritt, soll politische Gefangene gegen Kaffeesäcke getauscht haben. Die Organisation Amnesty International berichtete, dass allein im Jahr 1976 mindestens 1300 DDR-Häftlinge von der Bundesrepublik gegen Außenhandelsgüter wie Kaffee und Bananen freigekauft worden seien.[358] Diese Behauptung müsste freilich erst noch verifiziert werden. Dienten bei den ersten Häftlingsfreikäufen Mitte der 1960er Jahre Genussmittel wie Kaffee noch als „Kopfgeld", so wurden die Geschäfte in den 1970er Jahren zumeist mit Kupfer, Quecksilber und Erdöl abgewickelt.[359]

Entscheidend war die mentale Verflechtung mit dem Westen, die in den Köpfen der Politiker, Kaffeeproduzenten und Konsumenten entstanden war. Der starke Westbezug und die Gleichsetzung westlicher Praktiken und Neuerungen mit Erfolg und Qualität lockte die Staatsführung der DDR wiederholt in eine Falle: 1977 übernahmen die Politiker eine Idee aus dem Westen – die Mischung von Röstkaffee und Surrogat – als Lösung für die Schwierigkeiten mit der Kaffeeversorgung. Sie verfolgten die Strategie beharrlich weiter, selbst als sich die Produkte in der Bundesrepublik nicht am Markt etablieren konnten. Aus dieser unbedachten Adaption, verbunden mit einer unsensiblen Haltung der eigenen Bevölkerung gegenüber, erwuchs eine handfeste politische Krise.

353 Kaffee in der DDR. Alfred Kringel, Leiter Verkaufsabwicklung Ausland, beantwortet aktuelle Fragen, in: Kontakt, 3/1979, S. 9, Historisches Archiv Mondelez International.

354 Ab Oktober 1978 verkauften die Intershops 250-Gramm-Packungen „Krönung" statt „Edel-Mocca".

355 Jacobs auf der Leipziger Messe, in: Kontakt, 3/1978, S. 8, Historisches Archiv Mondelez International. Allerdings konnten die DDR-Bürger die Genex-Produkte nur als Geschenksendungen erhalten und nicht selbst einkaufen.

356 Kaffee in der DDR. Alfred Kringel, Leiter Verkaufsabwicklung Ausland, beantwortet aktuelle Fragen, in: Kontakt, 3/1979, S. 9, Historisches Archiv Mondelez International.

357 Anmerkung von Alfred Kringel, Leiter der Verkaufsabwicklung Ausland, auf einen Leserbrief, in: Kontakt, 1/1979, S. 9, Historisches Archiv Mondelez International.

358 Das Geschäft Kaffee gegen Menschen, in: Die Welt vom 9. 12. 1977.

359 Vgl. Kai Diekmann (Hg.): Freigekauft. Der DDR-Menschenhandel. Fakten – Bilder – Schicksale, München/Zürich 2012, S. 76f.

Ein ähnliches Vertrauen in westliche Neuerungen legten ostdeutsche Politkader und Kaffeefachleute 1984/85 an den Tag, als führende westdeutsche Röstereien mit großem Werbeaufwand volumenvergrößerten Kaffee aus dem Kurzzeitröstverfahren einführten.[360] Der sogenannte Popcorn-Kaffee verärgerte die westdeutschen Verbraucher, und die Konzerne mussten ihn einige Monate nach der Einführung des Produktes wieder aus dem Sortiment nehmen. In der DDR jedoch geisterte die Idee, mittels dieser Technologie eine (Teil-) Lösung des permanenten Devisenproblems gefunden zu haben, noch sehr viel länger durch die Köpfe. Im Juli 1984 – einen Monat, nachdem Jacobs seinen kurzzeitgerösteten Kaffee als erster Röster bereits wieder vom Markt genommen hatte, fand in der DDR ein Testverkauf von volumenvergrößertem Tchibo-Kaffee in den Delikat-Geschäften der Bezirke Rostock, Halle, Dresden und Berlin statt.[361] Einen vorgesehenen Testverkauf mit Kaffee aus DDR-Produktion und auch die geplante Markteinführung des Produktes zum 1. Januar 1985 sagte der Minister für Handel und Versorgung dann allerdings mit der Begründung ab, dass sich dieser Kaffee auf dem Markt des „nicht-sozialistischen Wirtschaftsgebietes“ nicht durchgesetzt habe.[362] Trotzdem dauerte es noch über sechs Monate, bis sich die Entscheidungsträger endgültig vom Machbarkeitstraum, der höhere Ergiebigkeit bei gleichbleibender Qualität verhieß, verabschiedeten. Solange waren noch Alternativen diskutiert worden, wie z. B. die Einführung eines solchen Kaffees in der Gastronomie. In einer Information des Ministeriums für Bezirksgeleitete Industrie und Lebensmittelindustrie vom Juli 1985 über den Stand der Entwicklung und Einführung von volumenvergrößertem Kaffee hieß es dann allerdings:

> „Der volkswirtschaftlichen Valutaeinsparung war zu Grunde gelegt, daß der Verbraucher eine Packung Röstkaffee mit 20% geringerem Gewicht für den bisherigen Preis kaufen sollte. […] Die negativen Ergebnisse auch auf dem BRD-Markt 1983/84 […] verdeutlichten das sensible Verbraucherverhalten gegenüber einem traditionellen Genussmittel. Der Verbraucher reagiert bei solchen Produkten offensichtlich sehr kritisch auf jede Veränderung der Gewichts-/Preisrelation und Qualität. Das heißt, der mögliche volkswirtschaftliche Einsparungseffekt wird vom Verbraucher in erster Linie als eine Form der Preiserhöhung angesehen.“[363]

Sicherlich spielte bei der Entscheidung gegen den volumenvergrößerten Kaffee auch eine Rolle, dass Fachleute und Politiker in eine andere, parallel entwickelte Technologie große Hoffnungen setzten: Im Wirbelschicht-Röstverfahren, das das Konsumwerk Röstfein in Zusammenarbeit mit der Technischen Hochschule Magdeburg entwickelte, wurden die Bohnen schwebend in heißem Wasserdampf bei

360 Vgl. Kap. III.1.

361 Information über Untersuchungen zum Stand der Entwicklung und Einführung des volumenvergrößerten gemahlenen Röstkaffees, Bericht des Ministeriums für Bezirksgeleitete Industrie und Lebensmittelindustrie vom 8. 7. 1985, S. 2f., BStU, MfS HA XVIII 180903.

362 Vgl. Mitteilung von Hans Rüscher an Günter Mittag vom 23. 1. 1985 mit Anlage Eingabe von Andreas Klotz, SAPMO-BArch, Büro Günter Mittag, DY 30/3271.

363 Information über Untersuchungen zum Stand der Entwicklung und Einführung des volumenvergrößerten gemahlenen Röstkaffees, Bericht des Ministeriums für Bezirksgeleitete Industrie und Lebensmittelindustrie vom 8. 7. 1985, S. 3f., BStU, MfS HA XVIII 180903.

Temperaturen von 230 bis 360 Grad Celsius geröstet.[364] Dieses in der DDR entwickelte Verfahren sollte der aufwendigen und patentgeschützten westlichen Trommelröstung entgegengestellt werden. Nachdem im Oktober 1981 der Probebetrieb aufgenommen worden war, präsentierten die Entwickler das neue Wirkprinzip im Mai 1982 stolz den Verbrauchern. „Kaffeebohnen im Wirbel der modernen Technik" titelte die Magdeburger „Volksstimme" einen großen Artikel und setzte als Untertitel hinzu: „Wie es in etwas über einem Jahr gelang, eine Idee auf den Weltmarkt zu bringen."[365] Der Artikel war voll des Lobes und der Leser durfte annehmen, dass sich die Position auf dem Weltmarkt für die bei der Kaffeeversorgung abgeschlagene DDR nun grundlegend ändern würde. Das Verfahren der Wirbelschicht-Röstung war allerdings nicht so innovativ, wie betont wurde. Bereits 1954 hatte die westdeutsche Firma Heimbs & Sohn eine Methode entwickelt, bei der die Bohnen schwebend in einem Heißluftstrom geröstet wurden. Diese aerotherme Behandlung im Wirbelröster hatte die Braunschweiger Großrösterei in 17 Ländern zum Patent angemeldet.[366] Im Unterschied zu der Magdeburger Erfindung, die auf Wasserdampf beruhte, benutzte die Braunschweiger Firma heiße Luft, um die Bohnen in einer Rekordzeit von zweieinhalb Minuten zu rösten. Die neue Methode des Konsum-Betriebs Röstfein aus dem Jahr 1982 verkürzte die Röstzeiten ebenfalls entscheidend, reduzierte den Energieverbrauch, erhöhte die Rohstoffausbeute und sollte den Kaffee dem erwähnten Artikel zufolge sogar noch schmackhafter machen.[367] Durch neue Röstanlagen könne die DDR Millionen VM einsparen. Der Journalist erblickte einen Wendepunkt in der ostdeutschen Kaffeegeschichte:

> „[...] absehbar ist auch schon, daß andere Länder dieses Verfahren und die nötigen Ausrüstungen dafür von uns kaufen möchten. [...] Bislang besaß eine westeuropäische Firma das Monopol für Kaffeeröstanlagen. Sie diktierte damit die Preise für neue Anlagen sowie für Ersatzteile und Dienstleistungen. Das Diktat ist gebrochen. Wer künftig moderne Kaffeeröstanlagen kaufen oder produzieren will, kommt ums ‚Röstverfahren Magdeburg' nicht herum."[368]

Doch die Umstellung der ostdeutschen Kaffeebetriebe auf das neue Röstprinzip zog sich hin. Neben Röstfein erhielt auch das VEB Werk in Halle einen Wirbelschichtröster. Aus Halle hieß es jedoch im Dezember 1985:

> „Die materialökonomischen Effekte der Wirbelschichtröstanlage werden nicht im geplanten Maße wirksam aufgrund der geringeren Kapazitätsauslastung der Anlage."[369]

[364] Zum Wirbelschichtröstverfahren vgl. Thomas Piofczyk: Untersuchung zur Röstung von Kaffeebohnen und dabei entstehender Emissionen in der Wirbelschicht, Dissertation, Magdeburg 2009.

[365] Kaffeebohnen im Wirbel der modernen Technik, in: Volksstimme vom 18. 5. 1982.

[366] Kaffeeröstung im Heißluftstrom, in: Kaffee- und Tee-Markt, Heft 18 vom 17. 9. 1954, S. 10 ff.

[367] Kaffeebohnen im Wirbel der modernen Technik, in: Volksstimme vom 18. 5. 1982.

[368] Ebd.

[369] Zentralinstitut des Ministeriums für Bezirksgeleitete Industrie und Lebensmittelindustrie: Untersuchung der Röstkaffeeproduktion im VEB Kombinat Nahrungsmittel und Kaffee, Berlin 1985, S. 26, BStU, MfS HA XVIII 18093.

Im Dezember 1986 berichtete dann das „Neue Deutschland", dass mit der Montage einer zweiten Wirbelschichtanlage in Magdeburg begonnen worden sei. Trotz der Verzögerungen bei der Umstellung auf die neue Röstmethode ließ der Erfolg, der der ostdeutschen Kaffeeforschung gelungen war, große Hoffnungen für die zukünftige Kaffeeherstellung aufkommen. Ein Journalist berichtete 1988 im Fernsehen über die Vorteile des neuen Verfahrens:

> „Das bedeutet also, dass wir in der Republik in der Lage sind, ca. 13 Millionen, genau 13 846 1154 Tassen Kaffee mehr zu trinken, ohne eine einzige Bohne mehr zu importieren."[370]

Der Wirbelschichtröstung schien die Zukunft zu gehören – zumindest in der DDR, die jedoch zu diesem Zeitpunkt selbst keine Zukunft mehr haben sollte. Zudem wirkte sich der verfahrenstechnische Durchbruch – anders als der Erfolg bei gemahlenem Kaffee – nicht direkt auf die Konsumenten aus. Diese bemerkten von dem neuen Verfahren wenig; in der konkreten Versorgung änderte sich dadurch nichts. Die mindere Qualität der auf dem Markt vorhandenen Kaffeemischungen konnte kein noch so innovativer Röstprozess verändern. Die seit der „Kaffeekrise" erschütterte Beziehung der Konsumenten zu dem im eigenen Staat produzierten Genussmittel erholte sich nicht mehr. Und so ging mit dem Bröckeln der Mauer auch das Ende des DDR-eigenen Kaffees einher.

3. Kaffee und Wiedervereinigung

Das Ende des ostdeutschen Kaffees

Der DDR-Kaffee ging zusammen mit dem Staat unter. „Es gab ja gar keinen richtigen Kaffee mehr. Wenn ich daran denke: Es musste ja zu Ende gehen!"[371] Nicht zufällig verbindet eine ehemalige DDR-Bürgerin in einem Interview der Zeitschrift „Brigitte" die mangelhafte Qualität des Genussmittels mit dem desolaten Zustand des eigenen Staates.

Mit dem Zusammenbruch des sozialistischen Staates begann das Sterben der DDR-Röstereien. „Kein Kaffee mehr aus Radebeul", lautete die Meldung des „Vereinigten Wirtschaftsdienstes" am 11. Juni 1990.[372] Der Dresdener Betrieb wurde in die Teehaus GmbH umgewandelt und sollte später mit der Düsseldorfer Teekanne GmbH fusionieren. Die Produktion von Kaffee wurde eingestellt. Andere Betriebe versuchten weiterhin, als Kaffeeröstereien zu bestehen, und wandelten sich 1990 in Kapitalgesellschaften um.[373] Sie arbeiteten hauptsächlich im Lohnauftrag westdeutscher Kaffeefirmen.

370 Ton- oder Filmdokumente, Richter/Rentner: Mahlzeit DDR, Dokumentation aus dem DDR-Fernsehen, Min. 38:20.

371 „Früher waren wir ausgeglichener. Jetzt ist es aufregender", in: Brigitte, 1/2005 vom 15. 12. 2004, S. 84.

372 Kein Kaffee mehr aus Radebeul, in: Vereinigter Wirtschaftsdienst vom 11. 6. 1990.

373 Entscheidend hierfür war die Verordnung zur Umwandlung volkseigener Kombinate, Betriebe und Einrichtungen in Kapitalgesellschaften vom 1. 3. 1990. Vgl. hierzu die

Nach dem Fall der Mauer blieb der ostdeutsche Kaffee im Regal stehen. Das Image war schlecht, der Kaffee aus dem Westen preiswert. Obwohl die ostdeutschen Röstereien die Preise absenkten, ging die Nachfrage nach den Marken Mona und Rondo gegen Null. Einzig die Sorte Mocca-Fix, dessen Qualität die Hersteller ab März 1990 angesichts des Wettbewerbs mit dem Westkaffee verbesserten, kauften Kunden in geringem Maße.[374] Auch eine Public-Relations-Aktion in Form einer Pressekonferenz half wenig. Dort hatte der Kaffee-Experte Ralf Puhlmann mitgeteilt, dass der schlechte Geschmack des DDR-Kaffees in der internationalen Solidarität begründet liege. Ein Redakteur der „Tribüne" schien diesem Argument gegenüber aufgeschlossen:

> „Ehrlichen Herzens kann ich versichern, daß ich mich auch weiterhin mit einem etwas faderen Trank begnügen würde, wenn es dafür den Laoten und Vietnamesen besser ginge – vergiftet habe ich mich bisher nicht an unserem Gebräu."[375]

Damit sah er sich allerdings allein auf weiter Flur:

> „Doch haben andere längst anders entschieden. So wird der DDR-Markt nun von westlichen Tchibo-, Jakobs- [sic] und Kaiser-Paketen überschwemmt."[376]

Die Betonung der Solidarität mit den Kaffee pflanzenden Ländern der „Dritten Welt" durch den DDR-Kaffeeexperten war ohnehin nur zum Teil berechtigt, lag doch die schlechte Qualität in erster Linie in Zwängen begründet, die Devisenknappheit und Warentausch-Abkommen auferlegten.

Von den DDR-Werken überlebte letzten Endes nur ein einziges: Der Kaffeebetrieb Röstfein in Magdeburg produzierte ab 1990 jahrelang für andere Unternehmen: „Ostdeutschen Kaffee wollte damals ja niemand mehr trinken,"[377] bilanziert der frühere Betriebsdirektor des Magdeburger Betriebes. Und so kooperierte die Firma lange Zeit mit Tchibo.[378] Erst seit 1997 bietet das ehemalige Konsumwerk Kaffee unter den DDR-Markennamen Rondo, Mona, Kosta und Mocca-Fix-Gold an, allerdings haben die neuen Sorten mit den alten Produkten kaum mehr als die Namen gemein.[379]

Der Westkaffee erobert den Ostmarkt

Als nach dem Mauerfall die Grenze geöffnet wurde, sah Jacobs die Chance zur Eroberung eines neuen Marktes: Am 21. Dezember 1989 veröffentlichte der Kaffeehändler in der Ost-Berliner Zeitung die erste produktbezogene Anzeige eines

Prüfunterlagen der Außenstellen Berlin, Erfurt, Halle und Rostock, BArch, DN 1/6010, DN 1/6095, DN 1/6189, DN 1/6196, DN 1/6259 und DN 1/6656.

374 Mocca-fix wurde verbessert, in: Berliner Allgemeine vom 22. 3. 1990.

375 Kaffee-Ach-und-Weh, in: Tribüne vom 21. 6. 1990.

376 Ebd.

377 Interview mit Manfred Winkelmann, in: Röstfein Kaffee GmbH: Hundert Jahre röstfeiner Geschmack, Magdeburg 2008, S. 26.

378 Magdeburger „Röstfein" produziert für Tschibo [sic], in: Mitteldeutsche Zeitung vom 18. 12. 1990; Schwarzes aus dem Kaffee-Satz gelesen, in: Tribüne vom 11. 7. 1990.

379 „Kosta" ist beispielsweise der Name für den Espresso von Röstfein.

Abb. 77: Symbolhafte Kaffeewerbung: „Das Brandenburger Tor geht auf und Jacobs Kaffee ist – auf Ost Berliner Seite (!) – dabei", lautet die Bildunterschrift in der Jacobs-Mitarbeiterzeitung „contact".

westdeutschen Markenartikelherstellers.[380] Darin wurden Leser eingeladen, per Postkarte eine kostenlose Sieben-Tassen-Probepackung „Krönung"[381] anzufordern. Jacobs verzeichnete auf die Annonce hin 150 000 Einsendungen und versandte Kaffee für eine Million Tassen in die DDR.

Bei der spektakulären Öffnung des Brandenburger Tores am 22. Dezember 1989 beteiligte sich die Bremer Firma mit dem ersten West-Kaffeeausschank auf Ost-Berliner Boden. Die Jacobs-Mitarbeiter postierten einen Ausschankwagen an der Ecke Unter den Linden/Otto-Grotewohl-Straße und erlebten einen gewaltigen Ansturm. Am Ende des Tages zählten sie beinahe 4000 ausgeschenkte Tassen und über 1000 verteilte 50-Gramm-Kaffeeproben.[382] In die Regale des Einzelhandels kam die „Krönung" allerdings erst nach der Währungsunion vom Juli 1990.[383]

Auch die anderen westdeutschen Kaffeefirmen strebten auf den neuen Markt. Tchibo eröffnete die erste Filiale im März 1990 in Eisenach, noch bevor die Währungs-, Wirtschafts- und Sozialunion zwischen der Bundesrepublik Deutschland

380 Die Krönung am Brandenburger Tor, in: contact, 1/1990, S. 4.
381 In dem Artikel ist die Grammzahl der Proben nicht angegeben, es dürfte sich aber um 50-Gramm-Packungen gehandelt haben.
382 Die Krönung am Brandenburger Tor, in: contact, 1/1990, S. 4, Historisches Archiv Mondelez International.
383 Westliche Anbieter beherrschen Kaffeemarkt, in: Neue Zeit vom 12. 11. 1990.

und der DDR am 1. Juli 1990 in Kraft trat.[384] Eduscho richtete in Bäckereien und Lebensmittelgeschäften Verkaufsdepots ein.[385] Kaiser's Kaffeegeschäft belieferte bereits ab Februar 1990 einzelne HO-Läden.[386] Der westdeutsche Kaffee wurde in Mark der DDR im Verhältnis von eins zu drei verkauft. Damit lagen die Preise mit 18 bis 27 Mark pro Pfund deutlich unter denen der ostdeutschen Bohnen.[387] Allerdings war Westkaffee in Ostdeutschland noch bis zum 1. Juli 1990 durch Handelsbeschränkungen der DDR kontingentiert: Die Röster durften im ersten Quartal 1990 nur 800, im zweiten Quartal 1000 Tonnen in die DDR liefern.[388]

Der westdeutsche Markt war für ostdeutsche Konsumenten nach der Öffnung der Mauer bereits vor der Wiedervereinigung näher gerückt. Die westdeutsche Regierung zahlte den ostdeutschen Besuchern ein Begrüßungsgeld von 100 DM. Wer über keine weiteren Devisen verfügte, konnte zumindest mit diesem Empfangsgeschenk einkaufen gehen. Das Begrüßungsgeld gaben die DDR-Bürger nach einer Untersuchung des Institutes für Marktforschung in Leipzig im Dezember 1989 bei Lebensmitteln vor allem für Südfrüchte, Obst und Gemüse (einschließlich verarbeiteter Erzeugnisse), Kaffee, Kakaoerzeugnisse und Süßwaren aus.[389]

Nach der Währungsunion hatten die ostdeutschen Verbraucher dann uneingeschränkten Zugang zum westlichen Warenmarkt. Der ehemalige DDR-Bürger Manfred Uhlich erinnerte sich an den Ansturm auf die dortigen Produkte:

„Wir haben ja damals alles, was nicht niet- und nagelfest war, haben wir ja gekauft."[390]

Westprodukte standen bei den Bürgern aus den neuen Bundesländern hoch im Kurs, während typische DDR-Waren in den Regalen liegen blieben. Nach einiger Zeit jedoch wandelte sich die Situation. Bei einer Reihe von Produkten griffen die Ostdeutschen wieder auf bewährte Marken zurück. Eine Studie des Heinrich-Bauer-Verlages stellte 1991 fest:

„Trotz großen Verdrängungsdrucks auf die Ostmarken (geschürt von den westlichen Markenartiklern und dem den Osten erobernden Westhandel) und der – zumindest in den ersten Monaten – bewussten Abkehr der Verbraucher von den Ostmarken, gibt es eine Reihe von Markenfeldern, in denen diese auf respektable Verbraucheranteile kommen."[391]

Dies war beispielsweise bei Sekt der Fall. Viele Ostbürger bevorzugten die Marke Rotkäppchen.[392] Die Spirituosensorte Nordhäuser Korn lag ebenfalls bei den Verkaufszahlen vorne. Auch die Biersorten Radeberger und Wernesgrüner – in der DDR wegen der schwierigen Erreichbarkeit als „Bonzenbier" bezeichnet – erfreuten sich starker Nachfrage. Auch die Zigarettenmarken F6 und Cabinett, denen

384 Kaffee-Filialisten drängen in die DDR, in: Frankfurter Allgemeine Zeitung vom 15. 3. 1990.
385 Ebd.
386 Kaiser's Kaffee in der DDR, in: Bild vom 28. 2. 1990.
387 Kaffee-Filialisten drängen in die DDR, in: Frankfurter Allgemeine Zeitung vom 15. 3. 1990.
388 DDR-Bürger kommen auf den Geschmack, in: Handelsblatt vom 10. 8. 1990.
389 Petra Knötzsch: Analyse des Verbrauchs bei hochwertigen Nahrungs- und Genußmitteln im Delikathandel 1989, Leipzig 1989, S. 4, BArch, DL 102/2174.
390 Ton- oder Filmdokumente, Richter/Rentner: Mahlzeit DDR, Interview mit Manfred Uhlich, Min. 30:00.
391 VerbraucherAnalyse West & Ost '91. Nahrungs- & Genußmittel, Hamburg 1992, S. 60.
392 Ebd.

neben dem kräftigen Geschmack ein erheblicher Preisvorteil zugutekam, fanden weiterhin Käufer. Die bereits erwähnte Verbraucher-Studie kam zu dem Ergebnis:

> „Es ist keineswegs so, daß Ostprodukte nicht mehr gefragt sind. Nachdem die erste Probierphase der westlichen Produkte abgeschlossen ist, wird jetzt wieder auf Bewährtes zurückgegriffen. Bei Gütern des täglichen Bedarfs wie Lebensmittel und Getränke liegen die Anteile ostdeutscher Produkte am Gesamtsortiment des Handels immerhin über 30 bzw. 25 Prozent.“[393]

Ostdeutscher Kaffee wurde indes verschmäht. Die einzige Sorte, die ostdeutsche Verbraucher in nennenswerten Größenordnungen kauften, war Mocca-Fix, dessen Konsumanteil auf dem Gebiet der ehemaligen DDR im Jahr 1991 bei 2,3 Prozent lag.[394] Westdeutsche Kaffeemarken dominierten die Regale der Lebensmittelgeschäfte: Deren Anteil am Warenangebot betrug bereits 1990 96 Prozent.[395] Einen ähnlich hohen Prozentsatz wiesen sonst nur Kakao und Schoko-Riegel auf.

Durch den Zusammenbruch des ostdeutschen Staates und den Anschluss an das westliche Deutschland wandelte sich die Bedeutung des Kaffees in Ostdeutschland grundlegend. Allein durch den Preis von 35 Mark und mehr für das Pfund war das Genussmittel ein Luxusgut gewesen. Mit der Erschließung des westlichen Marktes waren die braunen Bohnen plötzlich ungleich erschwinglicher geworden, zumal der Weltmarktpreis 1990/91 extrem niedrig war. Ein Pfund Kaffee von ALDI gab es bereits für 4,98 DM zu kaufen.[396] Zudem war das Genussmittel endlich in ausreichender Menge und guter Qualität jederzeit verfügbar.

Die Kaffeetrinker in den neuen Bundesländern erwiesen sich als Motor der Absatzentwicklung für die westdeutschen Kaffeefirmen.[397] Der Kaffeemarkt wurde von den Westprodukten dominiert. Die neuen Bundesbürger griffen zu den großen und bekannten Marken. Eduscho, ALDI und Dallmayr konnten mit jeweils 17, sieben und vier Prozent beachtliche Anteile erzielen, wobei die Nachfrage bei diesen Herstellern unter dem Verbrauch in der alten Bundesrepublik blieb. Tchibo und Melitta-Kaffee erreichten mit zwanzig bzw. acht Prozent Werte, die über ihrem Marktanteil im Westen lagen. Ein wahrhaft sensationelles Ergebnis erzielte Jacobs: 53 Prozent der Ostdeutschen kauften die Produkte der Bremer Kaffeefirma, während der Vergleichswert in Westdeutschland – auch dort war das Unternehmen Marktführer – bei 26 Prozent rangierte.

Markenverwendung in West- und Ostdeutschland bei Bohnenkaffee 1991

Damit hatte Jacobs das Rennen um den neuen Absatzmarkt gewonnen. Kräftige Sorten erfreuten sich hoher Nachfrage: „Die Meisterröstung läuft hier wie ver-

[393] Ebd., S. 61.
[394] Ebd., S. 31. Auf dem Gebiet der alten Bundesrepublik wurde der „Mocca-Fix“ nicht gekauft.
[395] Westwaren in DDR-Regalen, in: Die Zeit vom 21. 9. 1990; Den Kampf im DDR-Regal gewannen die Westprodukte, in: Fränkischer Tag vom 12. 9. 1990.
[396] Ostdeutsche holen auf: Vorerst beim Kaffee, in: Tribüne vom 12. 3. 1991.
[397] Vgl. VerbraucherAnalyse West & Ost ’91. Nahrungs- & Genußmittel, Hamburg 1992, S. 27 ff.

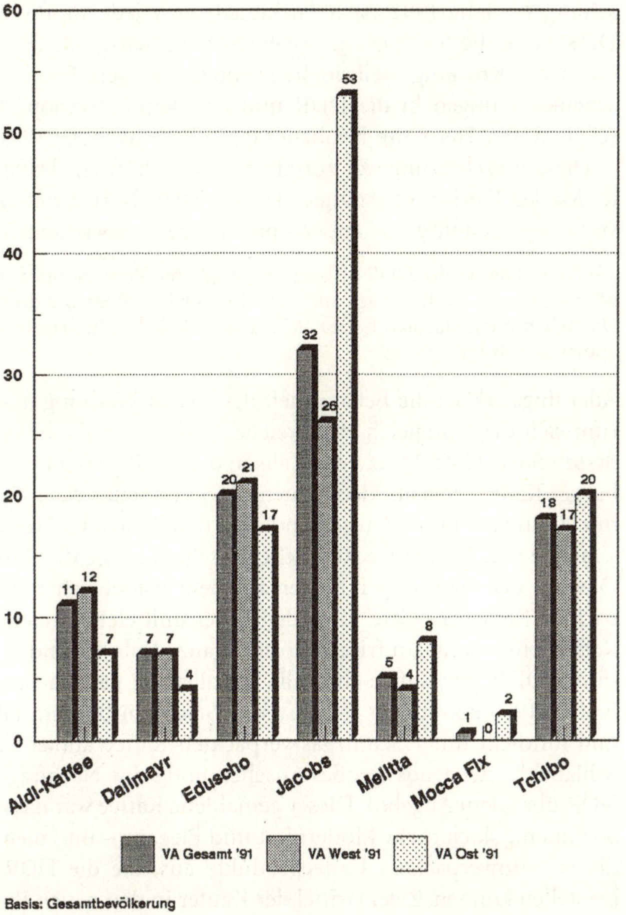

Abb. 78: Das Diagramm zeigt: Der Ansturm der Ostbürger auf westdeutschen Kaffee – vor allem auf Jacobs – war das Resultat der Westorientierung der Menschen in der DDR in allen Kaffeefragen.

rückt",[398] kommentierte ein Außendienst-Mitarbeiter die Situation. Viele Ostdeutsche bevorzugten aufgrund ihrer Konsumgewohnheiten einen kräftigen Kaffee.[399] Die preiswerte „Meisterröstung" von Jacobs entsprach deren spezifischem Geschmack und transportierte über den Firmennamen trotzdem die Nähe zur symbolträchtigen „Krönung". Für die günstige Marke, die im Osten einen Marktanteil von 15 Prozent erreichte, gestaltete die Bremer Kaffeefirma deshalb einen Radiospot, der ausschließlich in der ehemaligen DDR gesendet wurde.[400]

Die teure „Krönung" war auch in den alten Bundesländern eine der bestverkauften Einzelmarken.[401] In den neuen Bundesländern füllte die Premium-Mi-

398 Jacobs Café goes East, in: contact, 4/1992, S. 4–6, hier S. 6, Historisches Archiv Mondelez International.

399 In Ostdeutschland bevorzugten 60% einen kräftigen Kaffee, in Westdeutschland dagegen nur 38%. Vgl. ebd., S. 5.

400 Ebd., S. 6.

401 Jacobs: Kaffee – Sehnsucht nach innerer Wärme, S. 385.

schung im Jahr 1992 nach Firmenangaben jede fünfte Tasse.[402] Bereits in der DDR hatte die Sorte einen hohen Bekanntheitsgrad. „Viele Verbraucher kaufen die Jacobs Krönung, weil sie die Produkte aus dem Fernsehen kennen, durch Geschenksendungen in die DDR und aus dem Intershop",[403] erklärte Jacobs-Geschäftsführer Hermann Neubauer den Erfolg nach der Wiedervereinigung.

Diese Einschätzung war zutreffend. Eine Umfrage des Marktforschungsinstitutes Market Horizons bestätigte, dass die DDR-Bürger mit der westlichen Werbung vertraut waren und ihr „äußerst positiv" gegenüberstanden:

> „Aufgrund der in der DDR bislang empfangbaren Werbespots, fanden die Forscher heraus, hätten sich die DDR-Bürger auch bereits ‚ein Bild über die deutschen Marken gemacht'. Die beliebtesten: ‚Jacobs'-Kaffee, ‚Milka'-Schokolade, ‚Pioneer/Levi's'-Jeans sowie ‚Adidas'-Sportbekleidung."[404]

Allerdings erklärt die Bekanntheit der Jacobs-Werbung und -Produkte nicht, warum sich diese ungleich erfolgreicher verkauften als die des Mitstreiters Tchibo, dessen Sorte Gold-Mocca ebenfalls in der DDR präsent war. Nicht, dass die Hamburger Kaffeefirma auf dem neuen Markt erfolglos war – ihr Marktanteil lag 1991 mit 20 Prozent in Ostdeutschland über den Zahlen im Westen. Doch die Verkaufsstrategie von Tchibo weckte nicht im selben Maße die Kauflust der Verbraucher. Obwohl der Hamburger Röster auf dem ostdeutschen Markt den vakuumverpackten Kaffee „Le Café" über den Lebensmitteleinzelhandel verkaufte,[405] bot die Kaffeefirma vor allem frischgeröstete ganze Bohnen in den über 3300 Depots an. In der DDR war Kaffee ebenfalls vor allem in ganzen Bohnen verkauft worden. Erst ab 1973 konnte der sozialistische Staat den Bürgern fabrikfertig gemahlenen und luftdicht unter Schutzgas verpackten Kaffee anbieten. Der „Mocca-Fix" im Schlauchbeutel genoss großes Ansehen und seine Nachfrage lag bis zum Ende der DDR über dem Angebot. Dieser gemahlene Kaffee war das modernste Produkt im Sortiment. Noch mehr Modernität und Eleganz – und mehr „Westen" – strahlten die vakuumverpackten Kaffeeprodukte aus, die die DDR-Industrie nicht hatte herstellen können. Zwei Drittel der Käufer in den neuen Bundesländern entschieden sich für vakuumverpackten gemahlenen Kaffee.[406] Die ganzen Bohnen von Tchibo – und auch von Eduscho – fanden im Osten vergleichsweise wenig Käufer.[407] 1992 waren die Verkaufszahlen weit abgesackt. Obwohl die Hamburger Firma insgesamt über 50 Millionen DM in ein flächendeckendes Vertriebsnetz gesteckt hatte, rutschte der Marktanteil von Tchibo auf unter sieben Prozent in

402 Jacobs Café goes East, in: contact, 4/1992, S. 4–6, hier S. 6, Historisches Archiv Mondelez International.

403 DDR-Bürger kommen auf den Geschmack, in: Handelsblatt vom 10. 8. 1990.

404 DDR-Bürger lieben die westliche Werbung, in: werben & verkaufen, 8. 12. 1989.

405 „Le Café" wurde nur auf dem ostdeutschen Markt angeboten. Hohe Kosten für Tchibo bei Markterschließung in Ostdeutschland, in: Frankfurter Allgemeine Zeitung vom 18. 7. 1991.

406 Tchibo gerät ins Abseits, in: Der Spiegel vom 31. 8. 1992, S. 107.

407 Hier irrt Ulla Jacobs, die behauptet, dass Tchibo daran gescheitert sei, dass die ganzen Bohnen in der DDR keine Tradition hatten. Vgl. Jacobs: Kaffee – Sehnsucht nach innerer Wärme, S. 394 f.

den neuen Bundesländern.[408] Die „Wirtschaftswoche" sprach vom einem der größten Flops in der Geschichte des Hamburger Unternehmens.[409]

Die Firma Jacobs, die ihren Kaffee fabrikgemahlen und vakuumverpackt über den Lebensmitteleinzelhandel absetzte, lag 1992 mit 46 Prozent Marktanteil im Osten immer noch unangefochten vorne.[410] Abgesehen von dem modernen Erscheinungsbild war es der Bremer Rösterei gelungen, ihre Premium-Marke geschickt werblich zu platzieren. Für viele Konsumenten wurde aus dem Namen ein Programm und der Kaffee damit die „Krönung" eines besonderen Anlasses. Diese symbolische Aufladung schlug sich in der Tatsache nieder, dass die „Krönung" zu Weihnachten und Ostern am meisten gekauft wurde.[411]

Seit dem von der DDR-Regierung geäußerten Wunsch, die Bundesrepublik bei der Produktion von Konsumgütern überholen zu wollen, richteten sich die Blicke der Verantwortlichen bei der Produktion, dem angebotenen Sortiment und auch der Verpackung von Kaffee gen Westen und konzentrierten sich auf dessen symbolträchtigste Kaffeemarke – die „Krönung".

Der Kaffeekonsum in Ostdeutschland stieg enorm. 1988/89 lag der Pro-Kopf-Konsum in der DDR bei 3,7 Kilogramm pro Jahr. Die Bürger der Bundesrepublik konsumierten 7,9 Kilo pro Jahr. 1990 und 1991 betrug der gesamtdeutsche Verbrauch 7,1 bzw. 7,4 Kilo.[412]

Die neue Situation wirkte sich auch auf die Konsumgewohnheiten aus. Der Kaffeegeschmack im Osten „verwestlichte". Während viele ostdeutsche Verbraucher in der ersten Zeit nach der Wende noch einen kräftigen Kaffee bevorzugt hatten, ging der Trend später weg vom starken und hin zu mildem und mittelstarkem Kaffee.[413]

Ausblick

Im neuen Jahrtausend näherte sich der Kaffeekonsum zwischen alten und neuen Bundesländern weiter an: Während in Westdeutschland 2005 täglich 3,6 Tassen Kaffee getrunken wurden, konsumierten die Bürger in Ostdeutschland nur noch 0,4 Tassen weniger.[414] Der Anteil der Kaffeetrinker an der Bevölkerung lag im Osten mit 92 Prozent sogar deutlich über Westdeutschland mit 86 Prozent.[415] Das Genussmittel blieb auch im vereinigten Deutschland ein häusliches Getränk: 68 Prozent wurde zu Hause konsumiert, fünf Prozent bei Einladungen als Gast, 19 Prozent bei der Arbeit, drei Prozent im Restaurant, Café oder in der Gaststätte, zwei Prozent im Coffee-Shop und zwei Prozent im Ausschank bzw. in Bäckereien.[416]

408 Eduscho lag auf 4,3%. Vgl. Tchibo-Pleite im Osten, in: Wirtschaftswoche vom 12.6.1992.
409 Ebd.
410 Ebd.
411 Jacobs: Kaffee – Sehnsucht nach innerer Wärme, S. 386.
412 Zahlen nach Deutscher Kaffeeverband: Jahresbericht 2006, Hamburg 2006, S. 18.
413 Im selben Zeitraum veränderte sich der Konsumentengeschmack im Westen nicht. Vgl. Verbraucher Analyse '93. Konsumtrends '93, Hamburg 1993, S. 32.
414 Hans-Georg Müller: Außer-Haus-Verbrauch von Kaffee, Hamburg 2005, S. 10.
415 Ebd., S. 8.
416 Ebd., S. 10.

Nachdem der Kaffee auch in Ostdeutschland ein Produkt des Massenkonsums geworden war, gingen die Verbrauchszahlen wieder zurück. Die Röster reagierten darauf mit einer neuen Strategie. Sie präsentierten das Genussmittel als Luxusgut in Form von „Privatkaffee" und „Plantagenkaffee".

„Die Individualität, die im Chiffresystem der 1990er Jahre eine wichtige Rolle spielt, verlangt nach dem Gefühl, etwas Einzigartiges zu kaufen. Auch wenn es ein Massenprodukt ist, vermittle dem Käufer das Gefühl, etwas ganz Besonderes gekauft zu haben,"[417] hieß die Maxime eines vom Hamburger „Trendbüro" um Matthias Horx herausgegebenen Artikels. Vor allem auf dem Gebiet der alten Bundesländer erwies sich diese Strategie als erfolgreich. Tchibo bot den Kunden an, in den Filialen die Kaffeemischungen aus verschiedenen losen Sorten selbst zusammenzustellen. Gleichzeitig versuchten die Hersteller, mit den „Plantagenkaffees" eine Geschmackskultur zu erschaffen, die an die Verkostung von Wein erinnerte. Die Provenienz der Bohnen mit ihrer spezifischen Geschmacksrichtung stand nun wieder im Fokus der Kaffeewerbung, die auch im Erscheinungsbild wieder exotischer wurde. Die Qualität eines Jamaica Blue Mountain-Kaffees beurteilen zu können, schien dem Verbraucher einen sehr individuellen Geschmack zu bescheinigen, gab ihm die Illusion von Authentizität und das Gefühl, sich von der Masse abzuheben. Die Strategie der Röster ging auf. Die (Re-)Inszenierung als exklusives Gut war ein erfolgreicher Schritt.[418] Sie schuf den Boden für eine neue Kaffee-Ära. Als die erste deutsche Starbucks-Filiale 2001 in Berlin eröffnete, verstärkte sich dieser Trend. Die Vielzahl der auf Espresso basierenden Spezialitäten, die seitdem in den neuen Coffee-Shops angeboten wurden, setzten gleichfalls auf die Distinktion durch Insiderkultur und vermeintliches Expertenwissen. Dieser Habitus wies allerdings eine begrenzte Halbwertzeit auf, nachdem der Trend sich durchgesetzt hatte und Latte Macchiato auch in Ostdeutschland an nahezu jeder Tankstelle angeboten wurde.

Zusammenfassung: Die 1970er und 1980er Jahre

In den 1970er und 1980er Jahren steigerte sich in beiden Staaten allmählich der Pro-Kopf-Konsum von Kaffee, wenn auch auf unterschiedlichem Niveau. Der Genuss von Kaffee war in beiden Gesellschaften eine Selbstverständlichkeit geworden, die die Konsumenten mit einer eindeutigen Anspruchshaltung einforderten. Die schwankenden Entwicklungen auf dem Weltmarkt ab Mitte der 1970er Jahre schlugen sich allerdings auf beiden Seiten der Mauer mit sehr unterschiedlichen Auswirkungen nieder und setzten eine Entwicklung in Gang, durch die sich die Bedeutung des Genussmittels für die Konsumenten in beiden Staaten endgültig unterschied. Gleichzeitig meldeten sich in West- und Ostdeutschland Konsumenten zu Wort und demonstrierten eindrucksvoll die Macht der Verbraucher.

[417] Jacobs: Kaffee – Sehnsucht nach innerer Wärme, S. 395.

[418] Vgl. hierzu Marion Thielebein: Die Geste des Kaffeetrinkens. Zum Wandel der heutigen Kaffeehauskultur, in: Peter Lummel (Hg.): Kaffee – vom Schmuggelgut zum Lifestyle-Klassiker. Drei Jahrhunderte Berliner Kaffeekultur, Berlin 2002, S. 109–113; Spiekermann: Lifestyle und Kaffee, S. 106–119.

In der Bundesrepublik waren die Jahre gekennzeichnet durch Preisschwankungen, der Suche nach neuen Absatzstrategien und einer zunehmenden Konzentration des Kaffeehandels, nachdem zahlreiche Kleinfirmen aufgegeben hatten. Um die Kaffeetassen der Konsumenten konkurrierten die verschiedenen Konzepte der Kaffeevermarktung: Firmen, die klassisch über den Lebensmitteleinzelhandel vermarkteten, Vertreter des Filialsystems und die erfolgreichen neuen Discounter lieferten sich immer neue Schlachten um die Absatzmärkte. Gleichzeitig sank der Preis des Genussmittels generell, auch wenn sich dieser ab Mitte der 1970er Jahre durch eine krisenhafte Entwicklung auf dem Weltmarkt kurzzeitig stark verteuerte. An der grundsätzlichen Bedeutung, die die Konsumenten dem Getränk zumaßen, änderte sich durch die vorübergehende Preiserhöhung jedoch nichts, auch wenn einige Kaffeetrinker in der Zeit der Teuerung vermehrt auf Ersatzkaffee zurückgriffen.

In der Rezeption der Verbraucher war der Kaffee zu einem Massenkonsumgut abgesunken, dessen Genuss als selbstverständlich angesehen wurde. Fabrikfertig angebotener vacuumierter Mahlkaffee und die zunehmend in Privathaushalten vorhandenen Kaffeemaschinen vereinfachten das Kaffeekochen. Bequemlichkeit und Frischegarantie verdrängten den Zauber der traditionellen Kaffeezubereitung.

Kaffee wurde zum beliebtesten Volksgetränk. Menschen aller Schichten und Altersgruppen tranken Kaffee – nur die Jugend erreichte dieser allgemeine Trend nicht. Obgleich in den 1970er Jahren einige Kaffeehersteller diese neue Zielgruppe mit großem Werbeaufwand ansprachen, überzeugte das Traditionsgetränk die Jugendlichen im Allgemeinen nicht. Generell setzte die Kaffeewerbung nach wie vor in erster Linie auf traditionelle Werte und rückte Familie, Geselligkeit und Gemeinschaft in den Vordergrund. Auch wenn Kritiker mahnten, dass die Werbung dem Genussmittel damit das Image eines altertümlichen „Oma-Getränks" gebe und an der gesellschaftlichen Realität vorbeigehe, dauerte es fast bis zum Ende der 1980er Jahre, bis die Public-Relations-Abteilungen auf die gesellschaftliche Diversifizierung der Lebensstile reagierten.

Deutlich zeigte sich in den 1980er Jahren die Macht der Konsumenten: Eine breite Ablehnung ließ die Strategie der großen Kaffeeröster scheitern, die auf ein neuartiges Röstverfahren gesetzt hatten. Die Verbraucher fühlten sich durch die verbundenen Preiserhöhungen betrogen und demonstrierten, welche Auswirkungen ihre Verweigerung auf dem Kaffeemarkt hervorrufen konnte. Die Firmen mussten einlenken und zu ihrer herkömmlichen Angebotspalette zurückkehren.

Auch meldeten sich nun vermehrt Konsumenten zu Wort, die die Herstellungs- und Handelsbedingungen der ehemaligen Kolonialware kritisierten. Aus diesem Konsumdiskurs entwickelten sich konkrete Handlungsansätze, wie zum Beispiel das Konzept des „fairen" Handels. Obgleich diese Idee nur langsam allgemeine Unterstützung gewann, konnte sie langfristig zunehmend Erfolge erreichen und umfasste über Kaffee hinaus immer mehr Produkte. Die Kritik schärfte das Bewusstsein für die ausbeuterischen Erzeuger und Handelsbedingungen. Anders als in der DDR veränderte der Protest die allgemeine Situation zwar, stellte aber keine grundlegende Zäsur im Kaffeehandel und -konsum dar.

Die DDR stand in den 1970er Jahren mit der neuen, durch die SED verkündeten Hauptaufgabe der „Erhöhung des materiellen und kulturellen Lebensniveaus des Volkes“ im Zeichen einer Konsumhoffnung, die durch die bis dahin erreichte Verbesserung des Lebensstandards gerechtfertigt schien. Weil seit den 1960er Jahren der Bedarf an Grundnahrungsmitteln gesichert und preisstabil war, gaben die DDR-Bürger mit steigendem Einkommen insgesamt mehr Geld für Genussmittel aus. Da der Kaffeepreis nach wie vor sehr hoch lag, blieb der Kaffeekonsum trotzdem in starkem Maße abhängig von den Einkommen. Und obgleich die Röstereien 1973 mit dem neuen, fabrikfertig gemahlenen Kaffee endlich auch Erfolge vorweisen konnten, blieb Kaffee in der DDR ein politisch hoch explosives Thema. Der sozialistische Staat konnte bis zu seinem Ende den Wunsch seiner Bürger nach einer ausreichenden und abwechslungsreichen Versorgung mit Kaffee nicht immer zufrieden stellen. Vor allem aber führte 1977 das ungeschickte Vorgehen von Partei- und Regierungsgremien nach der Steigerung der Weltmarktpreise zu einer Krise, die als „Kaffeekrise“ in die Geschichte der DDR einging und die Bedeutung des Genussmittels in der DDR für immer veränderte: Als die Devisen-Ausgaben u. a. durch die stark erhöhten Kosten für Kaffeeimporte die SED-Führung in Bedrängnis brachten, versuchte diese durch verschiedene Maßnahmen gegenzusteuern. Der Mischkaffee, der die Versorgung mit Kaffee künftig hauptsächlich abdecken sollte, traf auf generelle Ablehnung. Nicht nur der schlechte Geschmack empörte die Menschen, sondern vor allem auch die Art und Weise, wie die Parteiführung hinter dem Rücken der Bürger Tatsachen geschaffen hatte. Der Protest wegen der verschlechterten Kaffeeversorgung schlug hohe Wellen. Das Genussmittel wurde zum Indikator und zum Gradmesser für ein Leben in einem wachsenden Wohlstand, auf das die Bürger Anspruch erhoben. Die Konsumenten meldeten sich vehement zu Wort, boykottierten das Produkt, stellten die Legitimität des eigenen Gesellschaftssystems in Frage und zwangen die Regierenden schließlich zum Einlenken.

Nachdem die Regierung der DDR die enorme soziale und politische Dimension erkannte, die eine Missachtung der Konsumwünsche der Konsumenten beinhalten konnte, reagierte sie künftig hochgradig sensibilisiert. So wehrte sich Erich Honecker vehement gegen alle Vorschläge für eine Erhöhung der Verbraucherpreise. Gleichzeitig wurde zur künftigen Absicherung der Versorgung der gesamte Kaffeeimport auf Warenaustausch-Abkommen umgestellt, was jedoch der Qualität des Produktes abträglich war. Gleichzeitig förderte die Regierung den Anbau in und den Handel mit sozialistischen Ländern. Letztlich konnten aber die DDR-Kaffeemarken und damit auch der DDR-Staat als Garant einer Kaffeeversorgung das Vertrauen der Konsumenten bis zur Implosion des sozialistischen Staates nicht mehr zurückgewinnen. Gleichzeitig beförderten die „Kaffeekrise“ und die nachfolgenden Jahre Mentalitäten, die bei der Wiedervereinigung virulent wurden.

Die oft als Nachholbedarf der ostdeutschen Bevölkerung bezeichnete Entwicklung nach 1989 machte die politische Sprengkraft von Konsumversprechen und -wünschen deutlich. Die enorme Nachfrage nach „Westkaffee“ im wiedervereinigten Deutschland und die Ablehnung aller ostdeutscher Kaffeeprodukte war ein Resultat der Konsum-Politik in der DDR und der damit verbundenen Westorientierung der dort lebenden Menschen in allen Kaffeefragen.

IV. Resümee: Kaffee in Deutschland – Bedeutungsträger, Symbol und Selbstverständnis

Im konsumgeschichtlichen Vergleich lassen sich wichtige Parallelen, aber auch bedeutende Unterschiede erkennen. Deutlich wahrnehmbar ist eine asymmetrische Struktur, die auch die Beziehungen sowie die Fremd- und Eigenwahrnehmung der Bürger beider Staaten prägte. Die Betrachtung der Konsummuster und deren Bedeutung am Beispiel Kaffee zeigt den Stellenwert und die emotionale Aufladung, die der Akt des Konsumierens und die damit verbundenen Deutungen im Leben der Bürger West- und Ostdeutschlands innehatte. Gleichzeitig offenbaren sich auch die Einflussmöglichkeiten, die den Bürgern als Konsumenten offenstanden und von diesen in unterschiedlichem Ausmaße genutzt wurden. Die Forschungen ergaben außerdem, dass Kaffeeverbrauch, die Substitution von Bohnenkaffee und Packungsgrößen Wohlstandsindikatoren sind, die von der Bevölkerung entsprechend abgelehnt oder verteidigt wurden.

Eine Bohne in zwei Staaten

Die Haltung der Bewohner beider Staaten war zunächst von Konsummustern geprägt, die auf den Erfahrungen im Krieg basierten, als Bohnenkaffee beinahe vollständig aus dem Konsum verschwunden war, aber auch aus der Zeit vor 1939, in der das Getränk eine starke Popularität genoss und der Kaffee-Verbrauch in Deutschland zum ersten Mal wieder einen ähnlich hohen Wert erreichte wie vor dem Ersten Weltkrieg. Die ersten Jahre nach dem Krieg waren, wie die vorhergegangenen, eine Zeit, in der Getreide- und Malzkaffee als Ersatz für das Genussmittel diente und Bohnenkaffee eine Rarität war.

Wirtschaftliche Versorgungsprobleme und gesellschaftliche Erwartungen an den Wiederaufbau bildeten die gemeinsame Ausgangslage für die unterschiedliche Entwicklung in beiden Staaten und Gesellschaften, die sich nach den Währungsreformen abzeichnete. Die Jahre bis 1953 waren in beiden Staaten noch weitgehend von der Abwesenheit des Genussmittels bzw. von Klein- und Kleinstpackungen wie auch von Substituten gekennzeichnet. Bestimmende Faktoren in der Versorgung mit Bohnenkaffee waren der große Einfluss von Schwarzhandel und Schmuggel und gleichzeitig ein hohes Maß an staatlicher Reglementierung, wenn auch die unterschiedlichen Einfuhrzahlen in den beiden Staaten schon auf eine deutliche Ungleichheit verweisen.

Während der gesamten 1950er Jahre, in denen die Bohnen noch als Luxusgut gesehen wurden, herrschte in der Bundesrepublik eine optimistische Anspruchshaltung und Konsumhoffnung, während die Stimmung in der DDR von einer Gemengelage aus Zuversicht und Enttäuschung geprägt war. Die Ostdeutschen beklagten sich über die schwankende und oft mangelhafte Qualität des angebotenen Kaffees angesichts der im Vergleich zum Arbeitseinkommen sehr hohen Preise. Als die Regierung der DDR einen neuen Weg mit dem Versprechen beschritt, den Westen auch im Konsum von Genussmitteln „einzuholen und zu überholen“, wurde die Versorgung mit Kaffee in der sozialistischen Planwirtschaft forciert. Doch die Bevölkerung konsumierte wesentlich weniger, als der Plan vorsah. In der groß angelegten Neustrukturierung des ostdeutschen Kaffeemarktes mit der Einführung von drei landesweit einheitlichen Kaffeesorten 1959 sollte den Verbrauchern das Vertrauen in die Qualität des ostdeutschen Kaffees wieder gegeben werden – und damit letztlich auch das Vertrauen in die staatliche Versorgung und die SED-Führung. Gleichzeitig wurde damit Kaffee in der DDR deutlich früher zum Markenartikel als in der Bundesrepublik.

Dort setzte der Wandel zum Markenartikel erst in den 1960er Jahren ein, als Bohnenkaffee in beiden deutschen Staaten zum Alltagsgetränk wurde. Damit einher ging der Wandel seines Erscheinungsbilds in der Bundesrepublik: Während bis in die erste Hälfte der 1960er Jahre Kaffee immer noch lose verkauft worden und der Erwerb von Kaffee als standardisiertem Markenartikel nicht selbstverständlich gewesen war, konzentrierten sich die Großröster nun darauf, eine aussagekräftige Produktpalette zu gestalten. Das neue Produktdesign war eng verbunden mit der Einführung der Selbstbedienung in den Geschäften. Der Verkäufer verschwand nach und nach aus dem Verkaufsprozess. Das Produkt wurde nun zum Mittler seiner selbst und die Marke erhielt als Gegenstand emotional besetzter Wiedererkennung eine zentrale Bedeutung. Gleichzeitig begann der lösliche Kaffee als Getränk der Moderne seinen Siegeszug durch die Verkaufsregale.

In der DDR zeigten die 1960er Jahre deutlich das Dilemma zwischen gesellschaftlichem Anspruch und ökonomischer Wirklichkeit angesichts der Bemühungen, mit der westlichen Konsumentwicklung Schritt zu halten, etwa im Hinblick auf Verpackungen, lösliche Kaffees, Schonkaffees oder Kaffeeautomaten. Der Referenzhorizont für Kaffeekonsum verschob sich nun deutlich vom Maßstab der Vorkriegszeit zum neuen Richtmaß Weststandard.

In den 1970er Jahren stieg in beiden Staaten allmählich der Pro-Kopf-Konsum, wenngleich auf unterschiedlichem Niveau. Der Konsum von Kaffee war eine Selbstverständlichkeit geworden. Die schwankenden Entwicklungen auf dem Weltmarkt in den 1970er Jahren schlugen sich auf beiden Seiten der Mauer unterschiedlich nieder. In der Bundesrepublik waren die Jahre gekennzeichnet von Preisschwankungen, der Suche nach neuen Absatzstrategien und der zunehmenden Monopolisierung, nachdem zahlreiche Kleinfirmen Konkurs anmelden hatten müssen. Um die Kaffeetassen der Konsumenten konkurrierten die verschiedenen Konzepte der Kaffeevermarktung: „Abpacker" (die klassischen Zulieferer des Lebensmitteleinzelhandels), „Versender" (die über den direkten Postversand hinaus mittlerweile ein dichtes Filialsystem aufgebaut hatten) und „Discounter" als erfolgreiche Neukonkurrenten. In der Rezeption der Verbraucher war der Kaffee zu einem Massenkonsumgut abgesunken, dessen Genuss als selbstverständlich angesehen wurde. Die Kaffeeröster versuchten in großen Imagekampagnen, das als altertümliches „Omagetränk" konnotierte Genussmittel aufzuwerten.

Die DDR stand in den 1970er Jahren mit der neuen, durch die SED verkündeten Hauptaufgabe, das materielle und kulturelle Lebensniveau des Volkes zu erhöhen, im Zeichen einer Konsumhoffnung, die durch die bis dahin erreichte Verbesserung des Lebensstandards gerechtfertigt schien. Da seit den 1960er Jahren der Bedarf an Grundnahrungsmitteln gesichert und preisstabil war, gaben die DDR-

Bürger mit steigendem Einkommen insgesamt mehr Geld für Genussmittel aus. Dennoch führte 1977, als die Weltmarktpreise stark anstiegen, das ungeschickte Vorgehen von Partei- und Regierungsgremien zu einem Konflikt zwischen Staat und Bevölkerung. Die verordnete Einführung eines Mischkaffees, die Streichung der bisher beliebtesten und günstigsten Sorte und die Herabsetzung der Qualität der übrigen Sorten lösten eine ernste politische Krise aus. Die Bevölkerung kritisierte neben der miserablen Beschaffenheit des (Misch-)Kaffees auch das mangelnde Vertrauen der Regierung, die die Maßnahmen unter Ausschluss der Öffentlichkeit durchgeführt hatte. Die „Kaffeekrise" setzte eine deutliche Zäsur in der Geschichte des Kaffeekonsums in der DDR: Die Konsumenten hatten ihre Macht gezeigt und die Regierenden zum Einlenken gezwungen. Die SED-Führung konnte das erschütterte Vertrauen der Verbraucher in die staatliche Kaffeeversorgung jedoch nicht wieder gewinnen. Sie musste aber einer für sie ökonomisch gefährlichen Ausweitung der Konsumansprüche der Bevölkerung Rechnung tragen. Um die Kaffeeversorgung zu verbessern, beschloss die Staats- und Parteiführung einige Maßnahmen, von denen die Neuregelung der Kaffeeeinfuhren auf der Basis von gegenseitigem Warentausch die deutlichsten Auswirkungen mit sich brachte. Die damit verbundene qualitative Verschlechterung des Genussmittels trug nochmals zur Enttäuschung der Konsumenten über den in der DDR hergestellten Kaffee bei.

In den 1980er Jahren setzte sich dennoch – mit immer noch steigendem Pro-Kopf-Verbrauch – die stetige Konsumentwicklung fort. Auch in Westdeutschland demonstrierten Verbraucher ihre Macht. Als die großen westdeutschen Röster kurzzeitgerösteten, volumenvergrößerten Kaffee einführten und diesen mit dem Hinweis auf höhere Ergiebigkeit in 400- statt wie bisher 500-Gramm-Packungen zum gleichen Preis verkauften, erteilten die Konsumenten der Initiative der Kafferöster eine klare Absage und zwangen diese zur Umkehr. Auch darüber hinaus meldeten sich in diesem Jahrzehnt verstärkt Konsumenten zu Wort. So gerieten vor allem die Herstellungs- und Handelsbedingungen der ehemaligen Kolonialware in die Kritik. Aus diesem Impuls heraus entwickelte sich schließlich neben einem Markt für Bio-Kaffee auch das Konzept des „fairen Handels". Kaffee war das erste Produkt in dem neuen Handelssektor, welcher sich auf immer mehr Güter ausdehnen sollte.

In Ostdeutschland war die Regierung durch die „Kaffeekrise" des Jahres 1977 zwar hochgradig sensibilisiert, hielt jedoch aus ökonomischen Gründen an dem Prinzip des Warenaustausches beim Kaffeeimport fest, so dass der Kaffee des gewöhnlichen Lebensmitteleinzelhandels qualitativ deutlich gegenüber früheren Jahren abfiel. Bessere Ware konnten die Konsumenten zu hohen Preisen in Spezialgeschäften erwerben, die neben echten Westkaffees auch Produkte anboten, die in Qualität und äußerer Aufmachung diesen nahekamen. Gleichzeitig trug der Paket- und Päckchenverkehr aus Westdeutschland nicht unerheblich zur Versorgung der DDR-Bürger mit Kaffee bei. So blieb der Westvergleich im Kaffeekonsum bei der Bevölkerung weiterhin ein bestimmender Faktor.

Dies zeigte sich auch nach dem Zusammenbruch der DDR. Die enorme Nachfrage nach Westkaffee im wiedervereinigten Deutschland – und speziell nach „Jacobs Krönung" als *dem* Westkaffee – bestätigt im Nachhinein noch einmal die

Westorientierung bei Bürgern, Herstellern und Politikern in allen Kaffeefragen. Der in Ostdeutschland hergestellte Kaffee verschwand schnell aus den Regalen – wenn auch nicht aus dem Bewusstsein. Zurück blieb die Vorliebe für starken Kaffee und das Bedürfnis, nun – nachdem der Weststandard jahrzehntelanges Vorbild gewesen war – das Original zu genießen.

„Coffee of distinction"[1] – Kaffee als Wohlstandsindikator

Der Konsum von Kaffee wurde nach dem Krieg in beiden deutschen Staaten als Gradmesser für eine Normalisierung der Lebensverhältnisse wahrgenommen. In allen Besatzungszonen war der Genuss von „echtem Bohnenkaffee" in der direkten Nachkriegszeit nur noch als Erinnerung präsent und der Konsum von Ersatzkaffee wurde mit der allgemeinen Mangelerfahrung gleichgesetzt. Die Konsumerfahrung der Vorkriegszeit wurde zum Referenzhorizont und zur Messlatte. Die Bevölkerung deutete Kaffeemangel und extreme Teuerung als Anzeichen einer Krise. Der Gebrauch von Kaffee-Ersatz war in hohem Maße emotional aufgeladen. Eine Substitution des Genussmittels, wie dies in der „Kaffeekrise" in der DDR der Fall war, nahm die Bevölkerung alarmiert auf und wies diese im Bewusstsein eines relativen Wohlstandes gleichzeitig empört zurück. Neben dem Verbrauch von Kaffee und Kaffee-Ersatz waren auch die Packungsgrößen ein Wohlstandsindikator in beiden deutschen Gesellschaften.

Auch in der Fremdwahrnehmung verknüpfte sich der Konsum von Kaffee mit dem Bild der jeweiligen Gesellschaft. So war Westkaffee in der DDR zwar nicht für die Deckung des Grundbedarfes entscheidend, besaß jedoch einen hohen symbolischen Gehalt und war daher ein begehrtes Distinktionsmittel. In der Vorstellungswelt verband sich so der Kaffee aus dem Westen mit einem allgemeinen westlichen Wohlstand. Im Gegensatz dazu nahmen die Bürger der Bundesrepublik den Ostkaffee kaum wahr. Solche unterschiedlichen Deutungen in der Eigen- und Fremdwahrnehmung, wie sie bei der Betrachtung des Genussmittels Kaffee besonders deutlich werden, ließen sich auch bei anderen Produkten finden.

Plan und Absatz – ein Getränk in zwei Wirtschaftssystemen

Bei der Betrachtung der Konsumgewohnheiten in beiden deutschen Staaten wird eine asymmetrische Struktur deutlich, die sich von den 1950er Jahren bis zum Ende der DDR durchzieht. Diese Asymmetrie zeigt sich am Auffälligsten in der Tatsache, dass in der Bundesrepublik sehr viel mehr Kaffee getrunken wurde als in der DDR. Das war bereits der Fall, als der Genuss in beiden Staaten noch eine seltene Ausnahme war. So begann der Kaffeekonsum nach dem Krieg in den westlichen Besatzungszonen 1948 mit einem jährlichen Pro-Kopf-Verbrauch von 230 Gramm und in der DDR drei Jahre später mit lediglich elf Gramm. Zu diesem Zeitpunkt konsumierten die Westdeutschen mit fast einem dreiviertel Kilo bereits das 65-Fache. Die Diskrepanz zwischen der Menge des in der Bundesrepublik und der DDR konsumierten Kaffees nahm in den folgenden Jahren stark ab und pen-

[1] Zitat aus einer Kaffeewerbung.

delte sich ab 1961 auf einem Niveau ein, bei dem der private Kaffeeverbrauch in der Bundesrepublik etwa beim zweifachen Pro-Kopf-Verbrauch in der DDR lag.[2]

Auch die Erreichung selbst gesetzter Ziele verlief im Osten sehr viel langsamer. Das nach dem Krieg in beiden Staaten anvisierte Konsumniveau – der Pro-Kopf-Konsum der Vorkriegszeit – wurde in der Bundesrepublik im Jahr 1957/58 erreicht, in der DDR hingegen erst 1972.

In beiden Staaten fand der Kaffee Eingang in den alltäglichen Konsum, allerdings verschob sich dabei der Charakter des Genussmittels. In der Bundesrepublik verlor Kaffee seine Exklusivität in den 1960er Jahren, während er in der DDR allein durch den hohen Preis ein Luxusgut blieb. Entgegen den 1958 formulierten Hoffnungen der DDR-Führung wurde der Westen weder eingeholt noch überholt. Bis zum Ende der DDR war die Versorgung mit Kaffee nicht immer für die gesamte Produktpalette gewährleistet: Vor allem bei beliebten Sorten kam es immer wieder zu Mangelerscheinungen.

Nachdem die westdeutsche Regierung 1953 erst die Kaffeesteuer gesenkt, 1955 die staatliche Lenkung der Importe eingestellt und 1956 den drei Jahre zuvor verhängten Boykott guatemaltekischen Kaffees beendet hatte, hing die Frage, welchen Kaffee der Einzelne genießen konnte, für Westdeutsche neben individuellen Vorlieben in erster Linie vom privaten Geldbeutel des Bürgers ab. In der DDR konnten die Bürger zwar ebenfalls aus einem Sortiment je nach ihren finanziellen Möglichkeiten auswählen, jedoch beschränkten mehrere Faktoren diese Wahlmöglichkeiten. Auf der einen Seite mangelte es immer wieder besonders an beliebten Produkten und die Einkaufsmöglichkeiten waren je nach regionalem Standort sehr verschieden gestaltet. Auf der anderen Seite regulierten politische Entscheidungen – auch jenseits der „Kaffeekrise" – den Markt zusätzlich. So war die Versorgung mit Kaffee, besonders nach 1978, vor allem eine Frage von außenpolitischen Beziehungen und des ökonomisch möglichen Handels mit Ländern der „Dritten Welt". Doch selbst bevor in der DDR die Warentauschabkommen die Kaffeeversorgung dominierten, bestimmten staatliche Gremien die Leitlinien der Kaffeeproduktion und -versorgung. Deutlich lässt sich erkennen, dass die politische Führung der DDR bemüht war, die Versorgung der Bevölkerung mit einer akzeptablen Qualität in Bezug auf die verwendeten Mischungen und einem gefächerten Sortiment hinsichtlich Geschmack und Preis zu gewährleisten und gleichzeitig mit dem Stand des Konsums in der Bundesrepublik mitzuhalten. Doch fehlte es immer an Devisen. Dies spielte in allen Überlegungen zur Kaffeeversorgung eine zentrale Rolle.

Auch der Stand der technischen Entwicklung setzte den Bemühungen um ein höheres Konsumniveau immer wieder Grenzen, vor allem, wenn es sich um Neuerungen handelte. Damit richteten sich Qualität, Sortiment, Darreichungsform und Preis des Genussmittels in der DDR weniger nach den Wünschen der Konsu-

[2] Der Pro-Kopf-Verbrauch bezieht sich auf die offiziellen Angaben und spiegelt damit den im jeweiligen Staat produzierten bzw. gekauften Kaffee wider. Eine Berücksichtigung des tatsächlichen Konsums, der die z. T. recht umfangreichen Geschenksendungen und -gaben einbezieht, würde die statistischen Relationen natürlich verschieben. Statt eines Vergleichsverhältnisses, das sich zwischen dem 1,7- bis 2,3-Fachem bewegte, wären Zahlen zwischen 1,4 bis 2,0 für diesen Zeitraum realistisch.

menten als nach politischen Faktoren und Vorgaben. In der Bundesrepublik, in der die Kunden aus einem ungleich breiteren Angebot auswählen konnten, waren der Inhalt, die äußere Erscheinung der Kaffeepackungen und die Werbung nach 1955 im Wesentlichen durch die jeweilige Strategie der herstellenden Kaffeefirma bestimmt. Dort konnten die Produzenten zwar hoffen, durch gezielte Werbemaßnahmen die Konsumenten gemäß ihrem Verkaufsinteresse zu beeinflussen, sie waren jedoch schon wegen der starken Konkurrenz in sehr viel stärkerem Maße als in der DDR davon abhängig, den Kundenwünschen zu entsprechen.

Eine weitere bemerkenswerte Asymmetrie ist jenseits der quantitativen und qualitativen Versorgung in der gegenseitigen Wahrnehmung erkennbar. Die Bundesbürger nahmen den Kaffeekonsum im Nachbarland kaum wahr. Eine angemessene Beschreibung der Kaffeeversorgung in der DDR hätten – neben ehemaligen DDR-Bürgern – höchstens wenige Spezialisten liefern können. Kaum ein Bundesdeutscher hätte die Namen der ostdeutschen Kaffeesorten aufzuzählen vermocht. Die Westdeutschen nahmen, ohne sich genauer mit der ostdeutschen Kaffeelandschaft zu beschäftigen, die Versorgung der Ostdeutschen mit Kaffee lediglich als defizitär wahr. Sie gaben deshalb ihren in die DDR gesandten Paketen Kaffee bei oder brachten ihn bei ihren Reisen in den anderen deutschen Staat als Präsent mit.

In der DDR blickten die Menschen, die den westlichen Kaffeekonsum als Messlatte betrachteten, hingegen nach Westen: Als die politische Führung 1958 den Willen formulierte, den Westen auch bei Genussmitteln einzuholen und sogar zu überholen, wurde die Versorgung der Bürger mit Kaffee zu einer wichtigen Aufgabe des Staates. Selbst als deutlich wurde, dass das erklärte Ziel zu hoch gesteckt war, blieb der Westkaffee Maßstab und Objekt der Nachahmung. Viele westdeutsche Kaffeemarken waren bei den ostdeutschen Bürgern vor allem durch die westlichen Geschenke wie auch die Fernsehwerbung bekannt. Den wenigsten DDR-Bürgern wäre es vermutlich schwergefallen, einige Westkaffeesorten zu nennen.

Wenn die DDR auch den westlichen Konsum nicht einholen konnte, eiferte sie ihm doch auf den meisten Ebenen nach. Vor allem in Hinblick auf Darreichungsform und Sortimentserweiterungen, aber auch auf Verarbeitungstechnologien, diente der Westen als Vorbild. Dass sich zum Teil Qualität und Verpackung doch deutlich von den westlichen Vorbildern unterschieden, lag an den Umständen, nicht am Willen der Verantwortlichen. In der Versorgung mit Kaffee versuchte die DDR nie, eigene sozialistische Konsummuster zu entwickeln. Die Übernahme westlicher Modelle und Ideen führte mit der Übernahme der aus dem Westen importierten Idee eines Mischkaffees aus Kaffeebohnen und Surrogaten schließlich in Form der „Kaffeekrise" zum bedeutendsten Einschnitt in der Geschichte des Kaffees in der DDR. Dabei geriet nicht nur die Versorgung mit dem Genussmittel, sondern auch die politische Legitimation des Staates in die Krise.

Die Konsumenten nahmen den Westkaffee stets als den guten Kaffee wahr, den sie zu besonderen Anlässen genossen, während der DDR-Kaffee aus ihrer Sicht defizitär blieb. Diese Diskrepanz verbreitete sich nach 1977 noch, als die Qualität des DDR-Kaffees sich aufgrund einer Neuausrichtung der Kaffeeeinkäufe verschlechterte. Nach dem Scheitern des DDR-Staates verdeutlichte der Ansturm der Ostdeutschen auf westdeutschen Kaffee und die klare Absage an die ostdeutschen

Marken das Ausmaß der bestehenden Orientierung der Menschen in der DDR am westlichen Kaffeekonsum.

„Das eigentliche Problem bestand nicht darin, daß es dem Osten nicht gelang, wie der Westen zu werden, sondern daß der Osten versuchte, wie der Westen zu werden."[3] Die von der Kulturwissenschaftlerin Ina Merkel in ihrer Untersuchung der Geschichte der ostdeutschen Konsumkultur gezogene Schlussfolgerung lässt sich für den tatsächlichen Konsum und die symbolische Bedeutung von Kaffee im Wesentlichen bestätigen. Die in der Westorientierung enthaltene Abwertung der eigenen Produkte und der glänzende Nimbus der Westwaren führten dazu, dass konsumpolitische Strategien und Innovationen aus Westdeutschland quasi als Zauberformel übernommen wurden. Dass die Qualität des Westkaffees den Ostkaffee oft – jedoch nicht immer – übertraf, unterstützte diese Haltung. Manche Experimente, die im Westen schnell aufgegeben wurden, wie z. B. die Kaffee-Mix-Produkte oder auch die Popcorn-Bohnen, wurden von der Regierung der DDR noch lange als Lösung für Probleme der Kaffeeversorgung betrachtet. In Ostdeutschland lebten die gescheiterten Westimporte nicht nur aufgrund der bürokratischen Trägheit des Systems weiter, sondern vor allem aufgrund einer prowestlichen Orientierung, die per se mit der Aura von Erfolg verknüpfte, was im kapitalistischen Bruderland produziert wurde.

Der Zufluss von Paketen, Päckchen und Geschenken, in denen als einer der wichtigsten Inhalte fast immer Kaffee enthalten war, unterstützte diese Sichtweise – auf beiden Seiten der Mauer. Obgleich die DDR-Bürger statistisch gesehen pro Kopf mehr Geschenksendungen in die Bundesrepublik schickten als die Westdeutschen in die DDR, hatten und haben sich die „Westpakete" tiefer in das gesellschaftliche Bewusstsein eingegraben als die Präsente, die in gegenläufiger Richtung die Grenze passierten. Die Ursache liegt in dem Konsumgefälle, welches durch die Pakete sichtbar wurde und zum Teil auch sichtbar werden sollte. Die Bürger in beiden deutschen Staaten betrachteten die Westpakete, die vom Charakter her zwischen Geschenken und Versorgungspaketen lagen, als die eigentlichen Geschenksendungen, während die Pakete in Gegenrichtung als bescheidener Dank galten. Dass diese – unter anderem aufgrund des Preisniveaus der DDR – nicht den materiellen Gegenwert enthielten, verstärkte diese Wahrnehmung. Das änderte sich auch nicht, als in der Bundesrepublik viele zuvor hochpreisige Waren um ein Vielfaches günstiger und Teil des westdeutschen Massenkonsums wurden.

Abgesehen von den materiellen Werten enthielten die westdeutschen „Pakete nach drüben" mehr oder weniger versteckte Botschaften. Obwohl die Bundesbürger die Pakete in der Regel aus Hilfsbereitschaft verschickten, gab es auch eine weitere Komponente: Sie konnten die Sendungen in dem Bewusstsein packen, im besseren Deutschland zu leben, und sich selbst mit diesen Gaben gegenüber den Empfängern aufwerten. Vor allem die für Unbekannte gepackten „Fremdpakete" waren auch politisch motiviert und stellten eine Absage an den sozialistischen Staat dar. Die Bundesregierung verstand die Pakete in den 1950er und 1960er Jahren

[3] Ina Merkel: Utopie und Bedürfnis. Die Geschichte der Konsumkultur in der DDR, Köln/Weimar/Wien 1999, S. 416.

auch als politische Waffe im Kalten Krieg. Die gut gemeinten, jedoch teilweise in Unkenntnis der tatsächlichen Situation im anderen Staat gepackten Sendungen riefen bei den Empfängern neben Freude mitunter auch Empfindlichkeiten hervor. Zu mehr beiderseitigem Verständnis trugen die Pakete kaum bei. Im innerdeutschen Gabentausch manifestierten sich nicht selten die in der gegenseitigen Wahrnehmung festgesetzten Vorurteile. Die Pakete – auch wenn sie als Waffe im Kalten Krieg benutzt wurden – dienten dennoch der Aufrechterhaltung der innerdeutschen Kommunikation.

Konsumentenmacht

In beiden deutschen Staaten zeigte sich, dass die Bürger als Konsumenten starken Einfluss besaßen, auch wenn sie diesen kaum aktiv nutzten oder überhaupt wahrnahmen. In beiden Staaten zwangen Verbraucher den Staat oder auch die Kaffeehersteller, sich mit ihren Wünschen eingehend zu befassen, und in Konfliktfällen häufig sogar zum Nachgeben. In der Bundesrepublik verdeutlichen die Senkung der Kaffeesteuer als Ergebnis von Protesten, Schmuggel und massenhaftem Bezug von Kaffee über den Schwarzmarkt oder auch das staatliche Einlenken im Konflikt mit den badischen „Mokka-Pilgern" den Einfluss der Verbraucher auf den Staat und seine Organe, während in der DDR die „Kaffeekrise" als besonders eindrucksvolles Beispiel heraussticht. In Westdeutschland richtete sich der Konsumentenprotest bei Kaffee abgesehen von Steuer- und Zollfragen in erster Linie an die Kaffeehersteller. In der DDR, in der der Staat zugleich die Rolle des Kaffeeversorgers innehatte, entwickelte sich der Konsumentenprotest zum Politikum.

Die Situationen, in denen sich die Macht der west- wie der ostdeutschen Konsumenten am stärksten manifestierte, waren vor allem mit der Abwehr von Veränderungen verbunden. Diese Abwehrhaltung richtete sich gegen Veränderungen bei Steuer- oder Zollbestimmungen, die zwangsweise Verordnung einer Kaffee-Surrogat-Mischung oder die Abschaffung eines Kaffeeangebotes bzw. den alternativlosen Ersatz durch ein verändertes Angebot, wie dies bei der Niederlage der bundesdeutschen Röster in der Frage der 400-Gramm-Packungen mit volumenvergrößertem Kaffee der Fall war. Obgleich die Konsumenten hier reaktiv agierten, illustrieren diese Beispiele doch ihren Einfluss auf das Produkt Kaffee, seinen Preis, die Herstellung und Angebotsform.

Aus den gesellschaftlichen Entwicklungen in der Bundesrepublik nach 1968 erwuchsen schließlich neue Bewertungen des Konsums. Ein Teil der Verbraucher stellte den persönlichen Verbrauch in einen globalen Zusammenhang und fragte kritisch nach den Produktionsbedingungen in den Herkunftsländern des Kaffees und den Begleiterscheinungen des internationalen Kaffeehandels. Dabei blieben sie nicht nur bei bloßer Kritik stehen, sondern knüpften eigene Handelsbeziehungen und Vermarktungsmöglichkeiten und schafften so eine Alternative zu den traditionellen Strukturen, die als Ausbeutung gewertet wurden. Dadurch konnten die Konsumenten mit jeder Tasse Kaffee direkt die bestehenden sozialen und ökologischen Strukturen beeinflussen. Diese Verbraucherbewegung nahm mit dem Produkt Kaffee ihren Anfang und weitete sich dann beständig auf weitere Produkte aus. Der Aufbau des „fairen Handels" und des ökologischen Landbaus beinhaltete eine neue Dimension von Konsumentenmacht, weil Verbraucher erstmals aktiv Einfluss auf die Herstellung des Produkts nahmen.

Gleichwohl nahmen jenseits von konsumentengeprägten Handelsstrukturen, Protesten und Boykotten die Verbraucher beständig Einfluss auf die Präsentation und Darreichungsform des Genussmittels. In beiden deutschen Staaten waren die Kaffeehersteller darauf bedacht, dem Konsumentenwillen zu entsprechen. Die Marktforschungsinstitute in der Bundesrepublik und DDR beschäftigten sich immer wieder mit dem Genuss von Kaffee bzw. dessen Surrogaten, mit Verbrauchshäufigkeiten, Konsumentengewohnheiten oder -wünschen, und den Ergebnissen dieser Forschungen wurden ein großes Gewicht zugemessen.

Die Klagen der bundesdeutschen Kaffeehersteller über die traditionellen Haltungen und Praktiken der Konsumenten, die erwünschten Neuerungen ablehnend gegenüberstanden, zeugen ebenfalls von einem starken Einfluss der Verbraucher. Auch die – oft erfolglosen – Bemühungen des ostdeutschen Staates, den Wünschen der Bürger nach einem an westdeutsche Standards angelehnten Sortiment zu entsprechen, verweisen darauf.

Und obgleich den Herstellern mit der Produktwerbung und den in der Motivforschung erworbenen Erkenntnissen starke manipulative Mittel an die Hand gegeben wurden, waren deren Möglichkeiten doch begrenzt. Die Konsumenten hatten nicht nur die Macht, ein Produkt gewinnen oder scheitern zu lassen – sie beeinflussten auch den Prozess der Produktion durch ihr Verhalten und ihre (Kauf-)Entscheidungen. Die Verbraucher konnten sich dabei nicht nur für oder gegen ein einzelnes Produkt entscheiden, für oder gegen eine andere Marke, Qualität, Preisklasse, Angebotsart, Aufmachung oder Darreichungsform.[4] Sie konnten auch entscheiden, welchen Stellenwert sie einem Produkt in ihrem Leben einräumen wollten und welche Bedeutung der Akt des Konsumierens in ihrem Leben haben sollte.

Die Betrachtung des Kaffeekonsums in beiden deutschen Staaten belegt eine sehr hohe grundsätzliche Übereinstimmung in der Wahrnehmung des Genussmittels als Indikator für Normalität und Wohlstand. Unterschiede ergaben sich durch die voneinander stark abweichenden Bedingungen, die den Kaffeekonsum beeinflussten. Die verschiedenartige wirtschaftliche Entwicklung in beiden Staaten verstärkte das von Anfang an bestehende Ungleichgewicht. Zusammen mit den durch Konsumkonkurrenz geprägten politischen Vorgaben der SED führte diese Situation zu einer starken Orientierung der ostdeutschen Akteure an der bundesdeutschen Realität. So zeigte sich die (Kaffee-)Geschichte beider deutscher Gesellschaften als eng, aber stark einseitig, verflochten: Die Entwicklung in der DDR ist nicht ohne die in der Bundesrepublik zu verstehen. Die grundlegende Entwicklung des Kaffeekonsums in Westdeutschland hingegen war – obgleich ein starkes gegenseitiges Beziehungsgeflecht existierte – von der DDR weitgehend unabhängig. Trotz aller wirtschaftlichen und gesellschaftlichen Unterschiede offenbarte sich ein enormes Potential und ein starker Einfluss der Konsumenten auf

4 In der Bundesrepublik konnten die Konsumenten zusätzlich mitunter gezielt nach dem Herkunftsland der Bohnen auswählen. Seit den 1980er Jahren hatten sie die Möglichkeit, auch ökologische und soziale Gesichtspunkte im Herstellungsland zu berücksichtigen.

den Kaffee betreffende Entscheidungen und Dynamiken. In beiden Gesellschaften waren die Verbraucher sich aber ihrer Macht kaum bewusst und in den wenigsten Fällen verfolgten Konsumenten Strategien, die über die Abwehr von neuen unerwünschten Erscheinungen hinausgingen.

Mit der Betrachtung des Kaffeekonsums eröffnet sich die Möglichkeit, die deutsch-deutsche Geschichte jenseits von den wichtigen politischen Ereignissen und Strukturen zu untersuchen und Prozessen nachzugehen, die in der bisherigen Historiographie nur wenig Beachtung fanden, für gesellschaftliche Werte und Erwartungen jedoch prägend waren. Die Konzentration auf ein Genussmittel in einer vergleichenden Längsschnittuntersuchung eignete sich hervorragend als Indikator für Wertvorstellungen und Wertewandel in den jeweiligen Staaten und in deren Beziehungsgeschichte. Die Untersuchung gab Aufschluss über die sich verändernden Konsumbedingungen, Konsumgewohnheiten und Konsumwünsche sowie die damit verbundenen Deutungen, Eigen- und Fremdwahrnehmungen, die Möglichkeiten sozialer Distinktion und die sich verändernden Vorstellungen von Normalität und Wohlstand. Sie zeigte, wie Bevölkerung und Führung in beiden Staaten mit der grundlegenden Asymmetrie, die sowohl in der Versorgungslage wie auch in den Beziehungen und den gegenseitigen Wahrnehmungen bestand, umgingen.

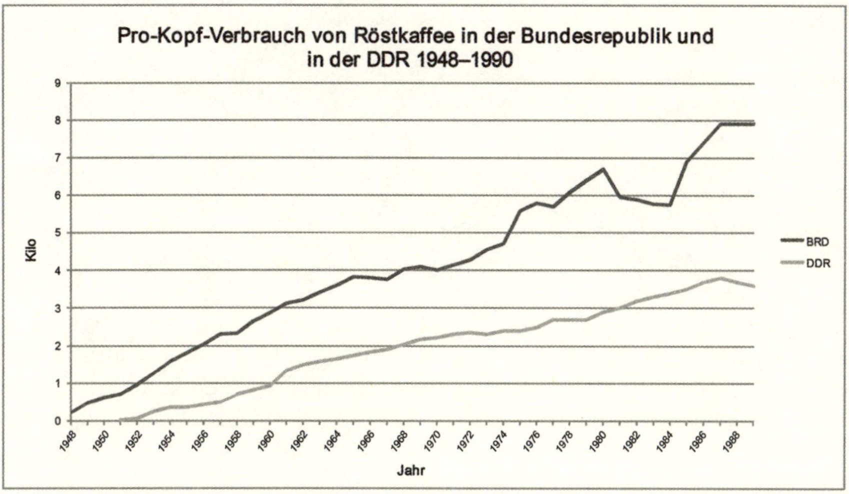

Abb. 79: Statistik nach Zahlenangaben des Statistischen Bundesamtes, des Deutschen Kaffeeverbandes, der Statistischen Jahrbücher (Bundesrepublik und DDR) und des Institutes für Marktforschung Leipzig

Anhang

Abkürzungen

ACDP	Archiv für Christlich-Demokratische Politik
AG	Aktiengesellschaft
AKG	Auswertungs- und Kontrollgruppe
ALDI	Albrecht-Discount
AP	Associated Press
APuZ	Aus Politik und Zeitgeschichte
AWA	Allensbacher Markt- und Werbeträger Analyse
BArch	Bundesarchiv
betr.	betreffs
BRD	Bundesrepublik Deutschland
BStU	Bundesbeauftragte(r) für die Unterlagen des Staatssicherheitsdienstes der ehemaligen Deutschen Demokratischen Republik
BUKO	Bundeskoordination Internationalismus
BVfS	Bezirksverwaltung für Sicherheit
CARE	Cooperative for American Remittances to Europe
CDU	Christlich-Demokratische Union
CIF	Cost Insurance Freight
ČSSR	Tschechoslowakei
CSU	Christlich-Soziale Union
DAHAK	Deutsche-Außen-Handels-Kommission (im Ministerium für Handel und Versorgung)
DDR	Deutsche Demokratische Republik
DDT	Dichlordiphenyltrichlorethan (Insektizid)
DGB	Deutscher Gewerkschaftsbund
d. J.	des Jahres
DKV	Deutscher Kaffeeverband
DM	Deutsche Mark
DP	Displaced Person
Emnid	Erforschung der öffentlichen Meinung, Marktforschung, Nachrichten, Informationen und Dienstleistungen
e. V.	eingetragener Verein
EVP	Einzelverkaufspreis
EWG	Europäische Wirtschaftsgemeinschaft
Fa.	Firma
FDJ	Freie Deutsche Jugend

FDP	Freie Demokratische Partei
g	Gramm
GEG	Großeinkaufs-Gesellschaft Deutscher Consumvereine
Gen.	Genosse
GEPA	Gesellschaft zur Förderung der Partnerschaft mit der Dritten Welt
Gesch. Nr.	Geschäfts-Nr.
gez.	gezeichnet
GFM	Gesellschaft für Marktforschung
GHG	Großhandelsgesellschaft
GI/G. I.	Bezeichnung für einen Infanteristen der Streitkräfte der Vereinigten Staaten
GmbH/ G. m. b. H	Gesellschaft mit beschränkter Haftung
GWA	Gesamtverband Kommunikationsagenturen
HA	Hauptabteilung
HAG	Handels-Aktien-Gesellschaft
HfbK	Hochschule für bildende Künste
HKS	Herausgeberkollektiv
HO	Handelsorganisation
HWP	Hamburger Universität für Wirtschaft und Politik
HWWA	Hamburgisches Welt-Wirtschafts-Archiv
i. A.	im Auftrag
ICA	International Coffee Agreement
ICO	International Coffee Organization
ifo	Leibniz-Institut für Wirtschaftsforschung an der Universität München e. V.
IGA	Internationale Gartenbauausstellung
IMA	Institut für Markenentwicklung und Kommunikationsberatung GmbH
KAS	Konrad-Adenauer-Stiftung
kg	Kilogramm
KG/K. G.	Kommanditgesellschaft
KPD	Kommunistische Partei Deutschlands
KSZE	Konferenz über Sicherheit und Zusammenarbeit in Europa
kt	Kilotonne
KVM	Kaffee-Verlese-Mischung
l	Liter
LP	Langspielplatte
LPG	Landwirtschaftliche Produktionsgenossenschaft

M	Mark
MAFO	Marktforschung
MDN	Mark der Deutschen Notenbank
MDR	Mitteldeutscher Rundfunk
MfS	Ministerium für Staatssicherheit
Mill.	Million
Min.	Minute
Mio.	Million
MITKA	Mittelamerika Kaffee Im- und Export GmbH
MKH	Mahlkaffee hart (Packung)
Mrd.	Milliarde
NATO	North Atlantic Treaty Organization
NÖSPL/NÖS	Neues Ökonomisches System der Planung und Leitung
NS	Nationalsozialismus/nationalsozialistisch
NSW	Nichtsozialistisches Wirtschaftsgebiet
o. D.	ohne Datum
O. E. E. C.	Organization for European Economic Cooperation
o. J.	ohne Jahr
o. O.	ohne Ort
o. P.	ohne Paginierung
PB	Politbüro
PX	Post Exchange
Röka	Röstkaffee
SAPMO	Stiftung Archiv der Parteien und Massenorganisationen der DDR im Bundesarchiv
SB	Selbstbedienung
SBZ	Sowjetische Besatzungszone
SD	Sicherheitsdienst (der SS)
SED	Sozialistische Einheitspartei Deutschlands
SMA	Sowjetische Militäradministration
SMAD	Sowjetische Militäradministration in Deutschland
SPD	Sozialdemokratische Partei Deutschlands
SS	Schutzstaffel
t	Tonne
taz	tageszeitung
TuS	Turn- und Sportverein
UN	United Nations
UNCTAD	United Nations Conference on Trade and Development
US/USA	United States of America

VEB	Volkseigener Betrieb
VF	Verkaufsförderung
v. H.	vom Hundert
VK	Versorgungskontor
VM	Valuta-Mark
VR	Volksrepublik
Vst.	Verkaufsstelle
VVB	Vereinigte Volkseigene Betriebe
WM	Weltmeisterschaft
WtB	Waren des täglichen Bedarfs
WV	Warenverkauf
WWI	Wirtschaftswissenschaftliches Institut des Deutschen Gewerkschaftsbundes
ZA	Zeitungsausschnittsammlung
ZAIG	Zentrale Auswertungs- und Informationsgruppe
ZBW	Deutsche Zentralbibliothek für Wirtschaftswissenschaften
ZdK	Zentralverband deutscher Konsumgenossenschaften
z. Hd.	zu Händen
ZK	Zentralkomitee

Abbildungen

Quellen und Literatur

I. Ungedruckte Quellen

1. Bundesarchiv Berlin-Lichterfelde (BArch)

DC 20 Ministerrat der DDR
DE 1 Staatliche Plankommission
DG 5 Ministerium für Bezirksgeleitete Industrie und Lebensmittelindustrie
DL 1 Ministerium für Handel und Versorgung
DL 102 Institut für Marktforschung
DN 1 Ministerium der Finanzen

2. Bundesarchiv Koblenz (BArch)

B 103 Bundesamt für Wirtschaft, Fachstelle Kaffee
B 126 Bundesministerium der Finanzen – Zölle
B 127 Dienststelle für besondere Versorgungsaufgaben des Bundesministeriums für Ernährung, Landwirtschaft und Forsten
B 136 Bundeskanzleramt
B 137 Bundesministerium für innerdeutsche Beziehungen
B 142 Bundesministerium für das Gesundheitswesen
Z 8 Verwaltung und Wirtschaft des Vereinigten Wirtschaftsgebietes

3. Stiftung Archiv der Parteien und Massenorganisationen der DDR im Bundesarchiv (SAPMO-BArch), Berlin-Lichterfelde

DY 30 Büro Günter Mittag
DY 30 Büro Werner Jarowinsky
DY 30/J IV 2/2 Protokolle des Politbüros des Zentralkomitees der Sozialistischen Einheitspartei Deutschlands
DY 34/FDGB Bundesvorstand

4. Bundesbeauftragte für die Unterlagen des Staatssicherheitsdienstes der ehemaligen Deutschen Demokratischen Republik (BStU), Berlin

MfS – Zentrale Auswertungs- und Informationsgruppe (ZAIG)
MfS – SED
MfS – Hauptabteilung (HA) II
MfS – Hauptabteilung (HA) XVIII
MfS – Bezirksverwaltung für Staatssicherheit (BVfS) Cottbus
MfS – Bezirksverwaltung für Staatssicherheit (BVfS) Gera
MfS – Bezirksverwaltung für Staatssicherheit (BVfS) Magdeburg
MfS – Bezirksverwaltung für Staatssicherheit (BVfS) Potsdam
MfS – Bezirksverwaltung Rostock
MfS – Bezirksverwaltung Suhl

5. Archiv des Institutes für Marktforschung Leipzig

Institut für Marktforschung: Die Entwicklung des Bedarfs der Bevölkerung der DDR in den Jahren 1974 und 1975 bei 218 ausgewählten Positionen. Teil I, Leipzig 1973.

Institut für Marktforschung: Die Entwicklung des Bevölkerungsbedarfs im Zeitraum 1976/80 bei 91 ausgewählten Positionen und die wichtigsten qualitativen Anforderungen an das Warenangebot, Leipzig 1974.
Institut für Marktforschung: Die Entwicklung des Bedarfs der Bevölkerung der DDR in den Jahren 1976 und 1977 bei ausgewählten Positionen. Teil I: Waren des täglichen Bedarfs, Leipzig 1975.
Institut für Marktforschung: Die Entwicklung des Bedarfs der Bevölkerung der DDR in den Jahren 1978 und 1979 bei ausgewählten Positionen. Teil I: Waren des täglichen Bedarfs, Leipzig 1977.
Institut für Marktforschung: Die Entwicklung des Einzelhandelsumsatzes bei Nahrungs- und Genußmitteln und des Bedarfs an ausgewählten Positionen für die Jahre 1979 und 1980, Leipzig 1978.
Institut für Marktforschung: Die Entwicklung des Einzelhandelsumsatzes bei Nahrungs- und Genußmitteln sowie des Bedarfs an ausgewählten Positionen für 1980 sowie 1981–1985, Leipzig 1979.
Institut für Marktforschung: Die Entwicklung des Einzelhandelsumsatzes bei Nahrungs- und Genußmitteln sowie des Bedarfs bei ausgewählten Positionen für 1981, Leipzig 1980.
Sigfried Eck/Barbara Schößler: Untersuchungen zu wesentlichen Unterschieden im Verbrauchsniveau zwischen den Bezirken. Teilbericht: Röstkaffee, Leipzig 1985.

6. Historisches Archiv Mondelez International, Bremen

Archiv Jacobs

Jacobs Chronik; 10 Bände, Typoscript
Jacobs-Mitarbeiterzeitschrift von 1955–1993:
ab 1955 Der Kontakt
ab 1973 Kontakt (ab 8/73)
ab 1981 Contact International
ab 1984 contact deutschland
00873915 R2 12/13, Preislisten 1930, 1948–1970
00875410 R2 12/13, Röka Preislisten 1954–1985
00926511 R2 12/1, Röka Standard 1 1972–1977
00926520 R2 12/1, Röka Standard 2 1977–1980
00926547 R2 12/1, Röka Standard 3 1981–1983
00879893 R2 12/12, Konkurrenz 1963–1967
Jacobs Produktgeschichte
Übersicht Printanzeigen Jacobs Krönung 1966–1992
Div. Material, unsortiert

Archiv HAG

Jacobs 1971 (1967–1971)
Jacobs 3 Sorten W (1974–1977)
Jacobs VF (1972–1979)
Jacobs m+f, c'frei, Monte Maro (1969–1977)
Jacobs Cronat (1974–1975)
Tchibo/Eduscho/VF (1974–1978)
Kaffee A-D (1974–1975)
HAG/Neue Produkte/Wettbewerb/Kaffeemarkt
6.7.8.; bis Juni 1977 (1964–1977)
Grundlagen Produktentwicklung/Märkte: Kaffee, Tee, Kakao, Milch, Erfrischungs-Getränke, Getränke-Markt (1970–1979)
Leipziger Messe 1977/1978
Leipziger Messe (nicht erschlossen) (1968–1993)

Marktforschungsuntersuchungen im Archiv HAG
Emnid-Studien (Institut für Werbeforschung und Funktionsforschung Emnid GmbH & Co):
Kaffeekonsum und Konsumentengewohnheiten 1955. 13. Erhebung/Dezember 1955.
Kaffeekonsum und Konsumentengewohnheiten 1957. 16. Erhebung/Juni/Juli 1957.
Kaffeekonsum und Konsumentengewohnheiten 1959. 21. Erhebung/Oktober 1959.
Kaffeekonsum und Konsumentengewohnheiten 1960. 23. Erhebung/Oktober 1960.
Kaffeekonsum und Konsumentengewohnheiten 1961. 25. Erhebung/November 1961.
Kaffeekonsum und Konsumentengewohnheiten 1963. 26. Standard-Untersuchung/November 1963.
Kaffeekonsum und Konsumentengewohnheiten 1965. 27. Standard-Untersuchung/Januar/Februar 1965.
Emnid-Impact, Resonanz-Analyse, Bericht Nr. 150, Quick Nr. 14/60, Bielefeld.
Emnid-Impact, Bericht Nr. 231, Quick Nr. 47/62.
Emnid-Impact, Funktions-Test, 1960.

Weitere Marktforschungsanalysen im Archiv HAG
Märkte und Werbeträger 1965, Allensbacher Datenplanung für Markenforscher und Streuplaner – Verbraucherkreise und wie man sie erreichen kann, Exemplar HAG-AG.
Einkaufsgewohnheiten der Hausfrauen in: Ergebnisse einer Untersuchung im Auftrage der Organization for European Economic Co-operation O.E.E.C., hg. von der GFM/Gesellschaft für Marktforschung mbH Hamburg, Juli 1958.
Trinken Sie Kaffee HAG? Ergebnisse einer Umfrage bei höheren Angestellten, durchgeführt im Auftrag der Fa. HAG-AG Bremen, von INTERMARKET – Gesellschaft für Internationale Markt- und Meinungsforschung m.b.H. Düsseldorf, März 1957.
Motivuntersuchung Produkt-Image Kaffee HAG – Einstellungen, Images und Persönlichkeit verschiedener Verbrauchergruppen, erstellt der Firma HAG AG Bremen, von der GFM/Gesellschaft für Marktforschung mbH Hamburg, Oktober 1960.
Die HAG und der Kaffeemarkt 1972 – Information, HAG Aktiengesellschaft, Bremen, Public Relation, Mai 1973.
„ONKO" gibt Kaffee's Charakter – HAG Aktiengesellschaft, Bremen, Public Relation, Mai 1973.
Der Neue Kaffee HAG, Situation – Zielsetzung – Maßnahmen, Konzept von Doyle, Dane, Bernbach GmbH Werbeagentur GWA, Düsseldorf, Februar/März 1979.

7. Archiv des Deutschen Kaffeeverbandes Hamburg

DKV Zeitungsausschnittsammlung (ZA)
Vorstand 1945 bis 1949, Nicolaisen, Gerber, Schilling, Heimbs, Hildebrandt, Schnable, Eichstädt, Dressler, Plucinski, Brodersen, Wolterhoff, Gerdtsen
Protokolle über Vorstandssitzungen (1946–1957)
75 Jahre Kaffee-Verein am 24. März 1961
Deutsche Gesellschaft für Kaffeewerbung mbH, Bremer Verein, Mitgliedsfirmen (1977–1979)
Verein der Hamburger Kaffeeimportagenten und -Makler e. V.; Verein der Hamburger Caffee-Effektiv-Händler e. V., Mai 1952

8. Archiv der Neumann Kaffee Gruppe Hamburg

Unveröffentlichte Arbeiten
K.I.1. Köller, Dieter: Die Entwicklung des Rohstoffs Kaffee von der „Colonialware" zum Lohngut, unveröffentlichte Semesterarbeit (HWP), Hamburg 1986.
K.I.6. Koop, Norbert: Kaffee maschinell, unveröffentlichte Diplomarbeit (HfbK, Industrial Design), Hamburg 1987.
K.I.7. Lipschütz, Christiane: Untersuchungen des Coffeingehaltes von Kaffee und Tee unter Berücksichtigung verschiedener Zubereitungsverfahren, unveröffentlichte Diplomarbeit (Ernährung und Hauswirtschaft), Hamburg 1981.

K.I.11. Aydt, Gudrun: Kommunikationsanalyse der Kaffeewerbung, unveröffentlichte Diplomarbeit (Werbewirtschaft und Werbetechnik), Stuttgart 1985.
K.I.19. Becker, Herrmann: Kaffee-Ersatz, unveröffentlichte Studie, Garmisch-Patenkirchen 1951.
K.I.32a. Herbig, Jutta: TransFair im deutschen Kaffeehandel, hg. vom Deutschen Institut für Entwicklungspolitik, Berlin 1995.
Präsentationsunterlagen zum Thema „Vakuumverpackter Kaffee: Papercan/Dose" [Vermerk Vertraulich], o. O., o. J.

Marktstudien

K.III.4. Kaffeeverpackungen – Ring Pull-Dose/Vakuumfolienbeutel/Vakuumfolienbeutel mit Umkarton/Papercan, hg. von der Arbeitsgemeinschaft für Sozialforschung [Vermerk Vertraulich] Braunschweig 1977.
K.III.5. Kaffee-Verpackungen. Verpackung für Bohnenkaffee – Eine marktpsychologische Untersuchung, Studie des IMA-Instituts für Marktpsychologie und Absatzforschung, Hamburg 1975.
K.III.6.–7. Kaffee-Verpackungen – Eine psychologische Leitstudie, Studie des IMA-Institut für Marktpsychologie und Absatzforschung, Hamburg 1975.
K.III.8. Der Markt für Kaffee in der Bundesrepublik Deutschland, Studie der Marketing-Media-Service GmbH, Hamburg 1971.
K.III.13 und 13a. Deutsche Gesellschaft für Kaffeewerbung: Präsentation Werbe-Empfehlung, Frankfurt a. M. 1979 .
K.III.24. Verbrauchsgewohnheiten bei Getränken – morgens und abends. Bericht A – Kaffee, Studie des Instituts für Werbepsychologie und Markterkundung GmbH, Frankfurt a. M. 1958.
K.III.33.–35. Survey on Consumers Drinking Habits in Western Germany, Annual Report 1982, erstellt für die ICO von der GFM/Gesellschaft für Marktforschung mbH, Hamburg 1982.
K.III.36. Survey on Consumers Drinking Habits in Western Germany, Annual Report 1988, erstellt von der GFM-GETAS/Gesellschaft für Marketing-, Kommunikations- und Sozialforschung mbH, Hamburg 1988.
K.III.37. Getränke-Konsumgewohnheiten: Sonderauswertung. Jugendliche von 15–19 Jahren, für den Deutschen Kaffeeverband e. V., erstellt von der GFM-GETAS/Gesellschaft für Marketing-, Kommunikations- und Sozialforschung mbH, Hamburg 1988.
K.III.38. Bureau für Marktinformatik: Kaffee-Pegel '82, Eckdaten und Entwicklungslinien des deutschen Kaffeeverbrauchs; Kurzfassung der ICO-Studie: Survey on Consumers Drinking Habits in Western Germany, Hamburg 1982.

9. Deutsche Zentralbibliothek für Wirtschaftswissenschaften (ZBW/vormals HWWA) Kiel

Zeitschriftensammlung
Presseausschnittsammlung
Firmendatenbank

10. Archiv der Forschungsstelle für Zeitgeschichte Hamburg

11/B42 Briefe von Verwandten in der DDR 1948–1994
554-6-69 DGB Hamburg/Nordmark – Soziale Gruppen: Jugend Aktionen/„SBZ-Paketaktionen" 1949–1981
591 Konsumgenossenschaften – GEG, ZdK, Produktion Hamburg, 1946–1960
Sammlung Jens Michelsen
Sammlung zum Thema Kaffee
Ungeordneter Bestand: Wahre Information für die Truppe, hg. von der Hochschule für Politik, Wehrpolitisches Institut, 5/1965.

11. Werkstatt der Erinnerung an der Forschungsstelle für Zeitgeschichte Hamburg

Interview Claus Argenton (s. u. unter Interviewmaterial)

12. Institut für Demoskopie Allensbach

„Glasschrank": Kaffee – schwarz oder mit Milch? Eine Untersuchung über die Konsumgewohnheiten beim Kaffee-Konsum, 1952.
Pressedienst

13. Deutsches Rundfunk Archiv Babelsberg

Presseausschnittsammlung

14. Gruner & Jahr Textdokumentationsarchiv Hamburg

Presseausschnittsammlung

15. Das Zeitgeschichtliche Archiv Berlin

Presseausschnittsammlung

16. Archiv^3 – Datenbank der Kooperation Dritte Welt Archive: http://www.archiv3.org

Pressedatenbank

17. Archiv el rojito Hamburg

Diverse Broschüren und Plakate

18. Interviewmaterial

Klöntreff zum Thema Kaffee, Galerie Morgenland Hamburg, Christiane Berth/Sielke Salomon (Interviewerinnen), 19. 4. 2007.
Interview mit Klaus Argenton, Dorothee Wierling (Interviewerin), Hamburg, 7. 5. 2005, Werkstatt der Erinnerung, FZH/WdE 734.
Interview mit Renate Kolbe, Wiebke Kolbe (Interviewerin), Kiel, 14. 1. 2009.

II. Literatur

Abke, Stephanie: Die Werbung der Firma Jacobs in den 50er und 60er Jahren als Spiegel gesellschaftlichen Wandels in der Bundesrepublik Deutschland, unveröffentlichte Magisterarbeit, Bremen 1997.
Abke, Stephanie: „Als Großmutter den Kaffee noch selber kochte ...", in: Klaus Berthold (Hg.): Von der braunen Kaffeebohne zum Verwöhn-Aroma. Die Designgeschichte der Marke Jacobs, Bremen 1998, S. 46–55.

Abke, Stephanie: Vom Luxusgut zum Alltagsgetränk. Die 1950er und 1960er Jahre im Spiegel der Kaffee-Werbung, in: Arbeiterbewegung und Sozialgeschichte: Zeitschrift für die Regionalgeschichte Bremens im 19. und 20. Jahrhundert 2 (1998), S. 25–36.
Adler, Frank: Einige Grundzüge der Sozialstruktur der DDR, in: Projektgruppe „Das sozioökonomische Panel" (Hg.): Lebenslagen im Wandel. Basisdaten und -analysen zur Entwicklung in den Neuen Bundesländern, Frankfurt a. M. 1991, S. 152–177.
Ahbe, Thomas: Ostalgie. Zum Umgang mit der DDR-Vergangenheit in den 1990er Jahren, Erfurt 2005.
Ahbe, Thomas/Gries, Rainer: Gesellschaftsgeschichte als Generationengeschichte. Theoretische und methodische Überlegungen am Beispiel der DDR, in: Schüle, Annegret/Ahbe, Thomas/Gries, Rainer (Hg.): Die DDR aus generationengeschichtlicher Perspektive. Eine Inventur, Leipzig 2006, S. 475–571.
Ahbe, Thomas/Hofmann, Michael: Es kann nur besser werden. Erinnerungen an die 50er Jahre in Sachsen, Leipzig 2001.
Albrecht, Peter: Kaffee. Zur Sozialgeschichte eines Getränks, Braunschweig 1980.
Albrecht, Peter: Kaffeetrinken. Dem Bürger zur Ehr', dem Armen zur Schand', in: Rudolf Vierhaus (Hg.): Das Volk als Objekt obrigkeitlichen Handelns, Tübingen 1992, S. 57–100.
Allen, Keith R.: Massai-Mann und Tchibo-Experte. Kaffee-Werbung und der Reiz des Fremden, in: Lummel, Peter (Hg.): Kaffee – vom Schmuggelgut zum Lifestyle-Klassiker. Drei Jahrhunderte Berliner Kaffeekultur, Berlin 2002, S. 61–67.
Alsleben, Brigitte: Duden. Das Herkunftswörterbuch. Etymologie der deutschen Sprache; auf der Grundlage der neuen amtlichen Rechtschreibregeln, Mannheim u. a. 2007.
Amonn, Otto: Kaffee, Tee und Kakao. Ihr Verbrauch in den Industriestaaten der westlichen Welt nach dem Zweiten Weltkrieg, Berlin 1954.
Andersen, Arne: Der Traum vom guten Leben. Alltags- und Konsumgeschichte vom Wirtschaftswunder bis heute, Frankfurt a. M. 1997.
Arbeitsgruppe „Hamburg – Dritte Welt": Schwarzbuch Hamburg – Dritte Welt, Hamburg 1983.
Axel Springer Verlag: Kaffee, Tee, Kakao. Märkte – Informationen für die Werbeplanung, Hamburg 1978.
Axel Springer Verlag: Kaffee, Tee, Kakao. Märkte – Informationen für die Werbeplanung, Hamburg 1984.
Axel Springer Verlag: Kaffee, Tee, Kakao. Märkte – Informationen für die Werbeplanung, Hamburg 1990.
Aydt, Gudrun: Kommunikationsanalyse der Kaffeewerbung, unveröffentlichte Diplomarbeit, Stuttgart 1985.

Badstübner, Evemarie (Hg.): Befremdlich anders. Leben in der DDR, Berlin 2000.
Badstübner, Rolf/Cerny, Jochen/Keiderling, Gerhard (Hg.): Studien zur Geschichte der Deutschen Demokratischen Republik, Berlin 1984.
Ball, Daniela U. (Hg.): Kaffee im Spiegel europäischer Trinksitten/Coffee in the Context of European Drinking Habits, Zürich 1991.
Barck Simone/Langermann Martina/Lokatis Siegfried: „Jedes Buch ein Abenteuer". Zensur-System und literarische Öffentlichkeiten in der DDR bis Ende der sechziger Jahre, Berlin 1997.
Barzel, Rainer: Innerdeutsche Beziehungen, in: Görres-Gesellschaft zur Pflege der Wissenschaft (Hg.): Staatslexikon. Recht – Wirtschaft – Gesellschaft, Freiburg i. Br. 1987, S. 82–90.
Bauerkämper, Arnd/Sabrow, Martin/Stöver, Bernd: Doppelte Zeitgeschichte. Deutsch-deutsche Beziehungen 1945–1990, Bonn 1999.
Baum, Holger/Offenhäußer, Dieter: Kaffee. Armut, Macht, Märkte. Ein Produkt und seine Folgen, Unkel am Rhein 1994.
Becker, Ursula: Kaffee-Konzentration. Zur Entwicklung und Organisation des hanseatischen Kaffeehandels, Stuttgart 2002.
Benz, Wolfgang: Deutschland unter alliierter Besatzung 1945–1949/55. Ein Handbuch, Berlin 1999.

Berger-Fix, Andrea: „Die Hauptstadt der Cichoria“. Ludwigsburg und die Kaffeemittel-Firma Franck, Ludwigsburg 1989.
Berghoff, Hartmut (Hg.): Konsumpolitik. Die Regulierung des privaten Verbrauchs im 20. Jahrhundert, Göttingen 1999.
Berghoff, Hartmut/Vogel, Jakob (Hg.): Wirtschaftsgeschichte als Kulturgeschichte. Dimensionen eines Perspektivenwechsels, Frankfurt a. M. 2004.
Berking, Helmuth: Schenken. Zur Anthropologie des Gebens, Frankfurt a. M. 1996.
Berth, Christiane: Boykott, enteignete Fincas und Militärregierung. Kaffee und Konflikte bei der Wiederanbahnung der diplomatischen Beziehungen zwischen Deutschland und Guatemala nach dem Zweiten Weltkrieg, unveröffentlichtes Manuskript, Hamburg 2009.
Berth, Christiane: Biographien und Netzwerke im Kaffeehandel zwischen Norddeutschland und Zentralamerika 1920–1959, Hamburg 2014.
Berthold, Klaus (Hg.): Von der braunen Kaffeebohne zum Verwöhn-Aroma. Die Designgeschichte der Marke Jacobs, Bremen 1998.
Bertsch, Georg C./Hedler, Ernst/Dietz, Matthias: SED. Schönes Einheits-Design, Köln 1990.
Beutelspacher, Martin: Techniken der Kaffeezubereitung. Auf dem Weg zu einer Optimierung des Kaffeegenusses, in: Ruth-E. Mohrmann (Hg.): Essen und Trinken in der Moderne, Münster 2006, S. 125–146.
Bispinck, Henrik (Bearb.): Die DDR im Blick der Stasi. Die geheimen Berichte an die SED-Führung 1977, Göttingen 2012.
Blum, Mechthild/Nesseler, Thomas (Hg.): Deutschland, einig Vaterland? Geschichte(n), Probleme und Perspektiven, Bonn 1992.
Boberach, Heinz (Hg.): Meldungen aus dem Reich 1938–1945. Die geheimen Lageberichte des Sicherheitsdienstes der SS, Herrsching 1984.
Boelcke, Willi A.: Der Schwarzmarkt 1945–1948. Vom Überleben nach dem Kriege, Braunschweig 1986.
Böhme, Irene: Die da drüben. Sieben Kapitel DDR, Berlin 1985.
Bongard, Willi: Fetische des Konsums. Portraits klassischer Markenartikel, Hamburg 1964.
Böske, Katrin: Abwesend anwesend. Eine kleine Geschichte des Intershops, in: Neue Gesellschaft für Bildende Kunst e. V. (Hg.): Wunderwirtschaft. DDR-Konsumkultur in den 60er Jahren, Köln/Weimar/Wien 1996, S. 214–222.
Bourdieu, Pierre: Die feinen Unterschiede. Kritik der gesellschaftlichen Urteilskraft, Frankfurt a. M. 1982.
Bracht, Stefan: Kaffees der Welt. Yunnan/Berlin 2006.
Brauerhoch, Annette: „Fräuleins“ und GIs. Geschichte und Filmgeschichte, Frankfurt a. M. 2006.
Braunschweig, Ernst/Strauf, Hubert: Bilanz der Marke. Betrachtungen zu den allgemeinen Ergebnissen der Werbe-Bilanz 1947, durchgeführt 1948 von der Arbeitsgruppe Die Werbe G.m.b.H., Leitung Dr. Ernst Braunschweig, Essen 1949.
Broszat, Martin/Henke, Klaus-Dietmar/Woller, Hans (Hg.): Von Stalingrad zur Währungsreform. Zur Sozialgeschichte des Umbruchs in Deutschland, München 1988.
Buchheim, Christoph: Kriegsfolgen und Wirtschaftswachstum in der SBZ/DDR, in: Geschichte und Gesellschaft 25 (1999), S. 515–529.
BUKO-Agrar-Dossier. Kaffeebauer und Kaffeepflückerin, Kaffee-Abkommen, Kaffeemarkt in der BRD, Kaffeezölle, Kaffee und fairer Handel, Hamburg 1992.

Campbell, Wallace J., The History of CARE. A Personal Account, New York 1990.
Ciesla, Burghard: „All das bremst uns, kann uns aber nicht aufhalten“. Wohlstandsversprechen und Wirtschaftswachstum: Grundprobleme der SED-Wirtschaftspolitik in den fünfziger Jahren, in: Hoffmann, Dierk/Schwartz, Michael/Wentker, Hermann (Hg.): Vor dem Mauerbau. Politik und Gesellschaft in der DDR der fünfziger Jahre, München 2003, S. 149–164.
Creuzberger, Stefan: Kampf für die Einheit. Das gesamtdeutsche Ministerium und die politische Kultur des Kalten Krieges 1949–1969, Düsseldorf 2008.
Crew, David F. (Hg.): Consuming Germany in the Cold War, Oxford 2003.

Dagne, Haile Gabriel: Das entwicklungspolitische Engagement der DDR in Äthiopien. Eine Studie auf der Basis äthiopischer Quellen, Münster 2004.
Determann, Eva: Von Mensch zu Mensch. Die Deutsche Bruderhilfe. Eine Bremer Initiative im geteilten Deutschland, Bremen 2010.
Deutscher Bundestag (Hg.): Materialien der Enquete-Kommission „Aufarbeitung von Geschichte und Folgen der SED-Diktatur in Deutschland". Deutschlandpolitik, innerdeutsche Beziehungen und internationale Rahmenbedingungen, Baden-Baden 1999.
Deutscher Kaffeeverband: Jahresberichte 1969–2008, Hamburg 1970–2009.
Deutscher Kaffeeverband (Hg.): Kaffee-Digest 2. Löslicher Kaffee, Hamburg 1994.
Deutsches Kaffee-Institut Hamburg (Hg.): Kaffee-Digest 1. Daten und Hintergründe – Welt, Europa und Bundesrepublik Deutschland, Hamburg 1988.
Dichter, Ernest: Strategie im Reich der Wünsche, Düsseldorf 1961.
Diederich, Reiner/Grübling, Richard: Stark für die Freiheit. Die Bundesrepublik im Plakat, Frankfurt a. M. 1989.
Diekmann, Kai (Hg.): Freigekauft. Der DDR-Menschenhandel. Fakten – Bilder – Schicksale, München 2012.
Dietrich, Eva/Rossfeld, Roman (Hg.): Am Limit. Kaffeegenuss als Grenzerfahrung, Zürich 2001.
Dietzsch, Ina: Deutsch-deutscher Gabentausch, in: Neue Gesellschaft für Bildende Kunst e. V. (Hg.): Wunderwirtschaft. DDR-Konsumkultur in den 60er Jahren, Köln/Weimar/Wien 1996, S. 204–213.
Dietzsch, Ina: Geschenkpaket – ein fundamentales Mißverständnis. Zur Bedeutung des Paketaustausches in persönlichen Briefwechseln, in: Härtel, Christian/Kabus, Petra (Hg.): Das Westpaket. Geschenksendung, keine Handelsware, Berlin 2000, S. 105–117.
Dietzsch, Ina: Grenzen überschreiben? Deutsch-deutsche Briefwechsel 1948–1989, Köln/Weimar/Wien 2004.
Ditt, Karl: Rationalisierung im Einzelhandel. Die Einführung und Entwicklung der Selbstbedienung in der Bundesrepublik Deutschland 1949–2000, in: Prinz, Michael (Hg.): Der lange Weg in den Überfluss. Anfänge und Entwicklung der Konsumgesellschaft seit der Vormoderne, Paderborn 2003, S. 315–356.
Doering-Manteuffel, Anselm: Nach dem Boom. Brüche und Kontinuitäten der Industriemoderne seit 1970, in: Vierteljahrshefte für Zeitgeschichte 55 (2007), S. 559–581.
Doering-Manteuffel, Anselm/Raphael, Lutz: Nach dem Boom. Perspektiven auf die Zeitgeschichte seit 1970, Göttingen 2008.
Donat, Peter: Der Getränkeverbrauch in Gaststätten, in: Mitteilungen des Institutes für Marktforschung (1976), S. 16–23.
Döring, Hans-Joachim: „Es geht um unsere Existenz". Die Politik der DDR gegenüber der Dritten Welt am Beispiel von Mosambik und Äthiopien, Berlin 2001.
Dussel, Konrad: Wundermittel Werbegeschichte? Werbung als Gegenstand der Geschichtswissenschaft, in: Neue Politische Literatur 42 (1997), S. 416–430.
Dussel, Konrad: Vom Radio- zum Fernsehzeitalter. Medienumbrüche in sozialgeschichtlicher Perspektive, in: Schildt, Axel/Siegfried, Detlef/Lammers, Karl Christian (Hg.): Dynamische Zeiten. Die 60er Jahre in den beiden deutschen Gesellschaften, Hamburg 2000, S. 673–694.

Eduscho (Hg.), Unternehmensdokumentation, Bremen 1995.
Engelmann, Bernt: Berlin. Eine Stadt wie keine andere, München 1986.
Ermecke, Gustav: Moraltheologische Grundsätze zur Zollmoral und Zollgesetzgebung, in: Theologie und Glaube 42 (1952), S. 81–97.
Espagne, Michel: Au delà du comparatisme, in: Ders.: Les transferts culturels franco-allemands, Paris 1999, S. 35–49.

Fayet, Robert: Mit dem Verwöhn-Aroma. Das Bild der Frau in der Kaffeewerbung, in: Obrist, Gabrielle/Fayet, Robert (Hg.): Mein Aroma! … wunderbar. Motive und Parolen in der Kaffeewerbung, Ausstellung des Johann-Jacobs-Museums, Zürich 1995, S. 19–25.
Fayet, Roger: Lachdesign. Zur Witzigkeit postmoderner Kannen und Tassen, Zürich 1998.

Filmer, Werner: Alltag im anderen Deutschland, Düsseldorf 1985.
Frei, Norbert: Karrieren im Zwielicht. Hitlers Eliten nach 1945, Frankfurt a. M. 2001.
Froitzheim, Dieter (Hg.): Kardinal Frings. Leben und Werk, Köln 1979.
Fulbrook, Mary: Ein ganz normales Leben. Alltag und Gesellschaft in der DDR, Darmstadt 2008.

Görres-Gesellschaft zur Pflege der Wissenschaft (Hg.): Staatslexikon. Recht – Wirtschaft – Gesellschaft, Freiburg i. Br. 1987.
Gratzik, Paul: Transportpaule oder wie man über den Hund kommt. Monolog, Berlin 1977.
Gries, Rainer: Die Rationen-Gesellschaft. Versorgungskampf und Vergleichsmentalität. Leipzig, München und Köln nach dem Kriege, Münster 1991.
Gries, Rainer: „Jakobs Kaffee – wunderbar". Päckchen nach drüben: Eine geniale Verbindung von Produktwerbung und Politikpropaganda, in: Blum, Mechthild/Nesseler, Thomas (Hg.): Deutschland, einig Vaterland? Geschichte(n), Probleme und Perspektiven, Bonn 1992, S. 80–85.
Gries, Rainer: Die Mark der DDR. Eine Kommunikationsgeschichte der sozialistischen deutschen Währung, Erfurt 2003.
Gries, Rainer: Produkte als Medien. Kulturgeschichte der Produktkommunikation in der Bundesrepublik und der DDR, Leipzig 2003.
Gries, Rainer: Die Geburt des Werbeexperten aus dem Geist der Psychologie. Der „Motivforscher" Ernest W. Dichter als Experte der Moderne, in: Berghoff, Hartmut/Vogel, Jakob (Hg.): Wirtschaftsgeschichte als Kulturgeschichte. Dimensionen eines Perspektivenwechsels, Frankfurt a. M. 2004, S. 353–375.
Gries, Rainer: Waren und Produkte als Generationsmarker. Generationen der DDR im Spiegel ihrer Produkthorizonte, in: Schüle, Annegret/Ahbe, Thomas/Gries, Rainer (Hg.): Die DDR aus generationengeschichtlicher Perspektive. Eine Inventur, Leipzig 2006, S. 271–300.
Gries, Rainer: Produktkommunikation. Geschichte und Theorie, Wien 2008.
Gries, Rainer/Gartner Barbara: Produkte & Politik. Zur Kultur- und Politikgeschichte der Produktkommunikation, Wien 2006.
Gries, Rainer/Ilgen, Volker/Schindelbeck, Dirk: Gestylte Geschichte. Vom alltäglichen Umgang mit Geschichtsbildern, Münster 1989.
Gries, Rainer/Ilgen, Volker/Schindelbeck, Dirk: „Ins Gehirn der Masse kriechen!". Werbung und Mentalitätsgeschichte, Darmstadt 1995.
Grohnert, Evelin: „Es gab nichts, aber jeder hatte alles". Renate Z., Verkaufsstellenleiterin, erzählt, in: Ludwig, Andreas (Hg.): Fortschritt, Norm und Eigensinn. Erkundungen im Alltag der DDR, Berlin 1999, S. 113–128.
Grube, Frank/Richter, Gerhard/Surminski, Arno: Die Schwarzmarktzeit. Deutschland zwischen 1945 und 1948, Hamburg 1979.
Günther, Claus (Hg.): Erlebt, erkannt, erinnert. Zeitzeugen schreiben Geschichte(n) 1932–1952, Hamburg 2003.

Hachmeister, Lutz: Der Gegnerforscher. Die Karriere des SS-Führers Franz Alfred Six, München 1998.
Hachmeister, Lutz: Ein deutsches Nachrichtenmagazin. Der frühe „Spiegel" und sein NS-Personal, in: Lutz Hachmeister/Friedemann Siering: Die Herren Journalisten. Die Elite der deutschen Presse nach 1945, München 2002, S. 87–120.
Hachmeister, Lutz/Siering, Friedemann: Die Herren Journalisten. Die Elite der deutschen Presse nach 1945, München 2002.
Hadwiger, Peter/Hippler, Jochen/Lotz, Helmut: Kaffee. Gewohnheit und Konsequenz, St. Gallen/Berlin/São Paulo 1989.
Hars, Wolfgang: Lurchi, Klementine & Co. Unsere Reklamehelden und ihre Geschichten, Berlin 2000.
Härtel, Christian: Ostdeutsche Bestimmungen für den Paketverkehr im Spiegel westdeutscher Merkblätter, in: Härtel, Christian/Kabus, Petra (Hg.): Das Westpaket. Geschenksendung, keine Handelsware, Berlin 2000, S. 45–53.

Härtel, Christian/Kabus, Petra (Hg.): Das Westpaket. Geschenksendung, keine Handelsware, Berlin 2000.
Haupt, Heinz-Gerhard/Kocka Jürgen (Hg.): Geschichte und Vergleich. Ansätze und Ergebnisse international vergleichender Geschichtsschreibung, Frankfurt a. M. 1996.
Haupt, Heinz-Gerhard/Kocka Jürgen (Hg.): Comparative and Transnational History. Central European Approaches and New Perspectives, New York, NY 2009.
Heidemeyer, Helge: „Antifaschistischer Schutzwall" oder „Bankrotterklärung des Ulbricht-Regimes"? Grenzsicherung und Grenzüberschreitung im doppelten Deutschland, in: Wengst, Udo/Wentker, Hermann (Hg.): Das doppelte Deutschland. 40 Jahre Systemkonkurrenz, Berlin 2008, S. 87–109.
Hein, Bastian: Die Westdeutschen und die Dritte Welt. Entwicklungspolitik und Entwicklungsdienste zwischen Reform und Revolte 1959–1974, München 2006.
Heise, Ulla: „Die Kaffeegesellschaft". 3 Jahrhunderte Kaffeekultur an der Weser, Ausstellung des Porzellanmuseums Fürstenberg und der Sammlung Eduscho, Bremen, Bremerhaven 1992.
Heise, Ulla: Süße muß der Coffee sein! Drei Jahrhunderte europäische Kaffeekultur und die Kaffeesachsen, Leipzig 1994.
Heise, Ulla.: Kaffee und Kaffeehaus. Eine Geschichte des Kaffees, Frankfurt a. M. 2002.
Heise, Ulla: Aus erster Hand und frisch gebrannt! Kaffee-Legenden, Rezepte und Geschichten, Leipzig 2004.
Heise, Ulla/Eidam, Hardy: Bilder aus der Geschichte des Kaffees, Begleitheft zur Ausstellung, Bremen 1997.
Hellmann, Kai-Uwe: Soziologie der Marke, Frankfurt a. M. 2003.
Helprin, Mark: Memoiren aus einem ameisensicheren Kästchen. Roman, Frankfurt a. M. 1996.
Hempe, Mechthild: 100 Jahre Melitta. Geschichte eines Markenunternehmens, Köln 2008.
Hengartner, Thomas /Merki, Maria (Hg.): Genussmittel. Eine Kulturgeschichte, Frankfurt a. M. 2001.
Herbert, Ulrich: Geschichte der Ausländerpolitik in Deutschland. Saisonarbeiter, Zwangsarbeiter, Gastarbeiter, Flüchtlinge, München 2001.
Hessler, Martina: Visionen des Überflusses. Entwürfe künftiger Massenkonsumgesellschaften im 20. Jahrhundert, in: Berghoff, Hartmut/Vogel, Jakob (Hg.): Wirtschaftsgeschichte als Kulturgeschichte. Dimensionen eines Perspektivenwechsels, Frankfurt a. M. 2004, S. 455–480.
Hillenbrand, Fritz Karl Michael: Underground Humour in Nazi Germany, 1933–1945, London 1995.
Hoerning, Erika M.: Sektoren – Währungen – Grenzen. Grenzhandel in Berlin-Wedding, in: Schwarz, Roland (Hg.): Der Wedding – hart an der Grenze. Weiterleben in Berlin nach dem Krieg, Berlin 1987, S. 205–216.
Hoerning, Erika M.: Zwischen den Fronten. Berliner Grenzgänger und Grenzhändler 1948–1961, Köln/Weimar/Wien 1992.
Hoffmann, Dierk/Schwartz, Michael/Wentker, Hermann (Hg.): Vor dem Mauerbau. Politik und Gesellschaft in der DDR der fünfziger Jahre, München 2003.
Hoffmann, Simone/Bernhardt, Rolf: Die Welt des Kaffees, Neustadt an der Weinstraße 2007.
Höhn, Maria: GIs and Fräuleins. The German-American Encounter in 1950s West Germany, Chapel Hill, NC 2002.
Horx, Matthias/Wippermann, Peter (Hg.): Markenkult. Wie Waren zu Ikonen werden, Düsseldorf 1995.
Hübner, Peter/Tenfelde, Klaus (Hg.): Arbeiter in der SBZ – DDR, Essen 1999.
Hundhausen, Carl: Werbung im Wandel. 1945–1995. Eine Sammlung von werbefachlichen Texten, Essen 1972.
Hünersdorff, Richard von/Hasenkamp, Holger G.: Coffee. A Bibliography. A Guide to the Literature on Coffee, London 2002.

Ilgen, Volker: CARE-Paket & Co. Von der Liebesgabe zum Westpaket, Darmstadt 2008.

Illy, Francesco und Ricardo: Kaffee. Von der Bohne zum Espresso, München 1994.
Informationsbüro Nicaragua e.V. (Hg.): Gegen die Macht der Kaffeekonzerne. Die Gewinne denen, die Kaffee anbauen, Bremen 1985.

Jacobmeyer, Wolfgang: Vom Zwangsarbeiter zum Heimatlosen Ausländer. Die Displaced Persons in Westdeutschland 1945–1951, Göttingen 1985.
Jacobs, Heinrich Eduard: Sage und Siegeszug des Kaffees, Hamburg 1951.
Jacobs, Louise: Café Heimat. Die Geschichte meiner Familie, Berlin 2006.
Jacobs, Ulla: Kaffee – Sehnsucht nach innerer Wärme, in: Horx, Matthias/Wippermann, Peter (Hg.): Markenkult. Wie Waren zu Ikonen werden, Düsseldorf 1995, S. 384–405.
Juchler, Ingo: Die Studentenbewegungen in den Vereinigten Staaten und der Bundesrepublik Deutschland der sechziger Jahre. Eine Untersuchung hinsichtlich ihrer Beeinflussung durch Befreiungsbewegungen und -theorien aus der Dritten Welt, Berlin 1996.
Juhnke, Karl-Heinz: Kaffee, Tee, Kakao, Hamburg 1975.

Kabus, Petra: Liebesgaben für die Zone. Paketkampagnen und Kalter Krieg, in: Härtel, Christian/Kabus, Petra (Hg.): Das Westpaket. Geschenksendung, keine Handelsware, Berlin 2000, S. 121–136.
Kabus, Petra: Das Westpaket, in: Sabrow, Martin (Hg.): Erinnerungsorte der DDR, München 2009, S. 441–450.
Kaelble, Hartmut: Die Debatte über Vergleich und Transfer und was jetzt? H-Soz-u-Kult, 08.02.2005; <http://hsozkult.geschichte.hu-berlin.de/forum/id=574&type=diskussionen>.
Kaelble, Hartmut: Der historische Vergleich. Eine Einführung zum 19. und 20. Jahrhundert, Frankfurt a. M. 1999.
Kaelble, Hartmut/Kocka, Jürgen/Zwahr, Hartmut (Hg.): Sozialgeschichte der DDR, Stuttgart 1994.
Kaelble, Hartmut/Schriewer, Jürgen (Hg.): Vergleich und Transfer. Komparatistik in den Sozial-, Geschichts- und Kulturwissenschaften, Frankfurt a. M. 2003.
Kaffee-Kampagne El Salvador (Hg.): El Salvador. Die Kaffeekolonie von innen, Stuttgart 1992.
Kahnt, Helmut: Die Geschichte der Deutschen Mark. In Ost und West, Regenstauf 2003.
Kaminski, Sibylle: Colonialwaren-Lesebuch, St. Gallen 1986.
Kaminsky, Anne: Herrschaftsgeschichte als Konsumgeschichte, in: Timmermann, Heiner: Die DDR – Erinnerung an einen untergegangenen Staat, Berlin 1999, S. 123–136.
Kaminsky, Anne: „Nieder mit den Alu-Chips". Die private Einfuhr von Westwaren in die DDR, in: Härtel, Christian/Kabus, Petra (Hg.): Das Westpaket. Geschenksendung, keine Handelsware, Berlin 2000, S. 161–180.
Kaminsky, Annette: Illustrierte Konsumgeschichte der DDR, Erfurt 1999.
Kaminsky, Annette: Konsumpolitik in der DDR. Von den Versorgungsutopien der fünfziger Jahre zu den Versorgungskrisen der achtziger Jahre, in: Mertens, Lothar/Voigt Dieter (Hg.): Machtokkupation und Systemimplosion. Anfang und Ende der DDR – zehn Jahre danach, Berlin 2001, S. 67–98.
Kaminsky, Annette: Wohlstand, Schönheit, Glück. Kleine Konsumgeschichte der DDR, München 2001.
Karlsch, Rainer: Allein bezahlt? Die Reparationsleistungen der SBZ/DDR 1945–1953, Berlin 1993.
Karlsch, Rainer/Laufer, Jochen/Sattler, Friederike: Sowjetische Demontagen in Deutschland 1944–1949. Hintergründe, Ziele und Wirkungen, Berlin 2002.
Karmasin, Helene: Produkte als Botschaften. Was macht Produkte einzigartig und unverwechselbar? Die Dynamik der Bedürfnisse und die Wünsche der Konsumenten. Die Umsetzung in Produkt- und Werbekonzeptionen, Wien 1993.
Kellner, Joachim/Kurth, Ulrich/Lippert, Werner (Hg.): 1945 bis 1995. 50 Jahre Werbung in Deutschland, Ingelheim 1995.
Kellner, Joachim/Lippert, Werner: Werbefiguren. Geschöpfe der Warenwelt, Düsseldorf/New York 1992.

Kemptner, Joe: Kaffee – unfiltriert und abgebrüht, in: Gerhard Pfeisinger u. a. (Hg.): Die Schaffung der ungleichen Welt, Göttingen 1989, S. 59–69.

Kern, Bärbel: 100 Jahre Kaffee HAG. Die Geschichte einer Marke, Bremen 2006.

Kleinschmidt, Christian: Konsumgesellschaft, Göttingen 2008.

Kleinschmidt, Johannes: „Do not fraternize". Die schwierigen Anfänge deutsch-amerikanischer Freundschaft 1944–1949, Trier 1997.

Kleßmann, Christoph: Zwei Staaten, eine Nation. Deutsche Geschichte 1955–1970, Bonn 1988.

Kleßmann, Christoph: Die doppelte Staatsgründung. Deutsche Geschichte 1945–1955, Bonn 1991.

Kleßmann, Christoph: Verflechtung und Abgrenzung. Aspekte der geteilten und zusammengehörigen deutschen Nachkriegsgeschichte, in: Aus Politik und Zeitgeschichte 43 (1993), S. 30–41.

Kleßmann, Christoph: Konturen einer integrierten Nachkriegsgeschichte, in: Aus Politik und Zeitgeschichte 18–19 (2005), S. 3–11.

Kleßmann, Christoph/Misselwitz, Hans/Wichert, Günter (Hg.): Deutsche Vergangenheiten – eine gemeinsame Herausforderung. Der schwierige Umgang mit der Nachkriegsgeschichte, Berlin 1999.

Kludas, Hertha: Briefe von Deutschland nach Deutschland. Aus dem Alltag einer Hausfrau in der Sowjetzone, München 1959.

Kohli, Martin: Die DDR als Arbeitsgesellschaft? Arbeit, Lebenslauf und soziale Differenzierung, in: Kaelble, Hartmut/Kocka, Jürgen/Zwahr, Hartmut (Hg.): Sozialgeschichte der DDR, Stuttgart 1994, S. 31–61.

König, Wolfgang: Geschichte der Konsumgesellschaft, Stuttgart 2000.

König, Wolfgang: Kleine Geschichte der Konsumgesellschaft. Konsum als Lebensform der Moderne, Stuttgart 2008.

Krauss, Yost S.: Fallstudie Jacobs Kaffee, in: Swoboda, Friedrich (Hg.): Werbepolitik. Beiträge zur Werbelehre aus Theorie und Praxis, Köln/Weimar/Wien 1974, S. 294–300.

Kühne, Thomas: Kameradschaft. Die Soldaten des nationalsozialistischen Krieges und das 20. Jahrhundert, Göttingen 2006.

Kunze, Svenja: „Kaffee HAG schont Ihr Herz". Zur Entstehung und Entwicklung eines klassischen Markenartikels in der deutschen Kaffeebranche 1906–1939, in: Hamburger Wirtschaftschronik, Neue Folge, 4/2004, S. 85–120.

Kunze, Svenja/Schug, Alexander: Jacobs Kaffee … wunderbar. Eine Bremer Kaffeegeschichte, Bremen 2012.

Küpper, Heinz: Wörterbuch der deutschen Umgangssprache, Berlin 2006.

Leeb, Thomas: Kaffee, das magische Elixier, München 2008.

Lehbert, Berndt: Mögliche Auswirkungen von Senkungen der Kaffeesteuer auf den Kaffeeverbrauch in der Bundesrepublik Deutschland, in: Review of World Economics 104 (1970), S. 275–301.

Lemke, Dietrich: Handel & Wandel. Lebenserinnerungen eines DDR-Außenhändlers 1952–1995, Zeuthen 2006.

Lemster, Annemarie: Echter Bohnenkaffee – welch ein Luxus!, in: Günther, Claus (Hg.): Erlebt, erkannt, erinnert. Zeitzeugen schreiben Geschichte(n) 1932–1952, Hamburg 2003, S. 196 f.

Lindner, Bernd: „Dein Päckchen nach drüben". Der deutsch-deutsche Paketversand und seine Rahmenbedingungen, in: Härtel, Christian/Kabus, Petra (Hg.): Das Westpaket. Geschenksendung, keine Handelsware, Berlin 2000, S. 25–44.

Lowry, Stephen: Pathos und Politik. Ideologie in Spielfilmen des Nationalsozialismus, Tübingen 1991.

Lüchinger, René/Willmann, Birgitta: Der Jacobs-Weg. Die autorisierte Biografie des Unternehmers Klaus J. Jacobs, Zürich 2007.

Lüdtke, Alf: Sprache und Herrschaft in der DDR. Einleitende Überlegungen, in: Lüdtke, Alf/Becker, Peter (Hg.): Akten, Eingaben, Schaufenster. Die DDR und ihre Texte – Erkundungen zu Herrschaft und Alltag, Berlin 1997, S. 11–28.

Lüdtke, Alf/Becker, Peter (Hg.): Akten, Eingaben, Schaufenster. Die DDR und ihre Texte. Erkundungen zu Herrschaft und Alltag, Berlin 1997.
Ludwig, Andreas (Hg.): Fortschritt, Norm und Eigensinn. Erkundungen im Alltag der DDR, Berlin 1999.
Ludwig, Andreas (Hg.): KONSUM. Konsumgenossenschaften in der DDR, Köln/Weimar/Wien 2006.
Lummel, Peter (Hg.): Kaffee – vom Schmuggelgut zum Lifestyle-Klassiker. Drei Jahrhunderte Berliner Kaffeekultur, Berlin 2002.

Mansfeld, Christine: Von Kaffeebohnen, Wirtschaftsstrukturen und Lebensverhältnissen: BUKO-Agrar-Dossier. Kaffeebauer und Kaffeepflückerin, Kaffee-Abkommen, Kaffeemarkt in der BRD, Kaffeezölle, Kaffee und fairer Handel, Hamburg 1992, S. 4–11.
Mansfeld, Christine/Kuhlmann, Renate: BUKO-Agrar-Dossier. Kaffeebauer und Kaffeepflückerin, Kaffee-Abkommen, Kaffeemarkt in der BRD, Kaffeezölle, Kaffee und fairer Handel, Hamburg 1992.
Manz, Gerhard/Walter, Rudolf: Bestimmung des notwendigen Bedürfnisses, in: Mitteilungen des Institutes für Marktforschung 22 (1983), S. 29–31.
Marx, Karl: Das Kapital, Bd. 1, Berlin 1962.
Mauch, Christof/Patel, Kiran Klaus (Hg.): Wettlauf um die Moderne. Die USA und Deutschland 1890 bis heute, München 2008.
Mauss, Marcel: Soziologie und Anthropologie, Bd. 2: Gabentausch, Soziologie und Psychologie, Todesvorstellungen, Körpertechniken, Begriff der Person, Frankfurt a. M. 1997.
Meister, Elmar: „Profit-Bohnen". Der Weltmarkt des Kaffees am Beispiel der BRD und ihrer wichtigsten Lieferländer Brasilien, Kolumbien, El Salvador, Mettingen 1986.
Menninger, Annerose: Genuss im kulturellen Wandel. Tabak, Kaffee, Tee und Schokolade in Europa (16. -19. Jahrhundert), Stuttgart 2004.
Merkel, Ina: Konsumkultur in der DDR. Über das Scheitern der Gegenmoderne auf dem Schlachtfeld des Konsums, in: Mitteilungen aus der kulturwissenschaftlichen Forschung 19 (1996), S. 314–330.
Merkel, Ina: „Wir sind doch nicht die Mecker-Ecke der Nation". Briefe an das DDR-Fernsehen, Köln/Weimar/Wien 1998.
Merkel, Ina: Utopie und Bedürfnis. Die Geschichte der Konsumkultur in der DDR, Köln/Weimar/Wien 1999.
Merkel, Ina: Luxus im Sozialismus. Eine widersinnige Fragestellung?, in: Reith, Reinhold/Meyer, Torsten (Hg.): „Luxus und Konsum" – eine historische Annäherung, Münster 2003, S. 221–236.
Mertens, Lothar/Voigt, Dieter (Hg.): Machtokkupation und Systemimplosion. Anfang und Ende der DDR – zehn Jahre danach. Dieter Voigt zum 65. Geburtstag, Berlin 2001.
Mintz, Sydney: Die süße Macht. Kulturgeschichte des Zuckers, Frankfurt a. M. 1992.
Möhring, Maren: Gastronomie in Bewegung. Migration, kulinarischer Transfer und die Internationalisierung der Ernährung in der Bundesrepublik Deutschland, in: Comparativ – Zeitschrift für Globalgeschichte und vergleichende Gesellschaftsforschung 3 (2007), S. 68–85.
Möhring, Maren: Fremdes Essen. Die Geschichte der ausländischen Gastronomie in der Bundesrepublik Deutschland, München 2012.
Mohrmann, Ruth (Hg.): Essen und Trinken in der Moderne, Münster 2006.
Mohrmann, Ute: Lust auf Feste. Zur Festkultur in der DDR, in: Badstübner, Evemarie (Hg.): Befremdlich anders. Leben in der DDR, Berlin 2000, S. 415–431.
Mühlberg, Dietrich: Schwierigkeiten kultureller Assimilation. Freuden und Mühen der Ostdeutschen beim Eingewöhnen in neue Standards des Alltagslebens, in: Aus Politik und Zeitgeschichte B 17 (2002), S. 3–12.
Mühlberg, Felix: Wenn die Faust auf den Tisch schlägt. Eingaben als Strategie zur Bewältigung des Alltags, in: Neue Gesellschaft für Bildende Kunst e. V. (Hg.): Wunderwirtschaft. DDR-Konsumkultur in den 60er Jahren, Köln/Weimar/Wien 1996, S. 175–186.
Mühlberg, Felix: Eingaben als Instrument informeller Konfliktbewältigung, in: Badstübner, Evemarie (Hg.): Befremdlich anders. Leben in der DDR, Berlin 2000, S. 233–270.

Mühlberg, Felix: „Leben in der DDR" – warum untersuchen und wie darstellen?, in: Badstübner, Evemarie (Hg.): Befremdlich anders. Leben in der DDR, Berlin 2000, S. 648–698.
Mühlberg, Felix: Bürger, Bitten und Behörden. Geschichte der Eingaben in der DDR, Berlin 2004.
Müller, Hans-Georg: Kaffee-Digest 3. Außer-Haus-Verbrauch von Kaffee, hg. vom Deutschen Kaffeeverband, Hamburg 2005.
Müller, Hans-Georg/Rotzoff, Frieder/Funke, Pamela: Kaffee-Digest 5. Unternehmen Kaffeespezialitäten, hg. vom Deutschen Kaffeeverband, Hamburg 1999.

Neue Gesellschaft für Bildende Kunst e. V. (Hg.): Wunderwirtschaft. DDR-Konsumkultur in den 60er Jahren, Köln/Weimar/Wien 1996.
Niethammer, Lutz (Hg.): Hinterher merkt man, daß es richtig war, daß es schiefgegangen ist. Nachkriegserfahrungen im Ruhrgebiet, Berlin 1983.
Niethammer, Lutz: Privat-Wirtschaft. Erinnerungsfragmente einer anderen Umerziehung, in: Niethammer, Lutz (Hg.): Hinterher merkt man, daß es richtig war, daß es schiefgegangen ist. Nachkriegserfahrungen im Ruhrgebiet, Berlin 1983, S. 17–105.
Niethammer, Lutz/Plato, Alexander von/Wierling, Dorothee: Die volkseigene Erfahrung. Eine Archäologie des Lebens in der Industrieprovinz der DDR. 30 biographische Eröffnungen, Berlin 1991.
Noelle, Elisabeth/Neumann, Erich Peter: Jahrbuch der öffentlichen Meinung 1947–1955, Allensbach 1956.
Noelle-Neumann, Elisabeth: Allensbacher Jahrbuch der Demoskopie, Allensbach 1974–1992.

Obrist, Gabrielle: „café mundo. kirschen – körbe – kunstgenuss". Eine Ausstellung zur Kultur des Kaffees in Costa Rica und Guatemala, Ausstellung des Johann-Jacobs-Museums, Zürich 2000.
Obrist, Gabrielle/Fayet, Roger (Hg.): Mein Aroma! ... wunderbar. Motive und Parolen in der Kaffeewerbung, Zürich 1995.
Obrist, Gabrielle/Fayet, Roger: Das Kaffeetrinken & Der Blick der Kunst, Ausstellung des Johann-Jacobs-Museums, Zürich 1997.
Oetker, August: Warenkunde, Bielefeld 1950.
Osterhammel, Jürgen: Geschichtswissenschaft jenseits des Nationalstaats. Studien zu Beziehungsgeschichte und Zivilisationsvergleich, Göttingen 2003.
Otzen, Barbara/Otzen, Hans: DDR-Getränkebuch, Köln 2006.

Packard, Vance: Die geheimen Verführer. Der Griff nach dem Unbewussten in jedermann, Frankfurt a. M. 1957.
Paul, Gerhard: Das HB-Männchen. Werbefigur des Wirtschaftswunders, in: Zeithistorische Forschungen 4 (2007), S. 84–115.
Pegel, Michael: Fremdarbeiter, Displaced Persons, Heimatlose Ausländer. Konstanten eines Randgruppenschicksals in Deutschland nach 1945, Münster 1997.
Pence, Katherine: Schaufenster des sozialistischen Konsums. Texte der ostdeutschen „consumer culture", in: Lüdtke, Alf/Becker, Peter (Hg.): Akten, Eingaben, Schaufenster. Die DDR und ihre Texte. Erkundungen zu Herrschaft und Alltag, Berlin 1997, S. 91–118.
Pence, Katherine: Building Socialist Worker-Consumers. The Paradoxial Construction of the Handelsorganisation – HO, in: Hübner, Peter/Tenfelde, Klaus (Hg.): Arbeiter in der SBZ – DDR, Essen 1999, S. 497–526.
Pendergrast, Mark: Kaffee. Wie eine Bohne die Welt veränderte, Bremen 2001.
Petersen, Anna Verena: Konsum und Werbung als den Alltag bestimmende Komponenten im Deutschland der Nachkriegszeit und der fünfziger Jahre. Ein Vergleich zwischen BRD und DDR, unveröffentlichte Magisterarbeit, Hamburg 2007.
Pfiffner, Albert: „A real winner one day": Die Entwicklung des „Nescafés" in den 1930er Jahren, in: Rossfeld, Roman (Hg.): Genuss und Nüchternheit. Geschichte des Kaffees in der Schweiz vom 18. Jahrhundert bis in die Gegenwart, Baden 2002, S. 123–149.

Piofczyk, Thomas: Untersuchung zur Röstung von Kaffeebohnen und dabei entstehender Emissionen in der Wirbelschicht, Magdeburg 2009.
Pizano Salazar, Diego: Procesamiento y mercado del café en la Republica Federal Alemana, Bogotá 1980.
Plück, Kurt: Innerdeutsche Beziehungen auf kommunaler und Verwaltungsebene, in Wissenschaft, Kultur und Sport und ihre Rückwirkungen auf die Menschen im geteilten Deutschland, in: Deutscher Bundestag (Hg.): Materialien der Enquete-Kommission „Aufarbeitung von Geschichte und Folgen der SED-Diktatur in Deutschland". Deutschlandpolitik, innerdeutsche Beziehungen und internationale Rahmenbedingungen, Baden-Baden 1999, S. 2015–2064.
Prinz, Michael (Hg.): Der lange Weg in den Überfluss. Anfänge und Entwicklung der Konsumgesellschaft seit der Vormoderne, Paderborn 2003.
Prokop, Siegfried: Zur Entwicklung des Lebensstandards in der DDR (1958–1963/64), in: Badstübner, Evemarie (Hg.): Befremdlich anders. Leben in der DDR, Berlin 2000, S. 167–194.

Raphael, Lutz: Die Verwissenschaftlichung des Sozialen als methodische und konzeptionelle Herausforderung für eine Sozialgeschichte des 20. Jahrhunderts, in: Geschichte und Gesellschaft 22 (1996), S. 165–193.
Raschke, Markus: Fairer Handel. Engagement für eine gerechte Weltwirtschaft, Ostfildern 2009.
Reckendrees, Alfred: Konsummuster im Wandel. Haushaltsbudgets und Privater Verbrauch in der Bundesrepublik 1952–98, in: Reckendrees, Alfred/Pierenkemper, Toni (Hg.): Die bundesdeutsche Massenkonsumgesellschaft 1950–2000, Berlin 2007, S. 29–61.
Reckendrees, Alfred/Pierenkemper, Toni (Hg.): Die bundesdeutsche Massenkonsumgesellschaft 1950–2000, Berlin 2007.
Reemtsma, Jan Philipp: Vertrauen und Gewalt. Versuch über eine besondere Konstellation der Moderne, Hamburg 2008.
Rehm, Sigmund/von Blanckenburg, Peter: Handbuch der Landwirtschaft und Ernährung in den Entwicklungsländern, Bd. 4, Spezieller Pflanzenbau in den Tropen und Subtropen, Göttingen 1989.
Reith, Reinhold/Meyer, Torsten (Hg.): Luxus und Konsum. Eine historische Annäherung, Münster 2003.
Rischbieter, Laura: Globalisierungsprozesse vor Ort. Die Interdependenz von Produktion, Handel und Konsum am Beispiel „Kaffee" zur Zeit des Kaiserreichs, in: Comparativ – Zeitschrift für Globalgeschichte und vergleichende Gesellschaftsforschung 17 (2007), S. 28–45.
Roesler, Jörg: Privater Konsum in Ostdeutschland 1950–1960, in: Schildt, Axel/Sywottek, Arnold (Hg.): Modernisierung im Wiederaufbau. Die westdeutsche Gesellschaft der 50er Jahre, Bonn 1993, S. 290–303.
Roggenbuch, Frank: Das Berliner Grenzgängerproblem. Verflechtung und Systemkonkurrenz vor dem Mauerbau, Berlin 2008.
Ropers, Michael: Bilder aus der Geschichte des Kaffees. Ausstellung der Eduscho GmbH und Co. KG, Bremen, Bremen 1990.
Rösgen, Petra (Hg.): Am siebten Tag darf, kannst, sollst, musst du. Geschichte des Sonntags, Bonn 2002.
Rossfeld, Roman: Produktinnovationen als Grenzüberschreitungen. Kaffee HAG als Beispiel, in: Dietrich, Eva/Rossfeld, Roman (Hg.): Am Limit. Kaffeegenuss als Grenzerfahrung, Zürich 2001, S. 88–105.
Rossfeld, Roman (Hg.): Genuss und Nüchternheit. Geschichte des Kaffees in der Schweiz vom 18. Jahrhundert bis in die Gegenwart, Baden 2002.
Röstfein Kaffee GmbH: Hundert Jahre röstfeiner Geschmack, Magdeburg 2008.
Rothfos, Bernhard: Kaffee. Der Verbrauch, Hamburg 1984.
Rotzoll, Frieder/Müller, Hans-Georg/Lichtenberg, Christiane: Kaffeewissen. Vom Anbau bis zum Endprodukt, Hamburg 2004.
Ruppert, Wolfgang (Hg.): Fahrrad, Auto, Fernsehschrank. Zur Kulturgeschichte der Alltagsdinge, Frankfurt a. M. 1993.

Rüther, Günther: Alltag in der DDR. Begleitband zur gleichnamigen Ausstellung, Melle 1988.

Sabrow, Martin (Hg.): Erinnerungsorte der DDR, München 2009.
Sandgruber, Roman: Bittersüße Genüsse. Kulturgeschichte der Genußmittel, Wien 1986.
Sauerbier, Rolf: 100 Jahre Jacobs Café, Bremen 1994.
Scheerer, Sebastian: Drogen und Drogenpolitik. Ein Handbuch, Frankfurt a. M. 1989.
Scherpe, Klaus R.: In Deutschland unterwegs. Reportagen, Skizzen, Berichte 1945–1948, Stuttgart 1982.
Schevardo, Jennifer: Vom Wert des Notwendigen. Preispolitik und Lebensstandard in der DDR der fünfziger Jahre, Stuttgart 2006.
Schiedlausky, Günther: Tee, Kaffee, Schokolade. Ihr Eintritt in die europäische Gesellschaft, München 1961.
Schildt, Axel: Moderne Zeiten. Freizeit, Massenmedien und „Zeitgeist" in der Bundesrepublik der 50er Jahre, Hamburg 1995.
Schildt, Axel: Fünf Möglichkeiten, die Geschichte der Bundesrepublik zu erzählen, in: Blätter für deutsche und internationale Politik 44 (1999), S. 1234–1244.
Schildt, Axel: Materieller Wohlstand – pragmatische Politik – kulturelle Umbrüche. Die 60er Jahre in der Bundesrepublik, in: Schildt, Axel/Siegfried, Detlef/Lammers, Karl Christian (Hg.): Dynamische Zeiten. Die 60er Jahre in den beiden deutschen Gesellschaften, Hamburg 2000, S. 21–53.
Schildt, Axel/Siegfried, Detlef/Lammers, Karl Christian (Hg.): Dynamische Zeiten. Die 60er Jahre in den beiden deutschen Gesellschaften, Hamburg 2000.
Schildt, Axel/Sywottek, Arnold (Hg.): Modernisierung im Wiederaufbau. Die westdeutsche Gesellschaft der 50er Jahre, Bonn 1993.
Schimizek, Bernd-Dieter: Die Verbrauchsgewohnheiten der Bevölkerung der DDR bei Getränken unter besonderer Berücksichtigung der alkoholfreien Erfrischungsgetränke, Leipzig 1976.
Schindelbeck, Dirk: Illustrierte Konsumgeschichte der Bundesrepublik Deutschland 1945–1990, Erfurt 2001.
Schindelbeck, Dirk: Hubert Strauf, in: Trödler & Sammler Journal Nr. 9/2003, S. 50–57.
Schindelbeck, Dirk: Marken, Moden und Kampagnen. Illustrierte deutsche Konsumgeschichte, Darmstadt 2003.
Schivelbusch, Wolfgang: Das Paradies, der Geschmack und die Vernunft. Eine Geschichte der Genußmittel, München 1980.
Schmidt, Jürgen: Goldmokka und Kaffeemix. Kaffee im geteilten Deutschland, in: Lummel, Peter (Hg.): Kaffee – vom Schmuggelgut zum Lifestyle-Klassiker. Drei Jahrhunderte Berliner Kaffeekultur, Berlin 2002, S. 79–83.
Schmidt, Siegfried J./Spieß, Brigitte: Die Kommerzialisierung der Kommunikation. Fernsehwerbung und sozialer Wandel 1956–1989, Frankfurt a. M. 1997.
Schmutzler, Jutta: Zum Bohnenkaffeeverbrauch der Bevölkerung der DDR, in: Mitteilungen des Institutes für Marktforschung 1 (1974), S. 22–25.
Schopf, Rolf/Heise, Ulla/Eidam, Hardy: Sammlung Eduscho Bremen. Bilder aus der Geschichte des Kaffees, Bremen 1997.
Schramm, Manuel: Konsum und regionale Identität in Sachsen 1880–2000. Die Regionalisierung von Konsumgütern im Spannungsfeld von Nationalisierung und Globalisierung, Stuttgart 2003.
Schramm, Manuel: Vergleich und Transfer in der Konsumgeschichte, in: Comparativ – Zeitschrift für Globalgeschichte und vergleichende Gesellschaftsforschung 19 (2009), S. 7–15.
Schüle, Annegret/Ahbe, Thomas/Gries, Rainer (Hg.): Die DDR aus generationengeschichtlicher Perspektive. Eine Inventur, Leipzig 2006.
Schultz, Howard: Die Erfolgsstory Starbucks: eine Kaffeehauskette erobert die Welt, Wien/Hamburg 2000.
Schulze, Gerhard: Die Erlebnisgesellschaft. Kultursoziologie der Gegenwart, Frankfurt a. M. 2000.

Schütrumpf, Jörn: Zu einigen Aspekten des Grenzgängerproblems im Berliner Raum von 1948/49 bis 1961, in: Badstübner, Rolf/Cerny, Jochen/Keiderling, Gerhard (Hg.): Studien zur Geschichte der Deutschen Demokratischen Republik, Berlin 1984, S. 333–358.

Schütterle, Juliane: Klassenkampf im Kaufhaus. Versorgung und Sonderversorgung in der DDR 1971–1989, Erfurt 2009.

Schütz, Petra: Die Macht der Marken. Geschichte und Gegenwart, Dissertation, Regensburg 2001.

Schwarz, Roland (Hg.): Der Wedding – hart an der Grenze. Weiterleben in Berlin nach dem Krieg, Berlin 1987.

Siegrist, Hannes/Kaelble, Hartmut/Kocka, Jürgen (Hg.): Europäische Konsumgeschichte. Zur Gesellschafts- und Kulturgeschichte des Konsums, Frankfurt a. M./New York 1997.

Siegrist, Hannes/Tanner, Jakob/Veyrassant, Beatrice (Hg.): Geschichte der Konsumgesellschaft. Märkte, Kultur und Identität (15.–20. Jahrhundert), Zürich 1997.

Sigmund, Monika: Lebenssituationen und Überlebensstrategien: Frauen in St. Pauli 1939–1950, Magisterarbeit, Hamburg 1994.

Smotlacha, Jörg: Grenzen, Blockaden und ihre Überwindung. Aspekte der Geschichte des Kaffeeschmuggels, in: Dietrich, Eva/Rossfeld, Roman (Hg.): Am Limit. Kaffeegenuss als Grenzerfahrung, Zürich 2001, S. 36–51.

Spang, Günter: Rotes Herz und brauner Trank, Bremen 1956.

Spiekermann, Uwe: Lifestyle und Kaffee. Kaffeebars als Trendprodukt der Jahrtausendwende, in: Dietrich, Eva/Rossfeld, Roman (Hg.): Am Limit. Kaffeegenuss als Grenzerfahrung, Zürich 2001, S. 106–119.

Spode, Hasso: Der große Ernüchterer. Zur Ortsbestimmung des Kaffees im Prozess der Zivilisation, in: Ball, Daniela U. (Hg.): Kaffee im Spiegel europäischer Trinksitten/Coffee in the Context of European Drinking Habits, Zürich 1991, S. 219–234.

Staadt, Jochen: Eingaben. Die institutionalisierte Meckerkultur in der DDR. Goldbrokat, Kaffee-Mix, Büttenreden, Ausreiseanträge und andere Schwierigkeiten mit den Untertanen, Berlin 1996.

Stadtgeschichtliches Museum Leipzig (Hg.): Süße muß der Coffee sein! Drei Jahrhunderte europäischer Kaffeekultur und die Kaffeesachsen. Begleitbuch zur Ausstellung, Leipzig, Bremen 1994.

Statistisches Jahrbuch der Deutschen Demokratischen Republik, Berlin.

Statistisches Jahrbuch für die Bundesrepublik Deutschland, Stuttgart.

Steiner, André: Von Plan zu Plan. Eine Wirtschaftsgeschichte der DDR, München 2004.

Steiner, André: Preispolitik und Lebensstandard. Nationalsozialismus, DDR und Bundesrepublik im Vergleich, Köln/Weimar/Wien 2006.

Steiner, André: Überholen ohne einzuholen. Die DDR-Wirtschaft als Fußnote der deutschen Geschichte?, Berlin 2006.

Stitziel, Judd: Konsumpolitik zwischen „Sortimentslücken" und „Überplanbeständen" in der DDR der 1950er Jahre, in: Hoffmann, Dierk/Schwartz, Michael/Wentker, Hermann (Hg.): Vor dem Mauerbau. Politik und Gesellschaft in der DDR der fünfziger Jahre, München 2003, S. 191–203.

Strauf, Hubert: Werbung im Wandel seit 1945 als Standort für den Ausblick, in: Carl Hundhausen (Hg.): Werbung im Wandel 1945–1995. Eine Sammlung von werbefachlichen Texten, Essen 1972, S. 3–18.

Südbeck, Thomas: Motorisierung, Verkehrsentwicklung und Verkehrspolitik in Westdeutschland in den fünfziger Jahren, in: Schildt, Axel/Sywottek, Arnold (Hg.): Modernisierung im Wiederaufbau. Die westdeutsche Gesellschaft der 50er Jahre, Bonn 1993, S. 170–188.

Swoboda, Friedrich (Hg.): Werbepolitik. Beiträge zur Werbelehre aus Theorie und Praxis, Köln/Weimar/Wien 1974.

Talbot, John M.: Grounds for Agreement. The Political Economy of the Coffee Commodity Chain, Lanham, Md. 2004.

Teuteberg, Hans J.: Kaffeetrinken sozialgeschichtlich betrachtet, in: Scripta mercaturae 14 (1980), S. 27–54.

Teuteberg, Hans J.: Die Eingliederung des Kaffees in den täglichen Getränkekonsum, in: Teuteberg, Hans J./Wiegelmann, Günter (Hg.): Unsere tägliche Kost. Geschichte und regionale Prägung, Münster 1986, S. 185–202.
Teuteberg, Hans J.: Zur Kulturgeschichte der Kaffee-Surrogate, in: Ball, Daniela U. (Hg.): Kaffee im Spiegel europäischer Trinksitten/Coffee in the Context of European Drinking Habits, Zürich 1991, S. 169–202.
Teuteberg, Hans J./Wiegelmann, Günter (Hg.): Unsere tägliche Kost. Geschichte und regionale Prägung, Münster 1986.
Thielebein, Marion: Die Geste des Kaffeetrinkens. Zum Wandel der heutigen Kaffeehauskultur, in: Lummel, Peter (Hg.): Kaffee – vom Schmuggelgut zum Lifestyle-Klassiker. Drei Jahrhunderte Berliner Kaffeekultur, Berlin 2002, S. 109–113.
Tippach-Schneider, Simone: Messemännchen und Minol-Pirol. Werbung in der DDR, Berlin 1999.
Tippach-Schneider, Simone: Abc des Ostens. 26 Objektgeschichten, Cottbus 2003.
Tjul'panov, Sergej: Deutschland nach dem Kriege (1945–1949). Erinnerungen eines Offiziers der Sowjetarmee, Berlin 1987.
Transfair: Investition in mehr Gerechtigkeit: in: BUKO-Agrar-Dossier. Kaffeebauer und Kaffeepflückerin, Kaffee-Abkommen, Kaffeemarkt in der BRD, Kaffeezölle, Kaffee und fairer Handel, Hamburg 1992, S. 32f.
Transfair: Jahresbericht 2009 – Ausblick 2010, Köln 2010.
Trees, Wolfgang: Schmuggler, Zöllner und die Kaffeepanzer. Die wilden Nachkriegsjahre an der deutschen Westgrenze, Aachen 2002.

Ukers, William: All about Coffee, New York 1932.

VerbraucherAnalyse West & Ost '91. Nahrungs- & Genußmittel, Hamburg 1992.
VerbraucherAnalyse '93. Konsumtrends ‚93, Hamburg 1994.
Verein der am Caffeehandel betheiligten Firmen: Der illegale Handel mit Kaffee aus Besatzungsbeständen, Hamburg 1951.
Verein der Kaffee-Großröster und -Importeure: Jahresbericht 1956–1977, Hamburg 1957–1978.
Verhandlungen des Deutschen Bundestages. Stenographische Berichte, Bonn 1950–1953, Bd. 3–16.
Vetter, Nicola: Ludwig Roselius. Ein Pionier der deutschen Öffentlichkeitsarbeit, Bremen 2002.
Voigt, Jutta: Westbesuch. Vom Leben in den Zeiten der Sehnsucht, Bonn 2009.
Vorsteher, Dieter/Hax, Iris/Kampe, Ines: Plakate der SBZ/DDR. Sammlung des Deutschen Historischen Museums. Politik, Wirtschaft, Kultur – Posters from the Soviet Zone of Occupation and the German Democratic Republic, München 1999.
Vorsteher, Dieter/Klotz, Katharina/Müller, Doris: Das politische Plakat der DDR (1945–1970). Aus den Beständen des Deutschen Historischen Museums, München 1995.

Walter, Rolf: Geschichte des Konsums. Erträge der 20. Arbeitstagung der Gesellschaft für Sozial- und Wirtschaftsgeschichte, 23.–26. April 2003 in Greifswald, Stuttgart 2004.
Weber, Petra: Justiz und Diktatur. Justizverwaltung und politische Strafjustiz in Thüringen 1945–1961, München 2000.
Weisser, Michael: Deutsche Reklame. 100 Jahre Werbung 1870–1970. Ein Beitrag zur Kunst- und Kulturgeschichte, München 1985.
Wengst, Udo/Wentker, Hermann (Hg.): Das doppelte Deutschland. 40 Jahre Systemkonkurrenz, Berlin 2008.
Wentker, Hermann: Justiz in der SBZ/DDR 1945–1953. Transformation und Rolle ihrer zentralen Institutionen, München 2001.
Wentker, Hermann: Die gesamtdeutsche Systemkonkurrenz und die durchlässige innerdeutsche Grenze. Herausforderung und Aktionsrahmen für die DDR in den fünfziger Jahren, in: Hoffmann, Dierk/Schwartz, Michael/Wentker; Hermann (Hg.): Vor dem Mauerbau. Politik und Gesellschaft in der DDR der fünfziger Jahre, München 2003, S. 59–75.

Wentker, Hermann: Zwischen Abgrenzung und Verflechtung: deutsch-deutsche Geschichte nach 1945, in: Aus Politik und Zeitgeschichte 01–02 (2005), S. 10–17.
Wetzel, Juliane: „Mir szeinen doh". München und Umgebung als Zuflucht von Überlebenden des Holocaust 1945–1948, in: Broszat, Martin/Henke, Klaus-Dietmar/Woller, Hans (Hg.): Von Stalingrad zur Währungsreform. Zur Sozialgeschichte des Umbruchs in Deutschland, München 1988, S. 327–364.
Wild, Antony: Coffee. A Dark History, New York 2005.
Wildt, Michael: Der Traum vom Sattwerden. Hunger und Protest, Schwarzmarkt und Selbsthilfe in Hamburg 1945–1948, Hamburg 1986.
Wildt, Michael: Privater Konsum in Westdeutschland in den fünfziger Jahren, in: Schildt, Axel/Sywottek, Arnold (Hg.): Modernisierung im Wiederaufbau. Die westdeutsche Gesellschaft der 50er Jahre, Bonn 1993, S. 275–290.
Wildt, Michael: Am Beginn der „Konsumgesellschaft". Mangelerfahrung, Lebenshaltung, Wohlstandshoffnung in Westdeutschland in den fünfziger Jahren, Hamburg 1994.
Wildt, Michael: Vom kleinen Wohlstand. Eine Konsumgeschichte der fünfziger Jahre, Frankfurt a. M. 1996.
Wildt, Michael: Generation des Unbedingten. Das Führungskorps des Reichssicherheitshauptamtes, Hamburg 2002.
Wolle, Stefan: Die heile Welt der Diktatur. Alltag und Herrschaft in der DDR 1971–1989, Bonn 1998.
Wolle, Stefan: Aufbruch in die Stagnation. Die DDR in den Sechzigerjahren, Bonn 2005.
Wünderich, Volker: Der Kaffeekonsum in Europa und die Transformation Guatemalas im Zeitalter der Liberalen Reform. Überlegungen zur Sozialgeschichte des Kaffees (1), in: Peripherie: Zeitschrift für Politik und Ökonomie in der Dritten Welt Nr. 43/44 (1991), S. 147–159.
Wünderich, Volker: Ohne Bohnenkaffee kein Sozialismus? Kaffee und Westgrenze in der DDR, in: Dietrich, Eva/Rossfeld, Roman (Hg.): Am Limit. Kaffeegenuss als Grenzerfahrung, Zürich 2001, S. 76–87.
Wünderich, Volker: Die „Kaffeekrise" von 1977. Genussmittel und Verbraucherprotest in der DDR, in: Historische Anthropologie 11 (2003), S. 240–261.

Zahn, Ernest: Soziologie der Prosperität, Köln/Bonn 1960.
Zentralkomitee der Sozialistischen Einheitspartei Deutschlands (Hg.): Dokumente der Sozialistischen Einheitspartei Deutschlands. Beschlüsse und Erklärungen des Zentralkomitees sowie seines Politbüros und seines Sekretariats, Berlin 1948–1989.
Zierenberg, Malte: Tauschen und Vertrauen. Zur Kulturgeschichte des Schwarzhandels in Berlin der 1940er Jahre, in: Berghoff, Hartmut/Vogel, Jakob (Hg.): Wirtschaftsgeschichte als Kulturgeschichte. Dimensionen eines Perspektivenwechsels, Frankfurt a. M. 2004, S. 169–194.
Zierenberg, Malte: Stadt der Schieber. Der Berliner Schwarzmarkt 1939–1950, Göttingen 2008.

III. Ton- oder Filmdokumente

Richter, Andreas Kuno/Rentner, Lutz: Mahlzeit DDR – 3. Kosta – Rondo – Kaffeemix, MDR 2004.
Haußmann, Leander: Sonnenallee,1999, Min. 1:10:45

IV. Zeitungen/Zeitschriften

Aachener Nachrichten
Aachener Volkszeitung

Aachener Zeitung
Berliner Allgemeine
Bild
Bochumer Rundschau
Der Bund
Constanze
Copy
Deutsche Zeitung
Eduscho-Kurier, Bremen, 1958.
Eduscho-Mitteilungen, Bremen, 1953–1957.
Fortschritt
Frankfurter Allgemeine Zeitung
Frankfurter Neue Presse
Frankfurter Rundschau
Freiheit, Halle
Gordian. Internationale Zeitschrift für Lebensmittel und Lebensmitteltechnologie, Hamburg 1943–1949.
Gordian: Kaffee und Tee. Ernte – Handel – Verbrauch, Hamburg Dezember 1949 – Dezember 1950.
Hamburger Abendblatt
Hamburger Echo
Hamburger Freie Presse
Hamburger Morgenpost
Hamburger Wirtschaftschronik
Handelsblatt
Institut für Demoskopie Allensbach: Allensbacher Markt- und Werbeträger Analyse (AWA), Allensbach1959–1992.
Junge Welt
Kaffee, Tee, Kakao, Hamburg 1990.
Kaffee- und Tee-Markt. Europas Fachzeitschrift der Kaffee- und Teewirtschaft mit den regelmäßigen Mitteilungen der Fachverbände, Hamburg 1950–1988.
Die Kluge Hausfrau. Kundenzeitschrift der Edeka, Hamburg, München, Berlin, diverse Jahrgänge.
konkret
Der Lebensmittelkaufmann
Natürlich und Gesund
Neues Deutschland
Neuwieder Hefte
Revue
Rheinischer Merkur
am runden tisch
Schrot & Korn
Der Spiegel
Süddeutsche Zeitung
Der Tag
Der Tagesspiegel
taz (die tageszeitung)
Test
Volksstimme
Die Welt
Welt am Sonntag
werben & verkaufen
Westdeutsche Zeitung
Wirtschaftswoche
Die Zeit
Zölle und Verbrauchssteuern

V. Internetdokumente

http://de.wikipedia.org/wiki/Blümchenkaffee
http://de.wikipedia.org/wiki/Kopi_Luwak
http://transpatent.com/gesetze/zugabev.html
http://www.darboven.com/index.php?id=170
http://www.destatis.de/jetspeed/portal/cms/Sites/destatis/Internet/DE/Presse/pm/zdw/2008/PD08__020__p002,templateId=renderPrint.psml.
http://www.eifel.de/go/sehenswertes-detail/schmugglerkirche_sankt_hubertus_schmidt.html http://www.gdg-nideggen.de/hubertus.htm
http://www.grenztruppen-der-ddr.de/index.php?show=other&other_id=4
http://www.kaffeeverband.de/de/kaffeewissen/vom-roh-zum-roestkaffee/handel/welthandel
http://www.peterkamin.de/Deutschland/germany.htm
http://www.roestfein.de/
http://www.slogans.de/slogometer.php?Year=2009
http://www.tchibo.com/content/311850/-/de/sortiment/produkte/wochenwelt.html
http://www.youtube.com/watch?v=8uVP5Fnb-O8
http://www.unctad.org/en/docs/gds20061_en.pdf
https://www.destatis.de/DE/PresseService/Presse/Pressemitteilungen/zdw/2012/PD12_038_p002pdf.pdf?__blob=publicationFile

Personenregister